KDS 14 20 00 : 2021, 22 에 따른

철근콘크리트 구조설계

김효진
최원창
최기봉
공 저

Design of Reinforced Concrete Structure

도서출판
구미서관

Introduction 서문

이 책의 목적은 철근콘크리트를 처음으로 배우는 학부과정의 강의교재와 철근콘크리트를 처음으로 설계하고자 하는 기술자들의 참고서로, 그리고 국가자격증을 포함한 각종 시험에 대비한 수험서로 쉽게 이해할 수 있도록 집필하려고 많은 노력을 하였습니다.

이 책은 「KDS 14 20 00 :2021, 22년」을 근간으로 하였으며, 그 내용을 요약하면 다음과 같습니다.

첫째 제1장에서 3장까지는 철근콘크리트의 일반사항, 사용재료의 특성, 구조설계의 일반사항을 수록하였습니다. 특히 3장에서 개정된 하중조합(2022년)을 반영하였습니다.

둘째 제4장, 제6장, 제8장에서 제12장까지는 철큰콘크리트의 주요 구조부재인 보, 기둥, 슬래브, 기초, 벽체, 옹벽에 대한 해석과 설계 방법 등을 강도 설계법에 따라 기술하였습니다. 특히 6장 11항에 콘크리트의 수평이어치기(합성콘크리트의 휨부재 수평전단설계)설계방법을 설명하였습니다.

셋째 제5장은 부재의 사용성인 처짐과 균열, 제7장은 철근의 정착과 이음에 대해 기술을 하였습니다.

넷째 매 단원마다 반드시 필요한 내용을 중요사항 및 객관식 연습문제로 수록하여 바쁜 수험생들의 학습효과의 극대화를 도모하였습니다.

이 책이 공부하는 학생이나 건축에 종사하는 실무자들에게 철근콘크리트구조를 이해하는데 좋은 지침서가 될 수 있기를 기대하며, 앞으로 부족한 내용이나 오자 및 탈자 등은 계속하여 수정. 보완해 나갈 것을 약속드립니다.

이 책을 저술함에 있어 많은 문헌을 참고하였으며 특히 지금은 고인이 되신 신종순 선생님의 저서인 「철근콘크리트 설계」의 도움을 받은 바 매우 큼을 밝힙니다.

또한, 이 책을 출간함에 있어 구미서관 대표님의 많은 협조와 지원에 감사드리며, 아울러 구미서관의 무궁한 발전을 소원합니다.

2025. 1.

저자

목차 *Contents*

Contents

제7장 철근의 정착 및 이음

제8장 슬래브의 설계

Contents

제11장 벽체 설계

제12장 옹벽 설계

Contents

제 1 장
일반 사항

1. 철근콘크리트 구조의 개요
2. 철근콘크리트의 성립 이유
3. 철근콘크리트의 장·단점
4. 철근콘크리트 구조 설계기준

Design of Reinforced Concrete Structures

일반 사항

1 철근콘크리트 구조의 개요

콘크리트는 돌과 같은 성질을 가져서 압축에는 대단히 강하나 인장이나 전단에는 대단히 약하다.

이것을 보강하기 위하여 콘크리트 안에 철근을 넣어 하나의 완전한 다른 구조재를 만들어 외력에 대해 철근과 콘크리트가 일체로 거동하게 만든다. 이것을 철근콘크리트라 한다,

이 철근콘크리트는 값이 싸고 내후성, 내화성이 좋고 압축과 인장, 휨에 강하고 우수한 연성을 가지므로 건물, 교량, 댐, 탱크, 수조 등 거의 모든 건설 사업에 사용되고 있다.

최근에는 보통 철근의 4배에 달하는 높은 항복점을 가진 철근도 제조할 수 있게 되었고, 콘크리트 압축강도는 보통콘크리트의 4~5배 정도 강도가 높은 콘크리트도 생산할 수 있게 되었다. 이렇게 강도가 높은 철근과 콘크리트의 생산으로 부재 단면의 감소뿐만 아니라, 자중도 감소하게 되어 장경간에도 적용할 수 있는 등 많은 이점을 갖게 되었다.

그러나 고강도 철근콘크리트를 보통 철근콘크리트와 같은 방법으로 적용 할 때에는 높은 항복강도를 이용하기 때문에 높은 응력을 작용시켜야 한다, 그러면 철근의 변형률이 과대해지기 때문에 부재의 처짐과 같은 변형이 과대해지며 또 콘크리트에 균열이 생겨서 철근의 부식이 원인이 되기도 해서 실제로 유효하게 사용할 수 있는 항복강도는 400MPa~600MPa 즉 보통 철근의 2배 정도밖에 안된다.

그러나 프리스트레스트 콘크리트(prestressed concrete)와 같이 고강도 강재와 콘크리트가 결합된 구조재로 제작하면 이 높은 강도를 효율적으로 이용할 수 있다.

프리스트레스트 콘크리트란 철선을 여러겹으로 꼰 스트랜드(strand)또는 철근과 같은 강봉으로 된 고강도 강봉을 콘크리트 속에 배치해 놓고 콘크리트에 하중이 실리기전에 이 강봉을 인장시킴으로서 콘크리트를 미리 압축시킨다.

하중이 실리면, 하중이 실리기 전에 압축된 부분이 다시 원상으로 돌아가면서 인장이 되어 균열과 처짐을 현저하게 감소시킨다. 이 원리를 이용하여 제작한 콘크리트가 프리스트레스트 콘크리트이며, 우리나라에는 교량에서 널리 이용되고 있으나 건물에는 극히 부분적으로 이용되고 있는 실정이다.

2 철근콘크리트의 성립 이유

철근콘크리트는 단일 재료로 구성되는 다른 구조 재료와는 그 특성이 다를 수밖에 없다, 그러나 콘크리트 속에 묻힌 철근이 콘크리트와 일체가 되어 외력에 저항할 수 있는 하나의 구조 부재로 사용할 수 있는 주요한 요인은 다음과 같은 이유 때문이다.

① 대기속에 노출된 철근은 산화작용으로 부식이 빠르다. 하지만 철근을 감싸고 있는 알카리성의 콘크리트는 철근의 부식을 방지해 준다.

② 철근은 불에 약하나 이것을 감싸고 있는 콘크리트는 열전도율이 낮기 때문에 내화성을 높여준다,(철은 온도 500~600℃에서 강도가 50%로, 800℃이상에서는 강도가 0에 가까워진다.)

③ 철근과 콘크리트의 온도에 대한 열팽창계수 (1×10^{-5}/℃)가 거의 같으므로 온도 변화에 유사한 팽창과 수축을 하므로 이로 인한 균열이 문제가 되지 않는다.

④ 콘크리트가 경화된 후 철근과 콘크리트의 부착 강도가 커서 두 개의 이질 재료의 거동이 일체로 거동한다.

3 철근콘크리트의 장·단점

1. 장점

(1) 내화성 및 내구성

콘크리트는 내화성이 좋고, 철근의 부식을 방지할 수 있으므로 내구적이다.

(2) 경제성

재료의 수급이 용이하고, 보통 중·저층 골조를 철근콘크리트로 할 경우 철골에 비해 20~30% 공사비를 줄일 수 있다.

(3) 구조적 조형성

거푸집에 콘크리트를 부어 넣기 때문에 거푸집의 모양과 마감 기술에 따라 원하는 형태와 무늬를 만들어 의장효과를 낼 수 있다.

(4) 차음성 및 내진성

높은 강성(EI)과 질량을 갖고 있어 보행자나 기계 작동 등에 의한 진동에 저항하는 능력이 우수하며, 슬래브나 벽체의 두께 조절에 의하여 상·하층 간이나 벽체 사이의 소리를 차단하는 성능도 좋다.

2. 단점

(1) 중량성

콘크리트의 압축강도는 철골에 비해 5~10% 정도지만 비중은 2.4로 철골의 7.8에 비해 30% 정도이다. 따라서 철근콘크리트 구조물은 철골구조에 비해 자중증가로 기초와 기둥크기가 증대된다. 이로 인해 기초터파기량이 증가되고, 기둥의 증대는 실유효면적 감소의 원인이 된다.

(2) 균열 발생

콘크리트의 건조 수축, 크리프와 온도 변화에 따라 균열이 발생한다. 그 결과 균열폭이 어느 한도 이상으로 크면 주위의 공기와 습기의 침투로 철근이 부식되고, 구조물의 미관을 해치므로 균열에 대한 제한을 두고 있다.

(3) 거푸집과 지주의 사용

거푸집과 지주는 철근콘크리트 공사에만 사용되며, 철골구조나 목구조 등에서는 필요없는 노동력과 재료가 소모되고, 공사기간(공기)이 늘어나게 된다.

거푸집과 지주의 공사비는 대략 전체 철근콘크리트 골조공사비의 30% 내외를 차지하고 있다.

(4) 동절기 공사 곤란

추운 날씨에 콘크리트를 타설하면 콘크리트가 동해의 피해를 입으므로 동절기 공사가 곤란하여 공사 기간이 철골공사에 비해 늘어난다.

(5) 개조 및 보강의 어려움

철골은 재료의 재사용, 개조, 보강이 용이하나 철근콘크리트는 어려움이 있다.

4 철근콘크리트 구조 설계기준

기준의 목적은 부실하거나 부적절한 설계와 시공을 방지하는데 있으며, 각국에서 사용되고 있는 대표적인 철근콘크리트 구조기준은 다음과 같이 크게 두 계열로 분류된다.

1. 미국 콘크리트 협회(ACI)의 ACI기준

미국에서의 철근콘크리트 구조기준은 「철근콘크리트 설계기준」(Building Code Requirements for Reinforced concrete ; ACI Committee318)이며 보통 ACI기준이라 불리며, 미국 내 대부분의 기준을 취합해서 이루어졌다. 또한 이 기준은 캐나다, 뉴질랜드, 오스트레일리아, 남아메리카의 일부 국가와 우리나라 기준의 근간을 이루고 있으며 보통 6년마다 개정되고 있다.

2. 유럽 콘크리트 위원회(CEB)의 CEB기준

유럽에서는 콘크리트 위원회(CEB)에서 제정한 콘크리트 구조물 설계기준(CEB-FIP Model Code for Concrete Structures)으로 유럽 여러 국가들의 설계기준을 통일할 목적으로 1978년에 발간되었다. 이 기준은 유럽 여러 나라들의 설계기준의 근간이 되고 있으며, 그 내용은 ACI 기준과 유사하다.

3. 우리나라의 철근콘크리트 설계기준

우리나라의 콘크리트 구조 설계기준은 **1960년**에 일본의 기준을 적용하여 사용해 오던 것을 **1972년**에 최초의 허용응력 설계법인 「철근콘크리트 구조계산 기준」이 제정되었으며, 그 후 16년이 지나, **1988년**에 「극한강도 설계법」이 제정되어 2000년 이전까지 두 기준이 동시에 사용되어 왔다.

그런데 이러한 설계기준은 그동안 대한 건축학회와 대한 토목학회에서 각각 별도로 제정하여 사용하여 오다가 **1999년**에 두 학회가 공통으로 「콘크리트 구조 설계 기준」이라는 통합된 극한강도 설계법을 만들었다.

2007년에는 하중계수, 하중조합과 강도감소계수가 비교적 큰폭으로 개정되었으며 균열검토도 사용하중의 의한 균열폭을 허용균열폭과 비교하는 방법에서 철근의 수량 및 간격과 피복두께 등을 고려하여 발생하는 균열을 제어하는 것으로 개정되었다.

2012년에는 구조 설계뿐만 아니라 시공과 기존구조물의 유지관리단계에서 필요한 기술적 사항까지 포함하여 「콘크리트구조 설계기준」을 「콘크리트구조 기준(2012)」으로 명칭을 개정하였으며 주철근과 전단철근의 설계기준 항복강도를 각각 600MPa와 500MPa로 상향 조정하였다.

2016년에는 국토교통부 고시 2016-438호에 따라 정부가 법적효력을 부여하는 「건설기준 통합코드」로 설계기준은 「설계코드 KDS(Korean Design Standard」로 시공기준은 「시공코드 KCS(Korean Construction Specifiction)」로 정비하여 국가건설기준센터가 관리하게 되었다.

「설계코드 KDS」에서 콘크리트 구조물의 설계기준은 공통기준으로의 역할을 부여받아 대분류는 「구조기준 KDS 14 00 00」으로, 중분류는 「콘크리트구조 설계(강도설계법)KDS 14 20 00」으로, 즉「콘크리트구조 기준(2012)」를 「콘크리트구조 설계(강도설계법)KDS 14 20」으로 정비하였다.

2021년에는 휨과 압축을 받는 부재의 콘크리트의 극한 변형률의 변경과 압축응력분포를 「직사각형 등가응력」에 「포물선-직선형 등가응력」을 추가하여 압축응력을 계산할 수 있도록 개정하였으며, 또한 2방향 전단강도, 불균형모멘트에 대한 편심전단설계, 벽체수평전단 보강근의 항복강도 제한, 확대머리철근의 정착길이와 내진설계 등이 개정되었다.

2022년에는 풍하중에 대한 설계하중과 하중조합 등이 개정되었다. 본서는 2021년 개정된「KDS 14 20 00 : 2021」기준과 2022년 개정된 「설계하중과 하중조합」에 의하여 서술하였다.

중요사항

1. 철근콘크리트 성립의 이유

① 대기속에 노출된 철근은 산화작용으로 부식이 빠르다. 하지만 철근을 감싸고 있는 알카리성의 콘크리트는 철근의 부식을 방지해 준다.

② 철근은 불에 약하나 이것을 감싸고 있는 콘크리트는 열전도율이 낮기 때문에 내화성을 높여준다. (철은 온도 500~600℃에서 강도가 50%로, 800℃이상에서는 강도가 0에 가까워진다.)

③ 철근과 콘크리트의 온도에 대한 열팽창계수(1×10^{-5}/℃)가 거의 같으므로 온도 변화에서 유사한 팽창과 수축을 하므로 이로 인한 균열이 문제가 되지 않는다.

④ 콘크리트가 경화된 후 철근과 콘크리트의 부착 강도가 커서 두개의 이질 재료의 거동이 일체로 거동한다.

2. 철근콘크리트의 장·단점

(1) 장점

① 내화성 및 내구성
콘크리트는 내화성이 좋고, 철근의 부식을 방지할 수 있으므로 내구적이다.

② 경제성
재료의 수급이 용이하고, 보통 중·저층 골조를 철근콘크리트로 할 경우 철골에 비해 20~30% 공사비를 줄일 수 있다.

③ 구조적 조형성
거푸집에 콘크리트를 부어 넣기 때문에 거푸집의 모양과 마감 기술에 따라 원하는 형태과 무늬를 만들어 여러 의장효과를 낼 수 있다.

④ 차음성 및 내진성
높은 강성(EI)과 질량을 갖고 있어 보행자나 기계 작동 등에 의한 진동에 저항하는 능력이 우수하며, 상·하층이나 벽체간의 소리를 차단하는 성능도 좋다.

(2) 단점

① 중량성
콘크리트의 압축강도는 철골에 비해 5~10% 정도지만 비중은 2.4로 철골의 7.8에 비해 30% 정도이다. 따라서 철근콘크리트 구조물은 철골구조에 비해 자중증가로 기초

와 기둥크기가 증대된다. 이로 인해 기초터파기량이 증가되고, 기둥의 증대는 실유효면적 감소의 원인이 된다.

② 균열 발생

콘크리트의 건조 수축, 크리프와 온도 변화에 따라 균열이 발생한다. 그 결과 균열폭이 어느 한도 이상으로 크면 주위의 공기와 습기의 침투로 철근이 부식되고, 구조물의 미관을 해치므로 균열에 대한 제한을 두고 있다.

③ 거푸집과 지주의 사용

거푸집과 지주는 철근콘크리트 공사에만 사용되며, 철골구조나 목구조 등에서는 필요 없는 노동력과 재료가 소모되고, 공사기간(공기)이 늘어나게 된다.

거푸집과 지주의 공사비는 대략 전체 철근콘크리트 골조공사비의 30% 내외를 차지하고 있다.

④ 동절기 공사 곤란

추운 날씨에 콘크리트를 타설하면 콘크리트가 동해의 피해를 입으므로 동절기 공사가 곤란하여 공사 기간이 철골공사에 비해 늘어난다.

⑤ 개조 및 보강의 어려움

철골은 재료의 재사용, 개조, 보강이 용이하나 철근콘크리트는 어려움이 있다.

연 습 문 제

1 철근콘크리트의 성립 이유를 설명하시오.

① 대기속에 노출된 철근은 산화작용으로 부식이 빠르다. 하지만 철근을 감싸고 있는 알카리성의 콘크리트는 철근의 부식을 방지해 준다.

② 철근은 불에 약하나 이것을 감싸고 있는 콘크리크는 열전도율이 낮기 때문에 내화성을 높여준다.

③ 철근과 콘크리트의 온도에 대한 열팽창계수(1×10^{-5}/℃)가 거의 같으므로 온도 변화에 유사한 팽창과 수축을 하므로 이로 인한 균열이 문제가 되지 않는다.

④ 콘크리트가 경화된 후 철근과 콘크리트의 부착 강도가 커서 두 개의 이질 재료의 거동이 일체로 거동한다.

2 철근콘크리트의 장점과 단점을 기술하시오.

(1) 장점

① 내화성 및 내구성

콘크리트는 내화성이 좋고, 철근의 부식을 방지할 수 있으므로 내구적이다.

② 경제성

재료의 수급이 용이하고, 보통 중·저층 골조를 철근콘크리트로 할 경우 철골에 비해 20~30% 공사비를 줄일 수 있다.

③ 구조적 조형성

거푸집에 콘크리트를 부어 넣기 때문에 거푸집의 모양과 마감 기술에 따라 원하는 형태과 무늬를 만들어 여러 의장효과를 낼 수 있다.

④ 차음성 및 내진성

높은 강성(EI)과 질량을 갖고 있어 보행자나 기계 작동 등에 의한 진동에 저항하는 능력이 우수하며, 상·하층이나 벽체간의 소리를 차단하는 성능도 좋다.

(2) 단점

① 중량성

콘크리트의 압축강도는 철골에 비해 5~10% 정도지만 비중은 2.4로 철골의 7.8에 비해 30% 정도이다. 따라서 철근콘크리트 구조물은 철골구조에 비해 자중증가로 기초와 기둥크기가 증대된다. 이로 인해 기초터파기량이 증가되고, 기둥의 증대는 실유효면적

감소의 원인이 된다.

② 균열 발생

콘크리트의 건조 수축, 크리프와 온도 변화에 따라 균열이 발생한다. 그 결과 균열폭이 어느 한도 이상으로 크면 주위의 공기와 습기의 침투로 철근이 부식되고, 구조물의 미관을 해치므로 균열에 대한 제한을 두고 있다.

③ 거푸집과 지주의 사용

거푸집과 지주는 철근콘크리트 공사에만 사용되며, 철골구조나 목구조 등에서는 필요 없는 노동력과 재료가 소모되고, 공사기간(공기)이 늘어나게 된다.

거푸집과 지주의 공사비는 대략 전체 철근콘크리트 골조공사비의 30% 내외를 차지하고 있다.

④ 동절기 공사 곤란

추운 날씨에 콘크리트를 타설하면 콘크리트가 동해의 피해를 입으므로 동절기 공사가 곤란하여 공사 기간이 철골공사에 비해 늘어난다.

⑤ 개조 및 보강의 어려움

철골은 재료의 재사용, 개조, 보강이 용이하나 철근콘크리트는 어려움이 있다.

제 2 장
재료

1. 개요
2. 콘크리트의 구성 재료
3. 콘크리트 강도에 영향을 주는 요인
4. 콘크리트의 강도
5. 콘크리트의 응력-변형률 곡선
6. 콘크리트의 탄성 계수
7. 콘크리트의 용적 변화
8. 철근

재료

1 개요

철근콘크리트 구조체를 이루는 주요 재료는 콘크리트와 철근이다. 따라서 이 장에서는 사용 목적을 달성하고, 안전하고 경제적이며 사용성이 좋은 구조체를 설계하기 위하여 주요 재료인 콘크리트와 철근의 재료 성질과 역학적인 성질에 대하여 다루기로 한다.

2 콘크리트의 구성 재료

1. 시멘트

시멘트란 물과 혼합하여 시간 경과에 따라 경화되는 분말의 무기질 결합재로포틀랜드 시멘트가 대표적이다.

철근콘크리트에 쓰이는 시멘트는 포틀랜드 시멘트이며, 이것은 KS L 5201(포틀랜드 시멘트)에 그 품질이 규정되어있고, 그 종류는 표 2-1과 같이 크게 다섯 종류로 분류하고 있다.

표 2-1 포틀랜드 시멘트의 종류와 용도

시멘트의 종류	용도
보통(Ⅰ종)	특정한 특성이 필요하지 않은 일반 콘크리트용
중용열(Ⅱ종)	중간정도의 수화열이 발생하는 대형구조(댐, 교량공사등), 해양구조 콘크리트용으로 수화열이 290J/g(7일), 340J/g(28일)이하로 규정
조강(Ⅲ종)	조기강도 발현이 필요한 긴급공사 및 한중공사의 콘크리트용
저열(Ⅳ종)	수화작용시 저열이 요구되는 대형구조(댐, 교량공사 등)나 고강도 콘크리트용으로 Ⅱ종시멘트와 동일하나 수화열이 250J/g(7일), 290J/g(28일)이하로 규정
내황산염(Ⅴ종)	황산염에 대한 저항력이 요구되는 콘크리트용 (하수구, 폐수처리시설 등)

향후, 여러 혼화제의 개발로 특수용도에 적합한 콘크리트용 시멘트의 개발이 계속 이루어질 전망이다.

2. 골재

KS F 2526(콘크리트용 골재)에 규정된 콘크리트용 골재(aggregates)란 모르타르(mortar) 또는 콘크리트(concrete)를 만들기 위하여 결합재, 물 등과 함께 일체로 굳어지는 불활성(不活性) 재료로서 모래, 자갈, 부순돌, 슬래그, 기타 이와 비슷한 재료를 통틀어 말한다.

골재는 대개 콘크리트 체적의 70~75%를 차지하며, 그 종류와 품질은 콘크리트의 성질에 커다란 영향을 미친다. 골재는 일반적으로 크기에 의해 잔골재(fine aggregate)와 굵은 골재(coarse aggregate)로 분류 되며, 잔골재와 굵은 골재가 적당한 비율로 잘 배합되어야 콘크리트강도와 내구성이 증대된다. 그렇기 때문에 골재의 입자크기(입도)의 배합비율은 중요한 요소가 된다.

골재의 분류는 한국공업규격 KS A 5101에 규정되어 있는 5mm체에 중량비율로 거의 85% 이상 통과하는 골재를 잔골재(fine aggregates)라 하며, 5mm체에 중량비율로 85% 이상 잔류하는 골재를 굵은 골재(coarse aggregates)라 정의한다. 철근콘크리트 구조에서 사용하는 굵은 골재의 최대 허용 치수는 다음 값을 초과하지 말아야 한다.

① 거푸집 양측면 사이의 최소 간격의 1/5
② 슬래브 두께의 1/3
③ 개별 철근, 다발 철근, 프리스트레스트 긴장재, 또는 덕트 사이 최소 간격의 3/4

그러나 이러한 제한은 콘크리트를 공극없이 칠 수 있는 다짐방법을 사용할 경우에는 책임구조기술자의 판단에 따라 적용하지 않을 수 있다.

콘크리트에 일반적으로 사용되는 자연석의 골재는 약 23.2kN/m^3의 단위 중량을 가지며, 철근이 보강된 철근콘크리트의 중량은 계산의 편의상 24.0kN/m^3를 사용한다. 그러나 특수한 경우에는 경량골재 혹은 중량 골재를 사용하여 중량을 조정할 수 있다. 골재의 체가름, 비중 및 흡수량, 표면수 측정, 단위 용적 중량, 유기 불순물, 마모, 안정성, 빈틈 등에 대한 시험 방법은 KS F 2501부터 KS F 2510 사이에 규정되어 있다.

3. 물

콘크리트 배합에 사용되는 물은 청결한 것으로서 일반적으로 산, 기름, 알칼리, 염분, 유기물, 그리고 콘크리트 및 철근에 유해한 물질을 포함해서는 안된다.

3 콘크리트 강도에 영향을 주는 요인

1. 물-시멘트 비

화강암의 압축 파괴강도는 150MPa 수준이다. 모래도 이와 같이 높은 압축 파괴 강도를 갖는 것은 명백하다. 그런데 자갈, 모래, 시멘트, 물로 만든 콘크리트의 강도는 30MPa 수준밖에 안된다. 이것은 모래나 자갈의 강도보다 훨씬 적은데 그 까닭은 시멘트와 물로 된 부분이 약하기 때문이다. 시멘트와 물을 갠 것을 cement paste 즉 시멘트 풀이라고 한다. 콘크리트의 강도를 좌우하는 근본적인 요소는 시멘트 풀의 강도에 있다. 우리가 종이를 풀로 바를 때 풀이 된(農)것이 묽은(稀)것보다 잘 붙는 것을 흔히 본다. 모래나 자갈을 같이 붙이는 풀 역할을 하는 것이 시멘트 풀이라면 시멘트 풀이 된(農)것이 강한 풀이 될 것이다. 된풀이라는 것을 과학적으로 물-시멘트 비(water-cement ratio)가 적다고 한다.

물-시멘트 비가 낮을수록 된풀이 되고, 된풀일수록 모래와 자갈을 강하게 묶어서 강한 콘크리트를 만든다. 시멘트는 물과 화합해서 경화한다. 시멘트에 물을 줄 때에만 이것이 경화하는데, 이 경화에 필요한 물의 무게가 대체로 시멘트 무게의 20~25% 정도이다. 이것에다 다시 10~15%의 물이 있어야 시멘트 풀 안에서 물이 유동되어 시멘트 입자 속에 물이 흘러들어서 시멘트를 경화시킬 수 있다. 그러니까 최소한 물은, 무게 비로 시멘트의 35~40%가 필요하다. 이것보다 적은 양의 물로 콘크리트를 만들려면 수경 반응이 일어나지를 못해서 콘크리트의 강도가 나오지 못한다.

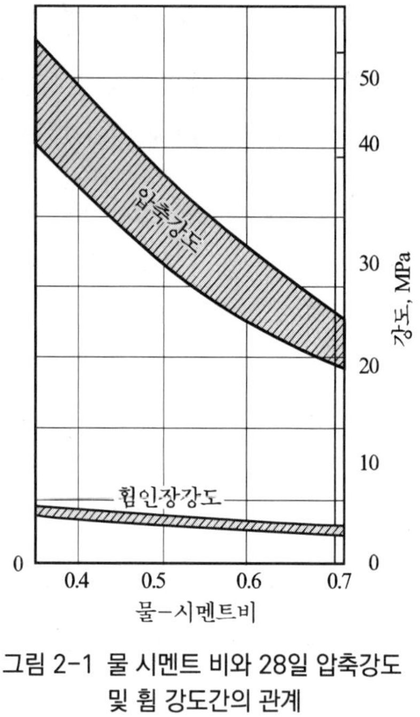

그림 2-1 물 시멘트 비와 28일 압축강도 및 휨 강도간의 관계

그러나 이것보다 많은 양의 물을 주면은 콘크리트 경화에 필요한 이상의 물이 시멘트 풀 안에 있게 되어, 여분의 물이 차지하는 용량은 콘크리트 강도를 낼 수 없는 부분이 된다. 결국 묽은 풀에 의한 약한 콘크리트가 되고 만다.

물-시멘트 비의 증가에 따른 콘크리트 강도가 약화해가는 관계를 도시한 것이 그림 2-1이다. 이 그림에서 보면 콘크리트의 압축강도는 물-시멘트 비의 영향을 심하게 받는 것을 알수있다. 반면 휨 인장강도는 물-시멘트 비에 따라 감소는 하지만 그 정도가 압축강도처럼 심하지 않다.

이와 같이 콘크리트 강도에 제일 큰 역할을 하는 것이 물-시멘트 비라는 것을 알수있다. 또한 콘크리트는 부어 넣을 때 철근 사이를 자유로이 흘러들어 가서 철근과 거푸집의 구석 구석에 까지 주입되어야 한다. 그런데 물-시멘트 비를 적게 하면 콘크리트의 물렁물렁한 정도 즉 학문적으로는 Workability(시공연도 혹은 유동성)가 나빠져서 콘크리트 치기가 어렵고 굳은 다음에 콘크리트가 거푸집 안에 잘 돌지 못한 탓으로 곰보(honey comb)가 생긴다. 이것을 피하기 위하여 콘크리트를 비비는 동안에 물을 더 부으면 시공연도는 향상되지만 물-시멘트 비의 상승으로 콘크리트 강도의 약화가 따라온다. 시공연도도 향상시키고 콘크리트 강도의 저하도 방지하는 방법은 물만 더 붓지를 말고 물도 붓고, 시멘트도 더 붓는 것이다. 그러면 물-시멘트 비가 높아지지 않으면서 높은 시공연도를 얻을 수 있다.

2. 골재 품질과 입도(粒度) 분포

모래와 자갈의 질과 입도 분포가 적당한 비율로 잘 배합되어 있어 치밀하게 잘 채워질수록 콘크리트의 강도와 내구성이 커지게 된다. 따라서 골재의 입자 크기, 즉 입도 상태가 골재를 치밀하게 채우기 위해서 중요한 요소가 된다.

또한 시멘트와 골재 사이에 화학 작용을 일으키는데 불리하지 않도록 흙과 유기 물질과 같은 불순물이 골재의 표면에 없는 것을 사용하여야 한다.

골재의 입도 분포는 큰 것과 작은것이 골고루 섞이도록 하여야한다. 종이를 풀로 붙일 때에 된 풀을 골고루 적게 바르는 것이 좋고 많은 풀칠을 하면 오히려 좋지 않은 것을 경험한다. 큰 자갈만 쓰면 자갈과 자갈 사이를 시멘트 풀(cement paste)로 메워야 하지만 모래를 자갈에 섞으면 시멘트 풀로 메울 공간이 적어진다. 뿐만 아니라 모래는 시멘트 풀 보다 더 강하니까 돈도 덜들고 강도도 오히려 상승한다.

크기가 같은 자갈 사이를 시멘트 모르타르(cement mortar)로 메우는 것 보다는 큰것과 작은 것이 골고루 섞인 자갈 사이를 시멘트 모르타르로 메우면 더 적은 시멘트 모르타르가 필요하게 되고 강도는 오히려 상승하게 된다. 여기서 모래, 자갈의 입도가 작은 것에서 큰 것까지 골고루 섞어서 최소한의 시멘트 풀(cement paste)로 공극을 채워 나가게 하는 것이 제일 유리하다.

3. 양생(養生)

적당한 온도와 수분을 공급해서 콘크리트의 경화가 잘 진행되게 하는 것이 양생인데 이것의 자세한 것은 건축 시공 책을 참고하길 바란다.

콘크리트 경화 때의 최대의 적은 동해(凍害)이다. 콘크리트를 친 직후 영하 10℃ 이하로 내려가면 콘크리트 속의 물이 언다. 콘크리트 표면이나 자갈에 접한 콘크리트 면에 굵기 1mm, 길이 1~3cm 정도의 얼음 박힌 흔적이 무수히 나오며, 이런 콘크리트는 망치로 두드리면 호박치는 소리가 나며, 잘 굳은 콘크리트를 칠 때의 쇠 소리와 비교해서 동해를 입은 것을 금방 알 수 있다.

동해를 입은 콘크리트는 자갈과 시멘트 모르타르가 허들허들 분리되고 만다. 이 동해는 무서운 것으로 건물 붕괴의 원인으로 작용할 수 있다.

콘크리트가 경화할 때는 화학반응열이 난다. 콘크리트의 양이 적은 때는 즉 일반 건물과 같이 슬래브는 콘크리트 두께가 150mm 정도, 보와 기둥은 두께가 300~1,000mm 정도라면 경화열은 외부로 빠져 나가서 별 다른 문제는 없지만 콘크리트 두께가 수십 미터나 되는 댐(dam)과 같은 것을 시공할 때는 콘크리트 안에 미리 파이프(pipe)를 매설해서 콘크리트 부어 넣기 후부터 찬물을 이 파이프(pipe) 안에 순환시켜 경화열을 줄여주어야지 그렇지 않으면 높은 경화열에 의한 콘크리트의 팽창과 식은 뒤의 수축으로 콘크리트 품질에 큰 영향을 준다.

4 콘크리트의 강도

1. 압축강도

재령 28일 되는 콘크리트 표준 공시체의 일축 압축강도시험으로 정한다.

콘크리트의 표준공시체는 우리나라를 비롯하여 미국, 일본, 프랑스에서는 지름 150mm, 높이 300mm의 원주형공시체를 사용하도록 되어있다. 하지만, 공사현장사정에 따라 표준공시체가 아닌 지름100mm, 높이200mm 공시체를 사용할 수 있는데 이때는 강도보정계수 0.97를 곱하여 사용한다.

2. 콘크리트의 인장강도

콘크리트 보의 전단과 Torsion(비틀림)에 대한 저항력은 주로 콘크리트의 인장강도에 의존하는 것 같고, 철근콘크리트 보의 휨 인장측에 생기는 균열(crack)도 또한 콘크리트의 인장강도와 깊은 관계가 있다.

콘크리트의 진정한 인장강도를 알아내는 실험을 하기는 어렵다. 가해진 인장력의 축과 재축 사이에 약간의 오차가 있다거나, 인장을 주기 위하여 콘크리트를 기계에 물릴 때의 응력의 집중 등으로 직접 인장을 가함으로 진정한 인장강도를 측정하기는 어렵다. 따라서 간접 방법으로 쪼갬(splitting) 인장강도 시험과 휨 인장강도(modulus of rupture) 시험방법을 사용하여 인장강도를 구하고 있다.

(1) 휨 인장강도(modulus of rupture) 시험

콘크리트 시험체에 그림 2-2에 보이는 바와 같이 휨을 주어서 이것이 부러질 때의 휨 인장응력도를 M_{cr}/Z로 계산해서 이것으로 인장강도의 크기의 기준을 삼아왔다. 그러나 이것은 콘크리트가 탄성체라는 가정에서 계산된 것이며, 이 휨 응력도는 시험체의 최외단에 부분적으로 작용하는 인장응력이며 단면전체에 균일하게 작용하는 진정한 인장응력 보다는 크게 산출되는 경향이 있다. 그래서 이것은 진정한 인장강도를 나타내는 것이 아니고, 인장강도의 일종의 측정치를 나타내는 것에 불과하며, 식(2.1)로 계산된다.

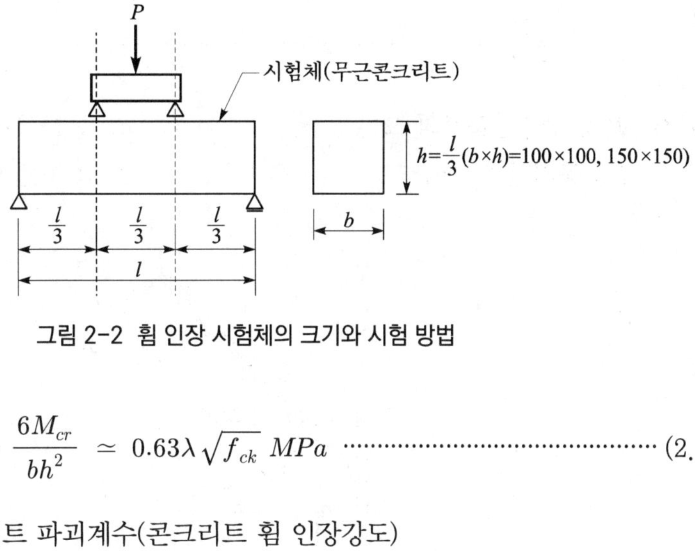

그림 2-2 휨 인장 시험체의 크기와 시험 방법

$$f_r = \frac{M_{cr}}{Z} = \frac{6M_{cr}}{bh^2} \simeq 0.63\lambda\sqrt{f_{ck}}\ MPa \qquad (2.1)$$

여기서, f_r : 콘크리트 파괴계수(콘크리트 휨 인장강도)

M_{cr} : 콘크리트의 인장측에 생기는 균열 휨모멘트

Z : 콘크리트 단면의 단면계수

λ (경량콘크리트 계수) : 보통중량콘크리트 λ=1.0

모래경량콘크리트 λ=0.85 (잔골재는 자연산모래, 굵은골재는 경량골재로 만든 콘크리트)

전경량콘크리트 λ=0.75

f_{ck} : 콘크리트의 설계기준압축강도(MPa)

(2) 쪼갬 인장강도(split-cylinder) 시험

최근에는 콘크리트의 인장강도의 한 측정법으로서 split-cylinder 시험이 생겼다. 이 방법은 그림 2-3과 같이 압축시험용과 꼭 같은 콘크리트 시험체를 압축기 사이에 수평으로 뉘워 놓고서 콘크리트와 압축판 사이에 합판을 끼워서 압력이 균일하게 분포 되도록 한 다음 콘크리트체의 양편에서 모선에 따라 가압한다. 이렇게 가압된 탄성체내에는 가력면과 직각방향으로 거의 균등한 크기 $2P/\pi dl$의 인장응력도가 작용하게 된다. 이와 같이 가력되면 원통 시험체는 가력면에 따라 두 조각으로 깨진다. 여기서 P는 파괴될 때에 가해진 압축력, d와 h은 콘크리트 시험체의 지름과 길이이다. 가력선에서의 국부 응력 상태와 앞에서 기술한 인장응력과 직각방향으로 작용하는 압축 응력이 동시에 일어나는 사정 때문에 split-cylinder 시험도 진정한 인장강도는 아니지만 현재로서는 이것이 아주 가까운 측정치라고 판단되어 있다. 인장시험의 결과는 압축시험의 결과보다 더 많은 흩어짐(scatter)이 있으며, 이 쪼갬 인장강도 f_{sp} 는 식(2.2)로 계산된다.

$$f_{sp} = \frac{2P}{\pi dl} \qquad (2.2)$$

여기서, P : 가해진 하중의 크기 d : 공시체의 지름

l : 공시체의 길이 f_{sp} : 쪼갬 인장강도

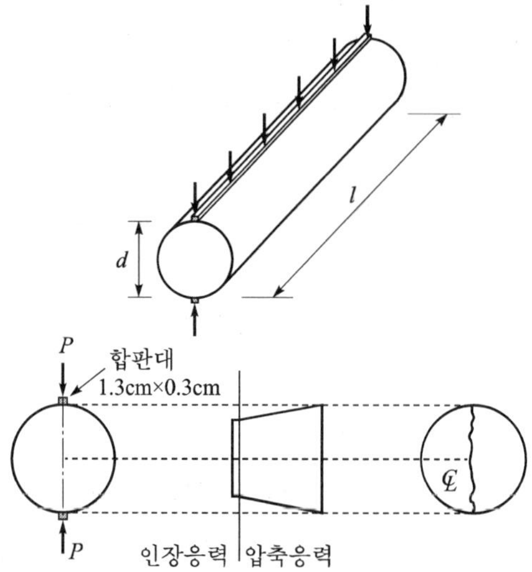

(a) 원주형 공시체 쪼갬 인장시험 (b) 수평 응력 블록 (c) 시험 후 공시체

그림 2-3 원주형 공시체의 쪼갬 인장 강도 시험법

5 콘크리트의 응력-변형률 곡선(stress-strain curve)

그림 2-4는 원주형 공시체를 사용하여 재령 28일의 여러 가지 압축강도를 가진 콘크리트의 일반적인 응력-변형률 곡선을 나타낸 것이다.

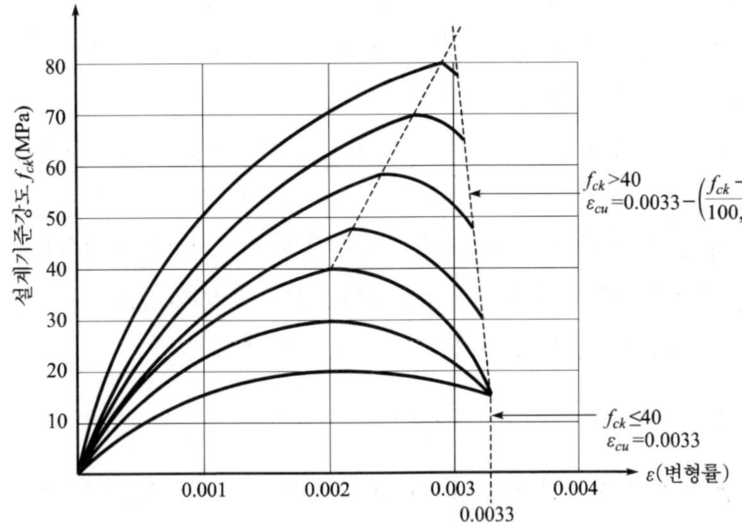

그림 2-4 콘크리트의 응력-변형률 곡선

- 최대 응력에 처음 도달할 때의 콘크리트의 변형률(ε_{co})은 0.002~0.003
- 파괴시 콘크리트의 변형률(극한 변형률:ε_{cu})은 0.003~0.004

철근콘크리트 강도 설계법에서 파괴시 극한 변형률 (ε_{cu})

- $f_{ck} \le 40MPa$: $\varepsilon_{cu} = 0.0033$
- $f_{ck} > 40MPa$: 매 $10MPa$강도 증가에 대해 0.0001씩 감소.

$$\varepsilon_{cu} = 0.0033 - \left(\frac{f_{ck} - 40}{100,000}\right)$$

- $90MPa$ 초과 시 성능실험을 통해 산정.

6 콘크리트의 탄성 계수

콘크리트는 그림 2-4에서와 같이 완전 탄성체가 아니므로 그 응력-변형률의 관계는 엄밀하게는 비선형(non-linear)이지만 압축강도의 30~40% 정도의 낮은 응력 범위에서는 직선으로 볼 수 있다. 즉, 이 범위에서는 콘크리트를 탄성체로 볼 수 있다. 이 부분의 경사 즉, 응력도를 변형률로 나눈 값을 탄성 계수(E_c)라고 하는데 강도가 높은 콘크리트 일수록 E_c 가 큰 것을 알 수가 있다.

콘크리트의 탄성 계수 E_c 의 값을 콘크리트구조 설계기준 에서는 다음과 같이 규정 하고 있다.

콘크리트의 할선 탄성 계수는 콘크리트의 무게와 강도의 함수로 나타낼 수 있으며 설계기준에서는 콘크리트의 단위 질량 m_c의 값이 1,400~2,500kg/m^3 범위의콘크리트의 경우 탄성 계수를 식(2.3)에 따라 계산하도록 규정하고 있다.

$$E_c = 0.077 {m_c}^{1.5} \sqrt[3]{f_{cm}}\ MPa \quad \cdots\cdots (2.3)$$

다만, 보통 골재를 사용한 콘크리트($m_c = 2{,}300 kg/m^3$)의 경우는 식(2.3)로부터 다음과 같이 된다.

$$E_c = 8{,}500 \sqrt[3]{f_{cm}}\ MPa \quad \cdots\cdots (2.4)$$

여기서, f_{cm} 은 재령 28일에서 콘크리트의 평균 압축강도를 나타내며 식(2.5)에 따라 계산된다.

$$f_{cm} = f_{ck} + \Delta f \quad \cdots\cdots (2.5)$$

여기서 Δf 는 $f_{ck} \leq 40MPa$: $\Delta f = 4\,MPa$

$f_{ck} \geq 60MPa$: $\Delta f = 6\,MPa$

$40 < f_{ck} < 60\,MPa$: 직선보간한다.

7 콘크리트의 용적 변화

하중의 작용이 없어도 건조수축과 온도 변화에 따라 콘크리트는 용적 변화를 한다.

1. 건조 수축

콘크리트는 그 작업성을 확보하기 위하여 수경(水硬)에 필요한 이상의 물을 써서 비빈다. 콘크리트가 경화된 후 공기중에 방출되면 이 여분의 수분이 증발하여 콘크리트 내에 공극이 생기며 그 체적이 수축한다. 반대로 마른 콘크리트를 물에 넣으면 팽창한다. 수축은 그 재료의 구성에 따라 감소되는 속도로 수개월간 진행된다. 과대한 수축은 슬래브나 벽에 보기 싫은 균열(crack)이 생기게 되며, 구조물에 유해한 응력을 발생시킨다. 프리스트레스트(Prestressed) 콘크리트에서는 초기장력의 상실을 초래하게 한다.

수축에 영향을 주는 결정적인 요인은 콘크리트를 비빌 때 사용한 물의 양이다.

그림 2-5는 비빌 때 사용한 물의 양과 수축량과의 관계를 표시한다. 콘크리트를 비빌 때 사용한 시멘트 양과는 그다지 큰 관계가 없는 것도 밝혀지고 있다. 수축을 적게 하는 주요방법은 콘크리트를 비빌 때 소요 시공연도를 얻기에 필요한 최소의 수량을 사용하는 것이다.

보통 콘크리트의 수축량은 사용한 물의 양, 외기 조건, 골재의 성질에 따라 0.02%~0.07% 정도이다.

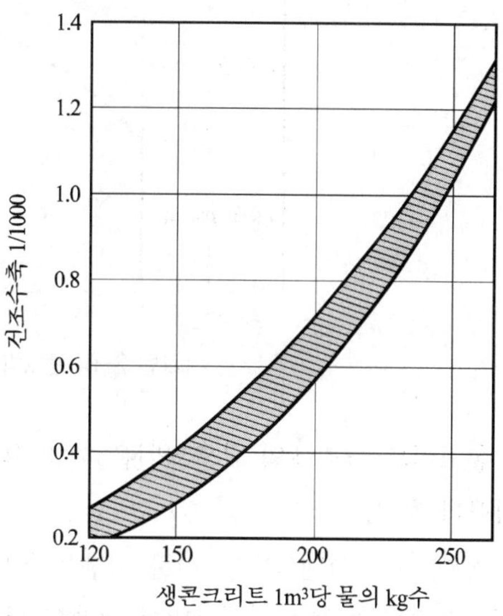

그림 2-5 비빌 때 사용한 수량과 콘크리트의 건조 수축량의 관계

2. 온도 변화

콘크리트도 다른 물질과 마찬가지로 온도가 높아지면 팽창하고 낮아지면 수축한다.

콘크리트의 온도에 대한 선 팽창 계수는 1×10^{-5}/℃로 보면 된다.

3. 콘크리트의 크리프(creep)

콘크리트에 어떤 하중이 작용하면 그것에 비례하는 순간적인 변형이 생기고 그 후에는 하중이 증가하지 않는 한 변형이 더 이상 증가하지 않으면 그 재료는 크리프(creep) 하지 않는 것이고, 그렇지 않고 하중의 추가는 없는데 시간이 t_0 에서 t_1 으로 경과함에 따라 변형이 추가될 때, 이 추가변형을 크리프(creep)변형이라고 한다. 크리프를 도식적으로 표시한 것이 그림 2-6이다.

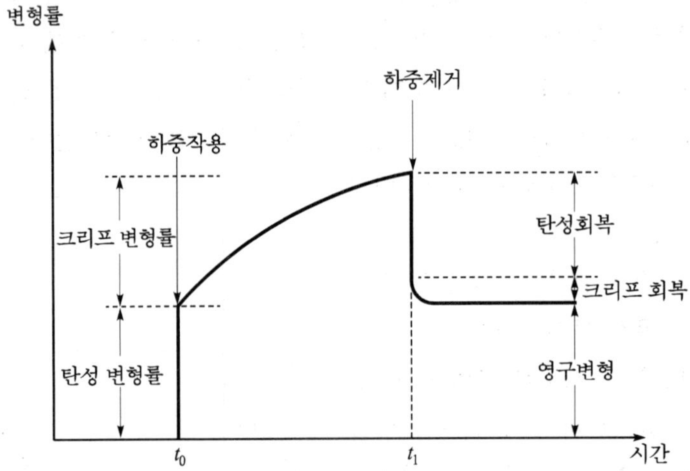

그림 2-6 콘크리트의 탄성 및 크리프 변형률

콘크리트 크리프의 발생원인은 여러 요인이 있는데 그중에 대표적인 원인과 영향으로는 다음과 같다.

첫째, 물·시멘트비(w/c)로 시멘트페이스트의 수분이 수축하려는 성질 때문에 발생하게 되므로 될수록 물·시멘트비를 적게 하도록 한다.

둘째, 콘크리트의 강도가 클수록 크리프양이 감소한다.

셋째, 상대습도가 높을수록 크리프양이 감소한다.

넷째, 하중재하 기간이 길수록 크리프양이 증가하는데, 보통 크리프양의 약 80%는 4개월 이내에 발생하고, 2년 후에는 약 90%가 발생하는 것으로 알려져 있다.

다섯째, 온도변화가 적을수록 크리프양은 감소한다.

여섯째, 양생조건을 고온증기로 할 때 크리프는 감소한다.

8 철근

1. 일반 사항

콘크리트에 비해서 철근은 고강도 물질이다. 보통 철근의 압축 항복점은 콘크리트의 압축강도의 10여 배, 철근의 인장 항복점은 콘크리트의 인장강도의 100 여 배나 된다. 반면에 철근은 가격이 비싸다. 그래서 콘크리트와 철근을 결합해서 콘크리트는 압축에 저항하고, 철근은 인장에 저항하도록 하면 가장 좋은 또 다른물질이 된다. 그래서 철근콘크리트 보에서는 콘크리트는 압축력에 저항하고 철근은 인장면 가까이에 배근해서 인장력에 저항하도록 하며, 보의 복부(web)에는 전단력에 의해서 생기는 사인장력에 저항하도록 스터럽(stirrup)을 배근한다.

그러나 철근은 고층건물의 저층부 기둥과 같은 압축재의 단면을 줄이기 위하여 주로 압축력에 저항하도록 배근할 때도 있다. 이와같은 단면감소의 필요가 없는 경우라도 모든 압축재에 최소한의 철근이 배근되도록 규정되어 있다. 그 이유는 어떤 돌발적인 휨 모멘트가 생겨서 압축재에 균열이 생기거나 파괴되는 일을 막기 위해서 이다.

가장 유효한 보강 작용을 하기 위해서는 철근과 콘크리트가 강하게 부착해서 이 두 물질이 완전 일체가 되어 같은 변형을 해야 하며 결코 철근과 이것을 에워싸고 있는 콘크리트 사이에 상대적인 활동이 있어서는 않된다. 이것을 위한 부착력은 철근과 콘크리트 사이에 생기는 비교적 큰 화학적 부착력, 철근 표면에 자연히 생기는 마찰력 및 인위적으로 철근표면에 요철(凹凸)을 준 이형 철근 표면에서의 콘크리트와의 물리는 작용 등에 의해서 생긴다.

철근과 콘크리트가 부착력에 의한 완전한 일체가 될 뿐만 아니라, 만족스러운 만큼 또 다른 일체가 될 수 있는 이유 중에는 다음과 같은 것들이 있다.

(1) 이 두 물질의 열팽창계수가 거의 $1\times10^{-5}/^{\circ}C$로서 서로 같기 때문에 열변형 차이에서 오는 균열이나 기타 다른 좋지 못한 결과가 방지되며

(2) 나체(裸體) 철근의 내식성은 매우 약하나 이것을 에워싸는 콘크리트의 내식 성은 매우 높아서 철근의 부식문제를 거의 영(zero)으로 덜어주며

(3) 철근의 높은 열전도성과 고온에서의 강도 상실을 열전도율이 낮은 콘크리트가 보호하여 준다. 그래서 장시간의 화재에도 불구하고 그 피해는 콘크리트의 외부에서 그치게 된다.

2. 철근의 형태

철강이 콘크리트 구조물에 이용되는 방법은 두가지가 있다. 즉 보강근과 Prestressing steel 이다. 보강근은 콘크리트 치기에 앞서 거푸집 내에 배근되며 이것에는 건조수축이나 이와 유사한 자생적인 응력 이외는 반드시 하중에 의해서만 응력이 가해진다. 그리고 프리스트레스트 콘크리트(prestressed concrete) 구조에서는 외력에 저항하기에 앞서 기계를 가지고 인위적으로 Prestressing steel 에 강한 인장력을 작용시킨다. 이 두가지 용도는 그 양상이 매우 달라서 분리해서 설명해야 한다.

보강근에는 원형철근과 이형철근이 있다. 원형철근은 이형철근에 비해서 부착력이 낮기 때문에 그 생산이 거의 되지 않고 있으며, 대부분의 모든 설계에서 이제는 이형철근을 사용하고 있다.

이형철근이라 함은 그림 2-7과 같이 철근 표면에 인위적으로 요철(凹凸)을 준 철근이며 우리가 시중에서 보는 거의 모든 철근이 이것이다.

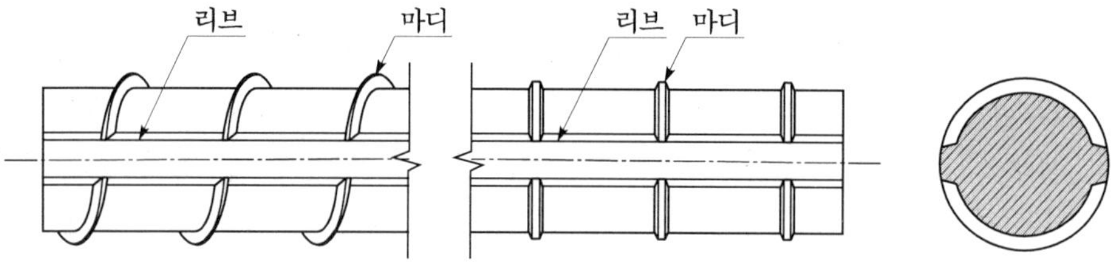

그림 2-7 이형철근의 형태

이형철근은 그 직경을 가지고 규격을 정할 수가 없다. 그래서 이것의 호칭은 D6, D10 과 같이 D자 뒤에 숫자가 들어가는데 이 숫자는 직경의 근사값이다. 현재 규격화되고 있는 것이 D6~D41의 13종이 있으며 슬래브에는 보통D10~D16이 주로 쓰이고, 작은보나 큰보에는 D19~D25가, 기둥에서는D19~D35가 주로 사용되고 있다. 원형철근은 그 직경을 가지고 9∅, 16∅ 등으로 기입하여 여기 9와 16은 mm 단위로 측정한 직경이다.

KS D 3504에 규정된 이형철근의 치수는 표 2-2와 같다.

표 2-2 이형철근의 치수

호칭명	단위무게 [kg/m]	공칭지름 [mm]	공칭단면적 [mm^2]	공칭둘레 [mm]	마디의 평균 간격 최대값 [mm]
D6	0.249	6.35	31.7	20	4.4
D10	0.560	9.53	71.3	30	6.7
D13	0.995	12.7	126.7	40	8.9
D16	1.56	15.9	198.6	50	11.1
D19	2.25	19.1	286.5	60	13.4
D22	3.04	22.2	387.1	70	15.5
D25	3.98	25.4	506.7	80	17.8
D29	5.04	28.6	642.4	90	20.0
D32	6.23	31.8	794.2	100	22.3
D35	7.51	34.9	956.6	110	24.4
D38	8.95	38.1	1,140	120	26.7
D41	10.5	41.3	1,340	130	28.9
D51	15.9	50.8	2,027	160	35.6

3. 역학적 성질

철근콘크리트 구조 설계에서 두 가지 중요한 철근의 역학적 성질이 사용되는데 그 첫번째는 탄성계수 E_s 이며, 두번째는 항복강도 f_y 이다.

이러한 철근의 역학적 성질은 인장시험, 굽힘시험 등의 재료시험에 의해 결정되며, 이 중에서 인장시험이 가장 보편적인 시험으로, 가한 인장력과 변형률로부터 응력-변형률 곡선을 작성하여 여기서 탄성계수 E_s 와 항복강도 f_y 를 얻게 된다.

철근의 탄성계수는 모든 종류의 철근에 대해 일정한 것으로 식(2.6)의 값을 표준으로 한다.

$$E_s = 200{,}000MPa \qquad (2.6)$$

철근의 항복점은 비교적 낮은 강도 이하의 저탄소강 재질에서는 그림 2-8에 나타난 바와 같이 뚜렷하게 나타난다. 그러나 열처리한 고강도 철근에서는 항복점이 뚜렷이 보이지 않고 인장강도(f_u)에 이르기까지 완만하게 변화하기 때문에 하중을 제거하였을 때 잔류 변형도 0.2%에서 응력-변형률 곡선에 평행하게(그림 2-8에서 점선)긋고, 곡선과 만나는 점 “A”의 응력을 항복점으로 하고 이것을 항복강도(f_y)로 한다.

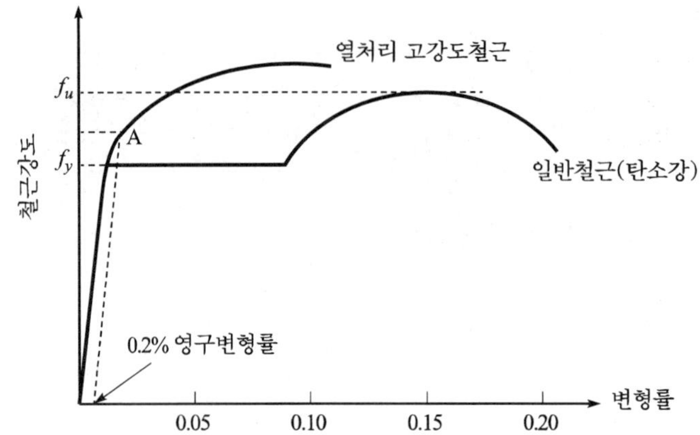

그림 2-8 철근의 항복점 및 항복강도

철근의 재질은 항복점 또는 항복강도를 기준으로 하여 표 2-3과 같이 나누고 있다.

표 2-3 철근의 중류와 성질

종류	기호	항복강도 (MPa)	인장강도 (MPa)	강종구분(마구리색깔)
원형철근	SR240	240 이상	390~530	청색
	SR300	300 이상	450~610	녹색
이형철근	SD300	300 이상	440 이상	녹색
	SD350	350~450	500 이상	적색
	SD400	400~520	570 이상	황색
	SD500	500~640	630 이상	흑색
	SD600	600~700	648 이상	회색
내진철근	SD400S	400~500	$1.25Fy$ 이상	보라색
	SD500S	500~640	$1.25Fy$ 이상	적색
	SD600S	600~700	$1.25Fy$ 이상	청색

내진철근은 모멘트골조부재, 벽체의 경계요소, 연결보에 사용되는 주철근에 대해서는 다음과 같은 성능을 가지는 한국산업규격의 내진용철근(SD400S, SD500S, SD600S)을 사용해야 한다.

① 철근의 인장강도는 항복강도를 일정이상 초과하는 충분한 강도를 가져야 한다.

② 철근의 실제 항복강도는 설계기준 항복강도대비 과도한 강도를 나타내서는 안된다.

③ 철근은 충분한 신장률을 나타내야 한다.

철근의 인장강도는 응력-변형률 곡선에서 최대 응력을 말하며, 연신률은 철근이 인장파괴 시까지 늘어난 길이의 원래 길이에 대한 비율이다.

4. 철근의 표시

이형철근 1개마디의 표시는 KS D 3504에 규정되어 있다.

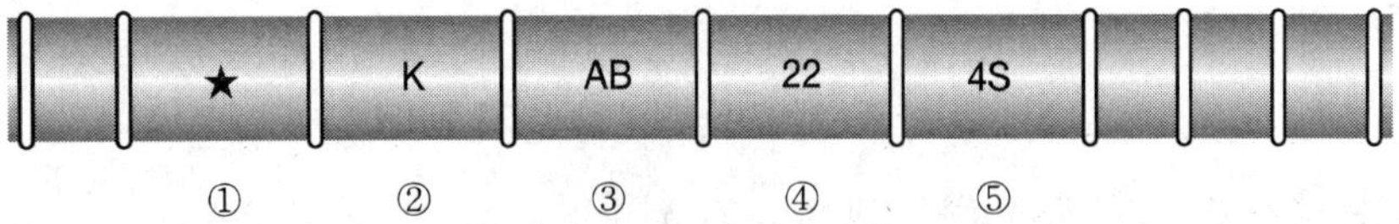

그림 2-9 철근1개마디의 표시방법

① 용접용 철근표시 : 예, ★(용접용철근), 일반철근은 표시 없음
② 원산지 : 예, K(Korea), J(Japan), C(China)
③ 제조회사 : 예, HS(현대제철), DK(동국제강)
④ 호칭명 : 예, 22(D22), 25(D25)
⑤ 철근강도 : 예, 4(SD400), 4S(SD400S), 5(SD500), 5S(SD500S)

중요사항

1. 콘크리트 강도에 영향을 주는 요소

① w/c(물시멘트비)

② 골재 품질과 적당한 비율로 잘 배합된 입도 분포

③ 양생

2. 콘크리트의 강도

① 압축강도(f_{ck}) : 재령 28일 되는 콘크리트 표준 공시체의 일축 압축강도

· 표준 공시체 : ∅150mm(지름) × 300mm(길이) 인 원주형

② 휨 인장강도(f_r : 파괴 계수)

$$f_r = 0.63\lambda\sqrt{f_{ck}}\ MPa$$

(λ : 경량콘크리트 계수, ① 보통중량콘크리트 λ=1.0, ② 모래경량콘크리트 λ=0.85, ③ 전경량콘크리트 λ=0.75)

3. 콘크리트의 탄성계수(E_c)

$$E_c = 8,500\sqrt[3]{f_{cm}}\ MPa\ ,\quad f_{cm} = f_{ck} + \triangle f$$

여기서, $\triangle f$는 $f_{ck} \leq 40MPa$: $\triangle f = 4MPa$

$f_{ck} \geq 60MPa$: $\triangle f = 6MPa$

$40 < f_{ck} < 60MPa$: 직선보간한다.

4. 콘크리트의 건조수축

① 원인 : 콘크리트에 흡착되었던 수분이 증발하여 콘크리트가 수축하게 된다.

② 감소 방법

· w/c를 적게 한다.

· 압축강도를 크게 한다.

· 상대 습도를 크게 할수록 감소한다.

· 철근을 적절히 배치한다.

· 골재량이 많고 입도가 좋을수록 감소한다.

5. 콘크리트의 크리프

① 현상 : 경화된 콘크리트에 일정한 하중을 계속 작용시키면 하중의 증가 없이도 변형은 시간과 더불어 증가하는 현상

② 감소 방법

- 콘크리트 압축강도를 크게 한다.
- 온도 변화를 적게 한다.
- 상대 습도가 높을수록 감소한다.
- w/c를 적게 한다.
- 고온 증기양생을 한다.

6. 철근의 탄성계수(E_s)

$$E_s = 200{,}000MPa$$

7. 철근의 표시

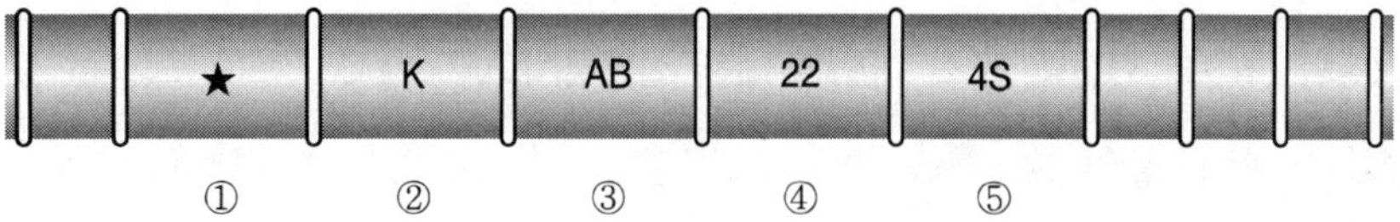

① 용접용 철근표시 : 예, ★(용접용철근), 일반철근은 표시 없음

② 원산지 : 예, K(Korea), J(Japan), C(China)

③ 제조회사 : 예, HS(현대제철), DK(동국제강)

④ 호칭명 : 예, 22(D22), 25(D25)

⑤ 철근강도 : 예, 4(SD400), 4S(SD400S), 5(SD500), 5S(SD500S)

연습문제

1 콘크리트의 건조 수축과 감소 대책에 대해 설명하시오.

(1) 원인

(2) 감소 방법

풀이

(1) 원인 : 콘크리트에 흡착되었던 수분이 증발하여 콘크리트가 수축하게 된다.

(2) 감소 방법

- w/c(물시멘트비)를 적게 한다.
- 압축강도를 크게 한다.
- 상대 습도를 크게 할수록 감소한다.
- 철근을 적절히 배치한다.
- 골재량이 많고 입도가 좋을수록 감소한다

2 콘크리트의 크리프 현상과 감소 대책에 대해 설명하시오.

(1) 현상 :

(2) 감소 방법

풀이

(1) 현상 : 경화된 콘크리트에 일정한 하중을 계속 작용시키면 하중의 증가 없이도 변형은 시간과 더불어 증가하는 현상

(2) 감소 방법

- 콘크리트 압축강도를 크게 한다.
- 온도 변화를 적게 한다.
- 상대 습도가 높을수록 감소한다.
- w/c를 적게 한다.

3 콘크리트의 탄성계수를 계산하시오. (단, 콘크리트의 설계강도 $f_{ck}=24\,MPa$이다.)

풀이

$E_c = 8{,}500\sqrt[3]{f_{cm}}\,MPa$,

$f_{cm} = f_{ck} + \triangle f = 24 + 4 = 28\,MPa$

($f_{ck} \le 40MPa$이므로, $\triangle f = 4\,MPa$)

$E_c = 8{,}500\sqrt[3]{28} = 25{,}811\,MPa$

답 $E_c = 25{,}811MPa$

4 아래의 그림(이형철근)의 기호에 대해 설명하시오.

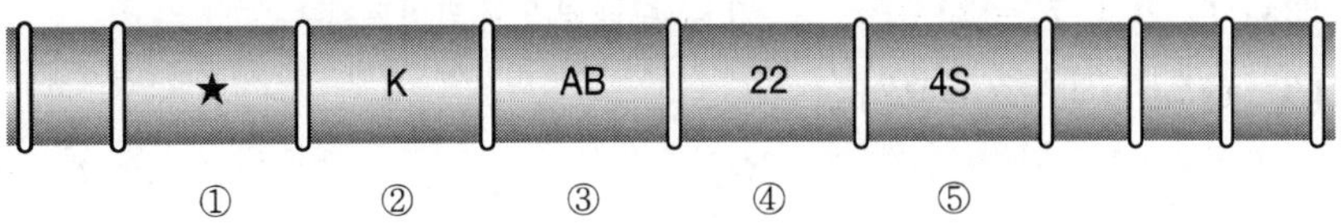

풀이

① 용접용 철근표시 : 예, ★(용접용철근), 일반철근은 표시 없음

② 원산지 : 예, K(Korea), J(Japan), C(China)

③ 제조회사 : 예, HS(현대제철), DK(동국제강)

④ 호칭명 : 예, 22(D22), 25(D25)

⑤ 철근강도 : 예, 4(SD400), 4S(SD400S), 5(SD500), 5S(SD500S)

5 콘크리트의 압축강도 $f_{ck}=24\,MPa$일 때, 콘크리트와 철근의 탄성계수 비(n)를 계산하시오. $(n = E_s/E_c)$

풀이

$E_c = 8{,}500\sqrt[3]{f_{cm}}\,MPa$, $E_s = 200{,}000\,MPa$

$f_{cm} = f_{ck} + \triangle f = 24 + 4 = 28MPa$

$E_c = 8{,}500\sqrt[3]{28}$

$= 25{,}811\,MPa$

$$n = \frac{200{,}000}{25{,}811} = 7.75$$

답 $n = 7.75$

6 콘크리트 재령28일 표준공시체($\varnothing 150mm \times 300mm$)의 쪼갬인장강도 시험에서 인장하중 150KN에서 파괴되었다면 이 공시체의 쪼갬 인장강도(f_{sp})를 구하시오

풀이

$$f_{sp} = \frac{2P}{\pi dl} = \frac{2 \times 150 \times 10^3}{\pi \times 150 \times 300} = 2.122MPa$$

답 $f_{sp} = 2.122MPa$

7 철근콘크리트구조에서 $f_{ck} = 30\,MPa$일 때 모래경량 콘크리트 파괴계수(f_r) 값을 구하시오.

풀이

$f_r = 0.63\lambda\sqrt{f_{ck}}$ 에서, $f_{ck} = 30\,MPa$, $\lambda = 0.85$(모래경량 콘크리트계수)

$f_r = 0.63 \times 0.85 \times \sqrt{30} = 2.93MPa$

답 $f_r = 2.93MPa$

8 콘크리트 재령 28일 표준 공시체 ($\varnothing 150mm \times 300mm$)의 일축 압축강도 시험에서 압축하중 400kN에서 파괴되었다. 이 콘크리트 공시체의 압축강도를 구하시오.

풀이

$$f_c = \frac{P}{A} = \frac{400 \times 10^3}{\frac{\pi \times 150^2}{4}} = 22.6\,N/mm^2 = 22.6\,MPa$$

답 $f_c = 22.6MPa$

9 겨울철 조기강도 발현으로 거푸집 존치기간을 줄일 목적으로 사용되는 시멘트로 적합한 것은?

가. 보통시멘트　　나. 중용열시멘트

다. 조강시멘트　　라. 내황산염시멘트

풀이

· 보통시멘트 : 일반콘크리트용

· 중용열시멘트 : 대형구조(댐, 교량공사 등) 및 해양구조물

· 내황산염시멘트 : 하수구, 폐수처리시설등

· 저열시멘트 : 댐, 교량공사 등 대형구조물

답 다

10 콘크리트의 염해 방지대책으로 적합지 않은 것은?

가. 물-시멘트비를 작게 한다.
나. 내황산염 시멘트를 사용한다.
다. 피복두께를 감소시킨다.
라. 콘크리트 표면을 도장한다.

풀이

피복두께를 증가시키는 것이 효과적이다.

답 다

11 콘크리트와 철근의 탄성계수에 대한 설명 중 적합지 않은 것은?

가. 콘크리트의 탄성계수 E_c는 콘크리트 강도증가에 따라 증가한다.
나. 철근의 탄성계수 E_s는 철근의 항복강도 증가에 따라 증가한다.
다. 철근의 탄성계수는 콘크리트의 탄성계수보다 크다.
라. 탄성계수가 크면 처짐은 작아진다.

풀이

가. $E_c = 8{,}500\sqrt[3]{f_{ck}+\Delta f}$ f_{ck}증가에 따라E_c가 증가한다.
나. 철근의 탄성계수(E_s)는 비례한도 내에서는 항복강도와 무관하게 일정하다.
$(E_s = 200{,}000MPa)$
다. 탄성계수(E)는 재료의 단단한 정도를 나타내는 계수이다. 철이 콘크리트 보다 더 단단하다.
라. E 가 클수록 처짐은 작아진다.
(예 : 등분포 하중 w 가 작용하는 단순보의 처짐 $\delta = \dfrac{5wl^4}{384EI}$: δ와 E는 반비례)

답 나

12 콘크리트 압축강도와 철근의 항복강도의 증가에 따른 각 재료의 탄성계수는 어떻게 변하는지?

	콘크리트의 탄성계수(E_c)	철근탄성계수(E_s)
가.	증가한다	변하지 않는다
나.	증가한다	증가한다
다.	감소한다	감소한다
라.	감소한다	증가한다

풀이

· 콘크리트 탄성계수(E_c)

$E_c = 8{,}500\sqrt[3]{f_{cm}} = 8{,}500\sqrt[3]{f_{ck} + \Delta f}$

콘크리트강도f_{ck}증가에 비례하여 콘크리트 탄성계수(E_c)가 증가한다.

· 철근의 탄성계수(E_s)

철근의 탄성계수E_s는 항복강도(f_y)와 무관하게 $E_s = 200{,}000MPa$ 로 일정하다.

답 가

13 콘크리트의 압축강도에 영향을 미치는 요인으로 가장 관계가 먼것은?

가. 양생방법
나. 물-시멘트비
다. 골재의 품질
라. 혼화제

풀이

혼화제는 특수용도에 적합한 콘크리트를 만들기 위한 재료

답 라

14 콘크리트의 물-시멘트비에 대한 설명 중 적합하지 않은 것은?

가. 물-시멘트비는 물과 시멘트의 중량비이다.
나. 물-시멘트비가 클수록 압축강도가 증가한다.
다. 시멘트 경화(수화작용)에 필요한 최소한의 물-시멘트비는 20~25%정도이다.
라. 워커빌리티(시공연도)는 물-시멘트가 클수록 증가하지만 너무 크면 강도는 감소된다.

풀이

물-시멘트비가 클수록 워커빌리티는 증가되나 콘크리트 강도는 감소된다.

답 나

15 콘크리트 구조에서 크리프(creep)에 영향을 미치는 요소로 가장 부적합한것은?

가. 철근의 탄성
나. 온도변화
다. 콘크리트강도
라. 물-시멘트비

풀이

콘크리트 크리프(creep)감소 방법으로는
· w/c를 적게 한다.
· 콘크리트 강도를 크게 한다.
· 온도변화를 적게 한다.
· 상대 습도를 높게 한다.

답 가

16 콘크리트구조에서 건조수축에 영향을 미치는 요소로 가장 부적합한 것은?

가. 물-시멘트비
나. 콘크리트 압축강도
다. 상대습도
라. 철근강도

풀이

철근강도는 건조수축에 크게 영향을 미치지 못하며 철근을 적절히 배치하므로 써 건조수축을 줄일 수 있다.

답 라

17 철근콘크리트 구조물에서 철근의 충분한 피복두께를 유지해야하는 이유 중 적합지 않은 것은?

가. 구조물의 내화성을 위하여
나. 철근의 내구성(부식방지)을 위하여
다. 콘크리트와 철근사이의 부착력 확보를 위하여
라. 철근의 좌굴방지를 위하여

풀이

기둥철근의 좌굴방지를 위하여 띠철근을 사용한다.

답 라

18 철근콘크리트 구조에서 원형철근이 아닌 이형철근을 사용하는 주된 이유는?

가. 내화성　　나. 부식성　　다. 부착력　　라. 강도

풀이

이형철근의 주된 목적은 콘크리트와 철근의 부착력을 증가시키기 위한 것이다.

답 다

제 3 장

하중과 설계 방법

하중과 설계 방법

1 개요

구조 설계의 목적은 작용하는 하중에 대하여 안전하고, 사용하기에 편리하며, 경제적인 구조물을 만드는 것으로, 이러한 목적을 달성하기 위하여 주된 설계 방법으로 지금까지 허용 응력도 설계법과 강도 설계법이 통용되어 왔다.

이 장에서는 콘크리트 구조물의 거동을 이해하고, 안전성, 경제성, 사용성을 확보하기 위하여 주로 구조물에 작용하는 여러 가지 하중의 조합과 강도 설계법에 대하여 다루기로 한다.

2 하중

구조물에 작용하는 하중은 고정하중(dead load), 활하중(live load) 및 환경하중(environmental load) 등 크게 세가지로 분류할 수 있다.

1. 고정하중

구조물의 사용기간 동안 위치가 고정되어 있고 크기가 일정한 수직하중을 말한다. 일반적으로 고정하중의 주요한 부분은 구조물 자체 무게(자중)이다. 이것은 구조체의 형태, 크기 및 재료의 밀도로부터 계산해낼 수 있다. 건축물에서는 콘크리트 슬래브, 슬래브 상부의 마감재, 천장 마감재와 설비하중 등이 고정하중에 속하며, 이를 산정하기 위한 건축용 재료의 밀도는 표 3-1과 같다.

2. 활하중

건축물의 입주자, 사용자, 가구 등의 하중으로 건축물에 전체적으로 혹은 부분적으로 분포할 수 있고, 또는 작용하지 않을 수도 있으며, 위치도 변경될 수 있다. 어느 주어진 시간에서의 활하중의 크기와 분포는 불확실하며, 구조물수명 동안의 최대 하중 크기도 확실히 알 수 없다.

건축물의 최소 기본등분포활하중은 콘크리트구조 기준에 규정되어 있으며 그 값은 표 3-2에 나타내었다.

표 3-1 고정하중(건축용 재료의 밀도)

재료명		밀도 [kN/m³]	비고
시멘트	보통 포틀랜트 시멘트	32.0	
골재	모래(건조) 모래(포수)	17.0 20.0	
	자갈(건조) 자갈(포수)	17.0 21.0	
	모래혼합자갈(건조) 모래혼합자갈(포수)	20.0 23.0	
	잡석(건조) 잡석(포수)	15.0 19.0	
콘크리트	경량콘크리트 1종	18.5~19.0	
	경량콘크리트 2종	15.5~16.0	
	무근콘크리트	23.0	
	철근콘크리트	24.0	
	보통모르타르	20.0	
	경량기포콘크리트	5.0~6.0	
목재	소나무, 낙엽송	4.0~5.0	기건상태
	단풍나무, 티크	7.0	
	흑단, 자단	10.0~11.0	
	집성재	5.0	
금속	알루미늄	27.0	
	아연	71.0	
	주철, 주석	73.0	
	철	79.0	
유리	보통유리	25.0	블록치수에 따라 7.0~9.0
	중공, 유리블록	8.0	
흙	흙(건조)	13.0	
	흙(보통상태)	16.0	
	흙(포수)	18.0	
벽돌타일	경량벽돌	11.0	
	보통벽돌	19.0	
	내화벽돌	20.0	
	타일	22.0~24.0	

표 3-2 건축물의 등분포 활하중(단위: kN/m²)

용도		건축물의 부분	활하중
1	주택	주거용 건축물의 거실	2.0
		공동주택의 공용실	5.0
2	병원	병실	2.0
		수술실, 공용실, 실험실	3.0
		1층 외의 모든 층 복도	4.0
3	숙박 시설	객실	2.0
		공용실	5.0
4	사무실	일반사무실	2.5
		특수용도 사무실	5.0
		문서보관실	5.0
		1층 외의 모든 층 복도	4.0
5	학교	교실	3.0
		일반실험실	3.0
		중량물 실험실	5.0
		1층 외 모든층 복도	4.0
6	판매장	상점, 백화점(1층)	5.0
		상점, 백화점(2층 이상)	4.0
		창고형 매장	6.0
7	집회 및 유흥장	모든 층 복도	5.0
		무대	7.0
		식당	5.0
		주방	7.0
		극장 및 집회장(고정좌석)	4.0
		집회장(이동 좌석)	5.0
		연회장, 무도장	5.0

용도		건축물의 부분	활하중
8	체육 시설	체육관 바닥, 옥외경기장	5.0
		스탠드(고정 좌석)	4.0
		스탠드(이동 좌석)	5.0
9	도서관	열람실	3.0
		서고	7.5
		1층 외의 모든 층 복도	4.0
10	주차장 및 옥외 차도	총중량 30kN이하의 차량(옥내)	3.0
		총중량 30kN이하의 차량(옥외)	5.0
		총중량 30kN 초과 90kN이하의 차량	6.0
		총중량 90kN 초과 180kN이하의 차량	12.0
		옥외 차도와 차도 양측의 보도	12.0
11	창고	경량품 저장창고	6.0
		중량품 저장창고	12.0
12	공장	경공업 공장	6.0
		중공업 공장	12.0
13	지붕	점유사용하지 않는 지붕 (지붕활하중)	1.0
		산책로 용도	3.0
		정원 또는 집회 용도	5.0
		출입이 제한된 조경 구역	1.0
		헬리콥터 이착륙장	5.0
14	기계실	공조실, 전기실, 기계실 등	5.0
15	광장	옥외광장	12.0
16	발코니	출입 바닥 활하중의 1.5배 (최대 5.0kN/m²)	
17	로비 및 복도	로비, 1층복도	5.0
		1층 외의 모든 층 복도 (병원, 사무실, 학교, 집회 및 유흥장, 도서관은 별도규정)	출입 바닥 활하중
18	계단	단독주택 또는 2세대 거주주택	2.0
		기타의 계단	5.0

주) 진동, 충격등이 있을 경우의 활하중은 구조물의 실제 상황에 따라 크기를 증가하여 산정한다.

(1) 활하중의 저감

영향면적이 36m^2 이상인 경우 표 3-2의 기본등분포활하중에 다음의 활하중 저감계수C를 곱하여 저감할 수 있다.

$$C = 0.3 + \frac{4.2}{\sqrt{A}} \quad \cdots\cdots (3.1)$$

여기서, C : 활하중 저감계수

A : 영향면적(단, A≥36m^2)

(2) 부하면적 및 영향면적

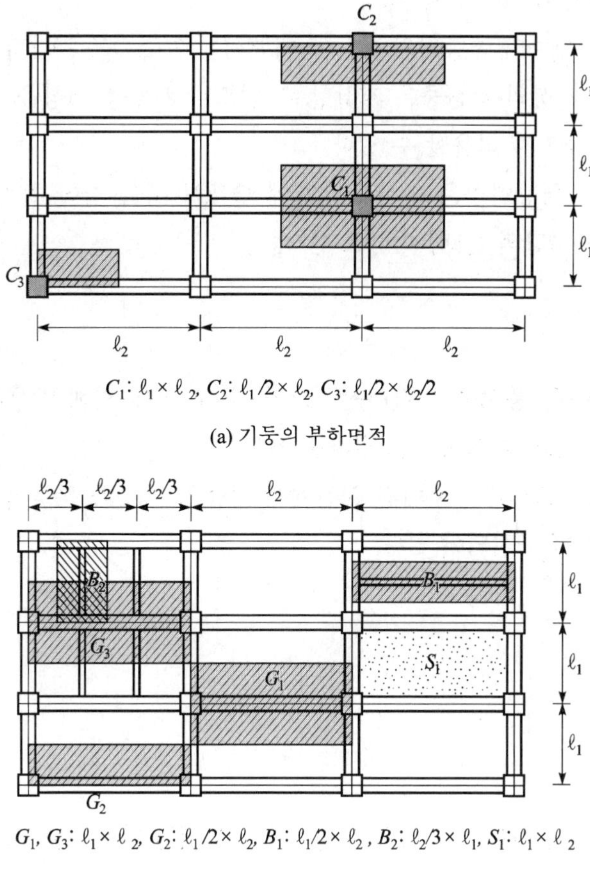

그림 3-1 부재의 부하면적

식(3.1)에서 기둥과 기초의 경우 영향면적(A)은 그림 3-1의 부하면적(수직하중전달 구조부재가 분담하는 하중의 바닥면적)의 4배, 보 또는 벽체에서는 부하면적의 2배, 슬래브에서는 부하면적을 적용하고, 캔틸레버 부분은 4배 또는 2배를 적용하지 않고 영향면적에 단순 합산한다.

(3) 제한사항

① 1개층을 지지하는 부재의 저감계수 C 는 0.5이상, 2개 층 이상을 지지하는 부재의 저감계수 C 는 0.4 이상으로 한다.

② 5kN/m^2를 초과하는 활하중은 저감할 수 없으나 2개 층 이상을 지지하는 부재의 저감계수 C 는 0.8까지 적용할 수 있다.

③ 활하중 5kN/m^2이하의 공중집회 용도에 대해서는 활하중을 저감할 수 없다.

④ 승용차 전용 주차장의 활하중은 저감할 수 없으나 2개 층 이상을 지지하는 부재의 저감계수 C 는 0.8까지 적용할 수 있다.

⑤ 1방향 슬래브의 영향면적은 슬래브 경간에 슬래브 폭을 곱하여 산정한다. 이때 슬래브 폭은 슬래브 경간의 1.5배 이하로 한다.

3. 환경하중

환경하중은 적설하중, 풍하중, 지진하중, 토압, 온도 차에 의해 발생하는 하중등이 있으며, 주로 구조물에 수평으로 작용하는 횡하중이다.

환경하중도 활하중처럼 어느 주어진 시간에서 하중의 크기와 분포가 확실치 않으며, 콘크리트구조설계 기준에 규정되어 있다.

3 설계 방법

구조물의 설계는 작용하는 여러하중(고정하중, 활하중, 환경하중)을 조합하여 구조해석을 하여 구조물에 발생하는 부재단면력(휨모멘트, 전단력, 축력)과 변형에 대하여 안전하고 경제적인 단면을 결정하는 것을 말하며, 그 설계방법으로는 허용응력 설계법과 강도 설계법이 있으며 현장실무에서는 강도설계법이 사용되고 있다.

1. 허용응력 설계법(working stress design)

부재의 탄성해석에 근거를 두고 있다.

작용하중은 사용하중, 해석은 탄성(선형) 해석 및 단면설계로 탄성(선형)에 근거를 두고, 여러 작용하중의 경우 중첩시켜 최대 탄성능력이 재료의 허용응력을 초과하지 않도록 하는 설계 방법이다.

허용 응력도 ≧ 응력도

$$f_{ca} \geq f_c \quad \cdots\cdots (3.1)$$

$$f_{sa} \geq f_s \quad \cdots\cdots (3.2)$$

여기서, f_{ca} : 콘크리트의 허용 압축응력도 ($f_{ca} = 0.3 f_{ck}$)

f_c : 콘크리트의 압축응력도 ($f_c = \dfrac{P}{A}$)

f_{sa} : 콘크리트의 허용 전단응력도

(일면전단: $f_{sa} = 0.3\sqrt{f_{ck}}$, 이면전단:$f_{sa} = 0.53\sqrt{f_{ck}}$)

f_s : 콘크리트의 전단응력도 ($f_s = \dfrac{V}{A}$)

허용응력도 설계법은 1950년대에 이르기까지 모든 철근 콘크리트 구조물이이 방법에 따라 설계되었으나, 1960년대 들어 철근 콘크리트의 재료와 구조에대하여 많은 연구가 이루어지면서 허용응력도 설계법이 실용적인 방법이 되지못한다는 것이 인식되었으며, 그 주요한 이유는 다음과 같다.

① 설계상의 제한과 판단을 총 사용하중의 응력에 근거하기 때문에 여러 하중의 서로 다른 불확실성 정도가 고려되지 않는다. 예를 들면 활하중은 고정하중에 비하여 훨씬 불확실하고 다양하게 분포함에도 불구하고 이에 대한 고려가 없다.

② 콘크리트의 응력은 변형에 비례하지 않는 비선형 재료임에도 불구하고 압축강도에 비례(선형)하는 허용응력에 근거함으로써 안전에 대한 고려가 불명확하다.

따라서 1960년대 이후 유럽 여러나라와 미국, 캐나다 등의 나라에서는 비선형을 고려한 강도 설계법으로 바뀌어졌으며, 우리나라와 일본은 1980년에 들어서 강도 설계법이 채택되었다.

2. 강도 설계법(strength design method)

사용하중에 안전성을 고려한 하중계수를 곱한 계수하중의 여러 조합을 적용하여 선형(탄성)해석을 통하여 가장 불리한 최대 단면력 즉, 계수휨모멘트, 계수축력, 계수전단력, 계수비틀림모멘트 등의 계수단면력(소요강도)보다 구조재료의 비탄성거동(비선형)을 고려하여 산정한 부재단면의 극한강도(공칭강도)에 안전성을 고려한 강도감소계수를 곱한 설계강도가 크도록 설계하는 방법이다.

하지만, 사용성 검토시에는 즉, 처짐 및 균열등을 산출할 때는 계수하중이 아닌 사용하중(하중계수가 곱해지지 않은 하중)을 사용하여 선형(탄성) 해석을 통한 값으로 검토한다.

설계강도 ≧ 소요강도

$$\phi R_n \geq U \quad \cdots\cdots (3.3)$$

여기서, R_n : 부재의 공칭강도(사용된 재료, 설계된 단면의 크기와 철근의 배근위치 등이 설계된 것과 같다고 가정하여 계산된 단면의 강도를 뜻하지만 실제 시공된 부재의 강도와는 차이가 날수 있으므로 공칭강도라 한다.)

ϕ : 강도 감소계수

U : 고정하중, 활하중, 환경하중에 하중계수를 곱하여 여러 하중 조합에 의하여 산출된 소요강도(최대계수단면력)

구조물에 생기는 주요 부재단면력으로는 휨모멘트, 전단력, 축력, 비틀림 등이 있으므로 식(3-3)은 다음과 같이 나타낼 수 있다.

$\phi M_n \geq M_u$: 휨 모멘트

$\phi V_n \geq V_u$: 전단력 ⋯⋯ (3.4)

$\phi P_n \geq P_u$: 축력

$\phi T_n \geq T_u$: 비틀림

그러나 강도 설계법에서도 구조물의 해석이 콘크리트의 비탄성 거동을 고려하지 않고 탄성(선형) 해석에 근거를 두고 있으므로 구조물 전체적인 극한 저항력을 고려할 수 없다는 것이다. 물론 이러한 문제점을 보완하기 위하여 강도설계법에서의 휨부재의 부모멘트 재분배를 20%이내에서 $1,000\varepsilon_t\%$ 만큼 재분배를 허용하고 있다.(7절 참조) 이러한 강도설계법의 단점을 보완하는 설계방법으로 비선형 해석에 의한 한계상태 설계법(limit state design)이 있다.

(1) 하중계수와 소요강도

철근 콘크리트 구조물에 작용하는 여러 하중에 대하여 콘크리트구조 설계기준에서는 아래에 제시된 하중계수와 하중조합을 모두 고려하여 해당구조물에 작용하는 최대 소요강도에 대하여 만족하도록 설계하여야 한다.

$$U = 1.4(D+F) \quad \cdots\cdots (3.5)$$

$$U = 1.2(D+F+T)+1.6L + 0.5(L_r \text{ 또는 } S \text{ 또는 } R) \quad \cdots\cdots (3.6)$$

$$U = 1.2D+1.6(L_r \text{ 또는 } S \text{ 또는 } R) + (1.0L \text{ 또는 } 0.5W) \quad \cdots\cdots (3.7)$$

$$U = 1.2D+1.0W+1.0L+0.5(L_r \text{ 또는 } S \text{ 또는 } R) \quad \cdots\cdots (3.8)$$

$$U = 1.2D+1.0E+1.0L+0.2S \quad \cdots\cdots (3.9)$$

$$U = 0.9D+1.0W \quad \cdots\cdots (3.10)$$

$$U = 0.9D+1.0E \quad \cdots\cdots (3.11)$$

여기서, D = 고정하중 　　E = 지진하중

F = 유체의 압력 및 중량 　　L = 활하중

L_r = 지붕 활하중 　　R = 강우하중

S = 적설하중 　　T = 온도, 크리프, 건조수축

W = 풍하중 및 부동침하의 영향

식(3.6), (3.7), (3.8)의 괄호 속에 있는 지붕층의 활하중 L_r, 적설하중 S, 강우하중 R은 동시에 발생할 경우는 거의 없기 때문에 가장 불리한 하나만 적용하여 조합하면 되도록 규정하고 있다.

또한, (3-10), (3-11) 식에서 $0.9D$는 재하효과가 상쇄되는 경우(재하상쇄효과)로 이것은 설계단계에서의 구조해석시 하중가정 및 계산의 오류, 시공단계에서 설계단면보다 적은단면으로 공사를 할 경우를 대비 한 것으로 주로 수평하중조합에 의한 영향을 고려한 것이다.

1) 즉 고정하중은 구조물에 안정에 기여하고, 풍하중과 지진하중은 구조물의전도 및 미끄럼에 기여할 때 사용된다. 예컨대 풍하중은 굴뚝을 전도시키려 하고 그것의 자중은 이것을 지탱시키려고 할 것이다. 따라서 안정을 확보 하려면 가장 작을 수 있는 고정하중과

가장 클 수 있는 풍하중을 조합 할 필요가 있다.

2) 주차장과 공공집회 장소를 제외하고 기본등분포활하중이 $5.0\,kN/m^2$ 이하인 용도에 대해서는 식(3.6), (3.7) 및 식(3.8)에서 활하중 L 에 대한 하중계수를 0.5로 감소할 수 있다.

3) 지하수압·토압 또는 분말 및 입자형 재료의 횡압력에 의한 하중 H 가 존재할 때는 상기 **1)항**의 하중조합에 다음의 하중계수를 적용하여 조합하여야 한다.

① H 가 단독으로 작용하거나 H 의 하중효과가 다른 하중효과를 증대하는 경우에는 하중계수를 1.6으로 하여야 한다.

② H 의 하중효과가 영구적이면서 다른 하중효과를 상쇄하는 경우에는 하중계수를 0.9로 하여야 한다.

③ H 의 하중효과가 영구적이지 않으면서 다른 하중효과를 상쇄하는 경우에는 하중계수를 0으로 하여야 한다.

(2) 강도 감소계수와 설계 강도

철근 콘크리트 구조물의 계수하중을 산정함에 있어서 시공된 구조물이나 부재는 사용재료의 결함, 작업의 부정확, 제작상의 허용오차, 감독과 관리의 소홀 등에 의해 계산치보다 약할 수 있다는 것을 감안한 것과 부재의 상대적인 중요성 즉 파괴의 순서와 파괴 기구(機構)에 대한 지식의 정도에도 감안을 주어서, 완벽한 자료와 시공을 조건으로 해서 이론적으로 계산되는 극한강도를 강도 감소계수를 곱해서 평가하도록 한다.

강도 감도계수는 표 3-4와 같다.

표 3-4 강도 감소계수 ∅의 값

<table>
<tr><th colspan="2">하중의 종류</th><th>강도 감소계수(∅)</th></tr>
<tr><td colspan="2">① 인장 지배 단면</td><td>0.85</td></tr>
<tr><td rowspan="4">② 압축 지배 단면</td><td>나선철근 규정에 따라 보강된 철근콘크리트 부재</td><td>0.7</td></tr>
<tr><td>그 이외의 철근 콘크리트 부재</td><td>0.65</td></tr>
<tr><td>변화구간 단면</td><td>0.65~0.85</td></tr>
<tr><td>공칭강도에서 최외단 인장철근의 순인장변형률 ε_t가 압축지배와 인장지배단면 사이일 경우에는, ε_t가 압축지배변형률 한계에서 인장지배변형률 한계로 증가함에 따라 ∅값을 압축지배단면에 대한 값에서 0.85까지 증가시킨다.</td><td>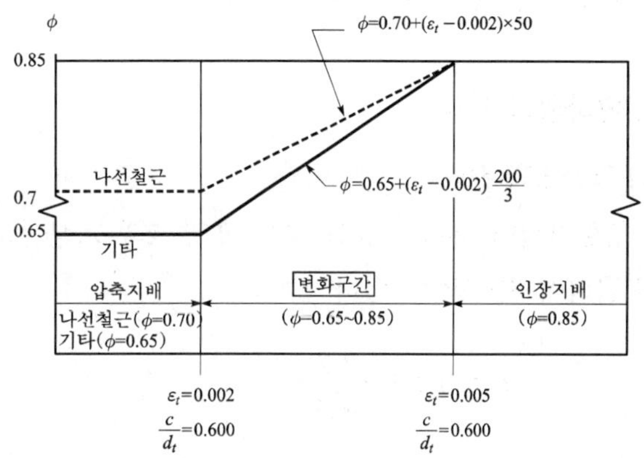

c/d_t에 대한 보간 :
나선 ∅ =0.70+0.15[(1/c/d_t)−(5/3)]
기타 ∅ =0.65+0.20[(1/c/d_t)−(5/3)]
f_y=400MPa인 철근 및 긴장재에 대한 최외단, 인장철근의 순인장변형률 ε_t와 c/d_t에 따른 ∅값의 변화</td></tr>
<tr><td colspan="2">③ 전단력과 비틀림모멘트</td><td>0.75</td></tr>
<tr><td colspan="2">④ 콘크리트의 지압력 (포스트텐션 정착부나 스트럿 타이모델은 제외)</td><td>0.65</td></tr>
<tr><td colspan="2">⑤ 포스트텐션 정착구역</td><td>0.85</td></tr>
<tr><td rowspan="2">⑥ 스트럿-타이 모델</td><td>스트럿, 절점부 및 지압부</td><td>0.75</td></tr>
<tr><td>타이</td><td>0.85</td></tr>
<tr><td colspan="2">⑦ 무근 콘크리트의 휨모멘트, 압축력, 지압력</td><td>0.55</td></tr>
</table>

(3) 사용성검토

강도설계법은 안전성에 중점을 둔 설계방법으로 사용성을 별도로 검토해야한다. 사용성 검토(처침 및 균열 등)시에는 계수하중이 아닌 사용하중(하중계수가 곱해지지 않은 하중)을 사용하여 탄성(선형)해석을 통한 값으로 한다.

반면 허용응력설계법은 탄성에 근거를 둔 설계법이므로 부재의 사용성(처짐, 균열 등)에 대하여 자동적으로 안전한 설계가 되어 사용성의 검토가 필요치 않다.

중 요 사 항

1. 주요용도의 활하중

① 주택(주거용건축물의 거실) 및 숙박시설: 2.0kN/m^2

② 일반사무실 : 2.5kN/m^2

③ 학교교실 및 차량중량이 30kN 이하인 옥내주차장 : 3.0kN/m^2

④ 판매장(상점, 백화점) : 4.0kN/m^2

2. 활하중의 저감

(1) 활하중의 저감

영향면적이 36m^2이상인 경우 표 3-2의 기본등분포활하중에 다음의 활하중 저감계수 C를 곱하여 저감할 수 있다.

$$C = 0.3 + \frac{4.2}{\sqrt{A}}$$

여기서, C : 활하중 저감계수

A : 영향면적(단, A $\geq$ 36m^2)

(2) 영향면적

식(3.1)에서 기둥과 기초의 경우 영향면적(A)은 부하면적(수직하중전달 구조부재가 분담하는 하중의 바닥면적)의 4배, 보 또는 벽체에서는 부하면적의 2배, 슬래브에서는 부하면적을 적용하고, 캔틸레버 부분은 4배 또는 2배를 적용하지 않고 영향면적에 단순합산한다.

(3) 제한사항

1개 층을 지지하는 기둥 및 기초의 저감계수 C 는 0.5이상, 2개 층 이상을 지지하는 부재의 저감계수 C 는 0.4이상으로 한다.

3. 허용응력 설계법

사용 하중이 작용할 때 최대 탄성응력이 허용응력을 초과하지 않도록 하는 설계방법 (해석 : 탄성, 단면설계 : 탄성)

허용응력도 ≥ 응력도

압축력 : $f_{ca} = 0.3f_{ck} \geq f_c = \frac{P}{A}$(사용하중)
(허용압축응력도) (압축응력도)

전단력 : $f_{sa} = 0.3\sqrt{f_{ck}} \geq f_s = \frac{V}{A}$
(1면허용전단응력도) (전단응력도)

휨모멘트:

$f_{ba} = 0.4f_{ck} \geq f_b = \frac{M}{Z}$
(허용휨응력도) (휨응력도)

4. 강도 설계법

구조 부재의 비탄성 거동(비선형)을 고려하여 산정한 부재단면의 극한 강도에 강도 감소계수를 곱한 설계 강도가 계수하중에 의한 부재의 소요강도 이상이 되도록 구조부재를 설계하는 방법 (해석 : 탄성, 단면설계 : 비탄성)

설계강도 ≥ 소요강도

$\phi R_n \geq U$ (계수하중) $\phi V_n \geq V_u$

$\phi M_n \geq M_n$ $\phi P_n \geq P_u$

5. 하중계수와 소요강도

기본 하중	$U = 1.4D$ $U = 1.2D + 1.6L$
풍하중	$U = 1.2D + 1.0W + 1.0L$ $U = 0.9D + 1.0W$
지진 하중	$U = 1.2D + 1.0E + 1.0L$ $U = 0.9D + 1.0E$

여기서 0.9D는 **재하상쇄효과**를 고려하는 경우로 이것은 하중의 변경, 구조해석 할 때의 가정 및 계산의 오류, 시공오차 등으로 야기될지 모르는 영향에 대비한 것으로, 주로 수평하중조합에 의한 영향을 고려한 것이다.

즉 고정하중은 구조물의 안정에 기여하고, 풍하중과 지진하중은 구조물의 전도 및 미끄럼에 기여할 때 적용할 수 있다. 예컨대 풍하중은 굴뚝을 전도 시키려고 하고 그것의 자중은 이것을 지탱 시키려고 할 것이다. 따라서 안정을 확보하려면 가장 작을 수 있는 고정하중과 가장 클 수 있는 풍하중을 조합 할 필요가 있다.

6. 강도 감소계수

강도 감소계수 ∅의 값

하중의 종류		강도 감소계수
① 인장 지배 단면		0.85
② 압축 지배 단면	나선철근 규정에 따라 보강된 철근 콘크리트 부재	0.7
	그 이외의 철근 콘크리트 부재	0.65
③ 전단력과 비틀림 모멘트		0.75
④ 콘크리트의 지압력		0.65
⑤ 스트럿-타이 모델	스트럿, 절점부 및 지압부	0.75
	타이	0.85
⑥ 무근 콘크리트의 휨모멘트, 압축력, 지압력		0.55

7. 용어의 정의

① 사용하중 : 하중계수를 곱하지 않은 고정하중, 활하중 등 각종 하중

② 계수하중 : 사용하중에 하중계수를 곱한 하중

③ 하중계수 : 강도 설계법에서 하중 조합시 안전성을 고려하여 하중에 곱하는 안전계수

④ 공칭강도 : 강도 설계법에서 계산된 단면의 강도(R_n)

⑤ 설계강도 : 공칭강도에 강도 감소계수 ∅를 곱한 강도(∅R_n)

⑥ 소요강도 : 강도 설계법에서 계수하중의 조합에 의해 계산된 단면에 요구되는 강도(U)

8. 사용성 검토

강도설계법은 안전성에 중점을 둔 설계법이므로 사용성(처짐, 균열등)을 별도로 검토하여야 한다. 반면 허용응력 설계법은 탄성에 근거를 둔 설계법이므로 부재의 사용성(처짐, 균열 등)에 대하여 자동적으로 안전한 설계가 되어 사용성의 검토가 필요치 않다.

연 습 문 제

1 계수하중, 사용하중을 설명하시오.

① 계수하중 : 사용하중에 하중계수를 곱한 하중

② 사용하중 : 하중계수를 곱하지 않은 상태의 실제로 작용하는 하중

2 강도 설계법에서 콘크리트 보에 고정하중 모멘트 $M_D = 100kN.m$, 활하중 모멘트 $M_L = 150kN.m$ 일 때 부재설계용 소요 휨강도 M_u를 구하시오.

풀이

$U = 1.2D + 1.6L$, $U = 1.4D$

$M_u = 1.2M_D + 1.6M_L$

$= 1.2 \times 100 + 1.6 \times 150$

$= 360\,kN.m \ > 1.4D = 1.4 \times 100 = 140kN.m$ 이므로

답 $M_u = 360kN.m$

3 강도설계법에서 콘크리트 보에 고정하중 전단력 $V_D = 75KN$, 활하중 전단력 $V_L = 100KN$ 일 때 부재설계용 소요전단강도 V_u를 구하시오

풀이

$U = 1.2D + 1.6L \ U = 1.4D$

$V_u = 1.2V_D + 1.6V_L$

$= 1.2 \times 75 + 1.6 \times 100 \ = 250KN \ > \ 1.4D = 1.4 \times 75 = 105KN$

답 $V_u = 250\,kN$

4 아래와 같은 4층 건물에 고정하중(지붕층과 일반층이 동일) 5kN/m², 활하중(지붕층과 일반층이 동일) 2.5kN/m²(일반사무실)이 작용할 때 다음을 구하시오.(단 보와 기둥의 자중은 무시한다.)

1) 활하중 저감을 무시할 때 C_1 기둥의 1층에서 계수축하중(Pu)

2) 활하중 저감을 적용할 때 C_1 기둥의 1층에서 계수축하중(Pu)

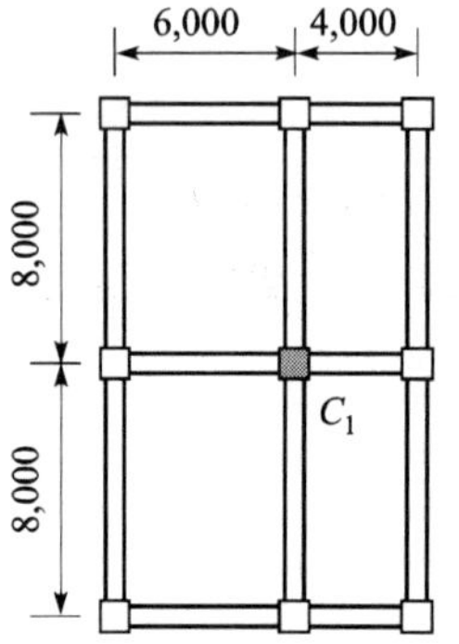

평면

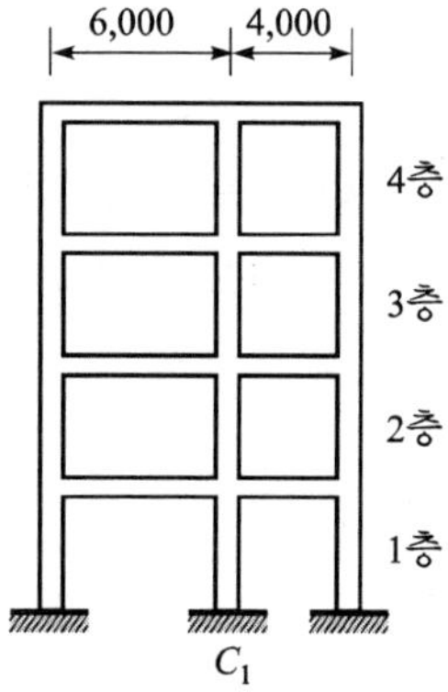

입면

풀이

계수하중 ω_u = 1.2D+1.6L = 1.2×5+1.6×2.5 = 10kN/m²,

ω_u = 1.4D = 1.4×5 = 7kN/m², 따라서 ω_u = 10kN/m²,

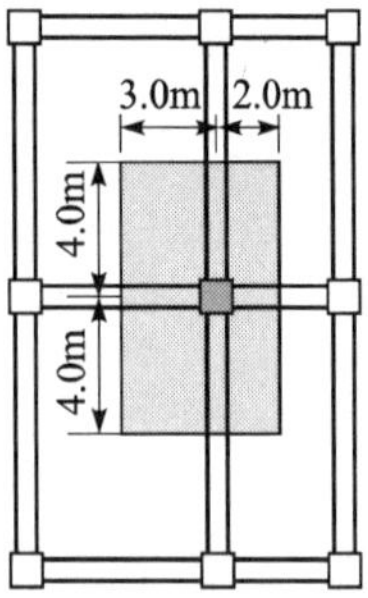

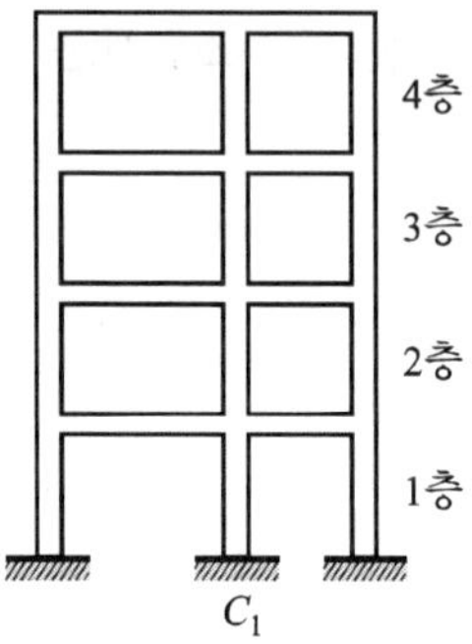

하중 부하면적 = 8×5 = 40m²

1) 활하중 저감을 적용하지 않을 경우

Pu = 10 × 40 × 4개층 = 1,600kN

2) 활하중 저감을 적용할 경우

$C = 0.3+\frac{4.2}{\sqrt{A}}$ 에서 영향면적 A = 부하면적×4배 = 160m²

$\therefore C = 0.3+\frac{4.2}{\sqrt{A}} = 0.632 > 0.4$

Pu = {고정하중(1.2×5)+활하중(1.6×2.5×0.632)}×40m²×4개층 = 1,364.5kN

5 강도 설계법에서 활하중의 영향면적에 대한 설명에서 틀린 것은?

가. 기둥 및 기초에서는 부하면적의 4배

나. 보에서는 부하면적의 2배

다. 캔틸레버 부분은 영향면적에 단순합산

라. 슬래브에서는 부하면적의 2배

풀이

슬래브에서는 부하면적을 적용한다.

답 라

6 강도 설계법에서 부하면적 50m²인 콘크리트 기둥의 영향면적에 따른 활하중저감계수는?

(단, $C = 0.3+\frac{4.2}{\sqrt{A}}$, A는 영향면적)

가. 0.72　　나. 0.6　　다. 0.89　　라. 0.5

풀이

$C = 0.3+\frac{4.2}{\sqrt{A}}$ 에서 A는 영향면적으로 부하면적의 4배가 되므로,

A=50×4=200m² ,$C = 0.3+\frac{4.2}{\sqrt{200}} = 0.6$

답 나

7 콘크리트 구조기준의 용도별 등분포 활하중으로 틀린 것은?

가. 주택의 거실 : 2.0kN/m²　　나. 일반사무실 : 2.5kN/m²
다. 학교 교실: 3.0kN/m²　　라. 백화점 2층 : 3.5kN/m²

풀이

백화점 2층 : 4.0kN/m², 백화점 1층 : 5.0kN/m²

답 라

8 강도설계법과 허용응력 설계법에 대한 설명에서 틀린 것은?

가. 강도설계법은 부재의 비탄성거동(비선형)을 고려한 설계법을 말한다.
나. 강도설계법은 별도의 사용성 검토가 필요치 않다.
다. 허용응력설계법은 모든 부재의 응력이 허용응력 이하이여야 한다.
라. 허용응력설계법은 고정하중과 활하중에 대한 안전율이 동일하다.

풀이

강도설계법은 안전성에 중점을 둔 설계법이므로 별도로 사용성(처짐, 균열 등) 검토가 필요하다.

답 나

9 철근콘크리트 강도설계법에 대한 기본적인 요구사항의 표현중에서 적절한 것은?

가. 설계강도 ≤ 소요강도
나. 계수하중에 의한 소요강도≤강도감소계수×설계강도
다. 계수하중에 의한 소요강도≤강도감소계수×부재의 공칭강도
라. 설계강도×공칭강도≤강도감소계수×소요강도

풀이

강도설계법의 기본식은 식(3.3)에
설계강도 ≥ 소요강도
$\varnothing R_n \geq U$
설계강도($\varnothing R_n$) = 강도감소계수×공칭강도
소요강도(U) = 하중계수×사용하중

답 다

10 강도설계법에서 고정하중(D)과 활하중(L)에 대한 기본하중조합으로 적합한 것은?

가. 1.2D+1.6L　　나. 1.3D+0.9L　　다. 1.4D+1.7L　　라. 0.9D+1.3L

풀이

강도설계법에서 기본하중조합은 1.2D+1.6L이다.

답 가

11 강도설계법에서 하중조합이 적합지 않은 것은?

가. 1.2D+1.6L　　나. 1.2D+1.0W+1.0L

다. 1.2D+1.3E+1.0L　　라. 0.9D+1.0E

풀이

지진하중조합 : $U=1.2D+1.0E+1.0L$,
$U=0.9D+1.0E$

풍하중조합 : $U=1.2D+1.0W+1.0L$,
$U=0.9D+1.0W$

답 다 ($U=1.2D+1.0E+1.0L$)

12 강도설계법에서 철근콘크리트 부재가 휨 또는 전단을 받는 경우 강도감소계수로 적당한 것은?

가. 0.7과 0.75　　나. 0.85와 0.75

다. 0.9와 0.75　　라. 0.7과 0.65

풀이

각 부재의 강도감소계수

① 인장지배단면(휨) : 0.85

② 압축지배단면 - 나선철근 : 0.7
- 띠 철근 : 0.65

③ 전단 : 0.75

답 나

13 강도설계법에서 인장지배단면 콘크리트 부재의 강도감소계수로 적합한 것은?

가. 0.9 나. 0.85 다. 0.75 라. 0.7

풀이

문제 7참조

답 나

제 4 장

보의 설계

1. 개요
2. 휨 해석 및 설계를 위한 기본 가정
3. 휨 부재의 변형률 한계
4. 단근 직사각형 보의 해석
5. 복철근 직사각형 보의 설계
6. T형 보의 설계
7. 연속 휨부재의 부모멘트 재분배
8. 유효 경간

보의 설계

1 개요

보는 부재의 축방향에 직각 방향으로 작용하는 하중에 의하여 주로 휨모멘트와 전단력을 받는 부재로 대표적인 휨재에 속한다.

보에 작용하는 휨모멘트는 축방향으로 압축응력과 인장응력을 발생 시키며, 전단력에 의하여는 보에 전단응력이 발생하게 된다. 이들 응력 중 콘크리트는 인장과 전단에 약하므로 철근으로 보강 설계가 된다. 이러한 철근으로의 보강설계에서 아래에 기술된 기본가정에 따라야 하며, 이때에 힘의 평형조건과 변형률 적합조건을 만족시켜야 한다. 이 가정에 의하여 "포물선-직선응력 분포", 또는 이보다 단순한 "등가직사각형 응력분포"를 이용하여 콘크리트의 설계압축강도를 계산하여 해석상 산출된 소요강도보다 크게 하는 보의 단면과 철근량 산정에 대한 내용을 이 장에서 다루도록 한다.

2 휨 해석 및 설계를 위한 기본 가정

철근 콘크리트 보의 구조해석이나 부재의 강도 설계를 위하여 다음과 같은 기본 가정에 따라야 한다.

① 철근과 콘크리트의 변형률은 중립축부터 거리에 비례하는 것으로 가정할 수 있다. 그러나 깊은 보는 비선형 변형률 분포를 고려하여야 한다. 깊은보의 설계에서 비선형 변형률 분포를 고려하는 대신 스트럿-타이모델을 적용할 수도 있다.

② 휨모멘트 또는 휨모멘트와 축력을 동시에 받는 부재의 콘크리트 압축연단의 극한 변형률은 콘크리트의 설계기준압축강도가 $40MPa$ 이하인 경우에는 0.0033으로 가정하며, $40MPa$을 초과할 경우에는 매 $10MPa$의 강도 증가에 대하여 0.0001씩 감소시킨다. 콘크리트의 설계기준압축강도가 $90MPa$을 초과하는 경우에는 성능실험을 통한 조사연구에 의하여 콘크리트 압축연단의 극한변형률을 선정하고 근거를 명시하여야 한다.

③ 철근의 응력이 설계기준항복강도 f_y 이하일 때 철근의 응력은 그 변형률에 E_s를 곱한 값으로 하고, 철근의 변형률이 f_y 에 대응하는 변형률보다 큰 경우 철근의 응력은 변형률에 관계없이 f_y 로 하여야 한다.

④ 콘크리트의 인장강도는 사용하중 상태에서 균열과 처짐을 검토할 경우를 제외하고는 철근콘크리트 부재 단면의 축강도와 휨강도 계산에서 무시할 수 있다.

⑤ 콘크리트 압축응력의 분포와 콘크리트변형률 사이의 관계는 직사각형, 사다리꼴, 포물선형 또는 강도의 예측에서 광범위한 실험의 결과와 실질적으로 일치하는 어떤 형상으로도 가정할 수 있다.

위의 가정 ①은 Euler-Bernoulli의 "평면 유지의 가정"으로 보에 생기는 철근과 콘크리트의 변형률은 중립축으로 부터의 거리에 비례하는 것을 의미한다.

그러나 이 가정은 순경간에 대한 보 깊이의 비가 큰 경우(깊은보)에는 평면 유지의 가정이 만족되지 않으므로 그에 따른 해석이 필요하다.

가정 ②는 일반적인 크기와 재료로 이루어진 부재의 경우 휨강도 상태에서 변형률(ε)은 대부분의 실험값이 0.0025에서 0.004사이에 있고 극한 변형률(ε_{cu})의 값이 휨강도 해석결과에 미치는 영향이 크지 않으므로 실험결과의 평균값이나 크리프의 영향등을 고려하여 압축강도가 $40MPa$ 이하인 보통강도콘크리트의 설계 극한 변형률(ε_{cu})을 0.0033으로 규정하였고, 압축강도가 증가함에 따라 극한 변형률이 감소하는 경향과 취성파괴를 고려하여 설계극한 변형률(ε_{cu})을 콘크리트 강도가 매 $10MPa$ 증가함에 따라 0.0001씩 감소시키도록 하였다.

$$f_{ck} \le 40\,MPa \;:\; \varepsilon_{cu}\ (\text{극한변형률}) = 0.0033$$

$$f_{ck} > 40\,MPa \;:\; \varepsilon_{cu} = 0.0033 - \left(\frac{f_{ck} - 40}{100{,}000}\right) \le 0.0033$$

가정 ③은 철근의 응력이 항복강도 f_y 이하일 때, 응력은 변형률에 비례한다고 가정하는 것은 타당하다. 대부분의 단면에서 철근이 변형률 경화에 이르기 전에 압축연단 콘크리트의 변형률이 극한변형률에 이르기 때문에 철근의 변형률경화에 의한 강도의 증가를 강도계산에서 고려하지 않아도 된다. 따라서 강도계산에서 인장 또는 압축철근에 작용하는 힘은 항복변형률 ε_y 에 대하여 다음과 같이 계산할 수 있다.

$\varepsilon_s < \varepsilon_y$ 인 경우, $A_s f_s = A_s E_s \varepsilon_s$

$\varepsilon_s \geq \varepsilon_y$ 인 경우, $A_s f_s = A_s f_y$

여기서 ε_s는 단면의 변형률 분포도에서 해당 철근 위치에서 변형률이다. 이때 철근의 탄성계수 E_s는 $200,000MPa$ 로 취하면 된다.

가정 ④는 콘크리트의 인장강도는 압축강도의 약 10~15%로 상당히 작으므로 일반적으로 무시한다. 그러나 사용하중 상태에서 균열과 처짐을 검토할 때에는 콘크리트의 인장강도를 고려하여야 한다.

가정 ⑤는 콘크리트가 하중 증가에 따른 휨을 받을 때 압축연단에서의 변형률(ε)은 그림 4-1에 보이는바와 같이 대략 콘크리트의 압축강도의 1/2 정도 이하의 낮은 범위에서는 탄성 동작을 하고, 이때의 변형률 $\varepsilon_1 = 0.00045$ 정도이다.

이때의 변형률과 응력의 분포 상태를 그린 것이 그림 4-1 (e)이다. 그리고 변형률이 0.0005를 넘기 시작하면 그림 4-1 (f)와 같이 비탄성 거동을 하게 되며 인장균열이 생긴다. 일단 균열이 시작되면 이것이 중립축까지 진행되어 그 일반적인 모양과 분포상태가 그림 4-1 (f)와 같이 중립축은 압축측으로 이동하고, 변형률 $\varepsilon_2 = 0.002 \sim 0.0025$ 정도에서 최대 압축응력(콘크리트 압축강도) f_{ck} 에 이른다.

그 이후에는 하강곡선을 보이며, 변형률과 응력은 그림 4-1 (g)와 같이 극한상태를 나타낸다. 콘크리트구조 설계기준에서는 콘크리트의 파괴직전 변형률이 대략 0.003~0.004로 비선형 응력분포를 나타내고 있다.

이러한 압축응력의 분포는 정확히 규정하기 힘들지만 여러 실험결과의 분석에 의하면 단면의 휨강도 해석에서 정확한 콘크리트의 응력분포를 알지 못하더라도 실제와 유사한 응력분포의 형태를 사용할 수 있는 것으로 알려져 있다. 따라서 많은 응력분포관계식이 제시되었는데, 가장 일반적인 세가지 형태는 포물선, 사다리꼴, 직사각형이다. 콘크리트 구조기준에서는 "포물선-직사각형 응력분포"나 "등가직사각형 응력분포"를 적용할 수 있도록 하였다.

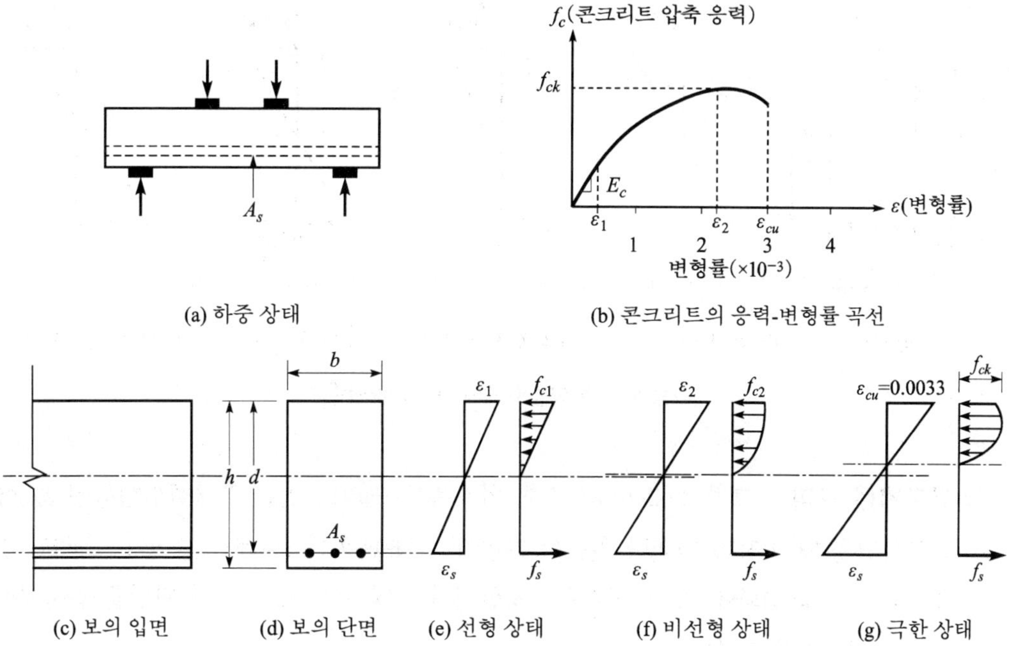

그림 4-1 하중 증가에 따른 철근콘크리트 보의 거동

3 휨 부재의 변형률 한계

철근의 응력-변형률 곡선은 그림 4-2에서 보는바와 같이 응력이 항복 강도 f_y에 도달할 때까지는 선형 변형을 하므로, 철근의 항복 변형률은 다음 식으로 계산된다.

$$\varepsilon_y = \frac{f_y}{E_s} \quad \cdots\cdots\cdots \quad (4.1)$$

강도 설계법에서 철근콘크리트 보의 파괴형태는 인장측 철근이 얼마만큼 배치되느냐에 따라 휨파괴 형태가 다르게 된다.

① **균형 파괴** : 그림 4-2 (b)와 같이 압축측 콘크리트 연단에는 콘크리트 극한 변형률 ε_{cu}가 발생하고, 동시에 인장측 철근에는 철근의 인장 변형률 ε_t가 항복 변형률 ε_y에 도달하였을 때를 균형변형률 상태에 있다고 하며, 파괴시 압축측 콘크리트의 파괴와 인장측 철근의 항복이 동시에 일어난다.

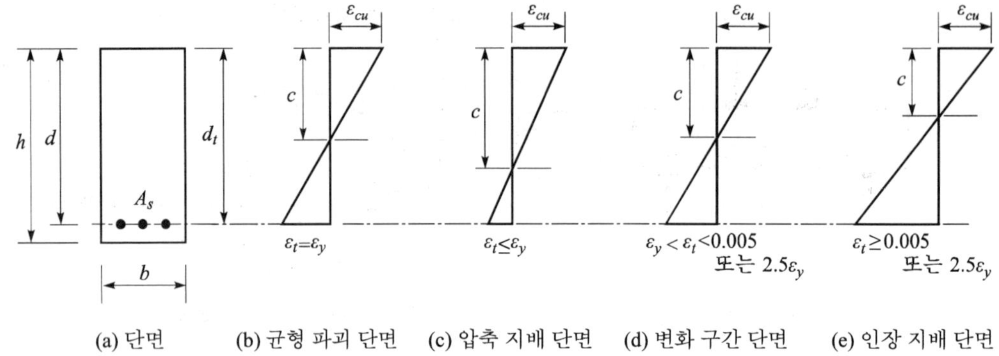

그림 4-2 변형률 한계에 따른 지배단면

② **압축지배 파괴** : 그림 4-2 (c)와 같이 압축측 콘크리트 연단에 극한변형률인 ε_{cu} 에 도달하였을 때 인장측 최외단 철근의 순인장 변형률(프리스트레스 힘이나 크리프, 건조수축 및 온도변화에 의한 변형률은 포함시키지 않는다) $\varepsilon_t \le \varepsilon_y$ 인 단면을 압축지배 파괴에 이르렀다고 한다.

③ **변화구간 파괴** : 그림 4-2 (d)와 같이 $\varepsilon_y < \varepsilon_t < 0.005$ 또는 $2.5\varepsilon_y$ 인 단면을 변화 구간 지배단면 이라하고 변화구간 파괴에 이르렀다고 한다.

④ **인장지배 파괴** : 그림 4-2 (e)와 같이 압축측 콘크리트 연단에 극한변형률 ε_{cu} 에 도달하였을 때 ε_t 가 다음의 변형률 값 이상의 단면을 인장지배 단면이라 하고 인장지배 파괴에 이르렀다고 한다.

$$f_y \le 400MPa : \varepsilon_t \ge 0.005$$
$$f_y > 400MPa : \varepsilon_t \ge 2.5\varepsilon_y \qquad \cdots\cdots (4.2)$$

여기서, 철근의 항복변형률 ε_t 를 (4.2)식으로 한계를 정한것은 에너지 흡수가 큰 연성보를 설계해서 보의 파괴가 서서히 일어나도록 유도하기 위한 것이다.

일반적으로 휨부재(주로 보)는 인장지배단면이고, 압축부재(주로기둥)는 압축지배 단면이지만 프리스트레스를 가하지 않은 휨부재중에서도 인장 철근량이 상대적으로 큰 경우와 압축부재 중에서도 계수축력이 $0.1f_{ck}Ag$ 보다 작고 휨모멘트가 큰 경우(휨부재로 취급)에는 압축지배단면과 인장지배단면의 사이인 변화구간에 있게 된다.

이때 최외단 인장철근의 순인장 변형률 $\varepsilon_t \ge 0.004$ 또는 $2.0\varepsilon_y$ 이상이 되도록 하여 최소한의 연성을 확보하도록 하여 휨부재의 인장파괴가 일어나도록 하였다.

철근콘크리트보의 최외단 인장철근의 순인장변형률 ε_t는 그림 4-2 으로부터 다음과 같이 구할 수 있다.

$$\varepsilon_{cu} : c = \varepsilon_t : (d_t - c)$$

$$\varepsilon_t = \varepsilon_{cu}\left(\frac{d_t}{c} - 1\right) \quad \cdots\cdots (4.3)$$

여기서, d_t는 압축측 콘크리트 연단으로부터 인장 측 최외단 철근중심까지의 거리를 나타낸다.

휨부재 또는 휨모멘트와 축력을 동시에 받는 부재의 변형률 한계와 철근의 응력- 변형률 곡선에 구간별 단면의 영역을 나타내면 그림 4-3과 같다.

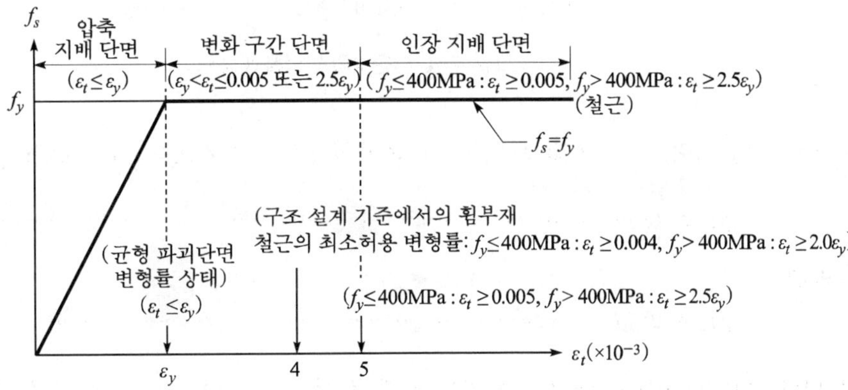

그림 4-3 철근의 응력-변형률 곡선

4 단근 직사각형 보의 해석

단근보는 인장측에만 철근을 배치한 보를 말하며, 이와 같은 보는 실제 구조물에서 흔하지 않으나, 인장측에만 철근을 보강할 경우에는 콘크리트의 압축 내력과 철근의 인장내력을 계산하기 쉽고, 이들의 평형 조건으로부터 중립축의 위치와 저항 모멘트를 쉽게 구할 수 있어, 철근콘크리트 보의 설계 강도를 해석하는 첫 번째 순서로서 단근보를 취급하게 된다.

1. 일반적 해석

철근 콘크리트 보에 외력에 의한 휨모멘트가 작용하면 그림 4-4와 같이 중립축을 중심으로 압축응력의 합력 C와 인장응력의 합력 T가 발생하며, C와 T사이의 우력이 내부 저항 모멘트가 되어 외부 모멘트와 균형을 이룬다.

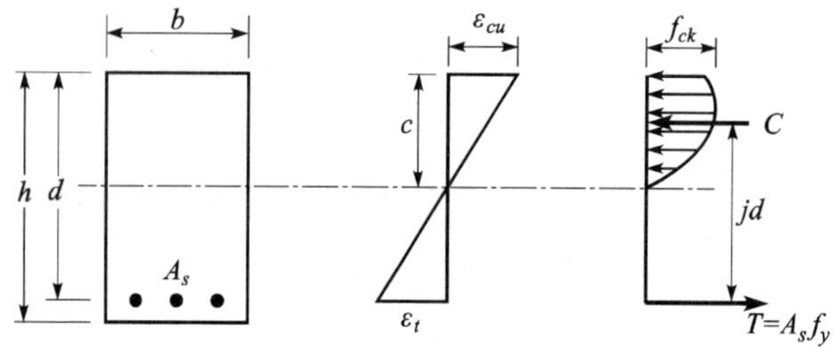

(a) 단면 (b) 변형률 (c) 응력

그림 4-4 단근보의 변형률과 응력

즉 C=T가 되며, 내부 저항 모멘트 M_n은 C와 T사이의 거리를 jd라 하면

$$M_n = C\,jd \qquad (4.4a)$$

또는

$$M_n = T\,jd \qquad (4.4b)$$

가 된다. 그러나 압축측에서 콘크리트의 응력 분포는 극한 상태에서 그림 4-4의 (c)와 같은 형태(포물선)가 되어 압축응력의 합력 C와 그 합력의 도심을 구하는 일이 쉽지 않기 때문에 콘크리트 구조설계기준에서는 포물선-직선응력분포 또는 등가직사각형 응력분포로 바꾸어 계산할 수 있도록 하고 있다.

2. 포물선-직선응력분포

그림 4-5에서 그림 (c)의 실제 응력분포를 그림 (d)의 포물선-직선 응력분포로 단순화하고 이것과 동일한 면적과 동일한 도심으로 하는 그림 (e)의 직사각형응력분포로 바꿀 때 "α"를 함수로 하여 평균응력 $\alpha(0.85f_{ck})$로 하고, 그림 (d)의 합력의 작용위치는 중립축깊이 "c"에 대한 비율로 "β"를 함수로 하여 "βc"로 나타낼 때 압축응력의 합력 C는 다음 식으로 계산된다.

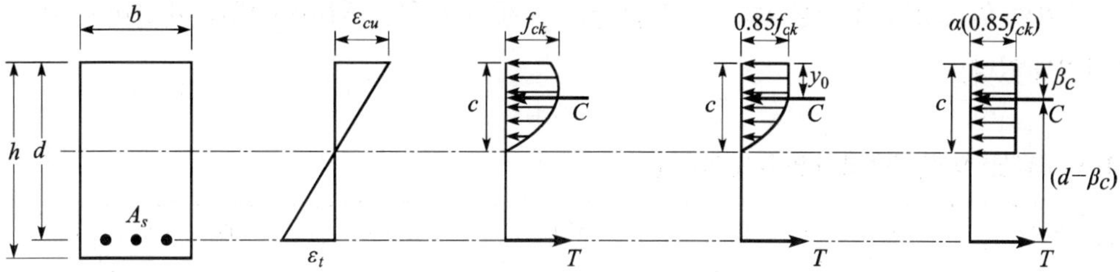

(a) 단면 (b) 변형률 (c) 실제응력분포 (d) 포물선-직선응력분포 (e) 평균응력분포

[주의: 그림(d)와 그림(e)의 면적은 동일하고, 그림(d)의 도심 y_o와 그림(e)의 거리 βc는 동일하다]

그림 4-5 휨부재의 극한 하중에서 실제응력과 포물선-직선응력분포

$$C = \alpha(0.85f_{ck})bc \quad \cdots\cdots (4.5)$$

여기서, α와 β의 값은 압축응력분포의 면적과 도심의 위치로서 압축응력분포 함수를 적분하여 다음 식으로 구할 수 있다.

$$n = 1.2 + 1.5\left(\frac{100 - f_{ck}}{60}\right)^4 \le 2.0$$

$$\varepsilon_{co} = 0.002 + \left(\frac{f_{ck} - 40}{100,000}\right) \ge 0.002$$

$$\varepsilon_{cu} = 0.0033 - \left(\frac{f_{ck} - 40}{100,000}\right) \le 0.0033 \quad \cdots\cdots (4.6)$$

$$\alpha = 1 - \frac{1}{1+n}\left(\frac{\varepsilon_{co}}{\varepsilon_{cu}}\right)$$

$$\beta = 1 - \frac{0.5 - \dfrac{1}{(1+n)(2+n)}\left(\dfrac{\varepsilon_{co}}{\varepsilon_{cu}}\right)^2}{1 - \dfrac{1}{(1+n)\left(\dfrac{\varepsilon_{co}}{\varepsilon_{cu}}\right)}}$$

콘크리트 압축강도에 따른 α와 β의 값들은 설계의 편의를 위하여 미리 계산하여 표 4-1에 나타내었다.

표 4-1 포물선-직선응력분포의 변수 및 계수 값

f_{ck}(MPa)	≤40	50	60	70	80	90
n	2.0	1.92	1.50	1.29	1.22	1.20
ε_{co}	0.002	0.0021	0.0022	0.0023	0.0024	0.0025
ε_{cu}	0.0033	0.0032	0.0031	0.003	0.0029	0.0028
α	0.80	0.78	0.72	0.67	0.63	0.59
β	0.40	0.40	0.38	0.37	0.36	0.35

표 4-1에 기술된 계수 α와 β의 값을 $f_{ck} \leq 40MPa$인 콘크리트에서 산출해 보도록 하자.

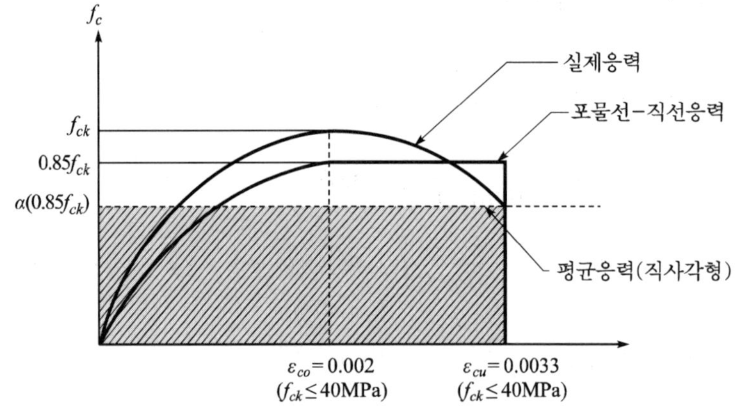

(a) 응력-변형률 곡선

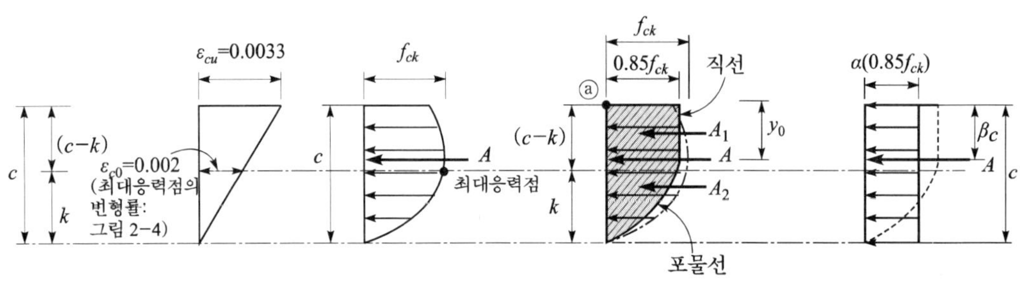

(b) 변형률 (c) 실제응력분포 (d) 포물선-직선응력분포 (실제응력분포를 단순화시킨 응력분포) (e) 포물선-직선응력분포를 단순화한 평균응력분포

$$\frac{c}{0.0033} = \frac{k}{0.002}$$

$k = 0.606c$ ························ ①

직사각형 $A_1 = (0.85f_{ck})(c-k)$

포물선형 $A_2 = \frac{2}{3}(0.85f_{ck})k$　합력$A = \alpha(0.85f_{ck}) \cdot c$

(평균응력분포면적)

[참고 : 포물선 도형의 면적 $A = \frac{2}{3}ab$, 도심 $x_o = \frac{3}{8}b$]

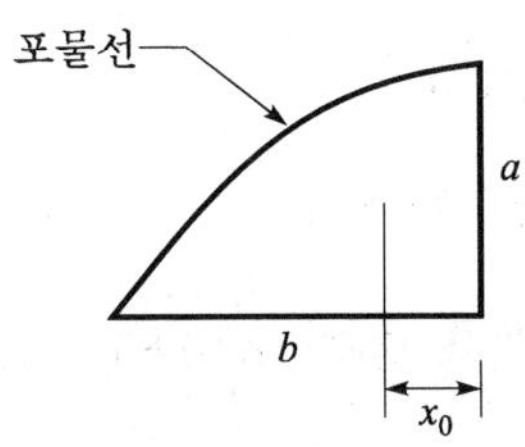

$A_{1,}\ A_2$의 합력을 A로 하고 ⓐ점을 기준으로 varignon의 정리를 이용하여 합력의 위치 y_o를 구해보면

$$A_1 \times \left(\frac{c-k}{2}\right) + A_2\left(c-k+\frac{3}{8}k\right) = (A_{1+}A_2) \times y_0$$

$$y_o = \frac{A_1\left(\frac{c-k}{2}\right) + A_2\left(c-\frac{5}{8}k\right)}{A_1 + A_2}$$

$$= \frac{(0.85f_{ck})\left\{(c-k)\left(\frac{c-k}{2}\right) + \frac{2}{3}k\left(c-\frac{5}{8}k\right)\right\}}{(0.85f_{ck})\left(c-k+\frac{2}{3}k\right)}$$

$$= \frac{\frac{1}{2}(c^2-2kc+k^2) + \frac{2}{3}kc - \frac{5}{12}k^2}{c-\frac{k}{3}}$$

$$= \frac{\frac{1}{2}c^2 - \frac{1}{3}kc + \frac{k^2}{12}}{c-\frac{k}{3}}$$ ························ ②

변형률 관계식에서 $k = 0.606c$ (①식)이므로 ②식에 대입하면

$$y_o = \frac{\frac{1}{2}c^2 - \frac{1}{3}\times 0.606c^2 + 0.0306c^2}{c - \frac{1}{3}\times 0.606c}$$

$$= \frac{0.3286c^2}{0.798c}$$

$$= 0.411c \fallingdotseq 0.4c$$

즉 $y_o = \beta c = 0.4c$ 이므로 $\beta = 0.4$

또한 평균응력분포 면적$=\alpha(0.85f_{ck})c$ 와

포물선-직선응력분포면적 $= A_1 + A_2 = 0.85f_{ck}(c - k + \frac{2}{3}k)$

$$= 0.85f_{ck}(c - \frac{k}{3})$$

$$= 0.85f_{ck}(c - \frac{0.606}{3}c)$$

$$= 0.85f_{ck}\times 0.798c$$

는 평균응력분포 면적과 같으므로

$\alpha(0.85f_{ck})c = 0.85f_{ck}\times 0.798c$

$$\therefore \alpha = 0.798 \fallingdotseq 0.8$$

표 4-1에서 $f_{ck} \le 40$ 인 콘크리트의 $\alpha = 0.8$, $\beta = 0.4$ 는 잘 맞음을 알 수 있다.

3. 등가직사각형 응력 분포

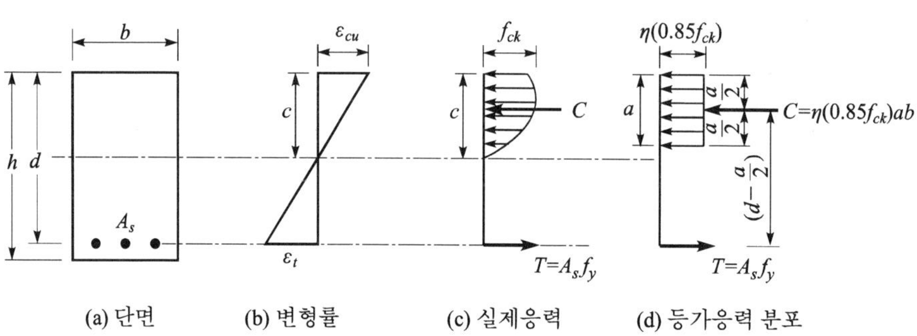

그림 4-6 극한 하중에서 실제 응력과 응력 분포

그림 4-6에서 c는 압축연단과 중립축 사이의 거리이고, $\eta(0.85f_{ck})$는 압축응력 크기이다. 여기서 η는 콘크리트 등가 직사각형 압축응력분포의 크기를 나타내는 계수이며, 그때 등가응력 깊이 a 는 다음 식으로 계산된다.

$$a = \beta_1 c \quad \cdots\cdots (4.7)$$

여기서 β_1은 등가직사각형응력 분포의 깊이 a를 산정하는 계수로 콘크리트 강도에 따라 콘크리트 구조설계기준에서 표 4-2와 같이 규정하고 있다.

표 4-2 등가직사각형 응력분포의 변수 및 계수값

f_{ck}(MPa)	≤40	50	60	70	80	90
ε_{cu}	0.0033	0.0032	0.0031	0.003	0.0029	0.0028
η	1.00	0.97	0.95	0.91	0.87	0.84
β_1	0.80	0.80	0.76	0.74	0.72	0.70

(1) 압축응력 등가직사각형응력분포 깊이 "a"산정

압축력 C는 그림 4-7에서 압축응력 $\eta(0.85f_{ck})$에 보폭 b와 등가직사각형응력분포깊이 a를 곱한 체적으로부터 다음과 같이 얻을 수 있다.

$$C = \eta(0.85f_{ck})ab \quad \cdots\cdots (4.8)$$

인장력 T는 그림 4-7에서 철근량 A_s에 철근의 항복강도 f_y를 곱하여 다음과 같이 구할 수 있다.

$$T = A_s f_y \quad \cdots\cdots (4.9)$$

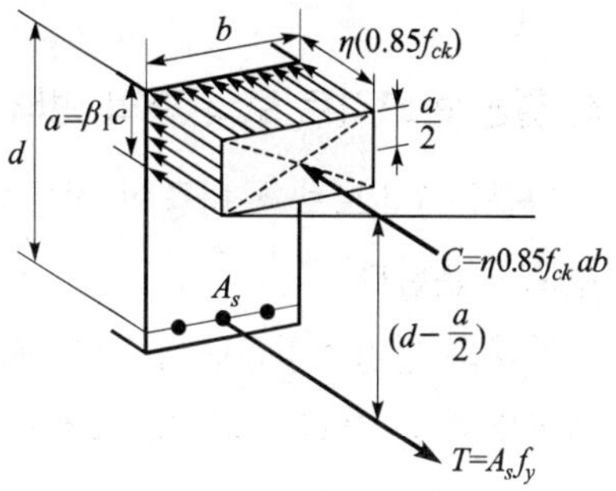

그림 4-7 등가 직사각형 응력

따라서, 힘의 평형(Equilibrium) 조건 $C = T$ 로부터 압축응력 등가블록 깊이 "a"를 산정하면 $\eta(0.85f_{ck})ab = A_s f_y$ 에서

$$a = \frac{A_s f_y}{\eta(0.85f_{ck})b} \quad \cdots\cdots (4.10)$$

가 된다.

(2) 중립축 거리 "c"의 산정

중립축 거리는 $a = \beta_1 c$에서

$$c = \frac{a}{\beta_1} \quad \cdots\cdots\cdots\cdots \quad (4.11)$$

(3) 최외단 철근의 변형률(ε_t)

철근과 콘크리트의 변형률은 중립축으로부터 거리에 비례한다는 적합조건(Compatibility)을 이용하여 그림 4-8로부터 철근의 변형률 "ε_t"를 구할 수 있다.

$$\varepsilon_{cu} : \varepsilon_t = c : (d_t - c)$$

$$\varepsilon_t c = \varepsilon_{cu}(d_t - c)$$

$$\varepsilon_t = \varepsilon_{cu} \times \left(\frac{d_t}{c} - 1\right) \quad \cdots\cdots\cdots \quad (4.11)$$

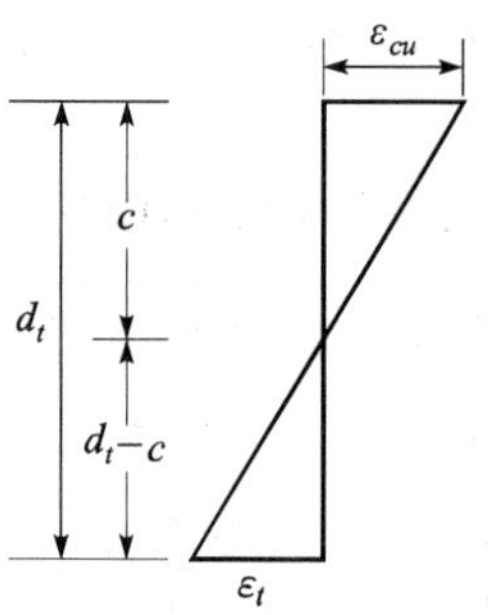

그림 4-8 등가직사각형 응력분포의 변형률

여기서, d_t는 최외단 철근 중심까지의 거리

4. 철근 콘크리트 보의 파괴 형태

철근콘크리트보에 하중이 작용하면 인장철근의 배근량에 따라 그 거동이 크게 2가지 경우로 구분된다.

하나는 인장측철근량이 적게 배근된 경우로 압축측 콘크리트보다 인장측철근이 먼저 파괴거동이 일어나는 것으로 과소철근콘크리트 보(저보강보)에서 일어나는 파괴형태이다.

또 다른 하나는 위의 경우와 반대로 인장측 철근배근량이 많은 경우로 인장측 철근이 항복하기 전에 압축측 콘크리트가 파쇄되어 최대저항 휨모멘트에 도달하는 것으로 과다철근콘크리트보(과보강보)에서 볼 수 있는 파괴형태이다.

(1) 연성(ductility)파괴(저보강보)

균형상태보다 적은량의 철근을 배치한 보(저보강보 또는 과소철근보)의 파괴형태는 하중이 계속 증가하면 철근은 그 연성으로 인하여 인장철근의 변형률이 계속 증가하여 항복 변형률 ε_y를 초과하게 되어 인장측 콘크리트에 균열이 발생하고 큰처짐을 보이면서 점진적으로 진행되어 파괴를 감지하고, 이에 대처할 수 있는 시간적 여유를 얻을 수 있다. 이러한 파괴는 안전성 측면에서 바람직한 것으로 기준에서는 ε_t가 최소 허용변형률 이상이 되도록 제한 하므로서 연성파괴를 유도하고 있다.

표 4-3 휨부재의 최소 허용변형률

$f_y(MPa)$	300	350	400	500	600
최소 허용변형률	0.004	0.004	0.004	$0.005(2\varepsilon_y)$	$0.006(2\varepsilon_y)$

(2) 취성(brittleness)파괴(과보강보)

균형상태보다 더 많은 양의 철근을 배치한 보(과보강보 또는 과다철근보)의 파괴는 철근이 항복변형률 ε_y에 도달하기전에 압축측 콘크리트 연단의 극한변형률 ε_{cu} 에 도달하게 된다. 이러한 보의 파괴는 콘크리트의 갑작스런 파괴로 이어진다. 이러한 파괴를 취성파괴라 하며, 보의 인장철근량이 너무 적어도 취성파괴를 일으킨다. 인장측 콘크리트의 인장응력이 콘크리트의 휨인장강도를 초과하면 콘크리트에는 균열이 발생하여 콘크리트가 받고 있던 인장응력이 철근이 대신 부담하게 되어 지나치게 적게 배치된 철근이 이를 감당하지 못하고 단면의 갑작스런 파괴가 일어나게 된다.

따라서 이러한 파괴를 피하기 위하여 구조설계기준에서는 휨 부재의 균열모멘트인 M_{cr}의 1.2배의 강도가 발현되도록 하고 있다.

5. 휨 부재의 제한사항

(1) 보의 횡지지 간격이 큰 경우에는 횡비틀림 좌굴에 의하여 보의 휨재하 능력이 저하될 수 있기 때문에 보의 횡지지간격은 압축플랜지 또는 압축면의 최소 폭의 50배를 초과하지 않도록 하여야 하고, 하중의 횡방향 편심의 영향은 횡지지간격을 결정할 때 고려되어야 한다.

(2) 철근 변형률의 검토

휨부재가 연성파괴가 되도록 최소 허용 변형률을 이용하여 최대 철근비로 제한하고 있다. 즉, 공칭강도에서 최외단 인장철근의 순인장 변형률$\varepsilon_t \geq 0.004$ 또는 $2\varepsilon_y$ 이상이 되도록 하여 최소한의 연성을 확보토록 하여 휨부재의 연성파괴가 일어나도록 하였다.

(3) 최소 철근량 검토

휨부재의 인장철근량이 너무 적을 경우도 취성파괴를 일으킬 수 있다.

인장측 콘크리트의 인장응력이 콘크리트의 휨인장강도를 초과하면 콘크리트에는 균열이 발생하여 콘크리트가 받고 있던 인장응력이 철근이 대신 부담하게 되어 지나치게 적게 배치되었다면 철근이 이를 감당하지 못하고 갑작스런 파괴가 일어나게 된다.

따라서 이러한 파괴를 피하기 위하여 기준에서는 균열모멘트의 1.2배의 강도가 발현되도록 제한을 두고 있다.

1) 해석에 의하여 인장철근 보강이 요구하는 휨부재의 모든단면에 대하여 다음 2), 3)에 규정된 경우를 제외하고는 식(4-10)의 조건을 만족하도록 인장철근을 배치하여야 한다.

$$\varnothing M_n \geq 1.2 M_{cr} \quad \cdots\cdots \quad (4.10)$$

여기서, 균열모멘트 $M_{cr} = f_r \times I_g / y_t$(또는 $f_r \cdot Z$)

I_g : 비균열 단면의 2차 모멘트($I_g = bh^3/12$, b : 보폭, h : 보의 깊이)

y_t : 인장철연에서 중립축까지의 거리($y_t = h/2$)

f_r : 휨인장강도를 나타내는 파괴계수$f_r = 0.63\lambda\sqrt{f_{ck}}$

따라서 $M_{cr} = 0.63\lambda\sqrt{f_{ck}} \times \dfrac{bh^3/12}{h/2} = 0.105\lambda\sqrt{f_{ck}}\, bh^2$

2) 부재의 모든 단면에서 해석에 의해 필요한 철근량보다 1/3이상 인장철근이 더 배치되어 아래의 조건을 만족하는 경우는 상기 1)의 규정을 적용하지 않을 수 있다.

$$\varnothing M_n \geq \frac{4}{3} M_u$$

3) 두께가 균일한 슬래브와 기초판에 대하여 경간방향으로 보강되는 휨철근의 단면적은 수축·온도철근량 이상이어야 한다. 철근의 최대 간격은 슬래브 또는 기초판 두께의 3배와 450mm 중 작은 값을 초과하지 않도록 하여야 한다.

(4) 강도 감소계수 ϕ의 검토

최외단 인장철근의 순인장변형률 ε_t를 구하여 인장지배단면인지 변화구간에 속하는지 검토하여 강도 감소계수ϕ를 결정한다.

$$\varepsilon_t = \varepsilon_{cu} \times \left(\frac{d_t}{c} - 1\right)$$

여기서, c: 중립축거리

d_t : 압축연단으로부터 최외단인장철근 중심까지의 거리

ε_{cu} : 콘크리트 극한 변형률($f_{ck} \le 40MPa$ 인 경우 $\varepsilon_{cu} = 0.0033$)

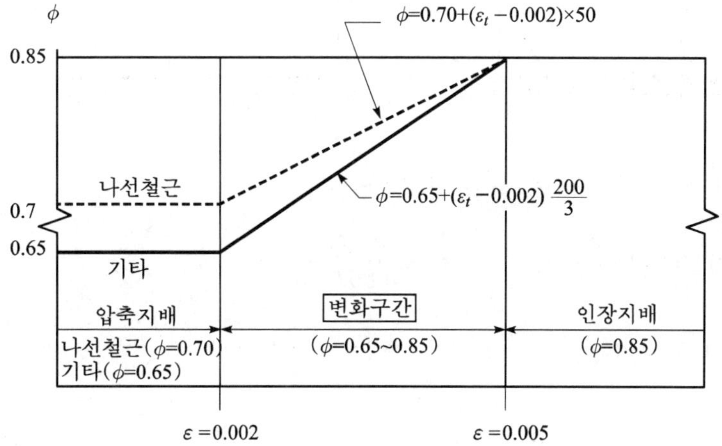

6. 단근보의 설계강도

(1) 포물선-직사각형응력분포

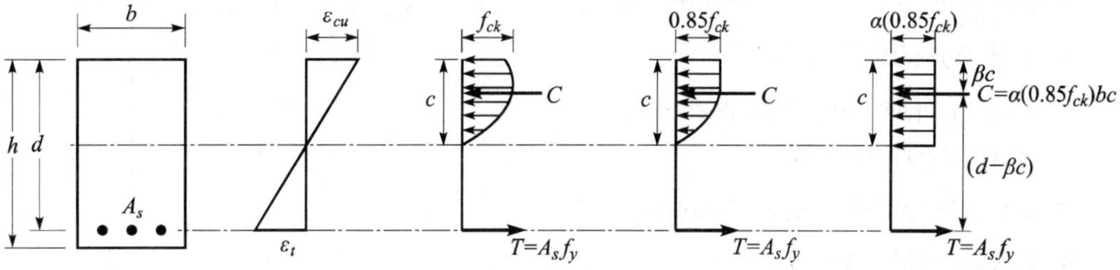

힘의 평형조건 C = T로부터 “c”를 산정한다.

$$\alpha(0.85f_{ck})bc = A_s f_y$$

$$c = \frac{A_s f_y}{\alpha(0.85f_{ck})b}$$

$$\phi M_n \ge \phi A_s f_y(d - \beta c) \quad \cdots\cdots (4.11)$$

(2) 등가직사각형 응력분포

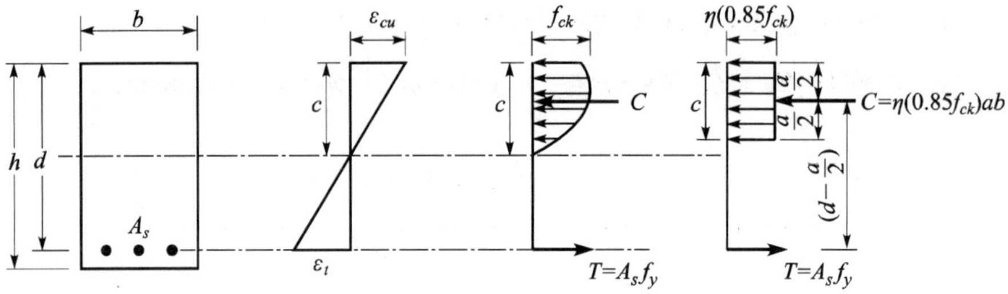

힘의 평형 조건 C = T로부터 "a"를 산정한다.

$$\eta(0.85f_{ck})ab = A_sf_y \quad ,a = \frac{A_sf_y}{\eta(0.85f_{ck})b}$$

$$\phi M_n \geq \phi A_sf_y(d-\frac{a}{2}) \quad \cdots\cdots (4.12)$$

예제 4-1

다음과 같은 단근 직사각형보의 재료강도가 $f_{ck} = 24MPa$, $f_y = 400MPa$, $b = 300mm$, $d = 535mm$, $D22\ A_1 = 387mm^2$ 일 때

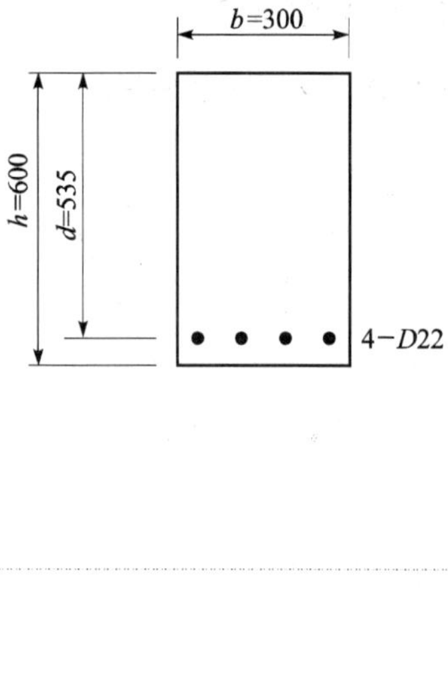

① ϕM_n (설계강도)를 구하고

② 이 보의 파괴형태는 연성 파괴인지 취성파괴인지 검토하고,

③ 최소철근량을 만족하는지 검토하고,

④ 최대철근량을 구하시오.

풀이

1) 포물선-직선응력분포

$f_{ck} = 24MPa \leq 40MPa$ 이므로

표 4-1에서 $\alpha = 0.8$, $\beta - 0.4$

$C = \alpha(0.85f_{ck})bc = 0.8 \times (0.85 \times 24)300c = 4{,}896c$

$T = A_sf_y = 4 \times 387 \times 400 = 619{,}200$

$C = T$ 에서 4,896c = 619,200

$c = \frac{619{,}200}{4{,}896} = 126.5mm$

$$\phi M_n = \phi A_s f_y (d - \beta c), \quad \phi = 0.85, \beta = 0.4 \ (\text{표}4-1)$$

$$= \ 0.85 \times (4 \times 387) \times 400 \times (535 - 0.4 \times 126.5)$$

$$= 254.9\,kN \cdot m$$

2) 등가직사각형 응력분포

$C = \eta(0.85 f_{ck})ab, \quad T = A_s f_y$

$C = T$ 에서

$$a = \frac{A_s f_y}{\eta(0.85 f_{ck})b} = \frac{(4 \times 387) \times 400}{1.0 \times 0.85 \times 24 \times 300} = 101.2mm \ (f_{ck} \le 40)\text{이므로}$$

표 4-2에서 ($\eta = 1.0$)

$$\phi M_n = \phi A_s f_y (d - \frac{a}{2})$$

$$\phi M_n = 0.85 \times (4 \times 387) \times 400 \times (535 - \frac{101.2}{2}) = 254.9\,kN \cdot m$$

설계강도 ϕM_n 은 포물선-직선응력분포와 등가직사각형응력은 같음을 알 수 있다.

3) 변형률(ε_t) 및 강도감소계수 (ϕ) 검토

$$c = \frac{a}{\beta_1} = \frac{101.2}{0.80} = 126.5mm$$

$$\varepsilon_t = \varepsilon_{cu}\left(\frac{d_t}{c} - 1\right) = 0.0033 \times \left(\frac{535}{126.5} - 1\right) = 0.0107 > 0.004\text{이므로 연성파괴}$$

$\varepsilon_t = 0.0107 > 0.005$ 이므로 $\phi = 0.85$는 적합하다.

4) 최소철근량 검토

$$\phi M_n \ge 1.2 M_{cr} = 1.2(f_r Z) = 1.2 \times (0.63 \lambda \sqrt{f_{ck}}) \times \frac{bh^2}{6}$$

$$= 1.2 \times 0.63 \times 1.0 \sqrt{24} \times \frac{300 \times 600^2}{6}$$

$$= 66.7$$

$\phi M_n = 254.9 \ge 66.7$이므로 만족하고 있다.

5) 최대철근량산정

기준에서 휨재의 최소허용률 $\varepsilon_t = 0.004(f_y \le 400MPa$일 때)이므로

최대철근량 $A_{s,\max}$는 $\varepsilon_t = 0.004$일 때이다.

$$c = \left(\frac{\varepsilon_{cu}}{\varepsilon_{cu} + \varepsilon_t}\right) \times d = \left(\frac{0.0033}{0.0033 + 0.004}\right) \times 535 = 241.9mm$$

$$a = \beta_1 \cdot c = 0.8 \times 241.9 = 193.5$$

$$A_{s,\max} = \frac{\eta(0.85 f_{ck})ab}{f_y} = \frac{1.0 \times 0.85 \times 24 \times 193.5 \times 300}{400} = 2{,}960.6mm^2$$

7. 보의 최소폭

(1) 철근의 순 간격

- 철근의 공칭 지름(d_b)
- 25 mm
- 굵은 골재의 4/3

} 중 큰 값

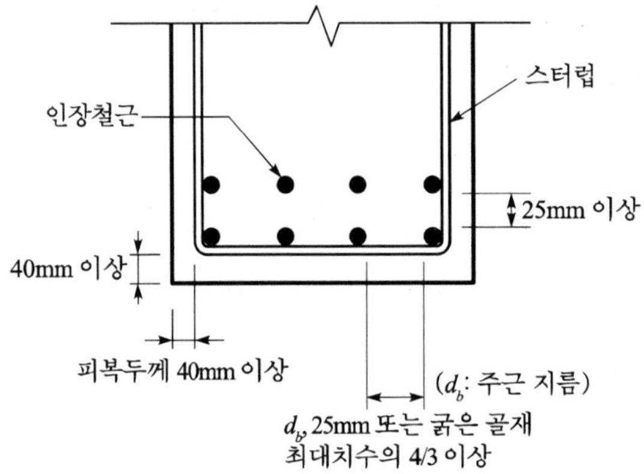

그림 4-9 보의 피복 두께 및 철근 간격

(2) 보의 최소폭산정

$$b \geq 2 \times \text{피복두께}(40\text{mm}) + 2 \times \text{스트럽직경} + n \times \text{주근직경} + (n-1) \times \text{주근의 순간격}$$

$(d_b \text{ or } 25mm)$

여기서, n : 주근의 개수

(보의 피복두께는 철근을 화재와 부식으로부터 보호하기 위해 40mm 이상 이어야한다. 다만 $f_{ck} = 40MPa$ 이상이면 규정된 값 40mm에서 10mm 저감시켜 30mm 이상으로 할 수 있다.)

예제 4-2

다음과 같은 단근직사각형보의 설계휨강도(ϕM_n), 강도감소계수(ϕ), 최소철근량 및 보의 최소폭(b)을 구하시오.

단, $f_y = 400MPa$,
$f_{ck} = 24MPa$ (보통중량콘크리트),

D25의 한가닥 단면적 $A_1 = 507\, mm^2$

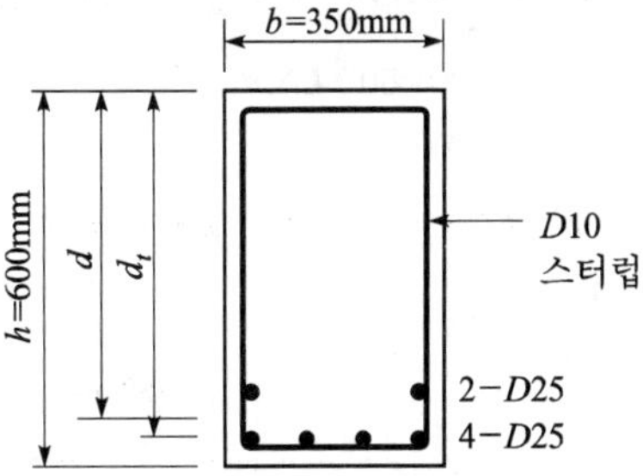

풀이

(1) 설계휨강도 ϕM_n 산정(피복두께: $40mm$, 1단과 2단 인장철근 순간격: $25mm$)

1) 등가직사각형응력분포

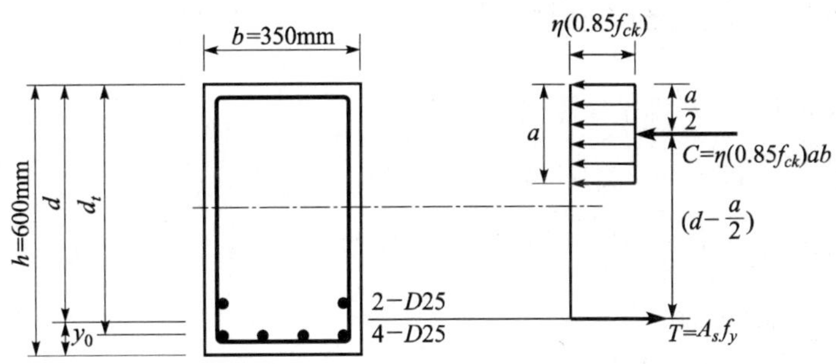

① $C=T$ 에서

$$a=\frac{A_sf_y}{\eta(0.85f_{ck})b}=\frac{6\times507\times400}{1.0\times0.85\times24\times350}=170.4mm \quad (\text{표4}-2\text{에서 } \eta=1.0)$$

② 유효깊이(d) 산정(피복두께: $40mm$, 1단과 2단 인장철근 순간격: $25mm$)

$d=h-y_0$ 에서

$$y_0=\frac{4\times507\left(40+10+\frac{25}{2}\right)+2\times507\times\left(40+10+25+25+\frac{25}{2}\right)}{4\times507+2\times507}$$

$= 79.17mm$

$≒ 79.0mm$

$d=600-79=521mm$ (보의 유효깊이)

$d_t=600-(40+10+\frac{25}{2})=537.5$
(최외단 인장철근까지의 깊이)

③ $\phi M_n = \phi A_s f_y (d - \frac{a}{2})$

$= 0.85 \times 6 \times 507 \times 400 \times (521 - 170.4/2)$

$= 450.7\, kN.m$

2) 포물선-직사각형 응력분포에 의한 설계 휨강도(ϕM_n)를 산정해 보도록하면

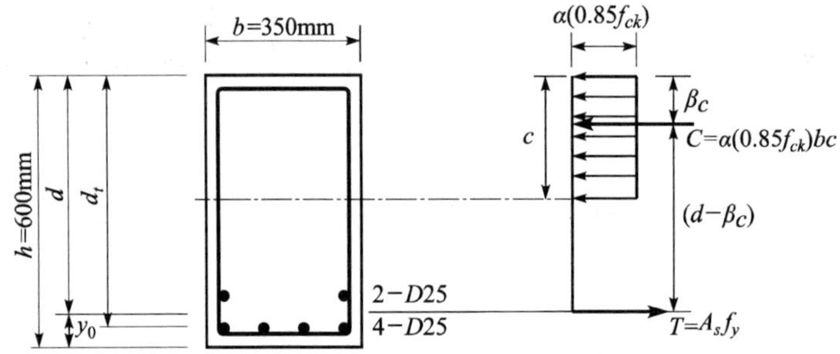

힘의 평형조건 $C= T$ 에서 "c"를 산정한다.

$\alpha(0.85 f_{ck}) bc = A_s f_y$

$c = \dfrac{A_s f_y}{\alpha(0.85 f_{ck}) b}$ (표 4-1로부터 $\alpha = 0.8,\ \beta = 0.4$)

$= \dfrac{6 \times 507 \times 400}{0.8 \times (0.85 \times 24) \times 350}$

$= 213.0\ mm$

$\phi M_n = \phi A_s f_y (d - \beta c)$

$= 0.85 \times (6 \times 507) \times 400 \times (521 - 0.4 \times 213.0)$

$= 450.7\, kN.m$

(2) 최외단 인장철근의 변형률(ε_t) 및 강도감소계수(ϕ) 검토

$c = \dfrac{a}{\beta_1} = \dfrac{170.4}{0.8} = 213\,mm$ (표 4-2로 부터 $\beta_1 = 0.8$) : 등가응력분포

$c = 213.0\ mm$: 포물선 - 직사각형 응력분포

$\varepsilon_t = (\dfrac{d_t}{c} - 1)\varepsilon_{cu} = (\dfrac{537.5}{213} - 1) \times 0.0033 = 0.00503$

$\varepsilon_t = 0.00503 > 0.005$ 이므로 $\phi = 0.85$ 는 적합하다.

(3) 최소 철근량 검토

$\phi M_n \geq 1.2 M_{cr}$

$$1.2 M_{cr} = 1.2 \times (f_r \cdot Z) = 1.2 \times (0.63\lambda \sqrt{f_{ck}}) \times \frac{bh^2}{6}$$

$$= 1.2 \times (0.63 \times 1.0 \times \sqrt{24}) \times \frac{350 \times 600^2}{6}$$

$$= 77.8 \, kN.m$$

$\phi M_n = 450.7 kN.m \; > \; 1.2 M_{cr} = 77.8 \, kN.m$ 이므로 만족하고 있다.

(4) 보의 최소폭 검토

$b = 2 \times$ (피복두께) $+ 2 \times$ (스트럽지름) $+ 4 \times$ 주근지름 $+ 3 \times$ (주근의순간격)

$= 2 \times 40 + 2 \times 10 + 4 \times 25 + 3 \times 25$

$= 275 \, mm \quad < \quad 350 \, mm$ 이므로 적합하다.

5 복철근 직사각형 보의 설계

1. 복철근 직사각형보의 필요성

보의 깊이(h)가 구조물 설치 여건상 제약을 받아 그 깊이(h)를 더 이상 키우지 못할 경우 인장측 철근량(A_s)이 증가되어 인장측 최소허용변형률 $[\varepsilon_t = 0.004, 2\varepsilon_y]_{\max}$을 만족 시킬 수 없게 된다. 이때 압축측에 철근을 배근함으로써 이 규정을 만족시키게 되는데 이와 같은 보를 복철근보(복근보)라 한다.

예를 들면, 그림 4-10과 같은 단근보로 설계가 되었을 때 철근 변형률을 등가직사각형 응력분포로 검토해 보자

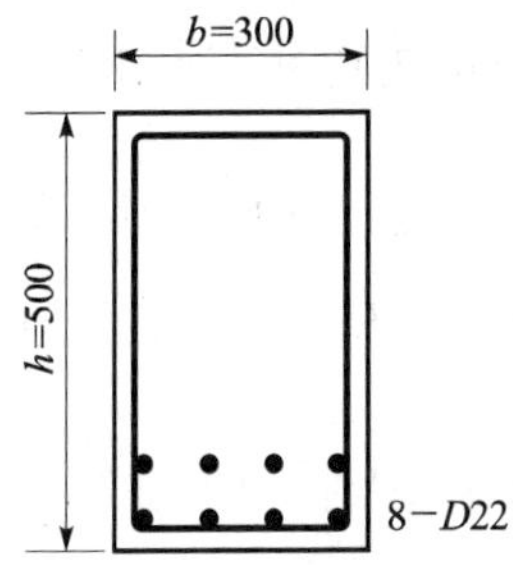

단, $f_{ck} = 24MPa$, $f_y = 400MPa$ 이다.

그림 4-10 단철근보의 단면

$$a = \frac{A_s f_y}{\eta(0.85 f_{ck}) b} = \frac{400 \times 8 \times 387}{1.0 \times 0.85 \times 24 \times 300} = 202.4mm$$

$$c = \frac{a}{\beta_1} = \frac{202.4}{0.8} = 253.0mm$$

$$\varepsilon_t = \varepsilon_{cu}\left(\frac{d_t}{c} - 1\right) = 0.0033 \times \left(\frac{439}{253.0} - 1\right) = 0.00243$$

$\varepsilon_t < 0.004$ 이므로 적합하지 않다. 즉, 연성파괴가 일어나지 않는다.

따라서 단면을 키우지 않는다면 압축철근을 배근하여 복철근보(복근보)로 만들어 연성파괴가 일어나도록 한다. 복철근보의 해석은 단철근보(단근보)의 해석과 같이 압축측 콘크리트의 극한상태 변형률(ε_{cu})에 도달할 때 인장철근이 극한강도 f_y에 도달하는 것으로 가정하고 압축철근의 변형률($\varepsilon_s{}'$)을 구하여 압축철근이 항복상태에 이른 경우인지, 이르지 않은 경우인지를 판별하고 그것에 대한 해석을 하고 강도를 구하면 된다.

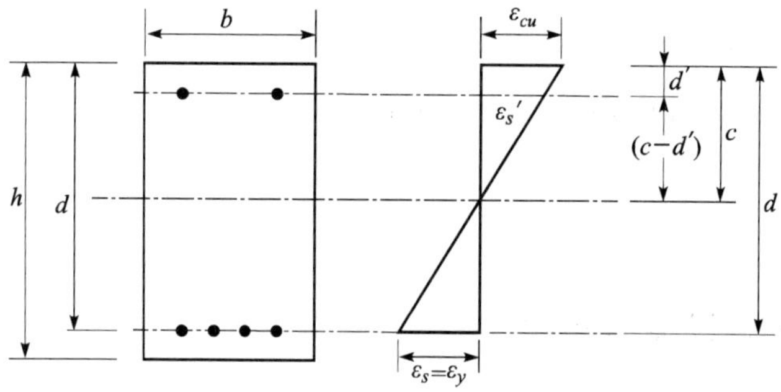

① $\varepsilon_s{}' > \varepsilon_y$ 이면 압축철근이 항복상태에 이른 경우

이때 압축철근의 응력 $f_s{}' = f_y$ 이다.

② $\varepsilon_s{}' < \varepsilon_y$ 이면 압축철근이 항복상태에 이르지 않은 상태

$f_s{}' = E_s\,\varepsilon_s{}'$ ($f_s{}'$는 압축철근의 응력)

그림 4-10의 보에 압축철근 4-D22를 배근할 때 인장철근의 변형률을 등가직사각형 응력분포로 계산해보면(압축철근이 항복상태에 이른 경우로 가정)

$$a = \frac{(A_s - A_s{}')f_y}{\eta(0.85 f_{ck})b} = \frac{(8-4) \times 387 \times 400}{1.0 \times 0.85 \times 24 \times 300} = 101.2mm$$

$$c = \frac{a}{\beta_1} = \frac{101.2}{0.8} = 126.5mm$$

$$\varepsilon_t = \varepsilon_{cu}\left(\frac{d_t}{c} - 1\right) = 0.0033 \times \left(\frac{439}{126.5} - 1\right) = 0.00815 > 0.004 \text{ 이므로}$$

최소 허용인장변형률을 만족시킨다.

따라서, 4-D22 철근을 압축측에 철근을 배근하여 아래 그림과 같은 복근보로 설계하여 보의 연성파괴가 일어나도록 한다.

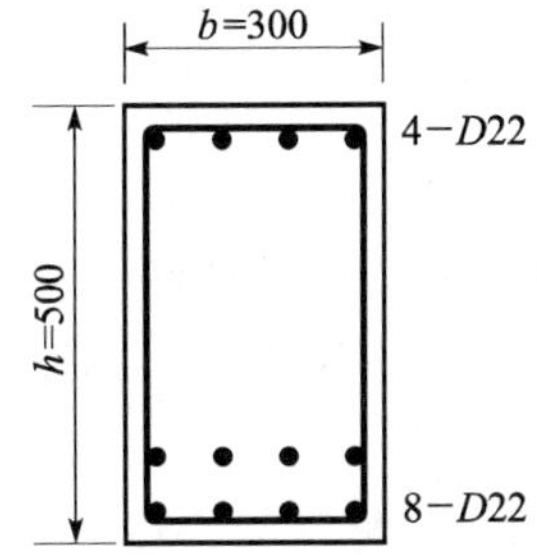

2. 복근보의 장점

① 장기 처짐이 감소한다.

② 연성(ductility)이 증가된다.

③ 철근 조립이 편리(스터럽의 위치 고정이 용이)

④ 보의 깊이(depth)를 줄이므로서 건물층고를 낮출 수가 있다.

3. 복근보의 개념(등가직사각형응력분포)

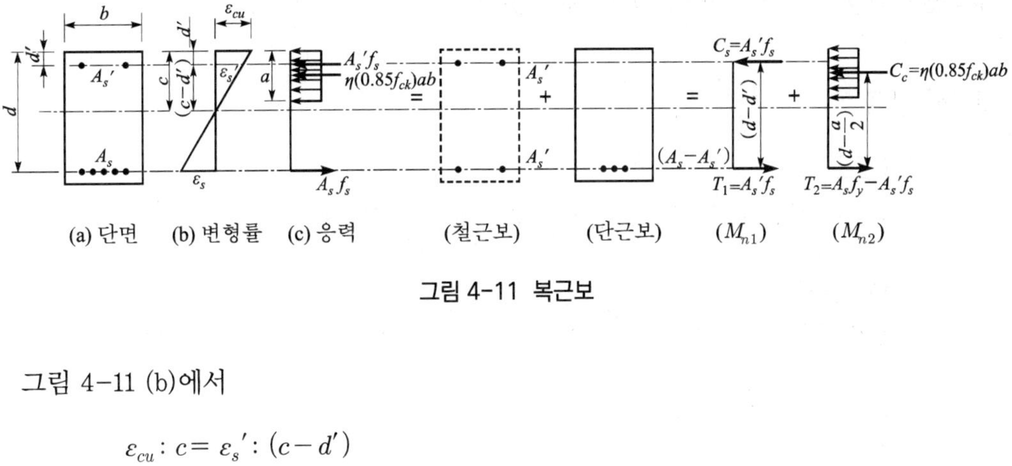

그림 4-11 복근보

그림 4-11 (b)에서

$$\varepsilon_{cu} : c = \varepsilon_s' : (c - d')$$

$$\varepsilon_s' = \left(\frac{c - d'}{c}\right) \times \varepsilon_{cu} \qquad (4.15)$$

(1) 압축철근이 항복상태에 이른 경우

즉, $\varepsilon_s' \geq \varepsilon_y\,(\varepsilon_y = \dfrac{f_y}{E_s})$ 일 때 압축철근의 $f_s = f_y$ 이다.

① "a" 산정

(철근보)

$C_s = A_s' f_s = A_s' f_y$, $T_1 = A_s' f_s = A_s' f_y$

(단근보)

$\eta(085 f_{ck})\,ab = (A_s - A_s') f_y$

$$a = \frac{(A_s - A_s') f_y}{\eta(0.85 f_{ck})\,b}\ ,\ c = \frac{a}{\beta_1}$$

② 공칭모멘트강도 M_n 산정

$$M_n = M_{n1} + M_{n2} = A_s' f_y (d - d') + (A_s - A_s') f_y (d - \frac{a}{2}) \quad \cdots\cdots\cdots (4.16)$$

(2) 압축철근이 항복상태에 이르지 않은 경우 즉, $\varepsilon_s' < \varepsilon_y$ 일 때

압축철근의 $f_s = E_s \varepsilon_s'$ 이고, "a"를 재산정한다.

① "a" 산정

(철근보)

$C_s = A_s' f_s = A_s' E_s\, \varepsilon_s'$, $T_1 = A_s' f_s = A_s' E_s\, \varepsilon_s'$

(단근보)

$$\eta(0.85 f_{ck})\,ab = A_s f_y - A_s' f_s = A_s f_y - A_s' E_s\, \varepsilon_s' \quad \cdots\cdots\cdots (4.17)$$

$$\left(\varepsilon_s' = (\frac{c - d'}{c}) \times \varepsilon_{cu}\ ,\ c = \frac{a}{\beta_1}\right)$$

$$\varepsilon_s' = \left(\frac{\dfrac{a - \beta_1 d'}{\beta_1}}{\dfrac{a}{\beta_1}}\right) \times \varepsilon_{cu} = \left(\frac{a - \beta_1 d'}{a}\right) \times \varepsilon_{cu} \quad \cdots\cdots\cdots ①$$

①식을 식(4-17)에 代入하고 양변에 a를 곱하면

$$\eta(0.85f_{ck}b)a^2 + (\varepsilon_{cu}A_s{}'E_s - A_sf_y)a - \varepsilon_{cu}E_sA_s{}'\beta_1 d' = 0$$

$$a = \frac{-(\varepsilon_{cu}A_s{}'E_s - A_sf_y) + \sqrt{(\varepsilon_{cu}A_s{}'E_s - A_sf_y)^2 + 4(\eta 0.85f_{ck}b \cdot \varepsilon_{cu}A_s{}'E_s\beta_1 d')}}{2\times\eta(0.85f_{ck})b}$$

.... (4.18)

② 공칭모멘트강도 M_n 산정

$M_n = M_{n1} + M_{n2}$ 에서

$$M_n = A_s{}'E_s\varepsilon_s{}'(d-d') + \eta(0.85f_{ck})ab\,(d-\frac{a}{2}) \quad \cdots\cdots (4.19)$$

또는

$$M_n = A_s{}'E_s\varepsilon_s{}'(d-d') + (A_sf_y - A_s{}'E_s\varepsilon_s{}')(d-\frac{a}{2}) \quad \cdots\cdots (4.20)$$

예제 4-3

다음과 같은 직사각형 복근보의 설계강도(ϕM_n)를 구하시오.
(단, 재료강도는 $f_{ck} = 21MPa$, $f_y = 400MPa$)

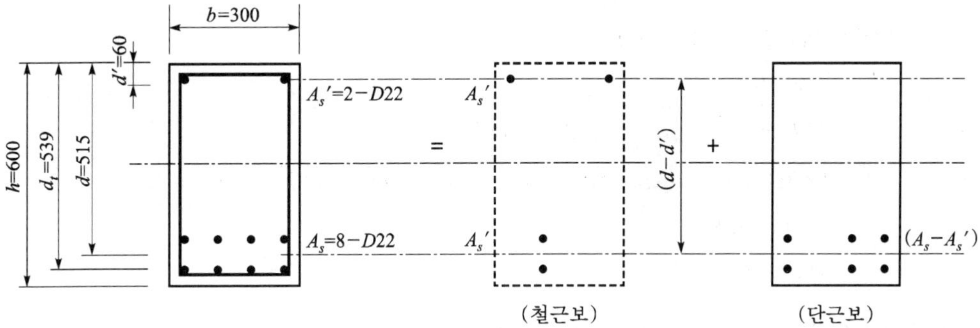

풀이

1) 공칭휨강도(M_n)산정

① 등가직사각형 응력분포

식 (4.15)에서 $\varepsilon_s{}' = (\frac{c-d'}{c})\times 0.0033$, $c = \frac{a}{\beta_1}$

단근보에서 $\varepsilon_s' \geq \varepsilon_y$ (압축철근이 항복)로 가정하면

$$a = \frac{(A_s - A_s')f_y}{\eta(0.85 f_{ck})b} = \frac{(8-2)\times 387 \times 400}{1.0\times 0.85\times 21\times 300} = 173.4mm$$

$$c = \frac{173.4}{0.80} = 216.8mm$$

$$\varepsilon_s' = (\frac{216.8-60}{216.8})\times 0.0033 = 0.00240 > \varepsilon_y = \frac{f_y}{E_s} = 0.002$$

이므로 압축철근은 항복한다.

따라서 식(4.16)에서,

$$M_n = A_s' f_y(d-d') + (A_s - A_s')f_y(d-\frac{a}{2})$$
$$= 2\times 387\times 400\times(515-60) + (8-2)\times 387\times 400\times(515-\frac{173.4}{2})$$
$$= 140.9 + 397.8 = 538.7kN\cdot m$$

또는

$$M_n = A_s' f_y(d-d') + \eta(0.85 f_{ck})ab(d-\frac{a}{2})$$
$$= 2\times 387\times 400\times(515-60) + 1.0\times 0.85\times 21\times 173.4\times 300\times(515-\frac{173.4}{2})$$
$$= 140.9 + 397.8 = 538.7kN\cdot m$$

② 포물선-직선응력분포

단근보에서 압축철근이 항복($\varepsilon_s' \geq \varepsilon_y$)로 가정하면

$$c = \frac{(A_s - A_s')f_y}{\alpha(0.85 f_{ck})b} = \frac{(8-2)\times 387\times 400}{0.8\times 0.85\times 21\times 300} = 216.8mm$$

$$\varepsilon_s' = (\frac{c-d'}{c})\times\varepsilon_{cu} = (\frac{216.8-60}{216.8})\times 0.0033 = 0.0024 > \varepsilon_y = 0.002$$

이므로 압축철근은 항복한다.

$$M_n = M_{n1} + M_{n2}$$
$$= A_s' f_y(d-d') + (A_s - A_s')f_y(d-\beta c)$$
$$= 2\times 387\times 400\times(515-60) + (8-2)\times 387\times 400\times(515-0.4\times 216.8)$$
$$= 140.9 + 397.8$$
$$= 538.7kN\cdot m$$

2) 최외단 인장철근의 순인장 변형률 및 강도계수(ϕ)검토

$$d_t = 600 - (40 + 10 + \frac{22}{2}) = 539mm$$

d_t ↑	40 ↑	10 ↑	$\frac{22}{2}$ ↑
압축연단에서 최외단인장철근까지의 깊이	피복 두께	늑근 직경	주근의 중심

$$\varepsilon_t = (\frac{d_t}{c} - 1) \times \varepsilon_{cu} = (\frac{539}{216.8} - 1) \times 0.0033$$

$= 0.0049 >$ 휨재의 최소변형률 $\varepsilon_{\min} = 0.004$ (적합)

하지만, $\varepsilon_t = 0.0049 < 0.005$ 이므로 변화구간 단면에 속한다.

따라서 $\phi = 0.65 + (\varepsilon_t - 0.002) \times \frac{200}{3}$ (제3장 표3-4)

$$= 0.65 + (0.0049 - 0.002) \times \frac{200}{3}$$

$$= 0.843$$

3) 설계강도(ϕM_n)산정

$\phi M_n = 0.843 \times 538.7 = 454.1 KN \cdot m$

예제 4-4

예제 4-3에서 압축철근이 4-D22 배근 되었을 때의 설계강도를 구하시오.
(단, 재료강도는 $f_{ck} = 21MPa$, $f_y = 400MPa$)

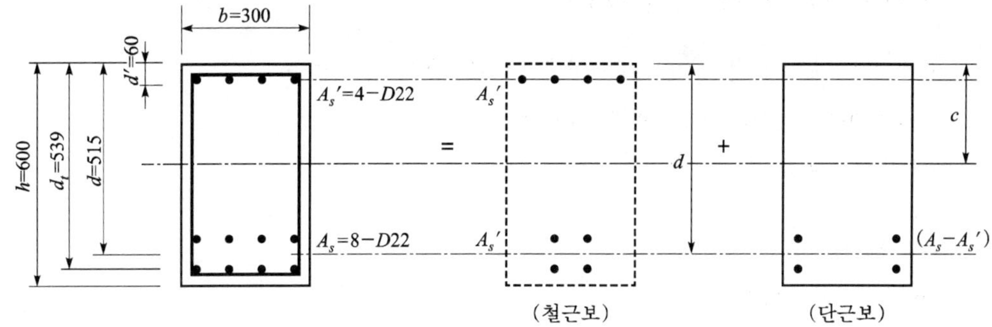

풀이

1) 공칭휨강도(M_n)산정

식(4.15)에서 $\varepsilon_s' = (\frac{c - d'}{c})\varepsilon_{cu}$, $c = \frac{a}{\beta_1}$

단근보에서 압축철근이 항복($\varepsilon_s' \geq \varepsilon_y$)로 가정하면

$$a = \frac{(A_s - A_s') f_y}{\eta(0.85 f_{ck}) b} = \frac{4 \times 387 \times 400}{1.0 \times 0.85 \times 21 \times 300} = 115.6mm$$

$$c = \frac{116}{0.8} = 144.5mm$$

$$\varepsilon_s' = (\frac{c-d'}{c}) \times 0.0033 = (\frac{144.5-60}{144.5}) \times 0.0033 = 0.0019 \ < \ \varepsilon_y = 0.002$$

이므로 압축철근이 항복하지 않음

따라서"a" 값을 재산정한다. 식(4.18)에서

$$(\eta 0.85 f_{ck} b) a^2 + (\varepsilon_{cu} A_s' E_s - A_s f_y) a - \varepsilon_{cu} E_s A_s' \beta_1 d' = 0$$

$$(1.0 \times 0.85 \times 21 \times 300) a^2 + (0.0033 \times 4 \times 387 \times 200{,}000 - 8 \times 387 \times 400) a$$

$$- 0.0033 \times 200{,}000 \times 4 \times 387 \times 0.8 \times 60 = 0$$

$a = 118.0mm$, $c = 118.0/0.8 = 147.5$

식(4.19)에서

$$M_n = M_{n1} + M_{n2}$$

$$= A_s' E_s \varepsilon_s' (d - d') + \eta (0.85 f_{ck}) ab (d - \frac{a}{2})$$

$$= 4 \times 387 \times 200{,}000 \times 0.0019 \times (515 - 60) + 1.0 \times 0.85 \times 21 \times 118.0 \times 300 \times (515 - \frac{118.0}{2})$$

$$= 267.6 + 288.1 = 555.7 \, kN \cdot m$$

$$\phi M_n = 0.85 \times 555.7 = 472.3 \, kN \cdot m$$

2) 순인장 변형률, 휨부재의 최소변형률 및 강도감소계수 검토

$$d_t = 600 - (40 + 10 + 22/2) = 539mm$$

$$\varepsilon_t = \left(\frac{d_t}{c} - 1 \right) \times \varepsilon_{cu} = \left(\frac{539}{147.5} - 1 \right) \times 0.0033 = 0.00876 > \varepsilon_{\min} = 0.004$$

$\varepsilon_t = 0.00876 > 0.005$ 이므로 인장지배단면

$\phi = 0.85$ (적합)

3) 최소철근량 검토

$$M_{cr} = (0.63 \lambda \sqrt{f_{ck}}) \times Z$$

$$= 0.63 \times 1.0 \times \sqrt{21} \times (\frac{300 \times 600^2}{6}) \times 10^{-6}$$

$$= 51.97 \, kN \cdot m$$

$\phi M_n = 472.3 > 1.2 M_{cr} = 62.36$ (적합)

4. 철근콘크리트 보의 설계절차

(1) 설계하중(계수하중)산정

(2) 계수휨모멘트 M_u를 산정한다.

(3) 단면가정

약산식 $A_s = \dfrac{M_u}{\phi f_y (0.875d)}$ 관계식에서 적당한 단면을 가정한다.

보의 유효깊이를 너무 적게 하면 철근량이 많아지겠고 너무 크게 하면 철근량이 너무 적어지고 콘크리트물량이 증가하여 비경제적 설계가 될 수 있다.

일반적으로 보폭 b=300~400mm, 보의 깊이 h=b×(1.5~2)로 가정한다.

(경험이 필요)

(4) 소요철근비 ($\rho = \dfrac{A_s}{bd}$) 산정

설계식 : $\underset{(\text{설계강도})}{\phi M_n} \geq \underset{(\text{소요강도})}{M_u}$

$\phi M_n = \phi A_s f_y (d - \dfrac{a}{2})$에서

$\phi M_n = M_u$, $A_s = \rho bd$, $a = \dfrac{A_s f_y}{\eta(0.85 f_{ck}) b} = \dfrac{\rho bd f_y}{\eta(0.85 f_{ck}) b}$ 로 대치하면,

$$M_u = \phi \rho bd f_y \left(d - \frac{1}{2} \times \frac{\rho bd f_y}{\eta(0.85 f_{ck}) b} \right)$$

$M_u = \phi \rho b d^2 f_y \left(1 - \dfrac{1}{2} \times \dfrac{\rho f_y}{\eta(0.85 f_{ck})} \right)$ 양변을 $\phi b d^2$ 으로 나눈다.

$$\frac{M_u}{\phi b d^2} = \rho f_y \left(1 - \frac{1}{2} \times \frac{\rho f_y}{\eta(0.85 f_{ck})} \right)$$

여기서

$\dfrac{M_u}{\phi b d^2} = R_n$ 으로 치환하고 ρ에 대하여 정리하면

$$\frac{1}{2} \frac{{f_y}^2}{\eta(0.85 f_{ck})} \rho^2 - f_y \rho + R_n = 0$$

$$\frac{f_y^{\,2}}{\eta(0.85f_{ck})}\rho^2 - 2f_y\rho + 2R_n = 0$$

$$\rho = \frac{\eta(0.85f_{ck})}{f_y}\left[1 - \sqrt{1 - \frac{2R_n}{\eta(0.85f_{ck})}}\right]$$

(5) 소요인장철근량 A_s 산정

$$A_s = \rho bd$$

(6) 최소 허용변형률 검토

$$\varepsilon_t = \varepsilon_{cu}\left(\frac{d_t}{c} - 1\right) = \varepsilon_{cu}\left(\frac{d_t}{(a/\beta_1)} - 1\right) \geq 0.004$$

$f_{ck} \leq 40MPa$ 인 경우

$$0.0033\left(\frac{d_t}{a/\beta_1} - 1\right) \geq 0.004$$

$$\frac{0.0033}{a}\beta_1 d_t \geq 0.0073$$

$$a \leq \frac{0.0033}{0.0073}\beta_1 d_t\ ,\ a_{\lim} = 0.452\beta_1 d_t$$

$a = \dfrac{A_s f_y}{\eta(0.85f_{ck})b}$ 를 구한다.

① $a_{\lim} < a$ 일 경우

압축철근이 필요하다.

$\dfrac{(A_s - A_s{}')f_y}{\eta(0.85f_{ck})b} \leq a_{\lim}$ 이 되기 위해서는

$$A_s - A_s{}' \leq a_{\lim} \times \frac{\eta(0.85f_{ck})}{f_y}b$$

$A_s{}' \geq A_s - a_{\lim} \times \dfrac{\eta(0.85f_{ck})}{f_y}b$ 로 필요 압축 철근량 $A_s{}'$ 를 구한다.

② $a_{\lim} > a$ 일 경우

압축철근이 필요 없다. 하지만 스트럽 및 기타 시공상의 이유로 최소한 2개의 철근은 배치하도록 한다.

예제 4-5

보의 해석결과 단부계수 부모멘트 $M_u = 600kN \cdot m$ 일 때 보를 설계하시오

(단, $f_{ck} = 24MPa$, $f_y = 400MPa$, $D25\ A_1 = 507mm^2$이다.)

풀이

1. 계수 부모멘트 $M_u = 600KN \cdot m$

2. 단면가정

(1) 단면을 400×500mm (d=435mm) 로 가정할때

$$A_s = \frac{M_u}{\phi f_y (0.875d)} = \frac{600 \times 10^6}{0.85 \times 400 \times 0.875 \times 435} = 4636.3mm^2$$

$D25\ \ n = 4636.3/507 = 9.1$ (철근량이 너무 많다)

(2) 단면을 400×600mm (d=535mm) 로 가정할때

$$A_s = \frac{600 \times 10^6}{0.85 \times 400 \times 0.875 \times 535} = 3770.0$$

$D25\ \ n = 3770.0/507 = 7.4 \rightarrow 8 - D25$

따라서, 400mm×600mm 으로 가정한다.

3. 소요철근비 산정

$$R_n = \frac{M_u}{\phi bd^2} = \frac{600 \times 10^6}{0.85 \times 400 \times 535^2} = 6.16$$

(1) 수식이용

$$\rho = \frac{\eta(0.85 f_{ck})}{f_y}\left[1 - \sqrt{1 - \frac{2R_n}{\eta(0.85 f_{ck})}}\right]$$

$$= \frac{0.85 \times 24}{400} \times \left[1 - \sqrt{1 - \frac{2 \times 6.16}{1.0 \times 0.85 \times 24}}\right]$$

$$= 0.00189$$

4. 소요인장철근량 A_s 산정 ($D22$ 철근사용)

$$A_s = \rho bd = 0.0189 \times 400 \times 535$$
$$= 4044.6mm^2$$

$D22\quad n = 4044.6/387 = 10.45 \rightarrow 12 - D22$

(보의 최소폭 규정에 의해 3단배근이 되어야 하므로 $D25$ 철근으로 배근하도록 한다.)

$D25\quad n = 4044.6/507 = 7.9$ 따라서 $8 - D25$ 으로 배근한다.

5. 허용 철근변형률 검토

최소허용 철근변형률을 만족하기 위한 중립축 높이

$d_t = 600 - 40 - 10 - 25/2 = 537.5mm$

$a_{\lim} = 0.452\beta_1 d_t = 0.452 \times 0.80 \times 537.5 = 194.4mm$

$$a = \frac{A_s f_y}{\eta(0.85 f_{ck})b} = \frac{8 \times 507 \times 400}{1.0 \times 0.85 \times 24 \times 300} = 265.1mm$$

$a_{\lim} < a$ 이므로 압축철근이 필요하다.

6. 압축철근량 검토

$$A_s{}' \geq A_s - a_{\lim} \times \frac{\eta(0.85 f_{ck})}{f_y} b$$

$$= 8 \times 507 - 194.4 \times \frac{1.0 \times 0.85 \times 24}{400} \times 300 = 1{,}081.7mm^2$$

$D25 \quad n = 1081.7/507 = 2.13$ 따라서 $3 - D25$ 으로 배근한다.

7. 강도감소계수 검토

압축철근이 항복하는 것으로 가정($\varepsilon'_s \geq \varepsilon_y$)

$$a = \frac{(A_s - A'_s) f_y}{\eta(0.85 f_{ck})b} = \frac{(8-3) \times 507 \times 400}{1.0 \times 0.85 \times 24 \times 300} = 165.7mm$$

$c = a/\beta_1 = 165.7/0.8 = 207.1$

압축철근변형률 $\varepsilon'_s = \varepsilon_{cu}\left(1 - \frac{d'}{c}\right) = 0.0033 \times \left(1 - \frac{62.5}{207.1}\right)$

$0.0023 > \varepsilon_y = 0.002$ 압축철근항복

$$\varepsilon_t = \left(\frac{d_t}{c} - 1\right)\varepsilon_{cu} = \left(\frac{537.5}{207.1} - 1\right) \times 0.0033 = 0.00526 > 0.005$$

따라서, $\phi = 0.85$(적합)

8. 배근도

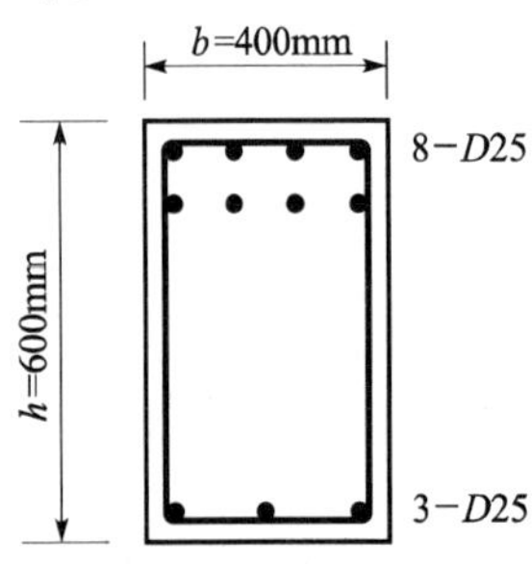

6 T형 보의 설계

1. T형 보의 개념

콘크리트 구조물에서 일반적으로 보와 슬래브가 일체로 되도록 철근을 배치하고 콘크리트가 동시에 타설되기 때문에 경화 후 슬래브도 보와 함께 압축측에서 하나의 보로 거동한다. 보 양쪽에 슬래브가 대칭으로 되어있으면 이런 보를 대칭T형 보라하고, 보의 한쪽에만 있으면 비대칭T형보(반T형보)라 한다.

T형보와 반T형보의 슬래브 유효폭(플랜지폭)의 산정은 보의 경간과 슬래브의 두께(h_f)에 의하여 결정된다.

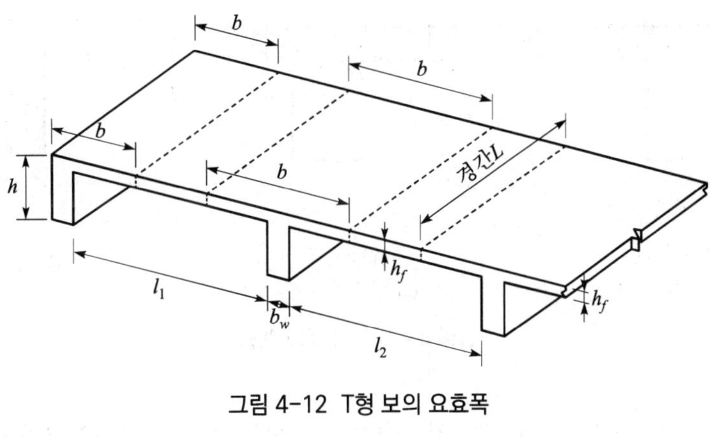

그림 4-12 T형 보의 요효폭

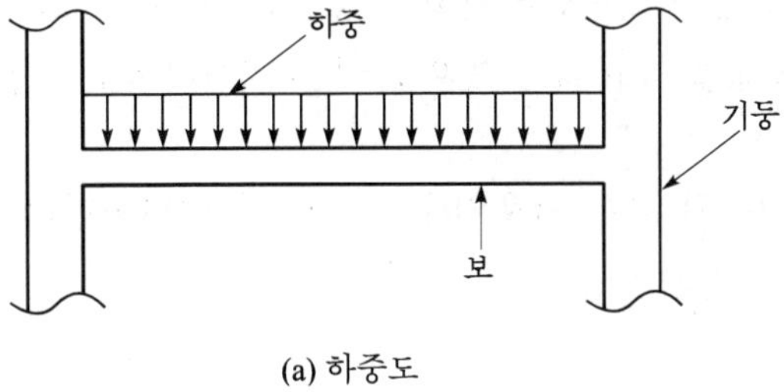

(a) 하중도

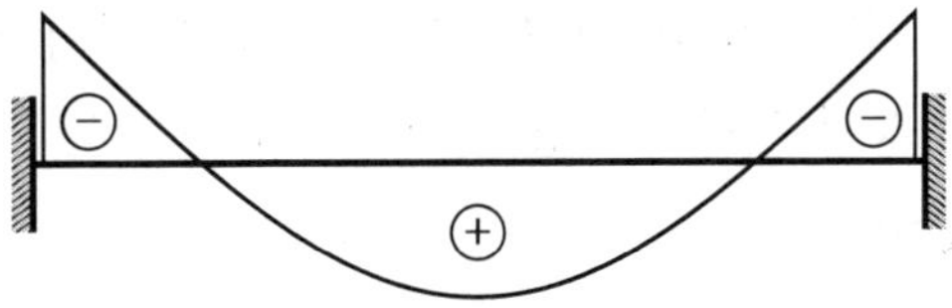

(b) 보의 휨모멘트도

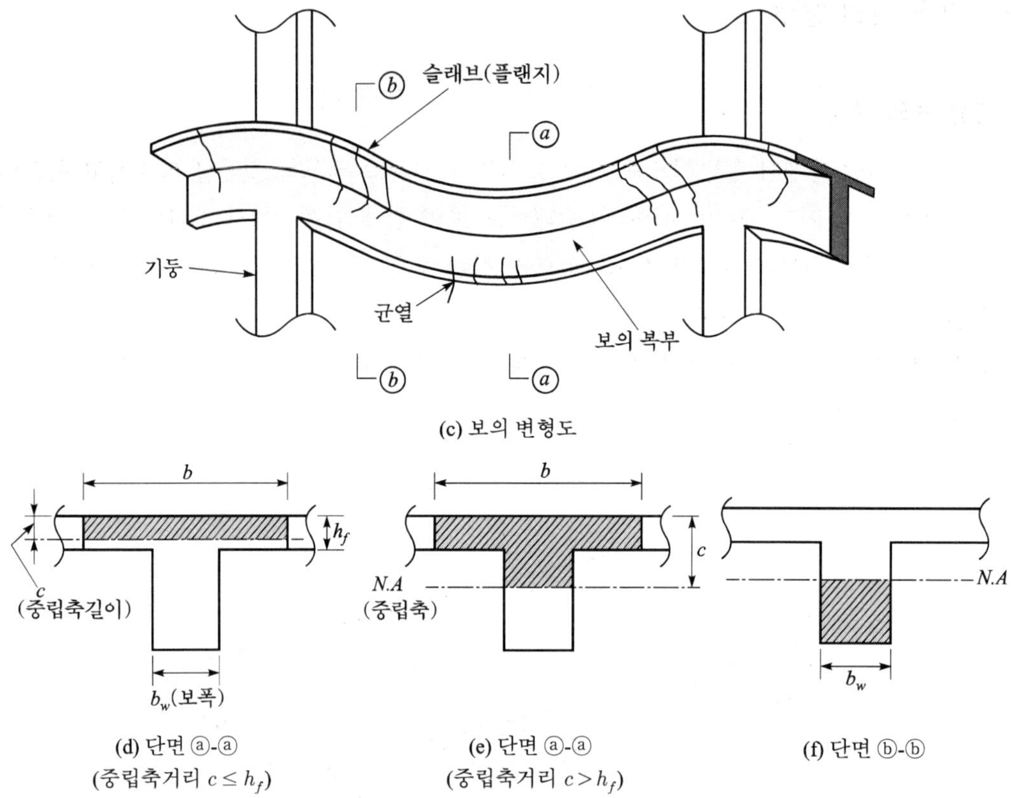

그림 4-13 T형 보의 개념

(1) 그림 4-13 (d)는 그림 (c)의 보의 중간부분으로 상부압축, 하부인장영역으로 $c \le h_f$ 즉 중립축 거리 "c"가 슬래브내에 위치하는 경우로 인장측 콘크리트 단면은 인장에 저항하지 못하기 때문에 유효폭 b 를 보폭으로 하는 직사각형보로 취급하여 해석한다.

(2) 그림 4-13 (e)는 (d)와 같은 경우인데 $c > h_f$ 즉 중립축거리 "c"가 보의 복부에 위치하는 것으로 T형보로 해석한다.

(3) 그림 4-13(f)의 경우는 그림 (c)의 보의 상부가 인장, 하부가 압축인 경우로 보의 상부 인장측 콘크리트는 인장에 저항하지 못하므로 보의 폭을 b_w 로 하는 직사각형보로 취급하여 해석하면 되겠다.

2. T형 보의 유효폭(b)

슬래브와 보가 일체로 타설된 T형보의 유효폭 b는 다음 중 가장 작은 값으로 결정하여야 한다.

(1) 대칭 T형보 (그림 4-12 참조)

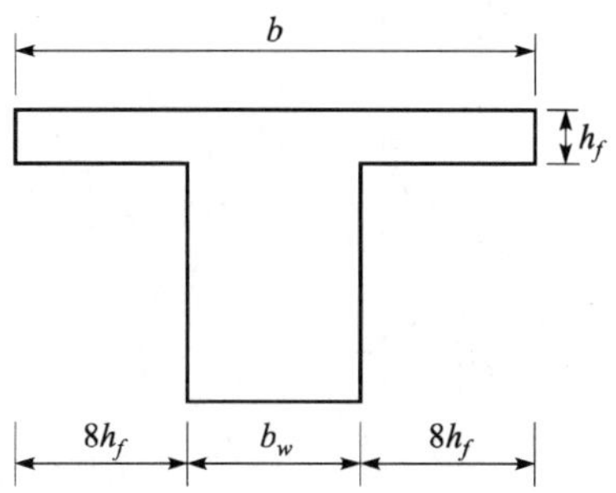

① 양쪽으로 각각 내민 슬래브 두께(h_f) 8배에 보폭을 더한 거리 : $8h_f \times 2 + b_w = 16h_f + b_w$

② 양쪽슬래브의 중심 간거리: $\dfrac{l_1}{2} + \dfrac{l_2}{2} + b_w$

③ 보의 경간(L)의 $\dfrac{1}{4}$: $\dfrac{L}{4}$

····· (4.21)

(2) 비대칭 T형 보(반 T형 보 ; 그림 4-12참조)

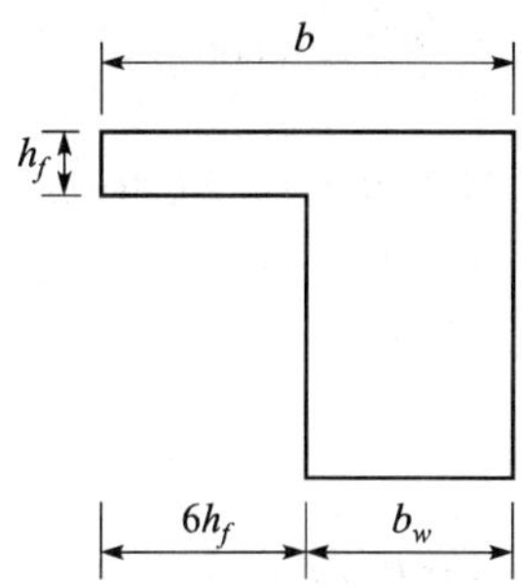

① 한쪽으로 내민 슬래브 두께(h_f)의 6배에 보폭을 더한 거리: $6h_f + b_w$

② 보의 경간의 $\dfrac{1}{12}$에 보폭을 더한 거리 : $\dfrac{L}{12} + b_w$

③ 인접보와의 내측거리의 $\dfrac{1}{2}$에 보폭을 더한 거리 : $\dfrac{l_1}{2} + b_w$ (또는 보의 외측에서 슬래브중심까지의 거리)

····· (4.22)

여기서, l_1, l_2 : 인접보와의 슬래브 내측간 거리

L : 보의 경간(그림 4-12 참조)

예제 4-6

아래의 구조 평면도에서 보 "B_1"과 "G_1"의 유효폭(b)을 산정하시오. (단, B_1, G_1의 단면 : $b_w \times h = 300 \times 600$, 슬래브두께$h_f = 120mm$)

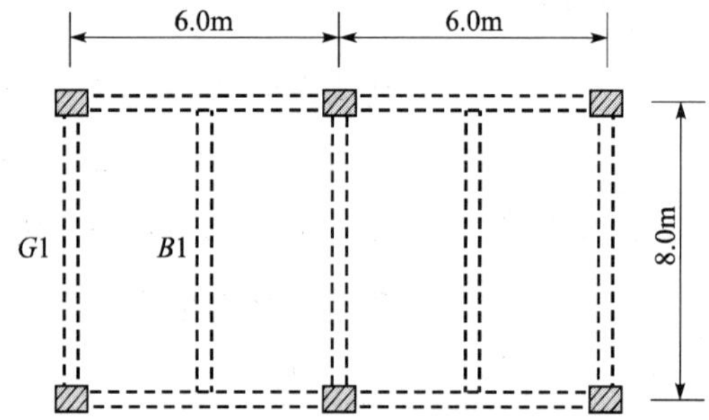

풀이

1) B_1

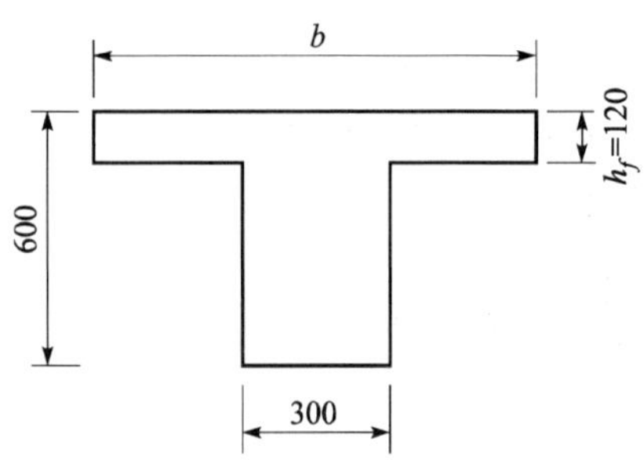

① $b = 16h_f + b_w = 16 \times 120 + 300 = 2{,}220mm$

② $b =$ 양쪽슬래브중심간거리 $= 3{,}000mm$

③ $b =$ 보 경간의 $\dfrac{1}{4} = \dfrac{8{,}000}{4} = 2{,}000mm$

위의 세식의 값중 작은 값인 $b = 2{,}000mm$ 가 유효폭이 된다.

2) G_1

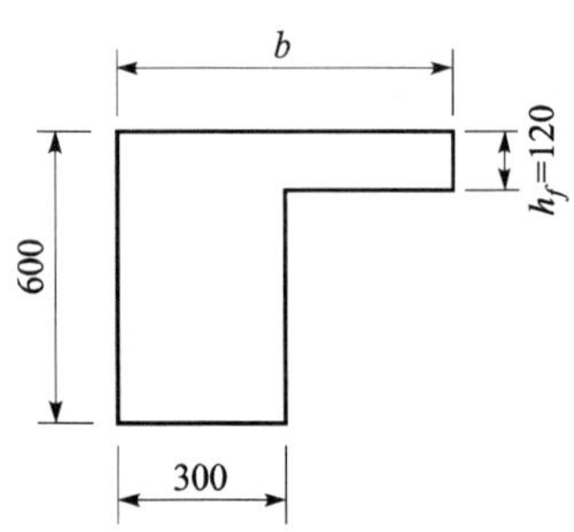

① $b = 6h_f + b_w = 6 \times 120 + 300 = 1{,}020mm$

② (보경간의 $\dfrac{1}{12}$) $+ b_w = \dfrac{8{,}000}{12} + 300 = 967.0mm$

③ (인접보와의 내측거리의 $\dfrac{1}{2}$) $+ b_w = \dfrac{(3{,}000 - 300)}{2} + 300$
$= 1{,}650mm$

위의 세식의 값중 작은값인 $b = 967mm$가 유효폭이 된다.

3. T형 보의 해석

(1) 단철근 직사각형 보로 해석하는 경우

($c \le h_f$ 즉 중립축 깊이 "c"가 슬래브(플랜지)내에 위치하는 경우는 인장측 콘크리트가 무시되므로 보폭을 유효보폭 b, 유효깊이 d로 하는 단근보로 해석)

등가직사각형 응력분포를 이용하여 해석하면

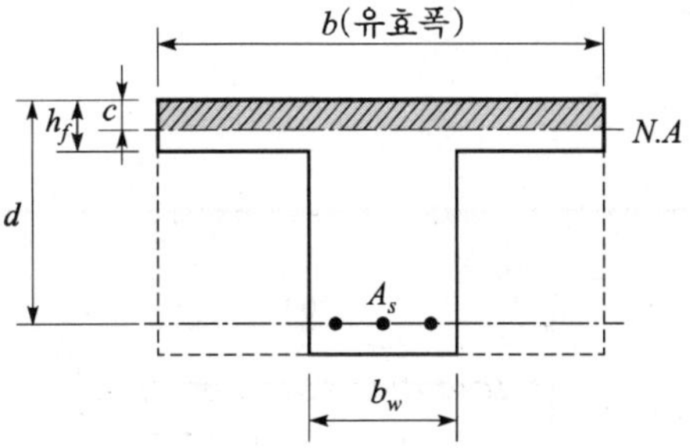

$$a = \frac{A_s f_y}{\eta(0.85 f_{ck}) b}, \quad c = \frac{a}{\beta_1} \le h_f \text{ ...... (4.23)}$$

$b = 16h_f + b_w$,
보경간(L)의 $\frac{1}{4}$
양쪽 슬래브의 중심간 거리
] 중 최소값

보의 단면 $b \times d$ 의 단근보로 해석한다. (인장측 콘크리트는 무시되므로)

(2) T형 보로 해석하는 경우

($c > h_f$ 즉 중립축 깊이 "c"가 복부에 위치하는 경우는 T형보로 해석)

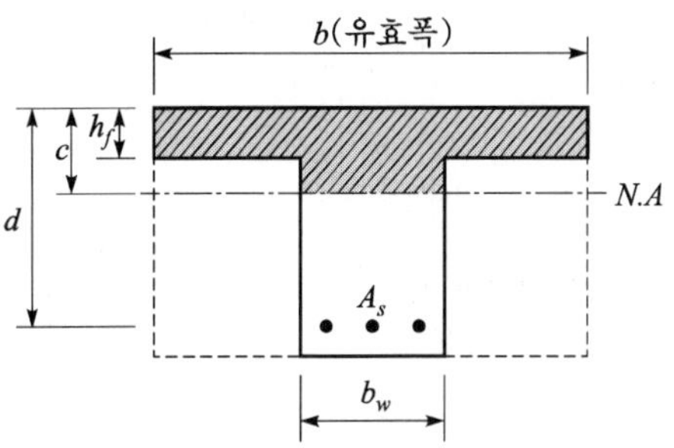

$$a = \frac{A_s f_y}{\eta(0.85 f_{ck}) b}, \quad c = \frac{a}{\beta_1} > h_f \text{ .... (4.24)}$$

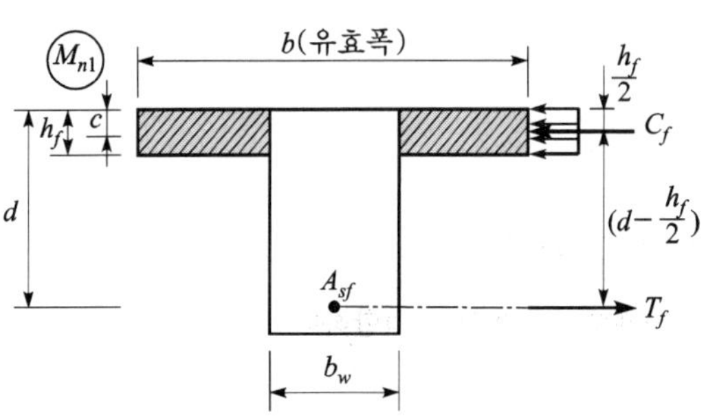

$$A_{sf} = \frac{\eta(0.85 f_{ck})(b - b_w) h_f}{f_y} \text{ ..... (4.25)}$$

$$M_{n1} = A_{sf} f_y \left(d - \frac{h_f}{2}\right) \text{ .... (4.26)}$$

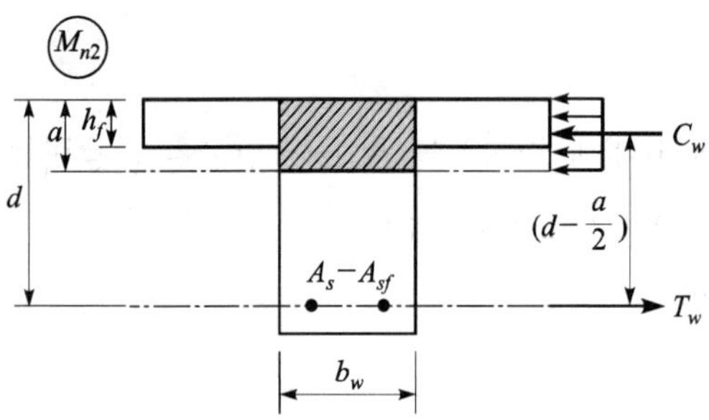

$$a = \frac{(A_s - A_{sf})f_y}{\eta(0.85 f_{ck})b_w}$$

$$M_{n2} = (A_s - A_{sf})f_y(d - \frac{a}{2}) \quad \cdots\cdots (4.27)$$

따라서,

$$M_n = M_{n1} + M_{n2} \quad \cdots\cdots (4.28)$$

이 된다.

예제 4-7

그림과 같은 T형 보에서 설계강도(ϕM_n)를 구하시오. (단, $f_{ck} = 24MPa$, $f_y = 400MPa$, $h_f = 150mm$, $b = 1,200mm$, $b_w = 300mm$, $h = 600mm$, $d = 550$, $A_s = 1,548mm^2$)

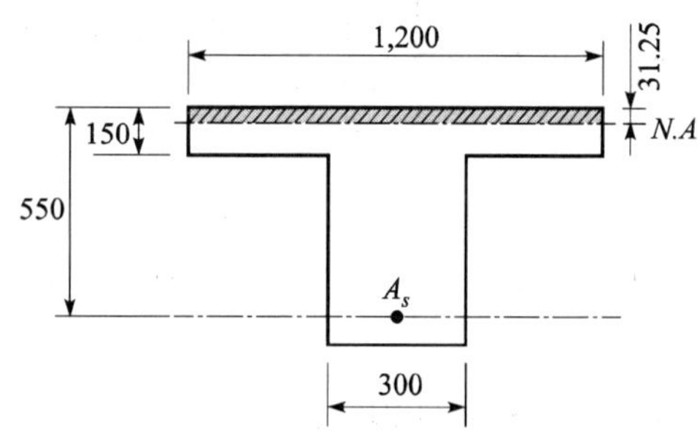

풀이

1) 설계휨강도(ϕM_n) 산정

$$a = \frac{A_s f_y}{\eta(0.85 f_{ck})b} = \frac{1,548 \times 400}{1.0 \times 0.85 \times 24 \times 1,200} = 25.0mm$$

$$c = \frac{a}{\beta_1} = \frac{25.0}{0.8} = 31.25 < h_f = 150mm$$

따라서 보 단면 1,200$mm \times$550mm인 단근 직사각형보로 해석한다.

$$\phi M_n = \phi A_s f_y(d - \frac{a}{2})$$

$$= 0.85 \times 1,548 \times 400 \times (550 - \frac{25}{2})$$

$$= 282.9 kN \cdot m$$

2) 강도감소계수 검토

$$\varepsilon_t = (\frac{d_t}{c} - 1) \times \varepsilon_{cu} = (\frac{550}{31.25} - 1) \times 0.0033 = 0.055 > 0.005$$

이므로 인장지배단면에 속한다. 따라서 강도감소계수 $\phi = 0.85$는 적합하다.

3) 최소철근량 검토

$$1.2M_{cr} = 1.2\times(f_r\frac{I_g}{y_t}) = 1.2\times3.09\times9.56\times10^9/396.4$$
$$= 89.4\times10^6 = 89.4kN\cdot m \le \phi M_n = 282.9$$

이므로 적합하다.

x축으로부터 도심까지의 거리 y_t산정

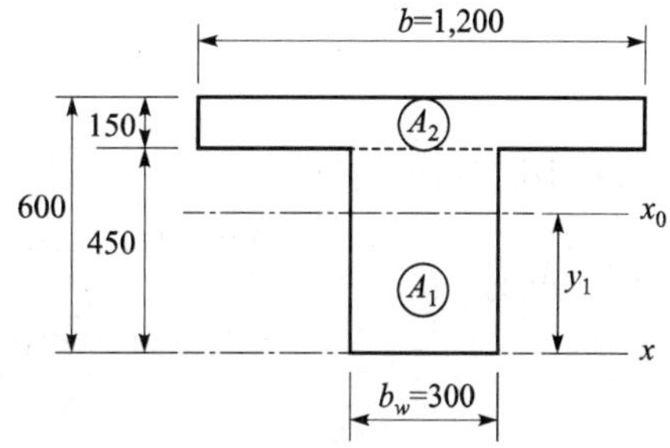

A1 : 도심축(x_0) 하부면적

A2 : 도심축(x_0) 상부면적

$$y_t = \frac{300\times450\times225+1,200\times150\times525}{300\times450+1,200\times150}$$
$$= 396.4mm$$

$$I_g = \left\{\frac{300\times450^3}{12}+300\times450\times(396.4-225)^2\right\}$$
$$+\left\{\frac{1,200\times150^3}{12}+1,200\times150\times(203.6-75)^2\right\}$$
$$= 9.56\times10^9 mm^4$$

$$f_r = 0.63\lambda\sqrt{f_{ck}} = 0.63\times1.0\times\sqrt{24} = 3.09$$

예제 4-8

그림과 같은 T형 보에서 설계강도(ϕM_n)를 구하시오. (단, 재료강도는 $f_{ck} = 24MPa$, $f_y = 400MPa$, $h_f = 80mm$, $b = 900mm$, $b_w = 400mm$, $h = 600mm$, $d = 512.5mm$, $A_s = 5,070mm^2$ $(10-D25,\ A_1 = 507mm^2)$)

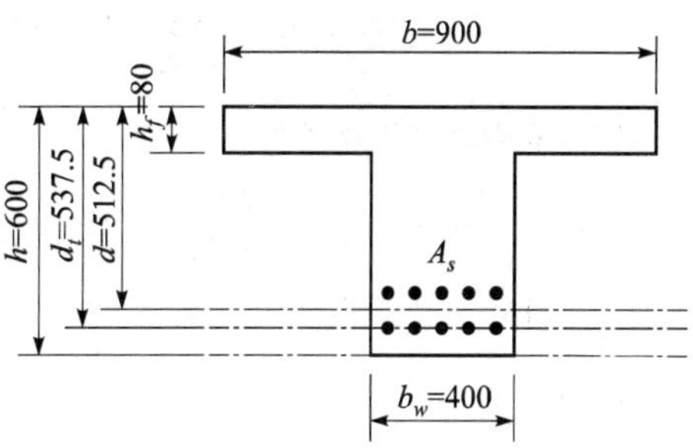

풀이

1) 등가직사각형 응력깊이"a"

$$a = \frac{A_s f_y}{\eta(0.85f_{ck})b} = \frac{5,070\times400}{1.0\times0.85\times24\times900} = 110.0mm$$

$$c = \frac{a}{\beta_1} = \frac{110}{0.8} = 137.5mm > 80mm$$

이므로(보의 복부에 위치) T형보로 해석한다.

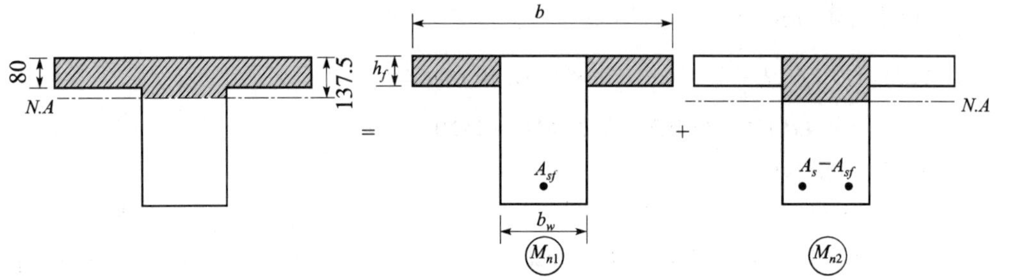

2) 설계 휨강도 산정

(M_{n1})

$$A_{sf}=\frac{1.0\times0.85f_{ck}(b-b_w)h_f}{f_y}$$

$$=\frac{0.85\times24\times(900-400)\times80}{400}=2{,}040mm^2$$

$$M_{n1}=A_{sf}f_y(d-\frac{h_f}{2})=2{,}040\times400\times(512.5-\frac{80}{2})=385.6\,kN\cdot m$$

(M_{n2})

$$a=\frac{(A_s-A_{sf})f_y}{\eta(0.85f_{ck})b_w}=\frac{(5{,}070-2{,}040)\times400}{1.0\times0.85\times24\times400}=148.5$$

$$M_{n2}=(A_s-A_{sf})f_y(d-\frac{a}{2})$$

$$=(5{,}070-2{,}040)\times400\times(512.5-\frac{148.5}{2})=531.2\,kN\cdot m$$

$$\therefore\phi M_n=0.85\times(385.6+531.2)=779.3\,kN\cdot m$$

3) 강도 감소계수(ϕ)검토

$$\varepsilon_t=\left(\frac{d_t}{c}-1\right)\times\varepsilon_{cu}=\left(\frac{537.5}{137.5}-1\right)\times0.0033=0.0096>0.005$$

따라서 인장지배단면이므로 $\phi=0.85$ 는 적합하다.

4) 최소철근량 검토

x축으로부터 도심까지의 거리 y_t산정

$$y_t=\frac{400\times520\times260+900\times80\times560}{400\times520+900\times80}=337.1mm$$

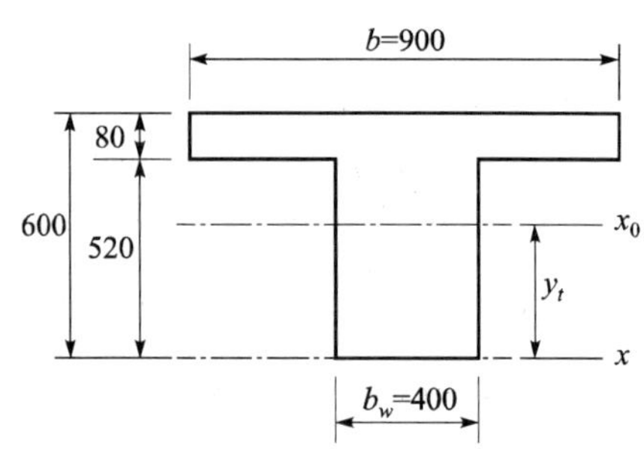

$$I_g=\left\{\frac{400\times520^3}{12}+400\times520\times(337.1-260)^2\right\}$$

$$+\left\{\frac{900\times80^3}{12}+900\times80\times(262.9-40)^2\right\}$$

$$=9.54\times10^9mm^4$$

$$f_r=0.63\lambda\sqrt{f_{ck}}=0.63\times1.0\times\sqrt{24}=3.09$$

$$M_{cr}=f_r\frac{I_g}{y_t}=3.09\times9.54\times10^9/337.1=87.4$$

$\phi M_n = 799.1 \geq 1.2 M_{cr} = 1.2 \times 87.4 = 104.9$

적합하다.

7 연속 휨부재의 부모멘트 재분배

콘크리트는 그것의 극한강도의 반을 넘는 하중이 작용하기 시작하면 탄성거동을 하지 않는 것이 알려지고 있다. 따라서 라멘의 응력해석은 탄성이론으로 하고 이것으로 나오는 응력에 대해서 단면설계는 비탄성 거동을 고려한 강도 설계법으로 하는 것은 응력해석과 단면 설계간에 불일치가 있게 된다.

탄성해석과 비탄성단면 설계라는 이 설계법은 모순점이 있지만 이것은 안전측의 설계 방법이다.

일반적으로 철근콘크리트 부정정 구조물은 하나의 단면의 항복이 곧 붕괴에 이르지 않으며, 가장 높게 응력을 받는 단면에 소성힌지(plastic hinge)가 형성된 다음에도 붕괴 될려면 더욱 많은 하중의 증가가 필요하며 이 증가에 따라 여러 위험단면에서의 모멘트는 크게 변한다. 즉 소성힌지가 형성된 후 그 점의 모멘트는 변화하지 않고, 응력이 작은 부분의 모멘트가 증가해 간다. 이러한 형상이 **모멘트의 재분배**이다. 이와 같은 모멘트의 재분배는 구조물의 부재강도의 합리적인 평가에 매우 중요하고, 경제적인 설계에 대단히 필요하다. 뿐만 아니라 설계자는 어떤 한계내에서 설계용 모멘트의 수정을 할 수 있게 된다.

어떤 단면에서는 신중한 검토 끝에 소요량 이하의 철근을 배근해주고 그 대신 경간내의 기타부분에 소요량 이상의 철근을 배근해 주므로 적절한 수정을 해준다. 이와 같이 모멘트를 임의로 재분배 함으로서 기둥과 보가 교차하는 곳과 높은 모멘트 부분에 필요한 과밀한 철근량을 감소시킬 수가 있다.

이와 같이 휨모멘트가 재분배되기 위해서는 한 소성힌지 단면의 휨항복 후 해당 소성힌지의 회전 변형 능력이 어느 정도 확보되어야 한다. 휨 철근량이 큰 경우에는 휨 철근의 항복 후 조기에 콘크리트의 압괴에 의한 휨 파괴가 발생할 수 있으므로 소성힌지의 회전변형 능력이 작다. 따라서 이러한 소성힌지의 회전 변형능력등을 고려하여 설계기준에서는 모멘트 재분배에 대하여 다음과 같이 규정하고 있다.

① 근사해석법에 의해 휨모멘트를 계산한 경우를 제외하고, 탄성이론에 의하여 산정한 연속 휨부재 받침부의 부모멘트는 20% 이내에서 $1,000\varepsilon_t\%$ 만큼 증가 또는 감소시킬 수 있다.

② 경간 내의 단면에 대한 휨모멘트의 계산은 수정된 부모멘트를 사용하여야 한다.

③ 부보멘트의 재분배는 휨모멘트를 감소할 단면에서 최외단 인장 철근의 순인장 변형률 ε_t 가 0.0075 이상인 경우에만 가능하다.

예제 4-9

아래 그림과 같은 연속보에서 계수하중에 의한 양단부의 부모멘트와 중앙부의 정모멘트의 값이 각각 $M_u^- = 500.0\,kN \cdot m$, $M_u^+ = 427.0kN \cdot m$ 으로 해석되었고 (b)와 같이 단면 설계 되었을때 예제 4-3과 예제 4-4의 결과(인장 압축측 上, 下가 바뀐 것으로 ϕM_n은 같다.) 이용하여 설계의 적정성을 검토하시오.

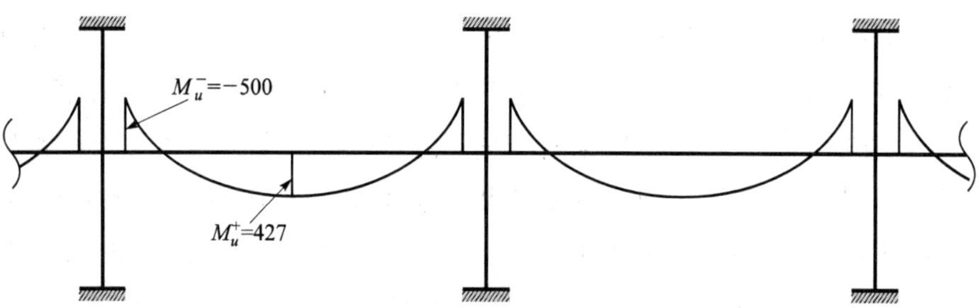

(a) 보의 모멘트

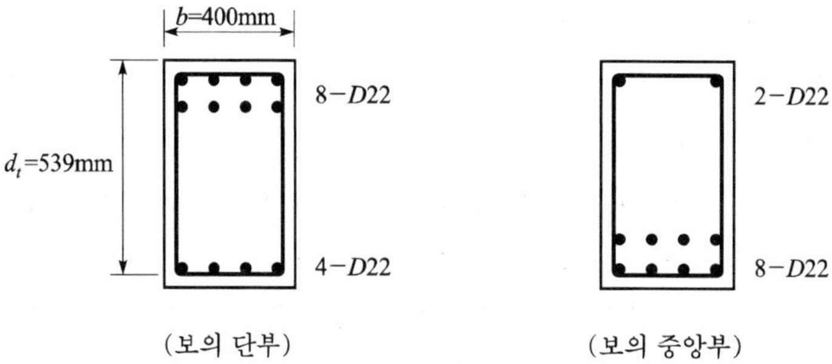

(b) 보의 설계단면

풀이

1. 모멘트 재분배의 가능성 검토

식(4-3)에서 $\varepsilon_t = (\frac{d_t}{c} - 1) \times \varepsilon_{cu} = (\frac{535}{149.4} - 1) \times 0.0033 = 0.00876 > 0.0075$

여기서, $d_t = 539mm$, $a = 118mm$

식 (4-5)에서 $c = a/\beta_1 = 118/0.8 = 147.5mm$ 이다.

따라서 모멘트 재분배는 가능하다.

2. 모멘트 재분배 한도 산정

$1{,}000\varepsilon_t\% = 1{,}000 \times 0.00876 = 8.76\% < 20\%$

따라서 재분배 모멘트 $\Delta M = 500 \times 0.0876 = 43.8kN \cdot m$까지 가능하다.

3. 설계단면의 적정성검토

보의 단부의 설계강도 $\phi M_n = 472.3kN \cdot m$ (예제 4-4 참조)

보의 중앙부의 설계강도 $\phi M_n = 454.1kN \cdot m$ (예제 4-3 참조)

① 보의 단부 휨모멘트 검토 : $M_u^- > \phi M_n$ 이므로 $\Delta M = 500 - 472.3 = 27.7kN \cdot m$를 중앙부에 재분배 시키도록 한다.

② 보의 중앙부 휨모멘트 검토 : $M_u^+ = 420 + 27.7 = 447.7 < 454.1$이다.

따라서 설계된 단면은 적정하다.

8 유효 경간

탄성이론에 의한 라멘해석에서는 구조체를 일반적으로 단선으로 취급하고, 부재간 거리는 골조의 절점 중심을 기준으로 하고 있다. 그러나 실제에 있어서 부재의 순 경간 거리는 절점간의 중심간 거리보다 상당히 작다.

절점 사이를 일정한 단면2차 모멘트를 갖는 부재로 연결되어 있다고 가정하고서 라멘 해석을 하고 있는 오늘날 통상 사용되는 방법은 엄격한 의미에서는 정확치 못하다. 기둥과 교차하는 한 개의 보는 기둥 표면까지는 일정한 단면을 갖는 부재이나 표면에서 기둥 중심까지는 부재의 춤이 대단히 커져서 여기서의 단면2차 모멘트는 경간 기타부분에서의 그것에 비해 사실상 무한대라고 볼 수 있다. 이 부재의 춤과 단면2차 모멘트 변화에 관한 이야기는 기둥에 대해서도 비슷하다. 그래서 정확히 해석하려면 이 부재의 춤의 변화를 해석에서 고려해야 한다. 이것은 보의 지점 모멘트를 증대시키고 경간 모멘트를 감소시키는 효과를 가져 온다. 이러한 효과에 대해 그림 4-14와 같은 변단면의 보를 갖고 설명을 해보면 경간 중앙이 힌지와 같이 되었을 때는 경간 모멘트는 줄어서 0이 되고, 지점 모멘트는 $wl^2/8$이 된다.

또한 보의 부모멘트의 설계용 위험단면은 기둥면이며 기둥 중심이 아니다. 그 이유는 기둥면에서 기둥 중심까지 사이는 보의 춤이 무한대가 되기 때문이다.

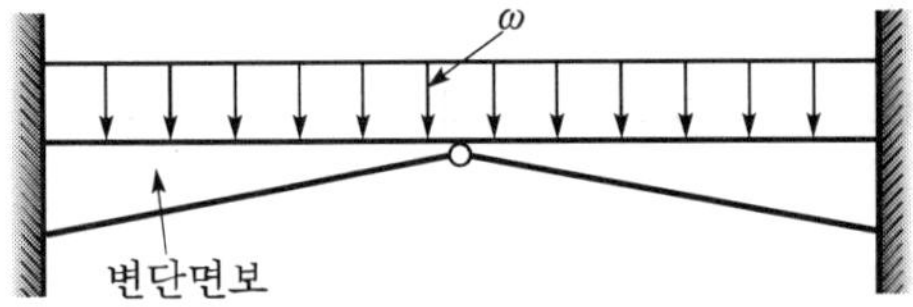

(a) 하중도

(b) 휨모멘트도

그림 4-14 변단면보의 하중도 및 모멘트도

기둥의 경우에는 모멘트 곡선이 급경사가 아니기 때문에 중심선 모멘트와 보의 상, 하면에서의 모멘트는 큰 차이가 없어서 대부분의 경우 이 차이를 무시한다. 그러나 보의 모멘트 다이아그램은 지점 부근에서는 통상 매우 급경사로 되고 있기 때문에 지점 중심에서의 모멘트와 지지면에서의 모멘트 사이에는 큰 차이가 생긴다. 전자를 가지고 설계를 하면 불필요하게 큰 단면이 된다. 그래서 탄성이론으로 구한 지점 모멘트를 감소시켜 주는 것이 합리적이다.

그림 4-15에서 지점 중심과 지지면 사이에서의 모멘트 변화는 이 두 점 사이에서의 전단력 다이아그램의 면적과 같다. Knife-edge 지지(완전한 단순 지지)에서는 이 전단력 다이아그램의 면적이 $Vc/2$와 매우 가깝다. 그러나 실제에 있어서는 지점 폭 사이에서의 전단력 분포는 아직도 규명해야할 요소가 많다. 그래서 이 분포를 점선으로 된 선과 같다고 가정한다. 그리고 이 감소된 면적이 $Vc/3$라고 Winter 교수는 제안하고 있다. 반력이 분포되고 있다는 이 사실은 모멘트와 전단력 다이아그램을 수정해야 하며 그 결과는 그림과 같이 부모멘트 원점을 약간 둥글게 고쳐야 하며 이 고친 후의 지점 중심과 지지면 사이의 모멘트 변화가 $Vc/3$이 되게 지지면 모멘트를 정한다. 이렇게 정하지 않고 정점 모멘트에서 바로 $Vc/2$를 감해서 지지면 모멘트로 삼아도 같은 결과가 나온다. 결국 단부 지점 상태에서 출발해도 같은 지지면 모멘트를 얻을 수 있다.

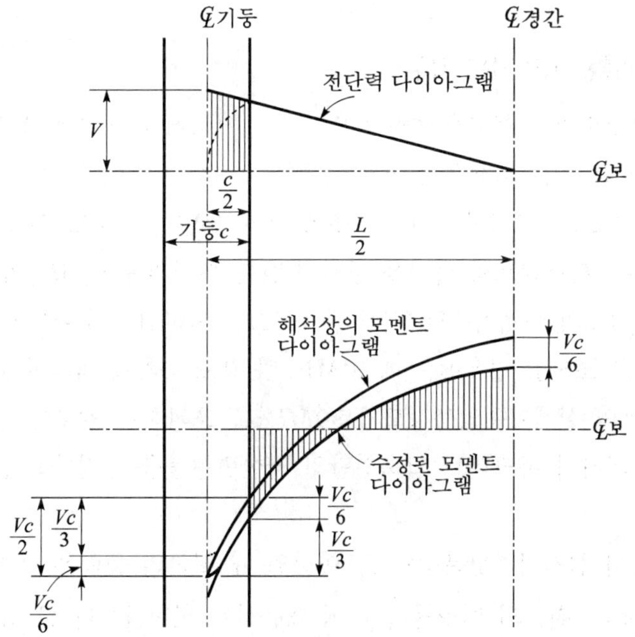

그림 4-15 수정된 설계 모멘트

이상은 지지면 모멘트의 감소를 최고 모멘트에서 얼마나 해야 하느냐에 관한 고찰이었으나 이것에 다시 기둥 부분에서의 보의 단면2차 모멘트의 무한대에 가까운 증대의 효과에 따른 모멘트 다이아그램의 수정을 가정해야 한다. 이것은 헌치의 효과와 유사한 것으로 부모멘트를 약간 증대시키고, 정모멘트를 약간 감소시킨다.

보통의 경우에 대해서 이 모멘트 다이아그램의 이동은 $Vc/6$이다. 그래서 결국 지지면 모멘트는 knife-edge 지지(완전한 단순 지지)의 경우의 최고 모멘트에서 $Vc/3$을 한번 감소한 것으로 정리해 두면 되겠다. 정모멘트의 감소도 그림 4-15와 같이 $Vc/6$이다.

또한, 어떤 지지조건에 있어서는 부모멘트의 감소가 허용되지 않는 경우가 있는 것을 명심해야 한다. 예컨대 몇 개의 거더 위를 직각으로 횡단하여 걸치는 연속보가 있을 때 거더와 보의 춤이 같으면 연속보는 경간 내에서나 지지점에서나 전단력이 거의 일정하기 때문에 설계용 부모멘트는 최고 모멘트라야지 지지면 모멘트여서는 안된다.

중요사항

1. 휨 해석 및 설계를 위한 기본 가정

① 철근과 콘크리트의 변형률은 중립축으로부터 거리에 비례하는 것으로 가정할 수 있다. 그러나 깊은 보는 비선형 변형률 분포를 고려하여야 한다. 깊은 보의 설계에서 비선형 변형률 분포를 고려하는 대신 스트럿-타이모델을 적용할 수도 있다.

② 휨모멘트 또는 휨모멘트와 축력을 동시에 받는 부재의 콘크리트 압축연단의 극한 변형률은 콘크리트의 설계기준압축강도가 $40MPa$ 이하인 경우에는 0.0033으로 가정하며, $40MPa$을 초과할 경우에는 매 $10MPa$의 강도 증가에 대하여 0.0001씩 감소시킨다. 콘크리트의 설계기준압축강도가 $90MPa$을 초과하는 경우에는 성능실험을 통한 조사연구에 의하여 콘크리트 압축연단의 극한변형률을 선정하고 근거를 명시하여야 한다.

③ 철근의 응력이 설계기준항복강도 f_y 이하일 때 철근의 응력은 그 변형률에 E_s를 곱한 값으로 하고, 철근의 변형률이 f_y에 대응하는 변형률보다 큰 경우 철근의 응력은 변형률에 관계없이 f_y로 하여야 한다.

④ 콘크리트의 인장강도는 사용하중 상태에서 균열과 처짐을 검토할 경우를 제외하고는 철근콘크리트 부재 단면의 축강도와 휨강도 계산에서 무시할 수 있다.

⑤ 콘크리트 압축응력의 분포와 콘크리트변형률 사이의 관계는 직사각형, 사다리꼴, 포물선형 또는 강도의 예측에서 광범위한 실험의 결과와 실질적으로 일치하는 어떤 형상으로도 가정할 수 있다.

2. 단근보의 설계

(1) 포물선-직선응력분포

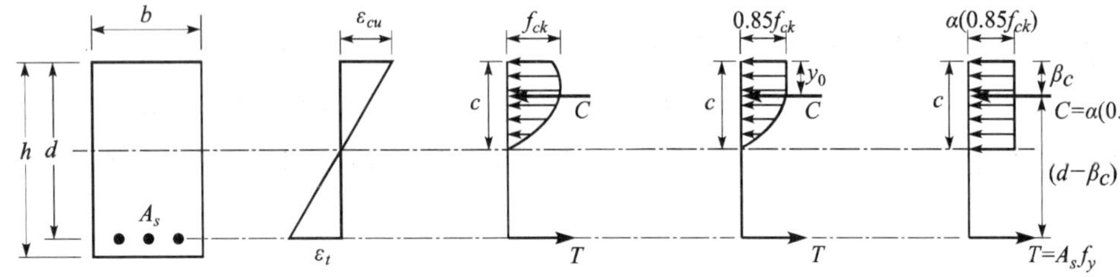

변형률　　변형률　　응력　　포물선-직선응력분포　　평균응력분포

* $y_0 = \beta c$

C = T(힘의 평형조건: Equilibrium)에서 $\alpha(0.85f_{ck})bc = A_s f_y$

$$c = \frac{A_s f_y}{\alpha(0.85 f_{ck})b}, \quad M_n = T \times (d - \beta c) = A_s f_y (d - \beta c)$$

$f_{ck} \leq 40MPa$ 일때 $\alpha = 0.8$, $\beta = 0.4$

(2) 등가응력분포

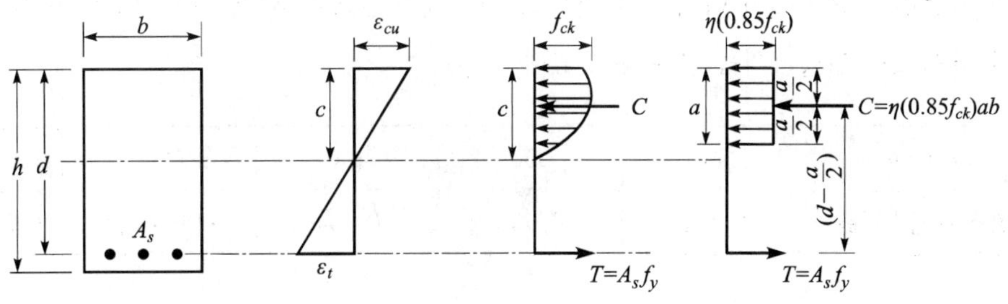

C = T(힘의 평형조건)에서 $\eta(0.85f_{ck})ab = A_s f_y$

$$a = \frac{A_s f_y}{\eta(0.85 f_{ck})b}, \quad c = \frac{a}{\beta_1}$$

$f_{ck} \leq 40MPa$ 일때 $\eta = 1.0$, $\beta_1 = 0.8$

(3) 철근 변형률

철근과 콘크리트의 변형률은 중립축으로부터 거리에 비례한다는 적합조건(Compatibility)을 이용하여 다음 그림으로부터 철근의 변형률 "ε_t"를 구할 수 있다.

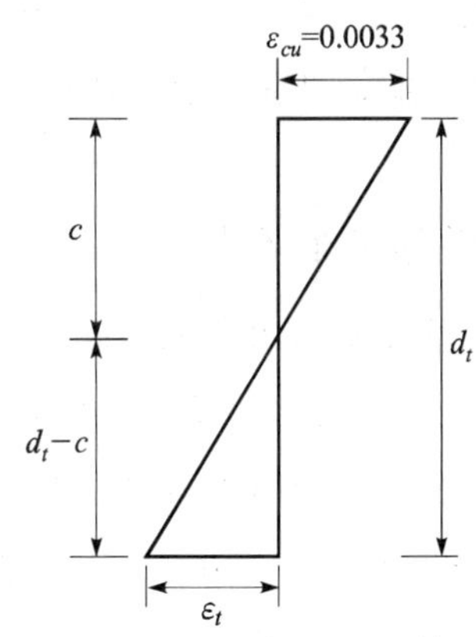

$0.0033 : \varepsilon_t = c : (d_t - c)$

$0.0033d_t - 0.0033c = \varepsilon_t c$

$$\varepsilon_t = 0.0033 \times (\frac{d_t}{c} - 1)$$

3. 철근 콘크리트보의 파괴 형태

(1) 연성(ductility) 파괴(저보강보)

균형상태보다 적은량의 철근을 배치한 보(저보강보 또는 과소철근보)의 파괴형태는 하중이 계속 증가하면 철근은 그 연성으로 인하여 인장철근의 변형률이 계속 증가하여 항복 변형률 ε_y를 초과하게 되어 인장측 콘크리트에 균열이 발생하고 큰처짐을 보이면서 점진적으로 진행되어 파괴를 감지하고, 이에 대처할 수 있는 시간적 여유를 얻을 수 있다. 이러한 파괴는 안전성 측면에서 바람직한 것으로 기준에서는 ε_t가 최소 허용변형률 이상이 되도록 제한 하므로서 연성파괴를 유도하고 있다.

$f_y(MPa)$	300	350	400	500	600
최소 허용변형률	0.004	0.004	0.004	$0.005(2\varepsilon_y)$	$0.006(2\varepsilon_y)$

(2) 취성(brittleness)파괴(과보강보)

균형상태보다 더 많은 양의 철근을 배치한 보(과보강보 또는 과다철근보)의 파괴는 철근이 항복변형률 ε_y에 도달하기전에 압축측 콘크리트 연단의 극한변형률 ε_{cu}에 도달하게 된다. 이러한 보의 파괴는 콘크리트의 갑작스런 파괴로 이어진다. 이러한 파괴를 취성파괴라 하며, 보의 인장철근량이 너무 적어도 취성파괴를 일으킨다. 인장측 콘크리트의 인장응력이 콘크리트의 휨인장강도를 초과하면 콘크리트에는 균열이 발생하여 콘크리트가 받고 있던 인장응력이 철근이 대신 부담하게 되어 지나치게 적게 배치된 철근이 이를 감당하지 못하고 단면의 갑작스런 파괴가 일어나게 된다.

따라서 이러한 파괴를 피하기 위하여 구조설계기준에서는 휨 부재의 균열모멘트인 M_{cr}의 1.2배의 강도가 발현되도록 하고 있다.

4. 휨 부재의 제한사항

(1) 철근변형률의 검토

콘크리트구조설계기준은 취성 파괴를 피하기 위해 즉, 연성 파괴가 되도록 최소 허용 변형률을 이용하여 최대 철근비로 제한하고 있다. 즉, 공칭강도에서 최외단 인장철근의 순인장 변형률 $\varepsilon_t \geq 0.004$ 또는 $2\varepsilon_y$ **이상**이 되도록하여 최소한의 연성을 확보토록하여 휨부재의 연성파괴가 일어나도록 하였다.

3(2) 최소 철근량 검토

휨부재의 인장철근량이 너무 적을 경우도 취성파괴를 일으킬 수 있다. 인장측 콘크리트의 인장응력이 콘크리트의 휨인장강도를 초과하면 콘크리트에는 균열이 발생하여 콘크리트가 받고 있던 인장응력이 철근이 대신 부담하게 되어 지나치게 적게 배치되었다면 철근이 이를 감당하지 못하고 갑작스런 파괴가 일어나게 된다.

따라서 이러한 파괴를 피하기 위하여 기준에서는 균열모멘트의 1.2배의 강도가 발현되도록 제한을 두고 있다.

이 균열모멘트를 산출하기 위하여 폭 b, 깊이 h인 직사각형보를 예로 들면 철근콘크리트 휨재의 모멘트 강도 M_n이 무근콘크리트의 균열 모멘트 M_{cr}보다 커야 한다. 균열 모멘트 $M_{cr} = f_r \times I_g / y_t$이다. 여기서 I_g는 비균열단면의 단면2차 모멘트, y_t는 인장연단에서 중립축까지의 거리이고, 휨인장강도를 나타내는 파괴계수 $f_r = 0.63\lambda\sqrt{f_{ck}}$ 이다.

따라서, $M_{cr} = 0.63\lambda\sqrt{f_{ck}} \times \dfrac{bh^3/12}{h/2} = 0.105\lambda\sqrt{f_{ck}}\, bh^2$이 된다.

$\phi M_n \geq 1.2 M_{cr}$로 하여, 이 식을 만족하도록 하여야 한다. 여기서, b_w 는 보폭이고, d는 보의 유효깊이이다. 다만, $\phi M_n \geq \dfrac{4}{3} M_u$, 슬래브와 기초판에서 수축· 온도철근량 이상 배근할 경우는 상기 규정을 적용하지 않을 수 있다.

5. 복근보의 해석

(1) 복근보의 필요성

보의 깊이(h)가 구조물 설치 여건상 제약을 받아 그 깊이(h)를 더 이상 키우지 못할 경우 인장측 철근량(A_s)이 증가되어 인장측 최소허용변형률 $[\varepsilon_t = 0.004, 2\varepsilon_y]_{\max}$을 만족 시킬 수 없게 된다. 이때 압축측에 철근을 배근함으로써 이 규정을 만족시키게 되는데 이와 같은 보를 복철근보(복근보)라 한다.

(2) 복근보의 장점

① 장기 처짐이 감소

② 연성(ductility)의 증진

③ 철근 조립이 편리(stirrup의 위치 고정이 용이)

④ 보의 깊이(h)를 줄이므로 건물층고를 낮출 수가 있다.

(3) 복근보의 개념 및 해석

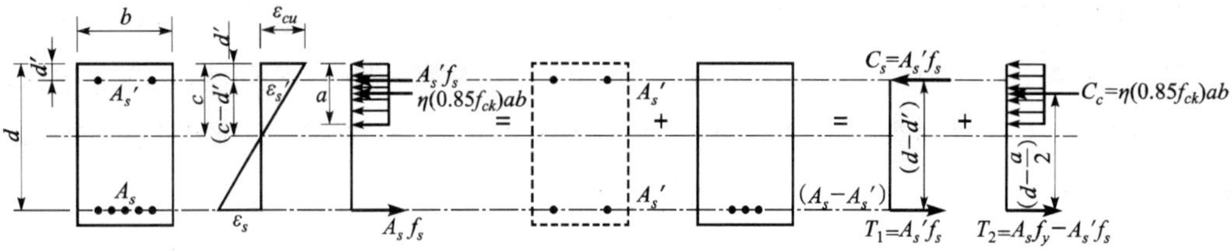

(a) 단면　(b) 변형률　(c) 응력　(철근보)　(단근보)　(M_{n1})　(M_{n2})

그림 (b)에서

$\varepsilon_{cu} : c = \varepsilon_s' : (c-d')$

$\varepsilon_s' = (\dfrac{c-d'}{c}) \times \varepsilon_{cu}$

1) 압축철근이 항복상태에 이른 경우

즉, $\varepsilon_s' \geq \varepsilon_y\,(\varepsilon_y = \dfrac{f_y}{E_s})$일 때 압축철근의 $f_s = f_y$ 이다.

① "a" 산정

(철근보)

$C_s = A_s' f_s = A_s' f_y,\ T_1 = A_s' f_s = A_s' f_y$

(단근보)

$\eta(085f_{ck})ab = (A_s - A_s')f_y$

$a = \dfrac{(A_s - A_s')f_y}{\eta(0.85f_{ck})b},\ c = \dfrac{a}{\beta_1}$

② 공칭모멘트강도 M_n 산정

$$M_n = M_{n1} + M_{n2} = A_s' f_y(d-d') + (A_s - A_s')f_y(d - \frac{a}{2})$$

2) 압축철근이 항복상태에 이르지 않은 경우 즉, $\varepsilon_s{}' < \varepsilon_y$ 일 때

압축철근의 $f_s = E_s \varepsilon_s{}'$ 이고, "a"를 재산정한다.

① "a" 산정

(철근보)

$C_s = A_s{}' f_s = A_s{}' E_s\, \varepsilon_s{}'$, $T_1 = A_s{}' f_s = A_s{}' E_s\, \varepsilon_s{}'$

(단근보)

$\eta(0.85 f_{ck})ab = A_s f_y - A_s{}' f_s = A_s f_y - A_s{}' E_s\, \varepsilon_s{}'$

$\left(\varepsilon_s{}' = (\frac{c-d'}{c}) \times \varepsilon_{cu} \ , \ c = \frac{a}{\beta_1}\right)$

$$\varepsilon_s{}' = \left(\frac{\frac{a-\beta_1 d'}{\beta_1}}{\frac{a}{\beta_1}}\right) \times \varepsilon_{cu} = \left(\frac{a-\beta_1 d'}{a}\right) \times \varepsilon_{cu}$$ 이것을 식(4-17)에 代入하고

양변에 a를 곱하면

$$\eta(0.85 f_{ck} b)a^2 + (\varepsilon_{cu} A_s{}' E_s - A_s f_y)a - \varepsilon_{cu} E_s A_s{}' \beta_1 d' = 0$$

$$a = \frac{-(\varepsilon_{cu} A_s{}' E_s - A_s f_y) + \sqrt{(\varepsilon_{cu} A_s{}' E_s - A_s f_y)^2 + 4(\eta 0.85 f_{ck} b \cdot \varepsilon_{cu} A_s{}' E_s \beta_1 d')}}{2 \times \eta(0.85 f_{ck}) b}$$

② 공칭모멘트강도 M_n 산정

$M_n = M_{n1} + M_{n2}$ 에서

$$M_n = A_s{}' E_s\, \varepsilon_s{}'(d-d') + \eta(0.85 f_{ck})\, a\, b\, (d - \frac{a}{2})$$

또는

$$M_n = A_s{}' E_s\, \varepsilon_s{}'(d-d') + (A_s f_y - A_s{}' E_s\, \varepsilon_s{}')(d - \frac{a}{2})$$

6. T형 보

(1) 대칭 T형 보의 유효폭(b)

① $8t_f \times 2 + b_w = 16t_f + b_w$

② 양쪽슬래브의 중심간거리 $= \dfrac{l_1}{2} + \dfrac{l_2}{2} + b_w$

③ 보경간의 $1/4 = \dfrac{L}{4}$

중 최소값

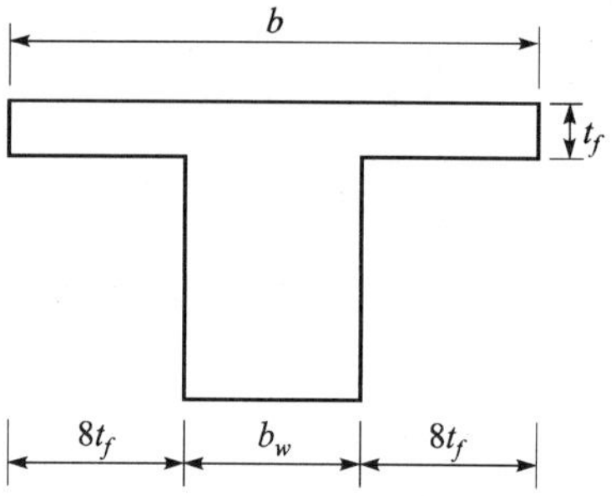

(2) 비대칭 T형 보(반 T형 보)의 유효폭(b)

① $6t_f + b_w$

② (보 경간의 $\dfrac{1}{12}$) $+ b_w = \dfrac{L}{12} + b_w$

③ (인접보와의 내측거리의 $\dfrac{1}{2}$) $+ b_w = \dfrac{l_1}{2} + b_w$

⇒ 보 외측에서 슬래브 중심까지의 거리

중 최소값

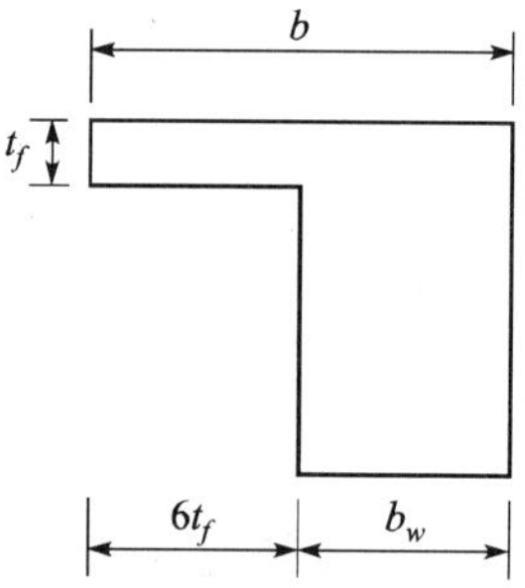

7. 보의 피복두께 및 철근간격

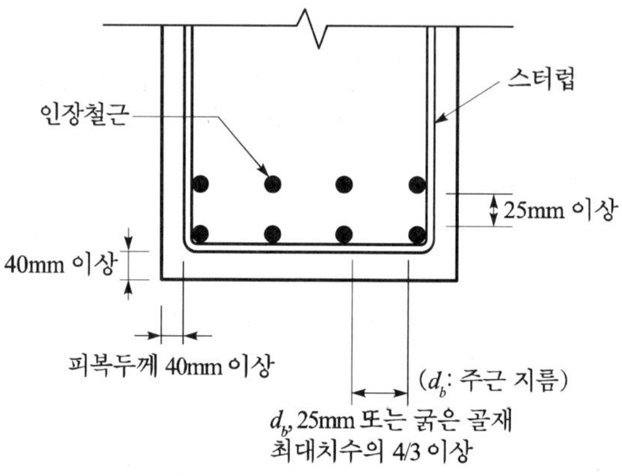

최소철근콘크리트보의 최소폭(b)

b ≥ 2×피복두께(40mm)+스트럽직경×2+n×주근직경(d_b)+3×주근순간격(d_b or $25mm$)

여기서 n : 주근개수

(보의 피복두께는 철근을 화재와 부식으로부터 보호와 부착력 확보를 위하여 40mm이상이어야 한다. 다만$f_{ck} = 40MPa$ 이상이면 규정된 값 40mm 에서 10mm 저감시켜 30mm 이상으로 할 수 있다.)

연 습 문 제

1 보의 폭이 300mm, 보의 최외단인장철근까지의 깊이 d_t가 500mm인 단철근 직사각형보의 다음을 구하시오. (단, $A_s = 1{,}548mm^2, f_{ck} = 27MPa, f_y = 400MPa$)

1) 공칭강도(M_n)　　　2) 최외단인장철근의 순인장변형률(ε_t)

3) 설계휨강도(ϕM_n)　　4) 최소철근량검토

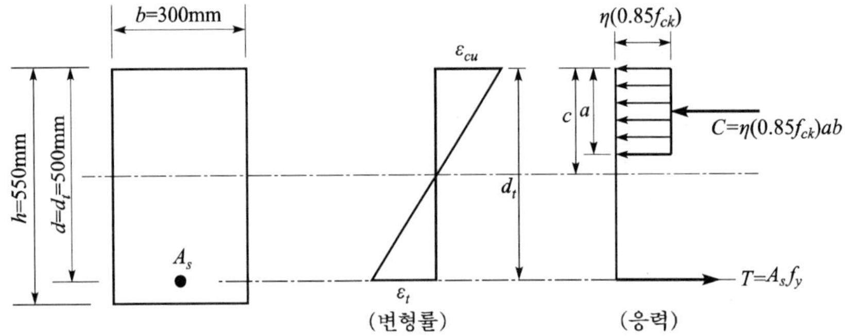

풀이

$C = T$ 에서 $\eta(0.85f_{ck})ab = A_sf_y$

$$a = \frac{A_s f_y}{\eta(0.85 f_{ck}) b} = \frac{1{,}548 \times 400}{1.0 \times 0.85 \times 27 \times 300} = 90.0mm$$

$$c = \frac{a}{\beta_1} = \frac{90}{0.8} = 112.5$$

1) 공칭강도 M_n(보의 유효깊이 $d = d_t$이다.)

$$M_n = A_sf_y(d - \frac{a}{2}) = 1{,}548 \times 400 \times (500 - \frac{90}{2}) = 281.7kN \cdot m$$

2) 최외단인장철근의 순인장 변형률 ε_t와 강도 감소계수 ϕ검토

변형률 $\varepsilon_{cu} : c = \varepsilon_t : (d_t - c)$

$$\varepsilon_t = (\frac{d_t}{c} - 1)\varepsilon_{cu} = (\frac{500}{112.5} - 1) \times 0.0033$$

$= 0.0114 > 0.005$ 이므로 인장지배단면에 해당

따라서, $\phi = 0.85$

3) 설계강도(ϕM_n)

$$\phi M_n = 0.85 \times 281.7 = 239.4 kN \cdot m$$

4) 최소 철근량 검토

$M_{cr} = 0.63\lambda\sqrt{f_{ck}} \times Z = 0.63 \times 1.0 \times \sqrt{27} \times 300 \times 550^2/6 = 49.5kN \cdot m$

$\phi M_n = 239.4 > 1.2M_{cr} = 59.4$ ……………적합

2 보의 $b = 300mm$, 보의깊이 $h = 600mm$ 유효깊이 $d = 550mm$인 단철근 직사각형 보에서 최대로 배근할 수 있는 최대철근량과 최소철근량을 만족하기 위한 모멘트?
(단, $f_{ck} = 24MPa, f_y = 400MPa$)

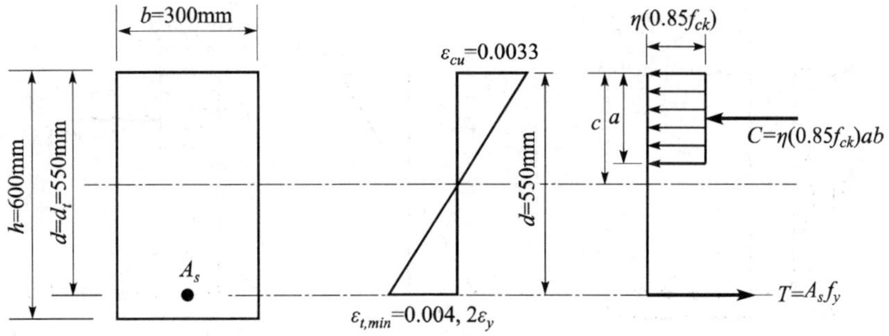

풀이

1) 최대철근량

$\varepsilon_{cu} : c = \varepsilon_t : (d_t - c)$

$c = (\frac{\varepsilon_{cu}}{\varepsilon_{cu} + \varepsilon_t})d$

$= (\frac{0.0033}{0.0033 + 0.004})d$

$= 0.452d$

$a = \beta_1 c = 0.8 \times 0.452d$

$= 0.8 \times 0.452 \times 550$

$= 198.9mm$

$C = T$ 에서

$\eta(0.85f_{ck})ab = A_s f_y$

$A_s = \frac{\eta(0.85f_{ck})ab}{f_y}$

$= \frac{1.0 \times 0.85 \times 24 \times 198.9 \times 300}{400}$

$= 3{,}044mm^2$

2) 최소철근량을 만족하기 위한 모멘트강도

$1.2M_{cr} = 1.2 \times 0.63\lambda\sqrt{f_{ck}} \cdot Z$

$= 1.2 \times 0.63 \times 1.0 \times \sqrt{24} \times bh^2/6$

$= 1.2 \times 0.63 \times 1.0 \times \sqrt{24} \times 300 \times 600^2/6$

$= 66.7kN \cdot m$

답 $A_{s,\max} = 3.044mm^2$, $1.2M_{cr} = 66.7kN \cdot m$

3 다음의 단철근 직사각형보의 설계휨강도(ϕM_n)는?
(단, $f_{ck}=24MPa, f_y=400MPa, D25$철근의
단면적 $A_1=507mm^2$)

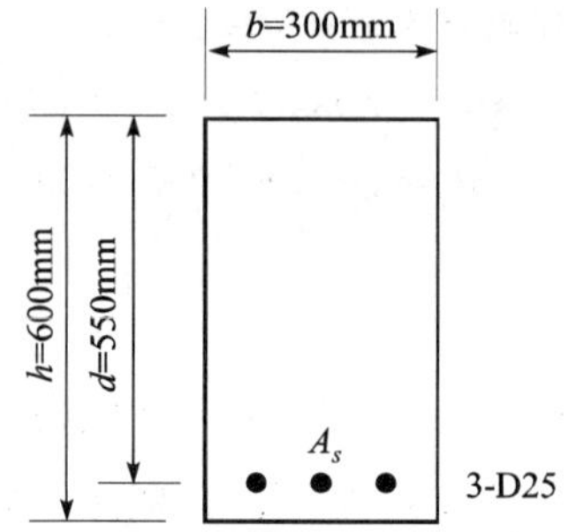

풀이

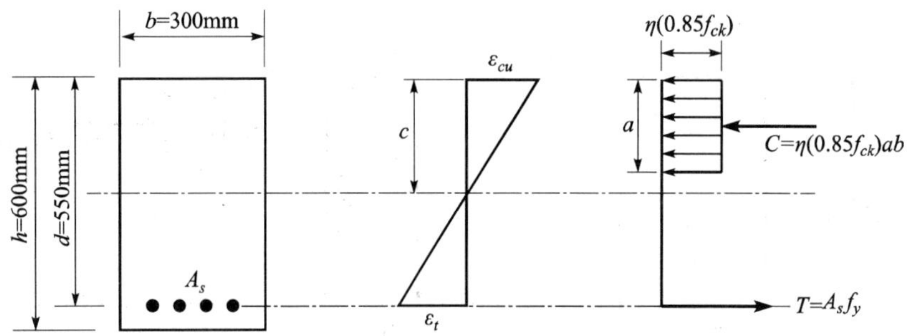

$C=T$ 에서 $\eta(0.85f_{ck})ab=A_sf_y$

$$a=\frac{A_sf_y}{\eta(0.85f_{ck})b}=\frac{3\times507\times400}{1.0\times0.85\times24\times300}=99.4mm$$

$$c=\frac{a}{\beta_1}=\frac{99.4}{0.8}=124.3mm$$

$$M_n=A_sf_y(d-\frac{a}{2})$$
$$=3\times507\times400\times(550-\frac{99.4}{2})$$
$$=304.4kN\cdot m$$

$$\varepsilon_t=(\frac{d_t}{c}-1)\varepsilon_{cu}=(\frac{550}{124.3}-1)\times0.0033=0.0113>0.005$$

$$\phi=0.85$$

$$\therefore \phi M_n=0.85\times304.4=258.7kN\cdot m$$

답 $\phi M_n=258.7kN\cdot m$

4 다음의 단철근 직사각형보의 설계휨강도(ϕM_n)는?
(단, $f_{ck} = 24MPa, f_y = 400MPa, D25$철근의
단면적 $A_1 = 507mm^2$)

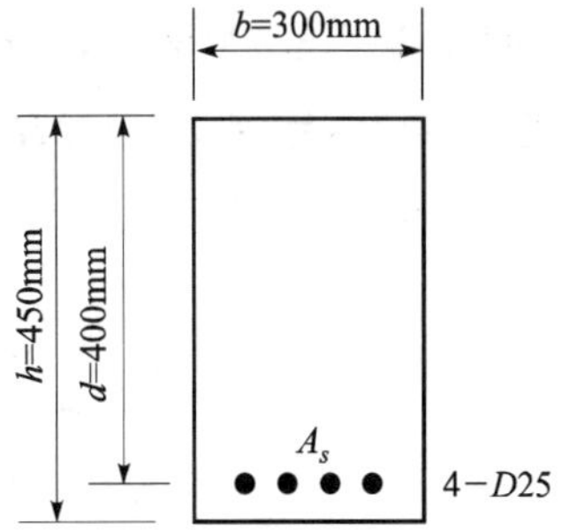

풀이

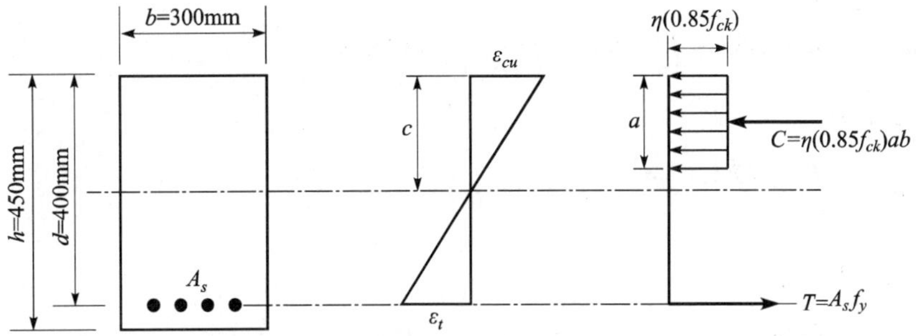

$C= T$ 에서 $\eta(0.85f_{ck})\,ab = A_sf_y$

$$a = \frac{A_sf_y}{\eta(0.85f_{ck})b} = \frac{4\times507\times400}{1.0\times0.85\times24\times300} = 132.5$$

$$c = \frac{a}{\beta_1} = \frac{132.5}{0.8} = 165.7mm$$

$$M_n = A_sf_y(d - \frac{a}{2})$$
$$= 4\times507\times400\times(400 - \frac{132.5}{2})$$
$$= 270.7kN \cdot m$$

$$\varepsilon_t = (\frac{d_t}{c} - 1)\varepsilon_{cu} = (\frac{400}{165.7} - 1)\times0.0033 = 0.00467 < 0.005$$

$$\phi = 0.65 + (\varepsilon_t - 0.002)\times\frac{200}{3} = 0.65 + (0.00467 - 0.002)\times\frac{200}{3} = 0.828$$

답 $\phi M_n = 0.828\times270.7 = 224.1\,kN\cdot m$

5 다음과 같은 단순보를 $300mm(b) \times 600mm(h)$의 단면으로 설계하시오.

(단, 재료강도는 $f_{ck} = 24MPa$, $f_y = 400MPa$, $\omega_D = 20kN/m$, $\omega_L = 18kN/m$)

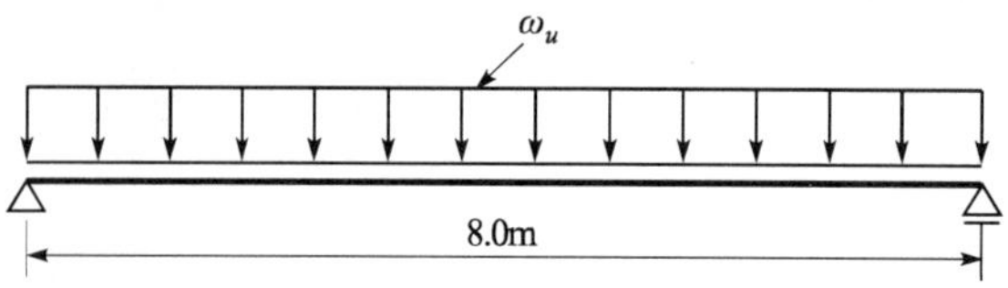

풀이

(1) 설계 하중

$\omega_u = 1.2\omega_D + 1.6\omega_L = 1.2 \times 20 + 1.6 \times 18 = 52.8kN/m$

(2) 소요 강도

$$M_u = \frac{\omega_u l^2}{8} = \frac{52.8 \times 8.0^2}{8} = 422.4kN \cdot m$$

(3) 배근량 산정

$$\rho = \frac{\eta(0.85f_{ck})}{f_y} \times \left(1 - \sqrt{1 - \frac{2R_n}{0.85f_{ck}}}\right),\ R_n = \frac{M_u}{\phi bd^2}$$

b = 300mm , d = h−85mm = 515mm (2단 배근일 경우)

또는 d = h−65mm = 535mm (1단 배근일 경우)

$\eta = 1.0$ ($f_{ck} = 24MPa < 40MPa$ 이므로)

$$R_n = \frac{422.4 \times 10^6}{0.85 \times 300 \times 515^2} = 6.24$$

$$\rho = \frac{1.0 \times 0.85 \times 24}{400} \times \left(1 - \sqrt{1 - \frac{2 \times 6.24}{0.85 \times 24}}\right) = 0.0192$$

$A_s = \rho bd = 0.0192 \times 300 \times 515 = 2{,}966.4mm^2$

D22 n = 2,966.4/387 = 7.67 이므로

8−D22 ($A_s = 8 \times 387 = 3{,}096mm^2$) 철근으로 설계한다.

(4) 허용변형률 검토

$d_t = 600 - (40 + 10 + 22/2) = 539mm$, $d' = 40 + 10 + 22/2 = 61mm$

$a_{\lim} = 0.452\beta_1 d_t = 0.452 \times 0.80 \times 539 = 194.mm$

$$a = \frac{A_s f_y}{\eta(0.85f_{ck})b} = \frac{8 \times 387 \times 400}{1.0 \times 0.85 \times 24 \times 300} = 202.35mm > a_{\lim} = 194.9mm$$

이므로 압축철근이 필요하다.

(5) 압축철근량 산정

$$A_s' \geq A_s - a_{\lim} \times \frac{\eta(0.85 f_{ck})}{f_y} b = 8 \times 387 - 194.9 \times \frac{1.0 \times 0.85 \times 24}{400} \times 300 = 114.03 mm^2$$

$D22 \quad n = 114.03/387 = 0.295$ 따라서 $2-D22$ 으로 배근한다.

(6) 강도감수계수 검토

압축철근이 항복하는 것으로 가정

$$a = \frac{(A_s - A_s')f_y}{\eta(0.85 f_{ck})b} = \frac{(8-2) \times 387 \times 400}{1.0 \times 0.85 \times 24 \times 300} = 151.76$$

$$c = a/\beta_1 = 151.76/0.8 = 189.7mm$$

압축철근 항복검토

$$\varepsilon_s' = \varepsilon_{cu}\left(1 - \frac{d'}{c}\right) = 0.0033 \times \left(1 - \frac{61}{189.7}\right) = 0.00239 > 0.002 \text{ (항복)}$$

$$\varepsilon_t = \varepsilon_{cu}\left(\frac{d_t}{c} - 1\right) = 0.0033 \times \left(\frac{539}{189.7} - 1\right) = 0.00608 > 0.005$$

따라서 $\phi = 0.85$

(7) 설계강도 ϕM_n 검토

$$\phi M_n = \phi\left\{(A_s - A_s')f_y(d - \frac{a}{2}) + A_s' f_y (d - d')\right\}$$

$$= 0.85 \times \left\{(8-2) \times 387 \times 400(515.5 - \frac{151.76}{2}) + 2 \times 387 \times 400 \times (515.5 - 61)\right\}$$

$$= 0.85 \times 549.0 = 466.7kNm > M_u = 422.4 \text{ (적 합)}$$

(8) 최소철근량 검토

$$\phi M_n \geq 1.2 M_{cr}$$

$$M_{cr} = f_r \cdot 0.63\lambda\sqrt{f_{ck}} \times \frac{bh^3/12}{h/2} = 0.105\lambda\sqrt{f_{ck}}\, bh^2 = 0.63 \times 1.0 \times \sqrt{24} \times \frac{300 \times 600^2}{6}$$

$$= 55.56\, kNm$$

$$1.2 M_{cr} = 1.2 \times 55.56 = 66.7kN \cdot m$$

$$\phi M_n = 466.7 > 1.2 M_{cr} = 66.7kN \cdot m \text{(적합)}$$

(9) 배근도

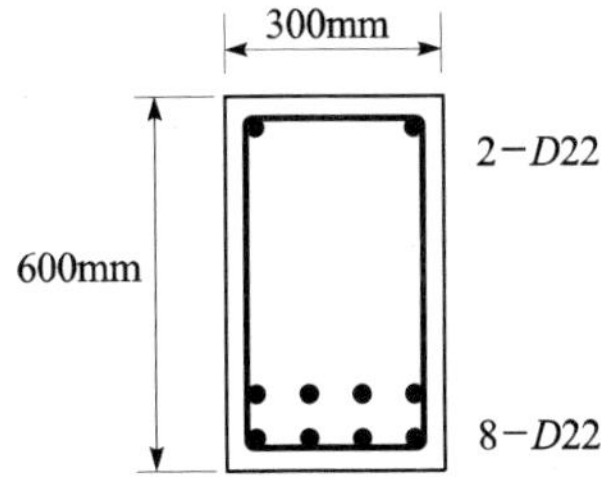

6 그림과 같은 철근 콘크리트에서 철근의 이음이 없을 때 단면의 최소폭(b)을구하시오. (단, 굵은 골재의 최대 치수는 18mm이다.)

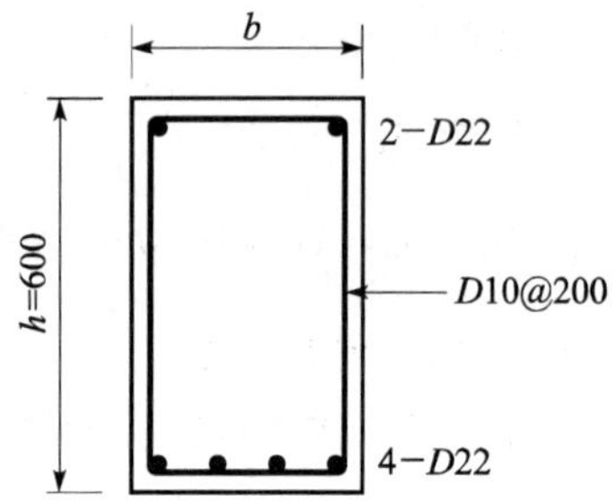

풀이

(1) 주근의 순간격

① 주근(D22)의 직경 : 22mm
② 25mm이상
③ $18 \times \frac{4}{3} = 24mm$

큰 값 : 25mm이상

(2) 단면의 최소폭(b)

b=피복두께×2+스터럽직경×2+주근갯수×직경+ (주근갯수−1)×주근순간격

=2×40+2×10+4×22+3×25 = 263.0mm

답 b=263mm 이상

7 철근 콘크리트 단근보를 강도 설계법으로 설계시 압축측 콘크리트가 받는 전압축력 "C"를 구하시오. (단, $f_{ck} = 24MPa$, $f_y = 400MPa$, 보폭 $b = 300mm$, 보폭 $b = 300mm$, 응력블록깊이 $a = 110mm$)

풀이

$C = \eta(0.85f_{ck})ab$

$= 1.0 \times 0.85 \times 24 \times 110 \times 300$

$= 673.2 \times 10^3 N$

$= 673.2 kN$

답 $C = 673.2\,kN$

8 복근보의 필요성과 장점을 기술하시오.

풀이

(1) 복근보의 필요성

보의 깊이(h)가 구조물 설치 여건상 제약을 받아 그 깊이(h)를 더 이상 키우지 못 할 경우 인장측 철근량(A_s)이 증가되어 인장측 최소허용변형률 $[\varepsilon_t = 0.004, 2\varepsilon_y]_{\max}$ 을 만족 시킬 수 없게 된다. 이때 압축측에 철근을 배근함으로써 이 규정을 만족시키게 되는데 이와 같은 보를 복철근보(복근보)라 한다.

(2) 복근보의 장점

① 장기 처짐이 감소한다.
② 연성(ductility)이 증가된다.
③ 철근 조립이 편리(스터럽의 위치 고정이 용이)
④ 보의 깊이(depth)를 줄이므로서 건물층고를 낮출 수가 있다.

9 다음과 같은 대칭 T형 보 G_1의 유효폭 b를 구하시오.

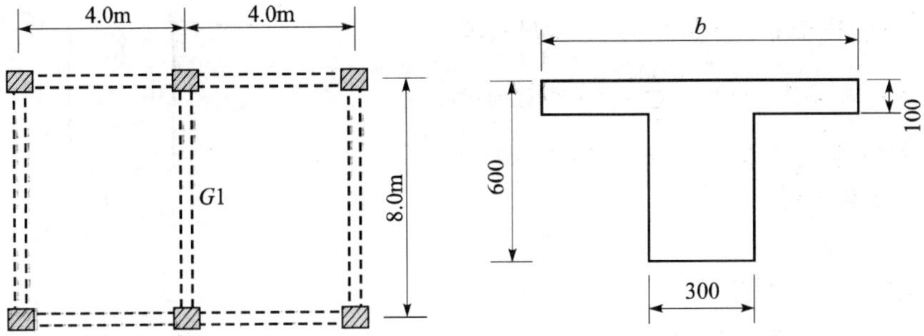

풀이

$$b = 16t_f + b_w = 16 \times 100 + 300 = 1{,}900\,mm$$
$$b = \text{양쪽 슬래브 중심간 거리} = 4{,}000\,mm$$
$$b = \text{보의경간의}\frac{1}{4} = 8{,}000mm \times \frac{1}{4} = 2{,}000\,mm$$

최소값 $b = 1{,}900\,mm$

답 $b = 1{,}900\,mm$

10 아래의 구조 평면도에서 보 "B_1" 의 유효폭(b)을 산정하고, 설계강도(ϕM_n)를 구하시오. (단, B_1의 단면 : $b_w \times h = 400 \times 600$, 슬래브두께 $h_f = 100\,mm$, $f_{ck} = 21\,MPa$, $f_y = 400\,MPa$, $D25\ A_1 = 507\,mm^2$)

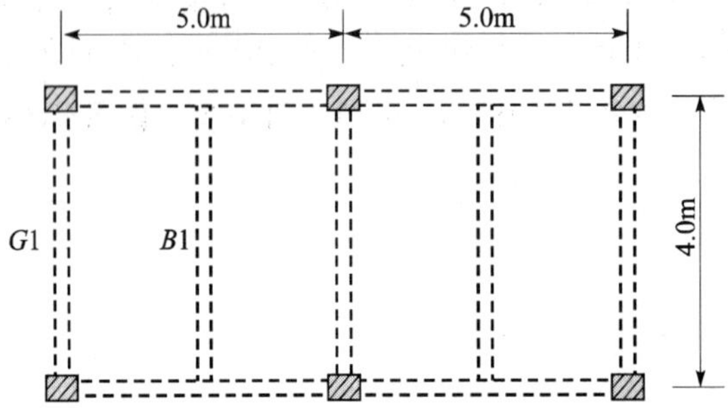

(구조평면도)

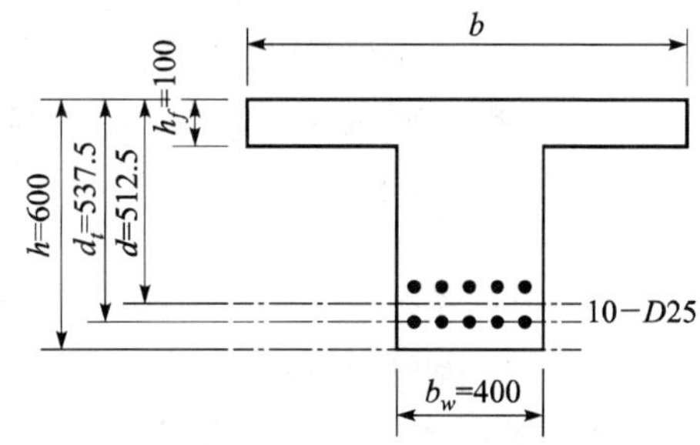

(보의 단면)

풀이

1) 유효폭"b"의 산정

① $b = 16h_f + b_w = 16 \times 100 + 400 = 2{,}000\,mm$

② b=양쪽 슬래브 중심간 거리$= 2{,}500\,mm$

③ b= 보 경간의 $\dfrac{1}{4} = \dfrac{4{,}000}{4} = 1{,}000\,mm$

위의 세 식의 값 중 작은 값인 $b = 1{,}000mm$가 유효폭이 된다.

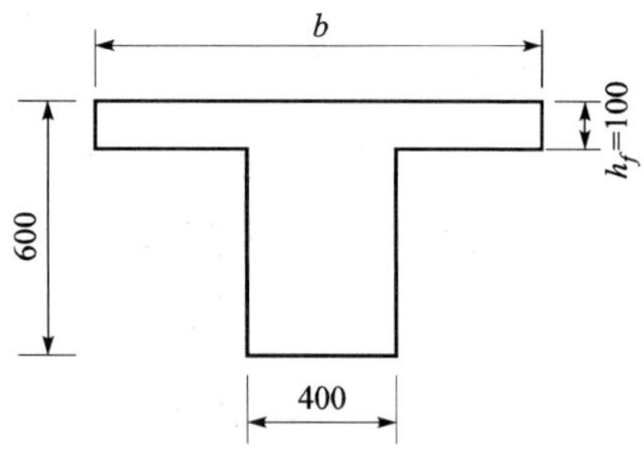

2) 설계강도(ϕM_n)산정

① 등가직사각형 응력깊이"a"

$$a = \frac{A_s f_y}{\eta(0.85 f_{ck})\,b} = \frac{5{,}070 \times 400}{1.0 \times 0.85 \times 21 \times 1{,}000}$$

$$= 113.6\,mm$$

$$c = \frac{a}{\beta_1} = \frac{113.6}{0.8} = 142.0\,mm > 100\,mm$$

이므로(보의 복부에 위치) T형보로 해석한다.

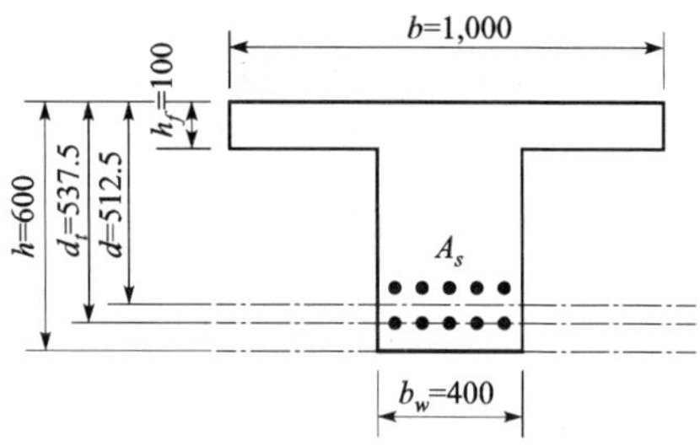

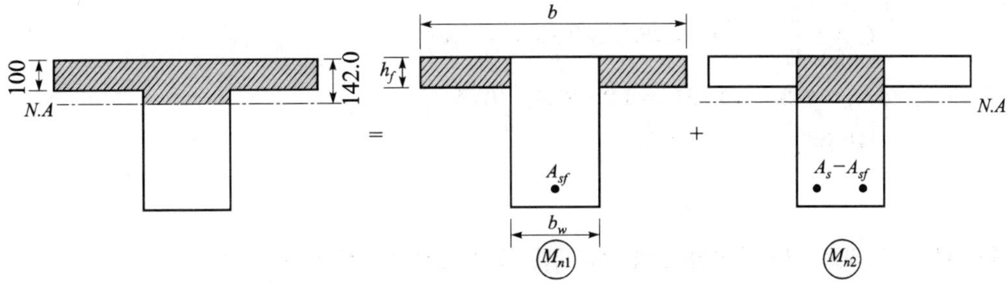

② 설계 휨강도

(M_{n1}) $A_{sf}=\dfrac{1.0\times 0.85f_{ck}(b-b_w)h_f}{f_y}$

$=\dfrac{0.85\times 21\times(1{,}000-400)\times 100}{400}=2{,}677.5mm^2$

$M_{n1}=A_{sf}f_y(d-\dfrac{h_f}{2})=2{,}677.5\times 400\times(512.5-\dfrac{100}{2})=495.3kN\cdot m$

(M_{n2}) $a=\dfrac{(A_s-A_{sf})f_y}{0.85f_{ck}b_w}=\dfrac{(5{,}070-2{,}677.5)\times 400}{0.85\times 21\times 400}=134.0$

$M_{n2}=(A_s-A_{sf})f_y(d-\dfrac{a}{2})$

$=(5{,}070-2{,}677.5)\times 400\times(512.5-\dfrac{134.0}{2})=426.3kN\cdot m$

$\therefore \phi M_n=0.85\times(495.3+426.3)=783.4kN\cdot m$

③ 강도 감소계수(ϕ)검토

$\varepsilon_t=\left(\dfrac{d_t}{c}-1\right)\times\varepsilon_{cu}=\left(\dfrac{537.5}{142.0}-1\right)\times 0.0033=0.0092>0.005$

따라서 인장지배단면이므로 $\phi=0.85$ 는 적합하다.

④ 최소철근량 검토

x축으로부터 도심까지의 거리 y_t산정

$y_t=\dfrac{400\times 500\times 250+1{,}000\times 100\times 550}{400\times 500+1{,}000\times 100}=350.0mm$

$I_g=\left\{\dfrac{400\times 500^3}{12}+400\times 500\times(350.0-250)^2\right\}$

$+\left\{\dfrac{1{,}000\times 100^3}{12}+1{,}000\times 100\times(250.0-50)^2\right\}$

$=10.25\times 10^9mm^4$

$f_r=0.63\lambda\sqrt{f_{ck}}=0.63\times 1.0\times\sqrt{21}=2.89$

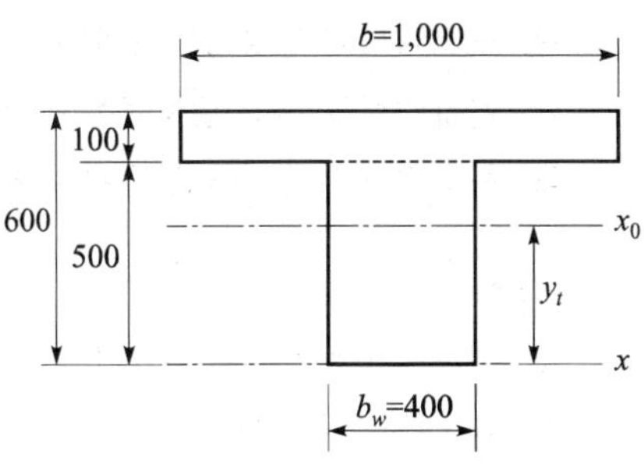

$M_{cr}=f_r\dfrac{I_g}{y_t}=2.89\times 10.25\times 10^9/350.0=84.6$

$\phi M_n=783.4\geq 1.2M_{cr}=1.2\times 84.6=101.5$

적합하다.

11 철근콘크리트 보의 인장철근의 순간격에 대한 설명 중 부적당한 것은?

가. 주근 직경 이상

다. 굵은 골재 최대치수의 $\dfrac{4}{3}$배 이상

나. 25mm 이상

라. 스터럽 철근 직경 이상

풀이

보의 순간격은 주근직경 이상, 25mm이상, 굵은 골재 최대 치수의 $\dfrac{4}{3}$배 이상 이어야 한다.

답 라

12 강도설계법에서 콘크리트의 변형률이 얼마일 때 그 부재가 하중을 부담할 수 있는 한계로 간주하는가? ($f_{ck}=24MPa$)

가. 0.0020 나. 0.0023 다. 0.0030 라. 0.0033

풀이

강도설계법에서 휨해석의 기본 가정중 콘크리트는 압축변형률이 0.0033에 도달했을 때 파괴된다고 하고 있다. 즉, 콘크리트의 최대 극한 변형률 $\varepsilon_{cu}=0.0033$ 이다.

답 라

13 강도설계법에서 철근콘크리트 보의 설계를 위한 기본가정으로 부적당한 것은?

가. 변형률은 중립축으로 부터의 거리에 비례한다

나. 콘크리트의 인장강도는 휨모멘트 강도계산에서 압축강도의 10%만 인정한다.

다. 콘크리트의 극한 변형률은 0.0033이다.

라. 콘크리트의 변형률은 같은 위치에 있는 철근의 변형률과 같다.

풀이

철근콘크리트에서 휨모멘트 강도 계산에서 콘크리트의 인장강도는 무시되며, 전단, 부착 및 사용성 검토시에 고려된다.

답 나

14 강도설계법에서 철근콘크리트 보의 설계시 최대 철근비를 규정하는 이유로 적합한 것은?

가. 갑작스런 취성파괴를 방지하기 위하여
다. 연성파괴를 방지하기 위하여
나. 경제적 설계를 위하여
라. 철근과 콘크리트 사이의 부착 파괴를 방지하기 위하여

풀이

최대 철근비는 인장측에 철근이 과다하게 배근될 경우 압축측 콘크리트의 갑작스런 취성파괴가 일어난다.
이 경우 대피 등의 시간이 없으므로 콘크리트 구조설계 기준에서는 연성 파괴를 유도하기 위하여 철근 배근을 인장측 최외단 철근병형률 $[\varepsilon_t = 0.004, 2\varepsilon_y]$ 이상으로 제한하고 있다. 또한 너무 적은 철근 배근도 갑작스런 파괴의 원인이 되므로 어느 한도 이상의 철근량(최소철근비)을 배근 하도록 규정하고 있다.

답 가

15 철근콘크리트 보에서 압축철근을 사용하는 이유로서 가장 부적당한 것은?

가. 장기 처짐 감소
나. 연성의 증진
다. 스터럽의 위치 고정이 용이
라. 전단내력 증진

풀이

전단내력 증진을 위해서는 스터럽을 배근해야지 압축철근과는 무관하다.

답 라

16 그림과 같은 철근 콘크리트 직사각형의 보의 설계 휨모멘트강도 ϕM_n? (단, $f_{ck} = 24MPa$, $f_y = 400MPa$, $D25\ A_1 = 507mm^2$)

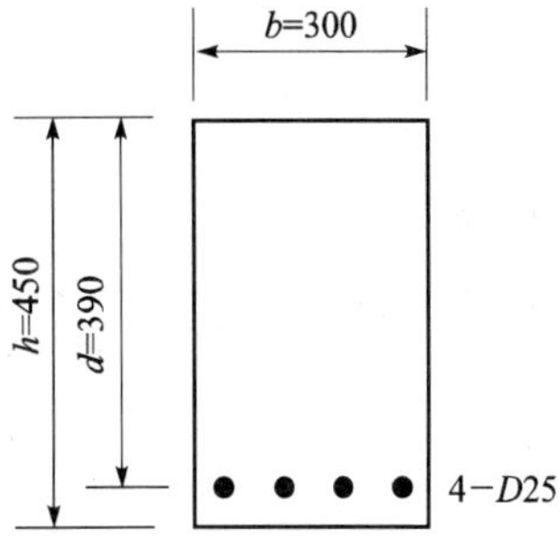

가. $211.8\ kN \cdot m$
나. $213.8\ kN \cdot m$
다. $223.2\ kN \cdot m$
라. $262.6\ kN \cdot m$

풀이

$$a = \frac{A_s f_y}{\eta(0.85 f_{ck}) b} = \frac{4 \times 507 \times 400}{1.0 \times 0.85 \times 24 \times 300} = 132.6$$

$$c = \frac{a}{\beta_1} = \frac{132.6}{0.8} = 165.8$$

$M_n = A_s f_y (d - \frac{a}{2})$ 에서

$$= (4 \times 507) \times 400 \times (390 - \frac{132.6}{2})$$

$$= 262.6 \, kN \cdot m.$$

$\varepsilon_t = \left(\frac{d_t}{c} - 1\right)\varepsilon_{cu} = \left(\frac{390}{165.8} - 1\right) \times 0.0033 = 0.00446 < 0.005$ 이므로

변화구간 지배단면 $\phi = 0.65 + (\varepsilon_t - 0.002) \times \frac{200}{3}$

$$= 0.65 + (0.00446 - 0.002) \times \frac{200}{3} = 0.814$$

따라서 $\phi M_n = 0.814 \times 262.6 = 213.8 \, kNm$

답 나

17 그림과 같은 철근콘크리트보의 복근비(γ)와 인장철근비는?

(단, $D25 \ A_1 = 507 mm^2$)

가. $\gamma = 2.5 \quad \rho_t = 0.0106$

나. $\gamma = 2.5 \quad \rho_t = 0.0117$

다. $\gamma = 0.4 \quad \rho_t = 0.0117$

라. $\gamma = 0.4 \quad \rho_t = 0.0106$

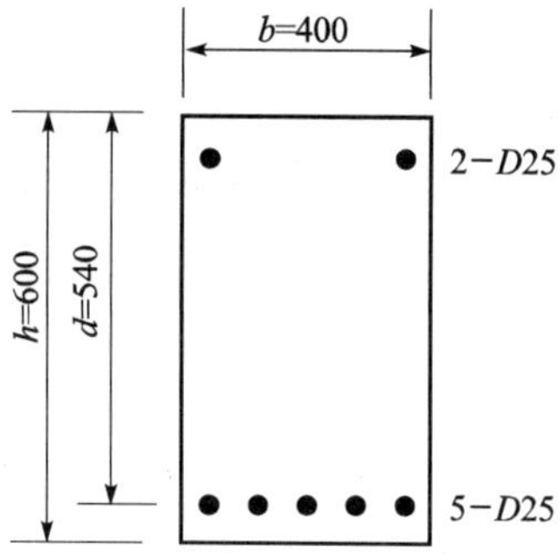

풀이

압축철근비 $\rho_c = \frac{A_s'}{bd} = \frac{2 \times 507}{400 \times 540} = 0.0047$

인장철근비 $\rho_t = \frac{A_s}{bd} = \frac{5 \times 507}{400 \times 540} = 0.0117$

복근비 $\gamma = \frac{\rho_c}{\rho_t} = \frac{A_s'}{A_s} = \frac{2}{5} = 0.4$

답 다

18 그림과 같은 철근콘크리트 직사각형보의 최대 철근량과 최소 철근량을 만족시키기 위한 최소 휨 모멘트 강도는? (단, $f_{ck} = 27MPa, f_y = 400MPa$)

가. $2738.5mm^2$ $49.1kN \cdot m$

나. $2738.5mm^2$ $40.9kN \cdot m$

다. $3096.0mm^2$ $49.1kN \cdot m$

라. $3096.0mm^2$ $40.9kN \cdot m$

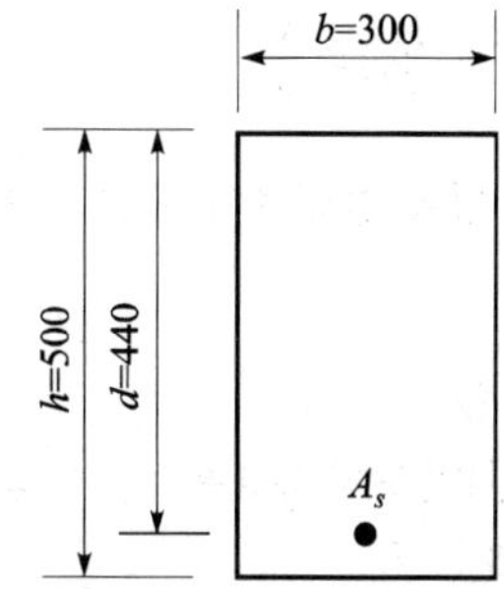

풀이

1) 최대철근량 검토

$\varepsilon_{cu} : c = \varepsilon_t : (d_t - c)$

$c = (\frac{\varepsilon_{cu}}{\varepsilon_{cu} + \varepsilon_t}) d_t$, $\varepsilon_t \geq 0.004$ 이므로

$c = (\frac{0.0033}{0.0033 + 0.004}) \times 440 = 198.9mm$

$a = \beta_1 c = 0.8 \times 198.9 = 159.1$

$A_s f_y = \eta(0.85 f_{ck}) ab$

$A_{s,\max} = \frac{\eta(0.85 f_{ck}) ab}{f_y}$

$= \frac{1.0 \times 0.85 \times 27 \times 159.1 \times 300}{400}$

$= 2738.5mm^2$

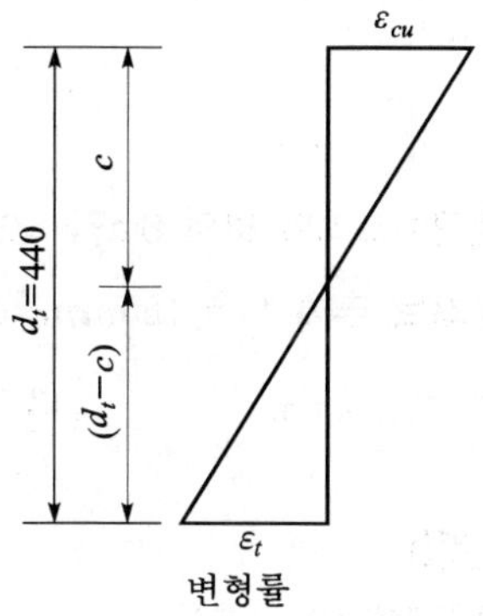

2) 최소철근량 검토

$\phi M_n \geq 1.2 M_{cr}$

$M_{cr} = 0.63 \lambda \sqrt{f_{ck}} \cdot Z$

$= 0.63 \times 1.0 \times \sqrt{27} \times \frac{300 \times 500^2}{6}$

$= 40.92$

$1.2 M_{cr} = 1.2 \times 40.92 = 49.1kN \cdot m$

답 가

19 대칭 T형보의 슬래브(플랜지) 유효폭 산정항목으로 부적당한 것은?
(단. t_f= 슬래브 두께, b_w= 보폭)

가. 보경간의$\frac{1}{4}$
나. $16t_f + b_w$
다. 양쪽 슬래브의 중심간 거리
라. 보경간의 $\frac{1}{12}$ 에 보폭 b_w 을 더한 값

풀이

대칭T형보의 유효폭 b는 다음의 3가지 경우에서 가장 작은값으로 한다.

- $16t_f + b_w$
- 양쪽 슬래브의 중심간거리
- 보경간의$\frac{1}{4}$

답 라

20 철근콘크리트 보의 8m인 대칭 T형보에서 양쪽 슬래브의 중심간격 3.0m, 슬래브 두께 $t_f = 120mm$, 보의 폭 $b_w = 350mm$일때 유효폭 b ?

가. 2,270mm
나. 3,000mm
다. 2,000mm
라. 1,070mm

풀이

대칭T형보의 유효폭 b

- $16t_f + b_w$
- 양쪽 슬래브의중심간 거리
- 보 경간의 $\frac{1}{4}$

} 이중에서 작은 값

따라서

- $16t_f + b_w = 16 \times 120 + 350 = 2,270mm$
- 양쪽슬래브의 중심간거리 $3.0m = 3,000mm$
- $\frac{L}{4} = \frac{8,000}{4} = 2,000$

} 이중 최소값 $b = 2,000mm$

답 다

제 5 장
보의 사용성

보의 사용성

1 개요

최근 철근콘크리트의 고강도 재료의 개발과 발전으로 장경간, 고층건물이 건설되고, 단면 설계에 있어 응력과 변형의 비선형 관계를 고려한 강도 설계법을 사용함으로 더 정확하게 강도를 예측할 수 있어 부재 단면의 크기가 점차 작아지고 있어 변위에 관련된 처짐이나 진동에 대한 검토가 크게 요구되고 있다.

특히, 보와 슬래브의 지나친 처짐은 그 위에 놓이는 가구나 칸막이벽체에 피해를 줄 수 있으며, 창문과 창문틀을 크게 변형시켜 개폐상의 문제가 발생되거나 유리의 파손, 방수의 하자와 과도한 진동 장애를 일으킬 수 있다.

이와 같이 철근콘크리트 구조물에서 사용성의 검토는 매우 중요하게 다루지 않으면 안된다.

철근콘크리트 구조물의 **안전성**은 **계수하중**에 의해 검토되지만 **사용성** 검토는 **사용하중** 상태에서 일어나는 처짐과 균열이 문제되므로 사용하중으로 철근과 콘크리트의 응력상태를 선형탄성 상태로 가정하여 탄성 이론을 적용하여 검토한다.

이 장에서는 보의 사용하중에서 순간처짐 및 장기처짐이 과도하게 발생하지 않도록 하는 사용성에 대하여 다루도록 한다. 또한 보의 휨 균열 제한에 대한 이론 및 설계 방법과 피로에 대한 안전성 검토에 대하여 설명하기로 한다.

2 처짐

철근콘크리트 부재는 사용 중에 전체 고정하중과 부분 또는 전체 활하중을 받게되고, 처짐이 발생되게 된다.

철근콘크리트 부재의 처짐은 순간처짐(instantancous deflection)과 장기처짐(long term deflection)으로 구분된다. 순간처짐은 하중이 작용하는 순간에 발생하는 처짐으로 탄성처짐이라고도 한다. 이러한 탄성처짐은 비균열 탄성부재, 균열 탄성부재와 이들을 조합한 유효단면에 근거하여 계산할 수 있다.

하중이 작용하여 즉시 일어나는 순간처짐에 더하여 시간이 경과함에 따라 콘크리트의 크리프와 건조수축에 의하여 점차적으로 발생하는 장기처짐이 있다.

1. 순간처짐(탄성처짐)

순간처짐(탄성처짐)은 주로 하중(고정하중, 활하중)이 재하 되면서 바로 일어나는 탄성 처짐이다.

표 5-1의 탄성처짐 공식은 철근콘크리트 보의 탄성처짐(순간처짐$\triangle_i$)을 계산하는데 이용될 수 있다.

표 5-1 순간처짐(탄성처짐) 공식

하중 상태	최대 처짐	하중 상태	최대 처짐
① 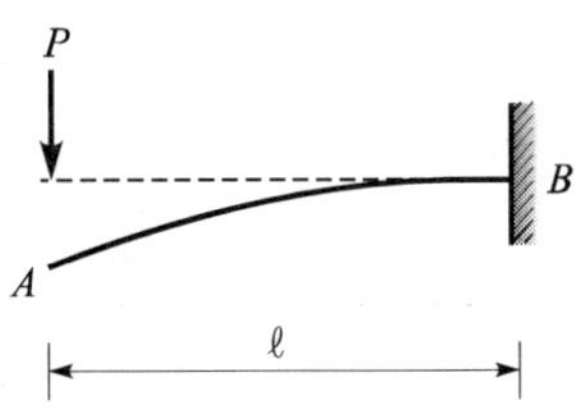	$\triangle_i = \dfrac{Pl^3}{3EI}$	② 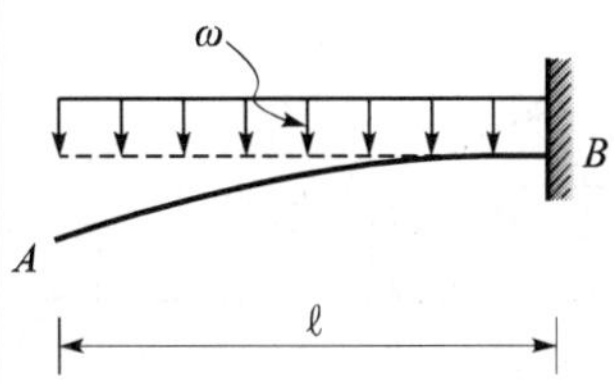	$\triangle_i = \dfrac{\omega l^4}{8EI}$
③ 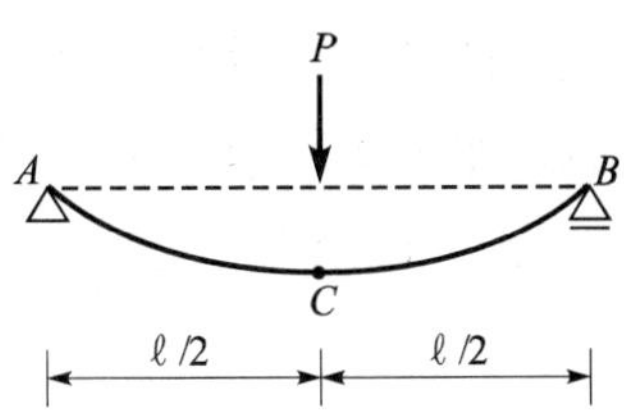	$\triangle_i = \dfrac{Pl^3}{48EI}$	④ 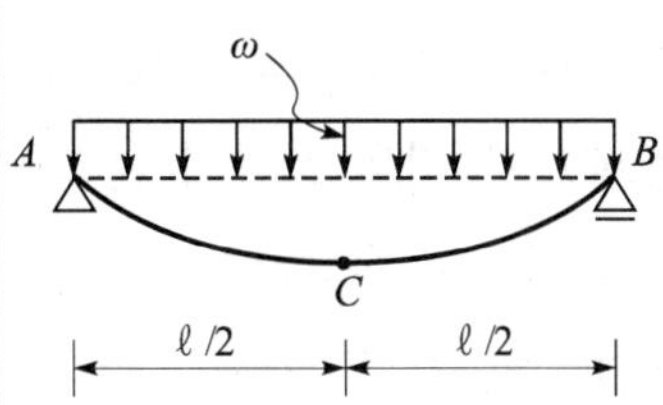	$\triangle_i = \dfrac{5\omega l^4}{384EI}$
⑤ 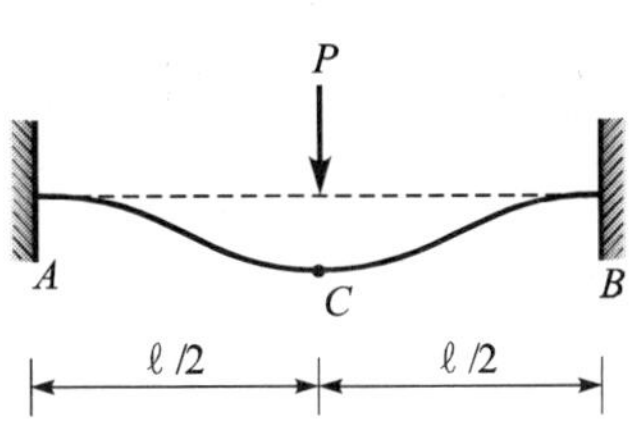	$\triangle_i = \dfrac{Pl^3}{192EI}$	⑥ 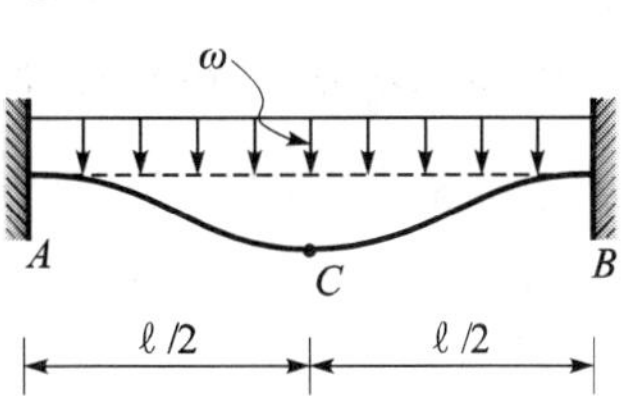	$\triangle_i = \dfrac{\omega l^4}{384EI}$

표 5-1 순간처짐(탄성처짐) 공식(계속)

하중 상태	최대 처짐	하중 상태	최대 처짐
⑦ 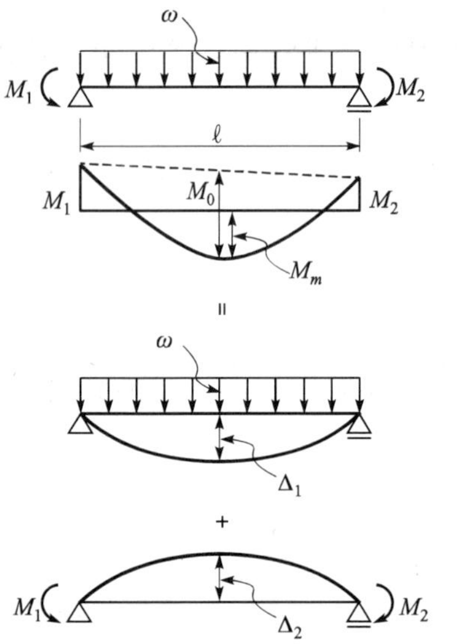		$M_o = M_m + \dfrac{M_1+M_2}{2}$ $\triangle_1 = \dfrac{5M_o l^2}{48EI}$ $\triangle_2 = \dfrac{3l^2}{48EI}(M_1+M_2)$ $\therefore\ \triangle_i = \triangle_1 + \triangle_2$ $= \dfrac{5l^2}{48EI}(M_m + \dfrac{M_1}{2} + \dfrac{M_2}{2} - \dfrac{3M_1}{5} - \dfrac{3M_2}{5})$ $= \dfrac{5l^2}{48EI}(M_m - 0.1M_1 - 0.1M_2)$	

철근콘크리트 부재의 처짐 문제에서 가장 어려운 점은 재료의 성질과 거동이 서로 크게 다른 콘크리트와 철근으로 구성된 부재의 휨강성 EI 를 결정하는 것이다.

여기서 탄성계수 E 는 콘크리트 탄성계수 E_c 를 사용하고 단면2차모멘트 I 값은 휨부재에 작용하는 휨모멘트가 매우 작아서 균열모멘트(M_{cr})를 초과하지 않는다면 휨균열이 생기지 않으므로 전체 단면이 유효하여 총 단면에 대한 즉, 비균열단면 2차모멘트 I_g 를 사용하여 계산한다. 이때 철근은 무시하는 것이 보통이다.

큰 하중 작용할 경우에는 휨모멘트에 의하여 균열이 발생된다. 이때는 한 부재에서 균열단면과 비균열단면 부분으로 구분하여 각각의 단면2차 모멘트 즉 비균열단면에서는 I_g 로, 균열단면에서는 I_{cr} 를 적용하여 처짐을 산정하여야 한다. 이 경우 매우 복잡하고 어렵다.

그래서 콘크리트 구조설계기준에서는 균열단면과 비균열단면의 단면2차 모멘트의 평균값인 유효단면2차 모멘트(I_e)를 사용하도록 식(5.1)과 같이 규정하고 있다.

$$I_e = (\frac{M_{cr}}{M_a})^3 I_g + [1-(\frac{M_{cr}}{M_a})^3]\, I_{cr} \le I_g \quad \cdots\cdots (5.1)$$

여기서, I_e : 유효단면2차모멘트

M_{cr} : 균열 모멘트 $M_{cr} = \dfrac{f_r I_g}{y_t}$

$f_r = 0.63\lambda\sqrt{f_{ck}}$ (파괴 계수)

y_t : 철근을 무시한 단면의 중립축에서 인장측 연단까지의 거리

I_g : 철근을 무시한 콘크리트 전체단면의 중립축에 대한 단면2차모멘트($\dfrac{bh^3}{12}$)

λ : 경량콘크리트 계수 (보통 중량콘크리트 : $\lambda = 1.0$)

M_a : 처짐을 계산할 때 부재의 단부, 중앙부의 최대 휨모멘트

I_{cr} : 균열단면2차모멘트

(1) 균열단면2차모멘트(I_{cr}) 산정

① 복근보

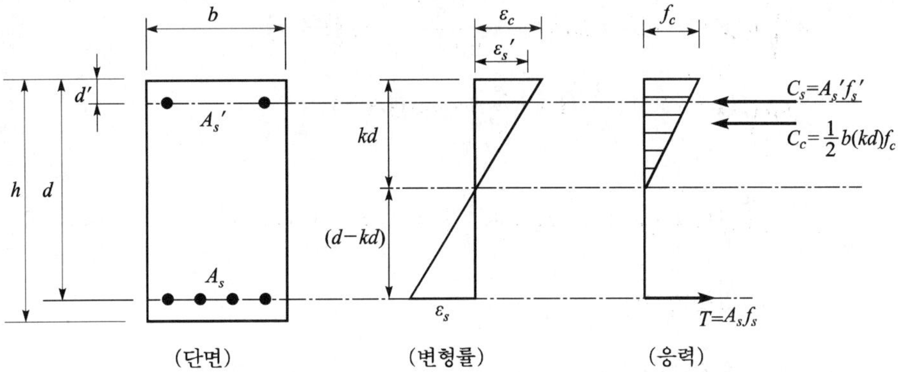

$$I_{cr} = \frac{1}{3}b\,(kd)^3 + nA_s(d-kd)^2 + (n-1)A_s'(kd-d')^2,\quad n = \text{탄성계수비} = E_s/E_c \qquad \cdots\cdots\cdots\cdots (5.2)$$

$$f_s = E_s\varepsilon_s = E_s(\frac{d}{kd}-1)\varepsilon_c = nE_c\varepsilon_c(\frac{d}{kd}-1)$$

여기서, $n = E_s/E_c$ ($E_s = nE_c$)

$$f_s' = E_s\varepsilon_s' = E_s(1-\frac{d'}{kd})\varepsilon_c = nE_c\varepsilon_c(1-\frac{d'}{kd}) = nf_c(1-\frac{d'}{kd})$$

$$C_c + C_s = T,\ A_s = \rho bd,\ A'_s = \gamma \rho bd,\ \gamma = \text{복근비} = \frac{A'_s}{A_s}$$

$$\frac{1}{2} b(kd) f_c + A_s' f_s' = A_s f_s$$

$$\frac{1}{2} b(kd) f_c + \gamma \rho bdn f_c (1 - \frac{d'}{kd}) = \rho bdn f_c (\frac{d}{kd} - 1)$$

양변을 b로 나누고 $2k$를 곱하여 정리하면

$$k^2 + 2\gamma n\rho(\frac{kd - d'}{kd})k - 2np(\frac{d - kd}{kd}) = 0$$

$$k^2 + 2\gamma n\rho(k - \frac{d'}{d}) - 2np(1 - k) = 0$$

$$k^2 + 2n\rho(1+\gamma)k - 2np(1 + \gamma\frac{d'}{d}) = 0$$

$$k = - n\rho(1+\gamma) + \sqrt{n^2\rho^2(1+\gamma)^2 + 2np(1+\gamma\frac{d'}{d})}$$

$$= \sqrt{n^2\rho^2(1+\gamma)^2 + 2n^2\rho^2\frac{(1+\gamma\frac{d'}{d})}{n\rho}} - n\rho(1+\gamma)$$

$$= n\rho\sqrt{(1+\gamma)^2 + \frac{2}{n\rho}(1+\gamma\frac{d'}{d})} - n\rho(1+\gamma)$$

$$k = n\rho\left[\sqrt{(1+\gamma)^2 + \frac{2}{n\rho}(1+\gamma\frac{d'}{d})} - (1+\gamma)\right] \quad \cdots\cdots (5.3)$$

k : 중립축거리비

ρ : 인장철근비 ($\frac{A_s}{bd}$)

γ : 복근비($\frac{A_s'}{A_s}$)(A_s : 인장철근량, A_s' : 압축철근량)

d' : 압축연단에서 압축철근 중심까지의 거리

② 단근보

단근보이므로 식(5.2)식에서 $A_s' = 0$ 으로 하면

$$I_{cr} = \frac{1}{3} b\,(kd)^3 + nA_s(d - kd)^2 \quad \cdots\cdots (5.4)$$

$$k = n\rho\left[\sqrt{(1+\frac{2}{n\rho})} - 1\right] \quad \cdots\cdots (5.5)$$

(2) 연속보의 유효단면2차모멘트(I_e) 산정

단순보와 같이 모멘트가 한 방향으로만 발생하는 경우는 식 (5.1)의 적용이 간단하나, 정모멘트와 부모멘트가 발생하는 연속보에서는 I_e의 평균값을 식 (5.6), (5.7)과 같이 계산한다.

1) 양단이 연속인 보

$$\text{평균 } I_e = 0.7 I_{em} + 0.15(I_{e1} + I_{e2}) \quad \cdots\cdots (5.6)$$

2) 1단이 단순 지지이고 타단은 연속인 보

$$\text{평균 } I_e = 0.85 I_{em} + 0.15 I_{es} \quad \cdots\cdots (5.7)$$

여기서, I_{em} : 보 중앙에서의 I_e 값

I_{e1}, I_{e2} : 보 양단에서의 I_e 값

I_{es} : 보의 연속되는 단부에서의 I_e 값

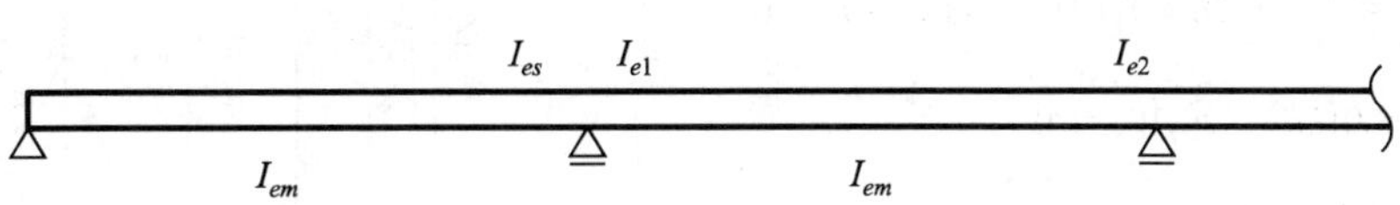

(1단 단순, 타단 연속인보) (양단이 연속인보)

예제 5-1

다음과 같은 단근보의 균열모멘트(M_{cr})와 균열단면 2차모멘트(I_{cr})를 구하시오.
(단, $b \times h = 300mm \times 400mm$, $f_{ck} = 24\,MPa$, $f_y = 400\,MPa$, $D22\ A_1 = 387mm^2$)

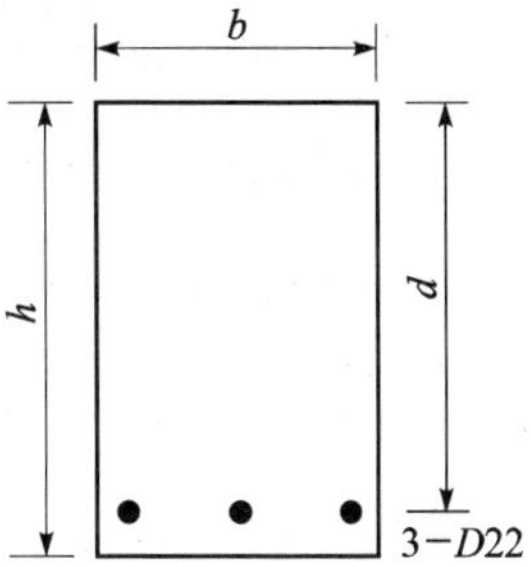

풀이

① 탄성계수비 $n = \frac{E_s}{E_c} = \frac{200{,}000}{25{,}800} = 7.76$

$E_c = 8{,}500\sqrt[3]{f_{ck}+4} = 8{,}500\sqrt[3]{28} = 25{,}800$

$E_s = 200{,}000$

② $I_g = \frac{bh^3}{12} = \frac{300\times 400^3}{12} = 1{,}600\times 10^6 mm^4$

$y_t = \frac{h}{2} = \frac{400}{2} = 200mm$

$f_r = 0.63\lambda\sqrt{f_{ck}} = 0.63\times 1.0\times\sqrt{24} = 3.09$

③ $M_{cr} = \frac{f_r I_g}{y_t} = \frac{3.09\times 1{,}600\times 10^6}{200} = 24.72kN\cdot m$

④ $I_{cr} = \frac{1}{3}b(kd)^3 + nA_s(d-kd)^2$

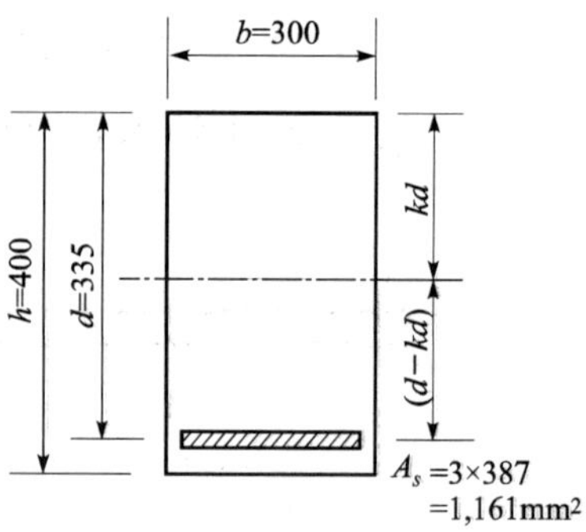

중립축 위치 kd 를 구하면

$bkd\times\frac{kd}{2} - nA_s(d-kd) = 0$

$\frac{300\times(kd)^2}{2} - 7.76\times 1{,}161\times(335-kd) = 0$

$(kd)^2 + 60(kd) - 20{,}121 = 0$

$kd = \frac{-60+\sqrt{60^2+4\times 20{,}121}}{2} = 115.0mm$

식(5.5)을 이용하여 중립축위치 (kd)를 구할 경우

$k = n\rho\left[\sqrt{(1+\frac{2}{n\rho})} - 1\right]$

$\rho = \frac{A_s}{bd} = \frac{3\times 387}{300\times 335} = 0.01155$, $n = 7.76$

$k = 7.76\times 0.01155\times\left[\sqrt{\frac{2}{7.76\times 0.01155}} - 1\right] = 0.343$

$kd = 0.343\times 335 = 115.0mm$

$I_{cr} = \frac{b\times(kd)^3}{3} + nA_s(d-kd)^2$

$= \frac{300\times 115.0^3}{3} + 7.76\times 1{,}161\times(335-115.0)^2$

$= 588.1\times 10^6 mm^4$

예제 5-2

예제 5-1에서 사용하중에 대한 중앙부 모멘트 $M_a = 20.0kN \cdot m$와 $M_a = 30.0kN \cdot m$일 때 각각의 처짐시 사용하는 단면2차 모멘트를 구하시오

풀이

① $M_a = 20.0kN \cdot m$일 때

$M_{cr} = 24.72kN \cdot m > M_a = 20.0kN \cdot m$ 이므로 균열이 발생하지 않는다.

따라서 $I = I_g = 1{,}600 \times 10^6 mm^4$

② $M_a = 30.0kN \cdot m$ 일 때

$M_{cr} = 24.72kN \cdot m < M_a = 30.0kN \cdot m$ 이므로 균열이 발생한다.

따라서 식(5.1)으로부터

$$I = I_e = \left(\frac{M_{cr}}{M_a}\right)^3 I_g + \left[1 - \left(\frac{M_{cr}}{M_a}\right)^3\right] I_{cr} \le I_g$$

$I_g = 1{,}600 \times 10^6 mm^4$, $I_{cr} = 588.1 \times 10^6 mm^4$ (예제 5-1 참조)

$$I_e = \left(\frac{24.72}{30}\right)^3 \times 1{,}600 \times 10^6 + \left[1 - \left(\frac{24.72}{30}\right)^3\right] \times 588.1 \times 10^6$$

$$= 1{,}154.2 \times 10^6 mm^4$$

예제 5-3

아래 그림과 같은 단순보에 등분포사용하중(w)이 작용할 때 철근콘크리트보의 순간 처짐을 구하시오. (단, $I_g = 1{,}600 \times 10^6 mm^4$, $I_{cr} = 588.1 \times 10^6 mm^4$, $M_{cr} = 24.72kN \cdot m$ $E_c = 25{,}800MPa$, $E_s = 200{,}000MPa$,

풀이

① 휨 모멘트 계산

$$M_a = \frac{wl^2}{8} = \frac{10 \times 6^2}{8} = 45KN.m = 45 \times 10^6 N \cdot mm$$

② 단면2차 모멘트(I)계산

$M_a = 45\,kN{\cdot}m > M_{cr} = 24.72\,kN{\cdot}m$ 이므로 균열이 발생한다.

따라서 I_g 대신해 I_e를 적용한다.

$$I = I_e = \left(\frac{M_{cr}}{M_a}\right)^3 I_g + \left[1 - \left(\frac{M_{cr}}{M_a}\right)^3\right] I_{cr}$$

$$= \left(\frac{24.72\times10^6}{45\times10^6}\right)^3 \times 1{,}600\times10^6 + \left[1 - \left(\frac{24.72\times10^6}{45\times10^6}\right)^3\right] \times 588.1\times10^6$$

$$= 755.8\times10^6\,mm^4$$

③ 순간처짐(Δ_i) 계산

표 5-1 ④에서 $\Delta_i = \dfrac{5\omega l^4}{384EI}$

$$= \frac{5\omega l^4}{384EI_e}$$

$$= \frac{5\times10\times6{,}000^4}{384\times25{,}800\times755.8\times10^6}$$

$$= 8.654\,mm$$

2. 장기처짐

철근콘크리트 보에 하중이 오랜 시간동안 지속적으로 작용하면 보의 처짐은 초기에 발생한 순간처짐 Δ_i외에 지속하중 상태에서는 건조수축(Δ_{sh})과 크리프(Δ_{cr})등의 영향으로 크게 증가하게 된다. 이 처짐을 장기처짐 Δ_t($=\Delta_{sh}+\Delta_{cr}$)이라 하고 처짐을 검토할 때는 두 가지 모두 고려하여야 한다.

장기처짐에 영향을 주는 요인들은 온도와 습도, 양생 조건, 압축 철근의 량, 지속 하중의 크기 등 여러 요인들이 있다. 이러한 요인들을 고려하기란 매우 복잡하다. 따라서 이러한 복잡성 때문에 기준에서는 추가로 발생하는 장기처짐량을 구하기 위해 장기 지속하중에 의한 순간처짐량에 장기추가처짐 계수(λ_Δ) 값을 곱하는 방법으로 장기처짐량을 구하도록 규정하고 있다.

장기 지속하중은 고정하중과 장기적재 되는 일부 활하중(지속하중)이 여기에 해당된다.

$$\Delta_t = \lambda_\Delta \Delta_{sus} = \lambda_\Delta(\Delta_D + \alpha\Delta_L) \quad \cdots\cdots (5.8)$$

α : 활하중의 장기 지속 적재되는 비율

$$\lambda_\Delta = \frac{\xi}{1+50\rho'} \qquad (5.9)$$

여기서 Δ_{sus}는 지속하중(고정하중과 일부 장기 적재되는 활하중)에 의해 발생되는 순간 처짐량이고, 압축철근비 $\rho' = A'_s/bd$ 이며, ξ는 시간 경과 계수로 표 5-2와 같이 변화하는 값이다.

식 (5.9)의 분모에 해당하는 압축철근비($\rho' = A'_s/bd$)는 보의 압축영역에서 압축철근이 장기처짐량을 감소시키는데 효과적임을 알 수 있고, 단순 및 연속 경간에서는 보의 중앙 단면, 캔틸레버에서는 지지부에서의 값으로 한다. 반면에 ξ는 크리프와 건조수축 특성에 따른 재료의 성질을 나타내는 것으로 지속 하중의 재하 시간경과에 따라 달라지는 계수이다.

표 5-2 시간 경과 계수 ξ의 값

재령(개월)	1	3	6	12	18	24	36	48	60(5년)이상
ξ	0.5	1.0	1.2	1.4	1.6	1.7	1.8	1.9	2.0

3. 처짐의 제한

현행의 구조설계 기준에서는 처짐을 규제하는데 두가지 방법을 사용하고 있다. 첫 번째 방법은 간단한 방법으로 경간 l에 대한 최소부재 두께 h의 하한값을 설정하여 처짐을 간접적으로 규제하고 있다. 즉, 보통 중량 콘크리트를 사용한 보 또는 일방향 슬라브에서 그 춤이나 두께는 표 5-3 값 이상으로 한다.

표 5-3 처짐을 계산하지 않는 경우의 보 또는 1방향 슬래브의 최소 두께

부재	최소 두께, h			
	단순 지지	1단 연속	양단 연속	캔틸레버
	큰 처짐에 의해 손상되기 쉬운 칸막이벽이나 기타 구조물을 지지 또는 부착하지 않는 부재			
1방향 슬래브	$l/20$	$l/24$	$l/28$	$l/10$
보 또는 리브가 있는 1방향 슬래브	$l/16$	$l/18.5$	$l/21$	$l/8$

이 표의 값은 보통중량 콘크리트($m_c = 2,300\,kg/m^3$)와 설계기준 항복강도 400MPa 철근을 사용한 부재에 대한 값이며, 다른 조건에 대해서는 그 값을 다음과 같이 보정하여야 한다.

(1) 1,500~2,000kg/m^3 범위의 단위질량(m_c)을 갖는 구조용 경량콘크리트에 대해서는 계산된 h값에 ($1.65-0.00031m_c$)를 곱해야 하나, 1.09보다 작지 않아야 한다.
(2) f_y가 400MPa 이외인 경우는 계산된 h값에 ($0.43+f_y/700$)을 곱하여야 한다.

만약 부재의 두께가 표 5-3에서 정한 최소값보다 더 얇게 해야 할 경우는 두번째 방법으로 앞절에서 설명한 방법에 따라 처짐을 계산하고 그 계산된 처짐량이 허용 한계를 넘지 않도록 하여야 한다. 이러한 경우의 처짐의 허용 한계는 표 5-4와 같다.

표 5-4 최대 허용 처짐

고려하여야 할 처짐	부재의 형태	처짐 한계
활하중L 에 의한 순간처짐	과도한 처짐에 의해 손상되기 쉬운 비구조요소를 지지 또는 부착하지 않은 평지붕구조	$l/180$ 1)
	과도한 처짐에 의해 손상되기 쉬운 비구조 요소를 지지 또는 부착하지 않은 바닥구조	$l/360$ 3)
전체 처짐중에서 비구요소가 부착된 후에 발생하는 처짐부분 (모든지속하중에 의한 장기처짐과 추가적인 활하중에 의한 순간처짐의 합)	과도한 처짐에 의해 손상되기 쉬운 비구조요소를 지지 또는 부착한 지붕 또는 바닥구조	$l/480$ 2)
	과도한 처짐에 의해 손상될 염려가 없는 비구조 요소를 지지 또는 부착한 지붕 또는 바닥구조	$l/240$ 4)

주 1) 이 제한은 물 고임에 대한 안전성을 고려하지 않았다. 물 고임에 대한 적절한 처짐 계산을 검토하되, 고인 물에 대한 추가 처짐을 포함하여 모든 지속하중의 장기적 영향의 솟음, 시공오차 및 배수설비의 신뢰성을 고려하여야 한다.
2) 지지 또는 부착된 비구조 요소의 피해를 방지할 수 있는 적절한 조치가 취해지는 경우에 이 제한을 초과할 수 있다.
3) 장기처짐은 식(5.9)에 따라 정해지나 비구조 요소의 부착 전에 생긴 처짐량을 감소시킬 수 있다. 이 감소량은 해당 부재와 유사한 부재의 시간 처짐특성에 관한 적절한 기술자료를 기초로 하여 결정히여야 한다.
4) 비구조 요소에 의한 허용오차 이하이어야 한다, 그러나 전체 처짐에서 솟음(camber)을 뺀 값이 이 제한값을 초과하지 않도록 하면 된다. 즉 솟음을 했을 경우에 이 제한을 초과할 수 있다.

4. 동하중을 받는 구조물의 허용처짐

보행자 및 차량하중 등 동하중을 주로 받는 구조물의 최대허용 처짐은 다음 규정을 만족하여야 한다.

(1) 단순 또는 연속경간의 부재는 활하중과 충격으로 인한 처짐이 경간의 1/800을 초과하지 않아야 한다. 다만, 부분적으로 보행자에 의해 사용되는 도시지역 교량의 경우 처짐은 경간의 1/1,000을 초과하지 않아야 한다.

(2) 활하중과 충격으로 인한 캔틸레버의 처짐은 캔틸레버 길이의 1/300이하이여야 한다. 다만, 보행자의 이용이 고려된 경우 처짐은 캔틸레버 길이의 1/375 까지 허용된다.

5. 처짐 계산과 과정

(1) 부재의 깊이(두께)를 최소 허용값(표5.3)과 비교하여 부재의 깊이(두께)가 표5.3의 허용값 이하라면 순간 처짐과 장기처짐에 대해 검토한다.
그러나 그 이상이라도 항상처짐을 검토하는것이 바람직하다.

(2) I_g , M_{cr} 산정

① 전단면의 단면2차 모멘트(I_g)를 계산한다.

$$I_g = bh^3/12$$

② 균열모멘트 M_{cr}를 계산한다.

$$M_{cr} = \frac{f_r I_g}{y_t}$$ (y_t : 철근을 무시한 단면의 중립축에서 인장측 연단까지의 거리)

$$f_r = 0.63\lambda\sqrt{f_{ck}}$$ (파괴계수)

(3) 균열단면2차 모멘트(I_{cr}) 를 계산한다.

① 복근보

$$I_{cr} = \frac{1}{3}b(kd)^3 + nA_s(d-kd)^2 + (n-1)A_s'(kd-d')^2$$

$$k = n\rho\left[\sqrt{(1+\gamma)^2 + \frac{2}{n\rho}(1+\gamma\frac{d'}{d})} - (1+\gamma)\right]$$

② 단근보

$$I_{cr} = \frac{1}{3}b(kd)^3 + nA_s(d - kd)^2$$

$$k = n\rho\left[\sqrt{1 + \frac{2}{n\rho}} - 1\right]$$

(4) 유효단면 2차 모멘트(I_e)를 구한다.

$$I_e = \left(\frac{M_{cr}}{M_a}\right)^3 I_g + \left[1 - \left(\frac{M_{cr}}{M_a}\right)^3\right] I_{cr} \le I_g$$

I_e 의 값은 다음의 세가지 경우에 대하여 계산한다.

① 고정하중(D)

② 고정하중+장기지속되는 활하중($D + \alpha L$)

③ 고정하중+적재하중($D + L$)

(5) 활하중만에 의한 순간처짐(Δ_i)의 계산

표 5-1 참조

(6) 지속하중에 의한 장기처짐(Δ_t) 의 계산

지속하중에 의한 처짐(Δ_{sus})에 장기추가처짐계수(λ_Δ)를 곱하여 지속하중에 의한 장기처짐(Δ_t)를 구한다.

$$\Delta_t (= \Delta_{cp} + \Delta_{sh}) = \lambda_\Delta \Delta_{sus}$$

$$\lambda_\Delta = \frac{\xi}{1 + 50\rho'}$$

Δ_{sus} : 지속하중($D + \alpha L$)에 의한 처짐

Δ_{cp} : 크리프에 의한 장기처짐

Δ_{sh} : 건조수축에 의한 장기처짐

(7) 사용성검토를 위한 장기전체처짐 (Δ_T) $= \Delta_i + \Delta_t$ 로 계산하며, 지속하중에 의한 장기처짐(Δ_t)과 활하중에 의한 순간처짐(Δ_i)의 합으로 사용성의 검토를 위한 장기전체처짐(Δ_T)을 계산한다.

(8) 처짐검토 (순간처짐과 장기전체처짐을 검토)

① 활하중만에 의한 순간처짐을 검토한다.(단기처짐)

② 장기전체처짐 Δ_T 에 의한 최대 허용 처짐을 검토한다.(장기전체처짐)

예제 5-4

그림과 같은 단순보에 등분포 고정하중 $w_D = 10\,kN/m$, 등분포 활하중 $w_L = 20\,kN/m$가 작용할 때 이 보의 순간처짐(단기처짐)과 활하중의 30%가 장기 지속하중일 때 장기처짐량(Δ_t)을 구하고, 순간처짐(단기처짐)과 장기전체처짐에 의한 사용성을 검토하시오.

(단, $f_{ck} = 24\,MPa$, $f_y = 400\,MPa$, $D_{22}\ A_1 = 387mm^2$, 손상되기 쉬운 비구조요소를 지지하고 있는 5년 이상된 일반층 보이다.)

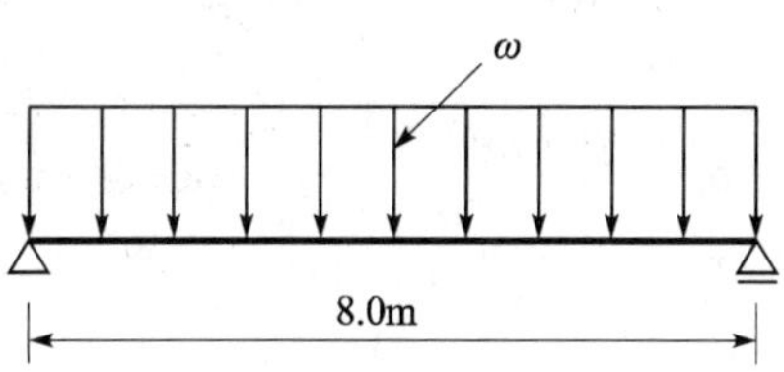

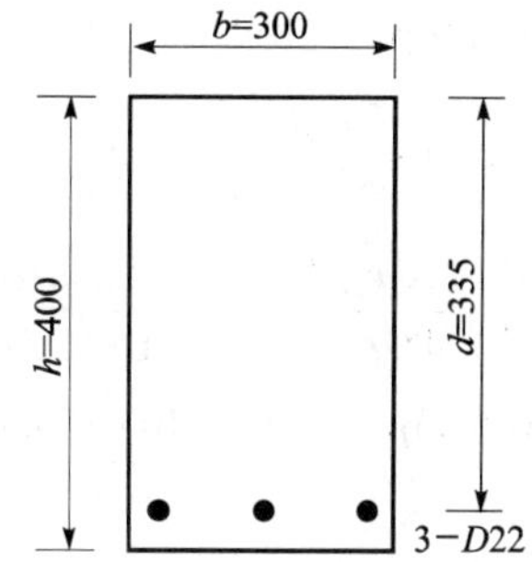

풀이

1. 표 5-3으로부터 보의 최소 깊이 $h = \dfrac{l}{16} = \dfrac{8{,}000}{16} = 500mm > 400\text{mm}$

   따라서 처짐을 계산해 보아야 한다.

2. 사용하중에 의한 휨모멘트 산정

   ① $M_D(\text{고정하중}) = \dfrac{w_D \cdot l^2}{8} = \dfrac{10 \times 8^2}{8} = 80\,kN\cdot m > M_{cr} = 24.72\,kN\cdot m$

   ② $M_{(D+L)} = \dfrac{w_{(D+L)} \cdot l^2}{8} = \dfrac{(10+20) \times 8^2}{8} = 240\,kN\cdot m > M_{cr} = 24.72\,kN\cdot m$

3. 유효단면 2차 모멘트(I_e) 산정

   (1) 예제 5-1로부터 $I_g = 1{,}600 \times 10^6 mm^4$

   $M_{cr} = 24.72\,kN \cdot m$

$I_{cr} = 588.1 \times 10^6 mm^4$

(2) 유효단면2차 모멘트(I_e)

① $I_{e(D)} = (\frac{M_{cr}}{M_a})^3 I_g + [1-(\frac{M_{cr}}{M_a})^3] I_{cr}$

$= (\frac{24.72}{80})^3 \times 1{,}600 \times 10^6 + [1-(\frac{24.72}{80})^3] \times 588.1 \times 10^6$

$= 618.0 \times 10^6 mm^4$

② $I_{e(D+L)} = (\frac{M_{cr}}{M_a})^3 I_g + [1-(\frac{M_{cr}}{M_a})^3] I_{cr}$

$= (\frac{24.72}{240})^3 \times 1{,}600 \times 10^6 + [1-(\frac{24.72}{240})^3] \times 588.1 \times 10^6$

$= 589.2 \times 10^6 mm^4$

4. 탄성처짐산정

① $\Delta_{D+L} = \frac{5w_{(D+L)} \cdot l^4}{384 E_c I_{e(D+L)}} = \frac{5 \times 30 \times 8{,}000^4}{384 \times 25{,}800 \times 589.2 \times 10^6} = 105.3 mm$

② $\Delta_D = \frac{5w_D \cdot l^4}{384 E_c I_{e(D)}} = \frac{5 \times 10 \times 8{,}000^4}{384 \times 25{,}800 \times 618 \times 10^6} = 33.4 mm$

③ $\Delta_L = \Delta_{D+L} - \Delta_D = 105.3 - 33.4 = 71.9 mm$

5. 처짐검토

(1) 활하중만에의한 순간처짐 (Δ_i) : 단기처짐

$\Delta_i = \Delta_L = 71.9mm > \frac{l}{360} = \frac{8{,}000}{360} = 22.2$ 이므로 부적합

(2) 사용성 검토를 위한 장기전체처짐 ($\Delta_L + \Delta_t$) 검토

① 지속하중에 의한 장기처짐 (고정하중+장기지속되는 활하중) Δ_t

$\Delta_t = \Delta_{cp} + \Delta_{sh} = \lambda_\Delta \Delta_{sus}$

$= \lambda_\Delta (\Delta_D + 0.3 \Delta_L)$

$= 2.0 \times (33.4 + 0.3 \times 71.9)$

$- 2.0 \times 55.0 = 110 mm$

$\lambda_\Delta = \frac{\xi}{1+50\rho'} = \frac{2}{1+0} = 2.0$

② 장기전체처짐 Δ_T

$\Delta_T = \Delta_L + \Delta_t$

$\Delta_T = 71.9 + 110.0 = 181.9$

$$= 181.9 > \frac{l}{480} = \frac{8,000}{480} = 16.7mm \text{ 이므로 부적합}$$

따라서 보 단면을 키우던지, 압축철근을 배근하도록 해야 한다.

예제 5-5

다음 그림과 같은 T형보에 작용하는 등분포 고정하중 $w_D = 15kN/m$, 등분포 활하중 $w_L = 30kN/m$가 작용할 때 배근도, 유효단면 및 휨 모멘트도이다. 총 활하중의 20%는 장기적으로 지속재하 되고, 고정하중과 활하중이 모두 재하될때의 휨모멘트는 양단부 부휨모멘트 $M_E = 500kN \cdot m$, 중앙부정휨모멘트 $M_C = 420kN \cdot m$ 이다.

비구조 부재에 위험을 주는 일반층의 순간처짐(단기처짐)과 장기전체처짐량을 구하고, 이에 대한 사용성을 검토하시오. (단, $f_{ck} = 24MPa$, $f_y = 400MPa$, 5년이 경과된 보)

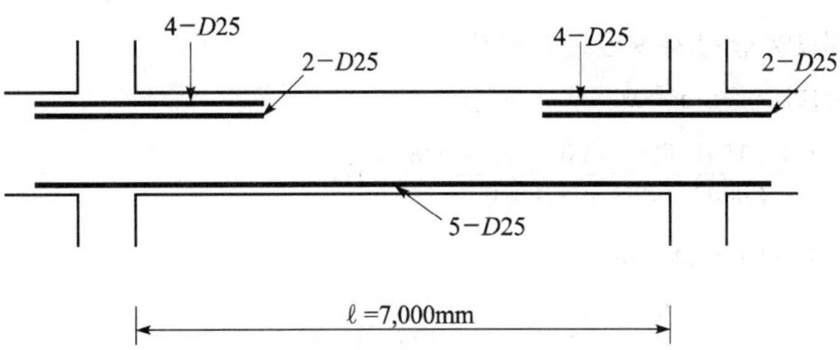

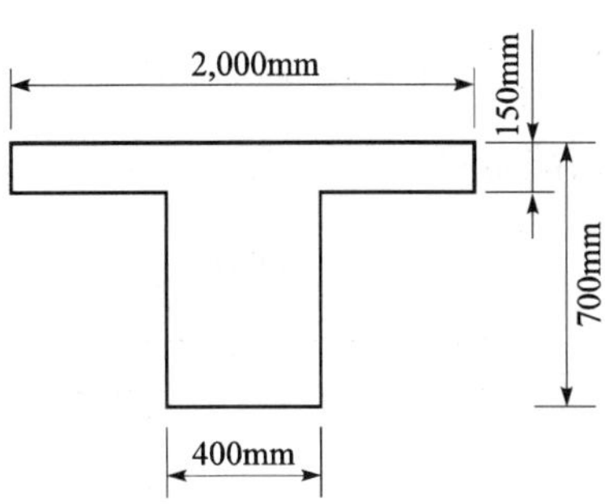

(단면)

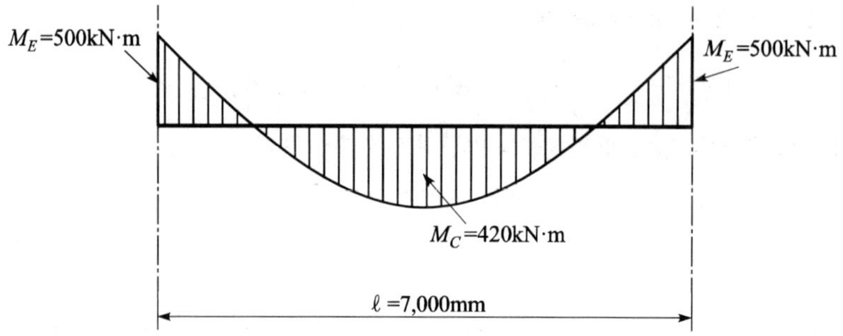

풀이

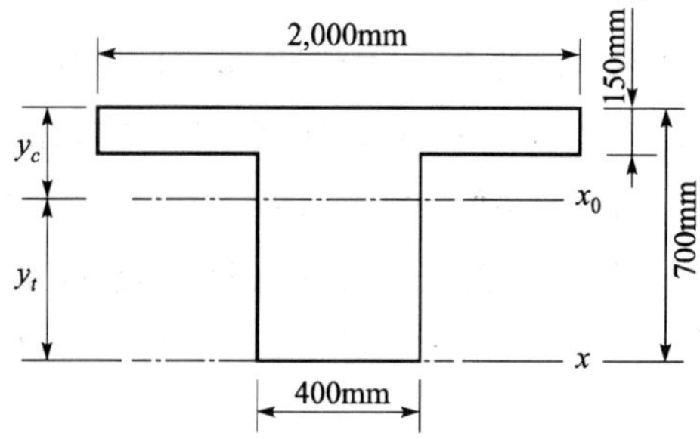

1. T형보의 비균열 단면2차 모멘트 I_g 산정

   1) 중립축거리 "y_t"를 x축으로부터 구한다.

$$y_t = \frac{2{,}000\times150\times625+400\times550\times275}{2{,}000\times150+400\times550} = 477\,mm$$

$$y_c = 700-477 = 223\,mm$$

   2) $I_g = I_{①}+I_{②} = \dfrac{2{,}000\times150^3}{12}+2{,}000\times150\times(223-75)^2$

$$+\frac{400\times550^3}{12}+400\times550\times(477-275)^2$$

$$= 2.17\times10^{10}\,mm^4$$

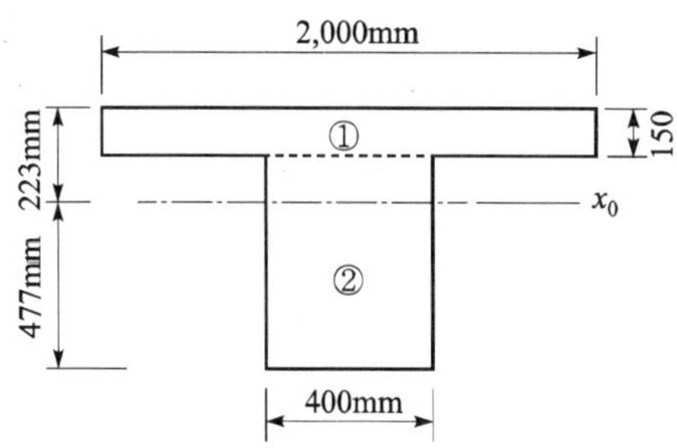

2. 균열 모멘트 M_{cr} 의 산정

(1) 중앙부 (T 형보)

$$M_{cr}=\frac{I_g\cdot f_r}{y_t},\qquad f_r=0.63\lambda\sqrt{f_{ck}}$$

$$=0.63\times1.0\times\sqrt{24}=3.1$$

$$=\frac{2.17\times10^{10}}{477}\times3.1$$

$$=140.6\,kN\cdot m$$

(2) 단부 (직사각형보)

$$M_{cr}=\frac{I_g\,f_r}{y_t}=\frac{1.14\times10^{10}}{223}\times3.1$$

$$=301.7\,kN\cdot m$$

$y_t=700-477=223\,mm$

(중립축에서 인장측까지의거리)

3. 균열단면2차 모멘트(I_{cr}) 계산

(1) 중앙부

$M_a=420\,kN\cdot m$

$M_a=420>M_{cr}=140.6\,kN\cdot m$ 이므로 균열이 발생한다.

따라서, 유효단면2차모멘트 I_e 를 사용한다.

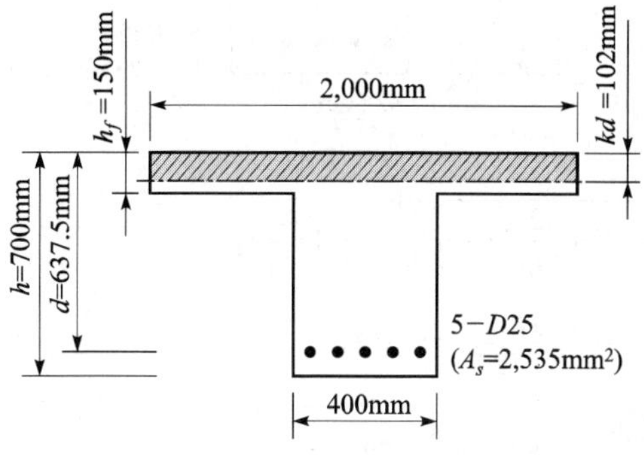

중립축이 슬래브내에 있다고 가정하면 단면(bxd)이 2,000×637.5인 T형보로 보면 된다.
(하단 콘크리트는 인장측 이므로 무시하기 때문에)

$$k=n\cdot\rho\cdot\left[\sqrt{(1+\frac{2}{n\cdot\rho})}-1\right]$$

$$n=\frac{E_s}{E_c}=\frac{200{,}000}{8{,}500\times\sqrt[3]{24+4}}=7.75\,,\ \rho=\frac{2{,}535}{2{,}000\times637.5}=0.002$$

$$k=7.75\times0.002\times\left[\sqrt{(1+\frac{2}{7.75\times0.002})}-1\right]=0.16$$

$kd=0.16\times637.5=102.0\,mm<150\,m$

중립축 위치는 슬래브 내에 위치한다.

$$I_{cr} = \frac{1}{3} b(kd)^3 + n \cdot A_s \cdot (d-kd)^2$$

$$= \frac{1}{3} \times 2{,}000 \times 102.0^3 + 7.75 \times 2535 \times (637.5 - 102.0)^2$$

$$= 0.78 \times 10^{10} mm^4$$

(2) 단부

$M_a = 500 kN \cdot m$

$M_a = 500\, kN{\cdot}m > M_{cr} = 301.7\, kN{\cdot}m$ 이므로 균열이 발생한다.

따라서, 유효단면2차모멘트 I_e 를 사용한다. (보의 상단이 인장, 하단이 압축이므로 상부슬래브의 콘크리트는 무시된다. 따라서 단면이 400×700인 장방형보의 균열단면2차 모멘트로 산정한다.)

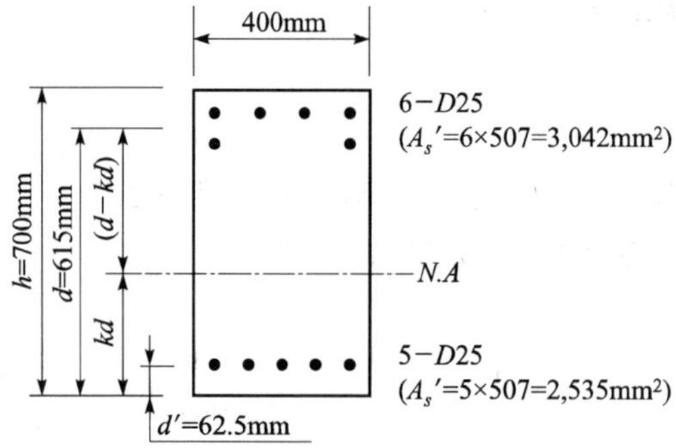

$$k = n\rho \left[\sqrt{(1+\gamma)^2 + \frac{2}{n\rho}(1+\gamma\frac{d'}{d})} - (1+\gamma) \right]$$

$$n = 7.75\ ,\ \ \rho = \frac{3042}{400 \times 612.5} = 0.0124$$

$$\gamma = \frac{A_s'}{A_s} = \frac{2535}{3042} = 0.83\ \ ,\ \ d' = 62.5 mm$$

따라서,

$$k = 7.75 \times 0.0124 \times \left[\sqrt{(1+0.83)^2 + \frac{2}{7.75 \times 0.0124}(1 + 0.83 \times \frac{62.5}{612.5})} - 1.83 \right]$$

$$= 0.313$$

$$kd = 0.313 \times 612.5 = 191.7 mm$$

$$I_{cr}=\frac{1}{3}b(kd)^3+n\,A_s(d-kd)^2+(n-1)\,A_s{}'(kd-d')^2$$

$$=\frac{1}{3}\times 400\times 191.7^3+7.75\times 3{,}042\times(612.5-191.7)^2$$

$$+(7.75-1)\times 2{,}535\times(191.7-62.5)^2$$

$$=0.54\times 10^{10}mm^4$$

4. 유효단면 2차 모멘트(I_e) 계산

(1) 중앙부

$$I_e=\left(\frac{M_{cr}}{M_a}\right)^3\cdot I_g+\left[1-\left(\frac{M_{cr}}{M_a}\right)^3\right]\cdot I_{cr}$$

$$=\left(\frac{140.6}{420}\right)^3\times 2.17\times 10^{10}+\left[1-\left(\frac{140.6}{420}\right)^3\right]\times 0.78\times 10^{10}$$

$=0.83\times 10^{10}mm^4< I_g=2.17\times 10^{10}mm^4$이므로

$I_e=0.83\times 10^{10}mm^4$

(2) 단부

$$I_e=\left(\frac{M_{cr}}{M_a}\right)^3\cdot I_g+\left[1-\left(\frac{M_{cr}}{M_a}\right)^3\right]\cdot I_{cr}$$

$$=\left(\frac{301.7}{500}\right)^3\times 1.14\times 10^{10}+\left[1-\left(\frac{301.7}{500}\right)^3\right]\times 0.54\times 10^{10}$$

$=0.67\times 10^{10}mm^4< I_g=1.14\times 10^{10}mm^4$이므로

$I_e=0.67\times 10^{10}mm^4$

(3) 처짐을 구하는데 필요한 I_e 의 평균값 계산

식(5.6)에 의해서

평균 $I_e=0.7\,I_{em}+0.15(\,I_{e1}+I_{e2})$

$$=0.7\times 0.83\times 10^{10}+0.15\times(0.67+0.67)\times 10^{10}$$

$$=0.78\times 10^{10}mm^4$$

5. 처짐검토 (표5-1 ⑦ 참조)

(1) 처짐계산

1) ($D+L$) 에 의한 처짐 (Δ_{D+L})

$\Delta_{D+L}=\dfrac{5l^2}{48EI}(M_m-0.1\,M_1-0.1\,M_2)$ 에서

$E=E_c=8{,}500\sqrt[3]{f_{ck}+4}=8{,}500\sqrt[3]{24+4}=25{,}800$

$I=$ 평균 $I_e = 0.78\times 10^{10} mm^4$

M_m : 중앙부모멘트 ($420\,kN{\cdot}m$)

M_1, M_2 : 단부보멘트 ($500\,kN{\cdot}m$)

l : 보의경간($7{,}000\,mm$)

따라서, $\Delta_{D+L} = \dfrac{5\times 7{,}000^2\times(420-0.1\times 500\times 2)\times 10^6}{48\times 25{,}800\times 0.78\times 10^{10}} = 8.13\,mm$

2) 고정하중에 의한 처짐(Δ_D)

$$\Delta_D = 8.13\times\frac{15}{(30+15)} = 2.7\,mm$$

3) 활하중에 의한 처짐(Δ_L)

$$\Delta_L = \Delta_{D+L} - \Delta_D = 8.13 - 2.7 = 5.43\,mm$$

(2) 처짐검토

1) 활하중만에 의한 순간처짐(Δ_i) : 단기처짐

$\Delta_i = \Delta_L = 5.43\,mm < \dfrac{l}{360} = \dfrac{7{,}000}{360} = 19.4\,mm$ 이므로 적합하다.

2) 장기전체처짐(Δ_T)

Δ_T	=	Δ_t	+	Δ_i
(장기전체처짐)		(지속하중에 의한 장기처짐)		(활하중에 의한 순간처짐)

$\Delta_t = (\Delta_D + 0.2\,\Delta_L)\times\lambda_\Delta = (2.7+0.2\times 5.43)\times 2 = 7.6\,mm$

$$\lambda_\Delta = \frac{\xi}{1+50\rho'} = \frac{2}{1+0} = 2.0\ (\text{장기처짐계수})$$

(보 중앙부에서는 압축철근이 없는 단근보 이므로
$\rho' = 0$ 이고, 5년이 경과 되었으므로 $\xi = 2$이다.)

$\Delta_i = \Delta_L$ (활하중에 의한 순간처짐:단기처짐) $= 5.43\,mm$

$\Delta_T = 7.6 + 5.43$

$= 13.03\,mm < \dfrac{l}{480} = \dfrac{7{,}000}{480} = 14.6\,mm$ 이므로 적합하다.

따라서, 설계단면은 처짐에 대해 충분히 안전하다.

3 균열

철근콘크리트 구조물에서 콘크리트는 인장력 저항 성능이 낮기 때문에 휨, 전단, 비틀림 등에 의하여 인장응력이 생기면 균열을 일으킨다. 이와 같은 구조적 균열 외에도 부착응력, 간조수축, 기초의 부동침하, 수화열, 철근의 부식, 부적절한 양생, 동결융해, 온도의 변화 등에 의해서도 생긴다.

1. 균열 검토의 필요성

근래에 와서 점점 철근의 강도가 고강도화 되어 철근과 부착된 콘크리트에 변형률이 증가하게 된다. 이러한 변형률의 증가는 균열의 폭을 증가시키게 되고, 콘크리트에 균열이 생기면 미관상 좋지 않을 뿐 아니라, 물이 새고, 공기가 침투하여 철근의 부식을 가속시키는 등 여러 부작용이 생기게 된다. 따라서 균열에 대한 제한이 점차 강화되고 있는 추세다.

2. 균열폭에 영향을 미치는 변수

균열폭을 최소화시키기 위한 변수에는 크게 두가지가 있다. 하나는 철근과 콘크리트의 부착 성능이며 또다른 하나는 철근의 응력이다. 따라서 균열폭을 최소화하기 위하여

(1) 원형철근 보다는 이형철근을 사용하여 부착력을 증가시킨다.

(2) 인장영역에서 굵은 철근을 적게 사용하는 것보다 작은 직경의 철근을 많이 고르게 배근하여 인장응력을 고르게 분포시킨다.

3. 휨 균열 제어를 위한 콘크리트 구조설계 기준

종전에는 거글리-루츠 방정식을 이용하여 균열폭을 계산하여 허용균열폭 이내로 제한하는 방법이 설계기준에 규정되었으나, 최근에는 철근을 인장영역에 고르게 분산 배치함으로써 휨균열을 간접적으로 제어하는 방법을 채택하고 있다. 즉, 인장철근의 간격을 제어함으로써 균열을 억제하자는 것이다.

(1) 보 및 1방향 슬래브에 있어서 휨균열을 제어하기 위하여 보의 인장 연단에 가장 가까이 배근되는 철근의 중심 간격 s 는 식(5.10), 식(5.11)으로 계산되는 값중 작은 값 이하로 배근하도록 규정하고 있다.

$$s = 375\left(\frac{\kappa_{cr}}{f_s}\right) - 2.5c_c \quad \cdots\cdots (5.10)$$

$$s = 300\left(\frac{\kappa_{cr}}{f_s}\right) \quad \cdots\cdots (5.11)$$

여기서, κ_{cr} : 구조물이 노출된 환경에 따른 계수로 실내와 같은 건조환경은 280, 옥외와 같은 습윤환경은 210 의 값을 사용한다.

c_c : 최외단 인장철근과 콘크리트 표면 사이의 거리(mm)

f_s : 사용하중 상태에서 인장연단에 가장 가까이에 위치한 철근의 응력으로 사용하중 휨모멘트에 대한 해석으로 구하여야 하지만 근사값으로 $\frac{2}{3}f_y$ 를 사용할 수 있다.

(2) T형보 구조에서 플랜지가 인장을 받는 경우에 휨균열을 억제하기 위하여 인장철근을 플랜지의 유효폭이나 보 경간의 1/10 의 폭 중 작은폭에 걸쳐서 분포시켜야한다. 만일 유효플랜지폭이 경간의 1/10을 넘는 경우에는 종방향철근을 플랜지 바깥 부분에 추가로 배치하여야 한다.

(3) 보나 장선의 깊이 h가 900 mm 를 초과하면 종방향 표피철근을 인장연단부터 $h/2$ 지점까지 부재 양쪽 측면을 따라 균일하게 배치하여야 한다.

이때 표피철근의 간격 s 는 상기(1)에 따라 결정하며, 여기서 c_c 는 표피철근의 표면에서 부재 측면까지 최단 거리이다. 개개의 철근이나 철망의 응력을 결정하기 위하여 변형률 적합조건에 따라 해석을 하는 경우 이러한 철근은 강도계산에 포함될 수 있다.

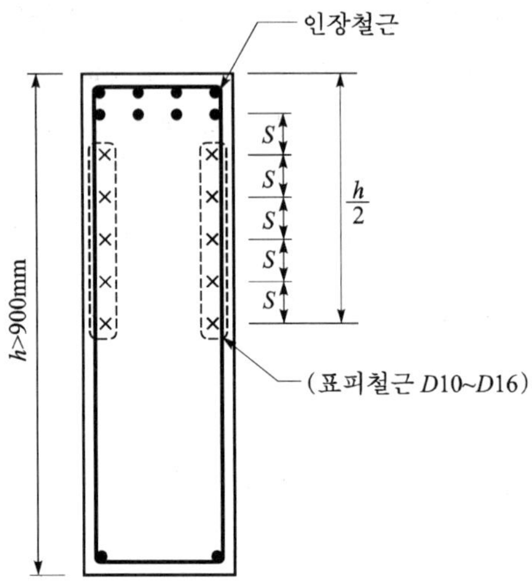

그림 5-1 보의 표피철근

이 표피철근의 굵기는 별도 규정된 것이 없다. 일반적으로 D10~D16 철근이나 1m당 280 mm^2 이상의 단면적을 갖는 철선을 표피철근으로 사용하면 충분하다.

(4) 철근의 배근 간격에 대하여서는 그림 5-2에 나타낸 바와 같이 인장철근의 순간격은 철근의 공칭직경 d_b, 25 mm 또는 굵은 골재 최대 치수의 4/3 이상으로 하고, 2단 이상으로 배근되는 경우는 1단과 2단 사이의 간격을 25 mm 로 하며 2단 철근은 1단 철근의 바로 위에 배근하도록 한다.

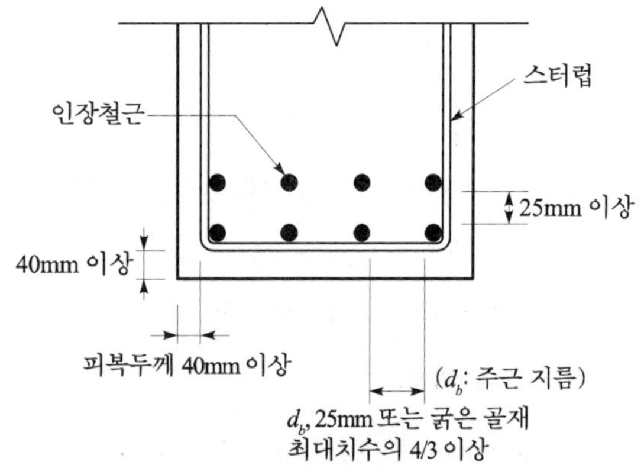

그림 5-2 보의 피복두께 및 철근간격

예제 5-6

그림과 같은 습윤환경에 있는 직사각형 보의 주철근이 구조설계기준의 균열폭 제한 조건에 합당한지와 표피철근을 설계하시오.
(단, 피복두께는 40mm이고 $f_{ck} = 24\,MPa$, $f_y = 400\,MPa$, $D_{22}\ A_1 = 387mm^2$)

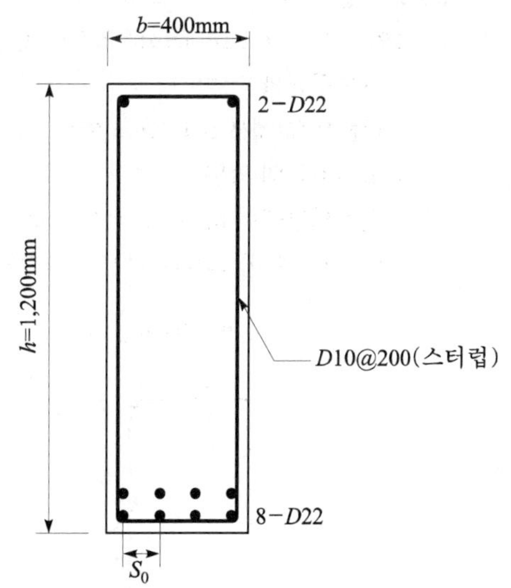

풀이

(1) 균열폭 검토

① 주철근의 간격(s_0)

$$s_0 = \frac{b-(\text{피복두께}\times 2+\text{스터럽직경}\times 2+\text{일단의주근개수}\times\text{주근직경})}{\text{일단의 주근개수}-1}+\text{주근직경}$$

$$= \frac{400-(40\times 2+10\times 2+4\times 22)}{4-1}+22 = 92.7\,mm$$

② 콘크리트 설계기준 간격(s)

$$s = 375 \times \left(\frac{\kappa_{cr}}{f_s} \right) - 2.5 c_c$$

$\kappa_{cr} = 210$

$$f_s = \frac{2}{3} f_y = \frac{2}{3} \times 400 = 267\,MPa$$

$c_c = 400$(피복두께)$+10$(스터럽 직경)

$= 50\,mm$

$$= 375 \times \left(\frac{210}{267} \right) - 2.5 \times 50$$

$= 170\,mm$

$$s = 300 \times \left(\frac{\kappa_{cr}}{f_s} \right) = 300 \times \frac{210}{267} = 236\,mm$$

따라서, 두가지중 작은값인 $s = 170\,mm$ 이다.

주근의 배근간격(92.7mm)이 170mm 이하 이므로 구조설계기준을 만족하고 있다.

(2) 표피철근 설계(D10 ~ D16 사용)

보의 깊이 h가 1,200mm로 900mm를 넘으므로 표피철근을 배치해야 한다.

① 표피철근의 간격

(풀이) (1)에서 s=170mm 이하

② 표피철근의 범위

인장연단에서 h/2=1,200/2=600mm

따라서, 아래 그림과 같이 표피철근을 배치하면 된다.

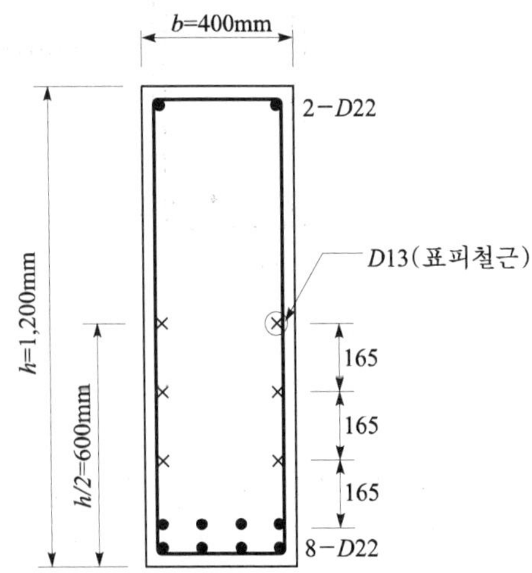

4 피로

변동하중이 차지하는 비율이 많거나 작용빈도가 크게 반복되는 즉 반복하중을 받는 구조체는 재하되는 하중에 의한 파괴위험 보다는 재료의 누적 손상으로 인하여 재료의 탄성응력한도보다 훨씬 적은응력에서 소성변형없이 취성파괴(피로파괴)가 일어날 수 있다. 이러한 구조체는 피로파괴(취성파괴)에 대한 안전성을 검토하여야 한다.

콘크리트 설계기준에서 휨재(보, 슬래브등)는 연성확보를 위하여 과소철근콘크리트보로 설계하도록 되어 있기 때문에 인장측 철근에 대하여 검토하면 된다.

1. 적용범위

(1) 이 규정은 하중 중에서 변동하중이 비율이나, 작용빈도가 높기 때문에 피로에 대한 안전성 검토를 필요로 하는 경우에 적용한다.

(2) 보 및 슬래브의 피로는 휨 및 전단에 대하여 검토하여야 한다.

(3) 기둥의 피로는 검토하지 않아도 좋다. 다만, 휨모멘트나 축인장력의 영향이 특히 큰 경우 보에 준하여 검토하여야 한다.

2. 피로에 대한 검토

(1) 피로에 대한 안전성을 검토할 경우 충격을 포함한 사용 활하중에 의한 철근과 긴장재의 인장응력 범위가 표 5-5 의 응력 이내에 들면 피로에 대하여 검토할 필요가 없다.

표 5-5 피로를 고려하지 않아도 되는 철근과 긴장재의 응력범위(MPa)

강재의 종류와 위치		철근의 인장 및 압축응력 범위 또는 프리스트레싱긴장재의 인장응력 변동 범위
이형철근	SD300	130
	SD350	140
	SD400	150
프리스트레싱 긴장재	연결부 또는	140
	정착부 기타 부위	160

(2) 반복하중에 의한 철근의 응력이 표 5-5 의 값을 초과하여 피로의 검토가필요할 경우는 합리적인 방법으로 피로에 대한 안전을 검토하여야 한다.

(3) 피로의 검토가 필요한 구조부재는 높은 응력을 받는 부분에서 철근을 구부리지 않도록 하여야 한다.

중요사항

1. 철근콘크리트 구조물의 안전성과 사용성 검토시 적용하는 하중

(1) 안정성 검토

계수하중 (사용하중에 하중계수를 곱한 하중)

(2) 사용성 검토

사용하중을 이용하여 탄성이론을 적용한다.

2. 순간처짐(즉시처짐)과 장기처짐

(1) 순간처짐(Δ_i)

주로 하중(고정하중, 활하중)이 재하 되면서 바로 일어나는 탄성처짐 : 사용성 검토를 위한 순간처짐(즉시처짐)을 활하중에 의한 즉시처짐(Δ_L)에 의하여 검토한다.

(2) 장기전체처짐(Δ_T)

콘크리트의 크리프와 건조수축 등의 영향으로 시간의 경과에 따라 진행되는 처짐(장기지속하중에 의한 처짐)으로 장기처짐 $\Delta_t = \lambda_\Delta \Delta_{sus}$ 에 활하중에 의한 즉시처짐 Δ_L 를 더하여 사용성 검토를 위한 장기전체처짐을 검토한다. ($\Delta_T = \Delta_L + \Delta_t$)

여기서, Δ_{sus} : 지속하중 (고정하중+장기지속되는 활하중)에 의한 처짐

3. 사용성 검토를 위한 처짐산정 및 검토

(1) 활하중(L)에 의한 즉시처짐 $\Delta_{i(L)}$ 산정 : 표 5-1참조

(2) 지속하중에 의한 장기처짐(Δ_t) 산정

$$\Delta_t = \lambda_\Delta \Delta_{sus}$$

$$\lambda_\Delta = \frac{\xi}{1+50\rho'}$$

$\rho' = \dfrac{A_s{}'}{bd}$ (단면의 압축 철근비)

ξ : 시간 경과 계수 (표 5-2)

λ_Δ : 장기처짐계수

Δ_{sus} : 지속하중(고정하중+장기지속되는 활하중)에 의한 처짐

(3) 사용성 검토를 위한 장기전체처짐(Δ_T) 산정

$$\Delta_T = \Delta_L + \Delta_t$$

(4) 처짐검토 : $\Delta_T \le \Delta_a$ (허용처짐 : 표 5-4 참조)

4. 균열모멘트 M_{cr}과 콘크리트의 휨인장강도 f_r

$$M_{cr} = \frac{f_r I_g}{y_t}$$

여기서, f_r : 콘크리트의 휨인장 강도(파괴계수) $f_r = 0.63\lambda\sqrt{f_{ck}}$

y_t : 철근을 무시한 단면의 중립축에서 인장측 연단까지의 거리

I_g : 철근을 무시한 전단면이 중립축에 대한 단면2차모멘트

5. 유효단면2차모멘트 I_e 와 균열단면2차 모멘트 I_{cr}

(1) $I_e = (\frac{M_{cr}}{M_a})^3 I_g + [1 - (\frac{M_{cr}}{M_a})^3] I_{cr}$

(2) 단근보의 I_{cr} 산정

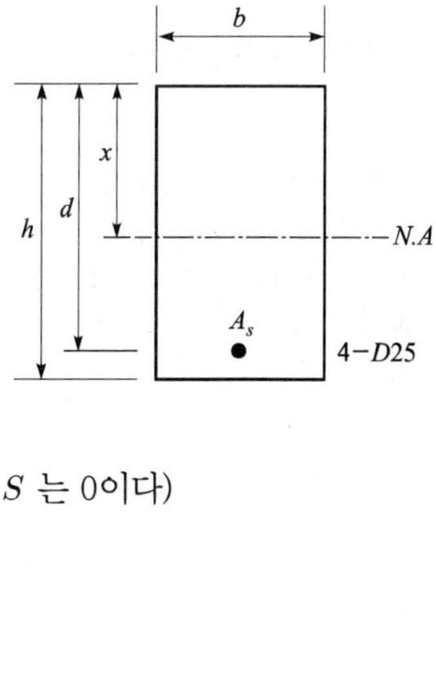

① 탄성계수비산정 $n = \frac{E_s}{E_c}$

$E_c = 8{,}500\sqrt[3]{f_{ck}+4}$, $E_s = 200{,}000\,MPa$

② $I_g = \frac{bh^3}{12}$, $y_t = \frac{h}{2}$, $f_r = 0.63\lambda\sqrt{f_{ck}}$

③ 균열모멘트 $M_{cr} = \frac{f_r I_g}{y_t}$

④ M_a : 처짐을 계산할 때 부재의 최대휨모멘트

⑤ 중립축 위치 x 를 구한다.(중립축에서 단면 1차 모멘트 S 는 0이다)

$$bx \times \frac{x}{2} - nA_s(d-x) = 0$$

$$\frac{b}{2}x^2 + nA_s x - nA_s d = 0$$

$$bx^2 + 2nA_s x - 2nA_s d = 0$$

$$x = \frac{-nA_s + \sqrt{n^2A_s^2 + 2bnA_sd}}{b}$$

⑥ $I_{cr} = \dfrac{bx^3}{3} + nA_s(d-x)^2$

6. 처짐의 제한

(1) 처짐을 계산하지 않는 경우의 보 또는 1방향슬래브의 최소 두께

<table>
<tr><th rowspan="3">부재</th><th colspan="4">최소 두께, h</th></tr>
<tr><th>단순 지지</th><th>1단 연속</th><th>양단 연속</th><th>캔틸레버</th></tr>
<tr><th colspan="4">큰 처짐에 의해 손상되기 쉬운 칸막이벽이나
기타 구조물을 지지 또는 부착하지 않는 부재</th></tr>
<tr><td>1방향 슬래브</td><td>$l/20$</td><td>$l/24$</td><td>$l/28$</td><td>$l/10$</td></tr>
<tr><td>보 또는 리브가 있는
1방향 슬래브</td><td>$l/16$</td><td>$l/18.5$</td><td>$l/21$</td><td>$l/8$</td></tr>
</table>

주) f_y가 $400MPa$ 이외인 경우는 계산된 h 값에 $(0.43+f_y/700)$를 곱하여야 한다.

(2) 최대 허용 처짐

<table>
<tr><th>고려하여야 할 처짐</th><th>부재의 형태</th><th>처짐 한계</th></tr>
<tr><td rowspan="2">활하중L 에 의한 순간처짐</td><td>과도한 처짐에 의해 손상되기 쉬운 비구조요소를 지지 또는 부착하지 않은 평지붕구조</td><td>$l/180$ 1)</td></tr>
<tr><td>과도한 처짐에 의해 손상되기 쉬운 비구조 요소를 지지 또는 부착하지 않은 바닥구조</td><td>$l/360$ 3)</td></tr>
<tr><td rowspan="2">전체 처짐중에서 비구요소가 부착된 후에 발생하는 처짐부분 (모든지속하중에 의한 장기처짐과 추가적인 활하중에 의한 순간처짐의 합)</td><td>과도한 처짐에 의해 손상되기 쉬운 비구조요소를 지지 또는 부착한 지붕 또는 바닥구조</td><td>$l/480$ 2)</td></tr>
<tr><td>과도한 처짐에 의해 손상될 염려가 없는 비구조요소를 지지 또는 부착한 지붕 또는 바닥구조</td><td>$l/240$ 4)</td></tr>
</table>

(3) 동하중을 받는 구조물의 허용처짐

보행자 및 차량하중 등 동하중을 주로 받는 구조물의 최대 허용 처짐은 다음 규정을 만족하여야 한다.

① 단순 또는 연속경간의 부재는 활하중과 충격으로 인한 처짐이 경간의 1/800을 초과하지 않아야 한다. 다만, 부분적으로 보행자에 의해 사용되는 도서지역 교량의 경우 처짐은 경간의 1/1,000을 초과하지 않아야 한다.

② 활하중과 충격으로 인한 캔틸레버의 처짐은 캔틸레버 길이의 1/300 이하이어야 한다. 다만, 보행자의 이용이 고려된 경우 처짐은 캔틸레버 길이의 1/375까지 허용된다.

7. 균열 제어

(1) 보 및 1방향 슬래브에 있어서 휨균열을 제어하기 위하여 보의 인장 연단에 가장 가까이 배근되는 철근의 중심 간격은 아래의 두식으로 계산되는 값 중 작은 값 이하로 하여야 한다.

$$s = 375\left(\frac{\kappa_{cr}}{f_s}\right) - 2.5c_c$$

$$s = 300\left(\frac{\kappa_{cr}}{f_s}\right)$$

여기서, κ_{cr} : 건조환경 280, 습윤환경 210

c_c : 인장철근과 콘크리트 표면 사이의 최소두께(mm)

f_s : 사용하중 상태에서 인장연단에 가장 가까이 배근된 철근의 응력으로, $\frac{2}{3}f_y$ 의 값을 사용할 수 있다.

(2) T형보 구조에서 플랜지가 인장을 받는 경우에 휨균열을 억제하기 위하여 인장철근을 플랜지의 유효폭이나 보 경간의 1/10에 해당하는 폭 중 작은폭에 분산 배치한다. 유효폭이 경간의 1/10을 넘는 경우에는 플랜지 바깥 부분에 약간의 길이방향 철근을 추가로 배근하여야 한다.

(3) 보의 깊이 h가 900mm를 넘는 경우에는 인장연단으로부터 h/2 지점까지, 보의 양측면에 종방향 표피철근을 균일하게 그림과 같이 배근하여 보의 복부에 균열이 생기는 것을 예방하여야 한다. 이 표피철근의 굵기는 규정된 것이 없어 엔지니어가 판단하여 정하면 된다. 일반적으로 D10~D16철근을 사용하면 충분하다.

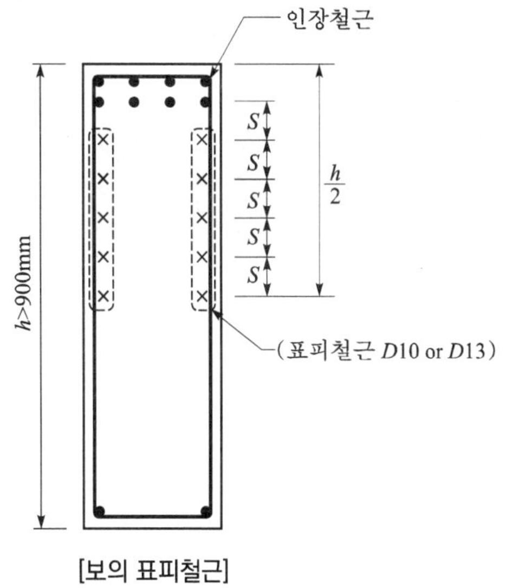

[보의 표피철근]

(4) 철근의 배근 간격에 대하여서는 아래그림에 나타낸 바와 같이 인장철근의 순 간격은 철근의 공칭직경 d_b, 25mm 또는 굵은 골재 최대 치수의 4/3 이상으로 하고, 2단 이상으로 배근되는 경우는 1단과 2단 사이의 간격을 25mm로 하며 2단 철근은 1단 철근의 바로 위에 배근하도록 한다.

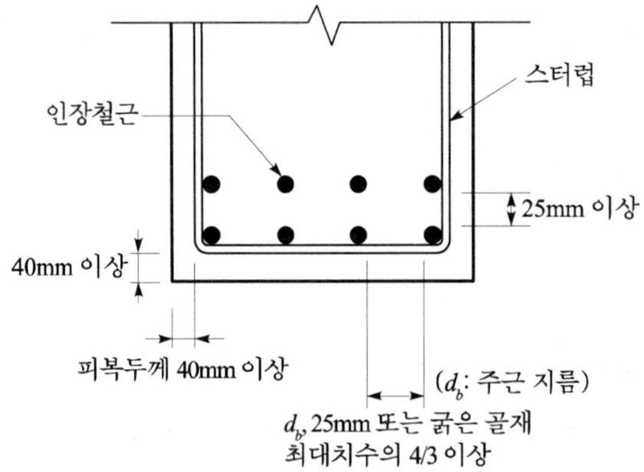

[보의 피복두께 및 철근간격]

연 습 문 제

1 아래 그림의 보에 사용하중에 의한 양단부와 중앙부에 휨모멘트가 $M_A = 150\,kN{\cdot}m$, $M_B = 280\,kN{\cdot}m$, $M_c = 100\,kN{\cdot}m$ 일 때 이보의 즉시처짐 Δ_i 를 구하시오.
(단, $f_{ck} = 27\,MPa$, $f_y = 400\,MPa$)

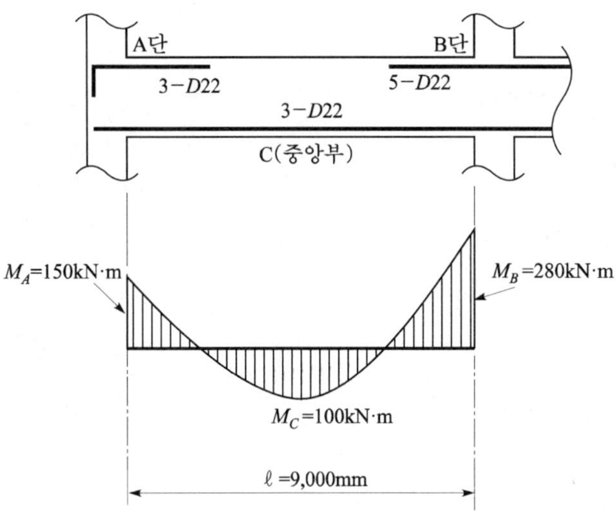

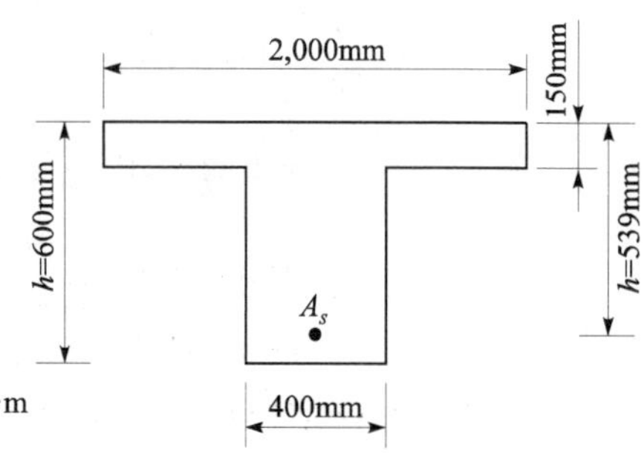

풀이

1. T형보의 비균열 단면2차 모멘트 I_g 산정

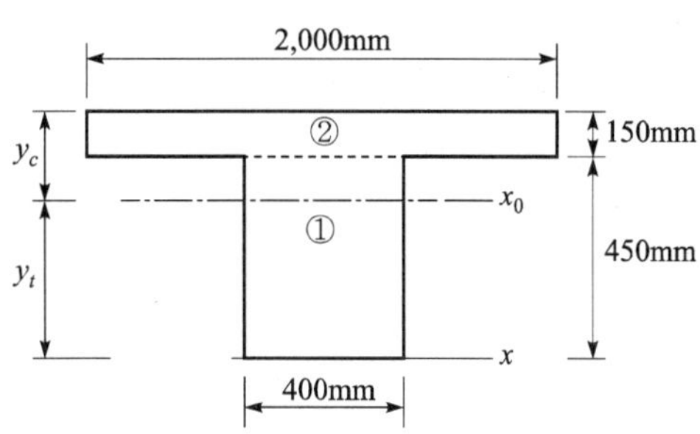

1) 중립축거리 "y_t"를 x축으로부터 구한다.

$$y_t = \frac{400 \times 450 \times 225 + 2{,}000 \times 150 \times 525}{400 \times 450 + 2{,}000 \times 150} = 412.5\,mm$$

$$y_c = 600 - 412.5 = 187.5\,mm$$

2) $I_g = I_{①} + I_{②} = \dfrac{400 \times 450^3}{12} + 400 \times 450 \times (412.5 - 225)^2$

$$+ \frac{2{,}000 \times 150^3}{12} + 2{,}000 \times 150 \times (187.5 - 75)^2$$

$$= 1.37 \times 10^{10}\, mm^4$$

2. 균열모멘트 M_{cr} 산정

(1) 중앙부(T형보)

$$M_{cr} = f_r \frac{I_g}{y_t} = 0.63\lambda\sqrt{f_{ck}} \cdot \frac{I_g}{y_t}$$

$$= 0.63 \times 1.0 \times \sqrt{27} \times \frac{1.37 \times 10^{10}}{412.5}$$

$$= 3.27 \times \frac{1.37 \times 10^{10}}{412.5}$$

$$= 108.6\, kN{\cdot}m > M_c = 100\, kN{\cdot}m$$

이므로 균열이 발생하지 않는다.

(2) 단부

1) A단의 균열모멘트

$$M_{cr} = f_r \frac{I_g}{y_t} = 0.63 \times 1.0 \times \sqrt{27} \times \frac{1.37 \times 10^{10}}{187.5}$$

$$= 3.27 \times \frac{1.37 \times 10^{10}}{187.5} = 238.9\, kN{\cdot}m$$

$$M_A = 150\, kN{\cdot}m < M_{cr} = 238.9\, kN{\cdot}m$$

이므로 균열이 발생하지 않는다.

2) B단의 균열모멘트

$M_B = 280\, kN{\cdot}m > M_{cr} = 238.9\, kN{\cdot}m$

이므로 균열이 발생한다.

3. 균열단면 2차모멘트 I_{cr} 및 유효단면 2차 모멘트 I_e 산정

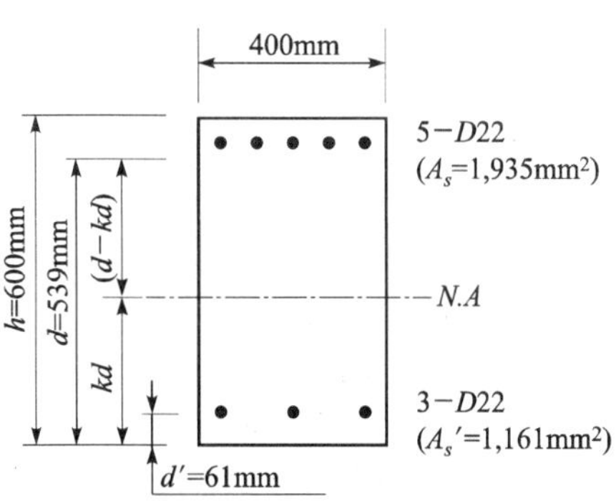

(B단부 단면)

(1) M_A, $M_c < M_{cr}$ 이므로

A단: $I_e = I_g = 1.37 \times 10^{10}\, mm^4$

C단: $I_e = I_g = 1.37 \times 10^{10}\, mm^4$

(2) $M_B > M_{cr}$ 이므로 유효단면 2차 모멘트 I_e 산정

$$k = n\rho\left[\sqrt{(1+\gamma)^2 + \frac{2}{n\rho}\left(1 + \gamma\frac{d'}{d}\right)} - (1+\gamma)\right]$$

탄성계수비 $n = \frac{E_s}{E_c} = \frac{200{,}000}{8{,}500 \times \sqrt[3]{27+4}} = 7.49$

인장철근비 $\rho = \frac{A_s}{bd} = \frac{5 \times 387}{400 \times 539} = 0.009$

복근비 $\gamma = (\frac{A_s'}{A_s}) = \frac{3}{5} = 0.6$

$$k = 7.49 \times 0.009 \times \left[\sqrt{(1+0.6)^2 + \frac{2}{7.49 \times 0.009}(1+0.6 \times \frac{61}{539})} - (1+0.6) \right] = 0.28$$

$kd = 0.28 \times 539 = 150.9mm$

$$I_{cr} = \frac{b(kd)^3}{3} + \left[(n-1)\ A_s'\ (kd-d')^2 + n\,A_s\,(d-kd)^2 \right]$$

$$= \frac{400 \times 150.9^3}{3} + [(7.49-1) \times 3 \times 387 \times (150.9-61)^2 + 7.49 \times 5 \times 387 \times (539-150.9)^2]$$

$$= 0.27 \times 10^{10} mm^4$$

$$B\text{단} : I_e = \left(\frac{M_{cr}}{M_a} \right)^3 I_g + \left[1 - \left(\frac{M_{cr}}{M_a} \right)^3 \right] \cdot I_{cr} \le I_g$$

$$= \left(\frac{238.9}{280} \right)^3 \times 1.37 \times 10^{10} + \left[1 - \left(\frac{238.9}{280} \right)^3 \right] \times 0.27 \times 10^{10}$$

$$= 0.95 \times 10^{10}$$

평균 $I_e = 0.7 I_{em} + 0.15(I_{e1} + I_{e2})$

$$= 0.7 \times 1.37 \times 10^{10} + 0.15 \times (1.37 + 0.95) \times 10^{10}$$

$$= 1.31 \times 10^{10} mm^4$$

4. 활하중만에 의한 순간처짐 검토

$$\Delta_i = \frac{5\ell^2}{48E_cI_e}(M_m - 0.1M_1 - 0.1M_2)$$

$$= \frac{5 \times 9{,}000^2}{48 \times 8{,}500\sqrt[3]{27+4} \times 1.31 \times 10^{10}} \times (100 - 0.1 \times 150 - 0.1 \times 280) \times 10^6$$

$= 1.38mm < \frac{\ell}{360} = \frac{9{,}000}{360} = 25.0mm$ 이므로 적합하다.

2 그림과 같은 직사각형단면의 보에서 인장측 균열 모멘트 M_{cr}과 휨인장강도(파괴계수) f_r을 구하시오.
(단, $f_{ck} = 24\,MPa$, $f_y = 400\,MPa$, D_{22} $A_1 = 387\,mm^2$)

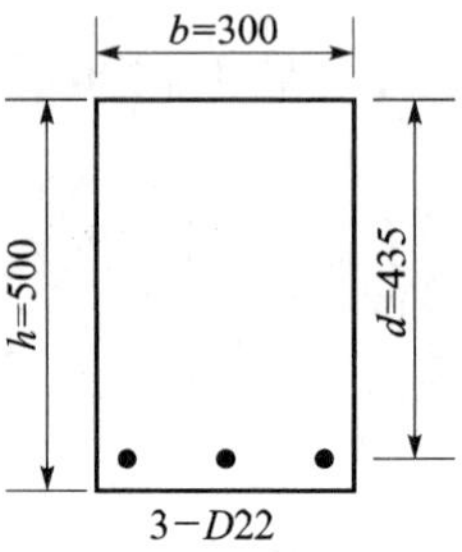

풀이

$$M_{cr} = \frac{f_r}{y_t} I_g$$

$$f_r = 0.63\lambda\sqrt{f_{ck}} = 0.63 \times 1.0\sqrt{24} = 3.09\,MPa$$

$$y_t = \frac{500}{2} = 250$$

$$I_g = \frac{bh^3}{12} = \frac{300 \times 500^3}{12} = 3{,}125 \times 10^6 mm^4$$

$$M_{cr} = \frac{3.09}{250} \times 3{,}125 \times 10^6 = 38.63\,kN \cdot m$$

3 단근보 단면에 고정하중과 활하중이 재하되었을 때 활하중에 의한 순간처짐 $\varDelta_L = 5.0\,mm$가 생겼고, 고정하중과 활하중에 의한 순간처짐 $\varDelta_{(D+L)}$이 $15mm$ 생겼을 때 장기처짐 $\varDelta_t$와 사용성 검토시의 장기전체처짐 $\varDelta_T$ 를 구하고, 단기, 장기처짐에 대한 사용성을 검토하시오. (단, 활하중의 30%가 장기지속하중, 하중재하기간은 6년이고, 비구조부재에 위험을 주는 일반층 span $l = 12m$이다.)

풀이

(1) 장기처짐 $\varDelta_t$

$$\varDelta_D = \varDelta_{(D+L)} - \varDelta_L$$
$$= 15 - 5 = 10mm$$

$$\varDelta_{sus} = (\varDelta_D + 0.3\varDelta_L)$$
$$= (10 + 0.3 \times 5) = 11.5mm$$

$\varDelta_t = \lambda_\varDelta \varDelta_{sus}$ (단근보이므로 $\rho' = 0$, 따라서 $\lambda_\varDelta = 2.0$)

$$= 2.0 \times 11.5 = 23\,mm$$

(2) 사용성 검토를 위한 장기전체처짐 Δ_T

$$\Delta_T = \Delta_t + \Delta_L$$

$$= 23 + 5 = 28mm$$

(3) 사용성 검토

① 활하중에 의한 단기처짐에 대한 사용성 검토

$$\Delta_L = 5.0mm < \frac{12{,}000}{360} = 33.3mm \cdots\cdots\cdots\cdots\text{적합}$$

② 장기처짐에 대한 사용성 검토

$$\Delta_T = 28mm > \frac{12{,}000}{480} = 25mm \cdots\cdots\cdots\cdots\text{부적합}$$

(따라서, 압축측 철근을 배근하여 복근보로 만들거나 또는 보 depth를 키운다.)

4 옥외에 노출되어 있는 다음 그림과 같은 직사각형보의 휨 균열을 제어하기 위한 인장철근의 간격으로 적합한지 검토하시오. (단, $f_y = 400MPa$, $D25$ 철근 직경은 $25mm$, 피복두께는 $40mm$ 이다)

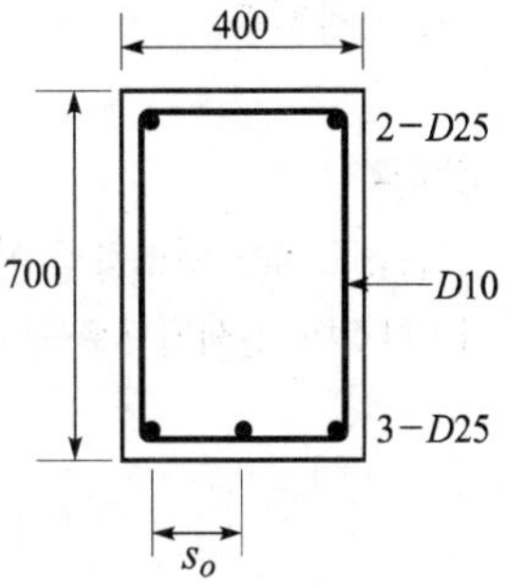

풀이

① 배근된 철근의 중심간격

$$s_o = \frac{b - (\text{피복두께}\times 2 + \text{스터럽직경}\times 2 + \text{주근개수}\times\text{주근직경}}{\text{주근개수} - 1}$$

$$+ \text{주근직경} = \frac{400 - (40\times 2 + 10\times 2 + 3\times 25}{3-1} + 25$$

$$= 137.5mm$$

② 콘크리트설계기준의 철근중심 간격(s)

$$s = 375\times\left(\frac{\kappa_{cr}}{f_s}\right) - 2.5c_c$$

$$s = 300\times\left(\frac{\kappa_{cr}}{f_s}\right)$$

여기서, c_c= 피복두께+스터럽직경 (콘크리트의 표면에서 인장철근 외단까지의 거리)

$= 40+10 = 50mm$

κ_{cr} = 210 (습윤환경)

$f_s = \frac{2}{3}f_y = \frac{2}{3} \times 400 = 267\,MPa$

$s = 375 \times \left(\frac{210}{267}\right) - 2.5 \times 50 = 170\,mm$

$s = 300 \times \left(\frac{210}{267}\right) = 236\,mm$

따라서 $s = 170\,mm$

주근의 배근중심간격 (s_o) : $137.5\,mm$

따라서, $s_o < s$ 이므로 적합하다.

5 강도 설계법에서 처짐에 대한 검토는 어느 하중에 의하여 하는가?

가. 고정하중 나. 환경하중 다. 계수하중 라. 사용하중

풀이

철근콘크리트 구조물의 안전성은 계수하중에 의해 검토되지만 사용성은 사용하중 상태에서 일어나는 처짐이 문제되므로 구조체가 탄성거동하는 것으로 가정하여 탄성이론을 적용한다.

답 라

6 장기처짐에 영향을 주는 요인이 아닌것은?

가. 온도 및 습도 나. 압축철근의 량

다. 인장철근의 량 라. 지속하중의 크기

풀이

① 장기처짐은 초기에 발생하는 순간처짐외에 건조수축과 크리프등의 영향으로 크게 증가하는 처짐으로 온도, 습도 및 양생조건 등에 따라 건조수 축과 크리프 등이 영향을 받는다.
상대습도를 크게 할수록, 온도 변화를 적게 할수록 건조수축과 크리프가 적게 발생한다.

② 장기처짐계수 $\lambda_\Delta = \frac{\xi}{1+50\rho'}$ 에서 ρ'는 압축철근비로 압축철근이 많이 배근되면 장기처짐계수 (λ_Δ)는 작아진다. 즉 장기처짐이 줄어든다.

③ 장기처짐(Δ_t)은 지속하중에 의한 처짐(Δ_{sus})에 장기처짐계수(λ_Δ)를 곱하여 구한다.
$\Delta_t = \lambda_\Delta \cdot \Delta_{sus}$ 즉 지속하중이 클수록 처짐은 증가하게 된다.

답 다

7 철근콘크리트보의 처짐에 대한 설명중 부적합한것은?

가. 처짐계산시 단면2차 모멘트(I)는 응력에 관계없이 비균열 단면2차 모멘트(I_g)를 사용하여 구한다.

나. 장기처짐은 장기지속하중(고정하중+장기지속되는 활하중)에 의한 처짐에 장기처짐계수(λ_Δ)를 곱하여 구한다.

다. 단순보의 높이(h)가 $l/16$ 보다 클 경우 처짐을 검토하지 않아도 된다.

라. 사용성검토를 위한 장기전체처짐은 활하중에 의한 순간처짐에 장기처짐을 더하여 계산한다.

풀이

① 처짐계산시 휨모멘트가 작아서 휨균열이 생기지 않으면 전체단면이 유효한 비균열 단면2차 모멘트(I_g)를 사용하고, 휨모멘트가 커서 균열이 발생할 경우는 유효단면2차 모멘트(I_e)를 사용하여 처짐을 구한다.

② 장기처짐 $(\Delta_t) = \lambda \times \Delta_{sus}$ (장기지속하중에 희한 처짐)

$$\lambda = \frac{\xi}{1+50\rho'}$$ (장기처짐계수)

③ 처짐을 계산하지 않는 경우의 보의 높이 표 5-2 참조

④ 장기전체처짐 $(\Delta_T) = \Delta_L + \Delta_t$

Δ_L : 활하중에 의한 순간처짐, Δ_t : 장기처짐

답 가

8 다음 세가지 요인중 철근콘크리트 보의 장기 처짐에 영향을 미치는 것은?

① 압축철근비 ② 전단보강비 ③ 재하기간

가. ①, ③ 나. ①, ②

다. ②, ③ 라. ①, ②, ③

풀이

장기처짐(Δ_t)은 장기지속하중에 의한 처짐(Δ_{sus}) 에 장기처짐계수(λ_Δ)를 곱하여 구한다.

$$\Delta_t = \lambda_\Delta \times \Delta_{sus}$$

$$\lambda_\Delta = \frac{\xi}{1+50\rho'}$$

ρ' : 압축철근비, ξ : 시간경과계수(재하기간계수)

따라서 장기처짐에 영향을 주는 요인은 압축철근비와 재하기간이다.

답 가

9 복철근보 단면에 하중이 재하되는 동시에 활하중에 의한 순간처짐(Δ_i)이 25 mm 생겼을 때 이 부재의 사용성 검토를 위한 장기전체처짐은 얼마인가?
(단, 압축철근비 ρ' = 0.005, 인장철근비 ρ = 0.015, 장기지속하중에 의한처짐은 20mm, 하중재하기간은 6년이다)

가. 25 mm　　　　나. 50 mm

다. 32.0 mm　　　　라. 57.0 mm

풀이

장기전체처짐 $\Delta_T = \Delta_i + \Delta_t$

$$\Delta_i = 25\,mm$$

$$\Delta_t = \lambda_\Delta \cdot \Delta_{sus}$$

$$\lambda_\Delta = \frac{\xi}{1+50\rho'} = \frac{2}{1+50\times 0.005} = 1.6$$

$\Delta_{sus} = 20\,mm$ (고정하중과 장기지속되는 활하중에 의한 처짐)

$\Delta_t = \lambda_\Delta \cdot \Delta_{sus} = 1.6 \times 20 = 32.0\,mm$

$\Delta_T = 25\,mm + 32.0 = 57.0\,mm$

답 라

10 강도설계법에서 처짐을 계산하지 않는 경우 철근콘크리트보의 최소 춤 규정으로 부적합한 것은? (단, l 은 경간 길이, $f_y = 400\,MPa$ 이다.)

가. 단순지지보 : $\frac{l}{16}$　　　　나. 1단 연속보 : $\frac{l}{18.5}$

다. 양단연속보 : $\frac{l}{21}$　　　　라. 캔털레버보 : $\frac{l}{10}$

풀이

처짐을 계산하지 않아도 되는 캔틸레버보의 최소춤은 $\frac{l}{8}$ 이다.

답 라

11 강도설계법에서 처짐을 계산하지 않는 1방향 슬래브의 최소두께 규정으로 부적합한 것은? (단, l 은 경간길이, $f_y = 400\ MPa$ 이다)

가. 단순지지 : $\frac{l}{20}$ 나. 1단 연속 : $\frac{l}{21}$

다. 양단연속 : $\frac{l}{28}$ 라. 캔틸레버 : $\frac{l}{10}$

풀이

처짐을 계산하지 않아도 되는 1단 연속 슬래브의 최소 두께는 $\frac{l}{24}$ 이다.

답 나

12 처짐과 균열에 대한 설명 중 부적합한 것은?

가. 처짐에 영향을 미치는 요소는 하중, 온도, 습도, 양생조건, 재령, 압축철근량 등이다.

나. 균열을 줄이기 위해서 작은수의 굵은 철근보다는 많은 수의 가는철근을 배근되는 것이 유리하다.

다. 건조수축, 크리프 등으로 시간이 경과함에 따라 증가되는 처짐이 탄성처짐이다.

라. 보의 춤이 900mm를 넘는 경우 인장연단으로부터 $\frac{h}{2}$ 지점까지 보의 양측면에 표피철근을 배근하여 한다.

풀이

건조수축, 크리프 등으로 시간의 경과에 따라 증가되는 처짐은 장기처짐이다.

답 다

13 피로의 안전성 검토에 대한 설명 중 부적합한 것은?

가. 반복하중에 의한 재료의 누적손상으로 소성변형없이 취성파괴가 유발될 수 있는 구조재는 피로의 안전성 검토가 필요하다

나. 보 및 슬래브의 피로는 휨 및 전단에 대하여 검토하여야 한다.

다. 충격을 포함한 사용활하중에 의한 이형철근(SD400)의 응력이150 MPa 이내일 경우 피로에 대해 검토 할 필요가 없다.

라. 휨 모멘트나 축인장력의 영향을 크게 받는 기둥의 피로는 검토하지 않아도 좋다.

풀이

기둥의 피로는 검토하지 않아도 좋다.
다만, 휨 모멘트나 축인장력의 영향이 특히 큰 경우 보에 준하여 검토하여야 한다.

답 라

14 동하중을 받는 구조물의 활하중과 충격으로 인한 허용처짐으로 부적합한 것은?
(단, l 은 부재경간길이이다)

가. 연속경간의 교량의 허용처짐은 $\frac{l}{800}$ 이하이다.

나. 부분적으로 보행자에 의해 사용되는 도시지역의 단순 또는 연속경간의 교량 허용처짐은 $\frac{l}{1,000}$ 이하 이어야 한다.

다. 보행자의 이용이 고려되지 않은 캔틸레버의 허용처짐은 $\frac{l}{300}$ 이하이다.

라. 보행자의 이용이 고려될때 캔틸레버의 허용처짐은 $\frac{l}{400}$ 이하이다.

풀이

보행자의 이용이 고려되는 캔틸레버의 허용처짐은 $\frac{l}{375}$ 이하이다.

답 라

제 6 장
전단 및 비틀림

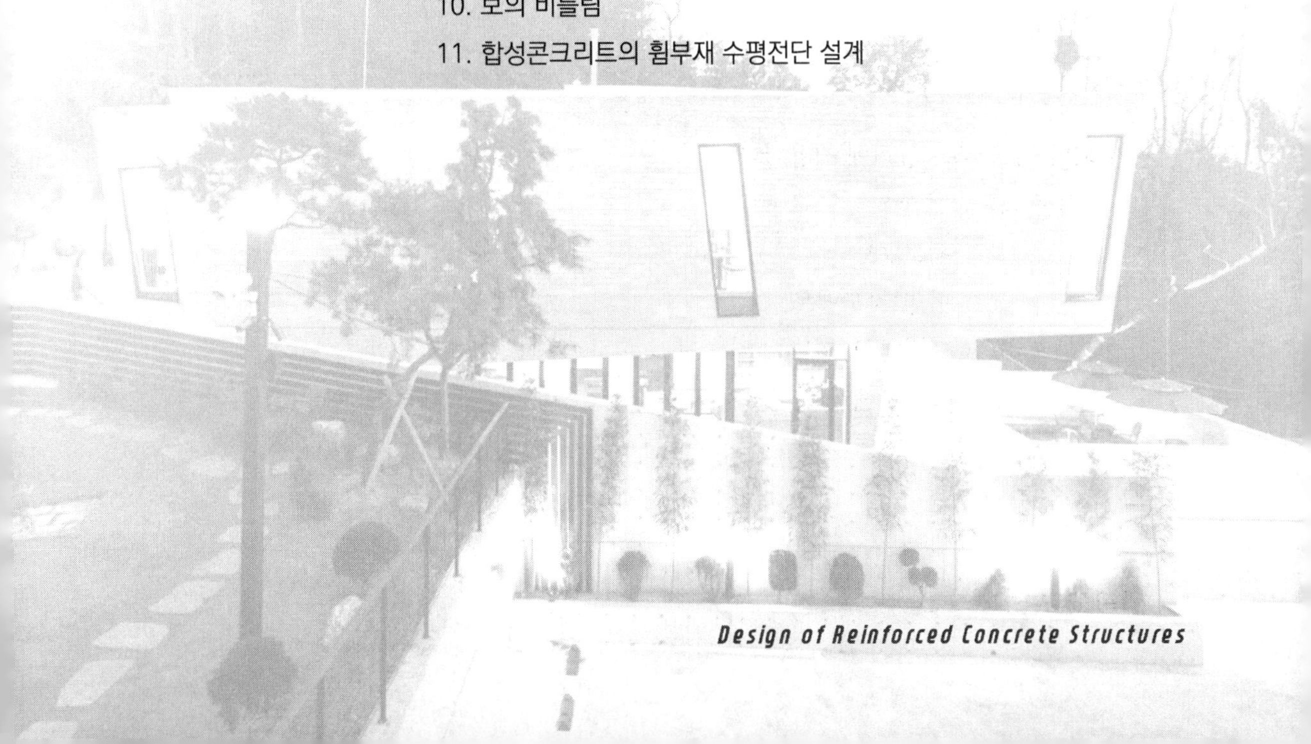

전단 및 비틀림

1 개요

보에 하중이 작용하면 휨 모멘트와 전단력이 동시에 발생한다. 그러므로 전단해석과 설계에서는 전단으로만 이루어지지 않는다. 대부분의 보에서 전단응력은 콘크리트의 직접전단강도보다 훨씬 작고, 실제로 중요한 것은 전단응력과 휨 응력의 조합으로 유발된 사인장 응력(diagonal tension stress)이다.

따라서 이 장에서는 사인장에 대한 해석과 설계를 먼저 다루고, 전단 보강근이 없는 보의 전단강도, 전단 보강근을 배치한 일반적인 보, 깊은보, 전단마찰 및 보의 비틀림에 대한 구조설계 기준에 따른 전단보강 설계방법을 설명하기로 한다.

2 탄성보의 사인장 응력

재료가 탄성체라면 중립축에서 y만큼 떨어진 단면에 작용하는 전단응력도(v)와 휨응력도 (f)는 구조역학에서 이미 학습한 식(6.1)과 식(6.2)와 같다

$$v = \frac{VS}{Ib} \qquad (6.1)$$

$$f = \frac{My}{I} \qquad (6.2)$$

가 되며 이 양자는 동시에 작용한다.

여기서, V : 전단력
M : 휨모멘트
S : 단면1차모멘트
I : 단면2차모멘트
y : 중립축에서 연단까지의 거리

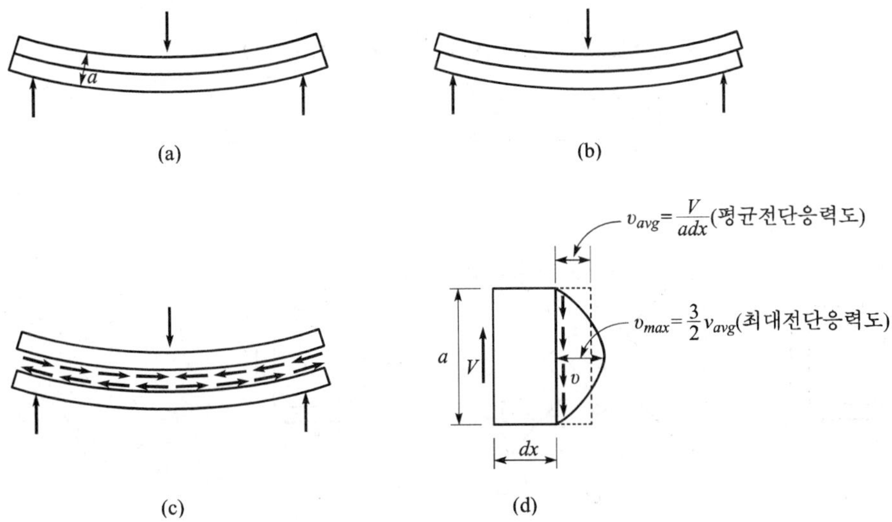

그림 6-1 탄성 직사각형보 내의 전단응력도

전단력의 역할은 그림 6-1을 보면 잘 이해될 수 있다. 이 보는 두 조각을 접착시켜서 만든 것이다. 접착이 강하면 이 보에 하중이 작용했을 때 두 조각은 (a)와 같이 완전한 한 개의 보처럼 동작한다. 반면에 접착이 약할 때는 두 조각 사이에 상호간의 sliding이 생겨서 (b)와 같은 모양의 휨 동작을 한다.

(b)와 같은 sliding을 막아서 (a)와 같은 일체의 동작을 하려면 두 조각 사이에 (c)에 표시된 것과 같은 힘이 작용해야 한다. 이 힘이 전단응력이다. 이런 전단응력은 한 개로 되고 있는 보 안에서도 생기며 그 크기는 중립축에서 제일 크고 상하 연단에서 0이 된다. 그림 6-1 (d)는 직사각형의 미소 길이를 자른 것이며 이것의 좌측에 전단력 V가 작용하고 있다. 이 미소부분은 위쪽으로 이동을 할 수 없으니까, 즉 수직방향의 균형을 유지해야 하니까 V를 막는 전단응력도 v가 그림 우측과 같이 수직하향으로 작용하게 된다. 이 v의 크기는 포물선과 같은 분포를 하고 연단에서 0이 되고 중립축(중앙)에서 1.5V/ad_x가 된다. 직사각형 단면 이외의 보의 단면에는 다른 모양의 전단응력도 분포를 하며 항상 연단에서는 영이 된다.

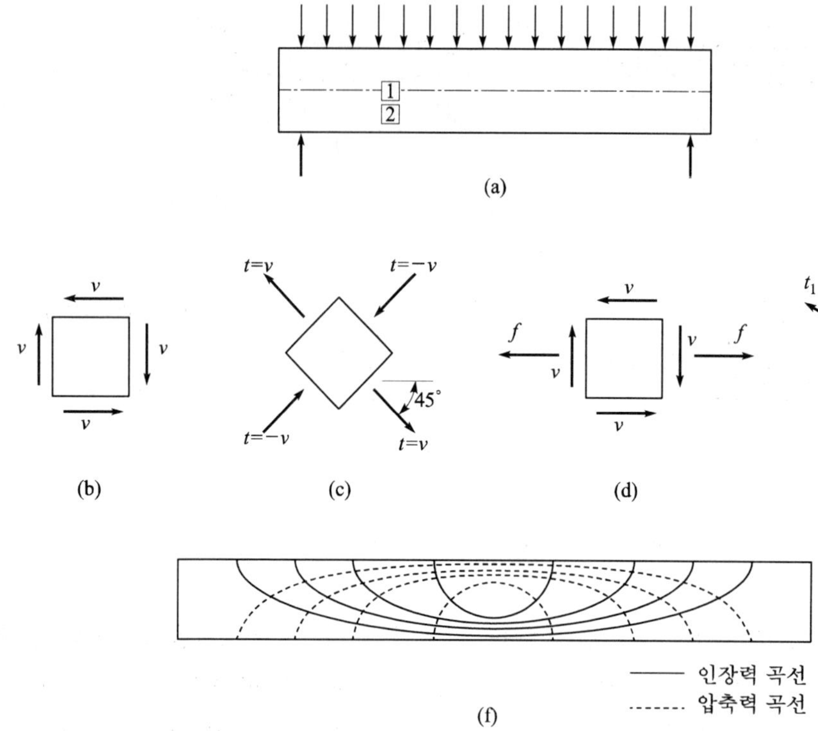

그림 6-2 탄성 직사각형 보 내의 전단궤도 곡선

그림 6-2 (b)는 중립축에 있는 미소부분을 잘라내어 그린 것이다. 중립축의 부분이니까 휨 응력은 없고 그림 6-1 (b)에 그린 것과 같은 v 만이 좌에서는 상향으로 우에서는 하향으로 작용하고 있다.

그러나 이것만으로는 이 미소부분의 상향방향의 평행이동은 막아지지만 이것이 시계방향으로 회전하는 것을 막을 수는 없다. 그래서 다시 위에서는 좌향으로 아래는 우향으로 전단응력이 작용해야 한다. 이것까지 작용하는 모양이 그림 6-2 (b)에 그려져 있고 이 수평방향 전단응력의 발생원인은 물론 그림 6-1 (c)의 전단응력이다. 이렇게 해서 이 미소부분은 완전히 평행 상태하에 놓이게 되며 또 수평방향의 v 와 수직방향의 v 의 크기가 같은 것도 알 수 있다. 그림 6-2 (b)와 같은 전단응력을 받는 곳에서는 미소부분을 45° 기울인 방향으로 보에서 절단해 낸다면 그것에는 그림 6-2 (c)와 같은 응력이 작용하게 되는 것을 재료역학 책에서 배울 수 있었다. 즉 45° 경사진 면의 한 방향에는 인장응력도 v 가, 다른 방향에는 압축응력도 v 가 작용한다. 이때의 값의 크기도 그림 6-2 (b)에서의 그것과 같다. 즉 (b)와 (c)는 같은 전단응력의 작용 하에 있는 중립축에서 그 작용하는 면이 달라질 때의 응력변화를 표시한 것이다. 중립축에서 약간 떨어진 그림 6-2 (a)의 2번 위치에서 미소부분을 절취한 것이 (d)이다. 여기는 전단력 v 가 수직, 수평으로 각각 작용하고 있을 뿐 아니라, 휨 응력도 f 가 수평방향으로 작용한다. 이 휨 응력도의 크기는 물론 식 (6.2)로 계산되는 것이다.

이 6개의 응력도도 (e)와 같이 어떤 경사진 면에서는 한 쌍의 인장력과 한 쌍의 압축력만으로 조합되는 것을 재료역학에서 배웠다. 이 압축과 인장만이 작용하는 면의 경사각 α 는 $\tan 2\alpha = 2v/f$ 로서 계산되며 주응력 즉 그림 6-2 (d)와 같이 전단력이 없어지고 인장, 압축만의 응력은

$$t = \frac{f}{2} \pm \sqrt{\frac{f^2}{4} + v^2} \quad \cdots\cdots (6.3)$$

과 같이 계산된다.

전단응력도 v 와 휨 응력도 f 는 보의 위치에 따라 달라지니까 이것의 주응력의 크기와 방향도 보의 위치에 따라 달라진다.

그림 6-2 (f)는 등분포 하중을 받는 직사각형 보의 각 위치에서의 주응력 방향을 그린 것이다. 즉 이 그림의 실선방향은 인장력만이 작용하는 방향이며 점선은 압축력만이 작용하는 방향이다. 실선과 점선은 어느 곳에서든지 직교하고 있는 것을 알 수 있으며 또 중립축에서는 45°의 경사를 이루고 있으며, 중앙부에서는 주응력방향이 수평으로 되어지는 것을 알 수 있다.

실선이 인장방향이니까 보의 재료가 인장균열이 생기기 쉬운 것이라면 인장방향과 직각으로 균열이 생길 것이다. 즉 그림 6-2의 보가 콘크리트로 되어 있다면 그림 6-2 (f)로 봐서 중앙하부에 가장 많은 실선이 가고 있으며 이곳에서 이 선과 직각방향으로 균열이 생길 것이며 이것은 또한 당연한 일이다. 이 중앙하부에다 철근을 배근해서 인장보강을 해주면 양단에서는 실선에 직각되는 방향으로 인장 균열이 생긴다.

이 실선에 직각방향으로 균열이 생긴다는 것은 바로 점선에 따라 균열이 생긴다는 것이 되며 양단에서 지지되고 있는 보가 하중에 의해서 양단 가까이에서 균열이 생겨 추락되려면 균열이 점선방향으로 가야만 될 것이다. 즉 양단 가까이에서 균열이 실선방향으로 생기면 보는 균열이 생긴 후도 양단에서 지지되는 상태가 계속 되어서 추락하지는 않을 것이다. 하중증가로 보가 추락되는 것은 사실이고 이 사실이 지켜지려면 양단에 생기는 균열의 방향이 점선과 같아져야 하겠다는 상식적인 판단과 재료역학에서 해석적으로 얻어낸 결과와 잘 일치한다.

여기서 보듯이 보에 인장력이 작용하는 위치는 주로 휨 응력에 의한 보의 중앙하부에 생기는 인장력, 전단력에 의한 중립축의 전길이에 걸쳐서 생기는 45° 방향의 인장력, 전단력과 휨 응력과의 조합으로 경사진 방향으로 중립축 밖에서 생기는 인장력(이 두 개를 사인장력이라고 한다)의 3가지 종류의 인장력이 보의 전면에 분포되고 있는 것을 명심해야 하며, 이런 인장력에 대해서 신중한 검토가 이루어져야한다.

3 전단보강을 하지 않은 철근콘크리트 보

철근으로 보강하지 않은 콘크리트 보에 작용하는 인장응력의 분포는 앞절에서 밝힌 탄성보의 그것과 같다. 하중의 증가에 따라 최대의 인장응력이 작용하는 부분에 균열이 생긴다. 비정상적인 보의 경우를 제외하면 대개의 경우 가장 큰 인장응력은 휨에 의해서 중앙하부에 생기는 것이다. 이 부분에서는 전단력의 영향은 별로 크지 않다. 그리고 이 인장력이 콘크리트만으로 감당할 수 없어서 균열이 시작되면 보는 중앙부에서 완전히 절단되어 추락하고 만다.

따라서 이 부분에 인장철근을 배근하면 사정은 매우 달라진다. 중앙하부에 인장균열이 생겨도 이 부분의 전 인장력을 배근된 철근이 담당해서 매우 높은 하중까지 안전하게 담당할 수 있게 된다. 하중이 자꾸 증가하면 전단력도 비례해서 증가한다. 그러면 전단력이 큰 양단부에서 사인장력이 상당히 높은 수준으로 상승한다. 장방향 철근(주근)은 휨 moment에 저항할 수 있도록 계산되고 인장면에 배근된 것이기 때문에 전단응력 또는 전단응력과 휨 응력의 조합으로 된 사인장 응력에 대해서는 보강역할을 하지 못한다. 결국 사인장력의 크기가 증대해서 콘크리트의 인장강도를 넘으면 보의 양단부 전단력이 높은 곳에서 사인장균열(diagonal crack)이 생긴다. 그러니까 균열에는 휨에 의한 균열과 이 사인장균열의 두 종류가 있게 된다. 전자는 큰 moment가 있는 곳에서 부재축과 대체로 직각 방향으로 발생되며, 후자는 전단력이 높은 곳에서 부재축과 대체로 45° 내외의 각으로 발생한다. 이 두 종류의 균열을 그림 6-4에 그렸다. 큰 사인장균열을 막을 철근이 배근되지 않은 보에서는 사인장균열의 발생이 일반적으로 보의 파괴의 원인이 되며 그래서 사인장균열을 발생시킬 하중의 크기를 산정하는 방법이 필요하게 된다.

1. 사인장균열 발생의 기준

식 (6.3)에서 사인장력 t 는 전단응력도와 휨 응력도의 조합으로 되는 것을 보았다. 이것은 또한 t 가 M 과 V 에 기인한다는 것을 뜻한다.

지지조건과 하중분포 상태에 따라 어떤 보의 어떤 위치에서는

① 큰 모멘트와 큰 전단력

② 큰 모멘트와 적은 전단력

③ 적은 모멘트와 큰 전단력

의 3개의 경우 중 어느 한 가지가 존재하게 된다. 그래서 M과 V의 상대적인 크기가 사인장력의 크기와 방향을 결정하게 된다. 그림 6-3은 휨 moment와 전단력의 조합 상태와 그 위치를 표시하는 몇 개의 기본적인 보의 그림이다.

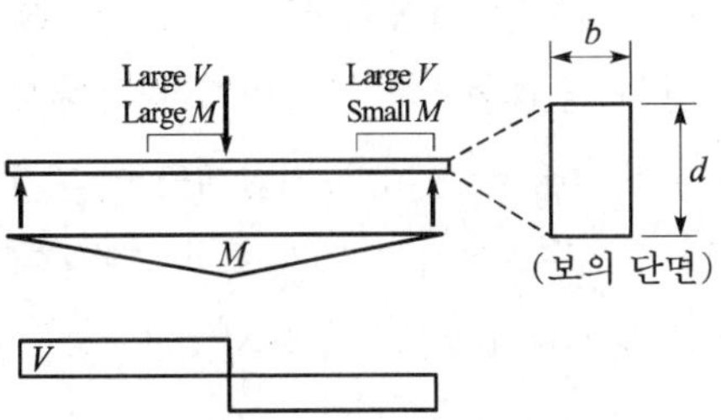

(a) 집중하중이 작용하는 단순보

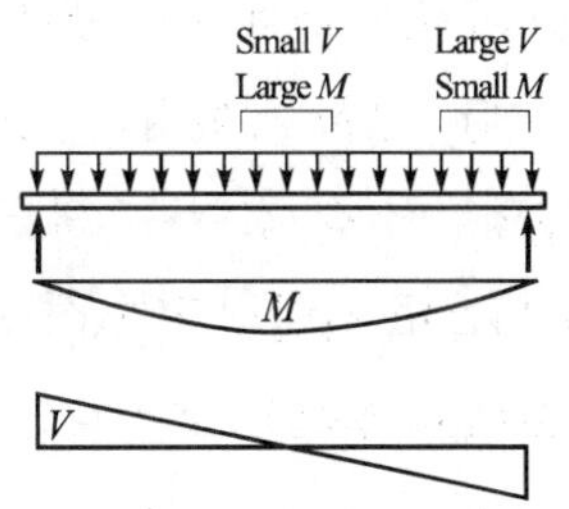

(b) 등분포하중이 작용하는 단순보

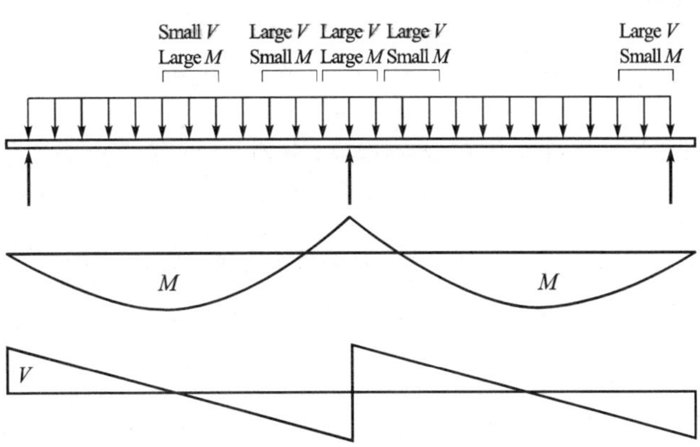

(c) 등분포하중이 작용하는 연속보

그림 6-3 전단력과 휨 moment의 조합과 전형적인 그 위치

큰 전단력 V 가 있고 휨 moment가 매우 적거나 거의 없는 곳에서는 사균열이 생기기 전에 휨 균열이 생기는 경우는 없다. 그러니까 균열이 발행하기 전의 평균 전단력은 그림 6-3의 (a)의 단면에서

$$v = \frac{V}{bd} \quad \cdots\cdots (6.4)$$

이며, 이것의 분포상태는 아직 정확히 밝혀지지 않은 상태이다. 이것은 식 (6.1)으로는 산출할 수 없다. 왜냐하면 이 식은 철근의 효과가 고려되고 있지 않으며 또한 콘크리트는 탄성균질물이 아니기 때문이다. 그러니까 식 (6.4)는 단순한 평균치일 뿐이지 이렇게 균일하게 단면 전면에 분포되고 있는 것을 뜻하는 것은 아니다. 최대 전단응력도는 중립축에서 생기며 그것은 어느 정도 식 (6.4)의 계산된 값보다 클 것이다.

어떤 특정한 자리에서 휨응력도가 무시할 수 있을 정도로 작으면 사인장응력도는 그림 6-2 (b), (c)에서와 같이 45° 경사지고 있으며 그 크기는 전단응력도와 같고 중립축에서 가장 클 것이다. 결국 사인장은 그림 6-4 (a)와 같이 중립축에서 발생하기 시작해서 45° 방향으로 증대되어 갈 것이다. 이런 상황 하에서는 중립축 근처의 사인장력이 콘크리트의 인장강도를 넘으면 사인장균열(전단균열)이 발생할 것이다. 전자는 대체로 $v = V/bd$를 약간 넘을 정도이고 후자는 콘크리트의 인장강도로서 대체로 $0.25\sqrt{f_{ck}}$ 에서 $0.4\sqrt{f_{ck}}$ 범위에 있다. 수없이 많은 보의 실험을 통해서 이것이 옳은 이론인 것이 밝혀졌다.

큰 전단응력도와 적은 휨응력도가 조합되고 있는 자리에서 공칭 전단강도(nominal shear strenght) V_c 가 대체로

$$V_c = 0.29\lambda\sqrt{f_{ck}} \cdot b_w d \quad \cdots\cdots (6.5a)$$

를 넘으면 사인장 균열이 생기는 것이 밝혀졌다. 여기서 V_c 는 보 단면의 콘크리트에 의한 전단강도이다.

전단응력도와 휨 응력도가 모두 큰 곳에서는 사정이 달라진다. 정상적인 보에 충분한 배근이(주근)된 자리에서는 이 경우 통상 휨 균열이 먼저 발생한다. 이 휨 균열은 충분한 장방향 배근으로 잘 억제되어 작은 값으로 막을 수 있기는 하지만, 이 휨 균열 윗 자리에서 사인장응력도가 콘크리트의 인장강도를 초과할 때는 휨 균열이 방향을 바꾸어서 경사방향으로 증대되고 또 넓어진다.(그림 6-4 (b) 참조)

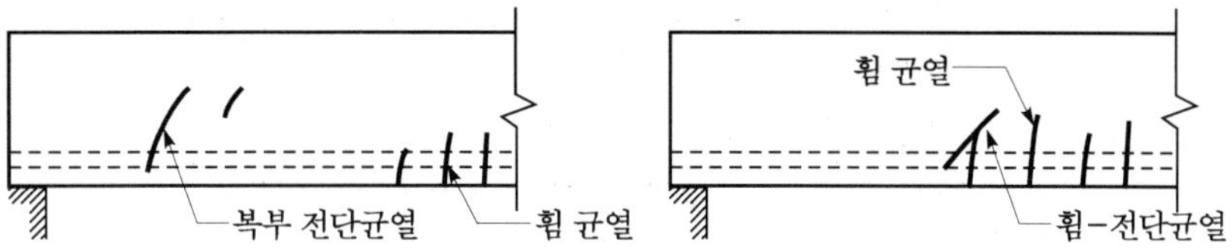

(a) 복부 전단균열 (b) 휨-전단균열

그림 6-4 휨 및 사인장 균열

이런 종류의 전단균열이 발생한 때에는 평균 전단응력도는 식 (6.1)에서 계산된 것 보다 커질 것은 분명하다. 그 까닭은 먼저 생긴 휨 균열 때문에 전단력에 저항할 수 있는 단면적이 감소하기 때문이다. 이 감소의 양에 선행하는 휨 균열의 길이를 산출할 수가 없다. 더구나 전단응력도 v 와 동시에 작용하는 휨 응력도 f 는 사인장응력도 t 를 더욱 증대시킨다. 이와 같은 상황 하에서의 사인장응력도를 산출하는 방법은 아직 개발되지 못했고 실험 결과에 의존하는 수밖에 없다.

수많은 보를 이 목적을 위해 실험하였다. 그 결과 큰 moment 가 존재해서 많은 양의 주근이 배근된 보에서는 사인장 균열이 생기고 또 진전될 때의 전단응력도는

$$V_c = 0.16\lambda\sqrt{f_{ck}}\cdot b_w d \quad \cdots\cdots (6.5b)$$

로 생각하면 안전측으로 정확하다는 것이 밝혀졌다.

식 (6.5a)와 식 (6.5b)를 비교해 보면 큰 휨 moment가 작용하는 곳에서는 주로 전단력만이 작용하는 곳보다도 거의 반에 가까운 정도의 낮은 전단력에서 사인장균열이 발생한다.

사인장균열의 발생은 Vd/M에 관계되는 것임은 분명하다. 식 (6.5a)는 Vd/M 의 값이 매우 큰 때의 균열 전단력을, 식 (6.5b)는 Vd/M 가 매우 작은 때의 균열 전단력을 표시한다. 이 두 극단의 경우가 아닌 중간정도의 경우에서는 V_c 의 값도 식 (6.5a), (6.5b)의 중간정도의 값이 될 것으로 보이며 많은 실험결과 이것이

$$V_c = \left[0.16\lambda\sqrt{f_{ck}} + 17.6\frac{\rho_w V_u d}{M_u}\right] b_w d \leq 0.29\lambda\sqrt{f_{ck}}\, b_w d \quad \cdots\cdots (6.6)$$

로 표시될 수 있는 것을 알았다. 여기서 $\rho_w = A_s/bd$(인장철근비) 이며 이것을 그림으로 나타낸 것이 그림 6-5이다.

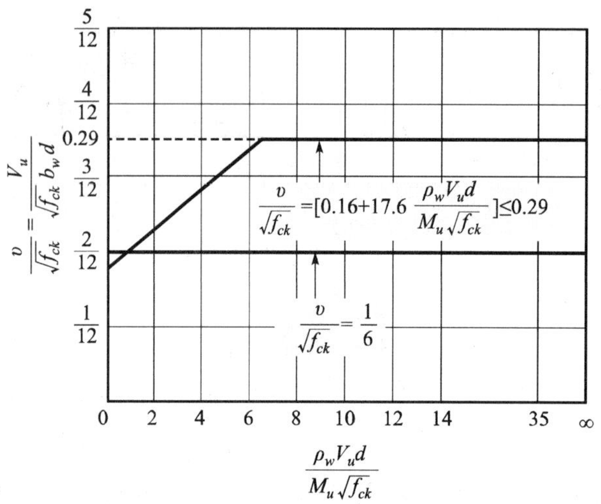

그림 6-5 식(6.6)의 도표

식 (6.6)에서 ρ_w 가 커지면 즉 철근을 많이 넣으면 사인장균열이 잘 생기지 않는 것을 알 수 있다. 그럴 수밖에 없는 것이 철근을 많이 배근하면 휨 균열이 적게 생겨서 전단력에 저항할 수 있는 단면적이 커지기 때문이다.

2. 사인장균열 발생 후의 보의 동작

휨 응력에 의해서 보에 인장균열이 생겨도 주근만 잘 충분히 배근되고 있다면 부재의 파괴를 일으키지 않는 것을 설명했다. 주로 전단력에 의해서 생긴 사인장균열의 경우도 비슷할 것 같이 생각 되지만 그렇게 간단하지는 않다.

비록 주근이 배근되고 있다고 해도 이것은 휨 균열에 대해서는 유효한 보강책이 되지만 사인장균열에 대해서는 별다른 효과를 발휘하지 못한다. 복부 보강을 하지 않는 보는 자주 사용되지만 이 경우 복부 보강없는 보에 일단 사인장균열이 생기면 그 후의 보의 내력에 중대한 영향을 주는데 대체로 두 가지의 유형이 있다.

① 일단 사인장균열이 발생하면 즉시 혹은 약간의 하중 증가에 의해서 이것이 확대되어 보의 인장면에서부터 압축면까지 전단면에 퍼져 보를 완전히 두개로 분리시켜 결국 파괴하고 만다. 이 동작은 급격하게 그리고 예고 없이 발생한다. 보통 이런 파괴는 경간/깊이 비가 8이상인 긴 보에서 발생하는 데, 실제로 이 범위의 보를 많이 사용한다.

② 반면에 어떤 사인장균열은 일단 발생해도 이것이 압축부분에 조금 침투한 후 확대되지 않고 정지한다. 이 경우의 붕괴는 급격하지 않고 또 파괴하중은 사인장균열 하중

보다 훨씬 높다. 이 동작은 주로 깊은 보 즉 춤에 대한 경간의 비가 적은 보에서 나타난다. 이제부터 사인장균열 발생 후의 보의 동작에 대해서 해석하도록 하겠다.

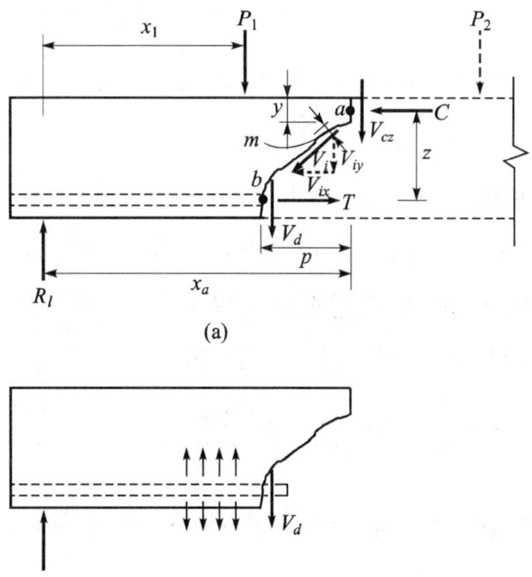

그림 6-6 복부 보강을 하지 않은 보의 사인장균열 발생시의 힘의 작용

그림 6-6은 임의의 하중을 받는 사인장균열이 생긴 다음의 보이다.

실선으로 된 좌측부분을 생각한다. 이 부분에는 외부로부터 $V_{ext} = R_l - P_1$이라는 상향 전단력이 작용한다.

균열부분은 전단력 저항능력이 없으니까 이 V_{ext}에 저항할 내부수직력 V_{int} 는 균열되지 않는 콘크리트 부분에 작용하는 V_{cz}, 축방향 철근(주철근) 단면에 작용(장부작용 : dowel action)하는 V_d 와 균열면 사이의 골재 맞물림에 의한 맞물림력 V_i 의 수직분력 V_{iy} 가 있다. 즉 $V_{int} = V_{cz} + V_d + V_{iy}$가 되며 평형조건에 의해 $V_{int} = V_{ext}$가 성립한다. 그래서 비균열 콘크리트가 저항할 전단력은

$$V_{cz} = V_{ext} - V_d - V_{iy} \quad \cdots\cdots (6.7a)$$

이 된다. 통상 주근이 저항하는 전단력은 이것이 콘크리트에 물리는데서 힘을 쓰게 되는데 이 물리는 것이 주근 밑의 얇은 콘크리트 층에 불과하며 좀 큰 전단력이 주근에 작용하면 그림 6.6 (b)에서와 같이 주근에 따라 그 밑의 콘크리트층이 갈라져 떨어지고 마는 것을 흔히 본다. 이 균열은 주근이 담당하는 전단력 V_d 를 약하시키며, 동시에 균열폭을 키운다.

이 때문에 골재의 맞물림력 V_i 도 감소되어서 보가 순간적으로 파괴되기도 한다. 이러한 이유로 대부분 전단력을 깨지지 않은 콘크리트 부분이 담당하게 된다. 즉

$$V_{cz} \cong V_{ext} \quad \cdots\cdots (6.7b)$$

다음에 V_{cz} 와 C 의 교점 a 를 중심으로 한 moment 를 생각하자. 그림의 하중에 의한 외력 moment는 $(M_{ext})_a = R_l x_a - P_1(x_a - x_1)$

그리고 내력 moment는 $(M_{int})_a = (T_b)z + (V_d)p - (V_i)m$ 이다.

여기서 p와 z는 그림에 표시된 것과 같으며 첨자 a, b는 고려하는 점의 명칭으로 (T_b) 는 b 점에서의 철근에 작용하는 인장력을 뜻한다.

평형조건에 의해 $(M_{int})_a = (M_{ext})_a$ 가 성립하며

$$(T_b) = \frac{(M_{ext})_a}{z} - \frac{(V_d)p}{z} + \frac{(V_i)m}{z} \quad \cdots\cdots (6.8a)$$

가 된다. 철근이 물어주는 V_d 와 골재 맞물림력 V_i 를 무시하면

$$(T_b) \cong \frac{(M_{ext})_a}{z} \quad \cdots\cdots (6.8b)$$

가 된다.

사인장균열이 발생하면 다음과 같은 내력과 내응력도의 재분배가 생긴다.

① a를 지나는 수직단면에서 사인장균열이 생기기 전에는 평균 전단응력도가 V_{ext}/bd 였는데 균열 발생 후의 그것은 V_{ext}/by 로 증가한다.

② 사인장균열은 휨에 의해 생기는 압축부분의 일부에 까지 파급하기 때문에 균열 발생 전보다 작은 단면에 휨 압축응력이 작용하게 된다.

결국 휨 압축응력도는 사인장균열에 의해서 증대한다.

③ 사인장균열이 발생하기 전에 b점의 철근에 작용하던 인장력은 b점의 휨moment에 의한 것이었는데 일단 균열이 발생하면 b점의 철근에 작용하는 휨 인장력은 a점의 휨 moment에 의한 것이 된다.

식 (6.8a) b점의 휨 moment보다 a점의 그것이 더 크기 때문에 균열 발생과 동시에 b 점의 철근에 작용하는 인장력이 증대한다.

④ 콘크리트에 물린 주근은 균열 발생에 따라 콘크리트가 주근에 면한 선에서부터 밑으로 갈라져 떨어져 내려간다. 이 갈라지는 부분은 b점과 지점 사이며 b점과 경간 중앙 사이는 물론 아니다.

철근과 콘크리트가 다 이 증가한 응력에 견딜 수 있다면 평형을 이루고 응력의 재분배가 이루어져서 파괴하기 전에 더 많은 하중을 지지할 수 있게 된다. 그렇지 않고 파괴될 때는 다음과 같은 여러 경우가 있을 수 있다. b점 부분에 균열 전에 꼭 필요한 양의 철근만이 배근되고 있었다면 균열이 생김으로 증대한 인장력을(위 제 ③항)이 주근이 감당할 수 없게 되어 이것이 항복을 시작할 것이다.

그래서 이 보는 파괴에 이를 것이다. 이 주근의 양이 풍부해서 균열 후 이것의 항복 현상이 발생하지 않아도 a점 부분의 콘크리트에 증대하는 응력을 콘크리트가 감당할 능력이 없으면 콘크리트의 부서짐이 생긴다. 이곳의 응력증대는 전단력의 증대와 동시에 휨 응력의 증대가 일어나며 이 두 개의 조합의 증대로서 나타나기 때문에 어느 하나만이 증대할 때에 비해서 응력의 증대는 더욱 현저해진다. 또 주철근에 따라 지점측으로 철근 밑 부분의 콘크리트가 파열되어서 주철근의 부착력이 급격히 감소하는 결과가 될 수도 있다. 이렇게 되면 주근이 정착되지 못하고 콘크리트에서 줄줄 빠져버리는 현상이 생겨서 보는 파괴되고 만다.

이것은 단독으로 진행되는 경우도 있겠지만 콘크리트의 부서짐과 동시에 일어나는 경우도 있을 것이다.

비교적 깊은 보는 균열이 발생한 후에도 저항을 계속 혹은 증대하며 비교적 얕은 보는 사인장 균열이 발생하면 즉시 파괴하고 마는 것을 이미 기술한바 있거니와 이 사인장균열 발생 후의 여력은 전자의 경우에 있어서도 일정하지를 못한 것이 발견되고 있다. 즉 똑같이 만든 두 개의 공시체를 시험해 본 여러 경우에 한개는 사인장 균열이 발생하자마자 파괴되는데, 다른 하나는 이것이 발행된 후에도 적지 않은 여력을 표시하여 상당히 더 높은 하중이 가해진 연후에 파괴되는 것이 밝혀졌다.

이런 이유로서 특별한 전단보강을 하지 않는 한 이 여력은 무시해버리고 사인장 균열이 생길 때의 전단력 V_c 에 기초를 두고 보의 설계를 한다. 그래서 식 (6.6)이 이런 보의 전단 설계의 기준이 된다.

4 전단 보강을 한 철근콘크리트 보

휨 모멘트에 의해서 보가 파괴되기에 앞서 전단력에 의해서 파괴되는 것은 경제적으로 좋지 못할 뿐 아니라 휨에 의한 인장파괴는 파괴에 앞서 경고를 하는 데 전단보강 없는 보의 전단 균열에 의한 보의 파괴는 급격하게 진행된다.

이런 점에 있어서도 보의 파괴가 휨 인장에 의해서 시작되게 하는 것이 좋다. 이러한 파괴를 유도하기 위해서는 식 (6.6)으로 주어지는 힘만으로는 부족해서 전단보강이라고 하는 특별한 보강이 필요하게 된다.

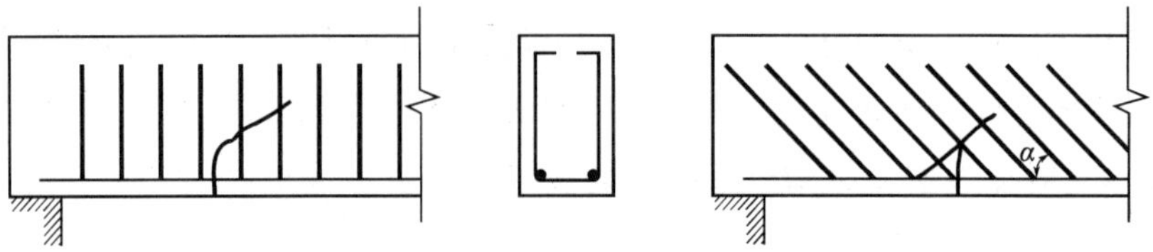

(a) (b)

그림 6-7 전단보강 유형

전단 보강은 그림 6-7의 두 개의 유형 중에 하나거나 혹은 이 두 개의 조합이다. 그림 6-7 (a)는 수직 스터럽이고, 그림 6-7 (b)는 경사스터럽이다. 후자는 개개 철근으로 만들어 경사지게 배근할 때도 있고 주근이 필요없이 될 때 그것을 굽혀 올려서 만드는 두 가지 경우가 있다. 이 그림에서 사인장균열이 몇 개의 전단보강 철근으로 가로 막아져 있는 것을 볼 수 있다.

전단보강 철근은 사인장균열이 생길 때까지는 힘을 쓰지 않고 사실상 놀고 있다. 그러나 사인장균열이 일단 발생하면 다음 3가지의 역할로 전단력에 저항한다.

① 전단력의 일부는 그곳의 균열을 가로 지르는 전단보강 철근에 의해서 담당된다.
② 이 철근의 존재로 사인장균열의 확대가 방지된다. 그래서 압축부 콘크리트에 균열이 되지 않고 남는 부분의 단면적이 커진다. 이 커진 비균열 콘크리트단면으로 더 많은 전단력을 부담시킬 수가 있다.
③ 그림 6-7에서 보듯이 전단보강근은 주근을 보의 콘크리트 부분에 묶어 매주는 역할을 해서 주근 전단력 담당 능력을 향상시켜 준다.

이러한 사실로 사인장균열이 일단 발생한 후의 전단보강근의 동작은 대단히 복잡하고 또한 균열의 크기, 방향, 폭 등의 특정 사실에 따라 달라지는 것을 알 수 있다. 그리고 이 균열의 모양은 일정하지를 못하기 때문에 순수한 해석적 방법을 취할 도리가 없다. 그래서 현재 사용되고 있는 설계 개념은 전적으로는 합리적인 것이 못된다. 그래서 우리는 일부는 이론에, 일부는 실험에, 그리고 일부는 오랜 성공적 경험에 기초를 두고 전단보강 설계를 한다.

1. 수직 스터럽으로 보강된 보

사인장균열이 생기기 전까지는 복부 보강철근(stirrup)은 일을 시작하지 않으니까 균열이 생길 때까지의 크기는 복부 보강을 했을 때도 하지 않았을 때의 크기와 같으며 식 (6.6)로 주어진다.

보에 사인장균열이 생긴 다음의 지점과 균열 사이의 모양을 그린 것이 그림 6-8이다. 균열을 가로막은 각 스터럽에 $A_v f_{yt}$의 힘이 작용한다. 여기서 A_v는 스터럽의 단면적인데 U형 스터럽일 경우에는 그 철근단면적이 2배이며 f_{yt}는 스터럽의 설계기준항복강도이다. 수직 방향의 평행조건에 의해

$$V_{ext} = V_{cz} + nA_v f_{yt} + V_d + V_{iy} \quad \cdots\cdots (6.9a)$$

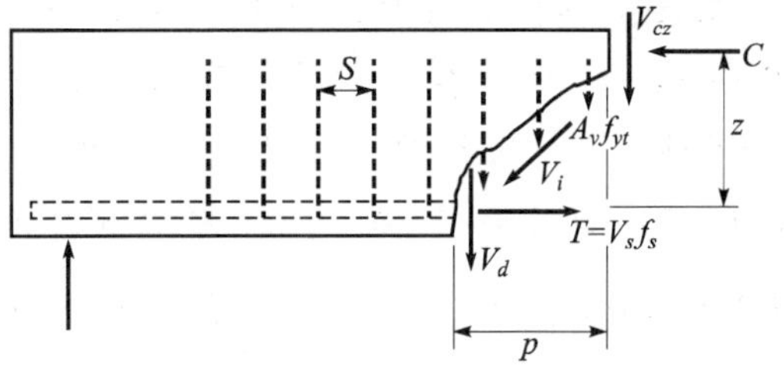

그림 6-8 수직 스터럽으로 보강된 보에 사인장균열 부분에서 힘의 작용력

여기서 n 는 균열을 가로 지르는 스터럽의 수이다. 스터럽의 간격을 s, 균열의 수평투영 길이를 p 라고 하면 $n = \frac{p}{s}$, 그런데 사인장균열이 45° 로 경사져 있거나 혹은 더 평평하다고 가정하면 수평투영 길이 p 는 보의 유효깊이 d 와 같게 되어 $n = \frac{d}{s}$가 된다. 따라서 식 (6.9a)는

$$V_{ext} = V_{cz} + \frac{A_v f_{yt} d}{s} + V_d + V_{iy} \quad \cdots\cdots (6.9b)$$

가 된다. 파괴되기 전에 일부하중은 압축부의 깨지지 않은 부분이 담당할 것이다. 그리고

V_d 와 V_{iy} 는 아마 적은량이 될 것임으로 이를 무시하고 V_{cz} 를 콘크리트에 의한 전단강도 V_c 로 하면 식 (6.9b)에서

$$V_{ext} = V_c + \frac{A_v f_{yt} d}{s} \quad \cdots\cdots (6.9c)$$

로 표시할 수 있다.

스터럽의 응력도가 항복점에 달하기 전까지는 균열의 확대는 없을 것이고, 항복점에 달함으로서 비로서 스터럽이 상당히 신장을 하며 따라서 균열이 더 크게 벌어져서 급기야는 나머지 콘크리트의 파괴에 이르기까지 진행되게 된다. 결국 파괴가 일어날 때의 스터럽의 응력도는 f_{yt}가 될 것이니까 보의 파괴하중 V_{ext} 를 공칭 전단강도 V_n 이라고 하면 식 (6.9c)에서

$$V_n = V_c + \frac{A_v f_{yt} d}{s} \quad \cdots\cdots (6.10)$$

가 된다. 스터럽이 당할 전체 전단력의 양이 밝혀졌으니까 콘크리트 부분이 당할 전단력 V_c 를 정해야겠다. 현재는 파괴시의 V_c 를 사인장균열이 생길 때의 전단력 즉 식 (6.6)의 V_{cr}와 같다고 보는 것이 실용설계법이다. 이 가정은 합리적이고 또 안전측이다.

복부 보강이 없는 보는 균열이 생기는 하중을 어느 정도 넘어서 완전히 파괴한다. 그 정도는 일정하지 못해서 어떤 경우는 매우 적은 양이나 또 어떤 경우는 상당히 큰 양이다. 스터럽은 균열의 확대를 방지하는 것이므로 깨지지 않는 넓은 콘크리트 부분의 저항력은 복부 보강을 하지 않는 때의 같은 보의 전단저항력보다 클 것이다. 또한 V_d 도 복부 보강시가 그렇지 않은 때의 보 보다 커질 것이 예상된다. 이러한 점을 고려해서 복부 보강이 되고 있는 보의 스터럽이 담당하지 않는 전단력 부분은, 복부 보강이 되고 있지 않는 같은 보에 균열을 생기게 하는 전단력보다는, 적어도 같거나 혹은 그 이상일 것이라는 결론을 내릴 수 있다.

2. 경사근으로 보강한 보

그림 6-9 (a)는 완전히 쪼개진 보의 한쪽부분의 힘의 상태이고, 그림 6-9 (b)는 경사스터럽으로 보강된 보의 형태를 나타내고 있다. 이 그림에서 주 인장철근이 담당하는 전단력 V_d 는 무시한다.

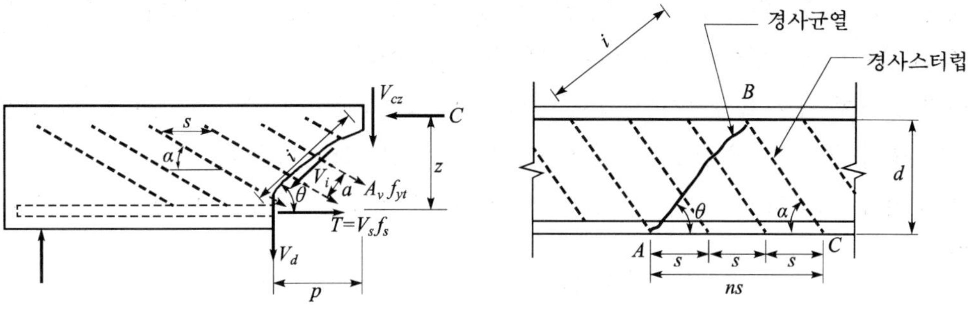

(a) 사인장균열 부분에서 힘의 작용 (b) 경사스터럽에 의한 전단보강

그림 6-9 경사스터럽으로 보강한 보

경사스터럽의 수평간격을 s , 사인장균열 길이를 i , 균열과 경사스터럽과 이루는 경사각을 각각 θ , α 라고 하면

그림 6-9 (b)의 ΔABC 에서 $ns = icos\,\theta + d \cdot \cot\alpha$, $i = d/\sin\theta$ 이므로

$ns = d(\cot\theta + \cot\alpha)$ 가 되고, $n = d/s(\cot\theta + \cot\alpha)$ 이다.

여기서 1개의 스터럽이 저항할 수 있는 힘은 $A_v f_{yt}$, 균열길이 ns 에 걸쳐있는 스터럽이 저항할수 있는 힘은 $n \cdot A_v f_{yt}$ 의 수직성분이므로

$V_s = nA_s f_{yt} \sin\alpha$ 가 된다. 여기에 $n = d/s(\cot\theta + \cot\alpha)$ 를 대입하면

$V_s = d/s \cdot A_v f_{yt} \sin\alpha(\cot\theta + \cot\alpha)$가 되고, 이 식에서 균열의 경사각 $\theta = 45^\circ$, 스터럽을 수직하게 즉 $\alpha = 90^\circ$로 배근 하였다고 보면 $\cot\alpha = \cot 90^\circ = 0$,

$\cot\theta = \cot 45^\circ = 1$ 이 되어 $V_s = \dfrac{A_v f_{yt} d}{s}$ 가 되어 식(6-11)의 V_s 가 된다.

또한, 스터럽을 경사각 α 로 배근할 경우, 균열각 $\theta = 45^\circ$(대부분 전단균열은 45˚로 발생)로 보면

$$V_s = \frac{A_v f_{yt} d}{s} - \sin\alpha(\cot\theta + \cot\alpha) = \frac{A_v f_{yt} d}{s}(\sin\alpha \cdot \cot\theta + \sin\alpha \cdot \cot\alpha) \cdots\ @$$

여기서 $\cot\theta = \dfrac{\cos\theta}{\sin\theta} = \dfrac{\cos 45^\circ}{\sin 45^\circ} = 1.0$, $\cot\alpha = \dfrac{\cos\alpha}{\sin\alpha}$ 이므로 이것을 @식에 대입하면

$V_s = \dfrac{A_v f_{yt} d}{s}(\sin\alpha + \cos\alpha)$ 이다. 따라서

$$V_n = V_c + \frac{A_v f_{yt} d(\sin\alpha + \cos\alpha)}{s} \quad \cdots\cdots (6.11)$$

식 (6.10), (6.11)은 어떤 사인장균열이든 최소한 한 개 이상의 스터럽이나 혹은 경사근에 의해 가로질러질 때에만 성립하는 것에 주의해야 한다.

이런 철근이 너무 넓게 배근되고 있어서 어떤 사인장균열이, 이 철근 사이에서 완전히 벗어나 형성되어, 즉 철근에 의해서 방지되지 않는다면 보는 철근의 덕을 입지 못하고 말기 때문이다. 그러니까 s 의 최대치는 그림 6-12에 표시된 것처럼 어떤 한계를 넘을 수가 없다.

5 보의 전단설계

콘크리트 구조설계 기준에 의하면, 보의 전단설계는 다음 식에 기초하고 있다.

$$V_u \leq \phi V_n \quad \cdots\cdots (6.12)$$

여기서, V_u : 단면에서 계수 전단력 또는 소요 전단강도

V_n : 단면의 공칭 전단강도

ϕ : 강도 감소계수 (전단 : ϕ = 0.75)

공칭 전단강도 V_n은 앞 절에서 기술한 바와 같이 다음과 같다.

① 수직 전단철근을 갖는 경우

$$V_n = V_c + V_s = V_c + \frac{A_v f_{yt} d}{s} \quad \cdots\cdots (6.13a)$$

여기서, V_c : 콘크리트 단면의 공칭전단강도

V_s : 전단철근(스터럽)에 의한 단면의 공칭전단강도

$$V_s = \frac{A_v f_{yt} d}{s}$$

A_v : 전단철근(스터럽)의 단면적

s : 전단철근(스터럽)의 간격

d : 보의 유효 깊이

f_{yt} : 전단철근의 설계기준 항복강도

② 경사 전단철근을 갖는 경우

$$V_n = V_c + V_s(\sin\alpha + \cos\alpha) = V_c + \frac{A_v f_{yt} d}{s}(\sin\alpha + \cos\alpha) \cdots\cdots\cdots\cdots (6.13b)$$

소요 전단강도 V_u는 보의 지지 조건에 따라 그림 6-10에 나타낸 위험단면에서 산정한다.

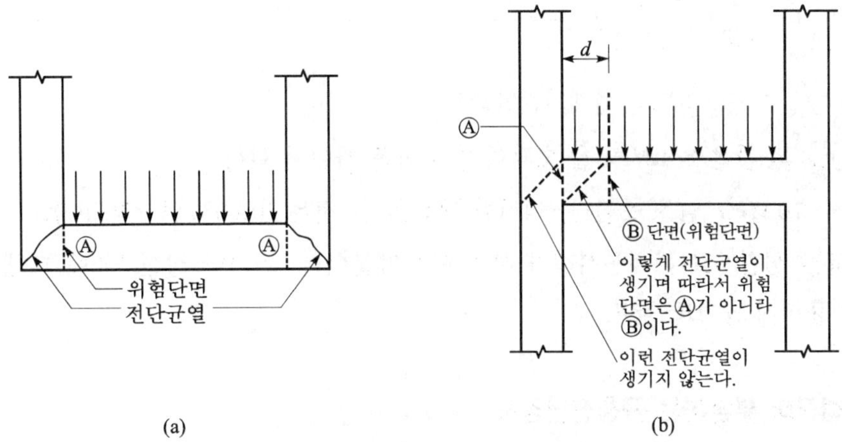

그림 6-10 위험전단 단면위치

그림 6-10 (a)는 보의 전단력으로 균열이 기둥 있는 쪽으로 파고드는 경우로서 이때의 위험단면은 그림의 Ⓐ단면으로서 Ⓐ단면에 작용하는 전단력이 설계용 전단력이 된다. (b)는 보 밑에 있는 기둥에 보의 하중이 압축으로 작용하는 경우로서 전단균열이 기둥 안으로 파고 들 수가 없어서 그림 6-10 (b)와 같이 기둥면 밖에서 생긴다.

따라서 전단력에 대한 위험단면도 Ⓐ단면이 아니라 Ⓑ단면이 된다. Ⓑ단면은 기둥 표면에서 d 만큼 떨어진 곳이다.

일반적인 보의 지지조건에서 그림 6-10 (b)와 같이 보의 받침점에서부터 d 만큼 떨어진 곳에서 계산된 전단력을 소요 전단강도 V_u 로 취한다.

1. 콘크리트가 부담하는 공칭 전단강도

콘크리트가 부담하는 공칭 전단강도 V_c 는 앞 절에서 기술한 **엄밀식**인 식 (6.6)에서

$V_c = (0.16\lambda\sqrt{f_{ck}} + 17.6\dfrac{\rho_w V_u d}{M_u})b_w d \leq 0.29\lambda\sqrt{f_{ck}}\, b_w d$로 계산한다.

여기서, b_w : 보의 폭, $\rho_w = \dfrac{A_s}{b_w s}$ (s : 전단철근간격), $\dfrac{V_u d}{M_u} \le 1.0$이다.

그러나 이 식은 컴퓨터를 이용한 정밀 설계 또는 연구 목적으로는 적합하지만 실무에서는 ρ_w, V_u 및 M_u 가 보의 길이, 방향위치에 따라 변하기 때문에 매우 번거롭다. 이러한 이유로 구조설계 기준에서는 식(6.14)와 같은 간편한 **실용식**을 허용하고 있다.

$$V_c = \frac{1}{6}\lambda\sqrt{f_{ck}}\,b_w d \quad \cdots\cdots (6.14)$$

여기서, f_{ck} : 콘크리트의 설계기준압축강도

단, $\sqrt{f_{ck}}$ 의 값은 $8.4MPa$ 을 초과하지 않도록 하여야 한다.

즉 $f_{ck} \le 70\,MPa$ 임을 뜻한다. 이러한 제한을 둔 것은 $70\,MPa$ 이상의 고강도 콘크리트에 대해서는 실험자료나 적용사례가 부족하기 때문이다. 그러나 장선구조에 대해서는 이 제한을 적용하지 않아도 좋다.

2. 전단 철근이 부담하는 공칭전단강도

전단철근이 부담하는 공칭전단강도 V_s 는 식(6-15)로 구한다.

$$V_s = \frac{A_v f_{yt} d}{s} \quad \cdots\cdots (6.15)$$

여기서, A_v : 전단철근(스터럽)의 단면적

s : 전단철근(스터럽)의 간격

d : 보의 유효깊이

f_{yt} : 전단철근(스터럽)의 설계기준항복강도

단, f_{yt} 는 $500MPa$를 초과 할 수 없다. 그러나 벽체의 전단철근 또는 용접이형 철근을 사용할 경우 f_{yt}는 $600MPa$ 까지 사용할 수 있다.

(1) 전단 철근의 형태

콘크리트 구조기준에서 허용되는 전단철근의 형태로는 그림 6-11과 같은 종류의 것이 사용된다.

① 부재축에 직각(90°) 인 스터럽

② 부재축에 직각으로 배치된 용접철망

③ 나선철근, 원형띠철근 또는 후프철근

④ 주인장 철근에 45° 이상의 각도로 설치는 스터럽

⑤ 주인장 철근에 30° 이상의 각도로 구부린 굽힘철근

⑥ 스터럽과 굽힘철근의 조합

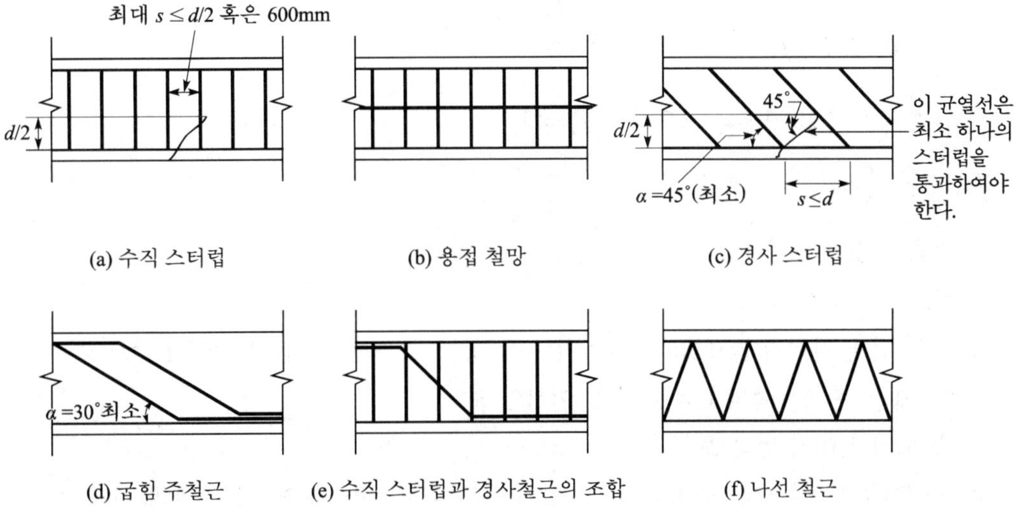

그림 6-11 전단철근의 형태

(2) 최소 전단철근

소요 전단강도 V_u 가 식 (6.12)를 만족하면 이론상으로는 전단 보강철근이 필요 없다. 그러나 이 경우라도 V_u 가 ϕV_c 의 1/2를 초과하면 최소전단 보강철근을 배치하도록 콘크리트 구조 설계기준에서는 규정하고 있다. 그 이유는 보의 최소한의 연성을 확보하여 보의 갑작스런 취성적 파괴를 막기 위한 규정으로 콘크리트 강도가 증가할수록 최소전단 철근량을 증가시킬 필요가 있다는 것이 실제 실험결과에서 밝혀졌다. 따라서 기준에서는 식(6.16)의 최소철근량을 배근하도록 하고 있다.

$$A_{v,\min} = 0.0625\lambda\sqrt{f_{ck}}\,\frac{b_w s}{f_{yt}} \qquad \cdots\cdots (6.16)$$

그러나 최소 철근량은 $\dfrac{0.35\,b_w s}{f_{yt}}$ 보다 작지 않아야 한다.

여기서, s : 전단철근 간격(mm)

f_{yt} : 전단철근이 항복강도(MPa)

A_v : 전단철근의 단면적(mm^2)

b_w : 복부의 폭

식 (6.16)를 간격 s로 표시하면 다음과 같다.

$s_{max} = \dfrac{A_v f_{yt}}{0.0625\sqrt{f_{ck}}\, b_w}$, $s_{max} = \dfrac{A_v f_{yt}}{0.35 b_w}$ 중 작은 값

이 규정은 다음의 경우는 적용하지 않는다.

① $V_u \leq \dfrac{1}{2}\phi V_c$

② 슬래브 및 기초판

③ 콘크리트 장선 구조

④ 보의 전체 깊이가 250mm 이하이거나, I 형보, T 형보에서 그 깊이가 플랜지 두께의 2.5배 또는 복부폭의 1/2 중 큰값 이하인 보,
즉 보의 깊이가 얕은 보

⑤ 교대벽체 및 날개벽, 옹벽의 벽체, 암거 등과 같이 휨이 주거동인 판부재

⑥ 순 단면의 깊이가 315mm를 초과하지 않는 속빈 부재에 작용하는 계수전단력이 $0.5\phi V_{cw}$ 를 초과하지 않는 경우(V_{cw} :

⑦ 보의 깊이가 600mm를 초과하지 않고 f_{ck} 가 $40MPa$ 를 초과하지 않는 강섬유 콘크리트보에 작용하는 계수전단력이 콘크리트의 공칭전단강도 $V_c(=\phi\dfrac{1}{6}\lambda\sqrt{f_{ck}}\, b_w d)$를 초과하지 않는 경우

이러한 부재들을 예외시킨 것은 사인장 균열에 의한 파괴가 일어나기 전내력을 재분배하는 능력이 있다는 것이 실험과 실제설계 경험을 통하여 입증되었기 때문이다.

3. 전단보강 철근(스터럽)의 설계

(1) $V_u \leq \dfrac{1}{2}\phi V_c$ 인 경우

전단철근 (스터럽)의 배근이 필요없다.

(2) $\frac{1}{2}\phi V_c < V_u \leq \phi V_c$ 인 경우

이론상 전단보강 철근의 배근이 필요 없지만 앞절에 규정된 최소 전단철근을 두도록 한다.

$$A_{v,\min} = 0.0625\lambda\sqrt{f_{ck}}\ \frac{b_w s}{f_{yt}} \ \geq\ 0.35\frac{b_w s}{f_{yt}}$$

배근간격 s 로 표시하면 $s_{\max} = \dfrac{A_v f_{yt}}{0.0625\lambda\sqrt{f_{ck}}\,b_w}$, $s_{\max} = \dfrac{A_v f_{yt}}{0.35 b_w}$ 중 작은 값

(3) $V_u > \phi V_c$ 인 경우

이 경우는 전단보강 철근을 배근해서 콘크리트가 부담하는 전단력 V_c을 빼고 남는 전단력을 스터럽이 부담하도록 한다.

$$\phi V_n = \phi(V_c + V_s)$$

여기서, V_c : 콘크리트가 부담하는 공칭 전단강도

V_s : 전단철근이 부담하는 공칭 전단강도

V_n : 공칭 전단강도

설계강도 ϕV_n은 $V_s = \dfrac{A_v f_{yt} d}{s}$ 이므로

$$\phi V_n = \phi V_c + \phi\frac{A_v f_{yt} d}{s} \quad \cdots\cdots (6.17)$$

식 (6.12)에서 $V_u \leq \phi V_n$ 이므로 식 (6.17)에 ϕV_n을 V_u로 놓으면

$$V_u \leq \phi V_c + \phi\frac{A_v f_{yt} d}{s}$$

$$\phi\frac{A_v f_{yt} d}{s} \geq V_u - \phi V_c \quad \cdots\cdots (6.18)$$

실제 설계에서는 수직 스터럽 단면적 A_v를 가정하고 스터럽 간격 s 를 산정하는 것이 일반적이므로 식 (6.18)을 s 에 대하여 정리하면

$$s \leq \frac{\phi A_v f_{yt} d}{V_u - \phi V_c} = \frac{\phi A_v f_{yt} d}{\phi V_s} \quad \cdots\cdots (6.19)$$

($V_u - \phi V_c = \phi V_s$ 이다.)

여기서, $\phi V_s \le \phi 0.2(1-f_{ck}/250)f_{ck}b_w d$이어야 한다.

(단, 전단철근의 항복강도 f_{yt}는 어느 경우라도 $500MPa$를 넘어서는 안된다. 다만 용접 이형 철망을 사용할 경우에는 $600MPa$까지 사용 할 수 있다.)

4. 스터럽의 간격제한

전단균열을 억제하기 위하여 콘크리트 설계기준에서는 균열의 경사각을 45°로 하여 수직스터럽이 그림 6-12 (a)와 같이 d/2 또는 600mm 이하로 하여 균열이 적어도 하나의 스터럽과 만나도록 제한하고 있으며, 경사스터럽과 굽힘철근인 경우 그림 6-12 (b)와 같이 보의 중간높이인 d/2에서 반력점 방향으로 주인장 철근까지 연장된 45° 선과 한번 이상 교차되도록 즉 스터럽을 d 이하로 배치해야 한다. 이것을 정리해보면 다음과 같다.

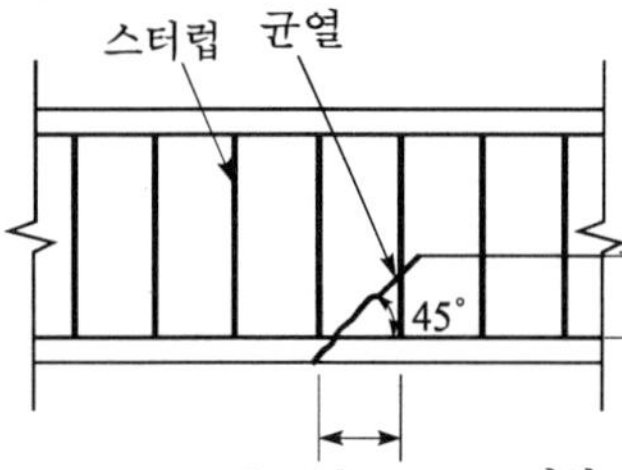

(a) 수직 스터럽

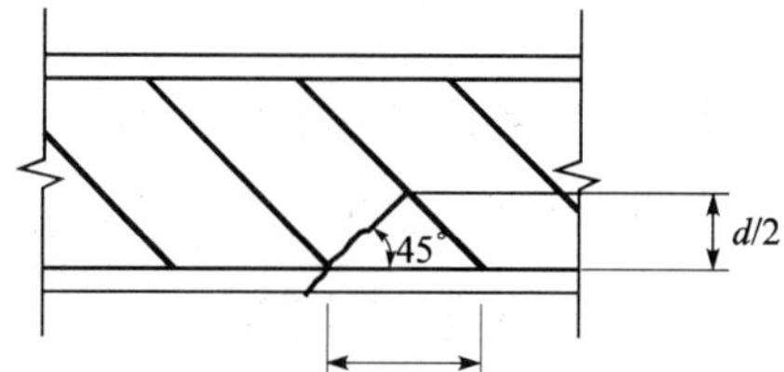

(b) 경사 스터럽

그림 6-12 스터럽의 간격

또한, 스터럽 공칭전단강도 V_s 가 $\frac{1}{3}\lambda\sqrt{f_{ck}}\,b_w d$ 를 초과하는 경우는 그림 6-12의 스터럽 간격을 1/2로 감소하도록 하고 있다. 이것을 정리하면 다음과 같다.

(1) $\phi V_s \le \phi\frac{1}{3}\sqrt{f_{ck}}\,b_w d$ 일 경우

$$s_{\max} \le \frac{d}{2}\ ,\ 600\text{mm},\ \frac{A_v f_{yt}}{0.0625\,\lambda\sqrt{f_{ck}}\,b_w}\ ,\ \frac{A_v f_{yt}}{0.35b_w}\ \text{이하}$$

(2) $\phi V_s > \phi\frac{1}{3}\sqrt{f_{ck}}\,b_w d$ 일 경우

$$s_{\max} \le \frac{d}{2}\times\frac{1}{2} = \frac{d}{4}\ ,\ 600mm\times\frac{1}{2} = 300mm,\ \frac{A_v f_{yt}}{0.0625\,\lambda\sqrt{f_{ck}}\,b_w}\ ,\ \frac{A_v f_{yt}}{0.35b_w}\ \text{이하}$$

어떤 경우든 스터럽은 $f_{yt} = 500MPa$ 이하, V_s 는 $0.2(1-f_{ck}/250)f_{ck}b_w d$ 를 초과할 수 없다. 현장 실무에서는 수직 스터럽의 간격이 100mm 보다 더 작은 간격으로 설계하는 것은 콘크리트 타설등의 어려움이 있다.

이런 경우에는 스터럽의 굵기를 큰 것을 사용하여 간격을 100mm 이상 되도록 하는것이 바람직하다. 전단철근(스터럽)을 긴 구간에 배치해야 할 경우에는 스터럽을 몇 개의 구간으로 나누어 각각의 구간의 전단력을 산정하여 같은 종류의 철근을 다른 간격으로 배근하는 것이 경제적이다.

하지만, 짧은 경간의 보의 배근은 전구간에 걸쳐 균등하게 배근하는 것이 시공성 등을 고려해볼 때 경제적일 수 있다.

5. 축력의 영향

철근 콘트리트 보에서는 일반적으로 휨과 전단력을 받는다. 그러나 때에 따라서는 여러가지 요인에 의해 휨, 전단력과 동시에 축력이 작용하기도 한다. 축방향 인장력이나 축방향 압축력이 작용할 때는 보의 콘크리트 전단강도가 현저하게 달라진다. 즉 축방향 압축력이 동시에 작용할 때는 보의 콘크리트 전단강도가 증가할 것이고, 반면에 축인장력이 작용할 때는 보의 콘크리트 전단강도가 감소할 것이다. 콘크리트 설계기준에서는 축력의 영향을 고려하여 식 (6.20), (6.21)으로 계산하도록 규정하고 있다.

(1) 축방향 압축력을 받는 부재

$$V_c = \frac{1}{6}\left(1+\frac{N_u}{14A_g}\right)\lambda\sqrt{f_{ck}}\,b_w d \qquad (6.20)$$

여기서, A_g : 콘크리트의 전단면적(mm^2)

N_u : 계수축력(압축 :'+', 인장 :'−'의 값)

b_w : 보의 넓이(폭)

d : 보의 유효깊이

(2) 축방향 인장력을 받는 부재

$$V_c = \frac{1}{6}\left(1+\frac{N_u}{3.5A_g}\right)\lambda\sqrt{f_{ck}}\,b_w d \qquad (6.21)$$

여기서, N_u : 인장력("–"로 취급한다.)

간편한 방법으로 축인장력이 불확실하다면 N_u 를 "0"으로 간주하고 전체 전단력을 전단철근이 모두 부담하도록 설계하는 것이 바람직하다.

(3) 원형단면의 부재

원형단면 부재의 콘크리트 전단강도 V_c를 계산하기 위한 단면적은 콘크리트단면의 유효깊이는 지름의 곱으로 구하여야 한다. 이때 단면의 유효깊이는 부재단면 지름의 0.8배(0.8D)로 구할 수 있다.

6. 전단설계과정 요약

(1) 계수 전단력 산정

위험단면(받침부 또는 기둥표면에서 부터 d만큼 떨어진 거리)에서 계수 전단력을 구한다.

(2) 콘크리트 전단강도 V_c 산정

$$\phi V_c = \phi \frac{1}{6} \lambda \sqrt{f_{ck}}\, b_w d$$

(3) 전단보강 여부 판단

1) $V_u \le \frac{1}{2}\phi V_c$: 전단철근(스터럽) 배근 필요없다

2) $\frac{1}{2}\phi V_c < V_u \le \phi V_c$: 최소전단철근(스터럽) 필요

$$A_{v,\min} = 0.0625\sqrt{f_{ck}}\,\frac{b_w s}{f_{yt}} \ge \frac{0.35 b_w s}{f_{yt}}$$

$$\left(s_{\max} = \frac{A_v f_{yt}}{0.0625\sqrt{f_{ck}}\, b_w},\ s_{\max} = \frac{A_v f_{yt}}{0.35\, b_w}\ \text{중 작은 값}\right)$$

3) $V_u > \phi V_c$: 전단철근 배근 필요

전단철근의 전단강도 $V_s = \frac{A_v f_{yt} d}{s}$ 으로 산정한다.

① 전단철근의 전단강도 ϕV_s 산정

$\phi V_s = V_u - \phi V_c$

② 보 단면의 적정성 검토

$\phi V_s \leq \ \phi 0.2(1-f_{ck}/250)f_{ck}b_w d$: 적정

$\phi V_s > \ \phi 0.2(1-f_{ck}/250)f_{ck}b_w d$: 보 단면을 키우거나, 콘크리트 강도를 키운다.

③ 전단철근(스터럽)배근 간격 산정

$s = \dfrac{\phi A_v f_{yt} d}{\phi V_s}$ (스터럽의 철근강도 $f_{yt} \leq 500\,MPa$, $\sqrt{f_{ck}} \leq 8.4\,MPa$)

단, ① $\phi V_s \leq \phi \dfrac{1}{3}\sqrt{f_{ck}}\,b_w d$

$$s_{\max} \leq \frac{d}{2},\ 600\,mm,\ \frac{A_v f_{yt}}{0.0625\sqrt{f_{ck}}\,b_w},\ \frac{A_v f_{yt}}{0.35 b_w} \text{ 이하}$$

② $\phi V_s > \phi \dfrac{1}{3}\sqrt{f_{ck}}\,b_w d$

$$s_{\max} \leq \frac{d}{4},\ 300mm,\ \frac{A_v f_{yt}}{0.0625\sqrt{fck}\,b_w},\ \frac{A_v f_{yt}}{0.35 b_w} \text{ 이하}$$

(4) 기준에 의한 전단철근의 전단강도 규정도표

		$V_u \leq \phi \dfrac{V_c}{2}$	$\phi \dfrac{V_c}{2} < V_u \leq \phi V_c$	$\phi V_c < V_u$
소요 전단철근량		필요없음	$A_{v,\min} = 0.0625\sqrt{f_{ck}}\,\dfrac{b_w s}{f_{yt}} \geq 0.35\dfrac{b_w s}{f_{yt}}$	$\dfrac{(V_u - \phi V_c)s}{\phi f_{yt} d}$
전단철근 간격 (s)	소요 간격	-	$s_{\max} = \dfrac{A_v f_{yt}}{0.0625\sqrt{fck}\,b_w} \leq \dfrac{A_v f_{yt}}{0.35 b_w}$	$\dfrac{\phi A_v f_{yt} d}{V_u - \phi V_c}$
	최대 간격	-	$s_{\max} = \min\left(\dfrac{d}{2},\ 600\,mm\right)$	$(V_u - \phi V_c) \leq \phi \dfrac{1}{3}\sqrt{f_{ck}}\,b_w d$ $s_{\max} = \min\left(\dfrac{d}{2},\ 600\,mm\right)$
				$(V_u - \phi V_c) > \phi \dfrac{1}{3}\sqrt{f_{ck}}\,b_w d$ $s_{\max} = \min\left(\dfrac{d}{4},\ 300\,mm\right)$

단, $f_{yt} \leq 500MPa$, $\sqrt{f_{ck}} \leq 8.4\,MPa$ 또는 $f_{ck} \leq 70\,MPa$, $V_s \leq 0.2(1-f_{ck}/250)f_{ck}b_w d$

예제 6-1

다음과 같은 단순보에 등분포 고정하중 $w_D = 25\,kN/m$, 등분포 활하중 $w_L = 25\,kN/m$ 가 작용할 때 보의 단면 $b_w \times h = 300 \times 600\,(b_w \times d = 300 \times 500)$로 하여 전단설계를 하시오. (단, $f_{yt} = 400\,MPa$, $f_{ck} = 24\,MPa$, $D10\,A_1 = 71mm^2$, $D13\,A_1 = 127mm^2$)

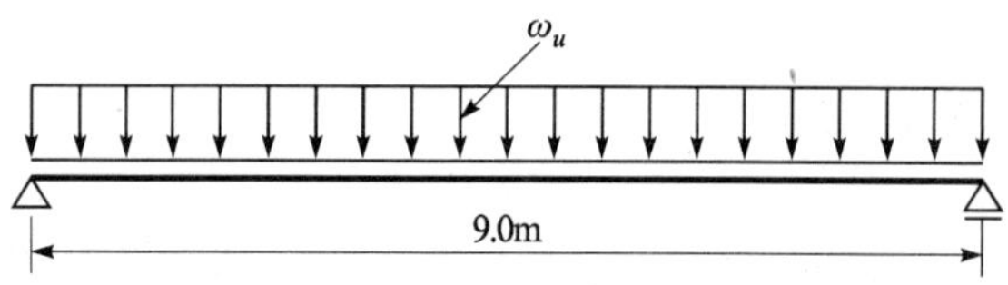

풀이

1. 계수하중 및 지지점에서 계수 전단력(V_u) 산정

$w_u = 1.2 \times w_D + 1.6\,w_L = 1.2 \times 25 + 1.6 \times 25 = 70\,kN/m$

$$V_u = \frac{70 \times 9}{2} = 315kN$$

2. 위험단면(좌측지지점에서 d 만큼 떨어진 위치)에서의 계수 전단력(V_u) 산정

: 삼각형의 닮은 비를 이용

$315 : V_u = 4.5 : (4.5 - 0.5)$

$$V_u = 315 \times \frac{4}{4.5} = 280\,kN$$

위험 단면에서의 계수 전단력

$V_u = 280\,kN$

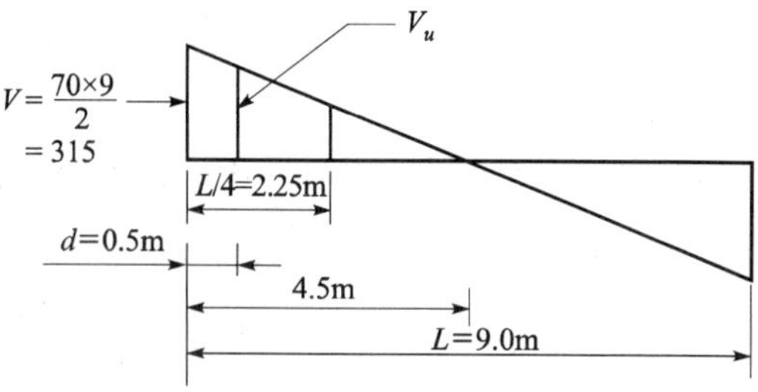

3. ϕV_c 산정

$$\phi V_c = \phi \frac{1}{6} \lambda \sqrt{f_{ck}}\, b_w d = 0.75 \times \frac{1}{6} \times 1.0 \times \sqrt{24} \times 300 \times 500 = 91.9\,kN$$

4. ϕV_s 산정

$\phi V_s = V_u - \phi V_c = 280 - 91.9 = 188.1\,kN$

5. 보단면의 적정성 검토

$\phi V_s \le \phi 0.2 (1 - f_{ck}/250) f_{ck} b_w d = 0.75 \times 0.2 \times (1 - 24/250) \times 24 \times 300 \times 500 = 488.2\,kN$

이므로 적합하다.

6. 스터럽의 간격 계산

$$\text{D10} \ \ s = \frac{\phi A_v f_{yt} d}{\phi V_s} = \frac{0.75 \times 2 \times 71 \times 400 \times 500}{188.1 \times 1{,}000} = 113.2 mm$$

또는,

$$\text{D13} \ \ s = \frac{0.75 \times 2 \times 127 \times 400 \times 500}{188.1 \times 1{,}000} = 210.4 mm$$

(여기서 전단철근 단면적 A_v를 2배로 한 것은 전단철근 형태가 ""형으로 전단력 부담철근이 2가닥이다.)

7. 최소 전단철근 간격 검토

① $\phi V_s \le \phi \frac{1}{3} \sqrt{f_{ck}}\, b_w d$

$s_{\max} \le \frac{d}{2}$, 600 mm

$s_{\max} \le \frac{A_v f_{yt}}{0.0625 \sqrt{f_{ck}}\, b_w}$ or $\frac{A_v f_{yt}}{0.35 b_w}$ 중 작은 값

($A_{v,\min}$: $0.0625 \sqrt{f_{ck}} \frac{b_w s}{f_{yt}}$, $0.35 \frac{b_w s}{f_{yt}}$ 중 큰 값)

② $\phi V_s > \phi \frac{1}{3} \sqrt{f_{ck}}\, b_w d$

$s_{\max} \le \frac{d}{4}$, 300 mm

$s_{\max} \le \frac{A_v f_{yt}}{0.0625 \sqrt{f_{ck}}\, b_w}$ or $\frac{A_v f_{yt}}{0.35 b_w}$ 중 작은 값

($A_{v,\min}$: $0.0625 \sqrt{f_{ck}} \frac{b_w s}{f_{yt}}$, $0.35 \frac{b_w s}{f_{yt}}$ 중 큰 값)

$\phi V_s > \phi \frac{1}{3} \sqrt{f_{ck}}\, b_w d = 183.7$ 이므로

$$s_{\max} = \frac{500}{4} = 125, \ \ 300\, mm$$

$$s_{\max} = \frac{A_v f_{yt}}{0.35 b_w} = \frac{2 \times 127 \times 400}{0.35 \times 300} = 967.6, \ \frac{2 \times 127 \times 400}{0.0625 \sqrt{24} \times 300} = 1{,}106.1\, mm$$

최소철근간격($s = 125 mm$)을 만족시키는 D10 @100mm 간격이나,
D13 @125mm 간격으로 설계한다.

8. $L/4 (= 2.25 m)$ 구간(단부)에서 스터럽 간격 검토

단부 $L/4$ 구간 $V_u = 315/2 = 157.5\, kN$

$\phi V_c = 91.9\, kN$

$\phi V_s = 157.5 - \phi V_c = 65.6\ kN$

$\frac{1}{2}\phi V_c = 46.0\ kN < \phi V_s = 65.6\ kN < \phi V_c = 91.9\ kN$ 이므로

최소단면적의 전단철근량이 필요하고 간격 s 는 $\left[\frac{d}{2}, 600mm\right]$min 으로서

$\frac{d}{2} = 500/2 = 250mm$ 이다.

최소전단철근량 $A_{v,\min}$ 은 $\left[0.0625\sqrt{f_{ck}}\frac{b_w s}{f_{yt}}, 0.35\frac{b_w s}{f_{yt}}\right]$max ,

$A_{v,\min}$ 은 $\left[0.0625\sqrt{24}\frac{300 \times 250}{400} = 57.4\ mm^2, 0.35\frac{300 \times 250}{400} = 65.6 mm^2\right]$ 이므로

$A_{v,}\min = 65.6\ mm^2$

D10(($A_1 = 71 mm^2$) 을 사용하면 $A_v = 2 \times 71 = 142\ mm^2$ 으로써,

$A_{v,}\min = 65.6\ mm^2$ 만족하므로 D10 @250으로 설계한다.

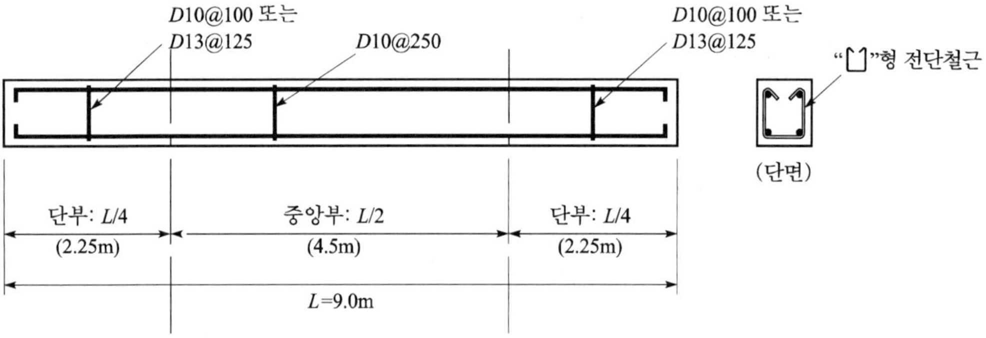

예제 6-2

다음과 같은 단순보에 등분포 고정하중 $\omega_D = 35\,kN/m$, 등분포활하중 $\omega_L = 25\,kN/m$ 가 작용할 때 보의 단면 $b_w \times h = 300 \times 600$ (유효깊이 $d = 500mm$)로 하여 전단보강 설계를 하시오. (단, $f_{yt} = 400\,MPa, f_{ck} = 24\,MPa,\ D10\,A_1 = 71\,mm^2$, D13 $A_1 = 127mm^2$)

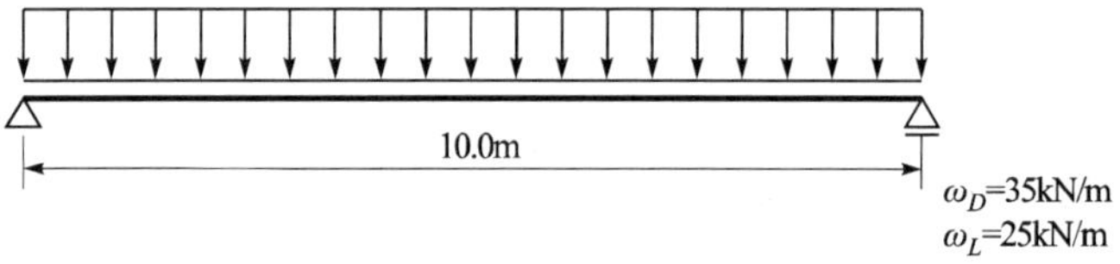

풀이

1. 소요강도 V_u 산정

$\omega_u = 1.2\omega_D + 1.6\omega_L = 82\,kN/m$

지점전단력 $V_u = \dfrac{82 \times 10}{2} = 410\,kN$

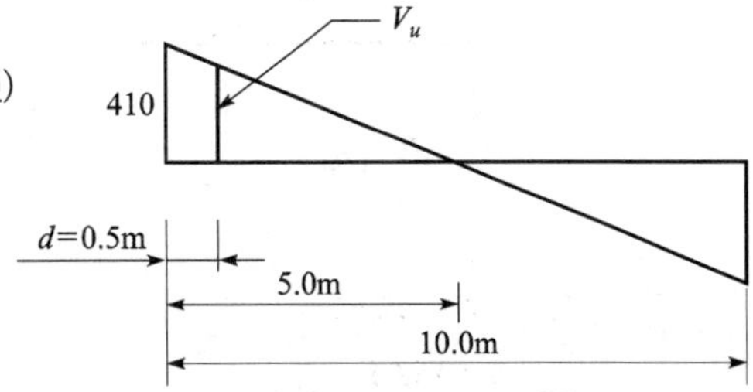

2. 위험단면(지지점에서 거리 d만큼 떨어진 단면)
에서 소요강도 V_u 산정

$410 : V_u = 5 : (5 - 0.5)$

$V_u = 369\,kN$

3. ϕV_c 및 ϕV_s 산정

$\phi V_c = \phi \frac{1}{6} \lambda \sqrt{f_{ck}}\, b_w d = 0.75 \times \frac{1}{6} \times 1.0 \times \sqrt{24} \times 300 \times 500 = 91.9\,kN$

$\phi V_s = V_u - \phi V_c = 369 - 91.9 = 277.1\,kN$

4. 보단면의 적정성 검토

$\phi V_s \le \phi 0.2(1 - f_{ck}/250) f_{ck} b_w d = 0.75 \times 0.2 \times (1 - 24/250) \times 24 \times 300 \times 500 = 488.2\,kN$

이므로 적정하다.

5. 스터럽의 간격 산정

$D10 \quad s = \dfrac{\phi A_v f_{yt} d}{\phi V_s} = \dfrac{0.75 \times 2 \times 71 \times 400 \times 500}{277.1 \times 1{,}000} = 76.9\,mm$

또는,

$D13 \quad s = \dfrac{\phi A_v f_{yt} d}{\phi V_s} = \dfrac{0.75 \times 2 \times 127 \times 400 \times 500}{277.1 \times 1{,}000} = 137.5\,mm$

D10 @76.9mm 는 너무 조밀하므로

D13 @125mm 로 하여 최소철근간격을 검토한다.

6. 최소 철근 간격 검토 및 배근간격 설계

1) $\phi V_s = 277.1\,kN > \phi \frac{1}{3} \lambda \sqrt{f_{ck}}\, b_w d = 2(\phi V_c) = 183.8\,kN$

$$s_{\max} = \left[\frac{d}{2} \times \frac{1}{2} = \frac{d}{4},\ 600\,mm \times \frac{1}{2},\ \frac{A_v f_{yt}}{0.0625\sqrt{f_{ck}}\, b_w},\ \frac{A_v f_{yt}}{0.35 b_w} \right] \text{ 중 최소값}$$

$$= \left[\frac{d}{4} = 125\,mm,\ 300\,mm,\ 1{,}106\,mm,\ 967.6\,mm \right], \min = 125\,mm$$

따라서 D13 @125mm 배근은 최소간격 $s = 125\,mm$ 를 만족하므로

D13 @125mm 로 설계한다.

2) $\frac{d}{2}$ 배근 가능 구간 검토

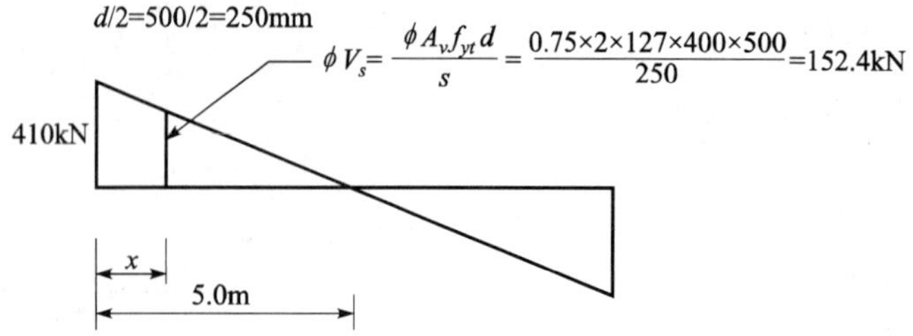

$410 : 5.0 = 152.4 : x$

$x = \dfrac{5 \times 152.4}{410} 1.86\,m$

즉 전단철근간격 s 는

좌측지지점에서 1.86m 까지의 거리 : D13 @125mm 그 이후부터

우측지지점에서 1.86m 까지의 거리 : D13 @250mm으로 설계한다.

하지만 보통 보를 단부$(L/4)$, 중앙부로 나누어 설계하므로

단부 : D13 @125, 중앙부 D13 @250으로 설계하도록 한다.

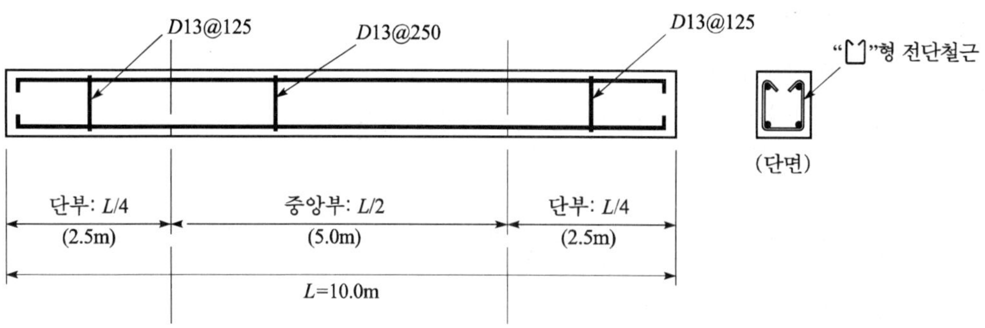

따라서 좌측지지점에서 $L/4$ 떨어진 곳의 단부전단력 V_u 를 구하여 배근간격을 검토하는 것이 보통이다.

지점 전단력 $V_u = 410\,kN$ 이므로 $L/4$ 지점의 $V_u = 410/2 = 205\,kN$

$\phi V_c = 91.9\,kN$

$\phi V_s = V_u - \phi V_c = 205\,kN - 91.9\,kN = 113.1\,kN$

$$D13 \quad s = \frac{\phi A_v f_{yt} d}{\phi V_s} = \frac{0.75 \times 2 \times 127 \times 400 \times 500}{113.1 \times 1{,}000} = 336.9\,mm$$

최소 철근 검토 $\phi V_s = 113.1 < 2(\phi V_c) = 214.4\,kN$ 이므로 $d/2 = 500/2 = 250\,mm$

따라서 단부 D13 @125, 중앙부 D13 @250mm으로 설계한다.

예제 6-3

그림과 같은 골조에서 직사각형 보의 $b_w = 300$, $h = 650$, $d = 585mm$ 순경간 $l_n = 7.4m$, 등분포 고정하중 $w_D = 20kN/m$, 등분포 활하중 $w_L = 30kN/m$ 일 때 이 보의 단부에서 전단설계를 하시오. 단, $f_{ck} = 24$, $f_{yt} = 400$, 스터럽은 D13, 또는 D10 철근으로 한다. $(D13\ A_1 = 127mm^2)$

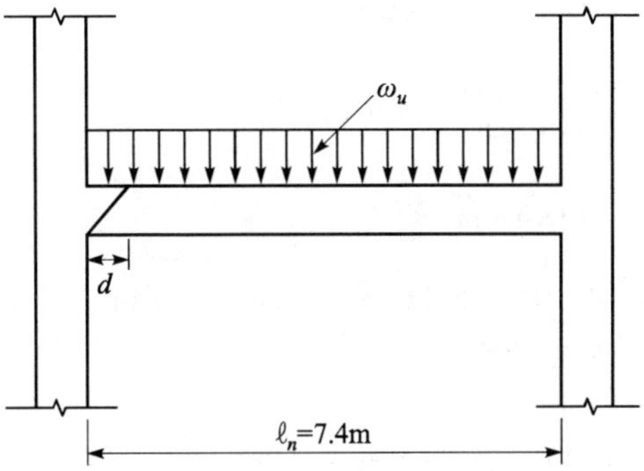

풀이

1. 계수하중 산정 및 지지점에서 계수전단력(V_u) 산정

$w_u = 1.2 \times 20 + 1.6 \times 30 = 72kN/m$

$V_u = \dfrac{72 \times 7.4}{2} = 266.4\ kN/m$

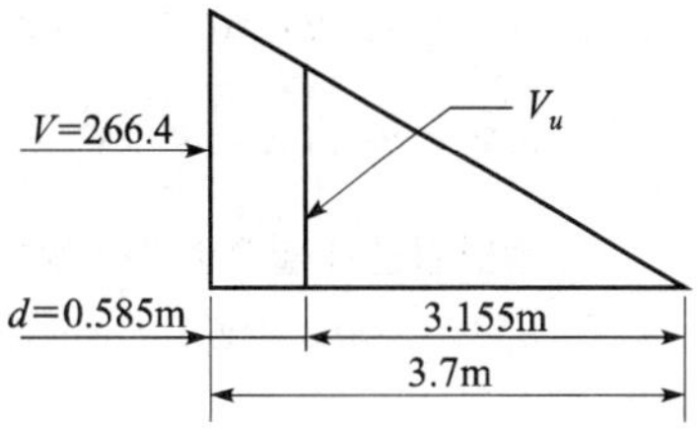

2. 위험단면에서의 계수전단력 V_u 의 산정

$266.4 : 3.7 = V_u : 3.115$

$V_u = \dfrac{266.4 \times 3.115}{3.7} = 224.3$

3. $\phi V_c = 0.75 \times \dfrac{1}{6}\sqrt{24} \times 300 \times 585 \times 10^{-3} = 107.5kN$

4. $\phi V_s = V_u - \phi V_c = 224.3 - 107.5 = 116.8kN$

5. 보단면의 적정성 검토

$\phi V_s \le \phi 0.2(1 - f_{ck}/250) f_{ck} b_w d = 0.75 \times 0.2 \times (1 - 24/250) \times 24 \times 300 \times 500 = 488.2kN$

이므로 보단면은 적합하다.

6. 스터럽의 간격 산정

$D13@\dfrac{\phi A_v f_{yt} d}{\phi V_s} = \dfrac{0.75 \times 2 \times 127 \times 400 \times 585}{116.8 \times 10^3} = 381.6\ mm$

또는,

$$\text{D10@}\frac{\phi A_v f_{yt} d}{\phi V_s} = \frac{0.75 \times 2 \times 71 \times 400 \times 585}{116.8 \times 10^3} = 213.3\,mm$$

7. 최소 전단철근 간격 검토

$\phi V_s \leq \phi \frac{1}{3} \lambda \sqrt{f_{ck}}\, b_w d = 215$ 이므로

$$s_{\max} \leq \frac{d}{2} = \frac{585}{2} = 292.5\,mm,\ 600\,mm$$

$$s_{\max} \leq \frac{A_v f_{yt}}{0.35 b_w} = \frac{2 \times 71 \times 400}{0.35 \times 300} = 540.9\ ,$$

$$\frac{2 \times 71 \times 400}{0.0625\sqrt{24} \times 300} = 618.4\,mm$$

[D13 @381.6mm, D10 @213.3mm, $s = 292.5\,mm$]min

따라서 D10 @200으로 설계한다.

8. $L/4(=1.85\,m)$ 구간(단부)에서 스터럽 간격검토

단부 $L/4$ 구간 $V_u = 266.4/2 = 133.2\ kN$

$\phi V_c = 107.5\ kN$

$\phi V_s = 133.2 - 107.5 = 25.7\ kN$

$\phi\, V_s = 25.7\,kN < \frac{1}{2}\phi V_c = 53.75\,kN$이므로

전단철근이 필요없지만 상하부 주철근의 고정 등 시공성을 고려하여 $d/2 = 585/2 = 292.5\,mm$ 간격 이하인 D10 @275 mm로 설계하도록 한다.

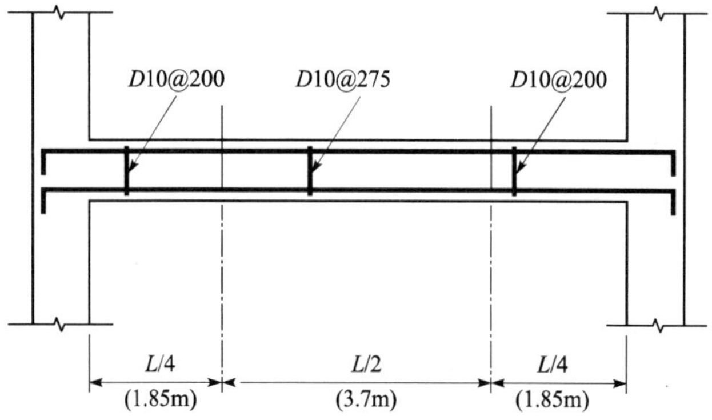

(배근도)

6 스트럿-타이모델

일반적인 보의 구조해석에서는 힘의 평형조건($\Sigma V=0$, $\Sigma H=0$, $\Sigma M=0$)과 변위의 적합조건(보의 휨에 의한 변위는 중립축으로 부터의 거리에 비례한다는 평면유지의 원리)이 적용된다.

그러나 급격한 단면변화가 있는 그림 6-14 (c)와 같은 부분이나 그림 6-14 (a)와 같이 하중 작용점의 근접부분, 그림 6-14 (b)와 같이 재료의 불연속성이 있는 부분 등에서는 응력의 국부적인 집중현상이 발생하는데 이러한 응력집중현상은 그림 6-14 (a)에서처럼 하중작용 위치에서 원형부재의 직경 d정도 떨어진 거리에서 어느 정도 해소되어 응력분포가 거의 균일해지며 이러한 거동사실은 프랑스 과학자 생베낭(Saint-Venant)에 의해 처음 밝혀졌으며 이것을 생베낭의 원리라 부른다.

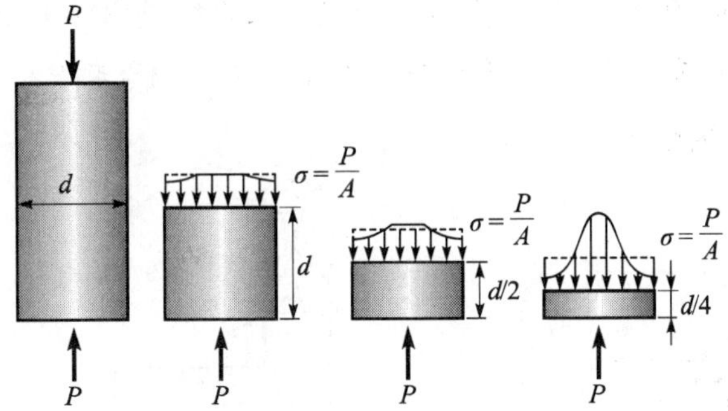

(a) 집중하중 작용점 부근의 응력집중

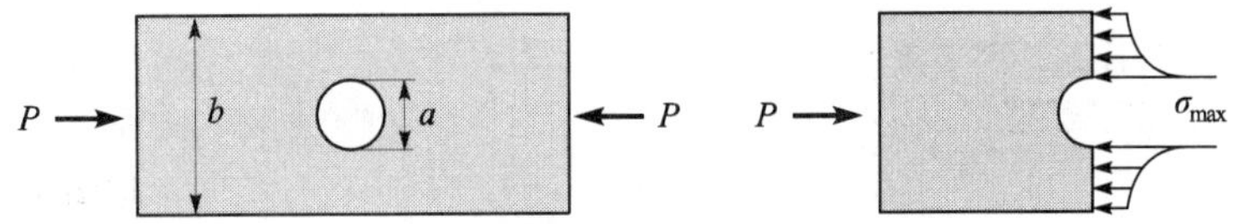

(b) 재료의 불연속 부분의 응력집중

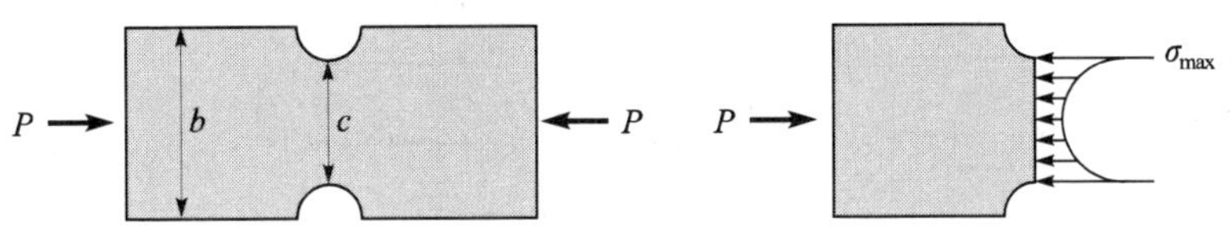

(c) 급격한 단면변화 부분의 응력집중

그림 6-14 응력집중분포

즉 부재에 가해진 하중으로 인한 응력집중현상은 하중작용 위치로부터 하중작용 단면 길이 이상 떨어진 위치에서는 사라지게 된다. 이와 같은 응력집중현상을 직접 계산하여 평가하기는 힘들고, 비선형 해석적 방법으로 유한요소 해석 프로그램을 사용하거나 실험적 방법을 통하여 평가할 수 있다.

유한요소 해석범용프로그램으로는 SAP, ADINA, ABAQUS, MIDAS 등이 사용되고, 실험적 방법으로는 스트럿-타이모델에 의한 보의 해석이 합리적인 설계방법임이 실험으로 증명되었다.

(1) 스트럿-타이모델의 영역정의

스트럿-타이 모델은 철근콘크리트의 구조물을 응력과 부재의 기하학적인 형태에 따라서 B영역과 D영역으로 구분된다.

B영역은 보 이론의 변위의 적합조건(평면유지원리)이 적용되는 부분이고,

D영역은 집중하중에 의한 하중 불연속부, 단면이 급격히 변화하는 불연속부와 보 이론의 평면유지 원리가 적용되지 않는 부분(변형률 분포가 비선형영역)으로 그림6-15에서 음영처리부분이 D영역이 되겠다.

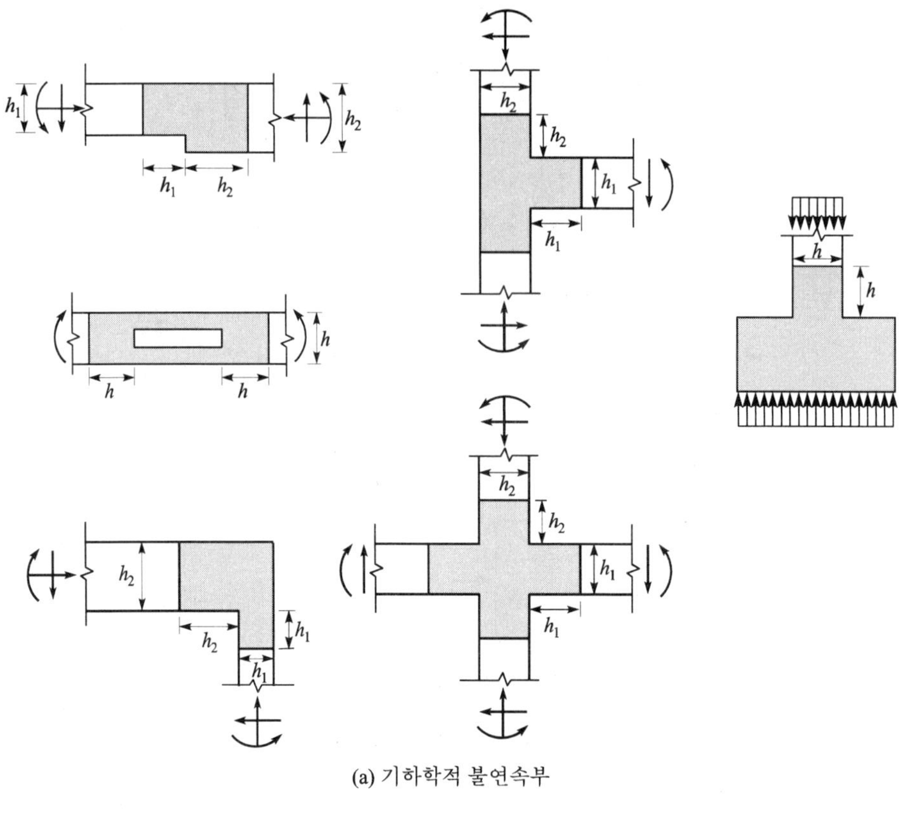

(a) 기하학적 불연속부

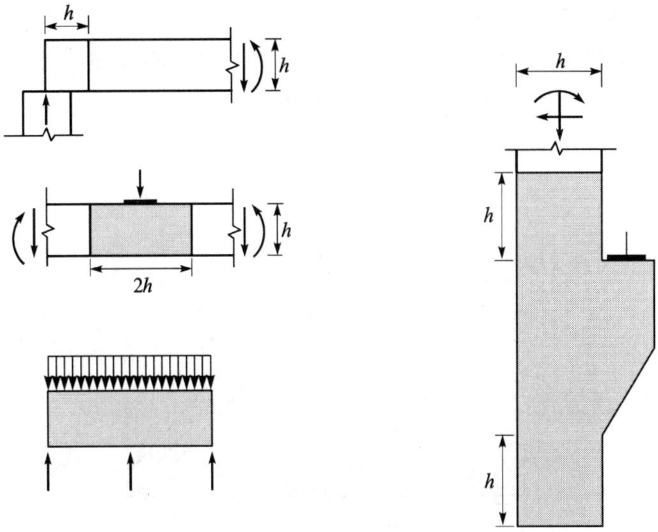

(b) 하중 및 기하학적 불연속부

그림 6-15 응력교란영역 (D-영역:변형률분포가 비선형영역)의 예

(2) 전단경간(구조물에서 하중점과 받침부사이의 거리 : a)에 따른 보의 형태와 해석방법으로는 그림 6-16 (a), (b)와 같이 전구간이 D영역으로 된 깊은보는 비선형해석이나, 또는 스트럿-타이모델 설계절차에 따라 설계하여야 하며 그림 6-16 (c)와 같이 D영역사이에 B영역이 존재하는 일반 얕은 보는 전통적인 설계방법에 따라 설계한다.

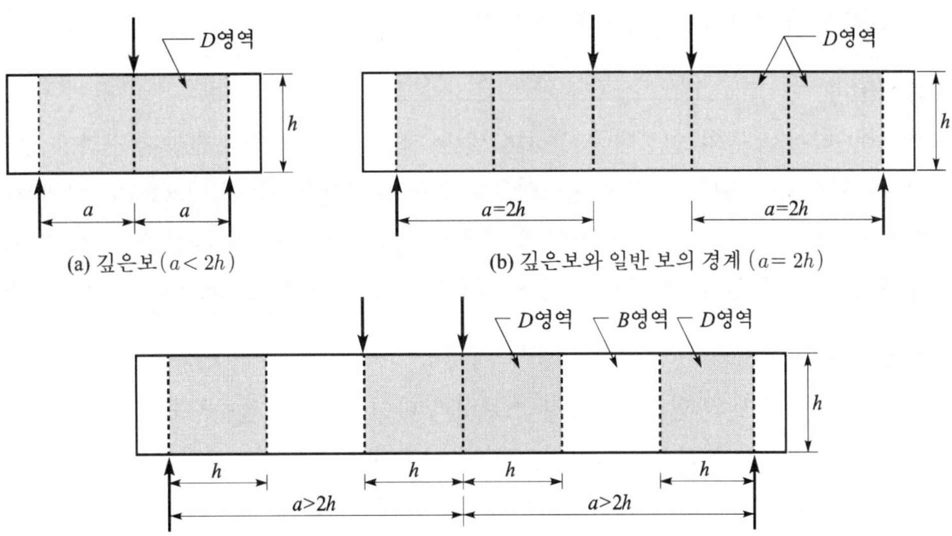

(c) 일반 얕은보 ($a > 2h$)

그림 6-16 깊은보와 일반 얕은보의 응력교란영역

(3) 스트럿-타이 모델의 구성요소

스트럿-타이 모델은 극한상태에서 철근콘크리트 보의 D영역에서의 응력흐름을 트러스 형태로 나타낸 것으로 그 구성요소는 다음과 같다.

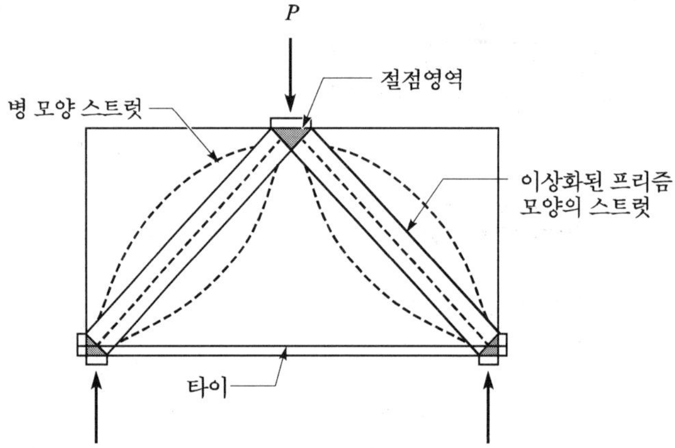

그림 6-17 스트럿-타이 모델의 구성요소

1) **스트럿**(strut)

스트럿-타이 모델의 압축대이며 힘의 분포에 따라 프리즘모양 또는 부채모양등의 스트럿으로 모델링한다.

콘크리트 구조부재에서의 스트럿은 일반적으로 그림 6-17과 같이 직선형태의 삼각형(트러스) 압축요소로 이상화할 수 있다.

2) **타이**(tie)

스트럿-타이 모델의 인장대를 말하며 일반 철근이나 프리스트레싱 철근과그 주위의 콘크리트로 구성된다. 주위의 콘크리트는 철근을 정착시키는데 필요하며, 설계에서는 타이영역에 있는 콘크리트는 타이에 작용하는 축력(인장력)에 저항하지 않는다고 가정한다. 그러나 실제로는 사용 하중시 철근의 인장 변형을 감소시키는 역할을 한다.

3) **절점**(node)

스트럿-타이 모델의 압축요소로서 스트럿과 타이, 그리고 집중하중이 작용하는 접합부의 축이 교차하는 한점을 말하며, 2차원 구조에서 절점에는 그림 6-18과 같이 평형조건을 만족하기 위해 적어도 세 개의 힘이 작용해야 한다.

절점은 인장력 T와 압축력 C의 작용형태에 따라 세 개의 압축력에 저항하는 CCC 절점, 두 개의 압축력과 한 개의 인장력에 저항하는 CCT 절점, 한 개의 압축력과 2개의 인장력에 저항하는 CTT 절점, 세 개의 인장력에 저항하는 TTT 절점으로 분류된다.

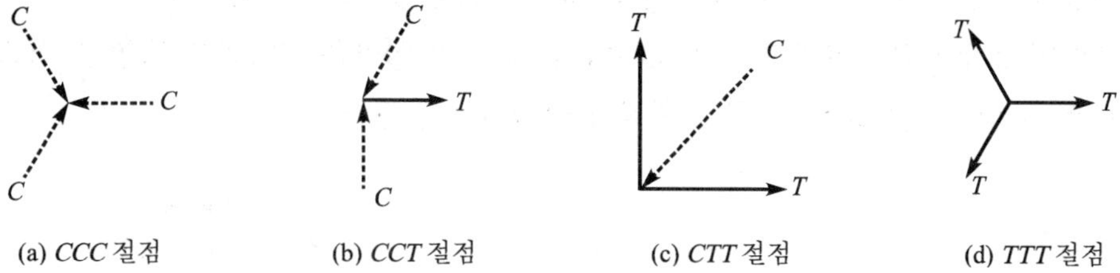

그림 6-18 절점의 분류

4) **절점영역**

스트럿과 타이의 힘이 절점을 통해서 전달될 수 있도록 하는 절점의 유한영역으로 절점을 둘러싸고 있는 콘크리트의 체적을 말하며, 과거에는 그림 6-19와 같은 정수압 절점영역(절점의 면이 스트럿이나 인장타이 축에 수직하게 배치하여 절점의 모든 면에 동일한 지압응력이 발생토록 하는 절점 영역)이 사용되었다.

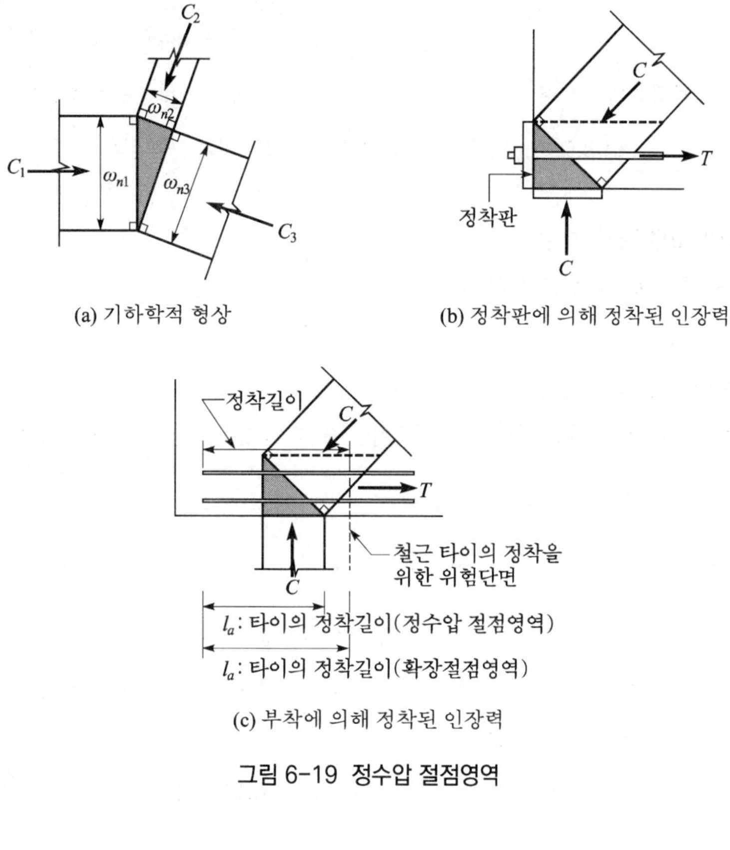

그림 6-19 정수압 절점영역

그러나 점차 철근의 부착영향, 정착길이와 방법 그리고 철근배치형태를 고려하면 구성하기가 어려워 그림 6-20과 같은 확장절점영역으로 대치되었다.

그림의 음영처리된 부분이 확장절점영역이고, 이 영역은 지압판을 포함한 스트럿 유효폭 w_s 와 타이유효폭 w_t 의 교차점을 연결하여 결정한다.

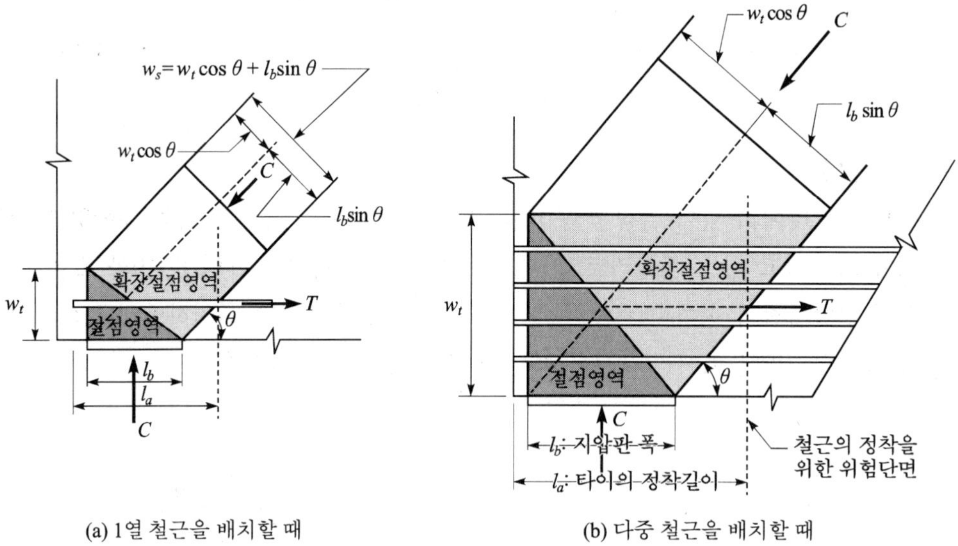

그림 6-20 인장력 분포의 영향을 고려한 확장 절점영역

(4) 스트럿-타이 모델의 설계절차

1) 스트럿-타이 모델의 설계절차는 다음과 같다.

① D영역에서 스트럿-타이 모델(트러스)을 설정한다.

② 스트럿과 타이의 단면력 및 설계강도 설정

③ 타이의 유효강도를 고려하여 필요 철근량을 산정(배치, 정착 등 설계기준검토)

2) 스트럿과 타이 및 절점영역의 설계는 식(6.22)에 의한다.

$$\phi F_n \geq F_u \quad \cdots\cdots (6.22)$$

여기서, F_n : 스트럿, 타이 또는, 절점영역의 공칭축강도

F_u : 계수하중에 의한 스트럿과 타이의 단면력 또는 절점영역의 한 면에 작용하는 단면력

ϕ : 강도감소계수로 스트럿에서는 $\phi_c = 0.75$, 타이에서는 $\phi_t = 0.85$이다.

(5) 스트럿–타이 설계

1) 스트럿 설계

① 스트럿의 공칭축강도 F_{ns} 를 식(6.23)으로 계산한다.

$$F_{ns} = f_{ce} A_c \quad \cdots\cdots (6.23)$$

여기서, A_c : 스트럿의 유효단면적(mm^2)

f_{ce} : 스트럿 또는 절점영역의 콘크리트 유효압축강도(MPa)

② 스트럿의 콘크리트 유효압축강도 f_{ce} 를 식(6.24)으로 구한다.

$$f_{ce} = 0.85\beta_s f_{ck} \quad \cdots\cdots (6.24)$$

여기서, β_s 는 스트럿 유형에 따라 표 6–1 과 같이 주어진다.

표 6–1 β_s의 값

스트럿의 유형		β_s
전길이에 걸쳐 스트럿의 단면적이 일정할 경우		1.0
병모양 스트럿	(6)항의 철근배치 규정을 만족할 경우	075
	만족하지 못할 경우	0.6λ 여기서, λ 는 일반중량 콘크리트 : 1.0, 모래경량 콘크리트 : 0.85, 전경량 콘크리트 : 0.75이다.
인장요소 또는 콘크리트 구조부재의 인장플랜지 콘크리트의 스트럿		0.4
기타의 모든 경우		0.6

③ 스트럿의 압축철근을 결정한다.

스트럿의 강도를 증가시키기 위하여 압축철근을 사용할 수 있다.

이때 압축철근은 스트럿 중심선에서 평행하게 배치하고 압축철근 보강 규정에 맞게 띠철근이나 나선철근으로 보강하여야 하며, 이런 경우 스트럿의 공칭축강도 F_{ns} 는 식(6.25)으로 구한다.

$$F_{ns} = f_{ce} A_c + 1.13 A_s' f_s' \quad \cdots\cdots (6.25)$$

여기서, A_s' : 압축철근 스트럿의 단면적(mm^2)

f_s' : 압축철근의 응력으로 SD500이하인 철근의 경우 f_s' 을 f_y 로 취할 수 있다. (MPa)

A_c : 스트럿의 유효단면적(mm^2)

④ 스트럿의 폭을 식(6.26)으로 결정한다.

$$w_s = w_t \cos\theta + l_b \sin\theta \quad \cdots\cdots (6.26)$$

여기서, w_s : 스트럿의 유효폭

w_t : 타이의 유효폭

l_b : 지압판의 폭

2) 타이 설계

① 타이의 공칭축강도를 식(6.27)으로 구한다.

$$F_{nt} = A_{st} f_y + A_{ps}(f_{pe} + \Delta f_p) \quad \cdots\cdots (6.27)$$

여기서, F_{nt} : 타이의 공칭축강도(N)

A_{st} : 철근 타이의 단면적(mm^2)

f_y : 철근의 설계기준항복강도(MPa)

A_{ps} : 프리스트레스트 강재타이의 단면적(mm^2)

f_{pe} : 프리스트레스트 강재타이(긴장재)의 유효프리스트레스 응력(MPa)

Δf_p : 계수축력에 의한 긴장재의 응력증가분(MPa)

② 타이의 유효폭을 산정한다.

타이의 유효폭 w_t는 철근 중심으로부터 피복콘크리트 표면까지의 거리를 두배한 값

$$w_t = 2 \times \bar{y} \quad \cdots\cdots (6.28)$$

여기서, $\bar{y}$ 는 철근 중심으로부터 피복콘크리트 표면까지의 거리

철근타이의 최대 유효폭은

$$w_{t,\max} = F_{nt} / f_{ce} \quad \cdots\cdots (6.29)$$

이며, 콘크리트 타이의 유효폭 F_{nt}/bf_t ($b=$ 부재의 두께, $f_t=$ 콘크리트의 설계기준 인장강도)를 초과할 경우 콘크리트 타이의 유효폭을 철근타이 유효폭의 상한값으로 취할 수 있다.

3) 절점영역 설계

① 절점영역의 공칭축강도를 식(6.30)으로 계산한다.

$$F_{nn} = f_{ce} A_n \quad \cdots\cdots (6.30)$$

여기서, f_{ce} : 절점영역 콘크리트 유효압축 강도(MPa)

A_n : 스트럿이나 타이로부터 전달되는 계수축력 F_u 의 작용선에 직각인 절점영역 경계면의 면적 또는 절점영역을 형성하는 요소의 단면적(mm^2)

② 절점영역 콘크리트의 유효압축강도는 식(6.31) 값 이하 이어야 한다.

$$f_{ce} = 0.85\beta_n f_{ck} \quad \cdots\cdots (6.31)$$

여기서, β_n 는 절점영역 내부의 타이의 인장변형률과 스트럿의 압축변형률의 부적합성 정도를 고려하기 위한 계수로 표 6-2와 같다.

표 6-2 β_n 의 값

절점부의 유형	β_n
지지판, 스트럿 또는 지지판과 스트럿에 의해 형성된 절점영역 : CCC절점	1.0
하나의 타이가 연결된 절점영역 : CCT절점	0.8
2개 이상의 타이가 연결된 절점영역 : CTT절점 또는 TTT절점	0.6

(6) 철근 배치 규정

1) 병 모양 스트럿에서 β_s를 사용할 경우 콘크리트 스트럿의 중심선은 스트럿 압축응력의 확산으로 인한 스트럿의 횡방향 인장력에 저항하는 수직, 수평 철근을 그림 6-22와 같이 배치하여 균열을 방지하도록 한다.

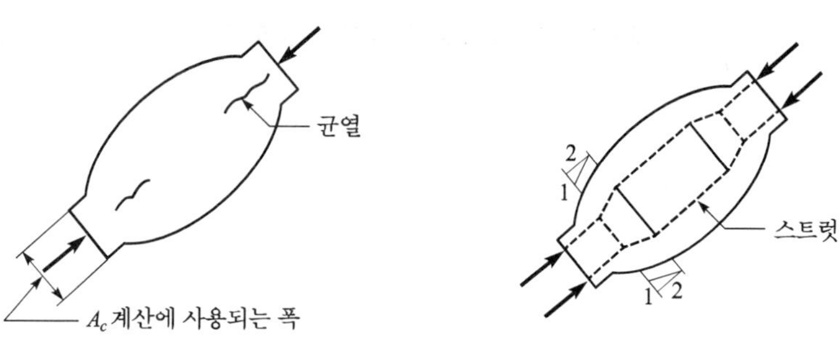

(a) 압축응력 확산으로 인한 균열　　(b) 응력분산 및 전달

그림 6-21 병 모양 스트럿

이 때 콘크리트 스트럿의 압축력은 그림 6-21과 같이 스트럿의 종방향 대 횡방향이 2:1로 분산, 전달된다고 가정한다.

2) 1)항의 가정은 스트럿 압축응력 확산으로 인하여 발생하는 스트럿 횡방향의 인장력이 철근에 의하여 구속되도록 f_{ck} 가 $40MPa$ 이하일 경우 콘크리트 스트럿의 중심선이 식(6.32)의 조건을 만족하도록 균열조절 철근을 배치하여야 한다.

$$\Sigma \frac{A_{si}}{bs_i} \sin^2 \gamma_i \geq 0.003 \qquad (6.32)$$

여기서, A_{si} : 콘크리트 스트럿 중심선과 이루는 각 γ_i 와 철근의 간격 s_i 로 배치된 철근의 전체면적이다.

3) 균열조절철근을 그림 6-22와 같이 콘크리트 스트럿 중심선에 대해 두 개의 직각방향(각γ_1 과 γ_2) 으로 배치하거나 한 방향 (각γ)으로 배치하여야 하며, 한 방향으로 배치할 경우 γ 는 40° 이상이어야 한다.

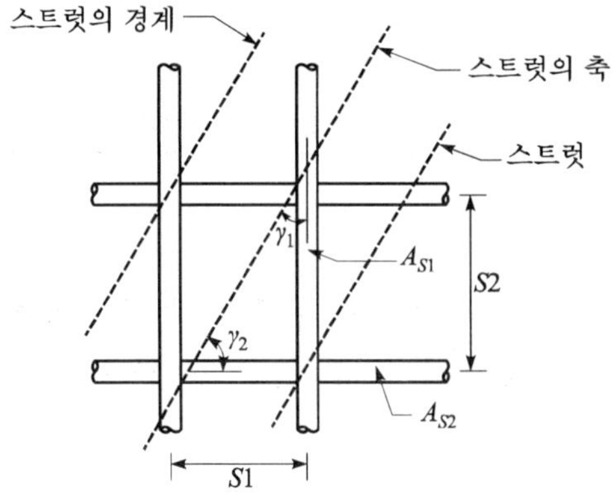

그림 6-22 스트럿을 가로지르는 균열철근

7 깊은보(Deep beam)의 설계

깊은보는 그림 6-23과 같이 보의 상부에 하중을 받고, 하부 면에 의해 지지되는 연직하중을 받는 경간-높이의 비가 4보다 작은 경우의 보로 하중의 작용점과 받침부 사이에 압축대가 형성될 수 있는 보에 적용되며, 그 거동이 보통의 보와 달라서 해석, 설계 및 철근 배근 상세에 대해 특별한 고려가 필요하다.

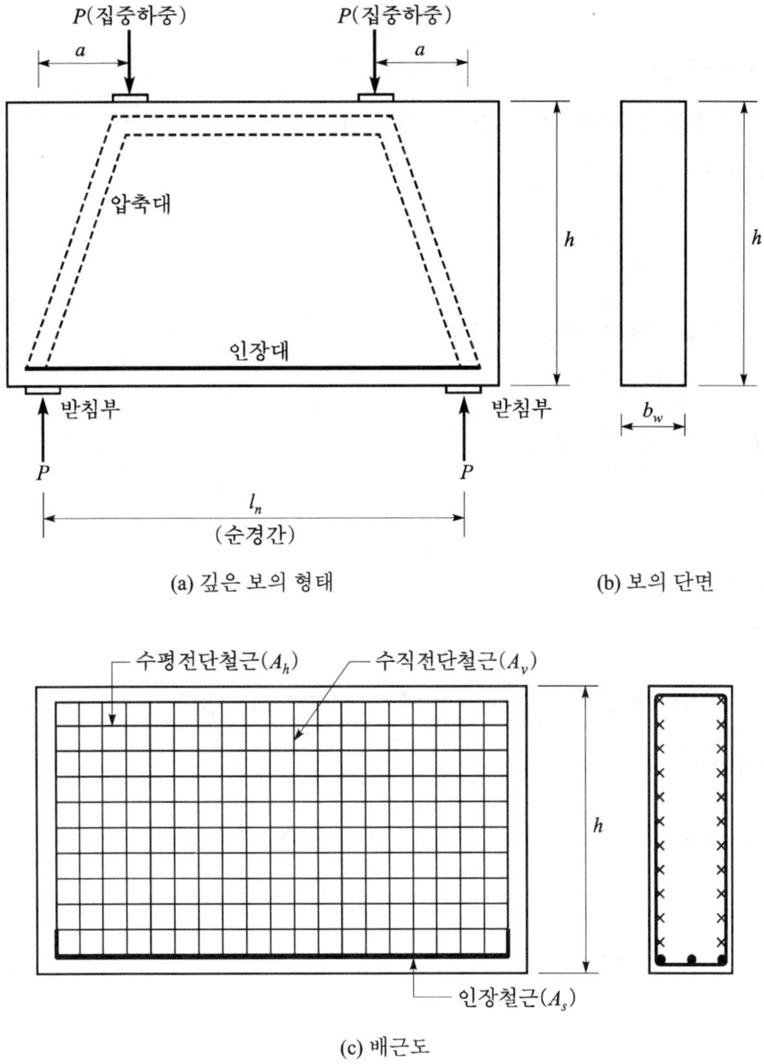

그림 6-23 깊은보 기본개념도

(1) 깊은보의 조건

① 순경간(l_n)이 부재 깊이 (h)의 4배 이하인 부재 : $\dfrac{l_n}{h} \leq 4$

② 집중하중이 받침부로부터 부재 깊이(h)의 2배 이하인 위치에 작용하는 경우 : $\dfrac{a}{h} \leq 2$

(2) 깊은보의 설계

설계기준에서는 비선형 해석 또는 스터럿-타이 모델(Strut-Tie Model)에 따라 설계하도록 하고 있다.

(3) 공칭전단강도(V_n)

깊은보의 공칭전단강도(V_n)는 전단보강철근 배치와 무관하게 콘크리트 강도(V_c)의 5배 이하 이어야 한다.

$$V_n \leq \frac{5}{6}\lambda\sqrt{f_{ck}}\,b_w d \quad \cdots\cdots (6.33)$$

여기서, V_n : 깊은보의 공칭전단강도
b_w : 깊은보의 폭
d : 깊은보의 유효깊이
λ : 경량콘크리트 계수

(4) 깊은보의 최소철근량

① 수직전단철근(A_v)

$$A_v \geq 0.0025\,b_w s,\ s \text{ 는 d/5 이하 또는 300mm 이하} \quad \cdots\cdots (6.34a)$$

② 수평전단철근(A_h)

$$A_h \geq 0.0015\,b_w s_h,\ s_h \text{ 는 d/5 이하 또는 300mm 이하} \quad \cdots\cdots (6.34b)$$

여기서, s : 수직전단철근간격
s_h : 수평전단철근간격

예제 6-4

계수하중 2,000KN이 작용하는 중심간격 3.5m 의 두 기둥을 아래와같이 두께 500mm, 높이 3,000mm의 전이보를 이용하여 기둥 중심간격 7m로 바꾸려고 한다. 이 보를 스트럿-타이모델을 이용하여 설계하시오. 단, $f_{ck} = 30\,MPa$, $f_y = 400\,MPa$, 기둥 $= 500\,mm \times 500\,mm$ 이다.

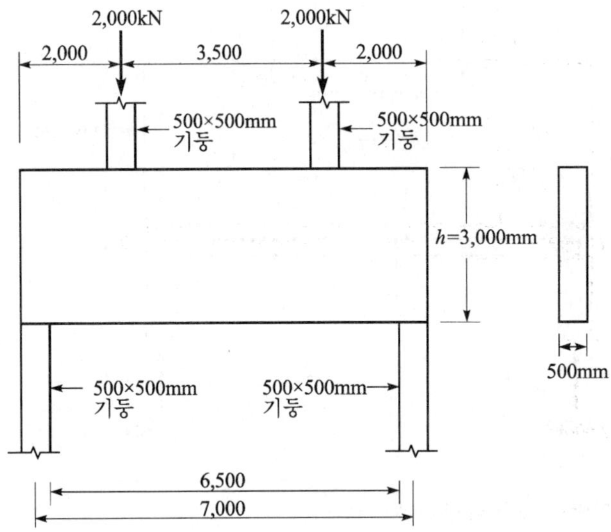

풀이

1. 깊은보 조건검토

$l_n/h = 6.5\,m\,/\,3\,m = 2.17 \;<\; 4$이므로 깊은보에 해당한다.

따라서 스트럿-타이 모델로 설계한다.

2. 단면의 적정성 검토

전단력 $V_u = 2{,}000\,KN$, $\phi V_n \le \phi \frac{5}{6} \lambda \sqrt{f_{ck}}\, b_w d$ 이어야 한다.

여기서, $b_w = 500\,mm$, $d = 0.875\,h$, $h = 2{,}625\,mm$ (유효깊이 d 는 대략 0.875h로 가정)

$\phi = 0.75$, $\lambda = 1.0$이다.

$$\phi V_n = \phi \frac{5}{6} \lambda \sqrt{f_{ck}}\, b_w d$$

$$= 0.75 \times \frac{5}{6} \times 1.0 \times \sqrt{30} \times 500 \times 2{,}625 = 4{,}493.0\,KN$$

$V_u \;<\; \phi V_n$ 이므로 적합하다.

3. D영역과 스트럿-타이 모델 설정

집중하중 작용점과 지점에서 거리 h 만큼 떨어진 부분까지가 D영역이므로 전체부재를 D영역으로 하는 사다리꼴의 트러스로 설정

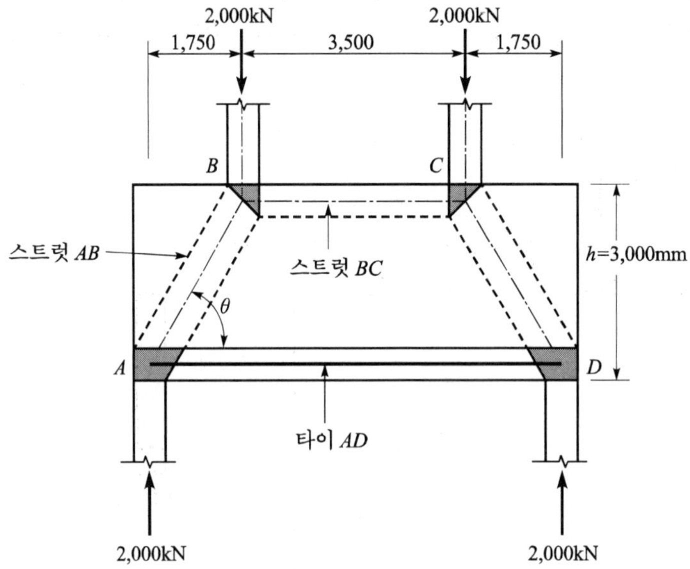

4. 스트럿 과 타이의 계수 축력 산정

(1) 수평 스트럿과 타이의 중심간거리 가정

1차 트러스를 수평스트럿 BC와 타이 AD중심간의 거리를 대략 0.8h=2.4m인 사다리꼴로 설정하면,

스트럿 AB와 타이 AD가 이루는 각 $\theta = \tan^{-1}\left(\dfrac{2.4}{1.75}\right) = 53.9^\circ$ 이다.

(2) 계수축력 산정

① A절점에서 힘의 평행조건으로부터 경사스트럿의 계수축력을 산정한다.

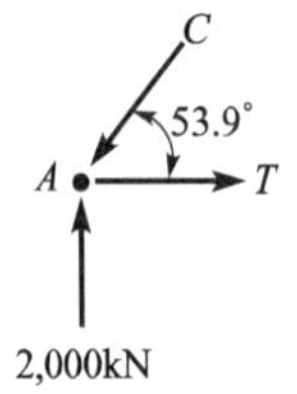

$\Sigma V = 0$; $2{,}000 - C \cdot \sin 53.9 = 0$ 에서 $C = 2{,}475.3\ kN$

$\Sigma H = 0$; $T - C \cdot \cos 53.9 = 0$ 에서 $T = 1{,}458.4\ kN$

② B절점으로 수평스트럿의 계수축력을 산정한다.

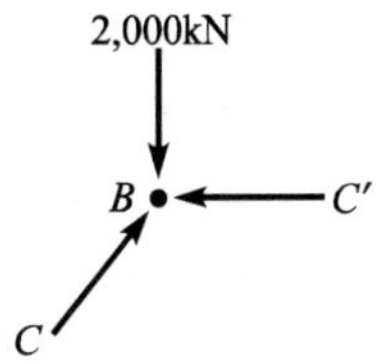

$\Sigma H = 0$; $C \cdot \cos 53.9 - C' = 0$ 에서

$C' = 2{,}475.3 \times \cos 53.9 = 1{,}458.4\ kN$

5. 스트럿과 타이의 폭 산정(전구간 일정단면 : $\beta_s = 1.0$)

$$w_{BC} = \frac{F_u(=C')}{\phi 0.85 \beta_s f_{ck} b_w} = \frac{1{,}458.4 \times 10^3}{0.75 \times 0.85 \times 1.0 \times 30 \times 500} = 152.5\ mm\ (\beta_s = 1.0 : \text{전구간 일정단면})$$

$$w_{AD} = \frac{F_u(=T)}{\phi 0.85 \beta_n f_{ck} b_w} = \frac{1{,}458.4 \times 10^3}{0.75 \times 0.85 \times 0.8 \times 30 \times 500} = 190.6\ mm\ (\beta_n = 0.8 : CCT\ \text{절점})$$

따라서 수평스트럿 BC와 타이 AD의 중심간거리

$d = 3.0 - (0.1906 + 0.1525)/2 = 2.83\ m$

스트럿 AB와 타이 AD가 이루는 각 $\theta = \tan^{-1}\left(\frac{2.83}{1.75}\right) = 58.3°$ 가 된다.

6. 스트럿과 타이의 계수축력을 재산정한다.

$\Sigma V = 0$; $2{,}000 - C \cdot \sin 58.3 = 0$ 에서 $C = 2{,}350.7\ kN$

$\Sigma H = 0$; $T - C \cdot \cos 58.3 = 0$ 에서 $T = 1{,}235.2\ kN$

$C \cdot \cos 58.3 - C' = 0$ 에서 $C' = 1{,}235.2\ kN$

타이 AD : $T = 1{,}235.2\ kN$

스트럿 AB : $C = 2{,}350.7\ kN$

스트럿 BC : $C' = 1{,}235.2\ kN$

7. 스트럿과 타이의 폭 재산정

$$w_{AD} = \frac{F_u(=T)}{\phi 0.85 \beta_n f_{ck} b_w} = \frac{1{,}235.2 \times 10^3}{0.75 \times 0.85 \times 0.8 \times 30 \times 500} = 161.5\ mm$$

$$w_{BC} = \frac{F_u(=C')}{\phi 0.85 \beta_s f_{ck} b_w} = \frac{1{,}235.2 \times 10^3}{0.75 \times 0.85 \times 1.0 \times 30 \times 500} = 129.2\ mm$$

8. 스트럿과 AB의 유효폭 및 강도 검토

① 스트럿의 유효폭 산정

$w_{AB,上} = \ell_b \cdot \sin\theta + w_{BC} \cdot \cos\theta = 500 \times \sin 58.3 + 129.2 \times \cos 58.3 = 493.3\ mm$

$w_{AB,下} = \ell_b \cdot \sin\theta + w_{AD} \cdot \cos\theta = 500 \times \sin 58.3 + 161.5 \times \cos 58.3 = 510.3\ mm$

이 중 작은값 $w_{AD} = 493.3\,mm$ 이다.

② 스트럿 강도

$\phi F_n = \phi 0.85 \beta_s f_{ck} A_c = 0.75 \times 0.85 \times 0.75 \times 30 \times 500 \times 493.3 = 3{,}537.9\,KN$

(여기서 $\beta_s = 0.75$: 스트럿 上, 下 폭이 다르므로 병모양 스트럿으로 균열조절 철근을 배치)

$\phi F_n = 3{,}537.9\,KN > F_u = 2{,}350.7\,KN$ ……………………………………적합

9. 타이 철근량 결정

$F_u = 1235.2\ kN$

$$A_{st} = \frac{F_u}{\phi f_y} = \frac{1{,}235.2 \times 10^3}{0.75 \times 400} = 4{,}117.3\ mm^2$$

D25 n=4,117.3 / 507=8.12 이므로 안전측으로 10개를 5개씩 2단으로 배근하도록 한다.

10. 최소전단철근량 산정

D13 철근을 수직, 수평 양면으로 배근할 경우 식(6.34a), (6.34b)로부터

① 수직 철근 $A_v = 2 \times 127 = 254\,mm^2 > 0.0025\,b_w\,s$

$$s = \frac{254}{0.0025 \times 500} = 203.2\ mm$$

② 수평철근 $A_h = 2 \times 127 = 254\,mm^2 > 0.0015\,b_w\,s$

$$s = \frac{254}{0.0015 \times 500} = 338.7\ mm$$

수직, 수평 철근 간격은 300mm 이하, d/5 이하이므로 2,830 / 5=566mm

따라서 수직 철근은 D13 철근 양면으로 간격 200mm, 수평철근은 D13 철근 양면 300mm 간격으로 배근한다.

11. 경사 스트럿에 대한 균열조절 철근량 검토

$$\Sigma \frac{A_{si}}{bs_i} \sin^2\gamma_i \ \geq\ 0.003$$

그림 6-22에서 $\gamma_2 = 58.3^\circ$, $\gamma_1 = 31.7^\circ$

$s_1 = 200\ mm$, $s_2 = 300\ mm$, $A_{s1} = A_{s2} = 254\ mm^2$

$$\frac{254 \times \sin^2 31.7^\circ}{500 \times 200} + \frac{254 \times \sin^2 58.3^\circ}{500 \times 300} = 0.002 < 0.003$$ …………부적합

수직, 수평 철근을 150mm 간격으로 변경하면

$$\frac{254 \times \sin^2 31.7^\circ}{500 \times 150} + \frac{254 \times \sin^2 58.3^\circ}{500 \times 150} = 0.0034 > 0.003$$ …………적합

따라서 수직, 수평철근 모두 D13 철근 양면으로 150mm 간격으로 배근한다.

12. 타이철근의 정착 길이 검토

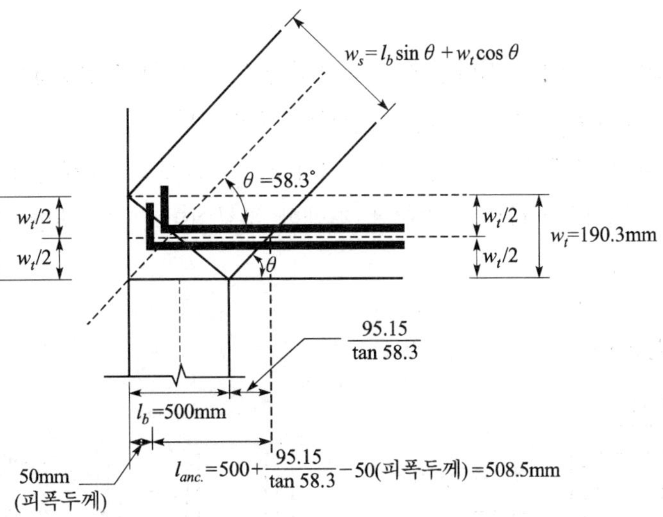

$$필요정착길이\ l_d = \frac{0.24\beta d_b f_y}{\lambda\sqrt{f_{ck}}} \times (보정계수)$$

$$= \frac{0.24 \times 1.0 \times 25 \times 400}{1.0 \times \sqrt{30}} \times \left(\frac{소요\ A_s : 4{,}117.3}{배근\ A_s : 5{,}070}\right)$$

$$= 355.9\,mm < \ell_{anc.} = 508.5\ mm$$ …………… 적합

13. 배근도

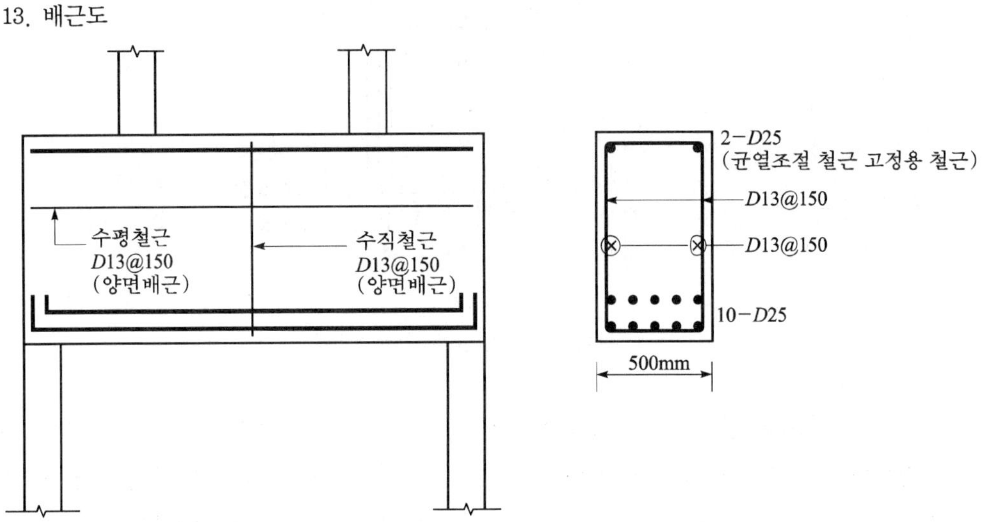

8 전단마찰 설계

일반적으로 철근콘크리트 보에서 전단설계는 전단력과 휨에 의한 사인장균열에 관계된 것이지만 부재 상황에 따라서는 직접전단전달에 관계된 것이 있다.

예를 들자면 서로 다른 시기에 타설한 콘크리트 경계면, 콘크리트와 강재사이의 경계면, 기둥과 브래킷, 내민받침 등의 접합면은 전단에 취약한 부분이며, 이에 대한 전단보강이 필요하게 된다.

(1) 전단마찰 설계의 기본개념

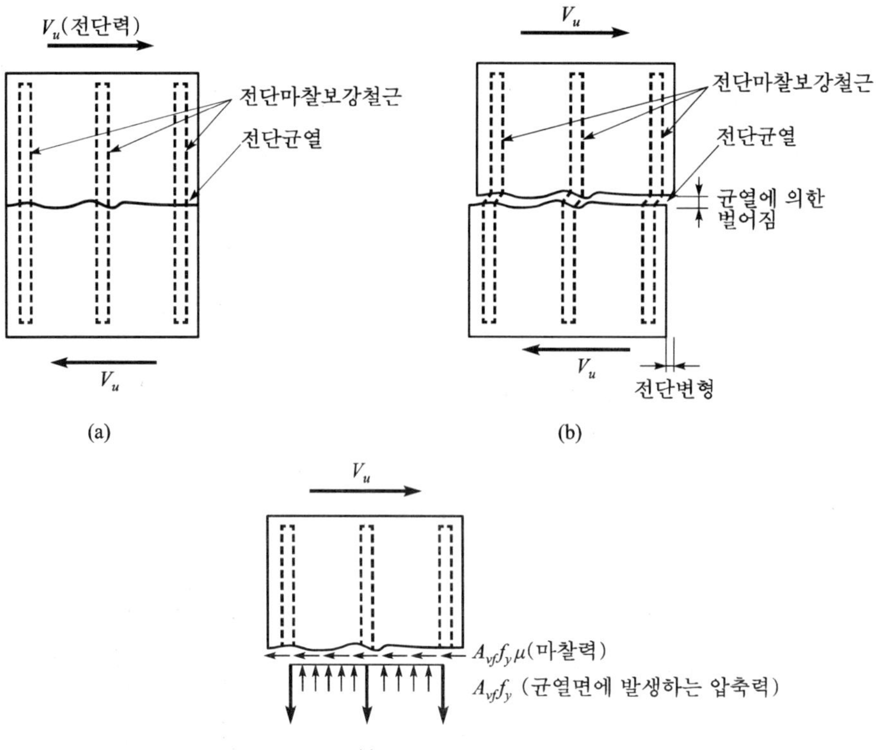

그림 6-24 전단마찰 기본개념도

그림 6-24 (a)와 같이 콘크리트 구조체에 큰 전단력이 작용하면 전단력 작용방향으로 균열이 발생되고, 이 콘크리트 균열면이 매끄럽지 못하고 울퉁불퉁하여 반대편 균열면을 밀어내서 그림 6-24 (b)와 같이 벌어져서 변위가 발생하게 된다. 이 벌어지려는 힘으로 이 균열면에 배근된 철근에 인장력 $A_{vf}f_y$ 가 발생되고 이 인장력은 콘크리트 균열면에 압축력

으로 작용하여 평형을 이루게 된다.

이때 발생된 압축력으로 인하여 균열면을 따라 마찰력이 발생하여 미끄러짐에 저항하게 된다. 따라서 전단마찰 설계는 콘크리트의 이어치기, 콘크리트와 강재사이의 경계면 등 균열이 발생함이 예상되는 곳에 적절히 보강설계를 하여야 한다.

(2) 전단마찰 설계가 고려되는 경우

① 타설 시기 차이에 의해 기존에 있는 굳은 콘크리트와 여기에 새로이 타설하는 콘크리트와 접합면

② 콘크리트와 강재사이에 경계면(주로 철골보와 콘크리트 슬래브의 접촉면의 연결 커넥터 : stud bolt 등)

③ 기둥과 브래킷 또는 벽체와 내민받침과의 접합면

④ 프리캐스트 구조물의 철근 상세설계

(3) 설계절차

콘크리트 구조설계 기준에 의하면 식(6-12)을 기본으로 해서 설계하여야 하며, 콘크리트가 부담하는 전단강도 V_c 는 고려되지 않는다.

$$\phi V_n \geq V_u (\phi = 0.75)$$

공칭전단강도 V_n 은 식(6.35), (6.36)에 의하여 구한다.

1) 전단 마찰 보강근이 전단면과 직각일 때 (그림 6-24)

$$V_n = A_{vf} f_y \mu \quad \cdots\cdots (6.35)$$

여기서, V_n : 공칭전단강도

f_y : 전단마찰 보강철근의 항복강도 ($f_y \leq 500MPa$ 이어야 한다)

μ : 균열면의 마찰계수

A_{vf} : 전단마찰보강철근 단면적

2) 전단 마찰 보강근이 전단면과 경사일 때 (그림 6-25)

$$V_n = A_{vf} f_y (\mu \sin\alpha_f + \cos\alpha_{f)} \quad \cdots\cdots (6.36)$$

여기서, α_f : 전단마찰보강근과 전단면과의 경사각

식 (6.35), (6.36)에서 공칭전단강도 V_n 은 일체로 친 콘크리트나 표면을 거칠게 만든 굳은 콘크리트에 새로 친 보통콘크리트의 경우 전단강도 V_n 은 $0.2 f_{ck} A_c$, $(3.3+0.08 f_{ck}) A_c$ 및 $11 A_c$ (단위는 N)중 가장 작은 값 이하로 하여야 한다. 그 밖의 경우 전단강도 V_n 은 $0.2 f_{ck} A_c$, 또한 $5.5 A_c$ 이하로 하여야 한다. 강도가 서로 다른 콘크리트를 친 경우 낮은 강도 콘크리트의 f_{ck} 값을 사용하여 전단강도 V_n 을 산정하여야 한다. 여기서, A_c 는 전단력을 전달하는 콘크리트단면적이다.

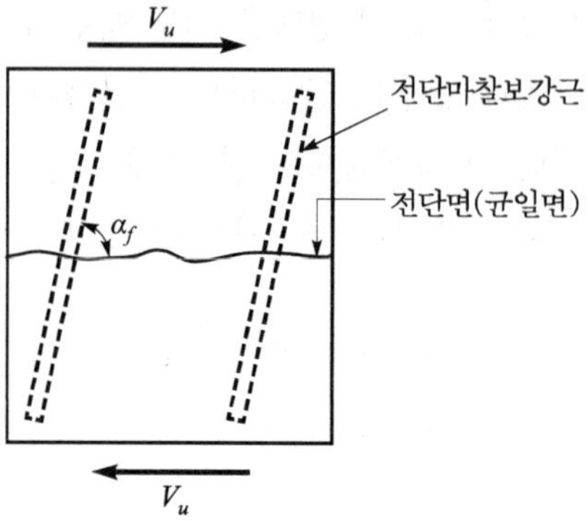

그림 6-25 전단균열면에 경사진 철근

(4) 마찰계수 (μ)

① 일체로 타설된 콘크리트 ······ 1.4λ

② 일부러 거칠게 만든 굳은 콘크리트 면위에 새로 타설된 콘크리트 ······ 1.0λ

③ 일부러 거칠게 처리하지 않은 굳은 콘크리트에 새로 타설된 콘크리트 ······ 0.6λ

④ 전단연결재(stud bolt나 철근)에 의하거나 철근의 의해 구조용강재(보나 기둥등)에 정착된 콘크리트 ······ 0.7λ

여기서, λ 는 일반콘크리트의 경우 1.0, 모래경량 콘크리트의 경우 0.85, 전경량콘크리트에 대해서 0.75 이다. 일부의 모래만이 치환된 경우는 치환되는 체적비에 따라 직선 보간법을 적용할 수 있다.

(5) 전단마찰 보강근의 소요 단면적은 식(6.12), (6.35), (6.36) 으로 부터 다음과 같이 구한다.

① 전단마찰 보강근이 전단면과 직각일 때

$$A_{vf} = \frac{V_u}{\phi f_y \mu} \quad \cdots\cdots (6.37)$$

② 전단마찰 보강근이 전단면과 경사각 α_f 를 가질 때

$$A_{vf} = \frac{V_u}{\phi f_y (\mu \sin\alpha_f + \cos\alpha_f)} \quad \cdots\cdots (6.38)$$

식 (6.37) , (6.38)에서 $\phi = 0.75$이다.

③ 전단균열면과 직각으로 인장력 N_u 가 작용할 때

$A_n = \dfrac{N_u}{\phi f_y}$ 철근량을 추가 배치한다.(크리프, 건조수축, 온도변화 등으로 발생하는 수평인장력은 활하중으로 간주한다.)

예제 6-5

다음 그림과 같이 벽기둥상단에서 보에 의한 작용하중으로 수직하중 $P_D = 100KN$, 활하중 $P_L = 150KN$, 크리프, 건조수축, 온도변화 등으로 발생하는 수평력 $N = 120KN$이 작용할 때 벽기둥 상단모서리에서 연직면에 대하여 20°각도로 예상균열이 발생된다고 가정하고 보강철근을 산정하시오. (단, $f_{ck} = 30\,MPa$(보통중량콘크리트), $f_y = 400\,MPa$)

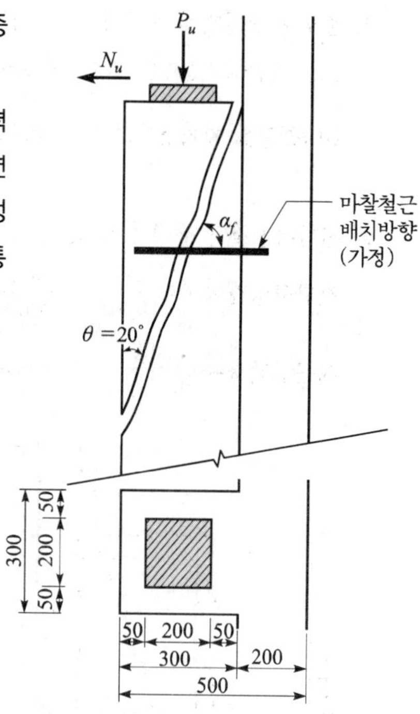

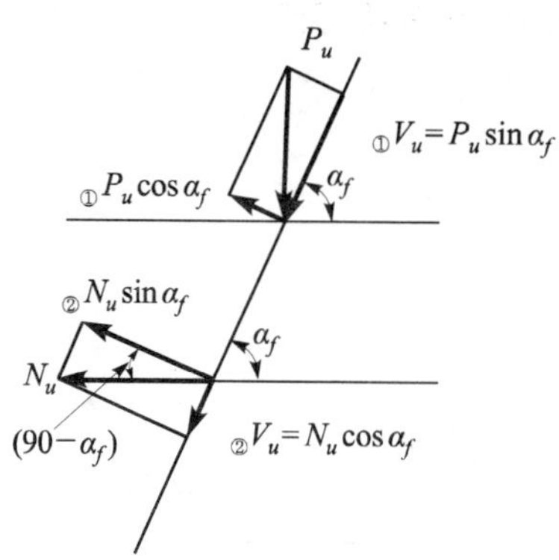

풀이

1. 계수하중

$P_u = 1.2P_D + 1.6P_L = 1.2 \times 100 + 1.6 \times 150 = 360\,KN$

$N_u = 1.6 \times N = 1.6 \times 120 = 192\,KN$

2. 균열면에 작용하는 힘

$\Sigma V_u = {}_{①}V_u + {}_{②}V_u = 360 \times \sin 70° + 192 \times \cos 70° = 403.96\,KN$

$\Sigma N_t = {}_{②}N_u \cdot \sin\alpha_f - {}_{②}P_u \cdot \cos\alpha_f = 192 \times \sin 70° - 360 \times \cos 70° = 57.3\,KN$

3. 전단력에 의한 전단마찰철근 A_{vf} 산정

$$A_{vf} = \frac{V_u}{\phi f_y(\mu \sin\alpha_f + \cos\alpha_f)} = \frac{403.96\times10^3}{0.75\times400\times(1.4\sin70+\cos70)} = 812.3\,mm^2$$

$\mu = 1.4\lambda = 1.4$ (보통중량 콘크리트 : $\lambda = 1.0$)

4. 인장력에 의한 추가철근 A_n 산정(철근과 인장력이 이루는 각 : $(90-\alpha_f), \mu = 0$)

$$A_n = \frac{N_t}{\phi f_y \cdot \cos(90-\alpha_f)} = \frac{N_t}{\phi f_y \cdot \sin\alpha_f} = \frac{57.3\times10^3}{0.75\times400\times\sin70} = 203.3\,mm^2$$

5. 총소요 전단마찰 철근량 A_{st} 산정

$A_{st} = 812.3 + 203.3 = 1{,}015.6\,mm^2$

D10철근을 폐쇄형으로 배근하면 $n = \dfrac{1{,}015.6}{2\times71} = 7.15$ 이므로 $8-D10$ 으로 배근한다.

6. 전단마찰철근 간격 산정 및 배근도

전단균열깊이 $\ell = \dfrac{300}{\tan\alpha_f} = \dfrac{300}{\tan20°} = 824.3\,mm$

배근간격 $s = \dfrac{824.3}{(8-1)} = 117.8\,mm$ (100mm 간격으로 배근한다.)

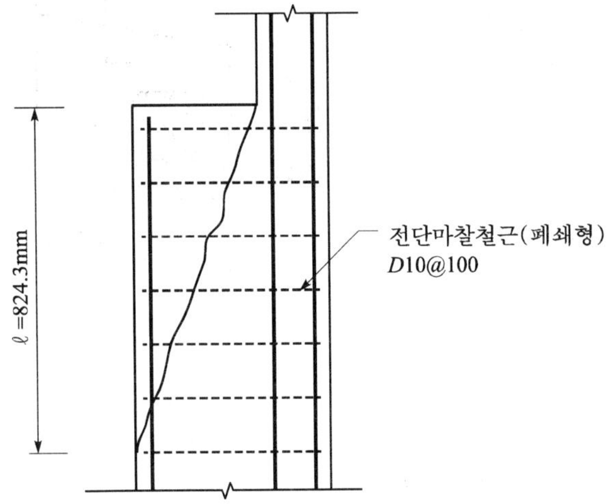

9 브래킷과 내민받침의 전단설계

브래킷(bracket)과 내민받침(corbel)은 기둥면이나 벽체로부터 돌출된 경간이 아주 짧은 캔틸레버보로 주로 공장에서 크레인을 지지하는 기둥과 벽체에 설치하여 크레인 거더의 반력을 지지하는 구조물이다.

산업의 발달로 크레인도 점점 대형화 되고, 그에 따라 크레인 거더도 장경강화 되고 있어 브래킷이나 내민받침에 작용하는 전단력과 수평인장력도 크게 증가하고 있다. 따라서 브래킷과 내민받침의 구조물 전체 안전에 크게 영향을 미치고 있어 설계와 시공이 매우 중요시 되고 있다.

(1) 설계일반

기준에서 제시하는 설계방법으로는 전단마찰에 근거한 방법과 스트럿-타이 모델방법 등이 있다.

이때 전단마찰에 근거한 설계방법에서 전단경간에 대한 길이의 비 $a_v/d \leq 1.0$ 이하이어야 하고, 스트럿-타이모델 방법에서는 $a_v/d \leq 2.0$ 일 경우에만 적용할 수 있도록 하고 있다.

본 서에서는 전단마찰 설계에 근거한 설계방법을 다루도록 하겠다.

(2) 브래킷과 내민받침의 구조적 거동

브래킷과 내민받침에 작용하는 외력으로는 전단력 V_u 와 크리프, 건조수축, 온도변화 등으로 발생하는 수평인장력 N_{uc} 가 있으며, 설계 시 그림 6-26에서 보이는 바와 같이 다음의 조건들을 고려하도록 기준에서 규정하고 있다.

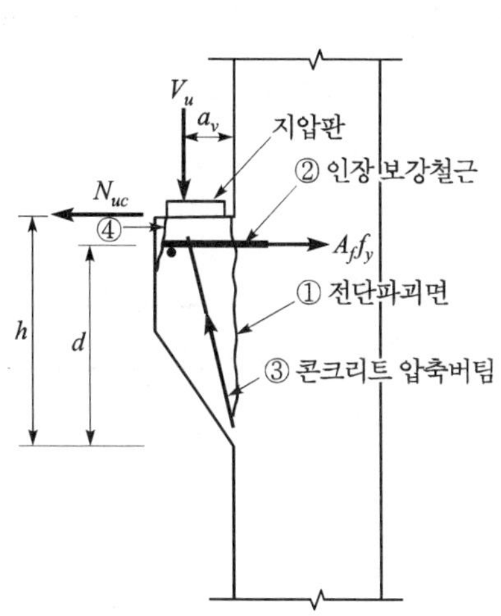

그림 6-26 철근콘크리트의 브래킷의 구조적 거동

① 브래킷과 내민받침의 지지부재와의 경계면에 대한 직접전단

② 직접 인장력과 휨모멘트에 의한 인장보강 철근의 항복

③ 브래킷 내부 콘크리트 압축지주의 압괴 또는 전단 파괴

④ 재하 지압판 하부의 국부적인 지압 또는 전단파괴

브래킷과 내민받침은 초과 하중하에서는 그림 6-26에 나타낸바와 같은 균열이 발생한다. 하중이 더 증가하면 브래킷과 내민받침은 기둥면에 따라 직접전단에 의해 파괴가 된다. 따라서 충분한 강도와 단면적을 가진 인장철근을 그림 6-27과 같이 구부려 기둥이나 벽체에 정착시키고, 지압판을 사용한다.

또한, 수평페쇄스트럽 철근 A_h 를 배치하여 전단마찰이 생기도록 하면 그림 6-26의 ①, ②, ③의 파괴는 방지할 수 있으며, ④항의 균열은 모서리에 ㄱ형강이나 정착철근을 주인장철근에 용접하여 설치하는 방법으로 방지할 수 있다.

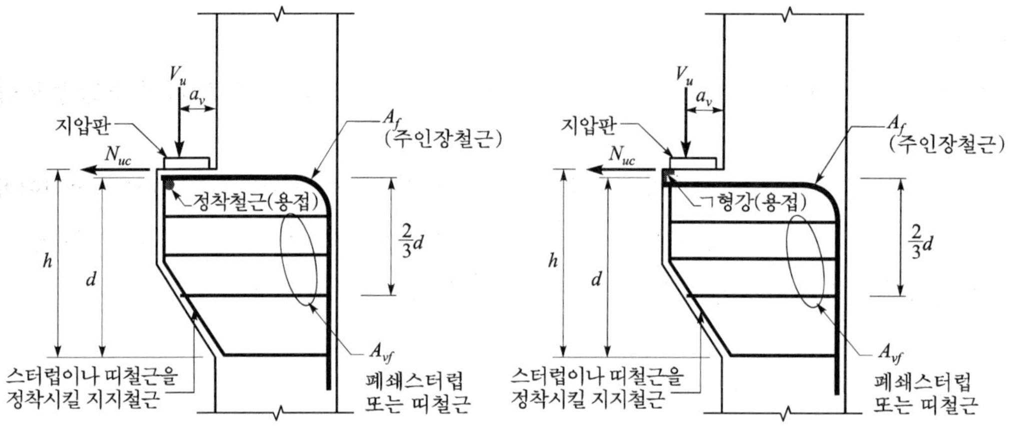

(a) 주인장철근을 정착철근에 용접

(b) 모서리에 ㄱ형강 설치하여 주인장철근에 용접

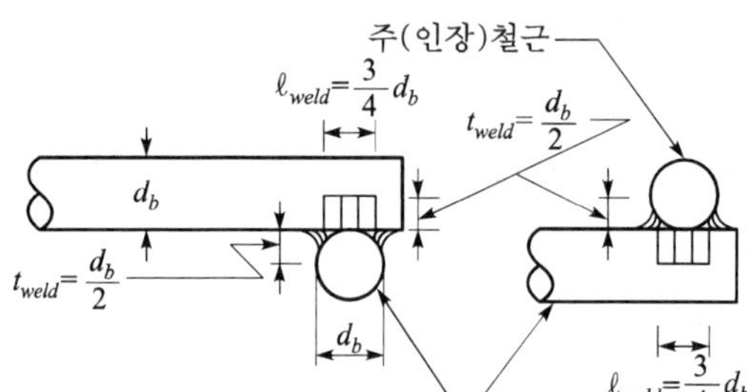

(b) 주(인장)철근과 정착철근의 용접상세

그림 6-27 브래킷과 내민받침의 전단설계 상세

(3) 설계절차

기준에 의한 브래킷과 내빈받침의 설계절차를 정리하면 다음과 같다.

1) 브래킷과 내민받침 지점면(위험단면)의 설계응력산정

전단력 : V_u

휨모멘트 : $[V_u a_v + N_{uc}(h-d)]$ ······ (6.39)

수평인장력 : N_{uc} (단, $N_{uc} \geq 0.2\,V_u$, 활화중으로 간주한다.)

2) 단면 및 인장철근량

① 브래킷과 내민받침의 콘크리트 공칭전단강도 V_n은 다음 중 작은 값으로 한다.

일반콘크리트 : $V_n = 0.2 f_{ck} b_w d,\ (3.3 + 0.08 f_{ck}) b_w d,\ 11 b_w d$
중 작은 값 ······ (6.40a)

경량콘크리트 : $V_n = (0.2 - 0.07\, a_v/d) f_{ck} b_w d,\ (5.6 - 2.0\, a_v/d) f_{ck} b_w d$
(모래경량, 전령량) 중 작은 값 ······ (6.40b)

② 전단력 V_u에 저항하는 전단 마찰 보강근(A_{vf})

$$A_{vf} = \frac{V_u}{\phi f_y \mu} \quad (\phi = 0.75) \quad \cdots\cdots (6.41)$$

단, 마찰계수 μ값은 전술한 전단마찰 설계편에 나타낸 바와 같이 일체로 타설된 일반콘크리트의 경우 1.4의 값을 가진다.

③ 휨모멘트 $[V_u a_v + N_{uc}(h-d)]$에 저항하는 인장보강근 (A_f)

$$A_f = \frac{M_u}{\phi f_y (d - a/2)} \quad \cdots\cdots (6.42)$$

④ 수평 인장력 N_{uc}에 저항하는 보강근 (A_n)

$$A_n = \frac{N_{uc}}{\phi f_y} \quad \cdots\cdots (6.43)$$

⑤ 주인장 철근의 단면적 A_s는 다음 중 큰 값

$A_s \geq (A_f + A_n)$ 또는 $(2A_{vf}/3 + A_n)$ ······ (6.44)

단, 주인장 철근의 최소 철근비 $\rho = \dfrac{A_s}{bd} \geq 0.04\dfrac{f_{ck}}{f_y}$

⑥ 강도 감소계수 $\phi = 0.75$

브래킷과 내민받침의 구조거동은 전술된 바와 같이 전단에 의하여 지배되기 때문에 강도 감소계수 $\phi = 0.75$ 로 한다.

3) 주인장철근에 나란하게 배근되는 전단보강근 (A_h)

주인장철근 A_s와 나란하게 배치되는 폐쇄스터럽 또는 띠철근의 소요단면적 A_h는 다음 값 이상으로 한다.

$$A_h \geq 0.5(A_s - A_n) \quad \cdots\cdots (6.45)$$

단, 전단보강근 A_h는 주인장철근 A_s에 인접한 유효깊이의 2/3 이내에 균등하게 배근시킨다.

4) 부재 자유단의 깊이는 0.5d 이상으로 한다. 이는 지압면에서 바깥쪽 경사면으로 파급되는 사인장 균열 때문에 너무 이른 파괴가 일어나지 않도록 하기 규정이다.

예제 6-6

다음 그림과 같이 보를 지지하는 400mm×400mm 기둥에서 돌출된 브래킷지점에 수직하중으로 고정하중 $P_D = 110kN$, 활하중 $P_L = 200kN$ 작용할 때 브래킷을 설계하시오.(단, $f_{ck} = 24\,MPa$, $f_y = 400\,MPa$)

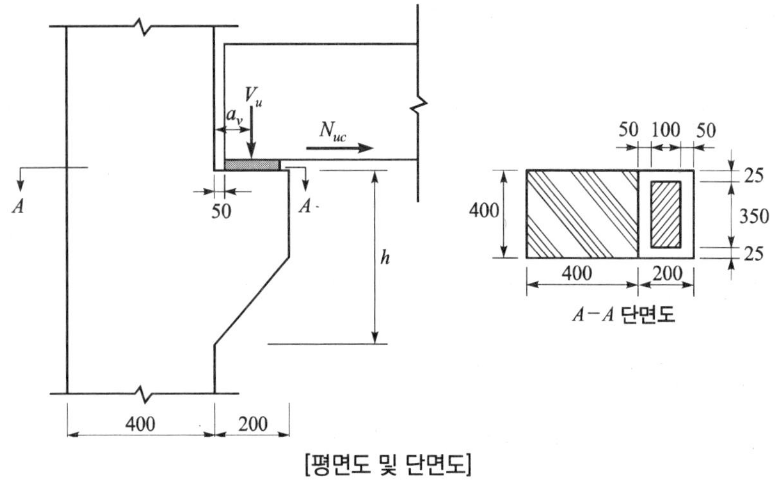

[평면도 및 단면도]

풀이

1. 지압판의 크기 결정

1) 계수하중

$V_u = 1.2P_D + 1.6P_L = 1.2 \times 110 + 1.6 \times 200 = 452\ kN$

계수인장력에 대해 특별한 규정이 없으므로 $N_{uc} = 0.2\,V_u = 90.4\,kN$ 으로 한다.

2) 지압판의 소요단면적 A_1 계산

$V_u \le \phi P_{nb} = \phi(0.85 f_{ck} A_1)$: $\phi = 0.65$ (지압에 대한 강도감소계수)

$$A_1 = \frac{V_u}{\phi(0.85 f_{ck})} = \frac{452 \times 10^3}{0.65 \times 0.85 \times 24} = 34.1 \times 10^3\ mm^2$$

소요 지압판의 폭은 $34.1 \times 10^3 / 350 = 97.4\,mm$

따라서 지압판의 소요단면적은 $350 \times 100 = 35 \times 10^3\ mm^2$ 로 한다.

2. 전단경간의 a_v의 결정

전단력 V_u의 작용점을 지압판의 외측 1/3로 가정하고, 기둥면과 지압판 사이의 간격을 50mm 라고 하면 $a_v = 50 + 100 \times (2/3) = 117\ mm$

3. 공칭 전단강도 V_n을 기준으로 한 브래킷 소유 깊이 h 산정

① 브래킷 콘크리트 단면의 전단강도

$V_n \le [0.2 f_{ck} b_w d,\ (3.3 + 0.08 f_{ck}) b_w d,\ 11 b_w d]\text{min}$

$[0.2 \times 24 = 4.8,\ (3.3 + 0.08 \times 24) = 5.22,\ 11] b_w d$ 중 최소값인

$V_u \le \phi\, V_n = \phi(0.2 f_{ck} b_w d)$

② 브래킷 소요 유효깊이 d

$$d \ge \frac{V_u}{\phi(0.2 f_{ck} b_w)} = \frac{452 \times 10^3}{0.75 \times 0.2 \times 24 \times 400} = 313.9\ mm$$

③ 브래킷 깊이 h는

주인장철근에 D22를 사용하기로 가정하면

$h = d + 22/2 + 40$(피복두께)$= 365\ mm$ 이므로, $400mm$ 로 하기로 한다.

④ 유효춤과 전단경간비

$d = 400 - (40 + 22/2) = 349 mm$

$a_v/d = 117/349 = 0.335 \le 1.0$ 이므로 $d = 349\ mm$ 를 적용할 수 있다.

4. 전단마찰 철근 A_{vf}

$V_u = \phi(A_{vf} f_y \mu)$

$$A_{vf} = \frac{V_u}{\phi f_y \mu} = \frac{452 \times 10^3}{0.75 \times 400 \times 1.4} = 1{,}076.2\ mm^2$$

5. 휨모멘트에 대한 보강철근 A_f

$$M_u = V_u a_v + N_{uc}(h-d)$$

$$= 452 \times 10^3 \times 117 + 90.4 \times 10^3 \times (400 - 349) = 57.5 \times 10^6\ N.mm$$

$$\rho = \frac{\eta(0.85 f_{ck})}{f_y} \times \left(1 - \sqrt{1 - \frac{2R_n}{0.85 f_{ck}}}\right),\ R_n = \frac{M_u}{\phi b d^2}$$

$$R_n = \frac{57.5 \times 10^6}{0.85 \times 400 \times 349^2} = 1.39$$

$$\rho = \frac{1.0 \times (0.85 \times 24)}{400} \times \left(1 - \sqrt{1 - \frac{2 \times 1.39}{0.85 \times 24}}\right) = 0.0036$$

$$A_f = 0.0036 \times 400 \times 349 = 502.56\ mm^2$$

6. 수평 인장력에 대한 보강철근 A_n

$$A_n = \frac{N_{uc}}{\phi f_y} = \frac{90.4 \times 10^3}{0.75 \times 400} = 301.3\ mm^2$$

7. 주인장철근 A_s

$$A_s = [(A_f + A_n), (2/3)A_{vf} + A_n]\max$$

$$= [502.56 + 301.3 = 803.9, (2/3) \times 1{,}076.2 + 301.3 = 1{,}018.8]\max = 1{,}018.8\,mm^2$$

$3 - D22(A_s = 3 \times 387 = 1{,}161\ mm^2)$ 를 사용한다.

주인장철근의 최소 철근량 검토

$$\rho_{\min} = 0.04\frac{f_{ck}}{f_y} = 0.04\frac{24}{400} = 0.0024$$

$A_{s,\min} = \rho_{\min} b_w d = 0.0024 \times 400 \times 349 = 335\,mm^2 < A_s = 1{,}018.8\,mm^2$ 이므로 적합하다.

8. 전단보강근 A_h (폐쇄 띠철근)

주인장철근 A_s에 나란하게 배근할 폐쇄 띠철근

$$A_h \geq 0.5(A_s - A_n) = 0.5(1{,}018.8 - 301.3) = 358.8\ mm^2$$

$3 - D13(A_h = 3 \times 2 \times 127) = 762.0\ mm^2)$ 을 사용한다.

폐쇄띠철근 A_h는 주인장 철근 A_s로부터 아래로 (2/3)d 구간 내에 균일하게 배치시킨다.

따라서 띠철근의 배치간격 s=(1/3)(2/3)(349)=77.5mm 이므로 75mm간격으로 배근하도록 한다.

9. 브래킷 내민길이 및 자유단 깊이

내민길이 =50+100+50 = 200mm

자유단 깊이≥0.5d=0.5×349=174.5mm이므로 200mm로 설계한다.

10. 배근도

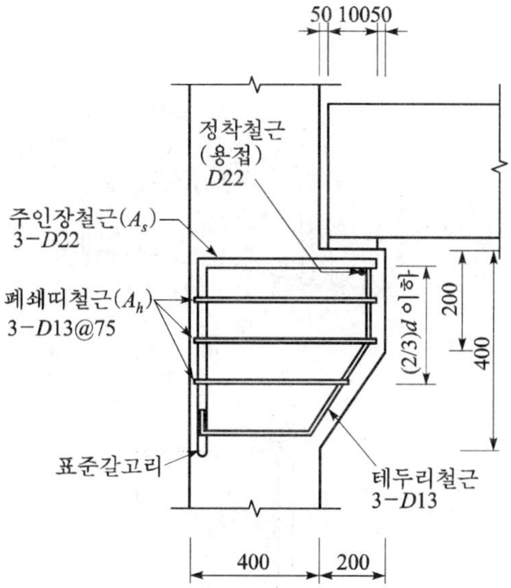

10 보의 비틀림

보는 일반적으로 휨과 전단을 받는다. 그러나 경우에 따라서는 비틀림 모멘트 T를 동시에 받을 수 있다.

그림 6-28와 같이 캔틸레버보의 끝단에 모멘트가 보의 단면에 평행하게 작용할 때 보에는 비틀림 응력이 발생한다. 이러한 모멘트를 비틀림 모멘트라 하며 구조부재를 회전시켜 표면에 사인장 균열을 유발시킨다.

구조부재에서 비틀림이 단독으로 생기는 경우는 드물고 대부분 휨 및 전단과 함께 생긴다.

부재의 비틀림 변형에는 2가지가 있는데 첫째는 그림 6-28와 같이 하중의 편심이나 비틀림 모멘트에 의한 것으로 이러한 비틀림을 정정 비틀림 또는 평형비틀림이라 하며 운동장 캐누피를 지지하는 보나 간판을 지지하는 기둥에 이러한 비틀림이 생긴다.

둘째는 편심하중이나 비틀림 모멘트가 작용하지 않더라도 인접한 부재와의 사이에서 변형의 연속성에 의하여 그림 6-29와 같이 비틀림이 생기는 경우이다. 이러한 비틀림은 부정정 비틀림이라 하며, 플랫슬래브에서 외곽보나 작은보(beam)가 접합되는 외곽의 큰보(girder)에는 슬래브와 작은보의 처짐변형에 의하여 이러한 비틀림을 받게된다.

부정정 비틀림은 힘의 평형조건만으로는 해석할 수 없고, 변형에 대한 적합조건식을 이용해야 구조물의 해석이 가능하다. 따라서 부정정 비틀림을 적합 비틀림이라고도 한다.

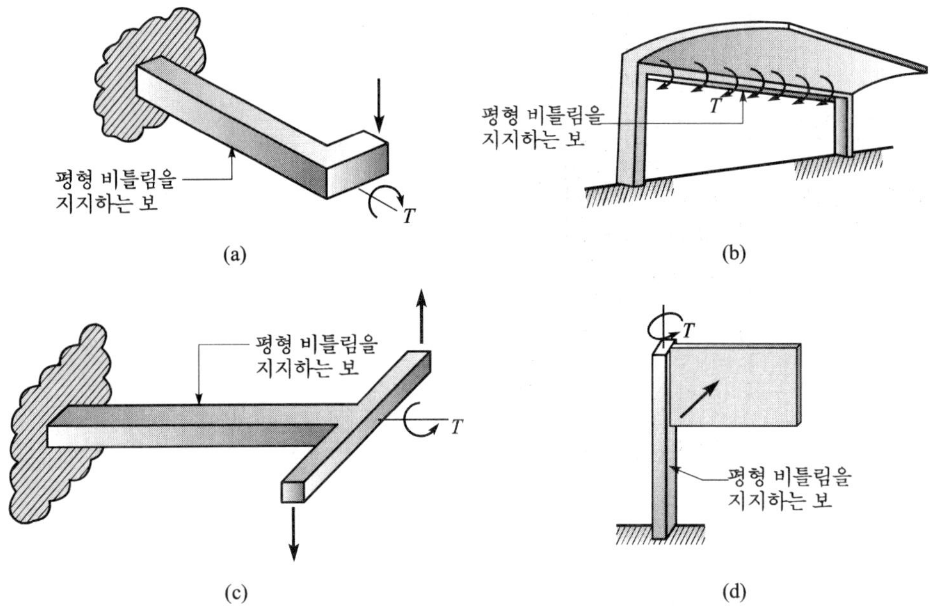

그림 6-28 정정(평형)비틀림을 받는 부재

부정정 비틀림은 부재에 균열이 발생하면 힘의 재분배로 비틀림 모멘트가 줄어들고, 인접부재의 강성이 클 경우 더 크게 비틀림 부재의 모멘트가 줄어드는 특징을 갖고 있다.

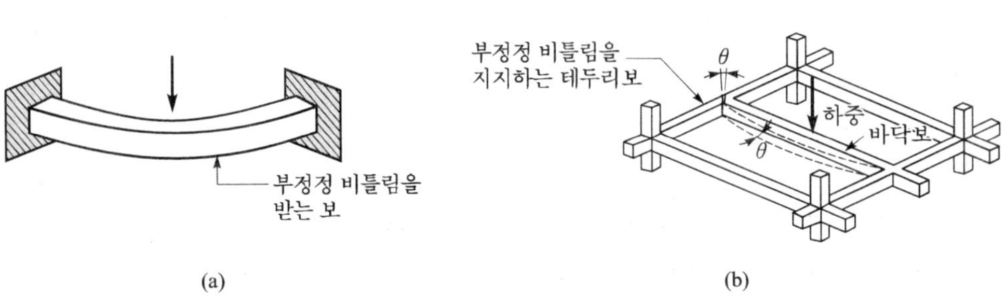

그림 6-29 부정정(적합) 비틀림을 받는 부재

1. 비틀림 모멘트

그림 6-30 (a)에서 집중하중 P가 D점에 작용한다면 보 AB에는 비틀림 모멘트가 생기며, T로 표시한다. 즉 비틀림 모멘트 T=Pz가 C점에 작용하게 된다.
AC와 BC에서 비틀림 모멘트는 T/2가 된다.

만약 그림 6-30 (b)에서 슬래브 폭을 s라 하고, 슬래브에 작용하는 하중을 $w(kN/m)$라 할 때 1m당 $m_t = ws^2/2\ (kN \cdot m/m)$가 된다. 보 AB에서 최대 비틀림 모멘트는 보의 단부 A, B점에서 $T = m_t L/2$ 이 될 것이다.

이러한 비틀림 모멘트를 표 6-3에 표시하였다.

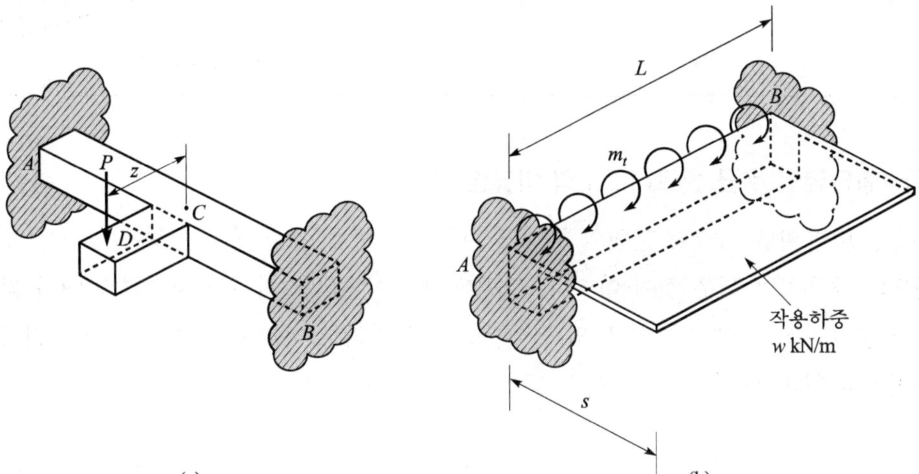

(a) (b)

그림 6-30 부정정비틀림을 받는 부재

표 6-3 비틀림 모멘트도

하중상태	비틀림 모멘트도
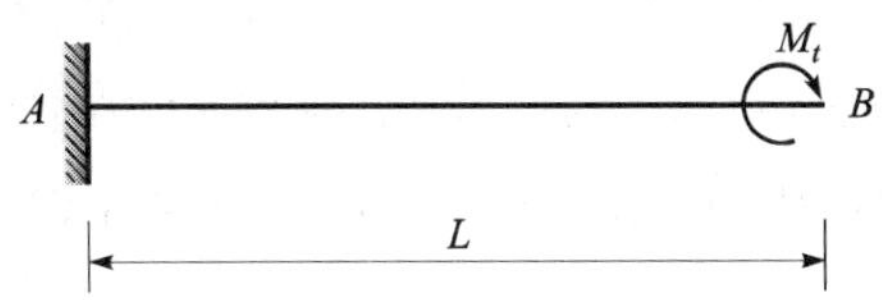	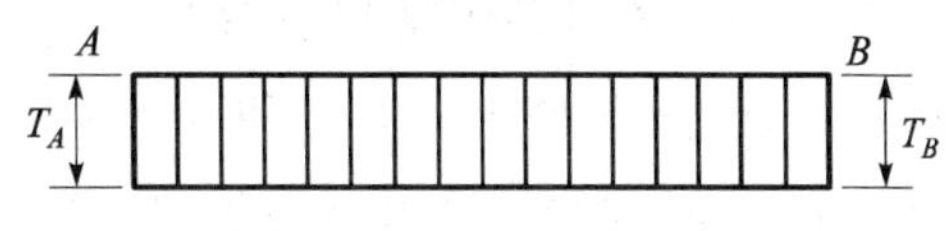 $T_A = T_B = M_t$
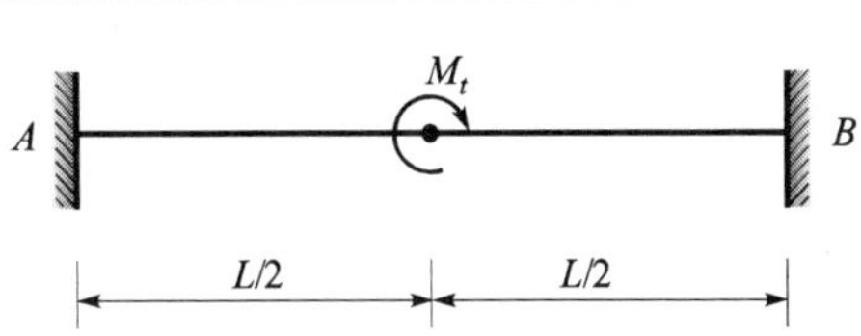	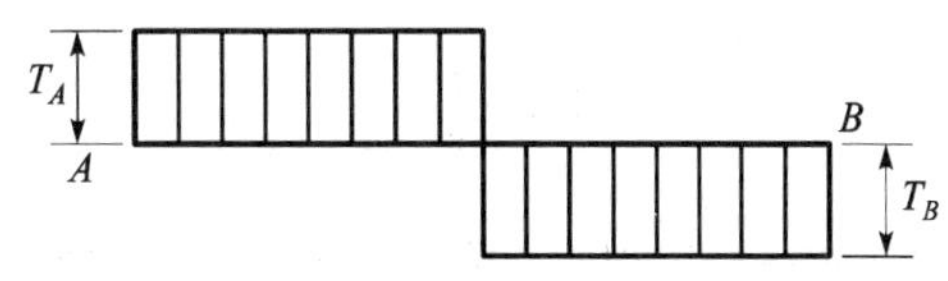 $T_A = T_B = \frac{1}{2}M_t$

표 6-3 비틀림 모멘트도(계속)

하중상태	비틀림 모멘트도
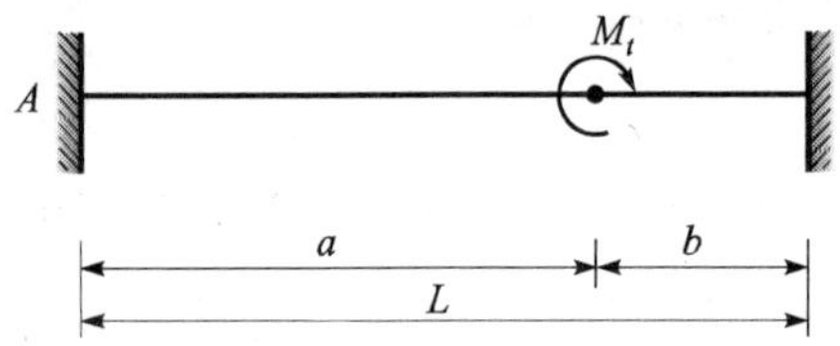	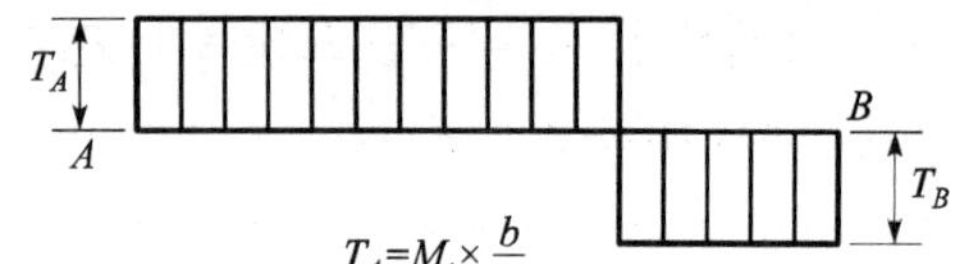 $T_A = M_t \times \frac{b}{L}$ $T_B = M_t \times \frac{a}{L}$
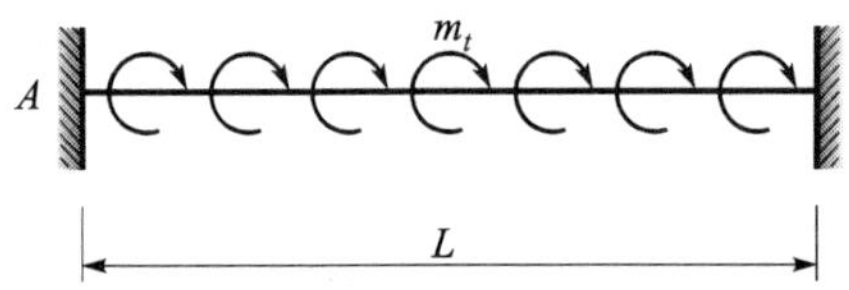	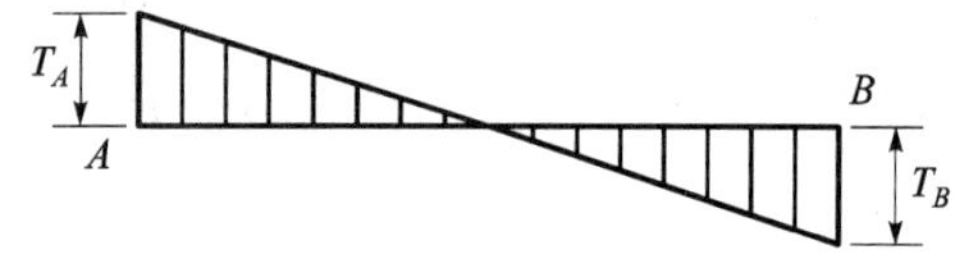 $T_A = T_B = (m_t L)/2$

2. 사각형단면의 무근 콘크리트보의 비틀림

원형단면이 아닌 사각형 단면의 부재가 비틀림 하중을 받을 경우 응력을 구하는 것은 원형단면의 경우처럼 쉬운 것이 아니다. 그런데 탄성이론의 결과에서 사각형 단면의 최대 전단응력은 그림 6-31에서 짧은 변의 길이를 x, 긴 변의 길이를 y 라 하면 긴변 y 의 중앙부 부재면에서 최대전단응력 τ_{max} 는

$$\tau_{max} = \frac{T}{\alpha x^2 y} \qquad (6.46)$$

여기서, T : 비틀림 모멘트

x : 사각형 단면의 짧은변의 길이

y : 사각형 단면의 긴 변의 길이

α : 변의 길이에 따른 계수

으로 주어진다. 이식에서 α 는 x 와 y 에 대한 변수로 근사치는 $y/x = 1.0$ 에 대하여 0.208로부터 $y/x = \infty$ (무한히 폭이 넓은판)에 대하여 0.333까지의 범위를 갖는다. α 의 근사치는

$$\alpha = \frac{1}{3 + 1.8\frac{y}{x}} \qquad (6.47)$$

으로 나타낼 수 있고, 대략 1/3 로 가정 할 수 있다.

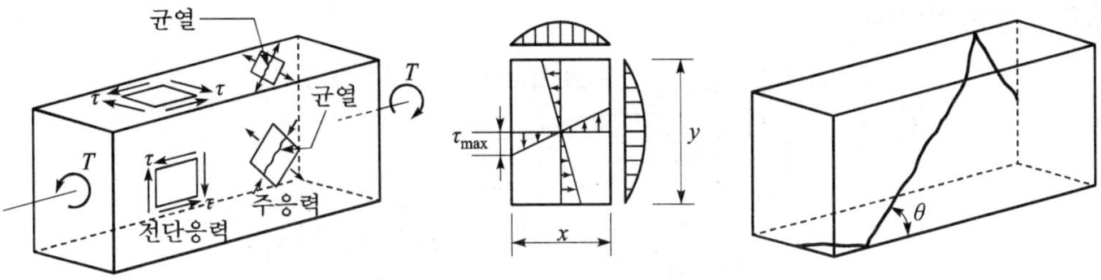

(a) 비틀림에 의한 전단응력 (b) 최대 전단응력 (c) 비틀림에 의한 보의 균열

그림 6-31 비틀림을 받는 사각형보의 응력

무근콘크리트 보가 비틀림 모멘트를 받으면 그림 6-31 (a)와 같이 45°방향으로 나타나는 주인장응력이 발생되고, 이 주인장응력에 직교방향으로 균열이 발생한다.

이러한 균열은 그림 6-31 (b)와 같이 최대 전단응력이 발생하는 양쪽 측면의 중간부분에서 시작하여 위, 아래로 진행하고 또한 보의 상부면과 하부면으로 연속하여 진행하는 나선형 균열로 그림 6-31 (c)와 같이 나타나고 이러한 균열로 인한 파괴는 평면이 아니고 뒤틀린 면으로 나타난다.

이와 같이 사인장 균열을 발생시키는 비틀림 모멘트를 균열비틀림모멘트 T_{cr} 이라 한다.

3. 철근콘크리트보에 대한 비틀림 이론 및 공간 트러스 근사해석

비틀림 모멘트만을 받는 부재의 설계방법은 일반적으로 보의 거동을 속빈 박벽관 공간트러스(space truss analogy)로 보고 근사 해석하는 방법이 있다.

이 이론의 설계개념은 사각형 철근 콘크리트 단면의 비틀림 지지능력은 철근과 철근을 둘러싸고 있는 콘크리트로부터 얻어진다는 가정을 토대로 하고 있다.

보의 공간트러스는 그림 6-32에서 종방향 철근과 횡방향 폐쇄스터럽 그리고 이들을 두께로 둘러싼 콘크리트 부분으로 이루어져 있고, 종방향 철근은 인장현재 역할을 하고, 횡방향 폐쇄스터럽은 인장타이로 그리고 경사균열로 이루어진 경사방향 콘크리트부분은 압축력에 저항하도록 한다.

따라서 보의 공간트러스에서 단면은 그림 6-33에 나타낸 바와 같이 보둘레에 일정한 두께를 가진 속이 빈 박벽관 튜브로 근사화 되며, 단면내부는 비틀림에 아무런 저항응력도 가지지 않는 것으로 본다.

(1) 균열 비틀림 모멘트

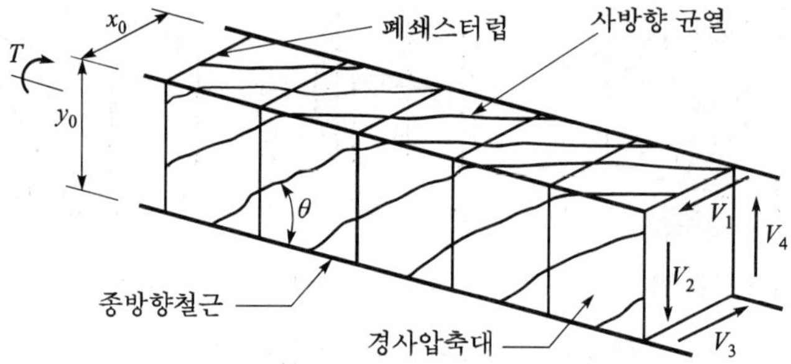

그림 6-32 공간 트러스모델

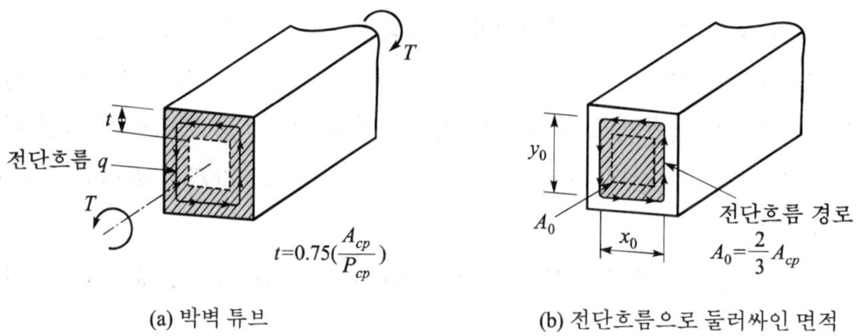

그림 6-33 박벽관

그림 6-33에서 속이 빈 두께 t 인 관형 부재에 동일한 전단흐름(비틀림모멘트가 작용하는 축의 중심에서 단면의 가장자리까지 작용하는 전단응력의 합력) q가 부재둘레에 작용한다고 가정하면 비틀림 모멘트 T와 전단흐름 q와의 관계는 식(6.49a),(6.49b)와 같이 관의 중심선의 모멘트 합이 된다.

$$T=\left(qx_o\frac{y_o}{2}\right)\times 2+\left(qy_o\frac{x_o}{2}\right)\times 2 \quad \cdots\cdots (6.49a)$$

이 식을 정리하면

$$T=2qx_oy_o \quad \cdots\cdots (6.49b)$$

이 된다. x_oy_o는 전단흐름 경로로 둘러싸인 면적이며 이것을 A_o라 하면

$$T=2qA_o \quad \cdots\cdots (6.50)$$

따라서 전단흐름 q는

$$q = \frac{T}{2A_o} \quad \cdots\cdots (6.51)$$

가 된다.

두께 t 인 관형부재에 작용하는 단위전단응력 τ 는 다음과 같이 된다.

$$\tau = \frac{q}{t} = \frac{T}{2A_o t} \quad \cdots\cdots (6.52)$$

비틀림하중에 의한 주인장 응력은 인장과 압축의 2축하에 있게 되어, 단일축 콘크리트 파괴계수 $0.63\lambda\sqrt{f_{ck}}\ MPa$ 보다 작은 $\lambda\sqrt{f_{ck}}/3\ MPa$ 를 취하도록 한다.

식(6.52)에 $\tau = \tau_{cr} = \lambda\sqrt{f_{ck}}/3$ 를 대입하면 균열모멘트 T_{cr}를 구할 수 있다.

$$T_{cr} = \frac{1}{3}\lambda\sqrt{f_{ck}}\,(2A_o t) \quad \cdots\cdots (6.53)$$

일반적으로 균열모멘트는 균열발생이전의 두께 $t = 0.75A_{cp}/p_{cp}$ 및 둘레면적 $A_o = \frac{2}{3}A_{cp}$ 을 갖는 박벽관으로 이상화하고 주인장응력이 $\frac{1}{3}\lambda\sqrt{f_{ck}}$ 에 도달할 때 균열이 발생하는 것으로 가정하여 유도한다.

따라서 $t = 0.75A_{cp}/p_{cp}$와 $A_o = 2A_{cp}/3$를 식(6.53)에 대입하면 균열 비틀림 모멘트 T_{cr}은 식(5.54)와 같다.

$$T_{cr} = \frac{1}{3}\lambda\sqrt{f_{ck}}\left(\frac{A_{cp}^2}{p_{cp}}\right) \quad \cdots\cdots (6.54)$$

여기서, T_{cr} : 비틀림 균열모멘트

A_o : 전단흐름에 의해 닫혀진 단면적(mm^2),
속빈단면의 경우 내부 속빈 면도 포함한다.

t : 박벽관으로 가정한 단면의 두께(mm)

A_{cp} : 콘크리트 단면에서 외부 둘레로 둘러싸인 면적(mm^2)

p_{cp} : 콘크리트 단면의 외부 둘레길이(mm)

λ : 경량콘크리트 계수(일반콘크리트 : $\lambda = 1.0$, 모래경량콘크리트 $\lambda = 0.85$,
전경량콘크리트 $\lambda = 0.75$)

(2) 공칭 비틀림 강도

그림 6-32에서 이 부재의 비틀림 저항은 네변의 전단력이 비틀림에 저항하는 값의 합계로 나타낼 수 있다.

예컨대, 그림 6-32의 한쪽 수직면에 작용하는 전단력 V_4 가 비틀림에 저항하는 값은

$$T_4 = V_4 \frac{x_o}{2} \quad \cdots\cdots (6.55)$$

이고, 균열과 교차된 스트럽이 항복상태에 있다면 수직면의 전단력 V_4 는

$$V_4 = nA_t f_{yt} \quad \cdots\cdots ⓐ$$

여기서, A_t : 폐쇄스터럽 한가닥의 단면적

f_{yt} : 폐쇄스터럽의 설계기준강도

n : 균열을 가로 지르는 폐쇄 스터럽의 수

비틀림모멘트에 의하여 보에 균열이 발생할 때, 길이 방향에 대해 균열이 이루는 각을 θ, 폐쇄스터럽의 간격을 s , 균열에 걸쳐있는 폐쇄스터럽수를 n 이라 하면

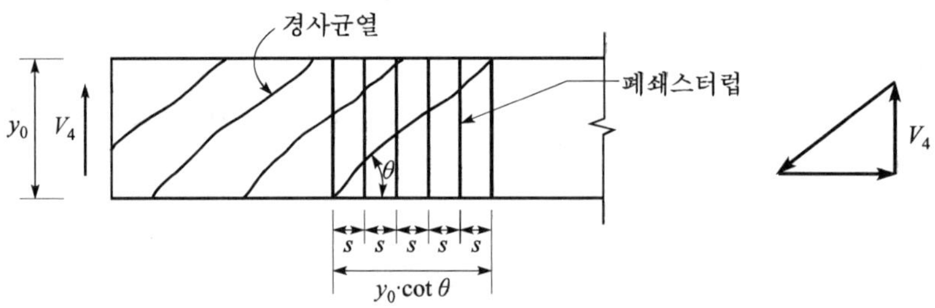

그림 6-34 폐쇄터럽의 수직인장력

그림 6-34 에서

$$ns = y_o \cot\theta \quad \cdots\cdots ⓑ$$

1개의 폐쇄스터럽의 저항능력 V_{s1} 은

$$V_{s1} = A_t f_{yt} \quad \cdots\cdots ⓒ$$

따라서 폐쇄스터럽에 의한 저항능력 V_4 는

$$V_4 = nA_t f_{yt} \quad \cdots\cdots ⓓ$$

식ⓑ와 ⓓ에 의하여 V_4는

$$V_4 = \frac{A_t f_{yt} y_o}{s} \cot\theta \quad \cdots\cdots (6.56)$$

이 된다.

식(6.56)를 식(6.55)에 대입하면

$$T_4 = T_2 = \frac{A_t f_{yt} y_o x_o}{2s} \cot\theta \quad \cdots\cdots ⓔ$$

$$T_1 = T_3 = \frac{A_t f_{yt} x_o y_o}{2s} \cot\theta \quad \cdots\cdots ⓕ$$

을 얻을 수 있고, 이들 네변의 값을 더하면 공칭비틀림 강도를 얻을 수 있다.

따라서

$$T_n = T_1 + T_2 + T_3 + T_4 = \frac{2A_t f_{yt} x_o y_o}{s} \cot\theta \quad \cdots\cdots ⓖ$$

여기서 $x_o y_o = A_o$ 이므로

$$T_n = \frac{2A_o A_t f_{yt}}{s} \cot\theta \quad \cdots\cdots (6.57)$$

가 된다.

아래 그림 6-35 (a)에 보인바와 같이 수직면에서 균열이 생긴 콘크리트 압축대로 전달되는 압축력과 폐쇄스트럽에 의한 수직인장력 및 종방향 철근의 인장력사이에는 그림 6-35 (b)의 연력도가 성립되어 콘크리트 압축대의 수평분력은 종방향 철근의 인장력 N 과 평형을 이루어야 한다.

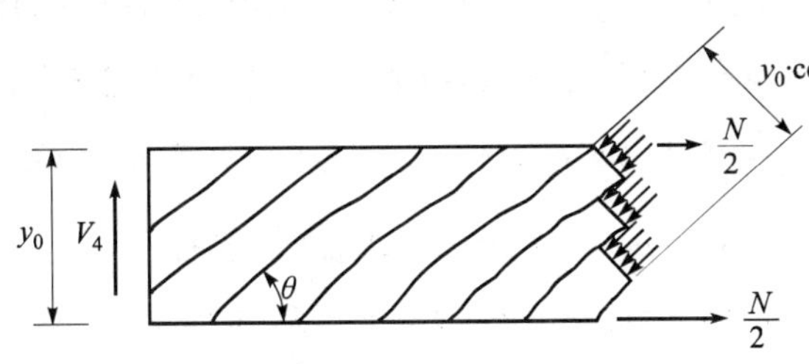

(a) 수직면의 경사 압축력

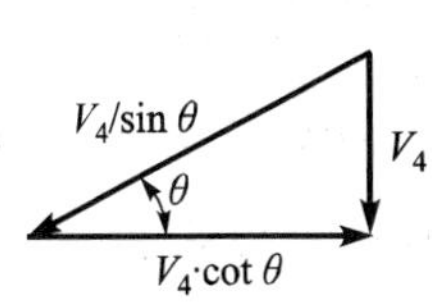

(b) 수직면에서 힘의 평형

그림 6-35 비틀림 설계

콘크리트 압축대의 수평분력은 $(V_4/\sin\theta)\cos\theta = V_4\cot\theta$ 이 된다.

따라서 $N = V_4\cot\theta = \dfrac{A_t f_{yt} y_o}{s}\cot^2\theta$ 이므로 네변에 대한 값들을 합하면

$$N = \sum_{i=1}^{4} N_i = \frac{A_t f_{yt}}{s} 2(x_o + y_o)\cot^2\theta = \frac{A_t f_{yt} p_h}{s}\cot^2\theta \cdots\cdots (6.58)$$

여기서, p_h : 폐쇄스터럽 중심선의 둘레길이, $p_h = 2(x_o + y_o)$

종방향 철근이 저항해야 하는 인장력 $N = A_l f_{yl}$ 에 의하여 $A_l f_{yl} = \dfrac{A_t f_{yt} p_h}{s}\cot^2\theta$ 이 된다.

따라서,

$$A_l = \frac{A_t}{s} p_h \frac{f_{yt}}{f_{yl}}\cot^2\theta \cdots\cdots (6.59)$$

여기서, A_l : 비틀림에 저항하는 종방향 철근의 전체 단면적

f_{yl} : 종방향 철근의 설계기준강도

(3) 전단과 비틀림을 동시에 받는 보의 조합응력

철근콘크리트보에서 비틀림이 단독으로 생기는 경우는 드물고 대부분 전단과 비틀림모멘트가 함께 생긴다. 전단력 V_u 에 의한 전단응력은 $\tau_v = V/b_w d$ 이고, 비틀림 모멘트 T 에 의한 비틀림 응력은 식(6.52)로부터 $\tau_t = T/2A_o t$ 이다.

그런데 식(6.52)의 A_o는 비균열단면의 값이며, 공칭 비틀림강도 T_n은 균열발생 후 심각한 비틀림 회전변형이 발생한 후에 도달할 수 있는 값이다.

이러한 심각한 변형하에서 콘크리트의 피복부분은 떨어져 나가기 때문에 T_n을 위한 면적 A_o를 산정할 때는 콘크리트의 피복두께는 무시한다.

따라서 A_o는 최외곽부에 위치하는 폐쇄스터럽의 직경 중심선으로 둘러싸인 면적 A_{oh} 와 관계되므로 정밀해석으로 그 값을 결정하거나 혹은 단순히 $0.85A_{oh}$ 로 가정할 수 있다. 또한 비틀림에 의하여 균열이 발생한 단면에서 관둘레 $t = A_{oh}/p_h$ 로 나타낼 수 있다.

따라서 식(6.52)의 $\tau_t = T_u/(2\times 0.85A_{oh}^2/p_h) = T_u p_h/1.7A_{oh}^2$ 이 된다.

그림 6-36 (a)와 같이 속빈단면의 균열단면에서 최대 조합응력은 부재의 한 변에서 서로 더하면 된다.

$$\tau_{\max} = \tau_v + \tau_t = \frac{V}{b_w d} + \frac{T_u p_h}{1.7 A_{oh}^2} \quad \cdots\cdots (6.60)$$

한편, 그림 6-36 (b)에 보인 바와 같이

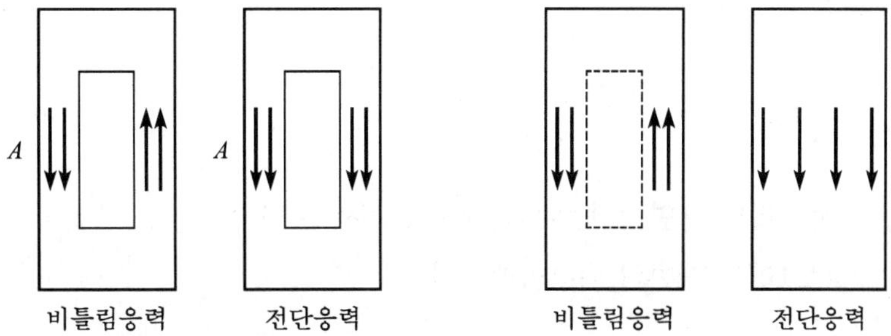

(a) 속빈 단면 (b) 속찬 단면

그림 6-36 비틀림 응력과 전단응력의 조합

속이 찬 사각형 단면의 비틀림 전단응력 τ_t 는 공간트러스 근사해석에서 보았듯이 단면의 둘레쪽에 분포된다. 그러나 전단력에 의한 전단응력 τ_v는 그림 6-36 (b)의 우측 그림에서와 같이 전단면에 분포되기 때문에 식(6.60)대신에

$$\tau_{\max} = \sqrt{\left(\frac{V_u}{b_w d}\right)^2 + \left(\frac{T_u p_h}{1.7 A_{oh}^2}\right)^2} \quad \cdots\cdots (6.61)$$

으로 하고 있다.

4. 비틀림의 설계

비틀림 설계는 다음의 조건을 만족하여야 한다.

$$T_u \le \phi T_n \quad \cdots\cdots (6.62)$$

여기서, T_u : 계수비틀림 모멘트에 의한 소요 비틀림 강도

T_n : 공칭 비틀림 강도

ϕ : 비틀림에 대한 강도감소계수(=0.75)

철근콘크리트 부재에서 설계용 계수 비틀림 모멘트 T_u는 설계용 전단력 V_u 산정시와 같이 받침부 전면으로부터 유효깊이 d 만큼 떨어진 곳의 값으로 한다. 그러나 d 이내에 집

중 비틀림 모멘트가 작용하는 경우는 받침부 전면의 값을 사용한다.

(1) 비틀림의 영향을 고려하지 않아도 되는 최소 비틀림 모멘트 검토

계수비틀림 모멘트 T_u 가 식(6.54)에 나타낸 균열 비틀림 모멘트의 25% 미만인 경우는 비틀림의 영향을 무시할 수 있다.

$$T_u < \frac{1}{4}(\phi T_{cr}) = \phi\frac{\sqrt{f_{ck}}}{12}\frac{A_{cp}^2}{p_{cp}}$$

여기서, A_{cp} : 콘크리트 단면에서 외부둘레로 둘러싸인 면적

p_{cp} : 콘크리트 단면의 외부둘레길이

(2) 부정정 비틀림인 경우의 최대 비틀림 모멘트(T_u)검토

일반적인 모멘트 골조와 같이 부정정구조에서는 한부재가 비틀림모멘트를 전달하지 못한다고 할지라도 해당 비틀림모멘트는 균열에 의하여 재분배되어 구조물의 안전성에는 큰 지장이 없다.

이와 같이 비틀림 모멘트가 감소할 수 있는 부정정구조물의 경우, 최대 계수비틀림모멘트 T_u는 철근콘크리트 부재인 경우 $\phi(\sqrt{f_{ck}}/3)A_{cp}^2/p_{cp}$ 의 값으로 감소시킬 수 있다.

(3) 비틀림 모멘트 강도와 단면치수의 적정성검토

사용하중 상태에서 전단과 비틀림의 조합응력에 의한 경사균열이 발생하여 폭이 커지면 방수 및 내구성등 사용성이 저하되기 때문에 균열제어를 위하여 계수 전단력과 계수비틀림 모멘트로 계산된 전단응력 τ_{max} 을 아래 식으로 제한하고 있다.

$$\tau_{max} \le \phi\left(\frac{V_c}{b_w d} + \frac{2}{3}\sqrt{f_{ck}}\right) \quad \cdots\cdots (6.63)$$

식(6.60)과 식(6.61)를 식(6.63)에 적용하면 부재의 단면 치수에 대한 제한이 얻어진다.

① 속이 찬 경우

$$\sqrt{\left(\frac{V_u}{b_w d}\right)^2 + \left(\frac{T_u p_h}{1.7A_{oh}^2}\right)^2} \le \phi\left(\frac{V_c}{b_w d} + \frac{2}{3}\lambda\sqrt{f_{ck}}\right) \quad \cdots\cdots (6.64)$$

여기서, $V_c/b_w d$ 의 값은 $\lambda\sqrt{f_{ck}}/6$ 이므로 식(6.64)의 우변은 $\phi\frac{5}{6}\lambda\sqrt{f_{ck}}$ 로 할 수 있다.

② 속이 빈 경우

$$\frac{V_u}{b_w d} + \frac{T_u p_h}{1.7 A_{oh}^2} \le \phi\left(\frac{V_c}{b_w d} + \frac{2}{3}\lambda\sqrt{f_{ck}}\right) \cdots\cdots (6.65)$$

여기서, p_h : 가장 바깥의 폐쇄스터럽 중심선으로 둘러싸인 둘레길이(mm)

A_{oh} : 가장 바깥의 폐쇄스터럽 중심선으로 둘러싸인 면적(빗금친 부분)(mm^2)

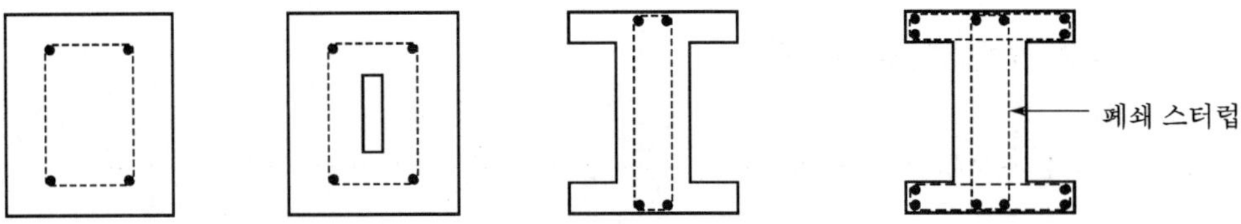

만약 벽의 두께가 A_{oh}/p_h 보다 작을 경우는 식(6.65)의 좌변의 둘째항을

$\dfrac{T_u}{1.7A_{oh}t}$ 로 대신한다.

(4) 비틀림 철근

1) **폐쇄스터럽**

① 비틀림에 대한 스터럽 철근량 (A_t) 산정

식(6.57)을 식(6.62)에 대입하면 A_t/s 는

$$\frac{A_t}{s} = \frac{T_u}{2\phi f_{yt} A_o \cot\theta} \cdots\cdots (6.66)$$

여기서, θ (경사각)는 일반철근콘크리트에서는 45°로 할 수 있다.

$A_o = 0.85A_{oh}$ (비틀림에 의하여 균열이 생긴 단면)

$f_{yt} \le 500MPa$

② 전단 스터럽 철근량 산정 (A_v)

$$\frac{A_v}{s} = \frac{V_s}{f_{yt} d} \cdots\cdots (6.67)$$

여기서, $V_s = \left(\dfrac{V_u}{\phi} - V_c\right)$, $V_s \le \dfrac{2}{3}\lambda\sqrt{f_{ck}}\, b_w d$ 이어야 한다.

따라서 전체 스터럽 단면적 A_{v+t} 는

$$전체\left(\frac{A_{v+t}}{s}\right)=\frac{A_v}{s}+\frac{2A_t}{s} \quad \cdots\cdots (6.68)$$

가 된다. 여기서 A_t 에 대하여 2배로 하는 까닭은 전단보강철근은 2가닥이 사용되지만 비틀림 보강철근은 4가닥이 사용되므로 A_t 는 A_v 의 2배가 되기 때문이다. 폐쇄스터럽 간격은 $p_h/8$ 이하, 또는 300mm 이하라야 한다.

③ 최소 폐쇄스터럽 철근량

$$A_v+2A_t=0.0625\lambda\sqrt{f_{ck}}\frac{b_w s}{f_{yt}}\geq 0.35\frac{b_w s}{f_{yt}} \quad \cdots\cdots (6.69)$$

을 만족하여야 한다.

④ 폐쇄스터럽 최대 간격

$$s_{\max}=[p_h/8, 300mm], \min$$

2) **종방향(축방향) 철근량**(A_l)

식 (6.59)에 주어져 있다.

$$A_l=\left(\frac{A_t}{s}\right)p_h\left(\frac{f_{yt}}{f_{yl}}\right)\cot^2\theta \quad \cdots\cdots (6.70)$$

$$A_{l,\min}=\frac{0.42\lambda\sqrt{f_{ck}}A_{cp}}{f_{yl}}-\frac{A_t}{s}p_h\frac{f_{yt}}{f_{yl}} \quad \cdots\cdots (6.71)$$

여기서, ① $\frac{A_t}{s}\geq 0.175\frac{b_w}{f_{yt}}$ 이어야 한다.

② 종방향 철근은 폐쇄스터럽 방향으로 배치하고 최대 간격은 300mm 이하로 한다.

③ 종방향 철근의 직경은 폐쇄 스터럽 간격의 1/24 이상이어야 하며, D10 이상의 철근이어야 한다.

④ 비틀림 철근은 계산상으로 필요한 위치에서 (b_t+d) 이상의 거리까지 연장시켜 배치되어야한다.

⑤ f_{yl} : 종방향 철근의 항복강도

b_t : 비틀림에 저항하는 폐쇄스터럽을 포함하는 단면의 폭(mm)

f_{yt} : 폐쇄 스터럽 철근의 항복강도

5. 비틀림모멘트를 받는 부재에 대한 철근상세

비틀림모멘트를 받는 보의 모서리 부분에서 콘크리트부분에 압축력이, 스터럽철근에 인장력이 작용하여 음영처리된 모서리부에 박리현상이 나타날 수 있는 경우에 기준에서는 종방향(축방향)철근에 스터럽을 그림 6-37 (a)와 같이 135° 갈고리로 하여 정착되도록 하고 있다.

만약 스터럽이 인접콘크리트 슬라브 또는 비슷한 역할을 하는 부재에 의해서 구소고디어 박리가 일어날 우려가 없는 경우는 그림 6-37 (b)를 포함하여 그림 6-38과 같이 90° 갈고리로 정착할 수 있도록 하고 있다. 그러나 그림 6-37 (b)는 □형스터럽으로 작업이 쉽지가 않다.

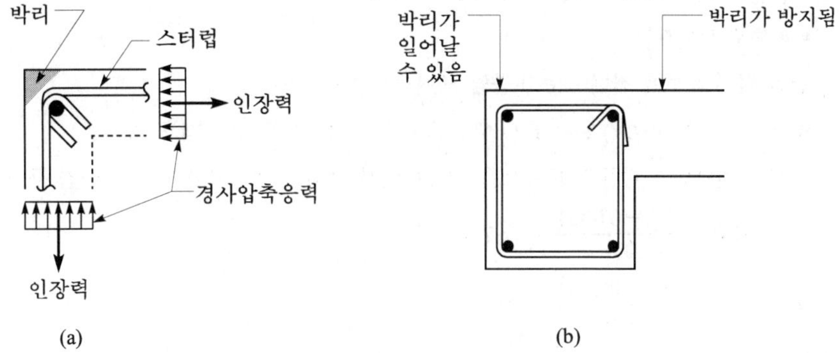

그림 6-37 비틀림을 받는 보의 모서리 박리

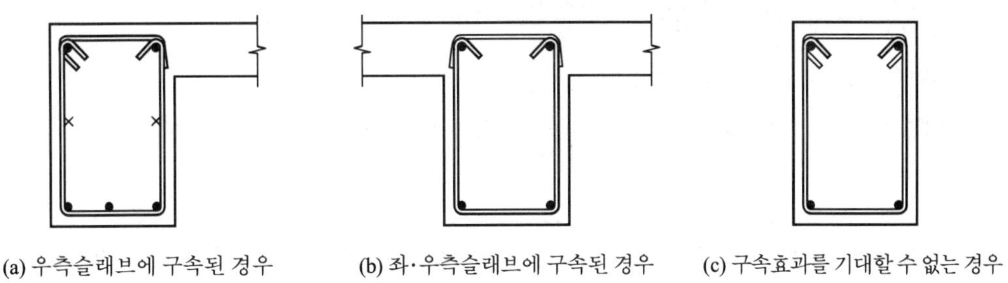

그림 6-38 비틀림을 받는 보강용 폐쇄스터럽

예제 6-7

그림과 같은 폭2.5m의 캔틸레버 슬래브를 지탱하는 보의 경간이 7.0m인 보에 대하여 설계하시오. 단, 슬래브의 계수등분포 하중은 $8kN/m^2$ 이며, $f_{ck} = 30MPa$, $f_y = 400MPa$ 이다.

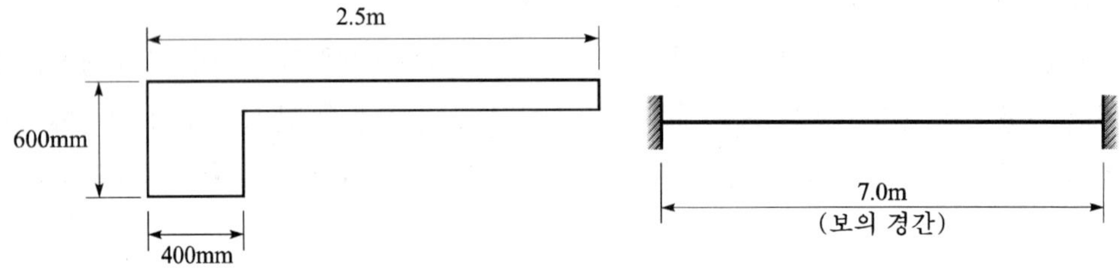

풀이

1. 설계전단력 및 비틀림 모멘트 산정

슬래브 $w_u = 8 \times (2.5 - 0.4) = 16.8\ kN/m$

보$w_u = 1.4 \times 24 \times 0.4 \times 0.6 = 8.06\ kN/m$ (여기서 1.4는 고정하중에 대한하중계수)

- 전단력 $V_u = (16.8 + 8.06) \times 7.0/2 = 87.0\ kN$
- 비틀림 모멘트 T_u

단위 길이당 보에 전해지는 비틀림 모멘트 m_t는

$m_t = 8 \times (2.5 - 0.2)^2/2 = 21.2\ kN \cdot m/m$, $T_u = 21.2 \times 7/2 = 74.2\ kN \cdot m$

설계용 전단력과 비틀림 모멘트는 기둥면에서 보의 유효깊이 d 만큼 떨어진 곳이므로

$$V_u = 87.0 \times \frac{(3.5 - 0.535)}{3.5} = 73.7\ kN$$

$$T_u = 74.2 \times \frac{(3.5 - 0.535)}{3.5} = 62.9\ kN \cdot m$$

2. 비틀림 효과 검토

$$\phi \frac{\sqrt{f_{ck}}}{12} \frac{A_{cp}^2}{p_{cp}} = 0.75 \times \frac{\sqrt{30}}{12} \times \frac{(240 \times 10^3)^2}{2{,}000} \times 10^{-6} = 9.86\ kN \cdot m < T_u$$

따라서 비틀림 효과를 고려해야 한다.

여기서, $p_{cp} = (600 + 400) \times 2 = 2{,}000\ mm$, $A_{cp} = 600 \times 400 = 240 \times 10^3\ mm^2$

3. 단면치수의 적정성 검토

폭400mm, 높이600mm인 보에서 피복두께40mm와 폐쇄스터럽의 중심선을 고려하면 $x_o = 310\ mm$, $y_o = 510\ mm$ 이다.

$A_{cp} = 600 \times 400 = 240 \times 10^3 \, mm^2$

$A_{oh} = 310 \times 510 = 158.1 \times 10^3 \, mm^2$

$A_o = 0.85 A_{oh} = 134.4 \times 10^3 \, mm^2$

$p_{cp} = 2 \times (400 + 600) = 2{,}000 \, mm$

$p_h = 2 \times (310 + 510) = 1{,}640 \, mm$

$$\sqrt{(\frac{V_u}{b_w d})^2 + (\frac{T_u p_h}{1.7 A_{oh}^2})^2} = \sqrt{\left(\frac{73.7 \times 10^3}{400 \times 535}\right)^2 + \left(\frac{62.9 \times 10^6 \times 1{,}640}{1.7 \times 158.1^2 \times 10^6}\right)^2}$$

$$= 2.45 < \phi \frac{5}{6} \lambda \sqrt{f_{ck}} = 0.75 \times \frac{5}{6} \times 1.0 \times \sqrt{30} = 3.42 \, MPa$$

따라서 단면은 적정하다.

4. 폐쇄스터럽 철근량(A_{t+v})

① 비틀림 스터럽 철근량 (A_t)

식(6.66)에서 $\theta = 45°$ 로 하면

$$\frac{A_t}{s} = \frac{62.9 \times 10^6}{2 \times 0.75 \times 400 \times (0.85 \times 158.1 \times 10^3) \cot 45°} = 0.78 \, mm$$

② 전단스터럽 철근량(A_v)

$\phi V_c = \phi \frac{1}{6} \lambda \sqrt{f_{ck}} \, b_w d = 0.75 \times \frac{1}{6} \times 1.0 \times \sqrt{30} \times 400 \times 535 \times 10^{-3} = 146.5 KN > V_u$ 이므로

전단스터럽 철근은 필요가 없다.

따라서 폐쇄스터럽 $\frac{A_{v+t}}{s} = \frac{A_v}{s} + \frac{2A_t}{s} = 1.56 \, mm$

③ 폐쇄스터럽의 최소 철근량 검토

$A_v + 2A_t = 0.0625 \sqrt{f_{ck}} \geq 0.35$ 이어야 하므로 0.35를 취한다.

$(0.0625 \sqrt{30} = 0.34)$

$$\frac{A_v + 2A_t}{s} = 0.35 \times \frac{b_w}{f_{yt}} = 0.35 \frac{400}{400} = 0.35 \, mm$$

따라서 $\frac{A_v}{s} + \frac{2A_t}{s} = 1.56 \, mm$, D13철근으로 배근하면

$s = \frac{2 \times 127}{1.56} = 162.8 \, mm$, 또는 $p_h = 1{,}640/8 = 205 \, mm$

④ 폐쇄스터럽 설계

폐쇄스터럽은 D13 철근 150mm 간격으로 배근한다.

5. 종방향 철근량 (A_l)

① 종방향 철근량 A_l 산정

식(6.71)로부터 $A_l = \left(\dfrac{A_t}{s}\right) p_h \left(\dfrac{f_{yt}}{f_{yl}}\right) \cot^2\theta$, $\theta = 45^\circ$ 로 하면

$$A_l = 0.78 \times 1{,}640 \times \frac{400}{400} \times 1 = 1{,}279.2\ mm^2$$

② 최소철근량 검토

$\dfrac{A_t}{s} > 0.175 \dfrac{b_w}{f_{yt}} = 0.175 \dfrac{400}{400} = 0.175$ 이므로 적합하다.($\dfrac{A_t}{s} = 0.78\ mm$ 이다)

$$A_{l,\min} = \frac{0.42 \times \sqrt{30} \times 240 \times 10^3}{400} - 0.78 \times 1{,}640 \times \frac{400}{400} = 101.06\ mm^2$$

따라서 $A_l = 1{,}279.2\ mm^2$ 이 된다.

③ 배근간격 검토

최대간격은 300mm 이하, 철근직경은 폐쇄스터럽 간격의 1/24 : 150/24 = 6.25mm 이상, D10철근 이상이어야 한다.

④ 종방향 철근 설계

보의 상단, 중간, 하단으로 3군데 배근하는 것으로 하면 $1{,}279.2/3 = 426.4\ mm^2$, 보의 중간에는 D19 철근을 보의 양측 ($A_s = 2 \times 287 = 574\ mm^2$)으로 1가닥씩 배근하고 보의 상, 하단의 철근량 426.4mm^2 는 휨철근에 더하여 배근한다.

6. 휨 철근량

① 휨모멘트 산정

양 단부 $M_u = \dfrac{(16.8 + 8.06)}{12} \times 7.0^2 = 101.5\ kN \cdot m$

중앙 $M_u = \dfrac{(16.8 + 8.06)}{24} \times 7.0^2 = 50.8\ kN \cdot m$

② 철근량 산정

$$R_n = \frac{M_u}{\phi b d^2} = \frac{101.5 \times 10^6}{0.85 \times 400 \times 535^2} = 1.04$$

$$\rho = \frac{0.85 f_{ck}}{f_y}\left(1 - \sqrt{1 - \frac{2R_n}{0.85 f_{ck}}}\right) = 0.00266$$

따라서 $A_s = 0.00266 \times 400 \times 535 = 569.3\ mm^2$

휨철근량 569.3mm^2 + 비틀림 철근량 426.4mm^2 = 995.7mm^2

D22 철근으로 배근하면

$n = 995.7/387 = 2.57$, 3-D22($A_s = 1{,}161\ mm^2$) 으로 상하단 배근한다.

7. 배근도

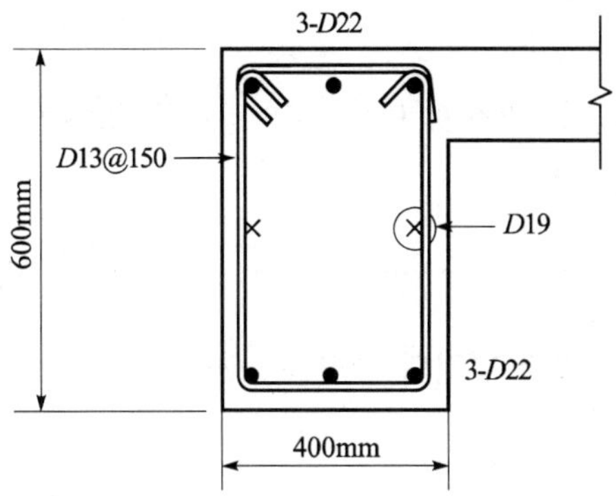

11 합성콘크리트의 휨부재 수평전단 설계

콘크리트 공사에 있어서 매트(전면)기초와 전이구조의 전이프레이트 등 대형 구조요소의 공사가 이루어지게 되므로 수평이어치기 공사가 일반적으로 있게 된다.

이때 신, 구 콘크리트 요소의 상호 접촉면을 합성 부재로 설계하게 된다. 따라서 이 절에서는 콘크리트 수평이어치기에 대하여 다루도록 한다.

1. 접촉면의 전단저항 방법

각 부재의 요소사이에 수평전단이 완전하게 전달되도록 하는 방법으로는 접촉면에서 표면전단 마찰이나 전단홈 또는 적절히 정착된 전단 연결재 또는 이들 모두에 의해 충분한 전단강도가 확보되어야 한다.

2. 설계절차

기준에 의한 수평전단에 대한 단면설계는 식(6-72)에 따른다.

$$V_{uh} \leq \phi V_{nh} \qquad (6.72)$$

여기서, V_{uh} : 소요수평전단강도

V_{nh} : 공칭수평전단강도

ϕ : 강도감소계수

수평전단강도 V_{nh} 식(6-73a), (6-73b)에 의하여 구한다.

1) 접촉면이 청결하고 부유물이 없으며 표면을 거칠게 만들어진 경우와 표면은 거칠게 만들지 않았으나 최소전달 연결재가 있는 경우

$$V_{nh} = 0.56\, b_v d \quad \cdots\cdots (6.73a)$$

여기서, b_v : 수평전단에 대하여 검토되는 접촉 면적의 단면폭(mm)

d : 유효깊이(mm)

2) 접촉면이 청결하고 부유물이 없으며 최소전달연결재가 있는 표면이 약 $6mm$ 깊이로 거칠게 만들어진 경우

$$V_{nh} = (1.8 + 0.6\,\rho_v f_{yt})\lambda\, b_v d \le \phi(3.5 b_v d) \quad \cdots\cdots (6.73b)$$

여기서, 접촉면에 대한 전단연결재 면적의 비 $\rho_v = A_s / b_w s$

(s: 부재길이 방향의 전단 연결재 간격,

A_v : 전단연결재 단면적, b_w : 부재폭 방향 전단연결재 간격)

3) $V_{uh} \ge \phi V_{nh}$ 인 경우

전단마찰설계 규정에 부합하도록 하여야 한다.

$V_{uh} \le \phi V_n = \phi A_{vf} f_{yt} \mu$ 에서 $A_{vf} = \dfrac{V_{uh}}{\phi f_{yt} \mu}$ 로 전단 연결재 철근량을 산정한다.

다만, 공칭전단강도 $V_n \le [0.2 f_{ck} A_c, (3.3 + 0.08 f_{ck}) A_c, 11 A_c], \min$

여기서, A_c : 전단전달에 기여하는 콘크리트의 단면적(mm^2)

4) 최소 전단연결재

수평전단 연결재는 최소전단철근 단면적으로 다음과 같다.

$$\left[0.0625\lambda\sqrt{f_{ck}}\frac{b_w s}{f_{yt}}, 0.35\frac{b_w s}{f_{yt}}\right], \min$$

최대 철근간격 $s_{\max} \le$ 지지요소의 최소 치수$\times 4$, $600mm$ 이어야 한다.

예제 6-8

지상 21개층의 하중을 5층에서 두께 $2,010\,mm$ 전이플레이트로 아래층으로 전달하는 구조로 다음의 전이플이트 수평이어치기에 대하여 검토하시오. 해석결과 위험단면에서 최대 계수 전단력 $V_u = 1,700\,kN$, 3회의 수평이어치기로 한다. 단, 전단연결재 $f_{yt} = 500\,MPa$, $f_{ck} = 30\,MPa$.

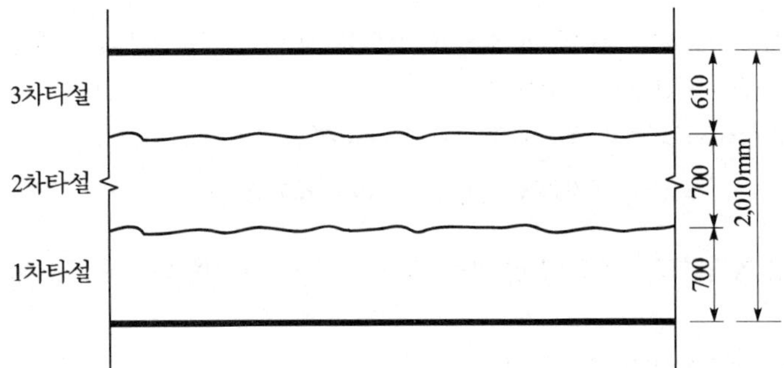

(단면도)

풀이

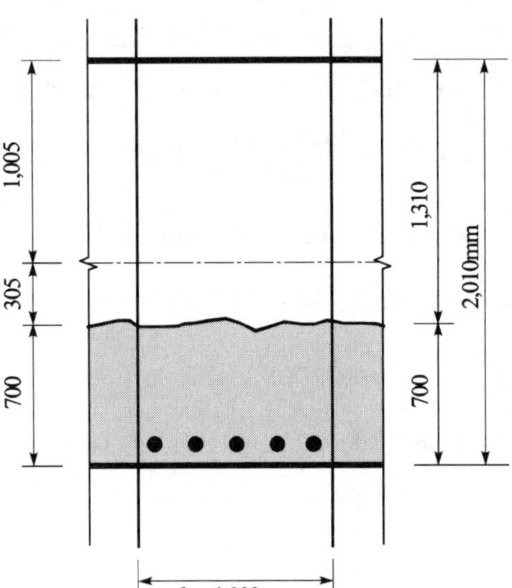

b_v=1,000mm
(단위폭)

1. 수평 전단력 V_{uh} 산정

전단응력 $\tau = \dfrac{V_u S}{Ib}$

$I = \dfrac{1,000 \times 2,010^3}{12} = 677 \times 10^9\,mm^4$

$b_v = 1{,}000\ mm$ (단위폭 : $1m$)

$S = 1{,}000 \times 700 \times (305 + 350) = 0.46 \times 10^9\ mm^3$

$$\tau = \frac{1{,}700 \times 10^3 \times 0.46 \times 10^9}{677 \times 10^9 \times 1{,}000} = 1.155\,MPa$$

$V_{uh} = 1.155 \times 1{,}000 \times 1{,}000 = 1{,}155.1\ KN$ (단위면적당)

2. 수평공칭전단강도 V_{nh} 산정

1) 접촉면이 청결하고 부유물이 없으며, 표면을 거칠게 만든 경우와 표면을 거칠게 만들지 않았으나 최소전단연결재가 있는 경우

$\phi V_{nh} = \phi 0.56\, b_v d = 0.75 \times 0.56 \times 1{,}000 \times 1{,}930$

$= 810.6\ KN < V_{uh} = 1{,}1551\ KN$ ………………… 부적합

2) 접촉이 청결하고 부유물이 없으며, 표면을 약 $6mm$ 깊이로 만들고, 최소전단연결재가 있는 경우

$\phi V_{nh} = \phi(1.8 + 0.6\rho_v f_{yt})\lambda b_v d$.

최소전단연결재의 최소단면적 $A_v,\min = 0.0625\lambda\sqrt{f_{ck}}\dfrac{b_w s}{f_{yt}} \geq 0.35\dfrac{b_w s}{f_{yt}}$

최소전단연결재 최대 간격 $s_{\max} \leq$ 지지요소의 최소치수$\times$4배, $600mm$

$s_{\max} = 700 \times 4 = 2{,}800$, $600\ mm$ 중 $s = 600mm$ 으로 한다.

$$A_v,\min = 0.0625 \times 1.0\sqrt{30} \times \frac{1{,}000 \times 600}{500} = 410.8$$

$0.35\dfrac{1{,}000 \times 600}{500} = 420.0$, $A_v,\min = 420.0\ mm^2$ 이다.

따라서 $\phi V_{nh} = \phi(1.8 + 0.6\rho_v f_{yt})\lambda b_v d$ 에서

$$\rho_v = \frac{A_v}{b_w s} = \frac{420}{1{,}000 \times 600} = 0.00007$$

$\phi V_{nh} = 0.75 \times (1.8 + 0.6 \times 0.00007 \times 500) \times 1.0 \times 1{,}000 \times 1{,}930$

$= 291.0\ KN < V_{uh} = 1{,}155.1$ …………………… 부적합

3) 전마찰 철근으로 보강한다.

$V_{uh} \leq \phi V_n$

$\phi V_n = \phi A_{vf} f_{yt}\mu$ ($\mu = 1.0$: 접촉면을 거칠게 처리)

전단마찰철근(전단연결재)을 D19 철근을 사용하면

$$A_{vf} = \frac{V_{uh}}{\phi f_{yt}\,\mu} = \frac{1{,}155. \times 10^3}{0.75 \times 500 \times 1.0} = 3{,}071.0\ mm^2/m$$

D19 철근 X 방향간격 : $s_X = 300\ mm$ 로 하면

철근 개수 $n = 1{,}000/300 = 3.33$

$A_v = 3.33 \times 287 = 955.71\ mm^2$

$s_Y = \dfrac{955.71 \times 1{,}000}{3{,}071.0} = 311.2\ mm$ (Y 방향 간격)

따라서 D19 철근을 X, Y 방향으로 300 mm 간격으로 각각 배근하도록 한다.

$A_{vf} = 3.33$ 가닥 $\times 3.33$ 가닥 $\times 287 = 3{,}182\ mm^2 > 3{,}071.0\ mm^2$ …… 적합하다

공칭전단강도 V_n 의 적정성 검토

$V_n = \phi A_{vf} f_{yt} \mu$ [$D19$@300×300 : $A_{vf} = 3.33$ 가닥 $\times 3.33$ 가닥 $\times 287 = 3{,}182\ mm^2$]

$= 0.75 \times 3{,}182 \times 500 \times 1.0 = 1{,}193\ KN$

$\leq \left[0.2 f_{ck} A_c, (3.3 + 0.08 f_{ck}) A_c, 11 A_c\right], \min$

$= [0.2 \times 30 \times 1{,}000 \times 1{,}000 = 6{,}000,\ (3.3 + 0.08 \times 30) \times 1{,}000 \times 1{,}000 = 5{,}700,$
$11 \times 1{,}000 \times 1{,}000 = 11000], \min\ = 5{,}700\ KN$ ……………… 적합하다.

3. 수직전단 철근량 검토

$V_u = 1{,}700\ KN$

$\phi V_c = \phi \dfrac{1}{6} \lambda \sqrt{f_{ck}}\, b_w d$

$= 0.75 \times \dfrac{1}{6} \times 1.0 \times \sqrt{30} \times 1{,}000 \times 1{,}930$

$= 1{,}321\ KN$

$\phi V_s = 1{,}700 - \phi V_c = 1{,}700 - 1{,}321 = 378.6\ KN$

$\leq \phi \dfrac{1}{3} \lambda \sqrt{f_{ck}}\, b_w d = 2642.8\ KN$ 이므로

철근간격 $\dfrac{d}{2} = \dfrac{1{,}930}{2} = 965,\quad 600\ mm$

따라서 D19 @$300 \times 300\ mm$ 배근은 수직전단, 수평전단을 모두 만족시킨다.

4. 배근도

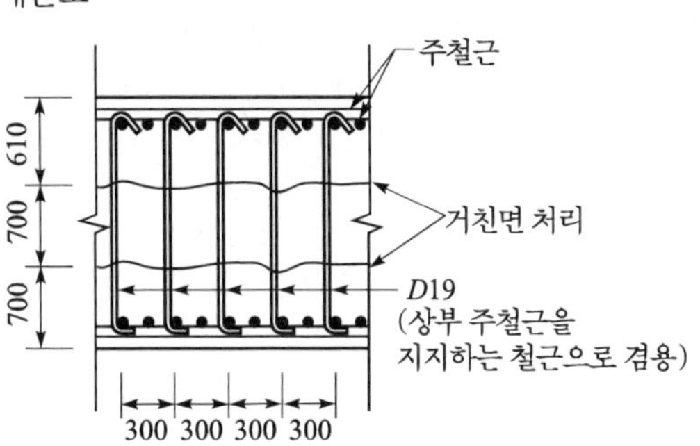

(단면도)

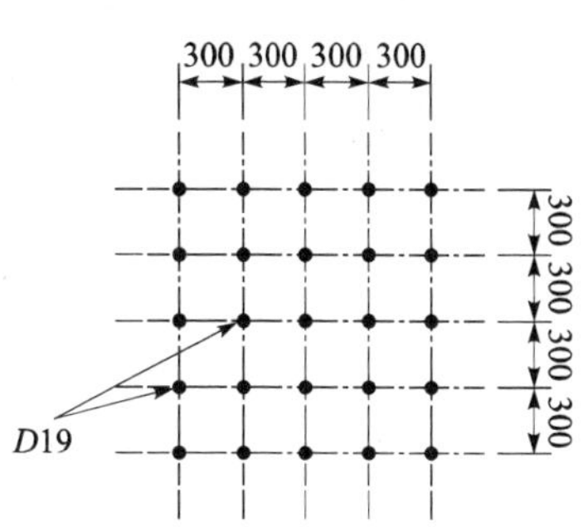

(평면도)

5. 2차타설시 1차 타설 플레이트(두께: $700mm$) 안전성 검토(가정 : 동바리무시)

검토하중 : 2차 타설 콘크리트 자중($700mm$) : $2.4 \times 0.7 = 1.68\ KN/m^2$

작업하중($0.5m$ 이상) : $3.5\ KN/m^2$ (가시설물 기준)

$w_u = 1.2 \times 1.68 + 1.6 \times 3.5 = 7.616\ KN/m^2$

해석결과 최대 모멘트 $M_u = 205.0\ KN.m$

1차 타설 콘크리트 두께 $700\ mm$ 의 균열모멘트

$$M_{cr} = 0.63\lambda\sqrt{f_{ck}} \cdot Z$$

$$= 0.63 \times 1.0 \times \sqrt{30} \times \frac{1{,}000 \times 700^2}{6} \times 10^{-6}$$

$= 281.8\ KN.m > M_u$: 균열이 발생치 않는다.

따라서, 2차 콘크리트 타설시 1차 타설 콘크리트 하부의 동바리를 무시하고 검토한 결과 안전한 것으로 검토되었지만 하부 동바리는 전이플레이트 모두를 타설하고 양생할 동안 존치시키도록 한다.

중 요 사 항

1. 사인장 균열

순수 전단력이 작용하는 보에서 45° 방향으로 인장력이 생기고 이와 직교하여 압축응력이 발생한다. 이러한 45° 방향의 응력을 사인장 응력이라 하고, 이것에 의하여 발생되는 균열을 사인장 균열이라 한다.

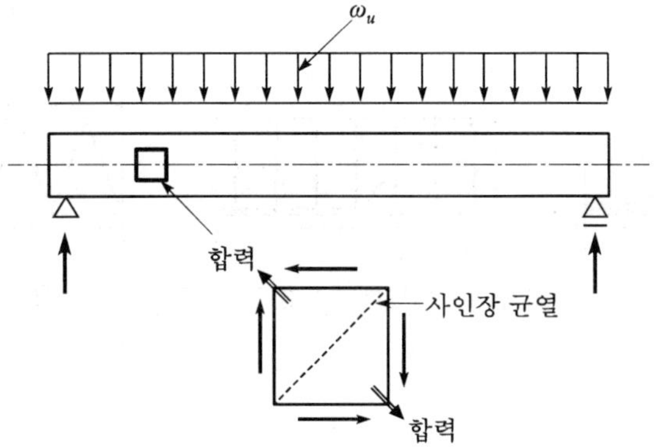

2. 일반적인 지지조건의 보에서 소요전단강도 V_u 산정위치는 보의 지지점에서 보의 유효깊이 d 만큼 떨어진 곳(위험단면)에서 산정한다.

3. 전단철근의 형태

콘크리트구조 기준에서 허용되는 전단철근의 형태로는 그림 6-11과 같은 종류의 것이 사용된다.

① 부재축에 직각(90°) 인 스터럽
② 부재축에 직각으로 배치된 용접철망
③ 나선철근, 원형띠철근 또는 후프철근
④ 주인장 철근에 45° 이상의 각도로 설치는 스터럽
⑤ 주인장 철근에 30° 이상의 각도로 구부린 굽힘철근
⑥ 스터럽과 굽힘철근의 조합

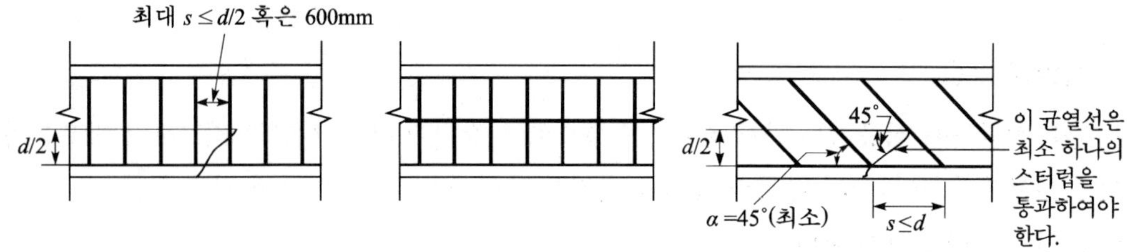

(a) 수직 스터럽 (b) 용접 철망 (c) 경사 스터럽

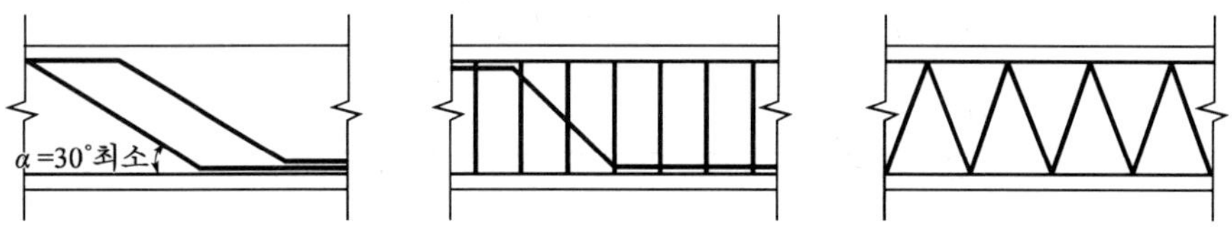

(d) 굽힘 주철근 (e) 수직 스터럽과 경사철근의 조합 (f) 나선 철근

4. 보의 전단설계

① 기본식

$$V_u \leq \phi V_n$$

여기서, V_u : 계수 전단력 또는 소요 전단강도

V_n : 공칭 전단강도(ϕV_n: 설계전단강도)

ϕ : 강도 감소계수 (ϕ = 0.75)

$$\phi V_n = \phi(V_c + V_s)$$

여기서, V_c : 콘크리트가 부담하는 공칭 전단강도

V_s : 전단철근이 부담하는 공칭 전단강도

② 콘크리트가 부담하는 공칭 전단강도 V_c

$$V_c = \frac{1}{6}\lambda \sqrt{f_{ck}}\, b_w d$$

여기서, b_w : 보의 폭(mm)

d : 보의 유효깊이(mm)

f_{ck} : 콘크리트의 설계강도(MPa)

단, 특별한 경우 외에는 $\sqrt{f_{ck}}$ 값을 8.4 MPa 보다 크게 취해서는 안된다.

즉 $f_{ck} \le 70\ MPa$ 그 이유는 압축강도가 $70MPa$ 이상의 고강도 콘크리트에 대해서는 실험자료나 적용사례가 부족하기 때문이다. 그러나 장선구조에 대해서는 이 제한을 적용하지 않아도 좋다.

③ 전단철근(스터럽) 배근 구간 검토

$V_u \le \frac{1}{2}\phi V_c$: 전단철근 (스터럽) 배근이 필요없다

$\frac{1}{2}\phi V_c < V_u \le \phi V_c$: 최소 전단철근(스터럽) 배근

$V_u > \phi V_c$: 필요 전단철근(스터럽) 배근

④ 전단철근이 부담하는 공칭 전단강도 V_s

$$V_s = \frac{A_v f_{yt} d}{s}$$

여기서, A_v : 스터럽의 단면적(U형일 경우 전단철근 단면적은 2배이다.)

s : 스터럽의 간격

f_{yt} : 스터럽의 항복강도 ($f_{yt} = 500\ MPa$ 이하 , **그러나 벽체의 전단철근은 $600MPa$ 까지 사용할수 있다)**

다만, $\phi V_s \le \phi 0.2(1 - f_{ck}/250) f_{ck} b_w d$

⑤ 스터럽의 간격 계산

$$\phi V_s = V_u - \phi V_c \quad s = \frac{\phi A_v f_{yt} d}{\phi V_s}$$

⑥ 스터럽의 최소 간격 제한

- $\phi V_s \le \phi \frac{1}{3} \sqrt{f_{ck}}\, b_w d$ 일 때 $s_{\max} \le \frac{d}{2}$ or $600\ mm$

$$s_{\max} \le \frac{A_v f_{yt}}{0.0625\sqrt{f_{ck}}\, b_w} \text{ or } \frac{A_v f_{yt}}{0.35 b_w} \text{ 중 작은 값}$$

- $\phi V_s > \phi \frac{1}{3} \sqrt{f_{ck}}\, b_w d$ 일때

$$s_{\max} \le \frac{d}{4} \text{ or } 300\ mm$$

$$s_{\max} \le \frac{A_v f_{yt}}{0.0625\sqrt{f_{ck}}\, b_w} \text{ or } \frac{A_v f_{yt}}{0.35 b_w} \text{ 중 작은 값}$$

도표로 정리해보면

		$V_u \le \phi \dfrac{V_c}{2}$	$\phi \dfrac{V_c}{2} < V_u \le \phi V_c$	$\phi V_c < V_u$
소요 전단철근량		필요없음	$A_{v,\min} = 0.0625\sqrt{f_{ck}}\dfrac{b_w s}{f_{yt}} \ge 0.35\dfrac{b_w s}{f_{yt}}$	$\dfrac{(V_u - \phi V_c)s}{\phi f_{yt} d}$
전단철근 간격 (s)	소요 간격	–	$s_{\max} = \dfrac{A_v f_{yt}}{0.0625\sqrt{fck}\, b_w} \le \dfrac{A_v f_{yt}}{0.35 b_w}$	$\dfrac{\phi A_v f_{yt} d}{V_u - \phi V_c}$
	최대 간격	–	$s_{\max} = \min\left(\dfrac{d}{2}, 600mm\right)$	$(V_u - \phi V_c) \le \phi \dfrac{1}{3}\sqrt{f_{ck}}\, b_w d$ $s_{\max} = \min\left(\dfrac{d}{2}, 600mm\right)$
				$(V_u - \phi V_c) > \phi \dfrac{1}{3}\sqrt{f_{ck}}\, b_w d$ $s_{\max} = \min\left(\dfrac{d}{4}, 300mm\right)$

단, $f_{yt} \le 500MPa$, $\sqrt{f_{ck}} \le 8.4\,MPa$ 또는 $f_{ck} \le 70\,MPa$, $V_s \le 0.2(1 - f_{ck}/250) f_{ck} b_w d$

⑦ 전단철근비 $\rho_s = \dfrac{A_v}{b_w s}$ (A_v : 전단철근 단면적, s : 전단철근 간격)

5. 보의 비틀림

비틀림에 대한 보강 방법으로 폐쇄형 스터럽과 종방향 철근을 배근하여 비틀림 강도를 증대시키고 연성도 확보하도록 한다.

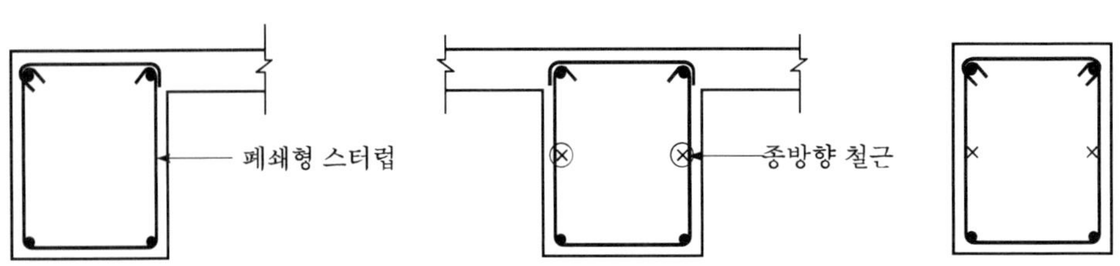

(a) (b) (c)

비틀림 보강용 폐쇄형 스터럽과 종방향 철근

6. 깊은보의 조건

(1) 깊은보의 조건

① 순경간(l_n)이 부재깊이 (h)의 4배 이하인 부재 : $\frac{l_n}{h} \leq 4$

② 집중하중이 받침부로부터 부재깊이(h)의 2배 이하인 위치에 작용하는 경우, 집중하중과 받침부 사이의 부재 : $\frac{a}{h} \leq 2$ (그림 6-13 참조)

(2) 공칭전단강도(V_n)

깊은보의 공칭전단강도(V_n)는 전단보강철근 배치와 무관하게 콘크리트강도(V_c)의 5배 이하 이어야 한다.

$$V_n \leq \frac{5}{6}\lambda\sqrt{f_{ck}}\,b_w d \quad \cdots\cdots (6.73)$$

여기서, V_n : 깊은보의 공칭전단강도

b_w : 깊은보의 폭

d : 깊은보의 유효깊이

(3) 깊은보의 최소철근량

① 수직전단철근(A_v) : $A_v \geq 0.0025 b_w s$, s는 d/5 이하 또는 300mm 이하

② 수평전단철근(A_h) : $A_h \geq 0.0015 b_w s_h$, s_h는 d/5 이하 또는 300mm 이하

여기서, s : 수직전단철근간격

s_h : 수평전단철근간격

7. 전단마찰설계를 고려하는 경우

① 타설시기 차이에 의해 기존에 있는 굳은 콘크리트와 여기에 새로이 타설하는 콘크리트와 접합면

② 콘크리트와 강재사이에 경계면(주로 철골보와 콘크리트 슬래브의 접촉면의 연결 커넥터 : stud bolt등)

③ 기둥과 브래킷 또는 내민 받침과의 접합면

④ 프리캐스트 구조물의 철근 상세설계

연 습 문 제

1 아래 그림과 같은 철근콘크리트 보에서 등분포고정하중 $w_D = 30\,kN/m$, 등분포활하중 $w_l = 40\,kN/m$가 작용할 때전단력에 대하여 안전한지를 검토하시오. (단, $f_{ck} = 24\,MPa$, $f_{yt} = 400\,MPa$, $D13\ A_1 = 127\,mm^2$)

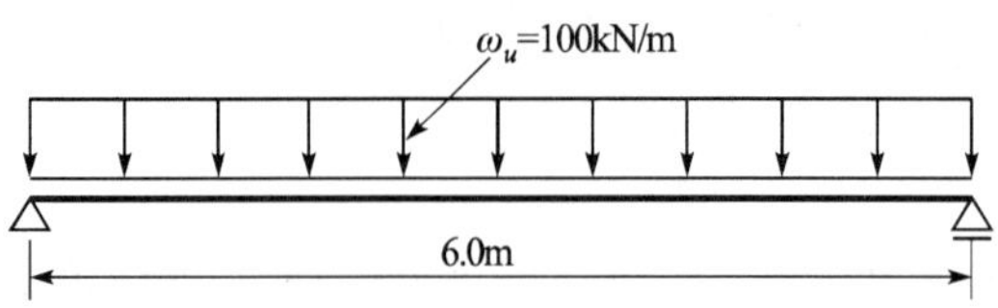

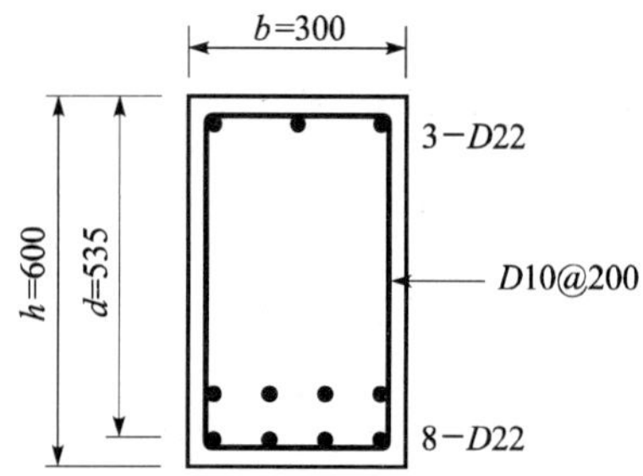

풀이

(1) 계수하중 및 지지점에서 계수전단력 V_u 산정

$$\omega_u = 1.2 \times 30 + 1.6 \times 40 = 100\ kN/m$$

$$V_u = \frac{w_u l}{2} = \frac{100 \times 6}{2} = 300\,kN$$

(2) 위험 단면에서의 전단력 V_u 산정

삼각형의 닮은꼴을 이용하면

$300 : V_u = 3{,}000 : (3{,}000 - 535)$

$$V_u = \frac{300 \times (3{,}000 - 535)}{3{,}000} = 246.5\ kN$$

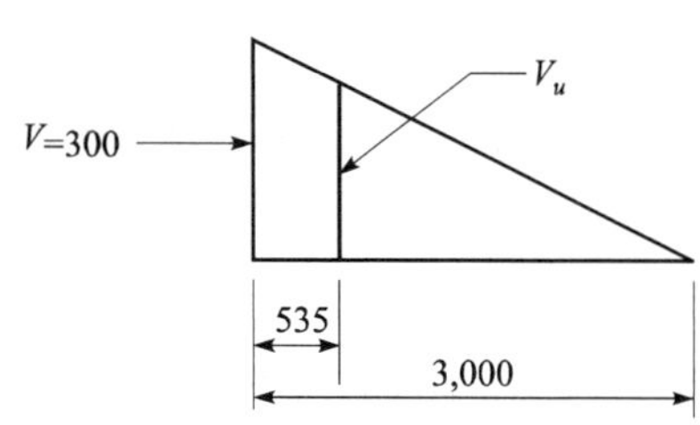

(3) 설계 강도 $\phi V_n = \phi(V_c + V_s)$ 에서

$$V_c = \frac{1}{6}\lambda\sqrt{f_{ck}}\,b\,d = \frac{1}{6} \times 1.0\sqrt{24} \times 300 \times 535 \times 10^{-3} = 131\,kN$$

$$V_s = \frac{A_v f_{yt} d}{s} = \frac{2 \times 127 \times 400 \times 535}{200} \times 10^{-3} = 271.8\,kN$$

$\phi V_n = 0.75 \times (131 + 271.8) = 302.1\,kN \quad > \quad V_u = 246.5\,kN$ 이므로 안전하다.

2 위험단면에서 소요전단강도 $V_u = 60\,kN$이 작용하는 철근콘크리트 직사각형보의 아래(1), (2)항의 최소단면크기를 결정하시오. (단, $f_{ck} = 24\,MPa$, $h = d + 65\,mm$ 이다.)

(1) 전단 철근 없이 견딜수 있는 콘크리트 최소 단면 크기($b_w = 300\ mm$ 이다.)

(2) 최소전단철근만으로 견딜수 있는 콘크리트 최소단면크기($b_w = 300\ mm$ 이다.)

풀이

콘크리트가 부담하는 공칭 전단강도 V_c 산정

$V_c = \frac{1}{6}\lambda\sqrt{f_{ck}}\,b_w d$

(1) 전단철근이 필요없는 콘크리트 최소단면크기($b_w = 300mm$)

$V_u \leq \frac{1}{2}\phi V_c$ 이어야 하므로

$60 \times 10^3 \leq \frac{1}{2} \times 0.75 \times \frac{1}{6} \times 1.0 \times \sqrt{24} \times 300 \times d$

$d \geq 653.2mm\,(h = d + 65 = 718.2mm)$

따라서 $b_w \times h = 300 \times 720mm$ 이다.

(2) 최소전단 철근만으로 견딜 수 있는 콘크리트 최소단면

$\frac{1}{2}\phi V_c < V_u \leq \phi V_c$ 이므로

$V_u \leq \phi V_c = \phi\frac{1}{6}\lambda\sqrt{f_{ck}}\,b_w d$ 에서

$60 \times 10^3 \leq 0.75 \times \frac{1}{6} \times 1.0 \times \sqrt{24} \times 300 \times d$

$d \geq 326.6\ (h = 816.5 + 65 = 391.6\ mm)$

따라서 $b_w \times h = 300 \times 400mm$ 이다.

3 다음과 같은 철근콘크리트 보의 스터럽이 D13@200mm 간격으로 배근되어 있을 때 스터럽의 철근비와 설계강도(ϕV_n)를 구하시오. (단, $f_{ck}= 24\,MPa$, $f_{yt}= 400\,MPa$, $D13\ A_1= 127\,mm^2$)

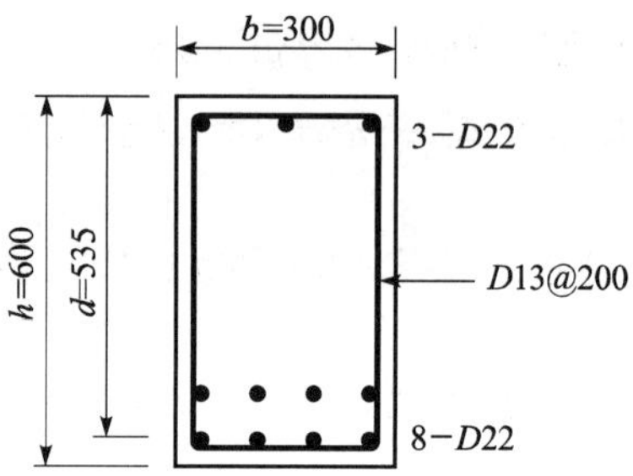

풀이

① 스터럽의 철근비 ρ_s 산정

$$\rho_s= \frac{A_v}{b_w s}= \frac{2\times 127}{300\times 200}= 0.00423= 0.42\%$$

② 설계강도 ϕV_n 산정

$\phi V_n= \phi(V_c+ V_s)$ 에서

$$V_c= \frac{1}{6}\lambda\sqrt{f_{ck}}\,b_w d= \frac{1}{6}\times 1.0\times \sqrt{24}\times 300\times 535\times 10^{-3}= 131.0\,kN$$

$$V_s= \frac{A_v f_{yt} d}{s}= \frac{(2\times 127)\times 400\times 535}{200}\times 10^{-3}= 271.8\,kN$$

따라서 $\phi V_n= 0.75\times(131.0+271.8)= 302.1\,kN$

4 강도설계법에서 그림과 같은 철근콘크리트 보가 지지할 수 있는 최대 전단강도 (ϕV_n)는? (단, $f_{ck}= 21MPa$, $f_{yt}= 400MPa$, $D10\ A_1= 71mm^2$, $D22\ A_1= 387mm^2$)

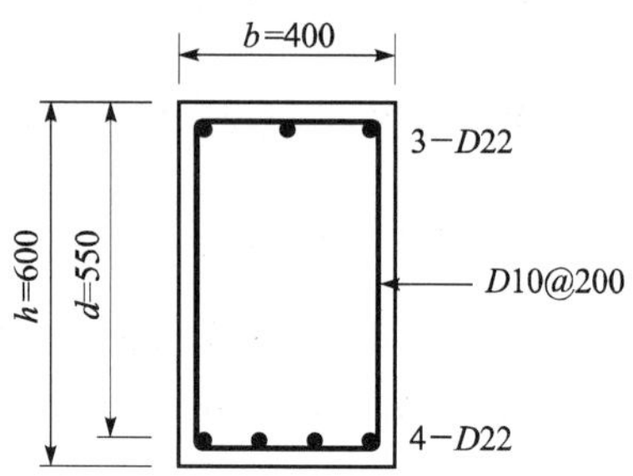

가. 168.04 kN

나. 156.20 kN

다. 243.18 kN

라. 324.24 kN

풀이

$\phi V_n= \phi(V_c+ V_s)$

$$V_c= \frac{1}{6}\lambda\sqrt{f_{ck}}\,b_w d$$
$$= \frac{1}{6}\times 1.0\times \sqrt{21}\times 400\times 550\times 10^{-3}$$
$$= 168.04kN$$

$$V_s = \frac{A_v f_{yt} d}{s}$$

$$= \frac{2\times 71\times 400\times 550}{200}\times 10^{-3}$$

$$= 156.2\ kN$$

따라서 $\phi V_n = 0.75\times(168.04+156.2) = 243.18\ kN$

답 다

5 철근콘크리트보에서 단부 사인장 균열을 방지하기 위한 방법중 가장 적합한 것은?

가. 압축부의 압축철근을 증가시킨다.

나. 인장부의 인장철근을 증가시킨다.

다. 스터럽을 증가시킨다.

라. 철근의 피복두께를 증가시킨다.

풀이

사인장 균열을 방지하기 위한 방법으로는 전단철근(스터럽)을 증가시켜야한다.

답 다

6 다음 그림의 철근콘크리트 보에서 전단강도에 기여하는 장부작용(dowelaction)에 의한 내력은?

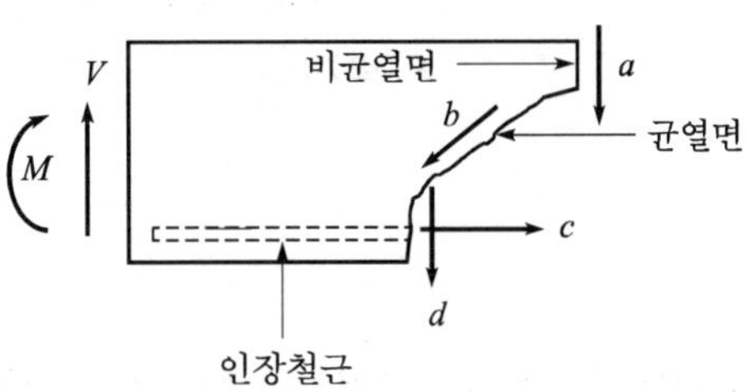

가. a　　　나. b

다. c　　　라. d

풀이

① 콘크리트가 부담하는 전단강도 ($V_c = a+b+d$)

a : 균열이 발생하지 않은 단면의 전단강도

b : 골재의 맞물림 작용에 의한 전단강도

d : 인장철근의 장부작용에 의한 전단강도

※ c : 주철근의 인장력으로 V_c 와 관계가 없다.

② 전단철근(스터럽)이 부담하는 전단강도(V_s)

$$V_s = \frac{A_v f_{yt} d}{s}$$

답 라

7 철근콘크리트 구조에서 전단 보강용 철물로서 가장 부적합한것은?

가. 부재축에 직각인 스터럽
나. 부재축에 직각으로 배치된 용접철망
다. 주인장 철근에 30°이상의 각도로 배근된 스터럽
라. 나선철근, 띠철근

풀이

경사인 스터럽은 45° 이상의 각도로 배근 되어야 한다.

답 다

8 사용 고정하중에 의한 전단력이 50 kN, 사용 활하중에 의한 전단력이 40 kN일 때 강도설계법에서 소요 전단강도는?

가. 90 kN 나. 124 kN 다. 138 kN 라. 180 kN

풀이

소요전단강도 $V_u = 1.2\,V_D + 1.6\,V_L$

$= 1.2 \times 50 + 1.6 \times 40$

$= 124\ kN$

답 나

9 강도 설계법에서 콘크리트에 의한 공칭전단강도 V_c 값이 100 kN, 스터럽에 의한 공칭전단강도 V_s 값이 90 kN일 때 설계강도(ϕV_n)는?

가. 133.0 kN 나. 142.5 kN 다. 161.5 kN 라. 190.0 kN

풀이

$\phi V_n = \phi(V_c + V_s)$

$= 0.75 \times (100 + 90)$

$= 142.5 kN$

답 나

10 강도설계법에서 철근콘크리보의 콘크리트가 부담하는 전단강도 V_c를 2배 증대 시킬 수 있는 방법으로 적합한 것은?

가. 콘크리트강도 f_{ck} 를 2배로 증가

나. 콘크리트강도 단면적($b_w \times d$)을 2배로 증가

다. 전단철근의 량을 2배로 증가

라. 전단철근의 항복강도 f_{yt} 를 2배로 증가

풀이

콘크리트가 부담하는 전단강도 $V_c = \frac{1}{6}\lambda\sqrt{f_{ck}}b_w d$ 이므로 콘크리트강도 f_{ck} 를 4배로 증가시키던지 보의 단면적 $(b_w \times d)$ 을 2배로 증가시켜야 한다.

답 나

11 강도설계법에서 전단강도 산정시 최대 콘크리트 설계강도 f_{ck} 는?

가. 8.4 MPa 나. 70 MPa 다. 84 MPa 라. 400 MPa

풀이

전단강도 강도 산정시 콘크리트와 스터럽의 강도제한

① 콘크리트 : $\sqrt{f_{ck}} \le 8.4 \rightarrow f_{ck} \le 70\ MPa$

② 스터럽 : $f_{yt} \le 500\ MPa$

답 나

12 그림과 같은 구조 평면도에서 비틀림에 대해 가장 많이 고려해야 할 부재는 어느 것인가?

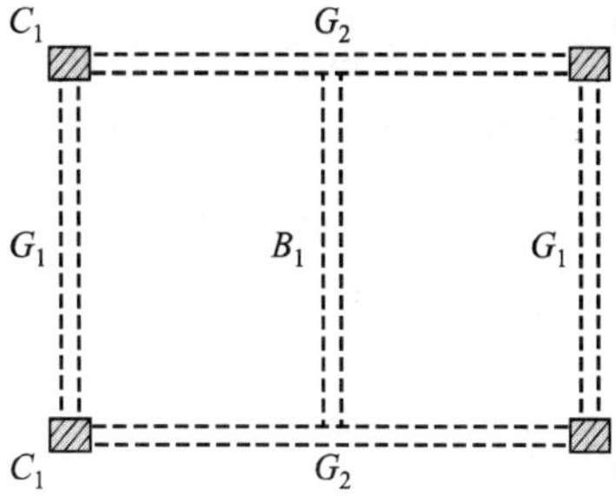

가. B1

나. G1

다. G2

라. C1

풀이

작은 보 B_1 을 편심으로 받들고 있는 외곽 보G_2 가 비틀림 응력이 가장 많이 발생하게 된다.

답 다

13 비틀림 모멘트에 대하여 가장 많이 주의해야 할 부재는?

가. 지중보　　　　　　　　　　　　　　　나. 기둥
다. 작은보를 받들고 있는 외곽보　　　　　라. 양교점 아치

풀이

작은보를 받들고 있는 외곽보, 운동장 캐누피, curved beam 등은 비틀림을 고려해야 할 부재다.

답 다

14 다음의 깊은보의 전단설계에 대한 설명중 부적합한 것은?

가. 순경간 l_n 이 부재깊이 h의 4배 이하인 부재
나. 비선형 해석 또는 스트럿 - 타이 모델에 따라 설계하여야 한다.
다. 받침부로부터 부재 깊이의 2배 이하인 위치에 집중하중이 작용하는 경우, 집중하중과 받침부 사이의 구간에 적용
라. 공칭전단강도(V_n)는 콘크리트 전단강도 (V_c) 이하 이어야 한다.

풀이

깊은보의 공칭전단강도(V_n) 는 콘크리트 전단강도(V_c)의 5배 이하이어야 한다.

$$V_n \leq \frac{5}{6}\lambda\sqrt{f_{ck}}b_w d$$

답 라

15 전단마찰설계가 고려되어야 할 곳이 아닌곳은?

가. 콘크리트 타설시기가 달라 굳은 콘크리트와 여기에 이어치는 새로운 콘크리트와의 접합면
나. 철골보와 콘크리트 슬래브의 접촉면 (stud bolt)
다. 깊은보 (deep beam)
라. 철근콘크리트 브래킷

풀이

깊은보(deep beam)는 스트럿-타이 모델에 따라 설계하며, 전단 마찰설계와는 무관하다.

답 다

제 7 장

철근의 정착 및 이음

1. 개요
2. 부착과 정착
3. 인장 이형철근의 정착 길이
4. 표준갈고리를 갖는 인장 이형철근의 정착
5. 압축이형철근의 정착
6. 다발철근의 정착
7. 휨철근의 정착
8. 철근의 이음
9. 철근의 피복 두께

철근의 정착 및 이음

1 개요

철근콘크리트구조에서 휨을 받는 부재 경간 사이에서의 휨 모멘트의 변화는 인장철근의 철근력(鐵筋力)의 변화를 일으키며 이 철근력의 변화는 콘크리트와 철근사이의 부착에 의해 유지된다.

이와 같이 근본적으로 휨의 변화에 따라 생기는 부착이기 때문에 이것을 휨부착(flexual bond)라고 부른다.

철근과 콘크리트사이에 발생하는 초기 부착은 비교적 약한 화학적 접착력과 기계적 마찰력에 의해서 생기지만, 큰 하중에 이 접착력과 마찰력이 못 견디어 철근이 약간이나마 미끄러진다면 콘크리트와 철근 표면상에 작은 요철에 서로 걸리게 된다. 그러나 이러한 철근의 요철에 의한 부착력마저도 초과된다면 철근이 콘크리트에서 빠져 콘크리트의 쪼갬 파괴(splitting)를 일으킬 수 있다. 이것을 막기 위해서 철근 끝을 구부려서 정착시킨다.

이와 같이 철근의 단부가 콘크리트로부터 빠져나오지 않도록 고정하는 것을 철근의 정착(anchorage)이라 한다, 또한 철근콘크리트에서는 철근이 짧아서 2개의 철근을 겹쳐대어 사용하는 수가 많다. 이것을 겹침 이음(lap splice)이라 한다.

철근의 정착과 이음은 대부분의 경우 철근과 콘크리트의 부착 즉 다음 작용에 의해 지배된다.

첫째, 콘크리트와 철근 표면사이의 접착력

둘째, 콘크리트와 철근 표면사이의 마찰력

셋째, 이형철근 표면의 요철에 의한 기계적 작용이다.

이러한 부착력 증대를 위하여 원형철근보다 이형철근을 사용하는 주된 이유이다.

2 부착과 정착

부착은 콘크리트와 철근의 경계면에서 미끄러짐에 대한 저항성이고, 정착은 철근이 콘크리트로부터 빠져나오지 않으려는 고정의 성질로서 정착의 효과는 부착 성능에 의해 크게 좌우된다.

부착성능 즉 부착력을 증진시키기 위해서는 원형철근 표면에 요철을 두어 콘크리트와 철근경계면에 마찰저항을 크게한 이형철근을 사용하거나 압축강도가 큰 콘크리트를 사용한다. 때로는 정착효과를 높이기 위하여 철근 단부에 갈고리를 만들어 사용하기도 한다.

1. 부착응력

아래 그림 7-1 (a)에서 길이 dx인 보의 극히 작은 조각의 한끝에서 휨모멘트는 다른 쪽의 그것과 작은 량 dM의 차이가 있다. 이 작은 조각을 떼어낸 것이 그림 7-1 (b)이고, 균열이 생긴 뒤에 콘크리트는 인장 저항을 못한다고 가정한다면 보의 응력상태는 그림 7-1 (c)와 같이 된다.

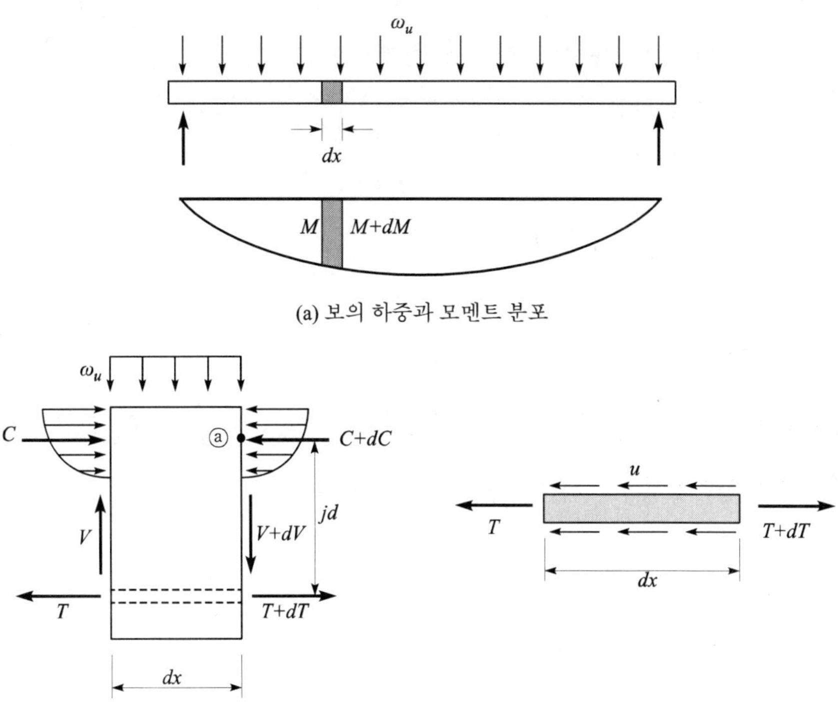

(b) 보의 응력

(c) 철근의 인장력과 부착응력

그림 7-1 보의 부착응력

힘의 평형 조건으로 부터

$\Sigma M_{ⓐ} = 0$ 이므로

$$T\times jd - (T+dT)jd + V\times dx - w_u \times dx \times \frac{dx}{2} = 0$$

$$-dT\times jd + V\times dx - \frac{w_u}{2}dx^2 = 0$$

이 식에서 $\frac{w_u}{2}dx^2 \simeq 0$ (극히 작은 dx의 곱은 0에 가깝다.)

$$dT = \frac{V dx}{jd} \quad \cdots\cdots (7.1)$$

그림 7-1 (c)에서 $\Sigma H = 0$ 이므로

$$-T + (T+dT) - u\times dx \times \pi d_b = 0$$

이 식에서 철근의 둘레길이 πd_b를 Σ_0로 놓으면

$$dT = u\Sigma_0 dx \quad \cdots\cdots (7.2)$$

여기서, Σ_0 : 부착응력 u를 받는 철근 총 둘레길이

d_b : 철근의 직경

u : 부착 응력

식(7.1)과 (7.2)에서 $\frac{V dx}{jd} = u\,\Sigma_0\, dx$

$$u = \frac{V}{\Sigma_0 jd} \quad \cdots\cdots (7.3)$$

식(7.3)에서 부착응력 u는 전단력 V에 비례하고, 또한 $V_c = \frac{1}{6}\lambda\sqrt{f_{ck}}\, b_w d$ 이므로 콘크리트의 설계기준 압축강도 f_{ck} 제곱근에 비례함을 알 수 있다.

2. 철근의 정착 길이

아래 그림 7-2로부터 $u\pi d_b l_d = A_b f_y$

$$l_d = \frac{d_b f_y}{4u} \quad \cdots\cdots (7.4)$$

여기서, u : 부착응력

d_b : 철근의 공칭지름

l_d : 철근의 정착길이

A_b : 철근 1개의 단면적 ($A_b = \pi d_b^2/4$)

f_y : 철근의 설계기준 항복강도

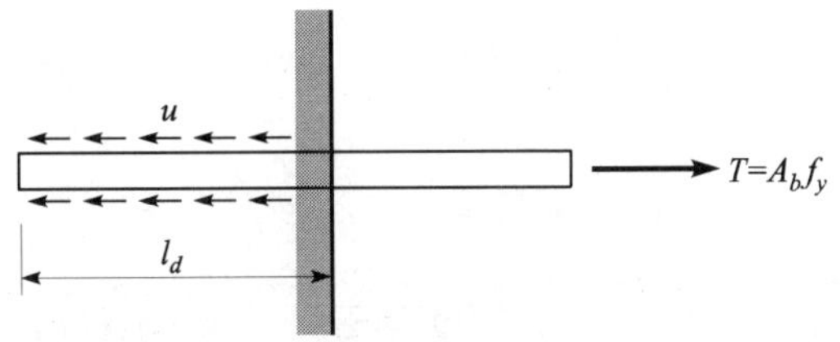

그림 7-2 철근의 정착

식(7.4)에서 부착응력(u)은 콘크리트의 설계기준 압축강도(f_{ck}) 제곱근에 비례하므로 실험을 통해 식(7.5)로 표현된다.

$$l_d = \frac{\mu d_b f_y}{\lambda \sqrt{f_{ck}}} \quad \cdots\cdots (7.5)$$

여기서, μ : 부착 실험으로부터 얻어진 상수 (뮤)

대략, 인장철근 : 0.6, 압축철근 : 0.25 이다.

f_{ck} : 콘크리트의 설계기준 압축강도

(단, $\sqrt{f_{ck}} \leq 8.4\,MPa$ 즉, $f_{ck} \leq 70\,MPa$ 이어야 한다.

$f_{ck} > 70\,MPa$ 이상일 경우, $f_{ck} = 70\,MPa$로 계산한다.)

3 인장 이형철근의 정착 길이

인장을 받는 이형철근 및 이형철선의 정착길이는 식(7.5)에 철근의 배근위치, 철근의 굵기, 에폭시 도막여부 및 콘크리트의 종류에 따라 영향을 받는다. 따라서, 콘크리트의 기준에서는 식(7.6)의 기본 정착길이(l_{db})에 표7-1의 보정계수를 고려한 약산식 방법인 식(7.7)

또는, 정산식인 식(7.8)을 이용하여 정착길이를 구하도록 하고 있다. 다만, 어떠한 방법이든 구한 정착길이 l_d 는 항상 300mm 이상이어야 한다.

1. 약산식

$$\text{기본정착길이 } l_{db} = \frac{0.6\, d_b\, f_y}{\lambda \sqrt{f_{ck}}} \quad \cdots\cdots (7.6)$$

$$\text{정착길이 } l_d = l_{db} \times \text{보정계수} \geq 300\,mm \quad \cdots\cdots (7.7)$$

표 7-1 보정계수

<table>
<tr><th>철근지름 / 조건</th><th>D19 이하의 철근과 이형철선</th><th>D22 이상의 철근</th></tr>
<tr><td>정착되거나 이어지는 철근의 순간격이 d_b 이상이고 피복두께도 d_b 이상이면서 l_d 전 구간에 기준에서 규정된 최소철근량 이상의 스터럽 또는 띠철근을 배치한 경우 (일반적으로 보나 기둥의 경우)
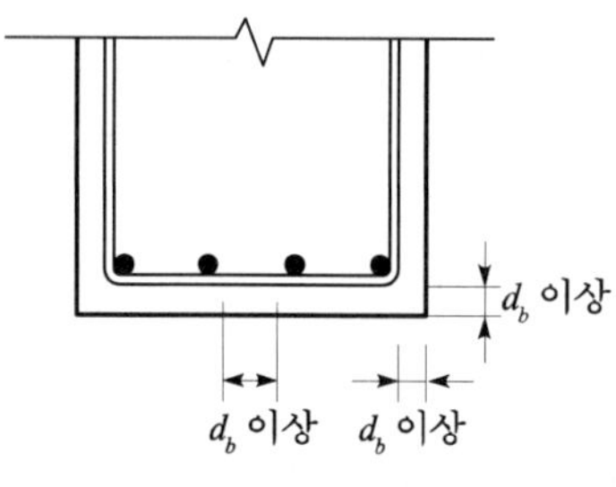
</td><td>$0.8\,\alpha\beta$</td><td>$\alpha\beta$</td></tr>
<tr><td>또는 정착되거나 이어지는 철근의 순간격이 $2d_b$ 이상이고 피복두께가 d_b 이상인 경우 (일반적으로 슬래브나 벽체의 경우)
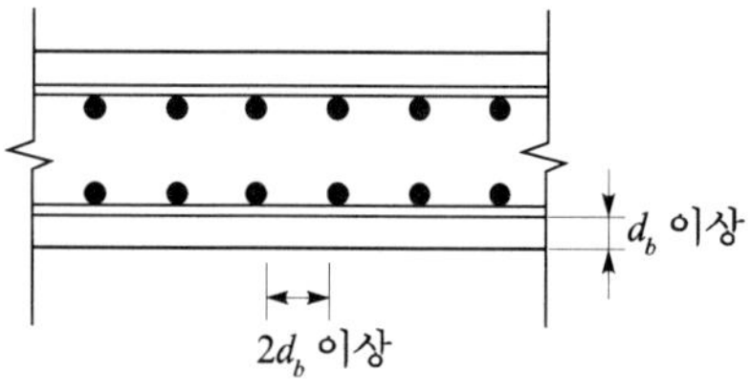
</td><td>$0.8\,\alpha\beta$</td><td>$\alpha\beta$</td></tr>
<tr><td>기타</td><td>$1.2\,\alpha\beta$</td><td>$1.5\,\alpha\beta$</td></tr>
</table>

표 7-1에 수록된 α, β 는 다음과 같이 구할 수 있다.

(1) α : **철근배치 위치계수**

① 상부철근 (정착길이 또는 겹침이음부아래 300 mm를 초과되게 굳지 않은 콘크리트를 친 수평철근) ········ 1.3

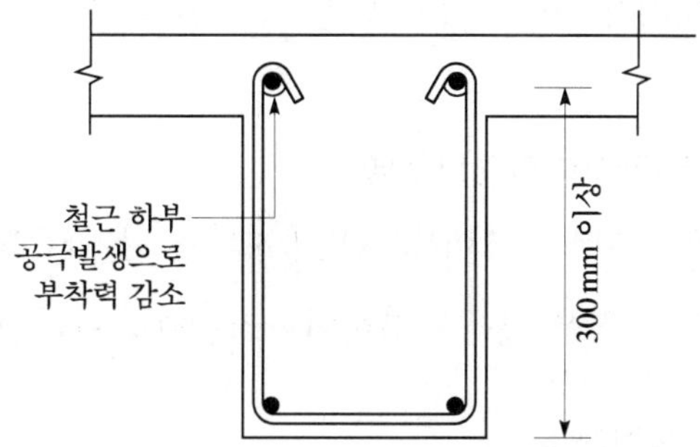

② 기타 철근 ········ 1.0

(2) β : **도막계수**

① 피복두께가 $3d_b$ 미만 또는 순간격이 $6d_b$미만인 에폭시 도막 혹은 아연-에폭시 이중 도막 철근 또는 철선 ········ 1.5

② 기타 에폭시 도막 혹은 아연-에폭시 이중 도막 철근 또는 철선 ········ 1.2

③ 아연도금 혹은 도막되지 않은 철근 또는 철선 ········ 1.0

(3) λ : **경량콘크리트계수**

① f_{sp} 값이 규정되어 있지 않은 경우

보통중량 콘크리트 $\lambda = 1.0$
(일반 콘크리트)
모래경량 콘크리트 $\lambda = 0.85$
전경량 콘크리트$\lambda = 0.75$

② f_{sp} 값이 주어진 경우

$$\lambda = f_{sp} / (0.56\sqrt{f_{ck}}) \le 1.0$$

여기서, f_{sp} 콘크리트 쪼갬인장강도

2. 정산식

$$l_d = \frac{0.9 d_b f_y}{\lambda \sqrt{f_{ck}}} \times \frac{\alpha \beta \gamma}{\left(\frac{c + K_{tr}}{d_b}\right)} \quad \cdots\cdots (7.8)$$

(1) $\frac{c + K_{tr}}{d_b}$: 2.5 이하 이어야 한다. [식 (7.7)은 이 값을 대략 1.5로 하여 구함]

(2) c : 철근간격 또는 피복두께에 관련된 치수

철근 또는 철선 중심으로부터 콘크리트 표면까지의 최단거리 또는 정착되는 철근 또는 철선의 중심간 거리의 $\frac{1}{2}$ 중 작은 값을 사용하여 mm단위로 나타낸다.

(3) γ : 철근 또는 철선의 크기계수

① D19 이하의 철근과 이형철선 : 0.8

② D22 이상의 철근: 1.0

(4) K_{tr} : 횡방향 철근지수

$$K_{tr} = \frac{40 A_{tr}}{s n}$$

여기서, A_{tr} : 정착된 철근을 따라 쪼개질 가능성이 있는 면을 가로질러 배치된 간격 s 이내에 있는 횡방향 철근의 전체 단면적 (mm^2)
(횡방향 철근이 배치되어 있더라도 설계를 간편하게 하기 위해 $K_{tr} = 0$으로 할 수 있다.)

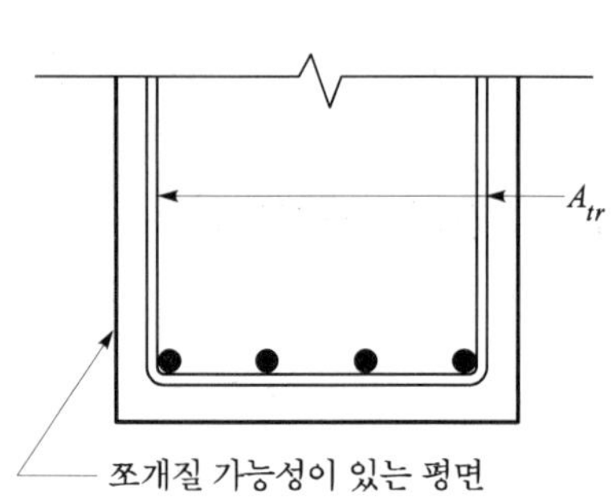

f_{yt} : 횡방향 철근의 항복강도 (MPa)

s : 정착길이 l_d 이내에 있는 횡방향철근의 최대중심간격 (mm)

n : 쪼개질 가능성이 있는 평면을 따라 정착되거나 이어지는 철근 또는 철선의 수

(5) 휨부재에 배치된 철근량이 해석에 의해 요구되는 소요철근량을 초과하는 경우는 계산된 정착길이에 $\left(\dfrac{소요\ A_s}{배치\ A_s}\right)$를 곱하여 정착길이 l_d 를 감소시킬 수 있다. 다만, 이때 감소시킨 정착길이 l_d 는 300mm 이상이어야 한다. 또한 f_y 를 발휘하도록 정착을 특별히 요구하는 경우에는 이를 적용하지 않는다.

(6) 철근의 설계기준항복강도가 커질수록 정착파괴가 발생하기 쉽기 때문에 설계기준항복강도가 $550MPa$을 초과하는 철근에 대해서는 다음을 만족하여야 한다.

① 횡방향 철근을 배치하지 않는 경우에는 c/d_b 이 2.5 이상이어야 한다.

② 횡방향 철근을 배치하는 경우에는 $K_{tr}/d_b \geq 0.25$ 와 $(c+K_{tr})/d_b \geq 2.25$ 를 만족하여야 한다.

예제 7-1

아래의 보단면 및 배근도 그림에서 소요정착길이 (l_d) 를 약산식과 정산식을 이용하여 계산하시오. 단, $f_{ck}=24MPa$, $f_y=400MPa$, 보의 최소피복두께 $40mm$,
모든 주근 : $D25$, 스터럽 $D10@150$

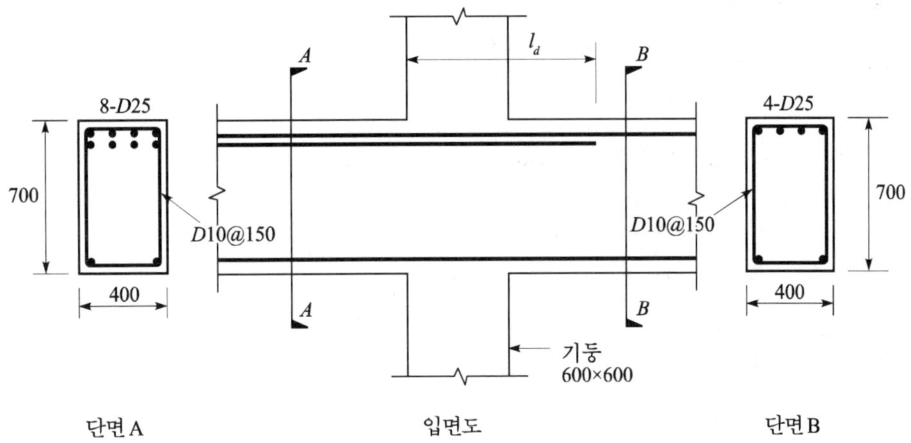

풀이

1. 약산식에 의한 방법

(1) 기본정착길이

$$l_{db}=\frac{0.6\times d_b\times f_y}{\lambda\sqrt{f_{ck}}}=\frac{0.6\times 25\times 400}{1.0\times\sqrt{24}}=1{,}225\,mm$$

(2) 철근의 순간격과 피복두께

① 정착되는 철근의 순간격 s_0

$$s_0 = \frac{[400-2\times(\text{최소피복두께})-2\times(\text{스터럽직경})-\ \text{주근개수}\times\text{주근직경}]}{(\text{주근개수}-1)}$$

$$= \frac{[400-2\times40-2\times10-4\times25]}{3}$$

$$= 66.7mm > d_b\ (\text{주근직경} : 25mm)$$

② 피복두께 = 40+10= 50$mm > d_b$

(3) 보정계수를 고려한 정착길이

순간격 〉 d_b , 피복두께 〉 d_b , D22이상의 철근, 일반콘크리트을 사용하므로 보정계수는 다음과 같다.

$\alpha = 1.3$ (상부철근)

$\beta = 1.0$ (도막계수)

$\lambda = 1.0$ (일반콘크리트)

$\gamma = 1.0$ (철근크기계수: $D22$ 이상)

정착길이 $l_d = l_{db}\times(\alpha\beta\gamma)$

$$= 1{,}225\times1.3\times1.0\times1.0$$

$$= 1{,}593mm \geq 300mm$$

2. 정산식에 의한 방법

(1) 정착길이 정산식 $l_d = \dfrac{0.9d_bf_y}{\lambda\sqrt{f_{ck}}}\dfrac{\alpha\beta\gamma}{\left(\dfrac{c+K_{tr}}{d_b}\right)}$

여기서, 철근배치 위치계수$\alpha = 1.3$

도막계수$\beta = 1.0$

철근의 크기계수 $\gamma = 1.0$

경량콘크리트계수$\lambda = 1.0$

(2) $\dfrac{c+K_{tr}}{d_b}$의 계산에서

① K_{tr}을 0으로 사용하는 경우

c : 철근의 중심에서 표면까지의 거리 $= 40+10+\dfrac{25}{2} = 62.5mm$

또는 정착되는 철근의 중심 간 거리의 $\dfrac{1}{2} = \dfrac{(66.7+25)}{2} = 45.9mm$

c는 62.5mm 와 45.9mm 중 작은 값이므로 $c = 45.9mm$

$$\frac{c+K_{tr}}{d_b} = \frac{45.9+0}{25} = 1.84 < 2.5$$

정착길이 $l_d = \frac{0.9\times 25\times 400}{1.0\times\sqrt{24}}\times\frac{1.3}{1.84} = 1{,}298mm$

② D10@150의 스터럽을 고려할 경우

$K_{tr} = \frac{40A_{tr}}{sn} = \frac{40\times 2\times 71}{150\times 4} = 9.47$ (s: $stirrup$간격, n: 정착되는 철근의 수)

$A_{tr} = 2\times 71mm^2$

여기서, s : 150mm

n : 정착되는 철근의 수

$$\frac{c+K_{tr}}{d_b} = \frac{45.9+9.47}{25} = 2.22 < 2.5$$

정착길이 $l_d = \frac{0.9\times 25\times 400}{1.0\times\sqrt{24}}\times\frac{1.3}{2.22} = 1{,}075.8mm$

3. 정착길이 검토

사용식	K_{tr}	$\frac{c+K_{tr}}{d_b}$	l_d
약산식 사용		1.5	1,593mm
정산식 사용	$K_{tr} = 0$	1.84	1,298mm
	스터럽이 D10@150일 때 $K_{tr} = 9.47$	2.22	1,075.8mm

4. 결론

정산식을 사용하면 계산이 다소 복잡하지만 일반적으로 정착길이를 약산식의 1,593mm에서 정산식의 1,075.8mm로 줄일 수 있다. 현장에서는 $K_{tr} = 0$으로 해서 간편하게 구한 값 1,298mm로 하는 것이 꽤 만족스러운 값이라고 할 수 있다.

예제 7-2

아래 그림에서 슬래브 두께가 150mm이고 상단철근이 D13@150으로 배근 된 경우의 철근의 정착길이를 구하시오. 단, $f_{ck} = 24MPa$, $f_y = 400MPa$, 최소피복두께 $20mm$

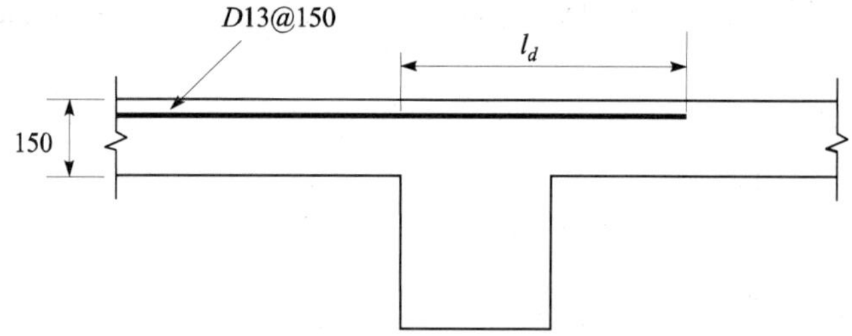

보 및 슬래브 단면도

풀이

슬래브 설계에서 인접하는 슬래브의 배근간격이 다를 경우, 위의 그림과 같이 철근을 정착하게 된다.

1. 약산식에 의한 방법

(1) 기본정착길이

$$l_{db} = \frac{0.6 \times d_b \times f_y}{\lambda \sqrt{f_{ck}}}$$

$$= \frac{0.6 \times 13 \times 400}{1.0 \times \sqrt{24}}$$

$$= 636.9\,mm$$

(2) 철근의 순간격과 피복두께

정착되는 철근의 순간격 $= 150 - 13 = 137\,mm > 2d_b\,(26\,mm)$

피복두께 $= 20\,mm > d_b\,(13\,mm)$

(3) 보정계수를 고려한 정착길이

순간격 $> 2d_b$, 피복두께 $> d_b$, D19 이하의 철근을 사용하므로 보정계수 $0.8 \times \alpha \times \beta$를 사용한다.

철근배치 위치계수 $\alpha = 1.0$

도막계수 $\beta = 1.0$

정착길이 $l_d = l_{db} \times (0.8 \times \alpha \times \beta)$

$$= 636.9 \times (0.8 \times 1.0 \times 1.0)$$

$$= 509.5\,mm \geq 300\,mm$$

2. 정산식에 의한 방법

(1) 정착길이 정산식 $l_d = \dfrac{0.9\,d_b f_y}{\lambda\sqrt{f_{ck}}} \times \dfrac{\alpha\beta\gamma}{\left(\dfrac{c+K_{tr}}{d_b}\right)}$

여기서, 철근배치 위치계수$\alpha = 1.0$

도막계수 $\beta = 1.0$

철근의 크기계수 $\gamma = 0.8$ ($D19$ 이하의 철근)

경량콘크리트계수 $\lambda = 1.0$

횡방향 철근지수 $K_{tr} = 0$

(2) $\dfrac{c}{d_b}$ 의 계산

철근의 중심에서 표면까지의 거리 $= 20 + \dfrac{13}{2} = 26.5\,mm$

정착되는 철근의 중심 간 거리의 $\dfrac{1}{2} = \dfrac{150}{2} = 75\,mm$

c는 2개 중 작은 값이므로 $c = 26.5\,mm$, $\dfrac{c}{d_b} = \dfrac{26.5}{13} = 2.04$

(3) 정착길이 $l_d = \dfrac{0.9\,d_b f_y}{\lambda\sqrt{f_{ck}}} \times \dfrac{\alpha\beta\gamma}{\left(\dfrac{c+K_{tr}}{d_b}\right)}$

$$= \frac{0.9 \times 13 \times 400}{1.0 \times \sqrt{24}} \times \frac{1.0 \times 1.0 \times 0.8}{2.04}$$

$$= 375\,mm \geq 300\,mm$$

3. 정착길이 검토

사용식	$\dfrac{c+K_{tr}}{d_b}$	l_d
약산식 사용	1.50	510mm
정산식 사용	2.04	375mm

철근 간격이 슬래브와 같이 넓은 경우 정산식을 사용하는 것이 경제적이며, $K_{tr} = 0$이므로 계산도 간단하다.

4 표준갈고리(standard hook)를 갖는 인장 이형철근의 정착

부착에 의한 정착길이를 확보할수 없는 경우에는 그림 7-3에 의한 표준갈고리를 사용하여 정착길이를 줄일 수 있다.

갈고리 철근의 정착길이 l_{dh}는 그림 7-3에 보이는 바와 같이 위험단면으로부터 갈고리의 외측단까지이며, 식(7.9)의 기본정착길이(l_{hb})에 보정계수를 곱하여 구한다.

$$\text{기본정착길이 } l_{hb} = \frac{0.24\beta d_b f_y}{\lambda\sqrt{f_{ck}}} \qquad (7.9)$$

여기서, β : 도막계수

① 에폭시 도막 혹은 아연-에폭시 이중 도막 철근 ······ 1.2

② 아연도금 또는 도막되지 않은 철근 ······ 1.0

λ : 경량콘크리트계수

$$\text{표준갈고리정착길이 } l_{dh} = \text{기본정착길이}(l_{hb}) \times \text{보정계수} \qquad (7.10)$$

(단, l_{dh}는 $8d_b$ 이상, 150mm 이상이어야 한다)

(a) 180° 갈고리　　(b) 90° 갈고리

[철근 구부림의 최소 내민 반지름 : r
$D10 \sim D25$: $r \geq 3d_b$, $D29 \sim D35$: $r \geq 4d_b$
$D38$ 이상 : $r \geq 5d_b$]

그림 7-3 갈고리 철근의 정착길이 (l_{dh})

보정계수는 다음과 같다.

(1) D35 이하 철근에서 갈고리 평면에 수직방향인 측면 피복 두께가 70mm 이상이며, 90° 갈고리에 대해서는 갈고리를 넘어선 부분의 철근 피복 두께가 50mm 이상인 경우 0.7

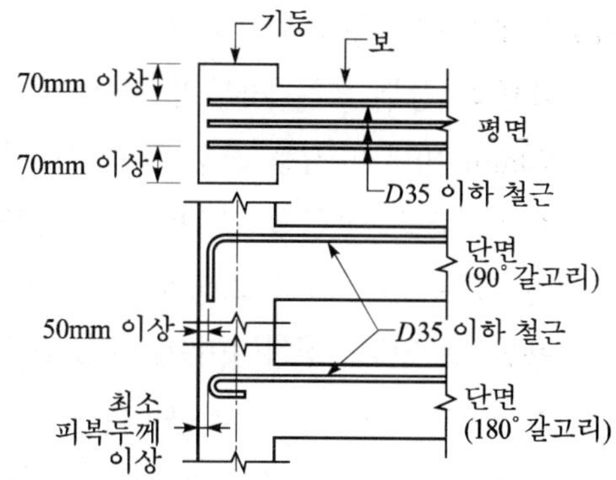

(2) D35 이하 90°갈고리 철근에서 정착길이 l_{dh} 구간을 $3d_b$ 이하 간격으로 띠철근 또는 스터럽이 정착되는 철근을 수직으로 둘러싼 경우 또는 갈고리 끝 연장부와 구부림부의 전 구간을 $3d_b$이하 간격으로 띠철근 또는 스터럽이 정착되는 철근을 평행하게 둘러러 싼 경우 0.8

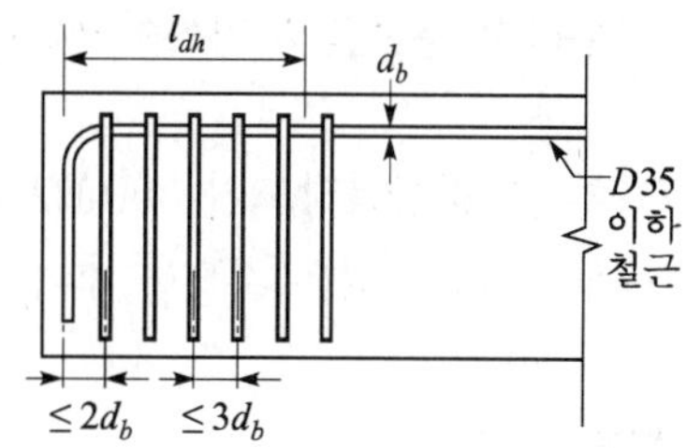

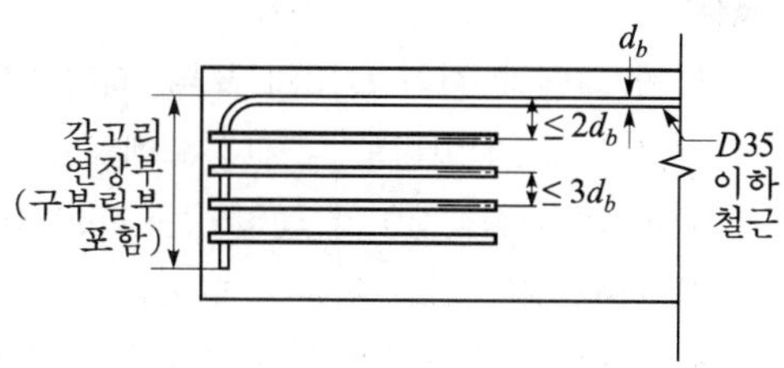

(3) D35 이하 180°갈고리 철근에서 정착길이 l_{dh} 구간을 $3d_b$ 이하 간격으로 띠철근 또는 스터럽이 정착되는 철근을 수직으로 둘러싼 경우 0.8

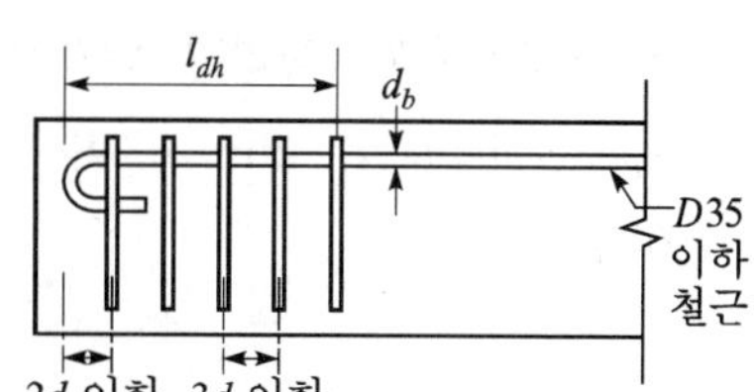

(4) 전체 f_y를 발휘하도록 정착을 특별히 요구하지 않는 단면에서 휨철근이 소요철근량 이상 배치된 경우 $\left(\dfrac{\text{소요}A_s}{\text{배근}A_s}\right)$

다만, 상기(2)와(3)에서 첫 번째 띠철근 또는 스터럽은 갈고리의 구부러진 부분 바깥면부터 $2d_b$이내에서 갈고리의 구부러진 부분을 둘러싸야 한다.

(5) 갈고리는 압축을 받는 경우 철근정착에 유효하지 않은 것으로 보아야 한다.

(6) 부재의 불연속단에서 갈고리 철근의 양 측면과 상부 또는 하부의 피복 두께가 70mm 미만인 경우 쪼갬파괴가 일어날 수 있으므로 표준갈고리에 의해 정착되는 경우 (2), (3)의 보정계수 0.8을 적용할 수 없고, 정착길이 l_{dh} 전 구간에 $3d_b$ 이하 간격으로 띠철근이나 스터럽으로 갈고리 철근을 둘러싸야한다. 이때 첫 번째 띠철근 또는 스터럽은 갈고리의 구부러진 부분 바깥면부터 $2d_b$ 이내에서 갈고리의 구부러진 부분을 둘러싸야 한다.

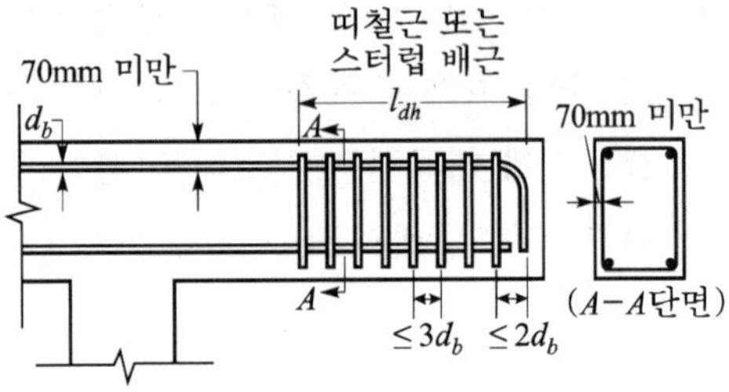

(7) 설계기준항복강도가 550MPa을 초과하는 철근을 사용하는 경우에는 상기 (2)와 (3)의 보정계수 0.8을 적용할 수 없다.

예제 7-3

다음 그림과 같이 D13의 도막 되지 않은 철근이 표준갈고리로 벽체나 보에 인장 정착할 때의 정착길이와 정착되는 최소 벽두께 또는 보의 최소 폭을 구하시오.
단, 일반 콘크리트의 설계기준압축강도 $f_{ck} = 30\,MPa$, 철근의 설계기준항복강도 $f_y = 400\,MPa$, 철근의 피복두께 20mm이다.

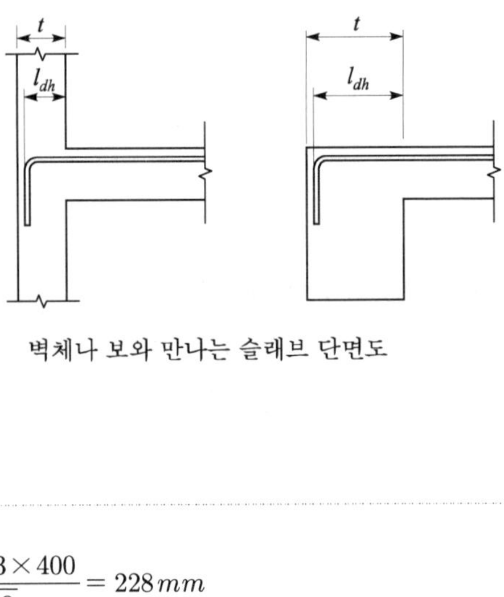

벽체나 보와 만나는 슬래브 단면도

풀이

1. 기본정착길이 $l_{hb} = \dfrac{0.24\beta d_b f_y}{\lambda\sqrt{f_{ck}}} = \dfrac{0.24\times1.0\times13\times400}{1.0\times\sqrt{30}} = 228\,mm$

2. 정착길이 $l_{dh} = l_{hb} \times$ 보정계수 $\geq [8d_b, 150\,mm]_{\max}$

$= 228\times1.0$ (피복두께 : $20\,mm \leq 50\,mm$)

$= 228\,mm \geq 8d_b = 104\,mm,\ \ 150\,mm$

따라서 최소 벽체 두께 $t = 228 + 20 = 248mm$ 이다. 여기서 아파트의 외벽 벽체 두께가 200mm일 경우 필요 철근정착 길이가 248mm이므로 철근정착의 문제점이 발생하게 된다. 이의 해결방법으로는 피복두께를 50mm 이상으로 할 경우와 배근 철근량을 소요철근량보다 증가시켜 해결하는 경우가 있겠다.

① 피복두께를 50mm하는 경우 : 보정계수 0.7 적용 가능

$l_{dh} = l_{hb} \times$ 보정계수 $= 228 \times 0.7 = 160mm$

최소 벽두께 $t = 160 + 50 = 210mm > 200mm$ 이므로

배근량 보정계수 $\left(\dfrac{소요A_s}{배근A_s}\right)$를 이용한다.

즉, 배근량을 $\left(\dfrac{210}{200} = 1.05\right)$ 소요철근량 보다 5% 증가하면 되겠다.

따라서 이 경우는 피복두께를 50mm 로 증가시키고, 배근량도 5% 증가시키는 방법이다.

② 배근량 보정계수를 이용하면 (피복두께 : 20mm 그대로 유지) 배근량을 $\left(\dfrac{248}{200} = 1.24\right)$ 24% 증가시켜 배근한다.

예제 7-4

다음 그림과 같이 보의 도막되지 않은 D25 인장철근의 필요 소요철근량이 구조해석결과 3,400 mm^2 인데 실제 배근은 8–D25($A_s = 8 \times 507 = 4,056\,mm^2$)으로 하였을 때, 정착길이 ℓ_{dh} 의 적합여부를 검토하시오. 단, 일반 콘크리트의 설계기준압축강도 $f_{ck} = 24MPa$, 철근의 설계기준항복강도 $f_y = 400MPa$, 보의 스터럽과 기둥의 띠철근은 D10@150으로 하였다.

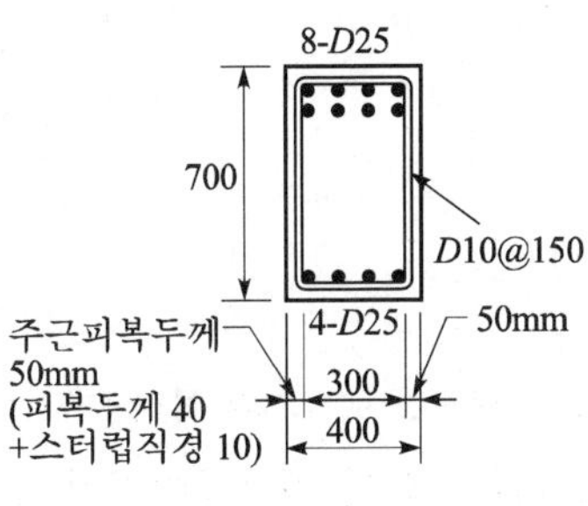

(a) 보 단면

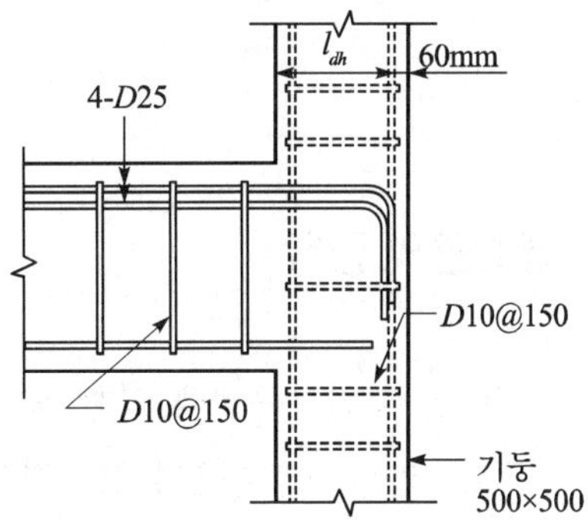

(b) 보-기둥 접합부 입면(A-A 단면)

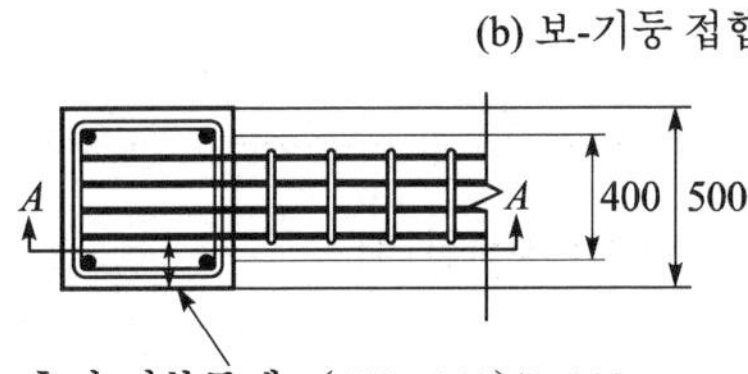

(c) 보-기둥 접합부 수평단면

풀이

1\. 90° 표준갈고리로 할 경우 기본정착길이

$$l_{hb}=\frac{0.24\beta d_b f_y}{\lambda\sqrt{f_{ck}}}=\frac{0.24\times1.0\times25\times400}{1.0\times\sqrt{24}}=490\,mm$$

2\. 보정계수

(1) 정착철근은 기둥 크기가 500×500이고 보의 폭이 400mm이므로 보의 측면의 피복두께가 70mm이상이고, 표준갈고리를 넘어선 부분의 철근 피복두께를 50mm로 충분히 배근 가능하므로 보정계수를 0.7로 할 수 있겠다.

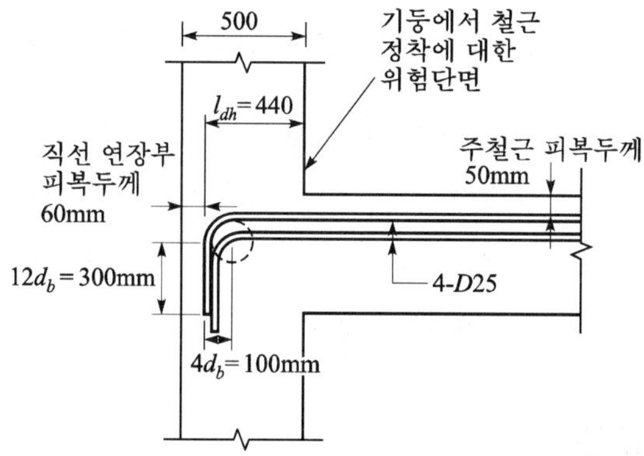

(2) 초과철근량

$$\frac{\text{소요}A_s}{\text{배치}A_s}=\frac{3{,}400}{4{,}056}=0.83$$

(3) 인장철근의 정착길이

$l_{dh}=490\times0.7\times0.83=285.0\,mm$

$\geq[8d_b=8\times25=200,\ 150\,mm]\max$

따라서 이 정착길이 $285\,mm$ 는

$500\,mm\times500\,mm$ 기둥에 피복두께 $60\,mm$ 를 뺀 $440\,mm$ 의 길이로 정착시킬 수 있다.

5 압축이형철근의 정착

압축을 받는 철근은 휨인장균열에 의한 정착효과의 감소가 없으므로, 기본정착길이는 인장철근에 비해 짧다. 압축이형철근의 정착길이(l_d)는 식 (7.11)과 같이 기본정착길이(l_{db})에 보정계수를 곱하여 구할 수 있다.

압축정착길이 $l_d=l_{db}\times$ 보정계수 ………… (7.11)

(다만, l_d 는 200mm이상이어야 한다)

기본정착길이 $l_{db}=\dfrac{0.25\,d_b f_y}{\lambda\sqrt{f_{ck}}}$ ………… (7.12)

보정계수는 다음과 같다.

① 과다철근 : $\left(\dfrac{소요\ A_s}{배근\ A_s}\right)$

② 지름이 6mm 이상이고 나선철근 간격이 100mm 이하인 나선철근 또는 중심 간격이 100mm 이하로 배치된 D13 띠철근으로 둘러싸인 압축이형철근 : 0.75

예제 7-5

D25인장철근의 기본정착길이 및 D25 압축철근의 기본정착길이는?
단, $f_{ck} = 24\,MPa$, $f_y = 400\,MPa$, 도막되지 않은 철근이다.

풀이

1. D25 인장철근의 기본정착길이

$$l_{db} = \frac{0.6\,d_b f_y}{\lambda\sqrt{f_{ck}}} = \frac{0.6 \times 25 \times 400}{1.0 \times \sqrt{24}} = 1{,}225\,mm \ \geq \ 300\,mm$$

[표준 갈고리 : $l_{hb} = \dfrac{0.24\beta\, d_b f_y}{\lambda\sqrt{24}} = \dfrac{0.24 \times 1.0 \times 25 \times 400}{1.0 \times \sqrt{24}} = 490\,mm$

$\geq\ [8d_b = 8 \times 25 = 200,\ 150mm]_{\max} = 200mm$

2. D25 압축철근의 기본정착길이

$$l_{db} = \frac{0.25\ d_b f_y}{\lambda\sqrt{f_{ck}}} = \frac{0.25 \times\ 25 \times\ 400}{1.0 \times \sqrt{24}} = 510\,mm > 200\,mm$$

6 다발철근의 정착

인장 또는 압축을 받는 하나의 다발철근 내에 있는 개개 철근의 정착길이 l_d 는 다발철근이 아닌 경우의 각 철근의 정착길이보다 증가시켜야 한다.

① 3개의 다발철근 : 20% 정착길이 증가

② 4개의 다발철근 : 33% 정착길이 증가

다발철근의 정착길이 l_d 를 계산할 때 식(7.8)에 기술된 보정계수를 적절하게 선택하기 위해 한 다발 내에 있는 전체 철근단면적을 등가단면으로 환산하여 산정된 하나의 철근으로 취급하여야 한다.

7 휨철근의 정착

휨모멘트는 일반적으로 단순보에서 지지점에서는 제로이며, 중앙부에서는 최대 정모멘트가 발생한다. 연속보에서는 받침부(지지점) 또는 기둥과보의 접합부에 부모멘트와 보의 중앙부에 정모멘트로 최대 모멘트가 발생하고 이것을 충분히 저항하도록 철근을 배치하여야 한다.

그런데 이 최대모멘트를 지나면 모멘트는 감소하게 되며, 경제적 설계를 목적으로 철근의 일부를 절단하게 된다.

이때 철근의 절단에서는 휨이론에 의한 이론적인 절단점에 전단, 정착 및 시공상의 여러 필요조건이 충족되어야 한다.

1. 정착 일반사항

(1) 휨부재에서 최대 응력점과 경간내에서 인장철근이 끝나거나 굽혀진 위험단면에서 철근의 정착에 대한 안전을 검토하여야 한다.

(2) 철근의 절단위치와 묻힘길이(여분의 길이)

휨철근은 휨모멘트를 저항하는데 더 이상 철근을 요구하지 않는점에서 철근을 절단하고, 그 절단점에서 d (부재의 유효깊이) 또는 $12d_b$ (철근직경의 12배) 중 큰값 이상의 묻힘길이를 확보하여한다. 다만, 단순경간의 받침부와 캔틸레버보의 자유단에서 이 규정은 적용되지 않는다.

(3) 절단되지 않은 연속철근의 묻힘길이

구부러지거나 절단된 인장철근이 휨을 저항하는데 더 이상 철근이 필요하지 않은 점에서 인장철근의 정착길이 l_d이상의 묻힘길이를 확보하여야 한다.

(4) 인장구역에서 철근의 절단조건

인장구역에서 휨철근을 절단하려 할 경우 다음의 3가지 조건을 만족하여야하며, 원칙적으로 한 단면에서 전체 철근량의 50%를 초과하여 절단할 수 없다.

① 절단점에서 소요전단강도 V_u가 공칭전단강도 V_n의 2/3를 초과하지 말아야 한다.

즉, $V_u \leq \frac{2}{3}\phi V_n$

② 절단점에서 부재 유효깊이(d)의 3/4 이상의 구간까지 절단된 철근을 따라 전단과 비틀림에 대해 필요한 양을 초과하는 스터럽이 배치되어있는 경우, 이때 초과되는 스터럽의 단면적 A_v는 $0.42 b_w\ s/f_{yt}$ 이상 이어야 하고, 간격 s는 $d/(8\beta_b)$ 이내이어야 한다.

즉, $A_v > 0.42 b_w\ s/f_{yt}$, $s \le d/(8\beta_b)$

여기서, A_v : 스트럽 단면적 (mm^2)

b_w : 보의 복부폭 (mm)

d : 보의 유효깊이 (mm)

s : 스터럽 간격 (mm)

β_b : 전체 인장철근량에 대한 절단된 철근량의 비

f_{yt} : 스터럽 철근의 설계기준항복강도 (MPa)

③ D35 이하의 철근에서 연속철근이 절단점에서 휨모멘트에 필요한 철근량의 2배 이상 배치되어 있고, $V_u \le \dfrac{3}{4}\phi V_n$ 이어야 한다.

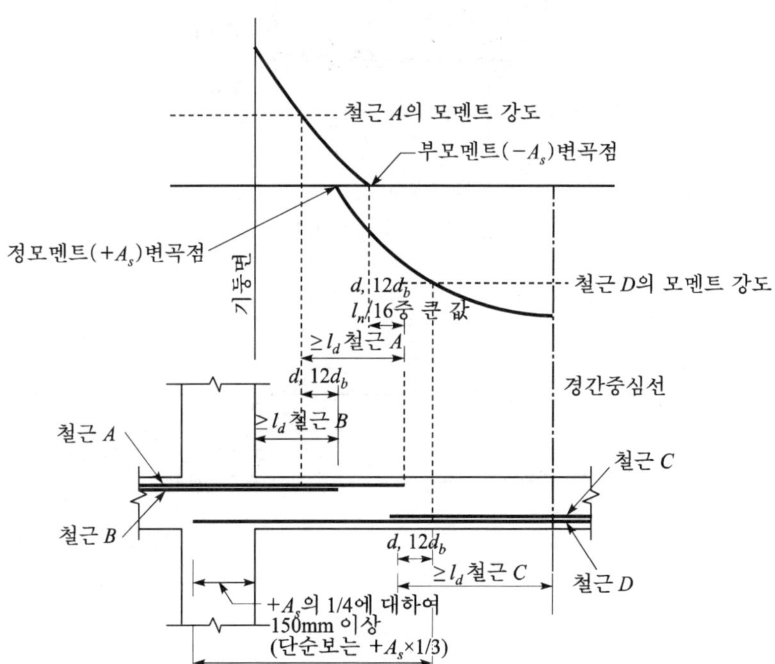

그림 7-4 휨 철근의 정착

2. 정모멘트철근의 정착

단순보의 받침부와 같이 큰전단력과 작은 모멘트를 받는 부분이나 연속보에서 휨모멘트 크기에 따라 철근량을 줄이기 위해 변곡점 주위에서 철근을 절단하게 된다. 이 경우 얼마간의 철근을 받침부 내 또는 변곡점 내에 잘 정착해야한다.

(1) 단순보에서 정모멘트 철근($+A_s$)의 1/3이상, 연속부재에서 정모멘트철근 ($+A_s$)의 1/4 이상을 부재의 같은 면을 따라 받침부(지점) 내로 150mm 이상 연장하여야 한다.

(2) 적은 수의 굵은 철근보다는 많은 수의 가는 철근을 사용하는 것이 부착에 유리하다. 그러므로 기준에서는 단순받침부와 변곡점에서 정모멘트철근은 그 정착길이 l_d 가 식 (7.13)을 만족하도록 가는 철근을 사용하도록 하고 있다. (그림 7-5b 참조)

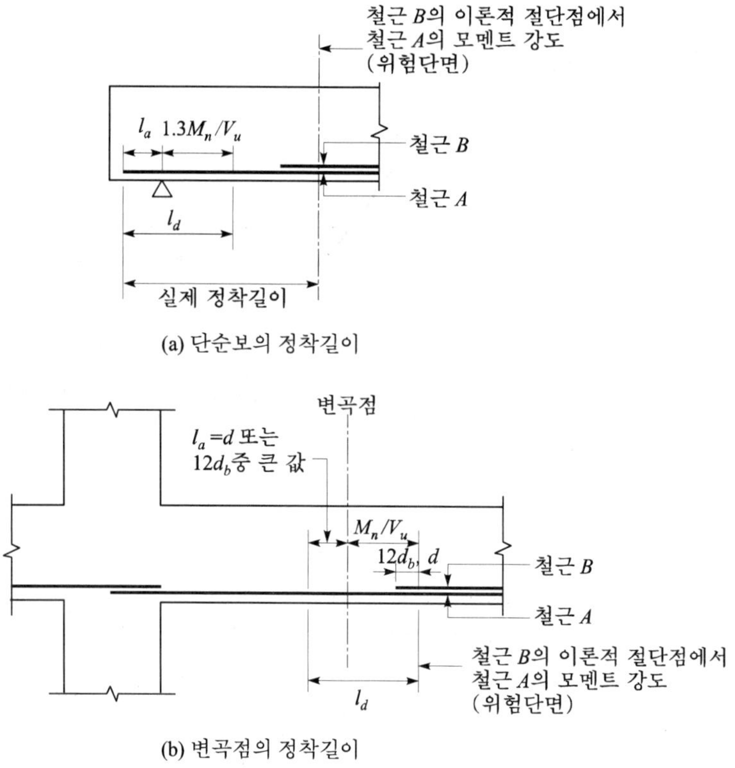

그림 7-5 정모멘트 철근 정착을 위한 직경 제한규정

$$l_d \leq \frac{M_n}{V_u} + l_a \quad \cdots\cdots (7.13)$$

여기서, l_d : 지지점이나 변곡점을 넘어선 연장된 인장철근의 정착길이

M_n : 정모멘트 철근에 의한 단면의 공칭 모멘트 강도

V_u : 단순지지점이나 변곡점에서의 계수전단력

l_a : 받침부 또는 변곡점에서 추가되는 묻힘길이로 받침부에서는 그 중심선을 지난 묻힘길이 이고, 변곡점에서는 유효깊이 d 와 철근직경 d_b 의 12배 ($12d_b$) 중 큰 값이다.

식 (7.13)에서 단순보의 받침부와 같이 철근의 끝부분이 압축반력으로 눌려서 구속을 받을 경우 M_n / V_u 의 값을 식(7.14)과 같이 30% 증가시킬 수 있다. (그림 7-5a 참조)

$$l_d \leq 1.3\frac{M_n}{V_u} + l_a \quad \cdots\cdots (7.14)$$

(3) 단순받침부의 중심선을 지나 절단되는 철근에서 표준갈고리 또는 적어도 표준갈고리와 동등한 성능을 갖는 기계적 정착에 의해 정착되는 경우 식(7.13)을 만족하지 않아도 되며, 직선철근으로 정착하는 경우 식(7.15)을 만족하여야 한다.

$$\frac{V_u - 0.5\varnothing V_s}{M_n} \leq \frac{l_a}{l_d jd} \quad \cdots\cdots (7.15)$$

여기서, jd : 모멘트 팔길이 이다.($jd \simeq 0.875d$)

l_a : 묻힘길이

3. 부모멘트 철근의 정착

(1) 부철근의 위험단면은 받침부 경계이므로 받침부 경계로부터 정착길이 l_d 가 확보되어야 한다.

(2) 받침부에서 전체 부모멘트에 대해 배치된 전체 인장철근량의 1/3 이상은 반곡점을 지나 유효높이 d 이상, $12d_b$이상, 또는 순경간 l_n 의 1/16 이상 중 가장 큰값 이상의 묻힘길이를 확보하여야 한다.

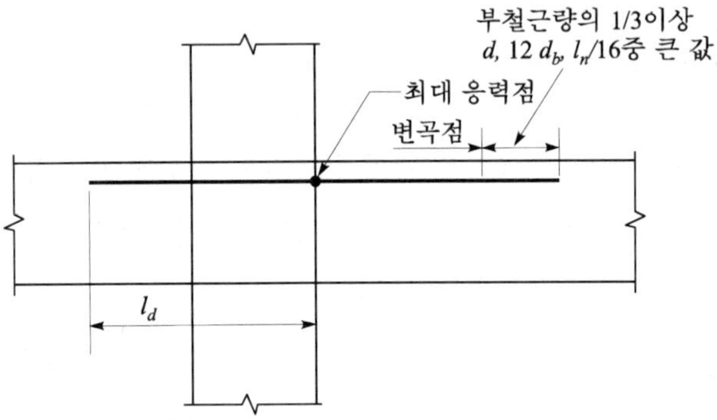

그림 7-6 연속보의 부모멘트철근 정착길이 제한규정

4. 복부철근의 정착

보의 복부철근 정착은 표준갈고리 효과에 더하여 철근 묻힘길이에 의해 이루어진다. 정착을 위해서는 135° 또는 180° 갈고리가 더 효과적이지만 90° 갈고리로 할 수가 있다. 보의 복부철근은 다음 중 한가지 방법에 의하여 정착시켜야 한다.

(1) D16 이하의 철근 또는 지름 16mm 이하 철선으로 그림 7-7 (a)과 같이 종방향 철근을 둘러싸는 표준갈고리로 정착하여야 한다.

(2) f_{yt}가 $300MPa$ 이상인 D19, D22 및 D25 철근이 스터럽으로 사용되는 경우 이들 철근은 종방향 철근을 둘러싸는 표준갈고리 외에 그림 7-7 (b)와 같이 부재의 중간 깊이에서 갈고리 단부의 바깥까지 $0.17d_b f_{yt} / \sqrt{f_{ck}}$ 이상의 묻힘길이를 확보하여 정착하여야 한다.

(3) 단일 U형 또는 다중 U형 스터럽의 경우 그림 7-7 (c)와 같이 양 정착단 사이의 연속구간 내의 굽혀진 부분은 종방향 철근을 둘러싸야한다.

(4) 전단철근으로 사용하기 위해 굽혀진 종방향 주철근이 인장 구역으로 연장되는 경우에 종방향 주철근과 연속되어야 하고, 압축구역으로 연장되는 경우는 부재의 중간 깊이 $d/2$를 지나서 인장철근 정착길이 만큼을 확보하여야 한다.

(5) 폐쇄형으로 배치된 한쌍의 U형 스터럽 또는 띠철근은 겹치이음 길이가 그림 7-7 (d)와 같이 $1.3l_d$ 이상일 때 적절하게 이어진 것으로 볼 수 있다. 또한 깊이가 450 mm 이상인 부재에서 스터럽의 가닥들이 그림 7-7 (e)와 같이 부재의 전 깊이까지 연장된다면

폐쇄스터럽의 이음이 적절한 것으로 볼 수 있다. 이때 한 가닥의 이음부에서 발휘할 수 있는 인장력, $A_b f_{yt}$ 는 40kN 이하이어야 한다.

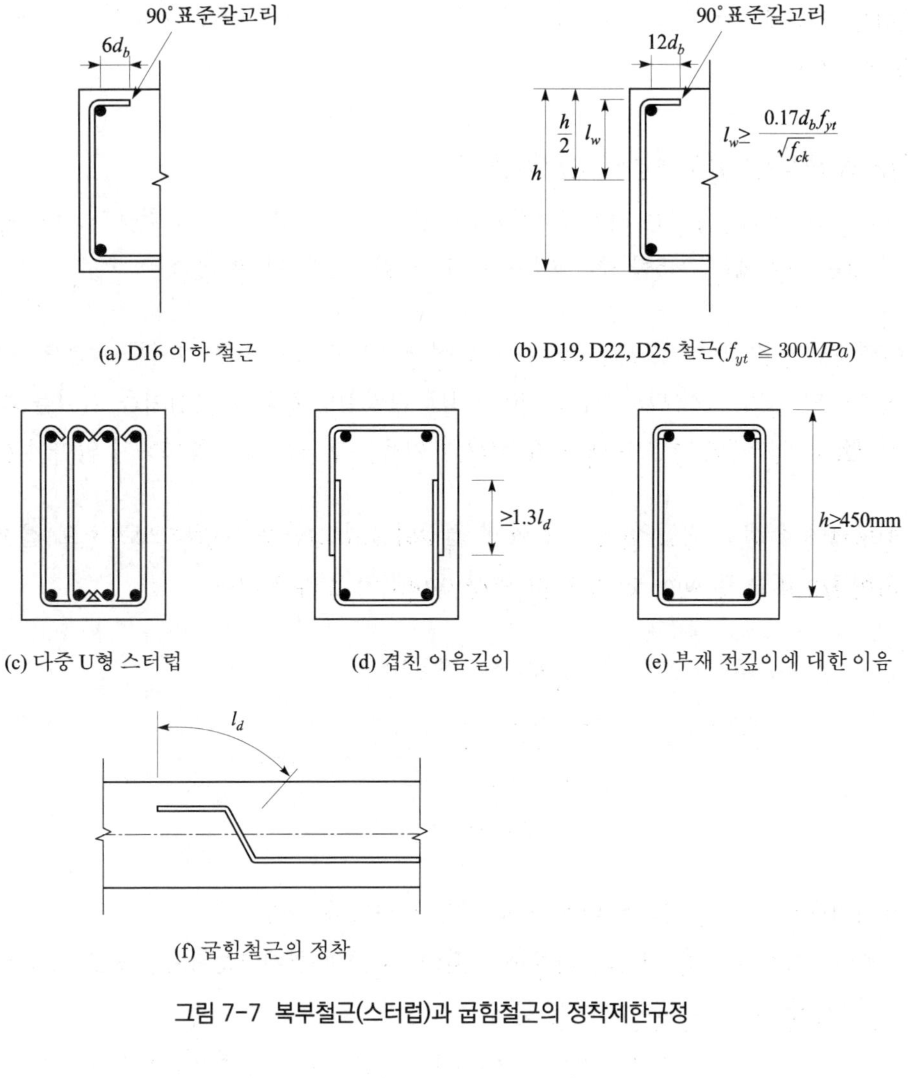

그림 7-7 복부철근(스터럽)과 굽힘철근의 정착제한규정

8 철근의 이음

철근의 이음은 설계도 또는 시방서에서 요구하거나 허용한 경우 또는 책임구조기술자가 승인하는 경우에만 이음을 할 수 있으며, 이음은 가능한 한 최대 인장응력점으로부터 떨어진 곳에 두어야 한다.

1. 철근의 이음은 다음 규정에 따라야 한다.

(1) D35를 초과하는 철근은 겹침이음을 금지한다. 다만, D35 이하의 철근과 압축 겹침이음을 하는 경우에는 D35를 초과하는 철근과 겹침이음을 할 수 있다.

(2) 다발철근의 겹침이음은 다발 내의 개개 철근에 대한 겹침이음 길이를 기본으로 하여 결정하여야 하며, 3개 다발철근은 20%, 4개 다발철근은 33% 겹침이음 길이를 증가시켜야 한다. 또한, 한 다발 내에서 각 철근의 이음은 한군데에서 중복하지 않아야 한다.

(3) 휨부재에서 서로 직접 접촉되지 않게 겹침이음된 철근은 횡방향으로 소요 겹침이음길이의 1/5 또는 150mm 중 작은 값 이상 떨어지지 않아야 한다.

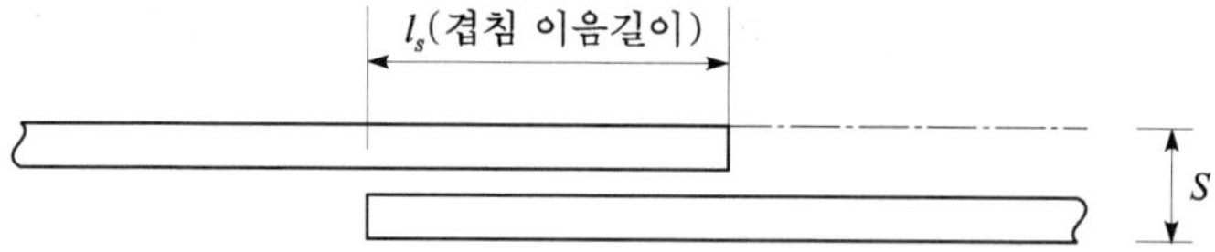

$S \leq \frac{l_s}{5}$ 또는 150mm 중 작은 값

(4) 용접이음과 기계적 이음은 다음 강도 규정에 따라야 한다.

① 용접이음은 용접용 철근을 사용해야 하며, 철근의 설계기준항복강도 f_y의 125% 이상을 발휘할 수 있는 용접이어야 한다.

② 기계적 이음은 철근의 설계기준항복강도 f_y의 125% 이상을 발휘할 수 있는 기계적 이음이어야 한다.

③ 철근이 필요 이상으로 많이 배치되거나 응력이 작은 곳에서 이음이 되어 내력이 요구되는 단면력의 2배 이상이고, D16 이하 철근으로서 각 철근의 이음부는 600mm 이상 엇갈려 있고 이음부에서 계산된 인장력의 2배 이상을 발휘할 수 있도록 이어지고, 또한 전체 철근 단면적에 인장응력 140MPa를 곱한 인장력 이상에 저항할 수 있을 때

는 굳이 설계기준항복강도의 125%를 확보할 필요는 없다.

(5) 철근이 굽혀진 부위에서는 용접이음할 수 없으며, 굽힘이 시작되는 부위에서 철근지름의 2배 이상 떨어진 곳에서부터 용접이음을 시작할 수 있다.

(6) 맞댐용접이 아닌 겹침 용접이음은 한 면에만 철근 바깥까지 용접되어야 하고, 이 경우 설계 용접목두께는 $0.3d_b$로 한다. 이때의 용접목두께는 오른쪽의 그림과 같이 철근 마디 또는 리브를 제외한 두께까지이다. 용접길이는 강구조 연결 설계기준(하중저항계수설계법) 또는 시설물별 기준에 따라 산정한다.

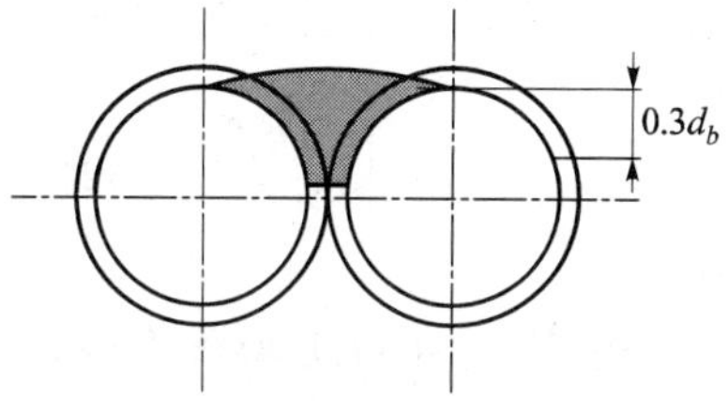

또한, 안정적인 용접길이를 확보하고 용접 시작점과 끝점의 불량을 방지하기 위하여 아래 그림과 같이 용접부 밖으로 철근지름정도 연장하는 것을 권장한다.

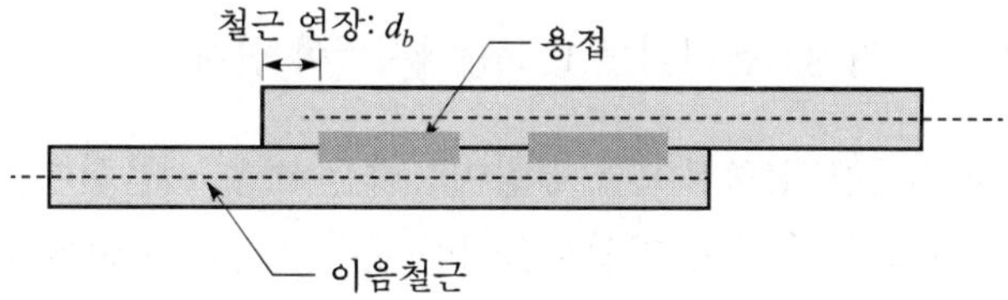

2. 인장 이형철근의 이음

(1) 인장력을 받는 이형철근 및 이형철선의 겹침이음길이는 A급, B급으로 분류하며, 다음 값 이상으로 하여야 한다. 또한 300mm 이상이어야 한다.

구분	내용	이음길이
A급이음	배치된 철근량이 이음부 전체 구간에서 해석 결과 요구되는 소요철근량의 2배 이상이고, 겹침이음된 철근량이 전체철근량의 1/2 이하인 경우	$1.0l_d$ (l_d :인장철근의 최소값 300mm와 보정계수를 적용하지 않은 인장철근 정착길이)
B급이음	그 외 경우	$1.3l_d$ (l_d : 인장철근의 최소값 300mm와 보정계수를 적용하지 않은 인장철근 정착길이)

(2) 서로 다른 크기의 철근을 인장 겹침이음하는 경우 이음길이는 크기가 큰 철근의 정착길이와 크기가 작은 철근의 겹침이음길이 중 큰 값 이상이어야 한다.

3. 압축 이형철근의 이음

(1) 압축철근의 겹침이음길이는 다음과 같이 구할 수 있다.

$$l_s = \left(\frac{1.4 f_y}{\lambda \sqrt{f_{ck}}} - 52 \right) d_b \quad \cdots\cdots (7.16a)$$

여기서, 식 (7.16a)로 산정된 이음길이가 식 (7.16b)보다 긴 경우 압축철근의 겹침이음길이는 식 (7.16b)로 구할 수 있다.

$$\begin{aligned} l_s &= 0.072 f_y d_b \qquad (f_y \le 400MPa) \quad \cdots\cdots (7.16b) \\ &= (0.13 f_y - 24) d_b \quad (f_y > 400\,MPa) \end{aligned}$$

이때 겹침이음길이는 300mm 이상이어야 하며, 콘크리트의 설계기준압축강도가 21 MPa 미만인 경우는 겹침이음길이를 1/3 증가시켜야 한다.

(2) 서로 다른 크기의 철근을 압축부에서 겹침이음하는 경우 이음길이는 크기가 큰 철근의 정착길이와 크기가 작은 철근의 겹침이음길이 중 큰 값 이상이어야 한다. 이때 D41과 D51 철근은 D35 이하 철근과의 겹침이음을 할 수 있다.

(3) 철근이 압축력만을 받을 경우는 철근과 직각으로 절단된 철근의 양끝을 적절한 장치에 의해 중심이 잘 맞도록 접촉시킴으로써 압축응력을 직접 지압에 의해 전달할 수 있다. 이때 철근의 양 단부는 철근 축의 직각면에 1.5° 내의 오차를 갖는 평탄한 면이 되어야 하고, 조립 후 지압면의 오차는 3° 이내이어야 한다.

(4) 단부 지압이음은 폐쇄띠철근, 폐쇄스터럽 또는 나선철근을 배치한 압축부재에서만 사용하여야 한다.

4. 기둥철근 이음의 관한 특별규정

(1) 압축응력을 받는 기둥철근 (모든 철근이 압축)

식(7.16a), (7.16b)에 따라 압축이음을 한다. 단,

① 띠철근 압축부재의 경우 겹침이음길이 전체에 걸쳐서 띠철근이0.0015hs 이상의 유효단면적을 가지면 겹침이음 길이에 계수 0.83을 곱할 수 있다. 그러나 겹침이음길이는

300mm 이상이어야 한다. 여기서 h는 부재(기둥)치수, s는 띠철근 간격이다. 띠철근 보정계수 적용에 대한 유효단면적 산정은 그림 7-8에 나타내었다.

② 나선철근 압축부재의 경우 나선철근으로 둘러싸인 축방향 철근겹침이음길이에 계수 0.75를 곱할 수 있다. 그러나 겹침이음길이는 300mm 이상이어야 한다.

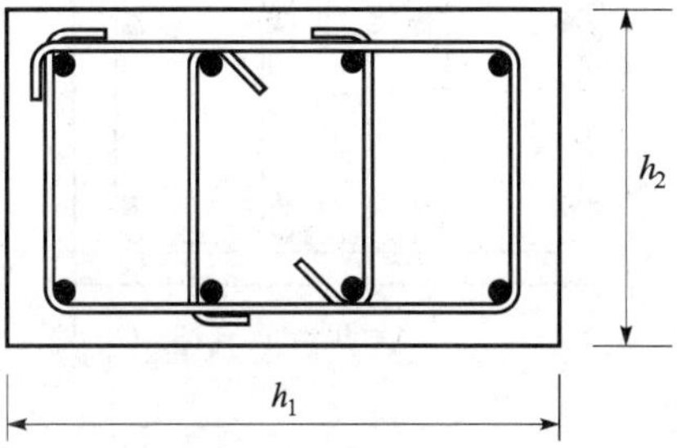

(치수 h_1에 수직인 방향) 4× 띠철근 1개의 단면적 ≧ $0.0015 h_1 s$

(치수 h_2에 수직인 방향) 2× 띠철근 1개의 단면적 ≧ $0.0015 h_2 s$

그림 7-8 띠철근 보정계수 적용에 대한 유효 띠철근 단면적

(2) 기둥철근이 $0.5f_y$ 이하의 인장응력을 받고있을 때 ($0 \le f_s < 0.5f_y$)

① 어느 한 단면에서 전체철근의 1/2을 초과하여 겹침이음된 경우 : B급 인장이음으로 한다.

② 어느 한 단면에서 전체철근의 1/2이하가 겹침이음되고, 그 겹침이음이 교대로 l_d 이상 서로 엇갈려 있는 경우 : A급 인장이음으로 한다.

(3) 기둥철근이 $0.5f_y$ 보다 큰 인장응력을 받고 있을 때 ($f_s > 0.5f_y$)

B급 인장이음으로 한다.

예제 7-6

압축력만을 받는 기둥철근 D29와 D32철근의 압축겹침이음길이를 구하시오.
단, $f_{ck}=24MPa$, $f_y=400MPa$, 기둥단면 400×600이다.

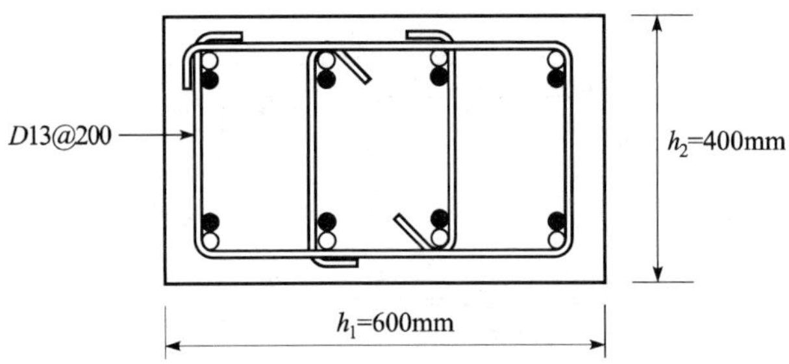

풀이

1. 이음길이 산정
직경이 다른 압축철근을 이음할때는 큰 직경 철근의 정착길이와 작은직경 철근의 겹침이음길이 중 큰값을 사용한다.

(1) D32 철근의 정착길이

$$\frac{0.25d_b\cdot f_y}{\lambda\sqrt{f_{ck}}}=\frac{0.25\times32\times400}{1.0\times\sqrt{24}}=653.2\,mm\ \geq\ 200\,mm$$

(2) D29 철근의 겹침이음길이

$$l_s=\left(\frac{1.4f_y}{\lambda\sqrt{f_{ck}}}-52\right)d_b$$

$$=\left(\frac{1.4\times400}{1.0\times\sqrt{24}}-52\right)\times29$$

$$=1{,}807.0\,mm$$

$l_s=0.072f_yd_b=0.072\times400\times29=835.2\,mm$

두 개의 값중 작은값인 $l_s=835.2\,mm$ 가 D29 철근의 겹침이음길이 이다.

따라서, 겹침이음길이는 (1)과 (2)의 값중 큰 값인 835.2mm 이다.

2. 띠철근의 영향검토
D13@200 띠철근의 유효단면적

$A_e=0.0015\times h_2\times s=0.0015\times400\times200$

$=120.0\,mm^2<127\,mm^2\times2$가닥 $=254\,mm^2$ ………만족

$A_e = 0.0015 \times h_1 \times s = 0.0015 \times 600 \times 200$

$= 180.0mm^2 < 127mm^2 \times 4\text{가닥} = 508\,mm^2$ ·········만족

따라서 겹침이음길이는 계수 0.83을 적용할 수 있다.

$l_s = 835.2\,mm \times 0.83 = 693.2\,mm$

따라서, 기둥의 겹침이음길이 $l_s = 693.2\,mm$

9 철근의 피복 두께

1. 피복 두께

콘크리트의 표면으로부터 가장 가까이 배치된 철근 표면사이의 콘크리트 두께를 말한다.

2. 철근의 최소 피복두께를 확보하는 이유

① 철근의 부식 방지

② 철근의 부착 확보

③ 화해(火害) 방지

3. 철근의 최소 피복두께

철근의 최소 피복두께는 표 7-2에 나타내었다.

표 7-2 최소 피복두께

<table>
<tr><td colspan="3">수중에 타설하는 콘크리트</td><td>100mm</td></tr>
<tr><td colspan="3">흙에 접하여 콘크리트 친 후 영구히 흙에 묻혀있거나 수중에 있는 콘크리트</td><td>75mm</td></tr>
<tr><td colspan="2" rowspan="2">흙에 접하거나 옥외의 공기에 직접 노출되는 콘크리트</td><td>D19 이상 철근</td><td>50mm</td></tr>
<tr><td>D16 이하 철근</td><td>40mm</td></tr>
<tr><td rowspan="5">옥외의 공기나 흙에 직접 접하지 않는 콘크리트</td><td rowspan="2">슬래브, 벽체, 장선구조</td><td>D35 초과 철근</td><td>40mm</td></tr>
<tr><td>D35 이하 철근</td><td>20mm</td></tr>
<tr><td rowspan="2">보, 기둥</td><td>f_{ck}가 40MPa 미만인 경우</td><td>40mm</td></tr>
<tr><td>f_{ck}가 40MPa 이상인 경우</td><td>30mm</td></tr>
<tr><td colspan="2">쉘, 절판(folded plate) 부재</td><td>20mm</td></tr>
</table>

중요사항

1. 부착강도에 영향을 주는 요소 (철근의 피복두께, 간격, 철근의 표면상태 등)

① 철근의 피복두께가 클수록 부착에 유리

② 철근의 간격을 크게 할수록 부착에 유리

③ 콘크리트 강도가 클수록 부착에 유리

④ 같은 단면적에서 직경이 큰 철근을 적게 사용하는 것보다 직경이 작은 철근 여러 가닥을 사용할수록 부착에 유리

⑤ 이형철근이 원형 철근보다 부착에 유리

⑥ 스트럽과 같은 횡방향 철근이 사용된 경우 부착에 유리

⑦ 수평배근철근에서 상부철근이 하부철근보다 부착강도가 감소한다.

⑧ 약간 녹이 슨 철근이 부착에 유리하다.

2. 인장 이형철근의 기본 정착길이

(1) 갈고리가 없을 때

$$l_{db} = \frac{0.6\,d_b f_y}{\lambda\sqrt{f_{ck}}}$$ (단, l_d는 300mm 이상, λ : 경량콘크리트계수)

(2) 표준갈고리를 갖을 때

$$l_{hb} = \frac{0.24\,\beta\,d_b f_y}{\lambda\sqrt{f_{ck}}}$$ ($f_y = 400MPa$, l_{hb} 는 $8d_b$이상, 150mm 이상, β : 도막계수)

3. 압축 이형철근의 기본 정착길이

$$l_{db} = \frac{0.25 d_b f_y}{\lambda\sqrt{f_{ck}}}, \quad l_d = l_{db} \times \text{보정계수} \geq 200mm$$

4. 철근의 이음길이

D35를 초과하는 철근은 겹침이음을 금지하고, 용접 이음이나 기계적 이음일 경우 이음부 성능이 f_y의 125%이상 확보되어야 한다. 또한 휨부재에서 서로 직접 접촉되지 않게 겹침이음된 철근은 횡방향으로 소요 겹침이음길이 (l_s)의 1/5 또는 150mm 중 작은 값 이상 떨어지지 않아야 한다.

(1) 인장 이형철근

① A급 이음 : $1.0l_d$ (l_d : 인장 이형철근의 정착길이) ② B급 이음 : $1.3l_d$

(2) 압축 이형철근

① $l_s = \left(\frac{1.4 f_y}{\lambda \sqrt{f_{ck}}} - 52 \right) d_b$ 와 $l_s = 0.072 f_y d_b$ $(f_y \le 400MPa)$ 중 작은 값.
$= (0.13 f_y - 24) d_b$ $(f_y > 400MPa)$

그러나 l_s는 300mm 이상이어야 한다. f_{ck} 가 $21MP_a$ 미만인 경우 이음 길이를 1/3 증가시킨다.

② D35를 초과하는 철근은 겹침이음을 금지하며, 용접이음, 기계적이음시 이음부 성능이 f_y 의 125% 이상 확보하여야 한다.

③ 겹침이음의 두 철근 크기가 다를 때에는 큰 철근의 정착길이와 작은철근의 겹침이음 길이 중 큰 것을 겹침이음 길이로 한다.

④ D35를 초과하는 철근에 대해서는 겹침이음을 제한하고 있으나 압축력을 받는 D41, D51 철근은 D35 이하의 철근에 겹침이음 할 수 있다.

5. 기둥 철근이음에 관한 특별규정

(1) 압축응력을 받는 기둥철근 (모든 철근이 압축)

식(7.16a), (7.16b)에 따라 압축이음을 한다. 단,

① 띠철근 압축부재의 경우 겹침이음길이 전체에 걸쳐서 띠철근이 0.0015hs 이상의 유효단면적을 가지면 겹침이음 길이에 계수 0.83을 곱할 수 있다. 그러나 겹침이음길이는 300mm 이상이어야 한다. 여기서 h는 부재(기둥)치수, s는 띠철근 간격이다. 띠철근 보정계수 적용에 대한 유효단면적 산정은 아래 그림 참조

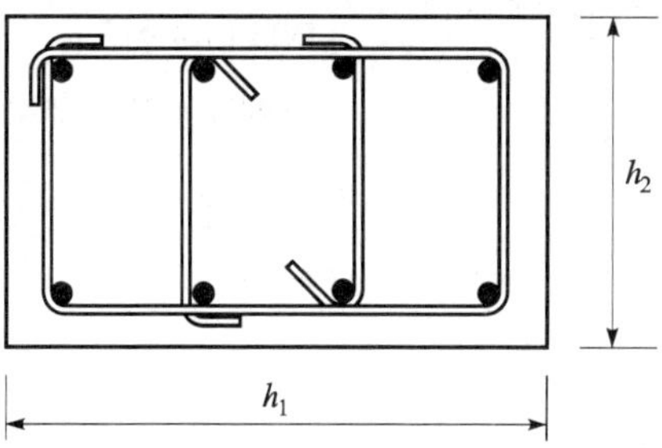

(치수 h_1에 수직인 방향) 4× 띠철근 1개의 단면적 ≥ $0.0015h_1s$

(치수 h_2에 수직인 방향) 2× 띠철근 1개의 단면적 ≥ $0.0015h_2s$

[띠철근 보정계수 적용에 대한 유효 띠철근 단면적]

② 나선철근 압축부재의 경우 나선철근으로 둘러싸인 축방향 철근의 겹침이음길이에 계수 0.75를 곱할 수 있다. 그러나 겹침이음길이는 300mm이상이여야 한다.

(2) 기둥철근이 $0.5f_y$ 이하의 인장응력을 받고있을 때 ($0 \le f_s < 0.5f_y$)

① 어느 한 단면에서 전체철근의 1/2을 초과하여 겹침이음된 경우
: B급 인장이음으로 한다.

② 어느 한 단면에서 전체철근의 1/2이하가 겹침이음되고, 그 겹침이음이교대로 l_d 이상 서로 엇갈려 있는 경우 : A급 인장이음으로 한다.

(3) 기둥철근이 $0.5f_y$ 보다 큰 인장응력을 받고 있을때 ($f_s > 0.5f_y$)

B급 인장이음으로 한다.

6. 철근의 최소 피복두께를 확보하는 이유

① 철근의 부식방지

② 철근의 부착확보

③ 화해(火害)방지

7. 철근의 최소 피복 두께

<table>
<tr><td colspan="3">수중에 타설하는 콘크리트</td><td>100mm</td></tr>
<tr><td colspan="3">흙에 접하여 콘크리트 친 후 영구히 흙에 묻혀있거나 수중에 있는 콘크리트</td><td>75mm</td></tr>
<tr><td colspan="2" rowspan="2">흙에 접하거나 옥외의 공기에 직접 노출되는 콘크리트</td><td>D19 이상 철근</td><td>50mm</td></tr>
<tr><td>D16 이하 철근</td><td>40mm</td></tr>
<tr><td rowspan="5">옥외의 공기나 흙에 직접 접하지 않는 콘크리트</td><td rowspan="2">슬래브, 벽체, 장선구조</td><td>D35 초과 철근</td><td>40mm</td></tr>
<tr><td>D35 이하 철근</td><td>20mm</td></tr>
<tr><td rowspan="2">보, 기둥</td><td>f_{ck}가 40MPa 미만인 경우</td><td>40mm</td></tr>
<tr><td>f_{ck}가 40MPa 이상인 경우</td><td>30mm</td></tr>
<tr><td colspan="2">쉘, 절판(folded plate) 부재</td><td>20mm</td></tr>
</table>

연습문제

1 부착력(U)을 증가시키는 방법?

풀이

$U=u\Sigma_0$ 이므로 같은 단면적을 갖는 굵은 철근보다 가는 철근 여러가닥을 사용하여 인장철근의 둘레길이를 증가시켜 부착력을 증가시킨다.
(여기서, U : 부착력, u : 부착응력, Σ_o : 철근의 둘레길이)

2 D32 인장철근의 기본정착 길이 l_{db}는? (단, $f_{ck}=24MPa$, $f_y=400MPa$)

가. 715mm　　나. 1,008mm　　다. 1,311mm　　라. 1,715mm

풀이

D32 인장철근의 기본정착 길이

$$l_{db}=\frac{0.6\times d_b\times f_y}{\lambda\sqrt{f_{ck}}}=\frac{0.6\times 32\times 400}{1.0\times\sqrt{24}}=1{,}714.6mm$$

답 라

3 표준갈고리를 둔 도막되지 않은 D25 인장철근의 기본정착길이는? 단, $f_{ck}=27MPa$, $f_y=400MPa$

가. 462mm　　나. 430mm　　다. 482mm　　라. 1,155mm

풀이

$$l_{dh}=\frac{0.24\beta d_b f_y}{\lambda\sqrt{f_{ck}}}=\frac{0.24\times 1.0\times 25\times 400}{1.0\times\sqrt{27}}=461.9mm$$

답 가

4 D25 인장철근의 이음길이는? 단, $f_{ck}=27MPa$, $f_y=400MPa$, 보정계수 : 1.3, B급이음

가. 780.6mm　　나. 1,502.0mm　　다. 1,732.1mm　　라. 1,951.5mm

풀이

$l_d=l_{db}\times$ 보정계수

$$l_{db}=\frac{0.6d_bf_y}{\lambda\sqrt{f_{ck}}}=\frac{0.6\times25\times400}{1.0\times\sqrt{27}}=1{,}154.7mm$$

$l_d=l_{db}\times1.3=1{,}154.7\times1.3=1{,}502mm$

따라서 이음길이는 B급이음$(1.3l_d)$이므로

$1{,}502\times1.3=1{,}951.5mm$ 이상이다.

답 라

5 철근의 정착길이를 결정하는데 고려되는 응력으로 가장 적합한 것은?

가. 압축응력　　나. 전단응력　　다. 인장응력　　라. 부착응력

풀이

$l_d=\dfrac{\mu d_bf_y}{\lambda\sqrt{f_{ck}}}$ 에서 μ는 부착실험으로 얻어진 상수로 인장철근은 0.6, 압축철근은 0.25 이다. 따라서 정착길이는 부착응력이 주로 결정한다.

답 라

6 철근 콘크리트 부재의 부착응력을 증대시키기 위한 방법으로 부적합한 것은?

가. 고강도 콘크리트를 사용한다.
나. 고강도 철근을 사용한다.
다. 직경이 작은 철근을 사용한다.
라. 원형 철근 대신 이형철근을 사용한다.

풀이

부착응력 $u=\dfrac{V}{\Sigma_o jd}$, $V_c=\dfrac{1}{6}\lambda\sqrt{f_{ck}}b_wd$ 이 두 식의 관계에서 부착응력은 콘크리트 압축강도 f_{ck} 제곱근에 비례함을 알 수 있다. 또한 철근 둘레길이(Σ_o : 둘레길이)와 부착응력은 반비례하므로 둘레길이가 작은 철근 즉 굵은 철근보다는 가는 철근 여러가닥 사용하는 것이 유리하다.

답 나

7 일반층의 철근콘크리트 보에서 표준갈고리가 있는 인장철근의 정착길이(l_d) 를 바르게 표현한 것은?

가.

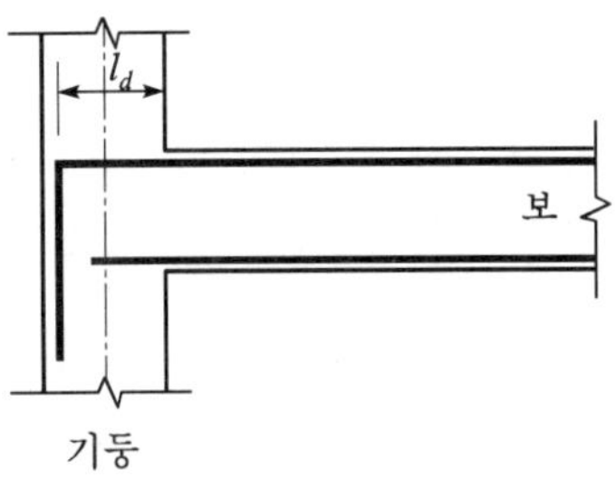

나.

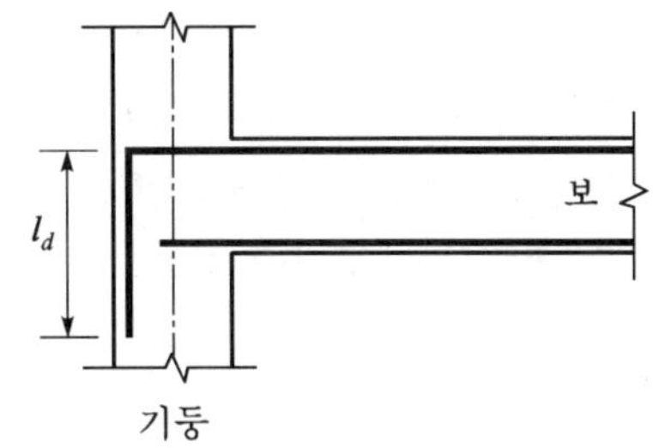

다.

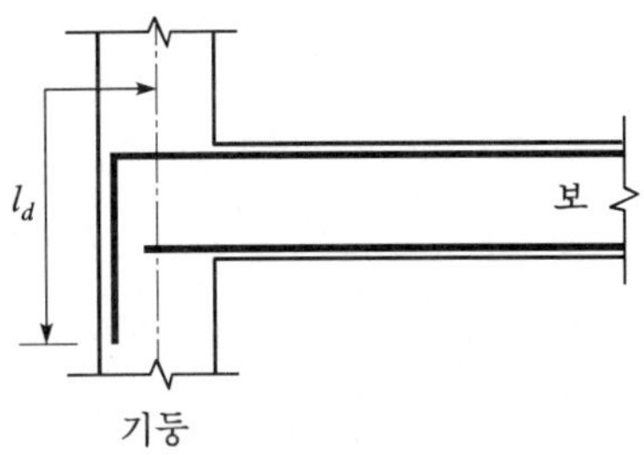

라.

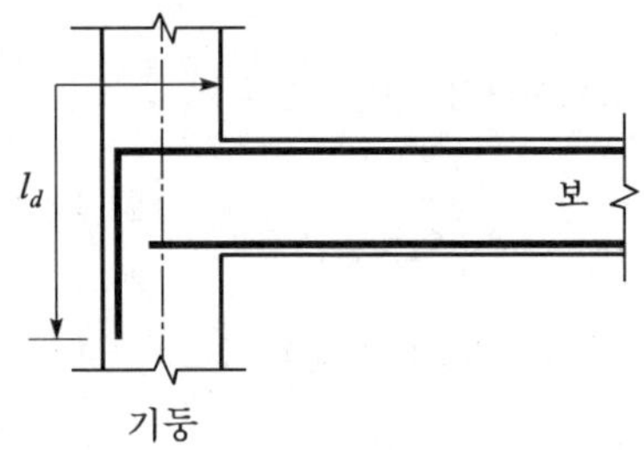

풀이

정착길이산정 방법

① 위험단면에서 l_d 만큼 직선으로 연장하여 정착길이를 확보한다.

② 직선으로 l_d 가 확보되지 않을 경우 표준갈고리를 사용하여 정착길이를 확보한다.

③ 위 ①, ②항으로도 정착길이 확보가 곤란한 경우는 철근의 직경을 줄여서 정착길이를 확보한다.

답 가

8 강도설계법에서 인장이형철근(A) : 압축이형철근(B) : 단부표준갈고리를 둔 인장이형철근(C)의 기본정착길이비로서 가장 적합한 것은? 단, $f_{ck}=24MPa$, $f_y=400MPa$, $\lambda=1.0$, $\beta=1.0$

가. A : B : C = 2.4 : 1.0 : 0.96

나. A : B : C = 1.0 : 2.4 : 2.4

다. A : B : C = 2.4 : 2.4 : 1.0

라. A : B : C = 1.0 : 1.0 : 1.0

풀이

① 인장이형철근 (A) = $\dfrac{0.6\,d_b f_y}{\lambda\sqrt{f_{ck}}} = \dfrac{240\,d_b}{\lambda\sqrt{f_{ck}}}$

② 압축이형철근 (B) = $\dfrac{0.25\,d_b f_y}{\lambda\sqrt{f_{ck}}} = \dfrac{100\,d_b}{\lambda\sqrt{f_{ck}}}$

③ 표준갈고리이형철근 (C) = $\dfrac{0.24\beta\,d_b f_y}{\lambda\sqrt{f_{ck}}} = \dfrac{96\,d_b}{\lambda\sqrt{f_{ck}}}$

따라서 A : B : C = 2.4 : 1.0 : 0.96

답 가

9 철근콘크리트 배근시 철근의 이음, 정착에 관한 설명중 가장 부적합한 것은?

가. 철근의 이음 위치는 응력이 큰 곳을 피하고, 이음의 1/2 이상을 한곳에 집중시키지 말아야 한다.

나. 정착길이는 구조적 성능을 확보하기 위한 최소한의 묻힘길이이다.

다. 압축철근과 인장철근의 경우에는 요구되는 정착길이가 다르다.

라. 갈고리의 길이를 이음길이에 포함시킨다.

풀이

갈고리의 길이는 이음길이에 포함되지 않는다. (그림 7-3 참조)

답 라

10 철근콘크리트 구조물에서 인장을 받는 이형철근의 정착길이 산정 시, 고려할 사항이 아닌 계수는?

가. 경량콘크리트계수　　　　나. 에폭시 도막계수

다. 철근의 탄성계수　　　　라. 철근배근 위치계수

풀이

$l_d = l_{db} \times$ 보정계수$(\alpha\beta\gamma)$

① $l_{db} = \dfrac{0.6\, d_b f_y}{\lambda\sqrt{f_{ck}}}$ (기본정착길이)

② 보정계수

α : 철근의 위치계수 (상부철근 : $\alpha = 1.3$)

β : 에폭시 도막계수 (도막되지 않은 철근 : $\beta = 1.0$)

λ : 경량콘크리트계수 (보통중량콘크리트 : $\lambda = 1.0$)

γ : 철근의 크기계수 (D19 이하의 철근 : $\gamma = 0.8$)

따라서 철근의 탄성계수는 정착길이와 관계가 없다.

답 다

11 강도설계법에서 인장을 받는 D35 이하인 이형철근과 이형철선의 기본정착길이 l_{db} 산정과 가장 관계가 적은 것은 다음 중 어느 것인가?

가. 콘크리트의 압축강도　　　　나. 철근 및 철선의 간격

다. 철근 및 철선의 항복강도　　　　라. 철근 및 철선의 직경

풀이

$l_{db} = \dfrac{0.6\, d_b f_y}{\lambda\sqrt{f_{ck}}}$

여기서, d_b : 철근의 직경

f_y : 철근의 항복강도

f_{ck} : 콘크리트의 압축강도

따라서 철근의 간격이 관계가 없다.

답 나

12 이형철근이 인장력을 받을 경우 철근을 콘크리트 안에 적절히 정착시켜야 한다. 이때 정착길이에 영향을 미치는 요소로 가장 거리가 먼 것은?

가. 대상 철근의 위치
나. 대상 철근의 에폭시 도막 유무
다. 대상 철근의 직경
라. 대상 철근의 비중

풀이

$$l_d = \frac{0.6\,d_b f_y}{\lambda\sqrt{f_{ck}}} \times \alpha\beta\gamma$$

α : 철근 배근 위치 계수
β : 에폭시도막계수
γ : 철근 직경(크기)계수 (D22 이상 : 1.0, D19 이하 : 0.8)
λ : 경량콘크리트 계수

답 라

13 철근콘크리트 구조에서 철근의 이음에 대한 설명으로 가장 부적합한 것은?

가. 철근의 이음에는 용접이음, 기계적이음, 겹침이음 등의 방법이 있다.
나. 모든 크기의 철근은 겹침이음을 할 수 있다.
다. 인장력을 받는 이형철근의 겹침이음 길이는 A급과 B급으로 분류된다.
라. 용접이음은 철근의 설계기준 항복강도의 125% 이상을 발휘할 수 있는 완전 용접이어야 한다.

풀이

인장철근의 겹침이음 길이
① D35를 초과하는 철근은 겹침이음을 금지하고 있다.
(용접이음, 기계적이음일때 이음부성능 : f_y 의 125% 이상 확보한다)
② 최소이음길이는 300mm 이상
③ A급 이음 : $1.0l_d$ 또한, 300mm 이상
④ B급 이음 : $1.3l_d$ 또한, 300mm 이상

답 나

14 D25 압축철근을 겹침이음 할때 이음길이는? 단, $f_{ck} = 18MPa$, $f_y = 400MPa$

가. 590mm
나. 720mm
다. 1,999.9mm
라. 960mm

풀이

$f_{ck} < 21$ 이므로 겹침이음길이를 $\frac{1}{3}$ 증가시켜야 한다.

① $l_s = \left(\frac{1.4 f_y}{\lambda \sqrt{f_{ck}}} - 52\right) d_b = (\frac{1.4 \times 400}{1.0 \times \sqrt{18}} - 52) \times 25 = 1{,}999.9mm$

② $l_s = 0.072 f_y d_b \times (1 + \frac{1}{3}) = 0.072 \times 400 \times 25 \times (1 + \frac{1}{3}) = 960mm$

①, ② 중 작은 값이 겹침이음길이 이므로 $l_s = 960mm$ 이다.

답 라

15 D29 압축철근을 겹침이음할 때 이음길이는? 단, $f_{ck} = 24MPa$, $f_y = 550MPa$

가. 789mm　　나. 836mm　　다. 1,114mm　　라. 1,378mm

풀이

① $l_s = \left(\frac{1.4 f_y}{\lambda \sqrt{f_{ck}}} - 52\right) d_b = \left(\frac{1.4 \times 400}{1.0 \times \sqrt{24}} - 52\right) \times 29 = 1{,}807.0mm$

② $f_y > 400MPa$ 이므로

$l_s = (0.13 f_y - 24) d_b = (0.13 \times 550 - 24) \times 29 = 1{,}377.5mm$

①, ② 중 작은 값이 겹침이음길이 이므로 $l_s = 1{,}377.5mm$ 이다.

답 라

16 압축이음철근의 설명 중 적합지 않은 것은?

가. 어느 경우든 300mm 이상으로 하며, f_{ck} 가 21MPa 미만인 경우는 이음길이를 1/3 증가시킨다.

나. D35를 초과하는 철근은 겹침이음을 금지하며, 용접이음, 기계적이음시 이음부 성능이 f_y 의 125% 이상 확보하여야 한다.

다. 두 철근의 크기가 다를 때 겹침이음길이는 큰 철근의 겹침이음길이로 한다.

라. D35를 초과하는 철근에 대해서는 겹침이음을 제한하고 있으나 압축력을 받는 D41, D51 철근은 D35 이하의 철근에 겹침이음 할 수 있다.

풀이

두 철근의 크기가 다를 때 겹침이음길이는 큰 철근의 정착길이와 작은 철근의 겹침이음길이 중 큰 것을 겹침이음길이로 한다.

답 다

17 철근의 피복두께의 설명 중 가장 부적합한 것은?

가. 철근의 부식방지　　　　나. 철근의 부착력 확보

다. 화해 방지　　　　라. 철근의 위치 유지

풀이

철근의 피복두께가 필요한 이유로는 가, 나, 다 항 때문이다. 철근의 위치 유지는 피복두께와 관계가 없다.

답 라

18 수중에 타설하는 콘크리트의 최소피복두께는?

가. 100mm　　나. 80mm　　다. 60mm　　라. 50mm

풀이

표 7-2참조

답 가

19 압축을 받는 이형철근의 기본정착길이 $l_{db}=500mm$ 일 때, 소요철근보다 철근을 30% 초과하여 배근할 경우 정착길이 l_{db}는?

가. 385mm　　나. 435mm　　다. 500mm　　라. 650mm

풀이

$l_d = l_{db} \times$ 보정계수 $\geq 200mm$

여기서 보정계수는 과다철근 : $\left(\frac{소요\ A_s}{배근\ A_s}\right)=\left(\frac{100}{130}\right)=0.77$

따라서 $l_d = 500 \times 0.77 = 385.0mm \geq 200mm$

답 가

20 현장에서 흙에 접하여 타설한 D22 지중보의 피복두께는?

가. 75mm　　나. 50mm　　다. 40mm　　라. 100mm

풀이

표 7-2참조

답 나

21 옥외의 공기나 흙에 직접 접하지 않는 기둥의 피복두께는?

가. 20mm 나. 30mm 다. 40mm 라. 50mm

풀이

표 7-2참조

답 다

22 옥외의 공기나 흙에 직접 접하지 않는 D35 이하 철근인 슬래브의 피복두께는?

가. 20mm 나. 30mm 다. 40mm 라. 50mm

풀이

표 7-2참조

답 가

제 8 장

슬래브의 설계

슬래브의 설계

1 개요

슬래브는 두께가 얇고, 일정한 평판구조로서 보나 벽체 또는 기둥에 직접지지되는 수평재로 고정하중과 활하중 등에 저항하는 휨재이다. 또한 풍하중, 지진하중 등의 수평하중을 구조의 각 부분에 전달하는 격막(Diaphragm) 작용을 한다.

슬래브의 응력에는 휨모멘트, 전단력, 축력, 비틀림등이 있으나 대부분의 경우 휨모멘트만이 슬래브 설계의 고려 대상이 되고, 기타 응력은 경미해서 집중하중등의 특수한 경우를 제외하곤 검토를 요하지 않는다.

응력도 슬래브 주변의 지지모양과 하중에 따라서도 달라진다. 주변지지 유형에는 고정, 단순지지, 혹은 자유의 3가지로 구분된다.

슬래브에 작용하는 하중도 등분포하중 혹은 등변분포하중과 같이 간단한 것만이 이론해를 얻을수 있지 복잡한 하중이 작용할때는 이론해를 쉽게 얻기가 힘들다. 한 예로 건물의 슬래브위에 조적칸막이 벽체가 실릴때 칸막이 벽체는 선등분포하중이다. 이것의 하중을 슬래브의 전체면적으로 나눈 평균값이 슬래브 위에 고루 분포 된다고 가정하고 풀수 밖에 없는 경우가 대부분이다.

이때는 기준이나 계산식 보다도 이것을 처리하는 기술자의 능력과 판단이 중요하게 된다. 하지만 요즘은 유한요소법과 컴퓨터의 발달로 약간의 노력만 들이면 쉽게 해석이 가능하게 되었다.

또한, 슬래브는 두께가 얇고 면적이 넓기 때문에 건조수축 및 온도의 영향을 다른구조재보다 많이 받기 때문에 이로 인한 균열방지를 위하여 구조내력상 필요치 않은 일정량의 철근을 배근하여야 한다. 특히 처짐과 균열 발생은 사용성과 구조성능에 큰 영향을 미치므로 중요하게 다루어져야 한다.

이 장에서는 슬래브의 종류, 구조해석과 설계 방법을 설계기준을 중심으로 검토하기로 한다.

2 슬래브 종류

슬래브는 형태에 따라 사각형, 삼각형, 사다리꼴, 원형 등으로 나눌 수 있으며, 주변지지 조건에 따라 고정, 단순지지, 자유단으로 구분할 수가 있다. 또는 하중의 흐름에 따라 1방향, 2방향으로 나눌 수도 있다.

즉 하중이 한 방향으로만 받침 부재인 보, 기둥, 벽체 등으로 전달되는 슬래브를 1방향 슬래브라 하며 여기에는 마주보는 양변만 지지되는 슬래브와 한 변만 지지되는 캔틸레버 슬래브가 있겠다. 또는 3변, 4변이 지지되어 있는 슬래브라 하더라도 대부분의 하중이 한 방향으로 전달되는 변장비(장변/단변)가 2를 초과하는 슬래브도 1방향 슬래브로 분류한다.

아래 그림 8-1의 변장비가 2인 슬래브에 등분포하중(w)을 받거나 슬래브 중앙에 집중하중(P)를 받는 슬래브의 휨모멘트 분포 상태를 살펴보기로 하자.

슬래브를 폭이 1m가 되는 단변방향의 띠(S)와 장변방향의 띠(L)로 나누어 생각하면 띠 S 는 폭 1m이고 양변이 고정된 span l_x의 보이며, 띠 L 는 폭이 1m이고 양단이 고정된 span l_y 의 보로 보자. 물론 보의 두께는 슬래브 두께이다.

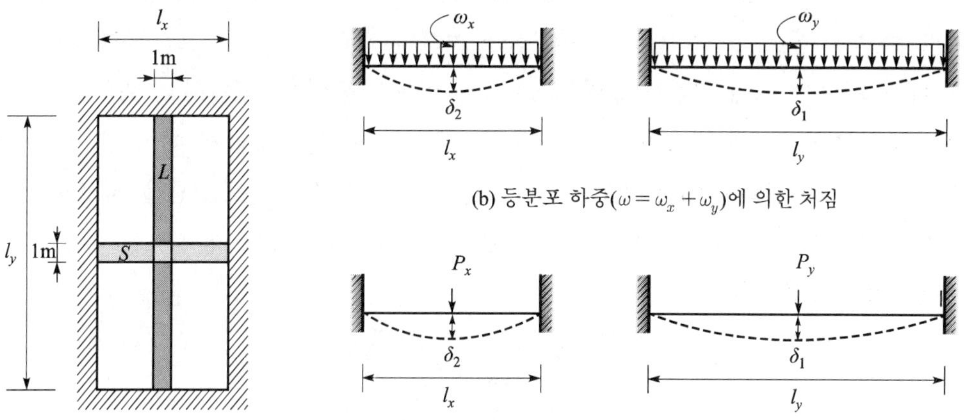

(a) 변장비가 2인 슬래브 평면도 (c) 집중 하중($P = P_x + P_y$)에 의한 처짐

그림 8-1 변장비(l_y/l_x)가 2인 4변 고정 슬래브

먼저 그림 8-1 (b)에서 띠 S 와 L 의 중앙에서 처짐을 $\delta_2 = \dfrac{w_x\, l_x^{\,4}}{384\,EI}$, $\delta_1 = \dfrac{w_y\, l_y^{\,4}}{384\,EI}$ 가 되며 δ_1 와 δ_2 는 같아야 하니까 $\dfrac{w_x\, l_x^{\,4}}{384\,EI} = \dfrac{w_y\, l_y^{\,4}}{384\,EI}$ 에서 $w_x\, l_x^{\,4} = w_y\, l_y^{\,4}$ ·················· ⓐ

ⓐ 식에 $w_y = w - w_x$를 대입하고 w_x에 관해서 풀면 $w_x = \dfrac{l_y^{\,4}}{l_x^{\,4} + l_y^{\,4}} \cdot w$ ·················· ⓑ

ⓑ 식에 $l_y = 2\,l_x$를 대입하면 $w_x = \dfrac{16}{17} \cdot w = 0.94\,w$ 로 하중의 94%가 단변방향으로 나머지 6%가 장변방향으로 전달됨을 알 수가 있다. 같은 방법으로 그림 8-1 (c)에서 집중하중 P가 중앙에 가해질 경우 중앙부의 처짐은 각각 $\delta_2 = \dfrac{P_x\,l_x^{\,3}}{48EI}$, $\delta_1 = \dfrac{P_y\,l_y^{\,3}}{48\,EI}$가 되어 δ_1와 δ_2 는 같아야 되므로 $\dfrac{P_x\,l_x^{\,3}}{48\,EI} = \dfrac{P_y\,l_y^{\,3}}{48\,EI}$ 에서 $P_x\,l_x^{\,3} = P_y\,l_y^{\,3}$ ································· ⓒ

ⓒ 식에 $P_y = P - P_x$를 대입하여 풀면 $P_x = \dfrac{l_y^{\,3}}{l_x^{\,3} + l_y^{\,3}} \cdot P$ 가 되고 여기에 $l_y = 2\,l_x$를 대입하면 $P_x = \dfrac{8}{9} \cdot P = 0.89\,P$로 하중의 89%가 단변방향으로 11%가 장변방향으로 전달된다. 이 경우 변장비가 2를 초과할 때는 90% 이상이 단변방향으로 전달된다고 할 수가 있겠다. 이러한 경우(변장비가 2를 초과)를 1방향 슬래브로 분류한다.

따라서 1방향 슬래브의 경우 휨모멘트는 폭 1m이고 계수등분포하중이 w_u, span이 l_x의 양단고정 보로 보면 된다. 그래서 단변방향 양단에서는 $M_{x1} = -\dfrac{w_u\,l_x^{\,2}}{12}$, 중앙부에서는 $M_{x2} = +\dfrac{w_u\,l_x^{\,2}}{24}$ 으로 될 것이다. 여기서 휨모멘트 M_{x1} , M_{x2} 는 단변방향 경간 l_x으로 내부 순경간 l_n(보의 중심간 거리에서 보폭을 제외한 거리)을 취하여 휨모멘트를 산정한다. 장변방향에서는 최소 철근비에 의해 철근을 배치하면 되겠다. 그리고 그림 8-1 (a) 슬래브에서 띠 S 와 L이 아래 그림과 같이 $l_x/4$ 이내에 위치해 있을 때는 띠 S 위의 하중이 슬래브 단부로 흘러가기에 앞서 띠 S 의 주변 보로 흘러들어간다. 그래서 띠 S 의 단부 및 중앙부의 부, 정모멘트는 앞에서 구한 M_{x1} , M_{x2} 값의 2/3로 감하여 철근을 배치하되 최소 철근비를 만족하여야 한다. 이것은 4변에 보가 있는 2방향 슬래브 해석 또는 휨모멘트 계수법에서 확인할 수 있다.

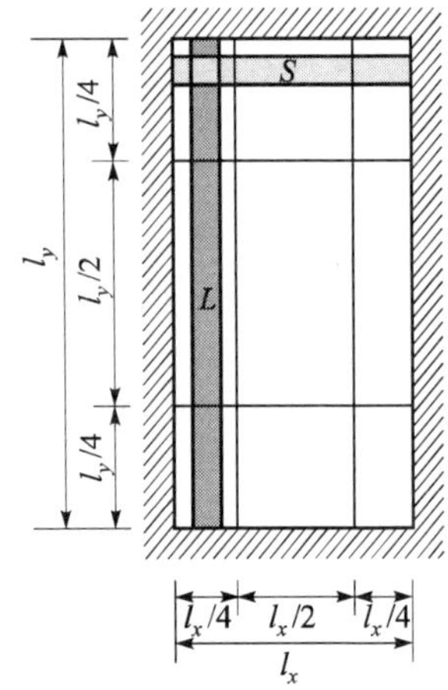

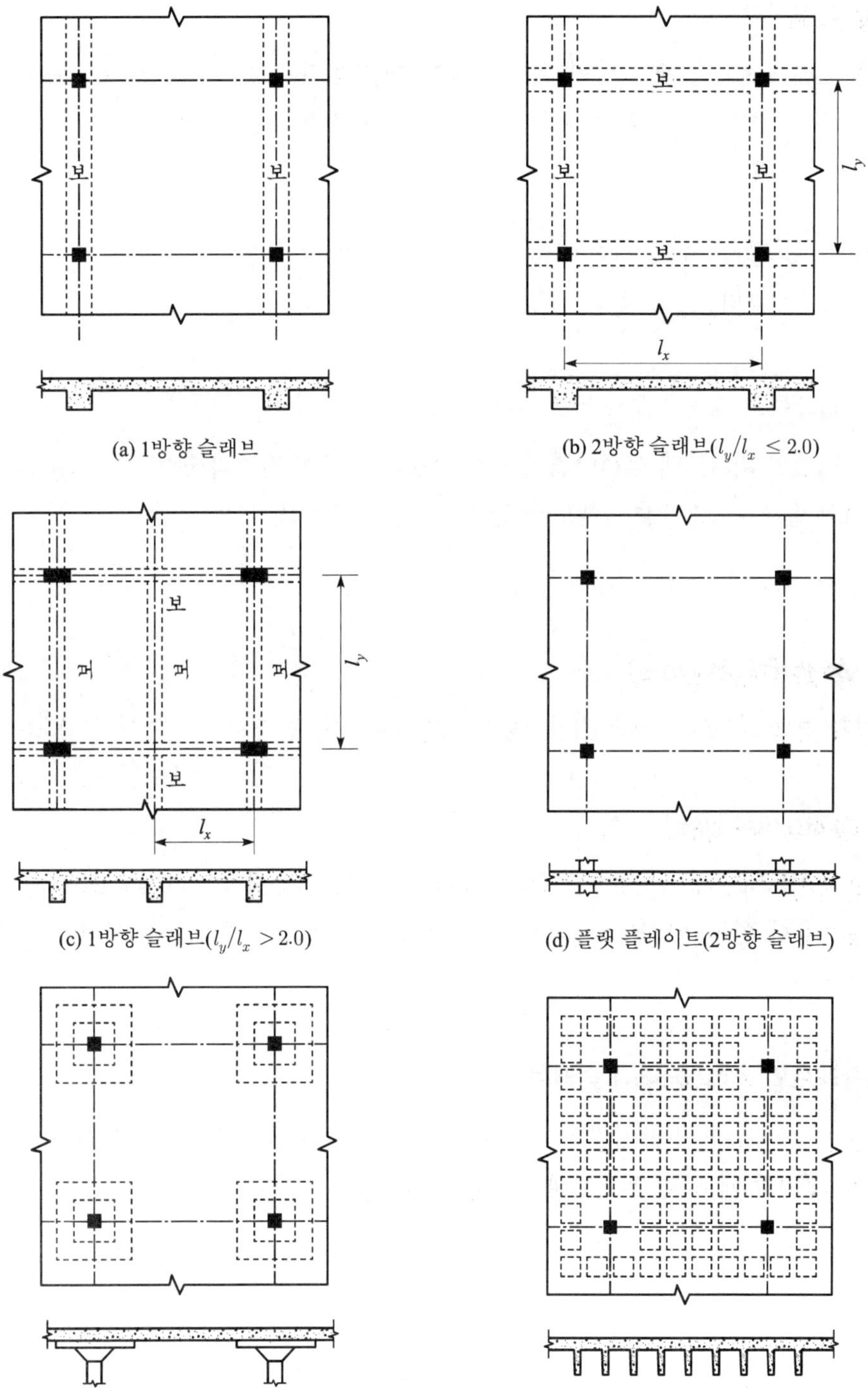

(a) 1방향 슬래브

(b) 2방향 슬래브($l_y/l_x \leq 2.0$)

(c) 1방향 슬래브($l_y/l_x > 2.0$)

(d) 플랫 플레이트(2방향 슬래브)

(e) 플랫 슬래브(2방향 슬래브)

(f) 격자 슬래브(waffle : 2방향)

그림 8-2 슬래브 종류

1. 1방향 슬래브

장변과 단변의 비가 2배 이상이 되면 슬래브 하중의 대부분이 단변 방향으로 전달된다. 이러한 슬래브를 1방향 슬래브라 하고, 그림 8-2 (a), (c)에 나타내었다.

$$l_y / l_x > 2.0$$

여기서, l_y : 장변방향의 길이

l_x : 단변방향의 길이

2. 2방향 슬래브

장변과 단변의 비가 2배 이하이면 슬래브 하중의 흐름이 단변과 장변으로 나뉘워 전달되는데 이러한 슬래브를 2방향 슬래브라 한다. [그림 8-2 (b)]

$$l_y / l_x \leq 2.0$$

3. 플랫 플레이트(flat plate)

슬래브가 보로 지지되지 않고 직접기둥에 의해 지지되는 슬래브를 말한다. [그림 8-2 (d)]

4. 플랫 슬래브(flat slab)

플랫 플레이트의 기둥주위에 지판(Drop Pannel)이나 기둥머리(Columm capital)를 설치하여 기둥주위에 뚫림전단(Punching Shear)과 많은 부모멘트에 의한 철근량을 줄이고 있다. [그림 8-2 (e)]

5. 장선슬래브와 격자(waffle) 슬래브

Rib (또는 Joist)에 의해 지지되는 슬래브로 1방향의 장선 슬래브와 Rib (또는 Joist)를 2방향으로 구성할 때 이를 격자 슬래브라 한다. [그림 8-2 (f)]

3 1방향 슬래브

1. 설계원칙

그림 8-2 (a)와 같이 마주보는 2변에만 지지되든지, 그림 8-2 (c)와 같이 단변에 대한 장변의 비가 2배를 넘으면 1방향 슬래브로 해석하며, 이 경우 일반적으로 단변을 경간으로 해서 폭 1m (단위 폭)인 보로 가정하고 아래의 근사해석조건(1)을 만족할 경우 다음의 (2)의 근사해석법을 적용할 수 있다. 다만, 받침부와 일체로된 순경간이 $3m$ 이하인 슬래브는 그 지지보의 폭을 무시한 경간의 연속보로 해석 할 수 있다. 장변방향으로는 하중전달이 경미하므로 건조수축 및 온도 철근만을 배근하여 균열을 제어한다.

2. 1방향 슬래브의 근사해석

(1) 근사해석조건

① 2경간 이상인 경우

② 인접 2경간의 차이가 짧은 경간의 20%이하인 경우

③ 등분포하중이 작용하는 경우

④ 활하중이 고정하중의 3배를 초과하지 않는 경우

⑤ 부재의 단면크기(슬래브두께)가 일정한 경우

(2) 휨 모멘트와 전단력

1방향 슬래브의 휨모멘트와 전단력은 그림 8-3 와 그림 8-4의 계수를 이용하여 구할 수 있다.

1) **휨 모멘트** : $M_u =$ 휨모멘트계수 $\times w_u l_n^2$

여기서, w_u : 계수하중

l_n : 순경간

① 2개 경간을 가진 슬래브

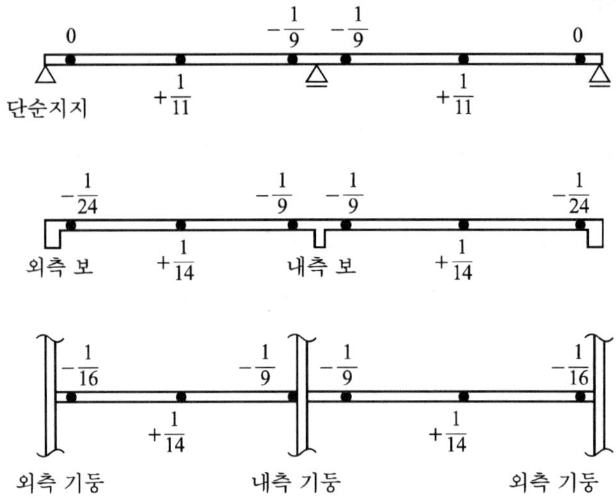

② 3개 이상 경간을 가진 슬래브

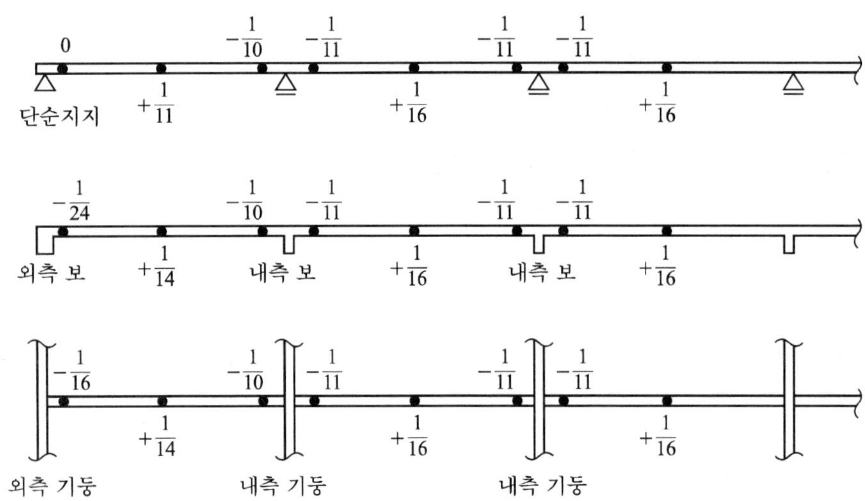

③ 경간길이 3m 미만의 슬래브 (경간의 수와 무관)

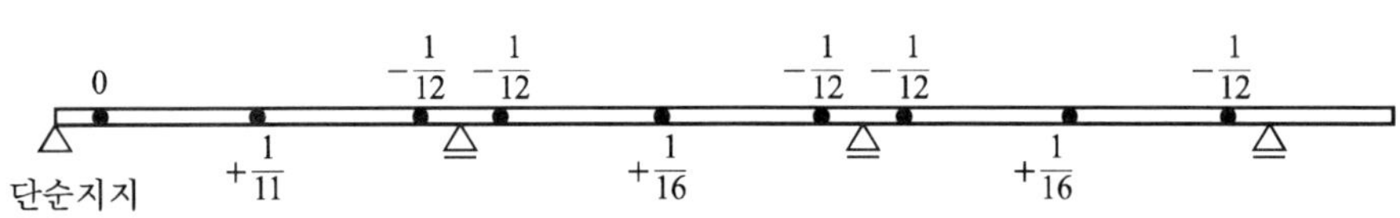

④ [上, 下 (상, 하) 기둥 강성의 합 / 좌, 우 보 강성의 합] > 8인 경우

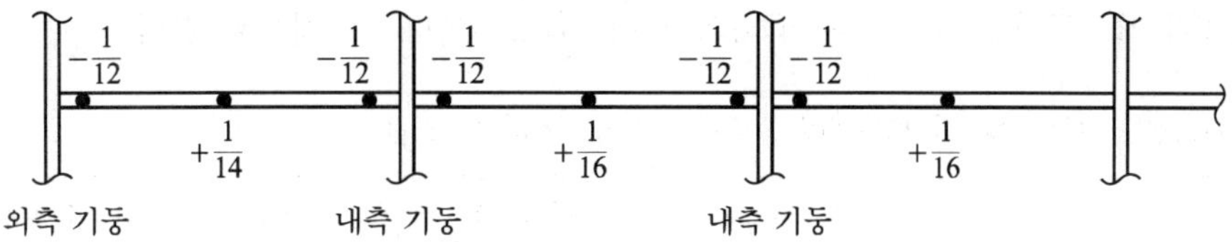

그림 8-3 1방향 슬래브의 휨 모멘트 계수

단, ① 아래 그림에서 두 인접 경간에 작용하는 활하중에 의한 경간 중앙에 정모멘트가 아닌 부모멘트가 생길경우 슬래브와 보의 일체성을 고려하여 산정된 값의 1/2만 취할 수 있다.

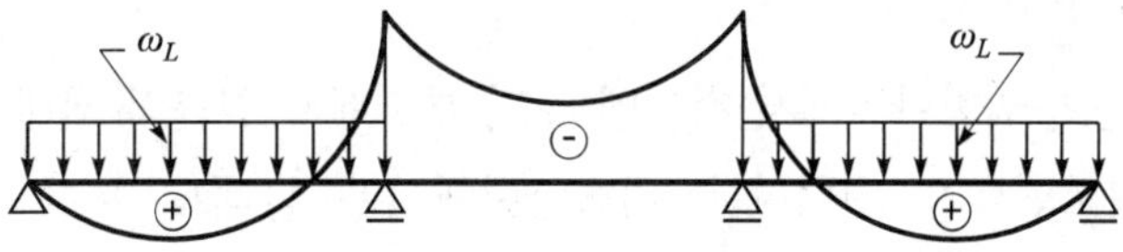

② 경간 중앙의 정휨모멘트는 양단고정으로 보고 계산한 값 이상으로 취하여야 한다.

③ 순경간이 3m를 초과할 때 순경간 내면의 휨모멘트를 사용할 수 있다. 그러나 이 값들은 순경간을 경간으로 하여 계산한 고정단 휨모멘트 이상으로 하여야 한다.

2) **전단력** : $V_u =$ 전단력계수$\times w_u\, l_n$

① 최외단 경간의 연속단부 : $\dfrac{1.15\, w_u\, l_n}{2}$

② 그 외의 단부 : $\dfrac{w_u\, l_n}{2}$

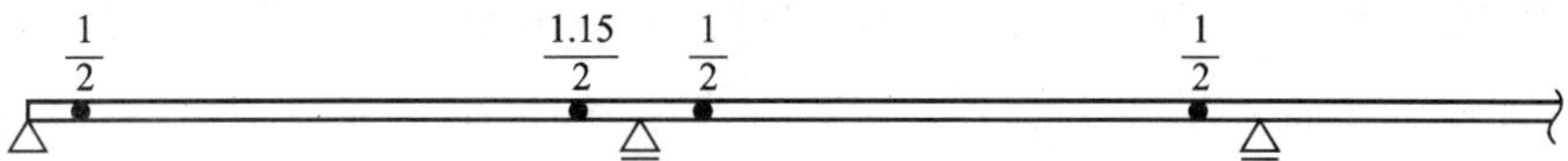

그림 8-4 1방향 슬래브 전단력 계수

3. 처짐을 고려하지 않아도 되는 1방향 슬래브의 최소두께 (h)

슬래브의 최소두께는 표 8-1에 따라야 하며, 최소 100mm 이상으로 한다.

표 8-1 처짐을 고려하지 않아도 되는 일방향 슬래브의 최소두께 (l : 경간)

	단순지지	1단연속	양단연속	캔틸레버
1방향 슬래브	$l/20$	$l/24$	$l/28$	$l/10$
리브가 있는 일방향 슬래브	$l/16$	$l/18.5$	$l/21$	$l/8$

위 표의 값은 일반콘크리트(비중 : 2,300kg/m³)와 철근항복강도$f_y = 400MPa$, f_y가 400MPa 이외의 경우 표 8-1의 두께 h 값에 $(0.43 + f_y/700)$을 곱해야 한다.

4. 1방향 슬래브의 구조제한

(1) 단변방향 주철근의 위험단면에서 정모멘트 및 부모멘트 철근의 최대 간격

정, 부 최대휨모멘트가 일어나는 위험단면에서는 슬래브 두께의 2배 이하 또한, 300mm 이하로 하여야 하며, 기타 단면에서는 슬래브 두께의 3배 이하 또한, 450mm 이하로 하여야 한다.

(2) 장변방향 철근(부철근)의 간격

슬래브에서 휨철근이 1방향으로만 배치되는 경우 이 휨철근에 직각방향으로 건조수축 · 온도 철근을 배치하여야 한다. 철근의 최대 간격은 슬래브두께의 3배이하, 또한 450mm 이하로 한다.

(3) 건조 수축 · 온도 철근

콘크리트의 건조 수축이나 온도변화에 의한 수축으로 인장균열이 발생할 수 있기 때문에 균열을 감소시키고, 또한 균열폭이 큰 한두개의 균열을 여러 개의 미세균열로 분산시키기 위하여 주철근에 수직방향으로 배치한다. 이러한 수축 · 온도 철근량은 콘크리트 전체 단면적에(b×h)에 대한 철근비로 설계기준에서 표 8-2와 같이 규정하고 있다.

표 8-2 수축 · 온도 철근의 최소철근비

① 설계기준 항복강도 $f_y \le 400MPa$인 이형철근을 사용한 슬래브	0.002
② 0.0035의 항복변형률에서 측정한 철근의 항복강도 f_y가 400MPa 를 초과하는 슬래브	$0.002 \times \frac{400}{f_y}$
③ 그러나 어떠한 경우라도 0.0014 이상이어야 한다.	

다만, 지하구조물이나 지하 벙커 등의 슬래브 및 기초 등과 같이 두께가 굉장히 두꺼운 경우 상한 한계를 단위면적당 $A_s / m \le 1{,}800mm^2 / m$ 를 초과할 필요가 없다.

(4) 슬래브의 장변방향과 직교하는 보의 상부(그림 8-5 빗금친 부분)에 부모멘트로 인해 발생하는 균열을 방지하기 위하여 슬래브의 장변방향 상부에 철근을 배치하여야 한다. 배근방법은 T형보의 내민플랜지를 캔틸레버로 보고 그 플랜지에 작용하는 계수하중에 대해 설계하여야 한다. 그리고 배근간격은 슬래브 두께의 3배 이하 또한, 450mm 이하이어야 한다.

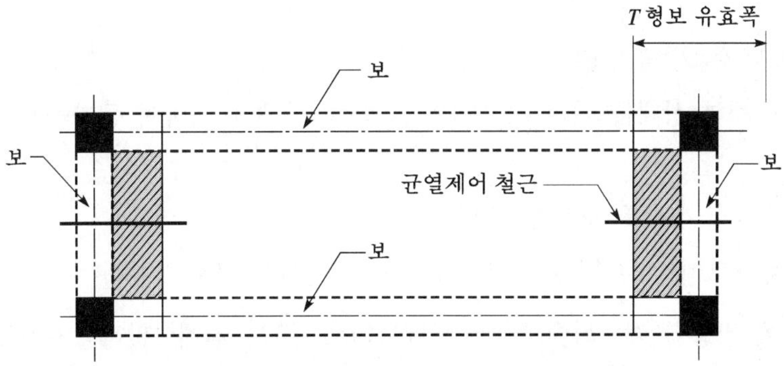

그림 8-5 1방향 슬래브 장변방향 균열제어 철근

5. 활하중 배치(Pattern loading)에 따른 영향

구조물을 해석하여 설계하고자 할 때는 가장 불리한 하중조합에 따라 해석하고 설계하여야 한다. 고정하중은 항상 같은 위치에 작용하나 활하중은 그렇지 않으므로 활하중의 재하 위치에 따라 각 부재의 단면력이 달라진다. 따라서 기준에서는 이러한 활하중의 배치에 대하여 다음과 같이 규정하고 있다.

(1) 1방향 슬래브 (일반 라멘 해석에도 적용된다.)

① 최대 부모멘트 M^-_{max} : 모든 경간에 재하된 계수고정하중과 두 인접 경간에 만재된 계수활하중의 조합하중

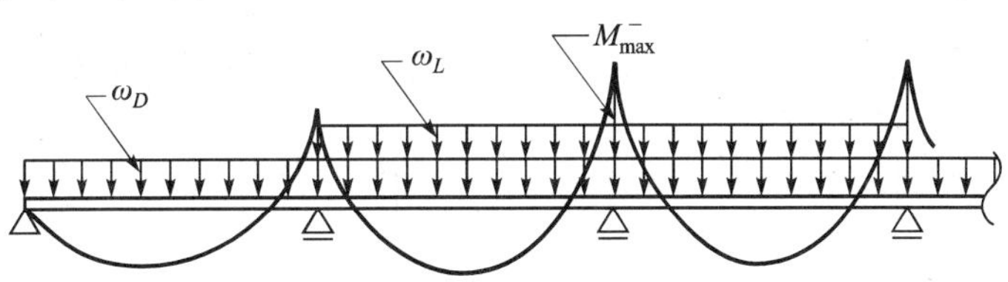

[w_L이 인접하여 작용할 때]

② 최대 정모멘트 M^{+}_{max} : 모든 경간에 재하된 계수고정하중과 한 경간씩 건너서 만재된 계수활하중의 조합하중

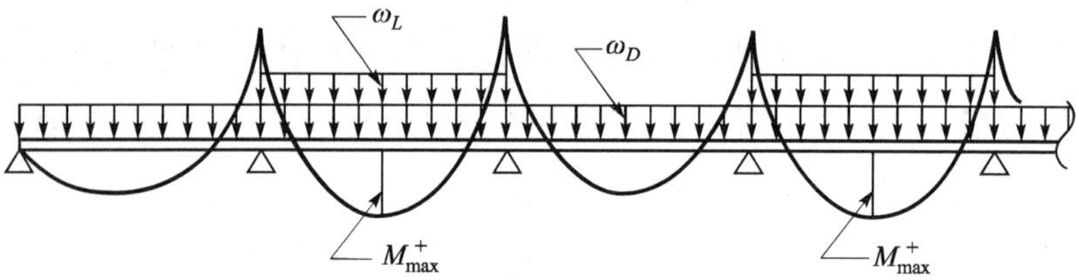

[w_L이 한 경간 건너 작용할 때]

(2) 2방향 슬래브 (등가 골조법)

① 활하중의 재하 상태를 아는 경우에는 그 하중 상태에 대하여 등가골조를 해석하여야 한다.

② 활하중의 재하 상태를 모르는 경우

최대 정계수모멘트(M^{+}_{max})는 전계수활하중의 3/4이 구하고자 하는 경간과 한 경간 건너 경간에 작용할 때, 최대 부계수모멘트(M^{-}_{max})는 전계수활하중의 3/4이 이웃하는 두 경간에 작용하는 것으로 한다. 그러나 모든 계수휨모멘트는 전체 계수활하중이 모든 슬래브에 동시에 작용할 때 발생하는 값 이상이어야 한다. 이러한 조합 하중의 배치를 고려하여 등가골조법으로 해석한 경우 각 경간에서 구한 양단부의 최대 부계수모멘트의 평균값과 최대 정계수모멘트의 절대값의 합이 직접설계법에 의한 $M_0 = \frac{1}{8} w_u l_2 l_n^{\,2}$ 값을 초과할 수 있는데 이때에는 M_0 값 보다 작지않은 범위(M_0 값)내에서 정,부모멘트를 비례하여 값을 감소시킬 수 있다. 그리고 슬래브-보 위험단면의 휨모멘트는 강성비 $0.2 \le \frac{\alpha_1 l_2^{\,2}}{\alpha_2 l_1^{\,2}} \le 5.0$를 만족한다면 주열대와 중간대의 휨모멘트 분배는 직접설계법에 따라 분배할 수 있다.

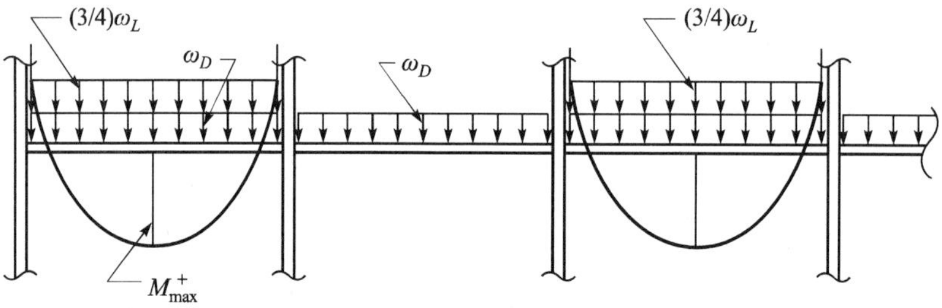

[$(3/4)w_L$이 한 경간 건너 작용할 때]

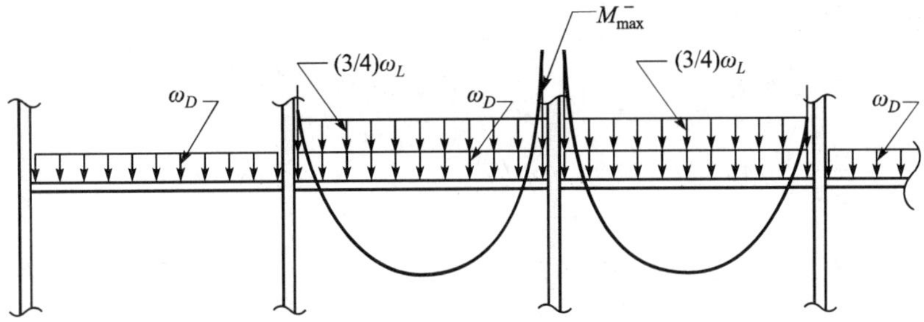

[$(3/4)w_L$이 인접하여 작용할 때]

예제 8-1

다음 그림과 같이 경간 3.6m, 보 폭 400mm 3경간 연속 일방향 슬래브를 설계하시오.
고정하중 7.0kN/m^2, 활하중 5.0kN/m^2,
$f_{ck} = 24MPa,\ f_y = 400MPa$
(단, 근사해법 적용조건을 만족한다)

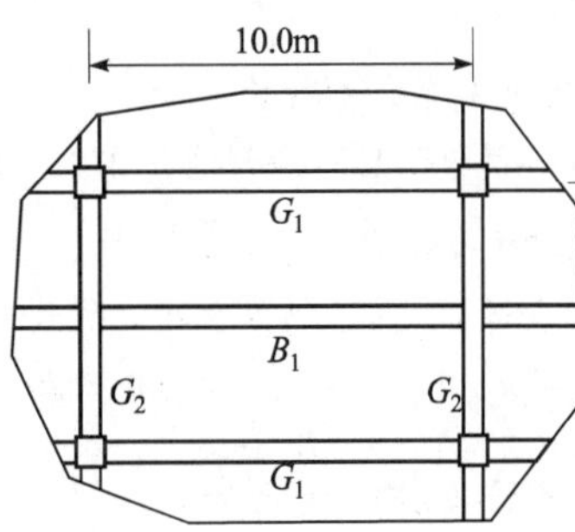

풀이

1. 슬래브 두께 산정

   연속1방향 슬래브이므로 가장 불리한 외측경간(1단연속)에서 산정하도록 한다.

   $h = l/24 = 3{,}600/24 = 150mm$ 로 한다.

2. 계수하중 산정

   $w_u = 1.2D + 1.6L$

   $= 1.2 \times 7.0 + 1.6 \times 5.0$

   $= 16.4\ kN/m^2$

3. 계수모멘트 산정 (그림 8-3 참조)

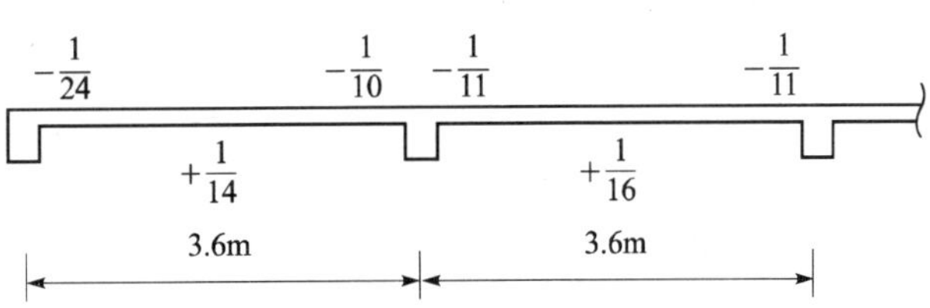

(1) 외부 경간 : 외단

$M_u = -\frac{1}{24} w_u l_n^2$ 중앙 $M_u = +\frac{1}{14} w_u l_n^2$

$= \frac{1}{24} \times 16.4 \times 3.2^2 = 7.0\, kN \cdot m/m$ $= 12.0\, kN \cdot m/m$

내단 $M_u = -\frac{w_u l_n^2}{10} = 17.0 kN \cdot m/m$

여기서 순경간 $l_n = l -$ 보폭 $= 3.6m - 0.4m = 3.2m$

(2) 내부 경간 : 단부 $Mu = -\frac{w_u l_n^2}{11} = 15.3kN \cdot m/m$

중앙 $Mu = +\frac{w_u l_n^2}{16} = 10.5kN \cdot m/m$

4. 단변방향 철근량 산정

(1) 외부경간 내단 부모멘트 $M_u = 17.0kN \cdot m/m$

내부경간 양단 부모멘트 $M_u = 15.3kN \cdot m/m$

슬래브 유효깊이 $d = h -$ 피복두께 $20mm -$ 철근직경$/2$ (철근을 $D10$으로 가정)

$= 150 - 20 - 10/2 = 125mm$

철근비 $\rho = \frac{\eta(0.85 f_{ck})}{f_y} \times \left[1 - \sqrt{1 - \frac{2R_n}{0.85 f_{ck}}}\right]$, $R_n = \frac{M_u}{\phi b d^2}$

$$R_n = \frac{17.0 \times 10^6}{0.85 \times 1{,}000 \times 125^2} = 1.28$$

$$\rho = \frac{1.0 \times 0.85 \times 24}{400} \times \left[1 - \sqrt{1 - \frac{2 \times 1.28}{0.85 \times 24}}\right] = 0.00331$$

$$A_s = \rho bd = 0.00331 \times 1{,}000 \times 125 = 413.8mm^2$$

① D10 으로 배근할 경우 : $D10$ 의 단면적은 $71.0mm^2$ 이므로 배근간격은

$$D10@71.0 \times 1{,}000 / 413.8 = 171.6mm$$

② D13 으로 배근할 경우 : $D13$ 의 단면적은 $127.0mm^2$

$$D13@\frac{1{,}000}{413.8/127.0} = 306.9mm$$

③ D13+D10으로 배근할 경우 : $D13 + D10$ 의 단면적은 $99.0mm^2$

$(127 + 71/2 = 99.0mm^2)$

$$D13 + D10@\frac{1{,}000}{413.8/99.0} = 239.2mm$$

④ 최소 철근량 및 최대간격 제한 검토

$A_{s,\min} = 0.002bh = 0.002 \times 1{,}000 \times 150 = 300mm^2$

최대 간격 : 슬래브 두께의 2배 (2×150=300mm) 이하, 300mm 이하.

따라서, D10@150, D13@300, D13+D10@225mm 중 하나를 택하여 설계하면 되겠다. 이것 중 D10@150으로 설계한다.

하지만 단변방향 주열대(보의 주변 $\ell_x/4$ 폭)에서는 중간대(주열대를 제외한 폭) 철근량의 2/3, 배근간격으로는 3/2 배로 감소시킨다.

D10@150×1.5배=D10@225mm로 상, 하에 배근하도록 한다.(상, 하로 배근하는 이유는 시공상 상부철근을 고정시키기 위함)

(2) 외부경간 중앙부 정모멘트 $M_u = 12.0\,kN \cdot m/m$

내부경간 중앙부 정모멘트 $M_u = 10.5\,kN \cdot m/m$

철근비 $\rho = \dfrac{\eta(0.85 f_{ck})}{f_y} \times \left[1 - \sqrt{1 - \dfrac{2R_n}{0.85 f_{ck}}}\right]$, $R_n = \dfrac{M_u}{\phi b d^2}$

$$R_n = \frac{12.0 \times 10^6}{0.85 \times 1{,}000 \times 125^2} = 0.9$$

$$\rho = \frac{1.0 \times 0.85 \times 24}{400} \times \left[1 - \sqrt{1 - \frac{2 \times 0.9}{0.85 \times 24}}\right] = 0.0023$$

$$A_s = \rho\, bd = 0.0023 \times 1{,}000 \times 125 = 287.5mm^2$$

① $D10@\dfrac{1{,}000}{287.5/71.0} = 246.9mm$

② $D13 + D10@\dfrac{1{,}000}{287.5/99.0} = 416.8mm$

$D10@225mm$ 로 설계한다.

(3) 휨균열 제어를 위한 휨철근 배치 검토.

$$s = 375\left(\frac{k_{cr}}{f_s}\right) - 2.5c_c = 375\left(\frac{210}{267}\right) - 2.5 \times 20 = 245mm$$

$$s = 300\left(\frac{k_{cr}}{f_s}\right) = 300 \times \left(\frac{210}{267}\right) = 236mm$$

여기서, $c_c = 20mm$, $f_s = \dfrac{2}{3}f_y = 267MPa$

k_{cr} : 구조물의 노출환경 계수로 건조환경 280, 습윤환경 210 (210으로 가정한다.)

5. 장변방향 철근량 산정 (건조수축·온도 철근)

(1) $A_{s,\min} = \rho_{\min} \times b \times h$

$= 0.002 \times 1{,}000 \times 150$

$= 300mm^2$

$$D10@\frac{1,000}{300/71.0} = 236.6\,mm$$

$$D13+D10@\frac{1,000}{300/99.0} = 330\,mm$$

따라서 $D10@225\,mm$으로 설계한다.

(2) 최대철근 간격 $s_{\max} \leq 3\times 150 = 450\,mm$ (슬래브 두께의 3배 이하 또한 $450\,mm$이하)
따라서 $D10@225\,mm$ 적합하다.

(3) 장변방향 부모멘트에 의한 균열제어용 철근검토

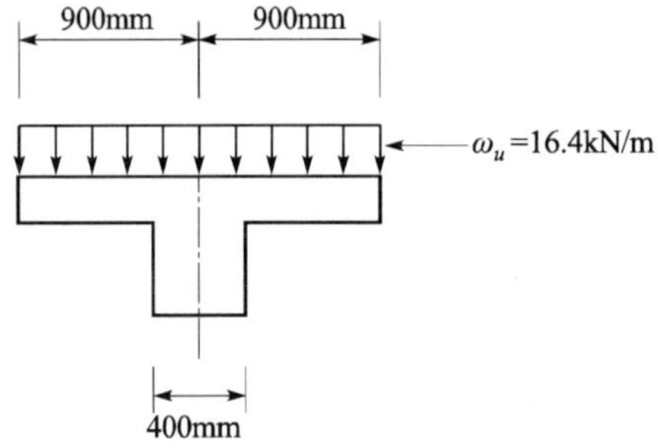

T형보의 유효 폭은 ①, ② 값 중 작은 값

① 보의 경간의 $\frac{1}{4} = \frac{7,200}{4} = 1,800\,mm$

② $16t_f + b_w = 16\times 150 + 400 = 2,600\,mm$

따라서 T형보의 유효폭은 1,800mm이고, 내민 플랜지 길이(캔틸레버 길이)는 900mm이다.

$$M = \frac{w_u l^2}{2} = \frac{16.4\times 0.9^2}{2} = 6.64\,kN\cdot m$$

슬래브 유효깊이 $d = h$ − 피복두께 − 주철근직경 − 철근직경/2

$$= 150 - 20 - 10 - 10/2 = 115\,mm$$

(장변방향철근은 부철근으로 주철근 하부에 배치되므로 유효깊이가 주철근 직경만큼 줄어든다.)

철근비 $\rho = \frac{\eta(0.85f_{ck})}{f_y}\times\left[1-\sqrt{1-\frac{2R_n}{0.85f_{ck}}}\right]$, $R_n = \frac{M_u}{\phi bd^2}$

$$R_n = \frac{6.64\times 10^6}{0.85\times 1,000\times 115^2} = 0.59$$

$$\rho = \frac{1.0\times 0.85\times 24}{400}\times\left[1-\sqrt{1-\frac{2\times 0.59}{0.85\times 24}}\right] = 0.0015$$

$$A_s = \rho bd = 0.0015 \times 1{,}000 \times 115 = 172.5 mm^2$$

$$D10@\frac{1{,}000}{172.5/71.0} = 411.5 mm,$$

$$3t = 3 \times 150 = 450 mm,\ 450 mm \text{ 이하}$$

따라서 철근간격을 D10@400mm로 하여도 되지만 장변방향 하부철근(최소철근)간격 (D10@225mm)을 고려하여 D10@225mm로 설계하도록 한다.

하지만 장변방향 주열대(보의 주변 $\ell_x/2$ 폭)에서는 D10@225의 1.5배인 D10@337.5mm로 배근하여야 되지만 장변방향 철근은 최소철근으로 시공상 상, 하로 배근하기 때문에 이것의 2배로 하되 최소철근을 만족시키는 간격450mm로 배근한다.

6. 전단검토 : 외부경간 내단에서 최대이다.

$$V_u = \frac{1.15 w_u l_n}{2} = \frac{1.15 \times 16.4 \times 3.2}{2} = 30.2kN$$

$$\phi V_c = \phi \frac{1}{6} \lambda \sqrt{f_{ck}}\, b_w\, d$$

$$= 0.75 \times \frac{1}{6} \times 1.0 \times \sqrt{24} \times 1{,}000 \times 125$$

$$= 76.5kN$$

$V_u < \phi V_c$ 이므로 전단에 대해 안전하다.

7. 철근의 배치

주철근(단변방향철근)을 슬래브 표면 가까이 배치하여 슬래브의 유효깊이를 크게 하므로써 휨모멘트에 대한 저항능력을 크게 한다.

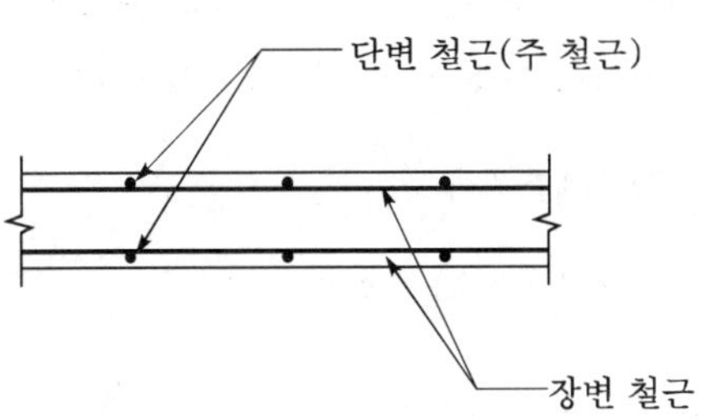

8. 배근도 (4변지지 1방향 슬래브)

단변방향	상단 : $D10@150$	장변방향	상단 : $D10@225$
	하단 : $D10@150$		하단 : $D10@225$

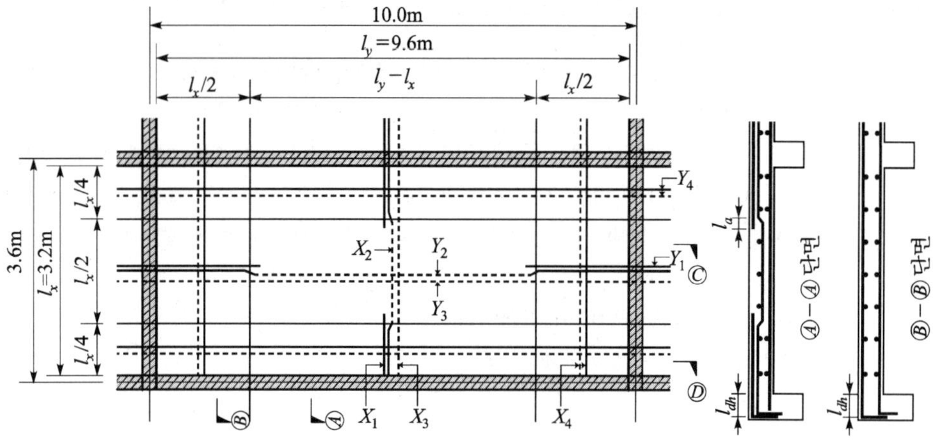

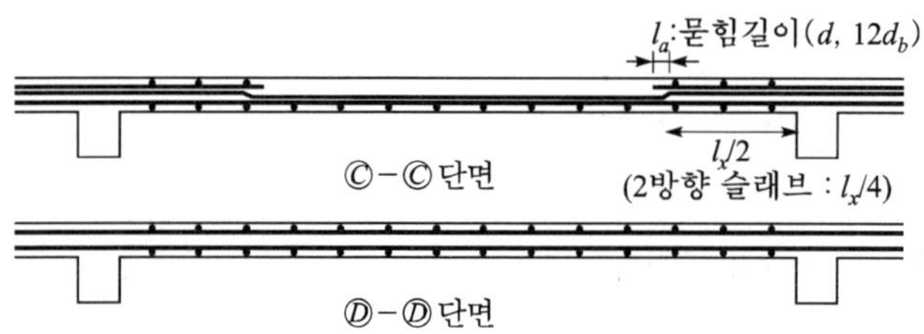

X_1: $D10@300$	Y_1: $D10@450$
X_2: $D10@300$	Y_2: $D10@450$
X_3: $D10@300$	Y_3: $D10@450$
X_4: $D10@225$(상,하동일)	Y_4: $D10@450$

㈜ ① 상부 CUT BAR(X_1, Y_1 철근)의 배근 길이

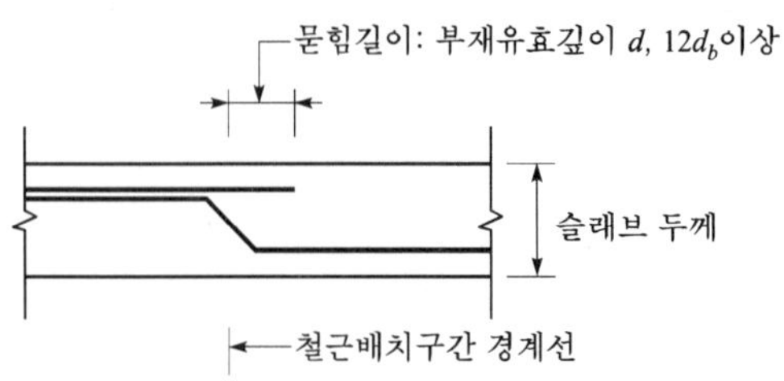

묻힘길이 : 부재유효깊이 d, $12d_b$ 이상

② X_1과 X_2, X_2와 X_3철근 최대 간격은 구조계산상 산출된 철근간격과 슬래브 두께의 2배 이하, 300mm 이하이어야 한다.

③ Y_1과 Y_2, Y_2와 Y_3, X_4, Y_4 철근: 최대철근간격은 슬래브 두께의 3배 이하, 450mm이하 이어야 한다.

9. 상대변위차에 의하여 추가되는 휨모멘트 검토.

보 G_2 의 처짐을 5mm라 할 때 보 G_1 과 B_1 의 상대변위 $\delta = 5mm$ 가 발생하여 추가 모멘트 $M^+ = 6E_cI_e\delta/l^2$ 가 발생하게 된다.

(여기서 $E_c = 8{,}500\sqrt[3]{24+4}$, 유효강성 $I_e = 0.35I_g$)

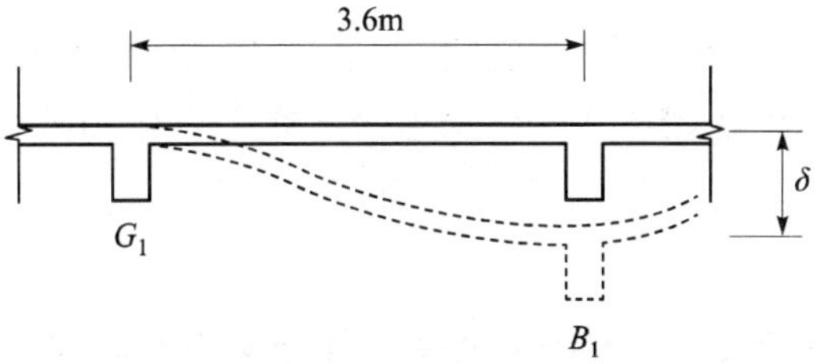

$E_cI_e = 8{,}500\sqrt[3]{28} \times (0.35 \times 1{,}000 \times 150^3/12)$

$= 2.54 \times 10^{12}\, N \cdot mm^2/m$

$M^+ = 6 \times 2.54 \times 10^{12} \times 5/3{,}600^2$

$= 5.88\, kN \cdot m/m$

보의 순경간에서 $M^+ = 5.88 \times 3.2/3.6 = 5.23\, kN \cdot m/m$ 따라서 내부경간 설계 휨모멘트는 보 G_1 단부에서 $5.23\, kN \cdot m$ 가 증가하게 된다.

단부 설계모멘트 $M_u = -(15.3 + 5.23) = -20.53\, kN \cdot m/m$

철근비 $\rho = \dfrac{\eta(0.85 f_{ck})}{f_y} \times \left[1 - \sqrt{1 - \dfrac{2R_n}{0.85 f_{ck}}}\right]$, $R_n = \dfrac{M_u}{\phi b d^2}$

$$R_n = \frac{20.53 \times 10^6}{0.85 \times 1{,}000 \times 125^2} = 1.55$$

$$\rho = \frac{1.0 \times (0.85 \times 24)}{400} \times \left[1 - \sqrt{1 - \frac{2 \times 1.55}{0.85 \times 24}}\right] = 0.00404$$

$$A_s = \rho b d = 0.00404 \times 1{,}000 \times 125 = 504.3\, mm^2$$

$$D10@\frac{1{,}000}{504.3/71.0} = 140.7\, mm$$

상대적 처침차로 보 G_1 단부에서 철근량이 다소 증가하여 저항능력이 약간 떨어짐을 알 수 있는데 이 정도는 크게 여유있는 정모멘트와의 휨모멘트 재분배에 의하여 파괴되지 않을 것으로 생각되어 기 설계된 배근량 D10@150을 변경하지 않고 그대로 유지하기로 한다.

4 2방향 슬래브

1. 2방향 슬래브 설계의 기본사항

슬래브의 장변과 단변의 비가 2배 이하로써 서로 직교하는 2방향으로 주철근을 배치하는 슬래브를 말하며, 주열대와 중간대인 2개의 설계대로 나누어 해석을 한다. 이것은 슬래브의 휨모멘트가 기둥선으로 집중하는 현상을 고려하기 위한 것이다.

(1) 설계대

주열대는 그림 8-6과 같이 기둥중심선을 기준으로 양쪽으로 $l_2/4$와 $l_1/4$ 중 작은 값을 한쪽의 폭으로 하는 슬래브의 영역을 가르키며, 중간대는 주열대 사이의 슬래브 영역을 가리킨다.

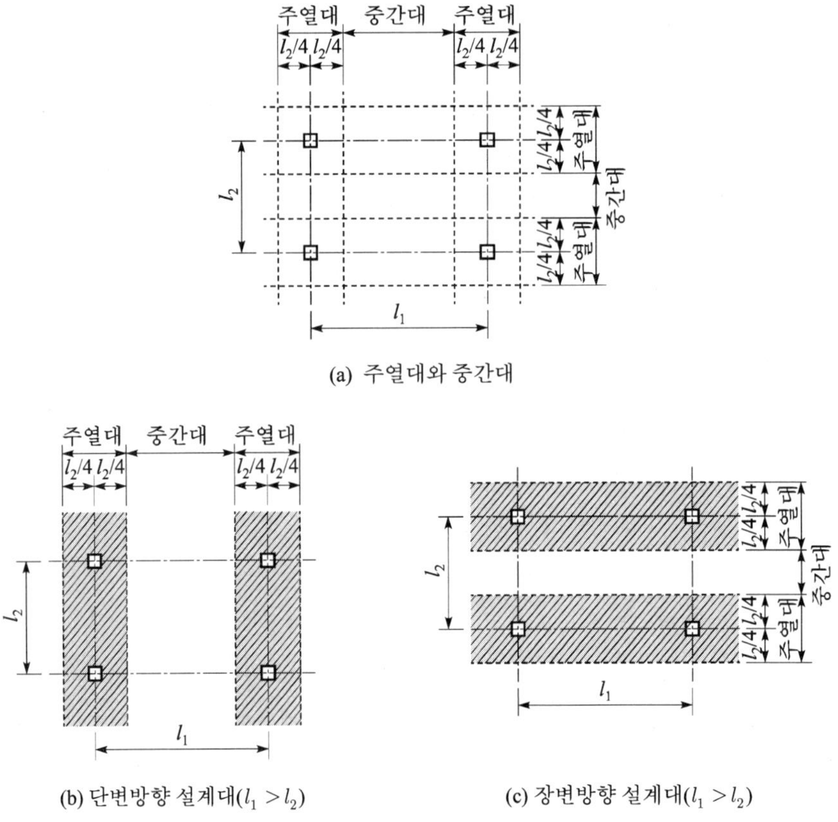

(a) 주열대와 중간대

(b) 단변방향 설계대($l_1 > l_2$)

(c) 장변방향 설계대($l_1 > l_2$)

그림 8-6 주열대와 중간대

(2) 보의 강성

보가 슬래브와 일체로 되거나 완전한 합성구조로 되어 있을 때, 보의 단면은 그림 8-7과 같이 보가 슬래브의 위 또는 아래로 내민깊이 중 큰 깊이만큼을 보의 양측으로 연장한 슬래브 부분을 포함한 것으로써 보의 한 측으로 연장되는 거리는 슬래브 두께의 4배 이하로 한다.

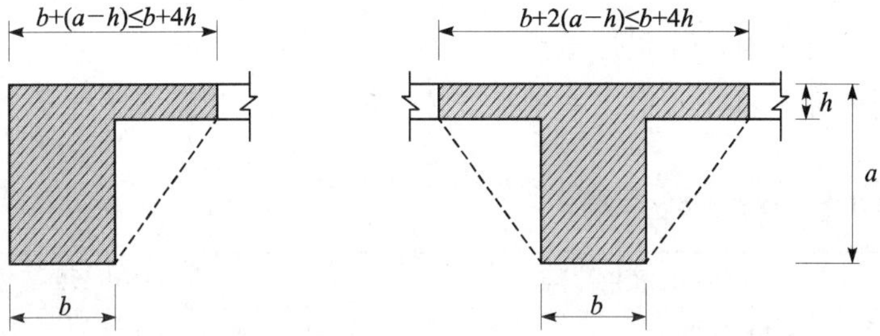

그림 8-7 유효보의 크기

(3) 보와 슬래브의 강성비

보에 의하여 지지되는 슬래브에서 슬래브와 유효보의 강성비에 따라 휨모멘트 분포와 처짐이 달라진다. 슬래브 휨강성에 대한 보 휨강성의 비를 α라 하면 식(8.1)로 표시된다.

$$\alpha = \frac{4E_{cb}I_b/l}{4E_{cs}I_s/l} = \frac{E_{cb}I_b}{E_{cs}I_s} \quad \cdots\cdots (8.1)$$

여기서, E_{cb} : 보의 콘크리트 탄성계수

E_{cs} : 슬래브의 콘크리트 탄성계수

I_b : 유효보(그림 8-7)의 비균열 단면2차 모멘트

I_s : 보 사이의 중심간 길이와 슬래브의 두께에 대한 단면2차 모멘트

2. 해석 및 설계방법

2방향 슬래브의 해석 및 설계는 구조설계자가 구조역학의 기본원리에 따라 할 수 있다. 일반적으로 유한요소법, 직접설계법, 등가골조법 및 휨모멘트 계수법 등이 있으며, 주로 유한요소법이나 휨모멘트 계수법 등이 사용되고 있다.

3. 처짐을 고려하지 않아도 되는 2방향 슬래브의 최소두께

(1) 내부보가 없는 슬래브

테두리보를 제외하고 슬래브 주변에 보가 없거나, 있더라도 보의 강성비 $\alpha_m \leq 0.2$인 경우 표 8-3 값을 만족하여야 하고, 다음 값 이상으로 한다. 여기서, α_m은 한 슬래브 주변에 있는 모든 보의 α 값의 평균값이다.

① 플랫 슬래브에서 지판이 없는 슬래브 : 120mm 이상

② 플랫 슬래브에서 지판이 있는 슬래브 : 100mm 이상

표 8-3 내부에 보가 없는 슬래브 최소두께

설계기준 항복강도 $f_y(MPa)$	지판이 없는 경우			지판이 있는 경우		
	외부 슬래브		내부 슬래브	외부 슬래브		내부 슬래브
	테두리보가 없는 경우	테두리보가 있는경우		테두리보가 없는경우	테두리보가 있는경우	
300	$\frac{l_n}{32}$	$\frac{l_n}{35}$	$\frac{l_n}{35}$	$\frac{l_n}{35}$	$\frac{l_n}{39}$	$\frac{l_n}{39}$
350	$\frac{l_n}{31}$	$\frac{l_n}{34}$	$\frac{l_n}{34}$	$\frac{l_n}{34}$	$\frac{l_n}{37.5}$	$\frac{l_n}{37.5}$
400	$\frac{l_n}{30}$	$\frac{l_n}{33}$	$\frac{l_n}{33}$	$\frac{l_n}{33}$	$\frac{l_n}{36}$	$\frac{l_n}{36}$
500	$\frac{l_n}{28}$	$\frac{l_n}{31}$	$\frac{l_n}{31}$	$\frac{l_n}{31}$	$\frac{l_n}{33}$	$\frac{l_n}{33}$
600	$\frac{l_n}{26}$	$\frac{l_n}{29}$	$\frac{l_n}{29}$	$\frac{l_n}{29}$	$\frac{l_n}{31}$	$\frac{l_n}{31}$

주) l_n : 슬래브 장변의 순경간

(2) 내부보가 있는 슬래브

보의 강성비 α_m이 0.2를 초과하는 보가 슬래브 주변에 있는 경우 슬래브의 최소두께는 다음 식(8.2),(8.3) 규정을 따라야 한다.

① 강성비 α_m 이 $0.2 < \alpha_m < 2.0$ 인 경우

$$h = \frac{l_n\left(800 + \frac{f_y}{1.4}\right)}{36{,}000 + 5{,}000\beta(\alpha_m - 0.2)} \geq 120mm \quad \cdots\cdots (8.2)$$

② 강성비 $\alpha_m \geq 2.0$ 인 경우

$$h = \frac{l_n(800 + \frac{f_y}{1.4})}{36,000 + 9,000\beta} \geq 90\,mm \quad \cdots\cdots (8.3)$$

l_n : 장변의 순경강

β=장변의 순경간/단변의 순경간

α_m : 한 슬래브 주변의 모든 보의 강성비(α)의 평균값

③ 불연속단을 갖는 슬래브의 경우에는 α의 값이 0.8 이상인 테두리보를 설치하거나, 식(8.2)와 식(8.3)에서 구한 최소 소요두께를 적어도 10% 이상 증대시킨다.

(3) 플랫 슬래브의 지판

기둥상부의 부모멘트에 대한 철근량을 줄이고, 뚫림전단(Punching Shear)를 막기 위하여 설계되는 지판은 다음 규정을 따라야 한다.

① 그림 8-8과 같이 각방향 받침부 중심간 경간의 1/6 이상을 각방향으로 연장시켜야 한다.

② 슬래브 아래로 돌출한 지판의 두께는 돌출부를 제외한 슬래브 두께의 1/4 이상으로 하여야 한다.(그림 8-8에 나타내었다)

③ 지판 부위의 슬래브 철근량을 계산할 때 슬래브 아래로 돌출한 지판의 두께는 지판의 외단부에서 기둥이나 기둥머리(capital)면 까지 거리의 1/4 이하로 취하여야 한다.

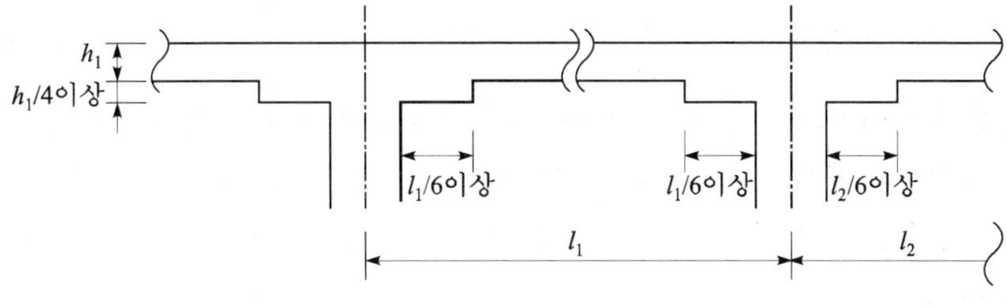

그림 8-8 프랫슬래브의 지판

4. 2방향 슬래브의 배근상세

2방향 슬래브에서 철근의 배근은 다음의 규정을 따라야 한다.

(1) 소요철근량과 간격

1) 2방향 슬래브 시스템의 각 방향의 철근단면적은 위험단면의 휨모멘트에 의해 결정되지만 수축. 온도철근으로 요구되는 최소 철근량 이상이어야 한다. (1방향 슬래브 4항 (3)참조)

2) 위험단면의 철근간격은 슬래브두께의 2배 이하 또는 300mm 이하로 하여야 한다. 다만, 와플구조나 리브구조로 된 부분은 예외로 한다.

(2) 철근의 정착

1) 불연속 단부에 직각방향인 정모멘트에 대한 철근은 슬래브 끝까지 연장하여 직선 또는 갈고리로 150mm 이상 테두리보, 기둥 또는 벽체 속에 묻어야 한다.

2) 불연속 단부에 직각방향인 부모멘트에 대한 철근은 정착 및 이음 규정에 따라 받침면에 정착되도록 테두리보, 기둥 또는 벽체 속으로 구부림, 갈고리, 그렇지 못하면 적절한 방법으로 정착시켜야 한다.

3) 불연속 단부에서 슬래브가 테두리보나 벽체로 지지되어 있지 않은 경우 또는 슬래브가 받침부를 지나 캔틸레버로 되어 있는 경우에는 철근을 슬래브 내부에 정착시킬 수 있다.

(3) 단부 모퉁이의 보강 철근

2방향 슬래브의 구속되지 않은 외부 모퉁이 슬래브를 $\alpha = \dfrac{E_{cb} I_b}{E_{cs} I_s} > 1.0$인 테두리보가 지지하는 경우 즉 강성이 큰 테두리보가 지지하는 슬래브의 단부 모퉁이에서 상부에서는 슬래브 바닥의 대각선 방향으로 인장력이 발생하고 하부에서는 그 대각선의 직각방향으로 인장력이 작용하게 된다. 따라서 이 부분을 그림 8-9와 같이 보강해야 한다. 철근량과 범위는 슬래브 단위폭당 최대 정모멘트와 같은 크기의 휨모멘트에 견딜만큼 충분해야 하고, 모퉁이로부터 긴 경간의 1/5 길이만큼 각 방향에 배치해야 한다. 철근배치방법은 그림 8-9 (a)와 8-9 (b) 두 형태 중 하나의 방법을 택하여 배근한다.

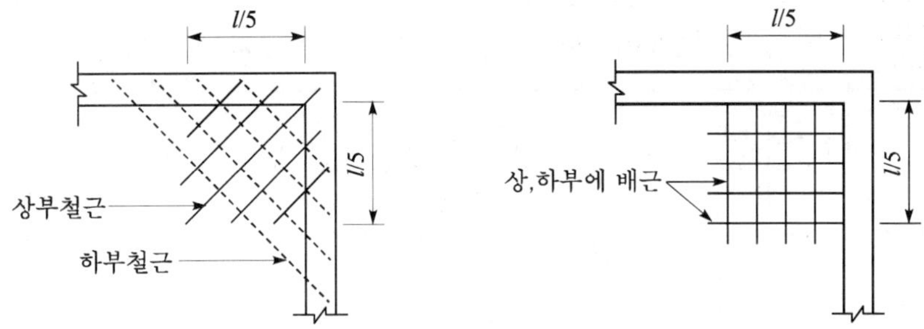

(a) 대각선 배근(l : 장경간) (b) 직교 배근

그림 8-9 모퉁이 슬래브 보강

(4) 보가 없는 슬래브에서 철근의 최소 정착길이

1) 보가 없는 슬래브의 철근은 그림 8-10에 표시된 것과 같은 최소 길이 규정을 지켜야 한다.
2) 인접한 경간의 길이가 다를 경우, 받침면에서부터 부모멘트에 대한 철근의 최소 연장은 그림 8-10에 보인 바와 같이 하되 그 기준은 긴 경간으로 하여야 한다.
3) 2방향 슬래브에서 굽힘철근은 슬래브 두께와 경간의 비가 굽힘 철근의 굽힘 각도가 45° 이하가 될 수 있는 경우에만 사용하여야 한다.
4) 횡력을 부담하여야 하는 골조의 2방향 슬래브에 대해서는 구조해석 결과에 의하여 철근의 길이를 결정해야 하지만 변곡점이 중앙으로 이동 가능성이 높으므로 이에 대한 고려로 그림 8-10에 규정된 길이 이상으로 하여야 한다.
5) 각 방향의 주열대 내의 모든 하부 철근이나 철선은 연속이거나 그림 8-10에 나타낸 위치에서 A급 겹침이음으로 하여야 한다. 각 방향으로 적어도 2개의 주열대 하부 철근이나 철선이 기둥 위로 통과하여야 하며, 외부 받침부에 정착되어야 한다. 이와 같이 기둥을 지나서 배치되는 철근을 일체철근이라고 한다.
6) 전단머리가 있는 슬래브나 리프트-슬래브의 시공에서는 적어도 각 방향으로 2개의 부착된 하부철근이나 철선이 가능한 한 기둥에 근접하게 전단머리나 리프팅 칼라를 지나도록 해야 하며, 연속이거나 A급 겹침이음으로 이어야 한다. 외부 기둥에서는 이 철근을 전단머리나 리프팅 칼라에 정착시켜야 한다.

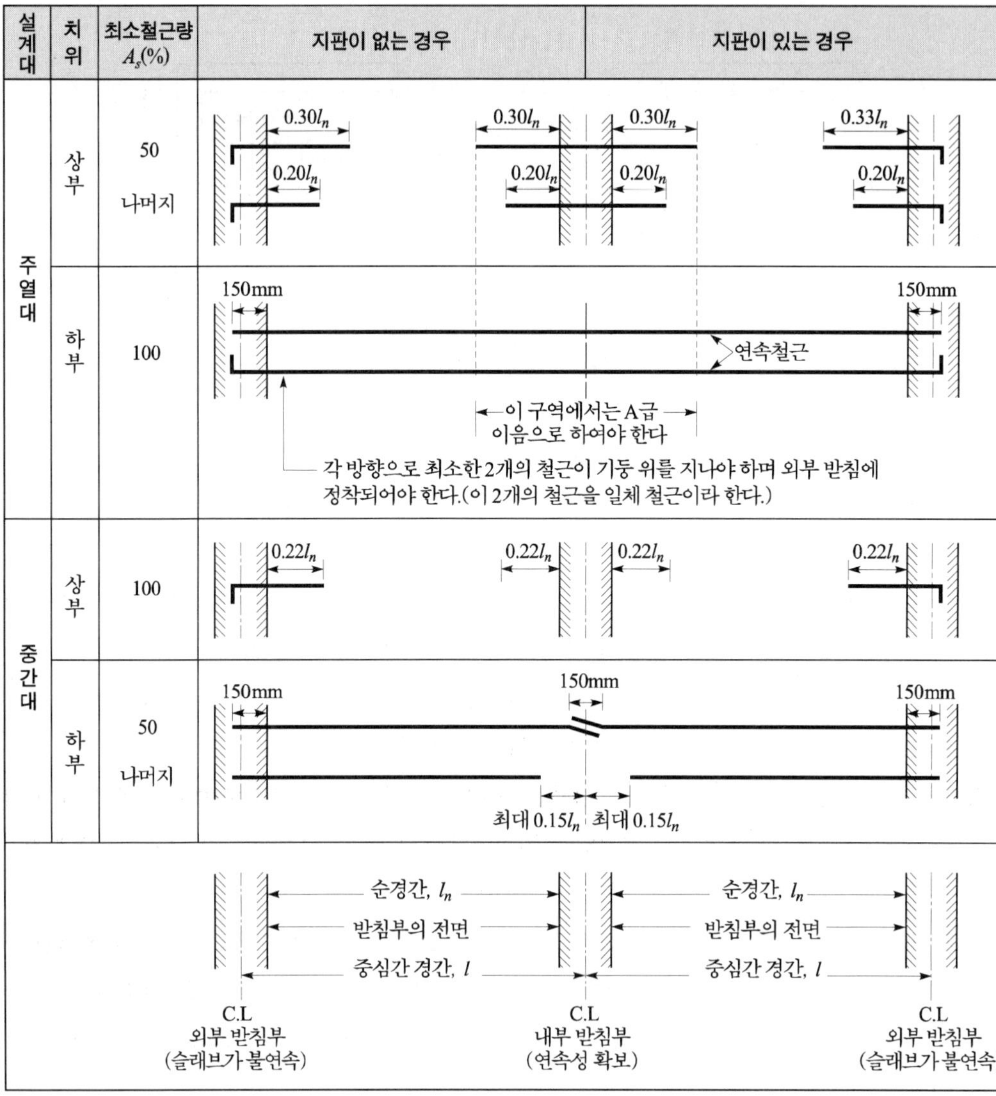

그림 8-10 보가 없는 슬래브에서 철근의 최소 정착길이

5. 직접설계법

직접설계법은 2방향슬래브의 해석이 어려웠던 1960년에 개발된 방법으로 해석을 수행하지 않고 계수를 사용하여 휨모멘트를 결정하는 근사적인 설계방법 즉 슬래브 폭을 보폭으로 하는 단순보로 보고 전체 정적계수모멘트를 구해서 이것을 계수를 이용하여 주열대, 중간대로 분배하여 설계모멘트를 구한다. 이 방법을 사용하려면 하중분포, 경간의수, 경간간격의 차이 등의 일정한 조건을 만족하여야 사용이 가능하다. 또한 중간에 작은보가 없어야

하는 이유로 현재 실무에서는 흔히 사용하지 않고 있으며, 유한요소법과 1963년 ACI기준에 제시된 휨모멘트계수법등을 주로 사용하고 있다.

(1) 적용조건

① 각 방향으로 3경간 이상 연속되어야 한다.

② 단변경간(l_2)에 대한 장변경간(l_1)의 비가 2이하인 직사각형이어야 한다. ($l_1/l_2 \le 2.0$ 인 직사각형)

③ 각 방향으로 연속한 받침부 중심간 경간길이의 차이는 긴경간의 1/3 이하 이어야 한다.

④ 연속한 기둥 중심선을 기준으로 기둥의 어긋남은 어긋난 방향 경간의 최대 10%까지 허용할 수 있다.

⑤ 모든 하중은 슬래브 판 전체에 걸쳐 등분포된 연직하중이어야 하며, 활하중은 고정하중의 2배 이하 이어야 한다.

⑥ 모든 변에서 받침부 사이의 보를 가지 슬래브(4변이 모두 보로 되어 있는 슬래브) 인 경우 직교하는 두방향에서 보의 상대강성의 범위는 0.2 이상 5.0 이하이어야 한다.

$$0.2 \le \frac{\alpha_1 l_2^{\,2}}{\alpha_2 l_1^{\,2}} \le 5.0$$

여기서, l_1 : 휨모멘트 계산 방향의 경간길이

l_2 : 휨모멘트 계산 방향의 직교방향 경간길이

α_1, α_2 : 각각 l_1, l_2 방향으로의 α

⑦ 직접설계법으로 설계된 슬래브 시스템은 휨모멘트 재분배를 적용할 수 없다.

(2) 설계절차

1) (1)항의 적용조건을 검토한다.

2) 슬래브 두께를 검토한다.

① 내부보가 없는 슬래브 : 표 8-3에 의한 최소두께 검토를 한다.

② 내부보가 있는 슬래브 : 식(8.2), (8.3)에 의한 최소두께 검토를 한다.

위의 ①, ②항의 최소두께 보다 더 얇게 하여야 되는 상황이라면 별도의 처짐과 전단에 대한 검토가 이루어져야 한다.

3) 식(8.4)에 의한 전체 정적계수 모멘트 M_o 를 계산한다.

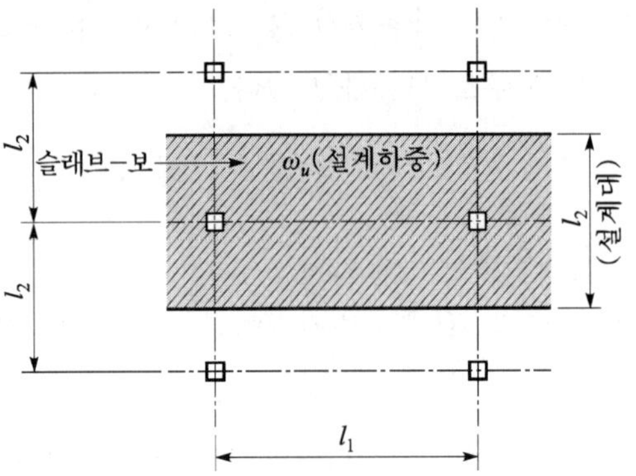

$$M_o = \frac{w_u l_2 l_n^2}{8} \quad \cdots\cdots (8.4)$$

여기서, l_n : 모멘트가 계산되는 방향의 순경간 길이로 $0.65\,l_1$ 이상이어야 하고 원형이나 정다각형의 받침부는 똑같은 단면적을 갖는 정사각형 받침부로 환산하여 취급할 수 있다. (그림 8-11 참조)

l_2 : 모멘트가 계산되는 방향의 직각방향 슬래브의 중심간 거리로 양쪽 슬래브 폭이 다를 경우는 평균값으로 한다.

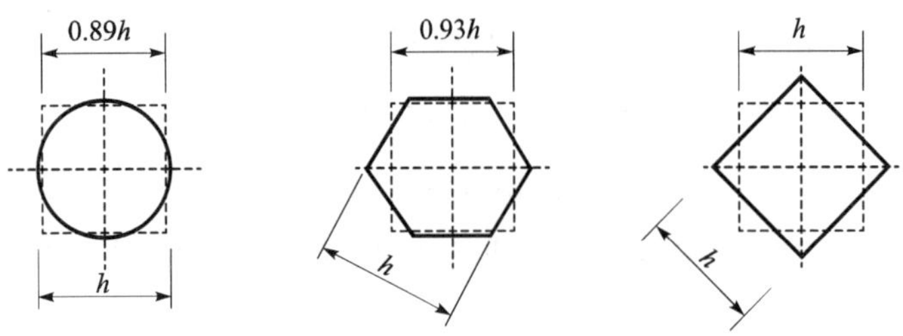

그림 8-11 등가 정사각형 단면

4) 설계방향의 정, 부계수 휨모멘트를 계산한다.

① 내부 경간 : 부계수 휨모멘트 $M_u^- = 0.65M_0$

정계수 휨모멘트 $M_u^+ = 0.35M_0$

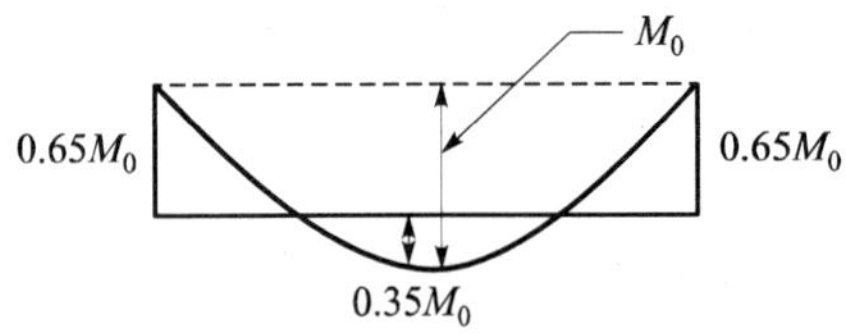

② 단부 경간 : 외단의 고정 상태에 따라 표 8-4와 같다.

표 8-4 단부 경간에서 정·부 계수 휨모멘트의 분배율

	(1)	(2)	(3)	(4)	(5)
	구속되지 않은 외단	모든 받침부 사이에 보가 있는 슬래브	내부 받침부 사이에 보가 없는 슬래브		완전 구속된 외단
			테두리보가 없는 경우	테두리보가 있는 경우	
내부 받침부의 부계수 휨모멘트	0.75	0.70	0.70	0.70	0.65
정계수 휨모멘트	0.63	0.57	0.52	0.50	0.35
외부 받침부의 부계수 휨모멘트	0.00	0.16	0.26	0.30	0.65

주) 외단부에서 슬래브와 외부 기둥 사이에 전달되는 연직하중에 대한 불균형 휨모멘트로 최소 $0.3M_0$ 를 취하여야 한다.

(1)의 경우

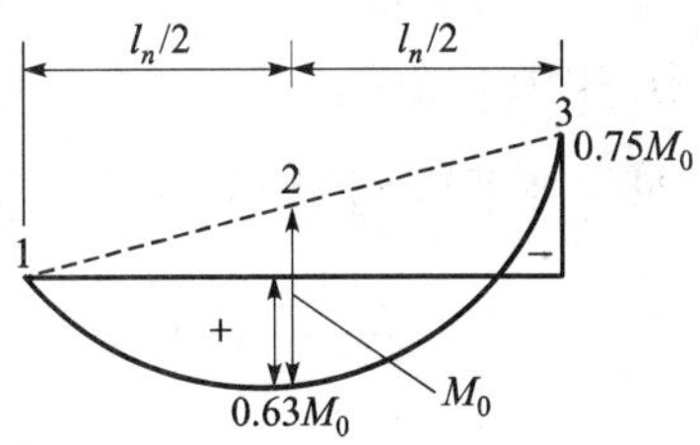

(2)의 경우

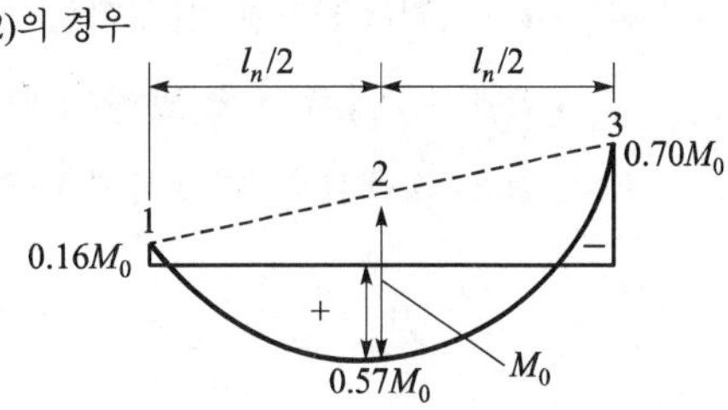

(3)의 경우

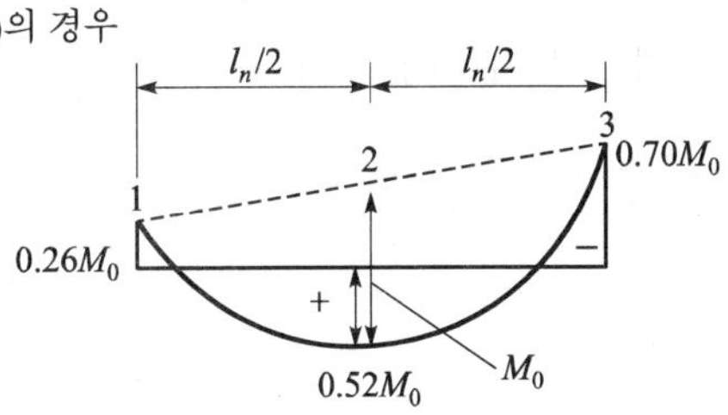

(4)의 경우

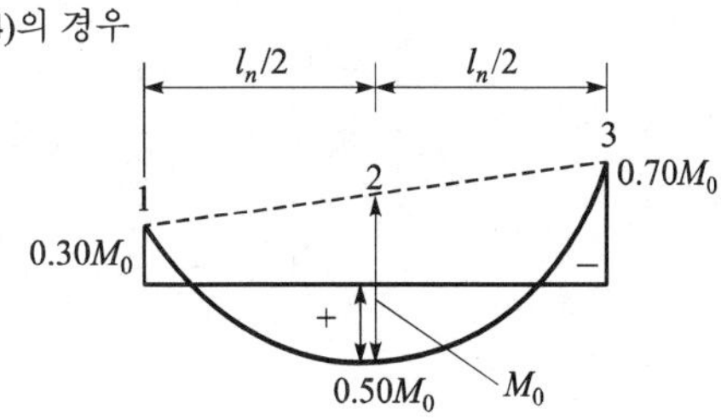

(5)의 경우

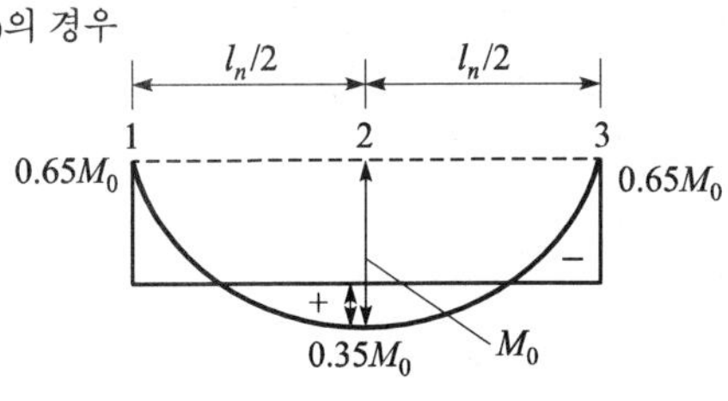

5) 주열대의 휨모멘트 분배는 표 8-5와 같이 한다.

표 8-5 주열대에서의 계수 휨모멘트 분배률 (%)

구분	l_2/l_1		0.5	1.0	2.0
내부 받침부의 부계수 휨모멘트 분배백분율	$\alpha_1 l_2/l_1=0$		75	75	75
	$\alpha_1 l_2/l_1 \geq 1.0$		90	75	45
외부 받침부의 부계수 휨모멘트 분배백분율	$\alpha_1 l_2/l_1=0$	$\beta_t=0$	100	100	100
		$\beta_t \geq 2.5$	75	75	75
	$\alpha_1 l_2/l_1 \geq 1.0$	$\beta_t=0$	100	100	100
		$\beta_t \geq 2.5$	90	75	45
중앙부의 정계수 휨모멘트 분배백분율	$\alpha_1 l_2/l_1=0$		60	60	60
	$\alpha_1 l_2/l_1 \geq 1.0$		90	75	45

주) 위의 값사이에서는 직선보간법을 적용한다.

여기서, α_1 : l_1방향의 강성비

l_1 : 휨모멘트를 산정하는 방향의 받침부 중심 사이의 경간

l_2 : l_1 에 수직한 방향의 받침부 중심 사이의 경간

β_t : 슬래브의 휨강성에 대한 테두리보의 비틀림 강성 비

$$\beta_t = \frac{E_{cb}\,C}{2E_{cs}\,I_s} \quad \cdots\cdots (8.5)$$

C : 비틀림 특성을 정의하는 단면상수(비틀림 상수) T형 또는 L형 단면은 그림 8-12와 같이 여러개의 직사각형으로 나누어 각 부분의 C 값을 더하여 구한 후 그 중 큰 값을 취한다.

$$C = \sum\left(1-0.63\frac{x}{y}\right)\frac{x^3 y}{3}$$

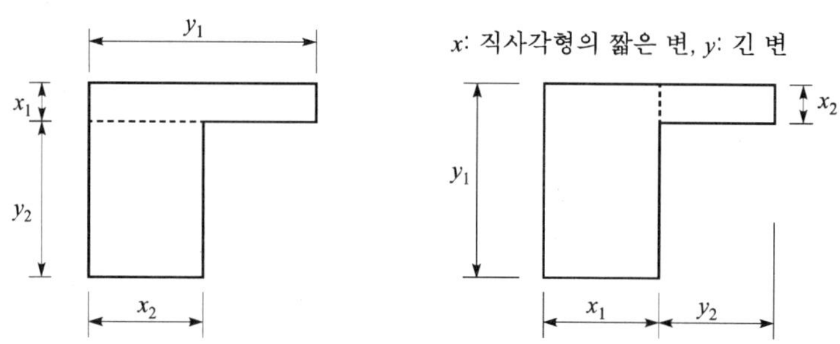

$$C = (1-0.63\frac{x_1}{y_1})\frac{x_1{}^3 y_1}{3} + (1-0.63\frac{x_2}{y_2})\frac{x_2{}^3 y_2}{3}$$

E_{cb} , E_{cs}: 보와 슬래브 콘크리트의 탄성계수

I_s : 슬래브 전체 단면의 중심축에 대한 단면2차모멘트

(α 와 β_t 에서 정의되는 슬래브 폭의 $h^3/12$ 배: $l_2 h^3/12$)

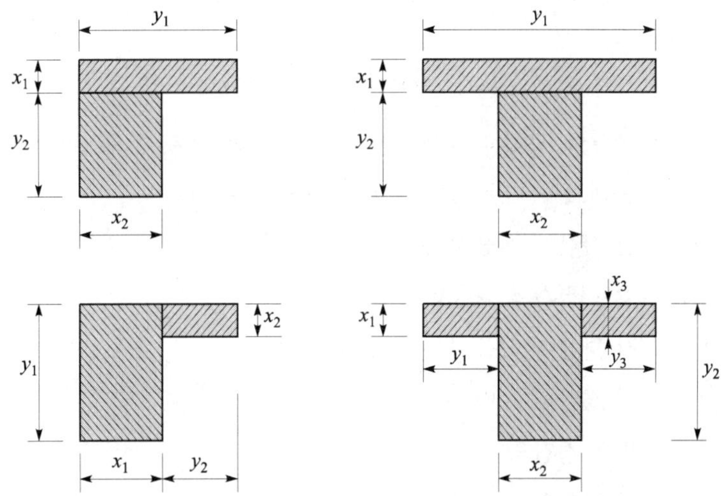

그림 8-12 비틀림 상수 C의 계산을 위한 단면 나눔

6) 보가 있는 슬래브에서 보가 부담하는 계수 휨모멘트

① $\alpha_1 l_2 / l_1 > 1.0$: 주열대 휨모멘트의 85%

(나머지 15% : 주열대 슬래브에 분담)

② $0 < \alpha_1 l_2 / l_1 \leq 1.0$: 주열대 휨모멘트의 분담률은 85%와 0% 사이를 직선보간법을 적용하여 구한다.

7) 중간대의 계수 휨모멘트

① 주열대가 부담하지 않는 정 및 부계수휨모멘트의 분담분은 양쪽의 1/2 중간대에 비례하여 할당하여야 한다.

② 각 중간대는 2개의 1/2 중간대에 할당한 휨모멘트들의 합에 견디도록 설계하여야 한다.

③ 벽체가 지지하는 가장자리에 인접하고, 그에 평행한 중간대는 첫 번째 내부 받침부

의 1/2 중간대에 할당된 휨모멘트의 2배를 견디도록 설계하여야 한다.

8) 고려하는 방향에서 정 및 부계수휨모멘트는 모멘트 재분배를 통해 10% 범위내에서 수정할 수 있다. 이때 경간의 전체 계수휨모멘트는 M_0 가 되어야 한다.

9) 기둥과 벽체의 계수 모멘트
슬래브 시스템과 일체로 이루어진 내부기둥과 벽체들은 슬래브 시스템에 작용하는 계수하중으로부터 발생하는 모멘트에 견딜 수 있게 설계되어야하며, 식(8.6)로 구한다.

$$M_{(\text{내부기둥})} = 0.07[(w_D + 0.5w_L)l_2\, {l_n}^2 - {w_D}'\, {l_2}'({l_n}')^2] \quad \cdots\cdots\cdots\cdots \quad (8.6)$$

여기서, M : 기둥의 설계용 모멘트로 슬래브 상하 기둥의 휨강성에 따라 분배되며, 슬래브와 기둥의 접합부 설계에 사용된다.

w_D : 긴 경간에 작용하는 계수 고정하중

${w_D}'$: 짧은 경간에 작용하는 계수 고정하중

w_L : 긴 경간에 작용하는 계수 활하중

l_2 : 긴 경간의 길이

${l_2}'$: 짧은 경간의 길이

l_n : 긴 경간의 순 경간 길이

${l_n}'$: 짧은 경간의 순 경간 길이

10) 보가 있는 슬래브의 계수전단력

① $(\alpha_1 l_2 / l_1)$의 값이 1 이상인 보는 그림 8-13과 같이 슬래브 판의 네 모퉁이에서 변과 45°의 각을 이루는 선과 장변에 평행한 슬래브 판 중심선이 만드는 재하면적에 작용하는 계수하중이 각 보에 작용하는 것으로 하여 계수전단력을 구한다.

② $(\alpha_1 l_2 / l_1)$의 값이 1 미만일 때에는 직선보간하여 보가 분담하는 계수전단력을 구한다.

③ 보는 ①과 ②에 따라 산정한 전단력뿐만 아니라 보에 직접 작용하는 계수하중에 의한 전단력을 추가한다.

④ 슬래브의 전단강도는 ①과 ②에 따라 하중이 보에 분배된다는 가정에 의해 산정하여야 한다. 또한 슬래브는 슬래브 판에 일어나는 전체 전단력에 견디도록 설계하여야 한다.

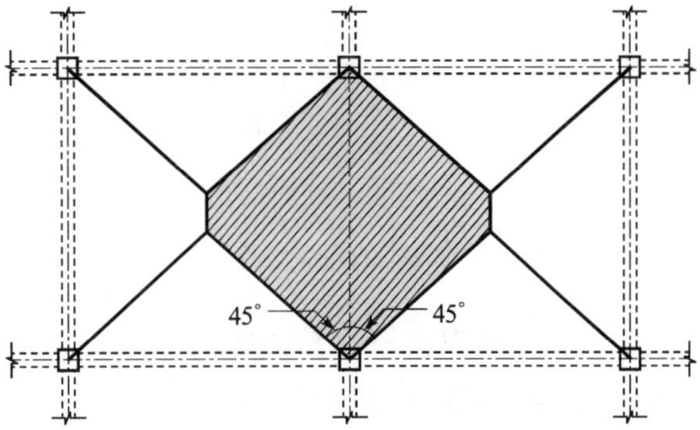

그림 8-13 내부 보의 전단력 산정을 위한 재하면적

예제 8-2

다음 그림과 같은 슬래브 구조에서 고정하중 $w_D = 4.5\,kN/m^2$, 활하중 $w_L = 6.0\,kN/m^2$이 작용할 때, $l_1 = 6.0m$ 쪽의 슬래브를 직접 설계법으로 설계하라. (단, $f_{ck} = 24\,MPa$, $f_y = 400MPa$ 이며, 기둥의 크기는 400mm × 400mm, 층높이는 3.0m이고, 테두리보의 크기는 300mm × 700mm로 한다.)

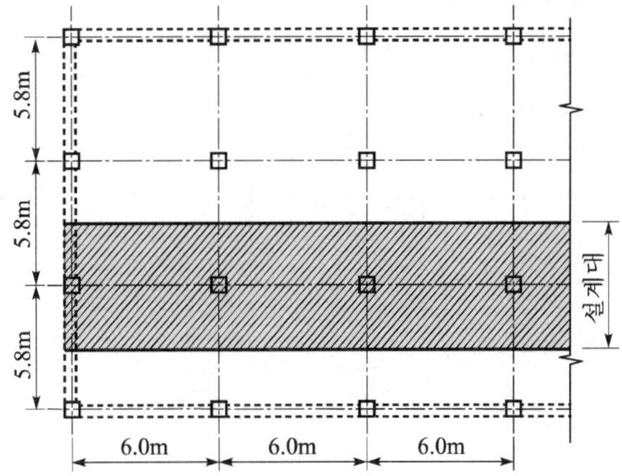

풀이

1. 슬래브의 두께 검토 : $l_n =$ 6,000 − 400 = 5,600 mm

   내부에 보가 없으므로 표 8-1로부터

   $$h = \frac{l_n}{33} = \frac{5,600}{33} = 170 \text{ mm} \rightarrow 180 \text{ mm로 함}$$

   슬래브의 피복두께는 20mm이므로 철근 중심거리를 10mm로 하여 $d =$ 180 − 20 − 10 = 150 mm 로 한다.

2. 전체 정적계수 휨모멘트 산정 : 계수하중 : $w_u = 1.2w_D + 1.6w_L$

$$= 1.2 \times 4.5 + 1.6 \times 6$$

$$= 15.0\ kN/m^2$$

$$M_0 = \frac{w_u l_2 {l_n}^2}{8} = \frac{15.0 \times 5.8 \times (5.6)^2}{8} = 341.0 kN \cdot m$$

내부 경간 : 부모멘트 $M_u^- = 0.65M_0 = 221.7 kN \cdot m$

정모멘트 $M_u^+ = 0.35M_0 = 119.4 kN \cdot m$

단부 경간표 8-4의 (4)에 해당하므로

내단모멘트 $M_{ui}^- = 0.70M_0 = 238.7 kN \cdot m$

중앙모멘트 $M_u^+ = 0.50M_0 = 170.5 kN \cdot m$

외단모멘트 $M_{ue}^- = 0.30M_0 = 102.3 kN \cdot m$

3. 주열대와 중간대의 모멘트 계산

① 내부 경간

$\alpha_1 = 0$ 이므로 표 8-5에서

주열대 내단의 분담률 : 75%

주열대 중앙부의 분담률 : 60%

② 단부 경간

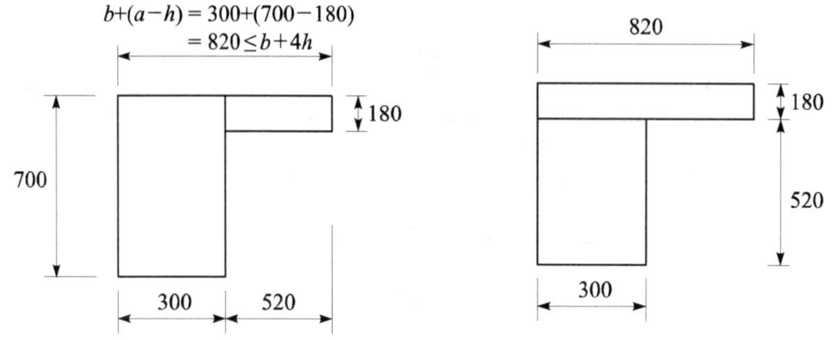

$$C = \Sigma\left[\left(1 - 0.63\frac{x}{y}\right)\frac{x^3 y}{3}\right]$$

$$= \left(1 - 0.63 \times \frac{300}{700}\right)\left(\frac{300^3 \times 700}{3}\right) + \left(1 - 0.63 \times \frac{180}{520}\right)\left(\frac{180^3 \times 520}{3}\right)$$

$$= 5{,}389 \times 10^6 mm^4$$

$$C = \left(1 - 0.63 \times \frac{300}{520}\right)\left(\frac{300^3 \times 520}{3}\right) + \left(1 - 0.63 \times \frac{180}{820}\right)\left(\frac{180^3 \times 820}{3}\right)$$

$$= 4{,}352 \times 10^6 mm^4$$

따라서, $C = 5{,}389 \times 10^6 mm^4$ 이 되고

$$I_s = \frac{5{,}800 \times (180)^3}{12} = 2{,}819 mm^4$$

$E_{cb} = E_{cs}$ 로 하면,

$$\beta_t = \frac{C}{2I_s} = \frac{5{,}389 \times 10^6}{2 \times 2{,}819 \times 10^6} = 0.96$$

표 8-5에서 $(\alpha_1 l_2 / l_1) = 0$ 상태에서, $\beta_t = 0$ 일 때 분담률 100%와 $\beta_t \geq 2.5$ 일 때 분담률 75% 사이에서 $\beta_t = 0.96$일 때 분담률을 직선보간으로 구하면 주열대 외단의 분담률은 표 8-5에서 $(\alpha_1 l_2 / l_1) = 0$일 때, $\beta_t = 0.96$에 대하여 직선보간하여

$$100 + \frac{75 - 100}{2.5 - 0} \times 0.96 = 90.0\%$$

이것을 정리해 해보면 아래와 같다.

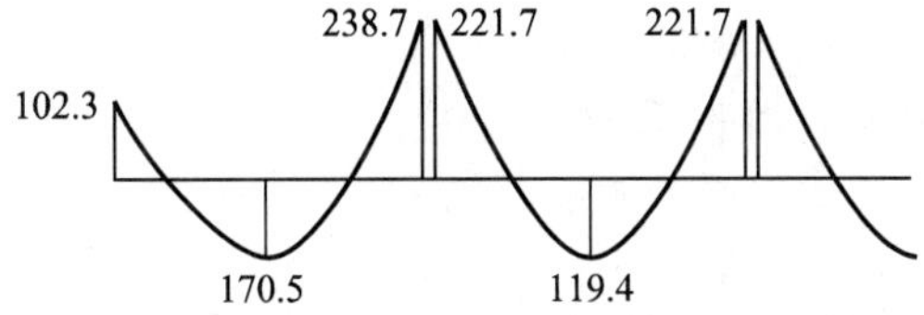

상기 휨모멘트 값은 10% 내에서 재분배가 가능하므로 내부 받침부의 휨모멘트를 $M = 221.7 kN \cdot m$로 같게 하고 외단부의 휨모멘트 $M = 102.3 kN \cdot m$는 불균형휨모멘트로 $0.3 M_0 = 102.3 kN \cdot m$ 로 최소 규정을 만족하므로 외단부 휨모멘트는 그대로 두기로 하고 정리하면

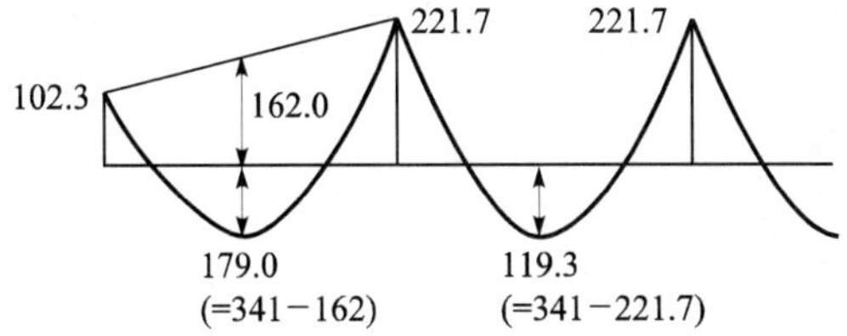

따라서, 주열대와 중간대에 대한 분담 계수휨모멘트는 다음과 같다.

위치	계수모멘트 [kN·m]	주열대		중간대	
		분담률 [%]	휨모멘트	분담률 [%]	휨모멘트
내부 경간					
부모멘트	221.7	75	221.7×0.75=166.31	25	221.7×0.25=55.4
정모멘트	119.4	60	19.4×0.60=71.6	40	119.9×0.40=47.8
외부 경간					
내단 부모멘트	221.7	75	221.7×0.75=166.3	25	221.7×0.25=55.4
정모멘트	179.0	60	179.0×0.60=107.4	40	179.0×0.40=71.6
외단 부모멘트	102.3	90	102.3×0.90=92.1	10	102.3×0.10=10.2

4. 기둥의 계수모멘트 계산

슬래브에서 기둥으로 전달되는 모멘트

$M = 0.07 \times [(w_D + 0.5w_L)l_2 {l_n}^2 - w_D' l_2' (l_n')^2]$에서

$w_D = w_D',\ l_2 = l_2',\ l_n = l_n'$ 이므로

$M = 0.07 \times \left[0.5 \times (1.6 \times 6.0) \times 5.8 \times 5.6^2\right] = 61.1\,kN \cdot m$

슬래브 상하부의 기둥 크기와 길이가 같을 경우

$M_c = \dfrac{61.1}{2} = 30.6\,kN \cdot m$

내부기둥설계에서는 $M_c = 30.6\,kN \cdot m$가 고려되어야 한다.

5. 철근량 산정

$M_u = 166.3\,kN \cdot m$에 대하여

$$\rho = \frac{\eta(0.85 f_{ck})}{f_y}\left(1 - \sqrt{1 - \frac{2R_n}{0.85 f_{ck}}}\right),\ R_n = \frac{M_u}{\phi b d^2},\ b = 2{,}900\,mm,\ d = 150\,mm$$

$$R_n = \frac{166.3 \times 10^6}{0.85 \times 2{,}900 \times 150^2} = 2.99\,MPa,$$

$$\rho = \frac{1.0 \times (0.85 \times 24)}{400} \times \left(1 - \sqrt{\frac{2 \times 2.99}{0.85 \times 24}}\right) = 0.0081$$

$A_s = 0.0081 \times 2{,}900 \times 150 = 3{,}523\,mm^2$

D16 철근을 사용할 경우 배근간격 $D16@\dfrac{2{,}900}{3{,}523/199} = 163.8\,mm$

D13 철근을 사용할 경우 배근간격 $D13@\dfrac{2{,}900}{3{,}523/127} = 104.5\,mm$

D16+D13 철근을 사용할 경우 배근간격 $D16 + D13@\dfrac{2{,}900}{3{,}523/163} = 111.9\,mm$

$(D16: A_1 = 199mm^2,\ D13: A_1 = 127mm^2,$

$D16 + D13: A_1 = (199 + 127)/2 = 163mm^2)$

(주열대, 중간대의 폭 : 2,900mm)

위치			M_u $[kN \cdot m]$	ρ [철근비]	A_s $[mm^2]$	소요 배근 간격 D16	소요 배근 간격 D16+D13	소요 배근 간격 D13	설계간격 $[mm]$
내부경간	주열대	양단(M_u^-)	166.3	0.0081	3,523.5	163.8	111.9	104.5	D16@150
		중앙(M_u^+)	71.6	0.0031	1,435.5	402.0	329.3	256.6	D13@150[2]
	중간대	양단(M_u^-)	55.4	0.0026	1,131.0	–	417.9	325.6	D13@300
		중앙(M_u^+)	47.8	0.0022	957.0[1]	–	–	352.8	D13@300
외부경간	주열대	내단(M_u^-)	166.3	0.0081	3,523.5	163.8	111.9	104.5	D16@150
		중앙(M_u^+)	107.4	0.0051	2,218.5	260.1	213.1	166.0	D13@150
		외단(M_u^-)	92.1	0.0043	1,870.5	308.5	252.7	196.9	D13@150
	중간대	내단(M_u^-)	55.4	0.0026	1,131.0	–	417.9	325.6	D13@300
		중앙(M_u^+)	71.6	0.0033	1,435.5	402.0	329.3	256.6	D13@250
		외단(M_u^-)	10.2	0.0005	217.5[1]	–	–	352.8	D13@300

주 1) 최소철근량 $A_{s,\min} = 0.002 \times 2{,}900 \times 180 = 1{,}044mm^2$으로 지배된다.
D10철근 개수 n=1,044/71=14.7, 간격 s=2,900/14.7=197.3mm
2) 외부경간 주열대 하단 철근간격과의 연속성과 시공성을 위하여 배근간격을 같게하였다.

6. 최소철근량 및 최대 철근간격 검토

1) $A_{s,\min} = 0.002 \times b \times h = 0.002 \times 2{,}900 \times 180 = 1{,}044mm^2$

2) 최대 철근간격

① 최대 휨모멘트가 일어나는 위험단면 : $s_{\max} \leq 2h = 2 \times 180 = 360mm$
또한 $300mm$ 이하. 따라서, $300mm$ 이하 간격으로 배근한다.

② 기타 단면 : $s_{\max} \leq 3h = 3 \times 180 = 540mm$, 또한 $450mm$ 이하
따라서, $450mm$ 이하 간격으로 배근한다.

7. 철근 배근도

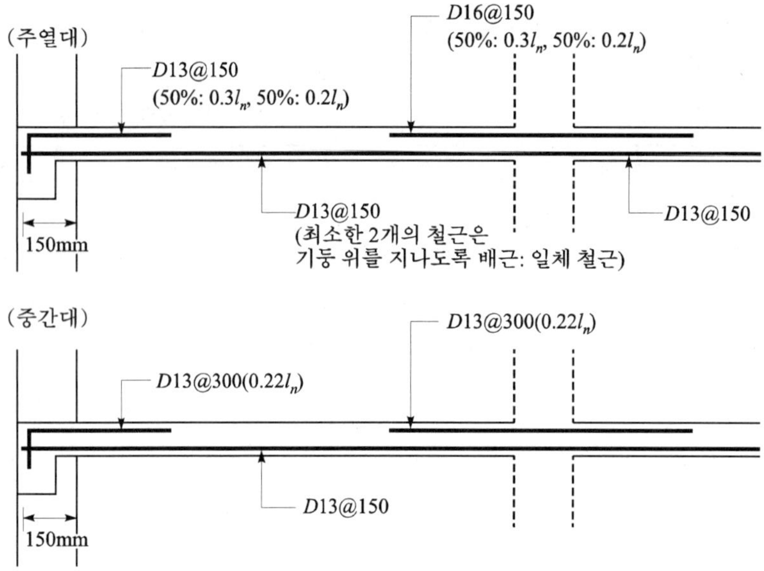

예제 8-3

다음과 같은 보있는 2방향 슬래브에서 $l_1 = 6.0\,m$쪽의 슬래브를 직접설계법으로 설계하라. (단, $f_{ck} = 24\,MPa$, $f_y = 400\,MPa$, $w_D = 4.5\,kN/m^2$, $w_L = 6.0\,kN/m^2$ 이며, 기둥의 크기는 400m×400m, 높이는 3.0m이고, 내부 보의 크기는 300m×600m, 테두리보의 크기는 300m×700m로 한다.)

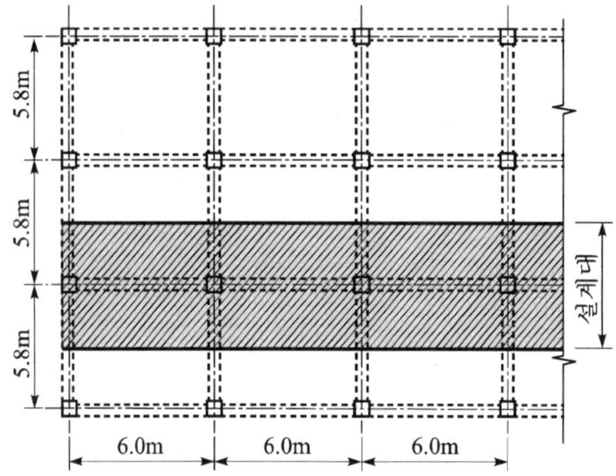

풀이

1. 슬래브의 두께 검토

슬래브 두께를 $h=150mm$ 로 가정하면,

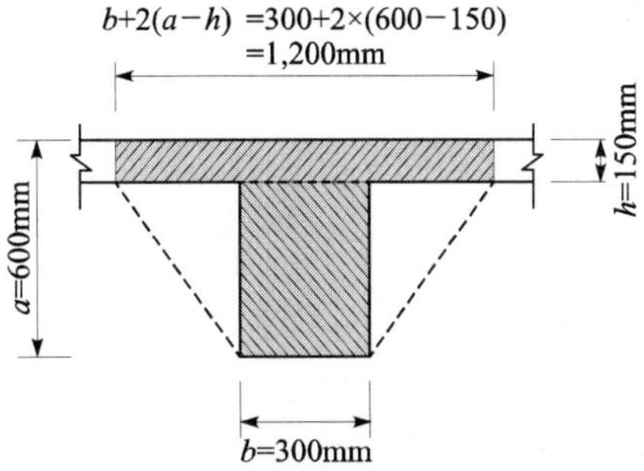

$$\alpha=\frac{E_{cb}I_b}{E_{cs}I_s}=\frac{I_b}{I_s}$$

중립축 위치 $y_0=\dfrac{300\times 450\times 225+1,200\times 150\times 525}{300\times 450+1,200\times 150}=396.4$

보 하부로부터 $y_o=396.4mm$ 이다.

$$I_b=\left(\frac{300\times 450^3}{12}+300\times 450\times 171.4^2\right)+\left(\frac{1,200\times 150^3}{12}+1,200\times 150\times 128.6^2\right)$$
$$=9.56\times 10^9 mm^4$$

$$I_{s,l_1}=\left(\frac{5,800\times 150^3}{12}\right)=1.63\times 10^9$$

$$I_{s,l_2}=\left(\frac{6,000\times 150^3}{12}\right)=1.69\times 10^9$$

따라서, $\alpha_1=9.56\times 10^9/1.63\times 10^9=5.86$

$\alpha_2=9.56\times 10^9/1.69\times 10^9=5.66$

보 휨강성비의 평균값은 $\alpha_m=(5.86\times 2+5.66\times 2)/4=5.76>2.0$ 이므로 슬래브 두께 (h)는 식(8.3)에 의해

$$h=\frac{l_n(800+\frac{f_y}{1.4})}{36,000+9,000\beta}$$

$$\beta=\frac{6,000-400}{5,800-400}=1.04$$

$$h=\frac{5,800\times(800+\frac{400}{1.4})}{36,000+9,000\times 1.04}=139mm \text{ 이므로}$$

슬래브두께 $h=150mm$로 한다.

2. 계수 모멘트 산정

$w_u = 1.2 \times 4.5 + 1.6 \times 6.0 = 15.0\,kN/m^2$

$$M_0 = \frac{w_u l_2 l_n^{\,2}}{8} = \frac{15.0 \times 5.8 \times (5.6)^2}{8} = 341\,kN \cdot m$$

① 내부 경간

부모멘트 $M_u^{\,-} = 0.65\,M_0 = 221.7\,kN \cdot m$

정모멘트 $M_u^{\,+} = 0.35\,M_0 = 119.4\,kN \cdot m$

② 단부 경간

표 8-4의 (2)에 해당하므로

내단 부모멘트 $M_{u,i}^{\,-} = 0.70 M_0 = 238.7\,kN \cdot m$

중앙 정모멘트 $M_u^{\,+} = 0.57 M_0 = 194.4\,kN \cdot m$

외단 부모멘트 $M_{u,e}^{\,-} = 0.16 M_0 = 54.6\,kN \cdot m$

3. 주열대와 중간대의 모멘트 계산

① 내부 경간

$\alpha_1 l_2 / l_1 = 5.86 \times 5.8 / 6.0 = 5.66 > 1.0$

테두리보의 비틀림 상수 C의 값을 계산하면

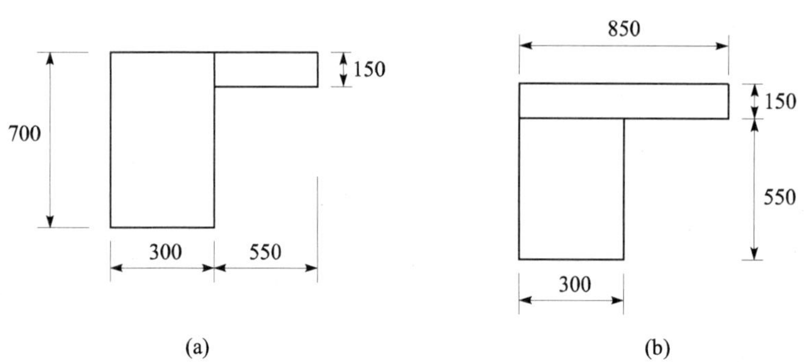

그림(a)에서

$$C = (1 - 0.63 \times \frac{300}{700})\left(\frac{300^3 \times 700}{3}\right) + (1 - 0.63 \times \frac{150}{550})\left(\frac{150^3 \times 550}{3}\right) = 5{,}111 \times 10^6\,mm^4$$

그림(b)에서

$$C = (1 - 0.63 \times \frac{300}{550})\left(\frac{300^3 \times 550}{3}\right) + (1 - 0.63 \times \frac{150}{850})\left(\frac{150^3 \times 850}{3}\right) = 4{,}099 \times 10^6\,mm^4$$

따라서, $C = 5{,}111 \times 10^6\,mm^4$ 이 되고

$$I_s = \frac{5{,}800 \times (150)^3}{12} = 1{,}632 \times 10^6\,mm^4$$

$$\beta_t = \frac{E_{cb} \cdot C}{2E_{cs} \cdot I_s}$$ 에서 $E_{cb} = E_{cs}$ 이므로

$$\beta_t = \frac{C}{2I_s} = \frac{5,111 \times 10^6}{2 \times 1,632 \times 10^6} = 1.56$$

$l_2 / l_1 = 5.8/6.0 = 0.97$ 이므로 표 8-5에서 직선보간하면 주열대 양단부의 분담률

$$: 90 + \frac{75-90}{1.0-0.5}(0.97-0.5) = 76\%$$

② 단부경간

주열대 외단의 분담률 $\beta_t = 0$ 일 때 분담률 100%, $\beta_t = 2.5$ 일 때 직선보간된 값이 76%이므로 $\beta_t = 1.56$ 에 대하여 직선보간하면

$$100 + \frac{76-100}{2.5-0} \times 1.56 = 85.0\%$$

따라서, 주열대와 중간대에 대한 분담 계수모멘트는 다음과 같다.

위치		계수 모멘트 [kN·m]	주열대				중간대 모멘트
			분담률 [%]	모멘트	슬래브모멘트	보모멘트	
내부경간	부모멘트	221.7	76	221.7×0.76 =168.5	168.5×0.15 =25.3	168.5×0.85 =143.2	221.7×0.24 =53.2
	정모멘트	119.4	76	119.4×0.76 =90.7	90.7×0.15 =13.6	90.7×0.85 =77.1	119.4×0.24 =28.7
외부경간	내단 부모멘트	238.7	76	238.7×0.76 =181.4	181.4×0.15 =27.2	181.4×0.85 =154.2	238.7×0.24 =57.3
	정모멘트	194.4	76	194.4×0.76 =147.7	147.7×0.15 =22.2	147.7×0.85 =125.5	194.4×0.24 =46.7
	외단 부모멘트	54.6	85	54.6×0.85 =46.4	46.4×0.15 =7.0	46.4×0.85 =39.4	54.6×0.15 =8.12

4. 철근량 산정

$M_u = 25.3\,kN \cdot m$ 에 대하여

$$\rho = \frac{\eta(0.85f_{ck})}{f_y}\left(1-\sqrt{1-\frac{2R_n}{0.85f_{ck}}}\right),\ R_n = \frac{M_u}{\phi bd^2},\ b = 2,900mm,\ d = 120mm$$

$$R_n = \frac{25.3 \times 10^6}{0.85 \times 2,900 \times 120^2} = 0.713\ MPa$$

$$\rho = \frac{1.0 \times (0.85 \times 24)}{400} \times \left(1-\sqrt{1-\frac{2 \times 0.713}{0.85 \times 24}}\right) = 0.00182$$

$$A_s = 0.0018 \times 2,900 \times 120 = 633.4mm^2 < A_{s,\min} = 870$$

$A_s = 870mm^2$, $D10\ \ n = 870/71.0 = 12.3 \rightarrow 13$ 대

철근 간격으로 표시하면 $D10@\dfrac{2{,}900}{13} = 223.0mm$

(주열대, 중간대의 폭 : 2,900mm)

위치			M_u [$kN \cdot m$]	ρ [철근비]	A_s [mm^2]	$D10$ 철근 개수 [n]	소요 배근 간격 [$2{,}900/n$]mm	설계 간격 [mm]
내부경간	주열대	양단(M_u^-)	25.3	0.0018	626.4[1]	13	223.0	200
		중앙(M_u^+)	13.6	0.0010	348.0[1]	13	223.0	200
	중간대	양단(M_u^-)	53.2	0.0039	1,357.2	20	145.0	125
		중앙(M_u^+)	28.7	0.0021	730.8[1]	13	223.0	200
외부경간	주열대	내단(M_u^-)	27.2	0.0020	696.0[1]	13	223.0	200
		중앙(M_u^+)	22.2	0.0016	556.8[1]	13	223.0	200
		외단(M_u^-)	7.0	0.0005	174.0[1]	13	223.0	200
	중간대	내단(M_u^-)	57.3	0.0042	1,461.6	21	138.0	125
		중앙(M_u^+)	46.7	0.0034	1,183.2	17	170.0	150
		외단(M_u^-)	8.2	0.0006	208.8[1]	13	223.0	200

주 1) 최소철근량 $A_{s,\min} = 0.002 \times 2{,}900 \times 150 = 870mm^2$ 으로 지배된다.

5. 최소철근량 및 철근 최대간격 검토

1) $A_{s,\min} = 0.002 \times b \times h = 0.002 \times 2{,}900 \times 150 = 870mm^2$

철근갯수 $n = 870/71 = 12.3$ ($D10$철근)

2) 철근 최대 간격 ($s_{\max}$)

① 최대 휨모멘트가 일어나는 위험단면 : $s_{\max} \le 2h = 2 \times 150 = 300mm$, 또한 $300mm$ 이하 간격으로 배근한다.

② 기타 단면 : $s_{\max} \le 3 \times 150 = 450mm$, $450mm$ 이하.
따라서 $450mm$ 이하 간격으로 배근한다.

6. 등가골조법

2방향 슬래브에서 직접설계법의 설계조건을 충족시키지 못하거나, 수평하중 (지진하중, 풍하중)이 작용할 때는 유한요소법이나 등가 골조법을 사용한다.

등가골조법은 그림 8-14와 같이 슬래브 폭을 보(슬래브-보)로 가정하고 골조해석을 하여 응력을 산정한다. 이때 모멘트가 결정되는 경간방향에 직교되는 보는 그림 8-15에 나타낸 비틀림 부재(Attached Torsional Member)로 슬래브와 기둥을 접합시켜 주게된다.

이 때 슬래브와 기둥의 접합상태는 강접상태보다 훨씬 약한 상태로써 단순지지와 강접합 사이의 어떤 상태에 있다고 보아야 한다. 결국 기둥은 슬래브를 제 힘을 다 발휘하여 물 수 없고 약화된 강도로 슬래브를 물 수 밖에 없다. 이 약화된 강도를 기둥의 등가강도(K_{ec})라 한다.

이 등가기둥과 슬래브-보로 형성된 2차원 등가골조로 하여 모멘트 분배법 등을 이용하여 해석을 하여 단면력을 산정하고, 이 단면력을 직접설계법과 같이 주열대와 중간대에 분담시킨다.

모멘트분배법을 이용하게 되면 휨강성($K = kEI/l$), 전달률(C.O.F)과 고정단 모멘트(FEM) 등이 계산되어야 한다.

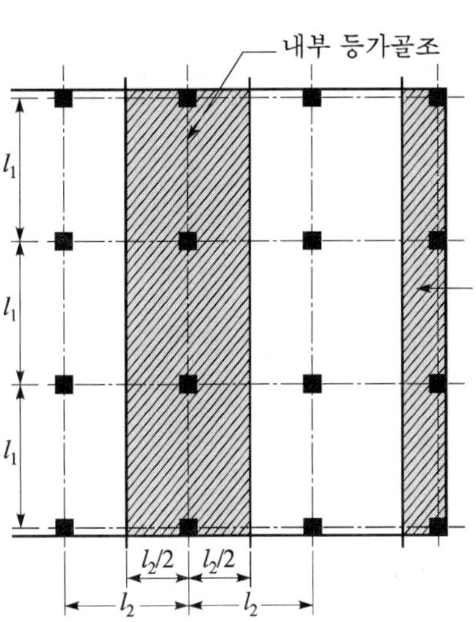

그림 8-14 슬래브-보의 폭

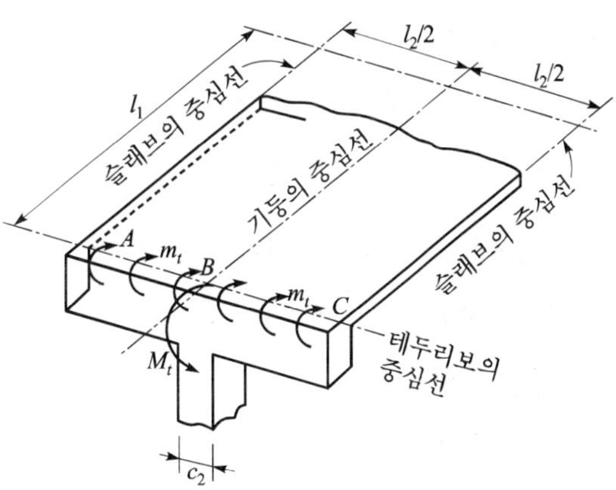

그림 8-15 기둥에 휨방향으로 부착된 부재의 비틀림

등가기둥의 휨강성 K_{ec}는 식(8.7)에 의해 산정한다.

$$\frac{1}{K_{ec}} = \frac{1}{\Sigma K_c} + \frac{1}{\Sigma K_t} \quad \cdots\cdots (8.7)$$

여기서, K_{ec} : 등가기둥의 휨강성

K_c : 실제 기둥의 휨강성

K_t : 횡방향보(테두리보)의 비틀림 강성

7. 휨모멘트 계수법

휨모멘트 계수법은 2021년 한국콘크리트학회에서 개정한 「콘크리트구조설계 기준 해설 부록」에서 2방향 슬래브 설계시 적용이 가능하도록 규정하고 있다. 특히 중간대에 작은 보를 설치한 골조에서는 직접설계법이나 등가골조법을 사용할 수 없으므로 이럴 경우 유한요소법에 의한 해석법이나 이 절에서 소개하는 계수법을 이용할 수밖에 없다.

계수법에 의한 설계법은 그 간편성 때문에 거의 모든 실무자들에 의해 보가 있는 2방향 슬래브에 계속적으로 이 방법을 이용하고 있다.

(1) 설계절차

1) 식(8.2), (8.3)에 의한 슬래브 두께를 검토한다.

2) 계수하중을 산정한다.

부 모멘트 계산시 : $w_u = 1.2D + 1.6L$

정 모멘트 계산시 : $w_u = 1.2D$ 또는 $1.6L$

3) 중간대 연속단부 휨 모멘트(-) 산정

단변 방향 : $M_A = C_A w_u {l_1}^2$

장변 방향 : $M_B = C_B w_u {l_2}^2$

여기서, C_A, C_B : 휨 모멘트 계수 [표 8-6, 8-7, 8-8을 이용]

l_1 : 단변방향순경간

l_2 : 장변방향순경간

M_A, M_B : 중간대의 휨모멘트

4) 주열대 휨 모멘트(−) 산정 : 표 8−6을 이용하여 구한다.

단변 방향 : $M_A{}' = \dfrac{2}{3}M_A$

(중간대 경계선에서 M_A : 단부로 가면서 1/3로 감소시킨다.

따라서 그 평균값인 2/3를 택하도록 한다.)

장변 방향 : $M_B{}' = \dfrac{2}{3}M_B$

(중간대 경계선에서 M_B : 단부로 가면서 1/3로 감소시킨다.

따라서 그 평균값인 2/3를 택하도록 한다.)

5) 중간대 정계수 모멘트(+) : 표 8−7, 표 8−8를 이용하여 구한다.

6) 받침점의 한쪽의 부모멘트가 다른 쪽 값의 80%보다 작을 때는 그 차이를 슬래브의 상대 강성에 따라 비례하여 재분배 시킨다.

7) 슬래브의 전단력은 표 8−9의 계수를 이용하여 계수전단력을 구하여 검토한다.

예제 8-4

다음 그림의 슬래브를 휨 모멘트 계수법으로 설계하시오. 단, 모든 보는 400×600, $w_D = 5.0\,kN/m^2$, $w_L = 5.0\,kN/m^2$, $f_{ck} = 24\,MPa$, $f_y = 400\,MPa$

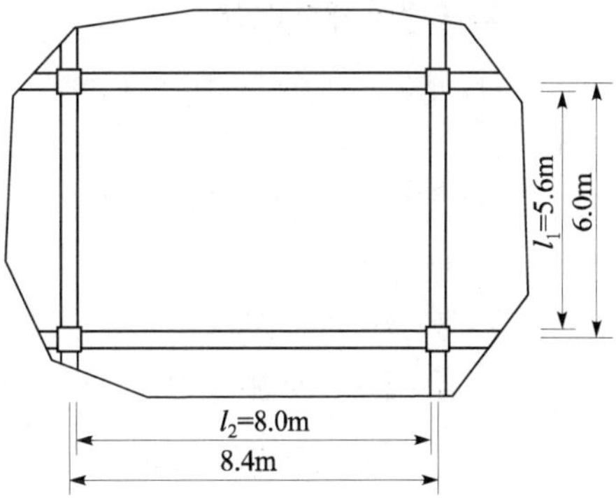

풀이

1. 장변 순경간에 대한 단변 순경간비(m)산정

$$m = \frac{6-0.4}{8.4-0.4} = \frac{5.6}{8} = 0.7$$

2. 계수하중 산정

$$w_u = 1.2\,w_D + 1.6\,w_L = 14.0\,kN/m^2$$

$w_u = 1.2w_D = 1.2 \times 5.0 = 6.0\,kN/m^2$

$w_u = 1.6w_L = 1.6 \times 5.0 = 8.0\,kN/m^2$

3. 슬래브 두께 검토

$\alpha_m \geq 2.0$인 경우 처짐검토를 하지 않아도 되는 슬래브 두께 산정

(예제 8-3으로 볼 때 $\alpha_m \geq 2.0$)

$$h = \frac{l_n(800 + f_y/1.4)}{36{,}000 + 9{,}000\beta} = \frac{8{,}000 \times (800 + 400/1.4)}{36{,}000 + 9{,}000(8.0/5.6)} = 177.8\,mm$$

따라서 180mm로 한다.

4. 계수 단면력 산정

경간비 $m = 5.6/8.0 = 0.7$, 표 8-6 $Case\,2$에 해당

(1) 단변 방향

1) 중간대 계수모멘트

① 계수 부모멘트 : $M_A^- = C_A w_u l_1^2 = 0.074 \times 14 \times 5.6^2 = 32.50\,kN \cdot m/m$

② 계수 정모멘트 : $M_A^+ = C_{A,\,DL}(1.2w_D)\,l_1^2 + C_{A,\,LL}(1.6w_L)\,l_1^2$

$= 0.030 \times 6 \times 5.6^2 + 0.049 \times 8 \times 5.6^2$

$= 17.94\,kN \cdot m/m$

2) 주열대 계수모멘트

① 계수 부모멘트 : $M_A^- = 32.50 \times \dfrac{2}{3} = 21.67\,kN \cdot m/m$

② 계수 정모멘트 : $M_A^+ = 17.94 \times \dfrac{2}{3} = 11.96\,kN \cdot m/m$

(2) 장변 방향

1) 중간대 계수모멘트

① 계수 부모멘트 : $M_B^- = C_B w_u l_2^2 = 0.017 \times 14 \times 8.0^2 = 15.23\,kN \cdot m/m$

② 계수 정모멘트 : $M_B^+ = C_{B,\,DL}(1.2w_D)\,l_2^2 + C_{B,\,LL}(1.6w_L)\,l_2^2$

$= 0.007 \times 6 \times 8.0^2 + 0.012 \times 8 \times 8.0^2$

$= 8.83\,kN \cdot m/m$

2) 주열대 계수모멘트

① 계수 부모멘트 : $M_B^- = 15.23 \times \dfrac{2}{3} = 10.15\,kN \cdot m/m$

② 계수 정모멘트 : $M_B^+ = 8.83 \times \dfrac{2}{3} = 5.89\,kN \cdot m/m$

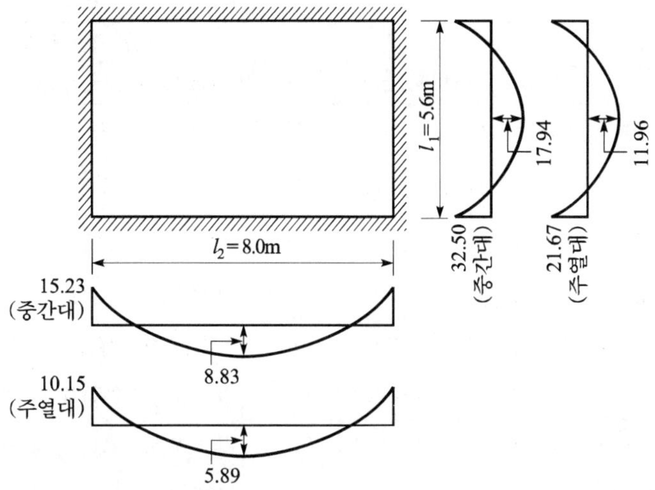

5. 철근량 산정

단변 방향 계수 부모멘트 $M_u = 32.5\,kN \cdot m/m$

$$\rho = \frac{\eta(0.85 f_{ck})}{f_y}\left(1 - \sqrt{1 - \frac{2R_n}{0.85 f_{ck}}}\right), \quad R_n = \frac{M_u}{\phi b d^2}, \quad b = 1{,}000\,mm, \quad d = 150\,mm$$

$$R_n = \frac{32.5 \times 10^6}{0.85 \times 1{,}000 \times 150^2} = 1.70\,MPa,$$

$$\rho = \frac{1.0 \times (0.85 \times 24)}{400} \times \left(1 - \sqrt{\frac{2 \times 1.70}{0.85 \times 24}}\right) = 0.0045$$

$$A_s = 0.0045 \times 1{,}000 \times 150 = 675.0\,mm^2 > A_{s,\min}$$

$$(A_{s,\min} = 0.002 \times 1{,}000 \times 180 = 360.0\,mm^2/m)$$

소요 배근간격 : $D10@\dfrac{1{,}000}{675.0/71.0} = 105.1\,mm\,(D10@: A_1 = 71\,mm^2)$

(분모 $675.0/71 = n$: $D10$철근갯수)

$$D13 + D10@\frac{1{,}000}{675.0/99.0} = 146.6\,mm$$

$$(D13 + D10 : (127 + 71)/2 = 99.0\,mm^2)$$

$$D13@\frac{1{,}000}{675.0/127.0} = 188.1\,mm \quad (D13@: A_1 = 127\,mm^2)$$

위치			M_u [$kN \cdot m$]	ρ [철근비]	A_s [mm^2]	소요 배근 간격			설계간격 [mm]
						$D10$	$D13+D10$	$D13$	
단변방향	중간대	단부(M_u^-)	32.50	0.0045	675	105.1	146.6	188.1	$D13$@175
단변방향	중간대	중앙(M_u^+)	17.94	0.0024	360	197.2	275.0	352.7	$D13+D10$ @175
단변방향	주열대	단부(M_u^-)	21.67	0.0029	435	163.2	227.5	291.9	$D10$@300
단변방향	주열대	중앙(M_u^+)	11.96	0.0016	240[1)]	197.2	275.0	352.7	$D10$@300
장변방향	중간대	단부(M_u^-)	15.23	0.0021	315[1)]	197.2	275.0	352.7	$D10$@175
장변방향	중간대	중앙(M_u^+)	8.83	0.0012	180[1)]	197.2	275.0	352.7	$D10$@175
장변방향	주열대	단부(M_u^-)	10.15	0.0014	210[1)]	197.2	275.0	352.7	$D10$@350
장변방향	주열대	중앙(M_u^+)	5.89	0.0008	120[1)]	197.2	275.0	352.7	$D10$@350

주 1) 최소철근량 $A_{s,\min} = 0.002 \times 1{,}000 \times 180 = 360\,mm^2$ 으로 지배된다.

6. 최소철근량 및 철근 최대간격 검토

1) $A_{s,\min} = 0.002 \times b \times h = 0.002 \times 1{,}000 \times 180 = 360\,mm^2$

   $D10$ 철근갯수 $n = 360/71 = 5.1$

   철근배근간격 $s = 1{,}000/5.1 = 196.1\,mm$

2) 철근 최대 간격 ($s_{\max}$)

   ① 최대 휨모멘트가 일어나는 위험단면 : $s_{\max} \le 2h = 2 \times 180 = 360\,mm$, 또한 300$mm$ 이하 간격으로 배근한다.

   ② 기타 단면 : $s_{\max} \le 3 \times 180 = 540\,mm$, 또한 450$mm$ 이하 간격으로 한다.

7. 배근도

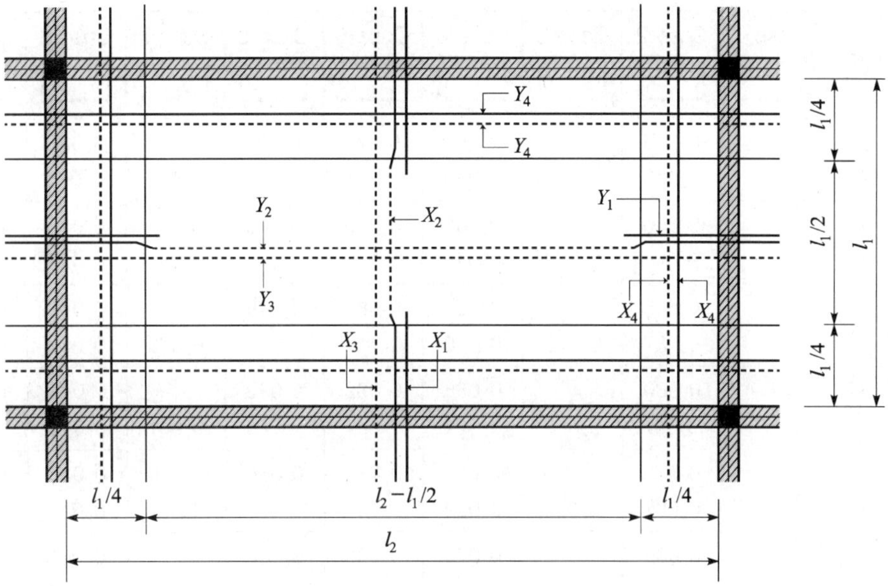

X_1: $D13@350$	Y_1: $D10@350$
X_2: $D13@350$	Y_2: $D10@350$
X_3: $D10@350$	Y_3: $D10@350$
X_4: $D10@300$	Y_4: $D10@350$

표 8-6 전 계수하중에 의한 부모멘트 계수($w_u = 1.2D + 1.6L$)

$m = l_1/l_2$		Case 1	Case 2	Case 3	Case 4	Case 5	Case 6	Case 7	Case 8	Case 9
1.00	C_A		0.045		0.050	0.075	0.071		0.033	0.061
	C_B		0.045	0.076	0.050			0.071	0.061	0.033
0.95	C_A		0.050		0.055	0.079	0.075		0.038	0.065
	C_B		0.041	0.072	0.045			0.067	0.056	0.029
0.90	C_A		0.055		0.060	0.080	0.079		0.043	0.068
	C_B		0.037	0.070	0.040			0.062	0.052	0.025
0.85	C_A		0.060		0.066	0.082	0.083		0.049	0.072
	C_B		0.031	0.065	0.034			0.057	0.046	0.021
0.80	C_A		0.065		0.071	0.083	0.086		0.055	0.075
	C_B		0.027	0.061	0.029			0.051	0.041	0.017
0.75	C_A		0.069		0.076	0.085	0.088		0.061	0.078
	C_B		0.022	0.056	0.024			0.044	0.036	0.014
0.70	C_A		0.074		0.081	0.086	0.091		0.068	0.081
	C_B		0.017	0.050	0.019			0.038	0.029	0.011
0.65	C_A		0.077		0.085	0.087	0.093		0.074	0.083
	C_B		0.014	0.043	0.015			0.031	0.024	0.008
0.60	C_A		0.081		0.089	0.088	0.095		0.080	0.085
	C_B		0.010	0.035	0.011			0.024	0.018	0.006
0.55	C_A		0.084		0.092	0.089	0.096		0.085	0.086
	C_B		0.007	0.028	0.008			0.019	0.014	0.005
0.50	C_A		0.086		0.094	0.090	0.097		0.089	0.088
	C_B		0.006	0.022	0.006			0.014	0.010	0.003

* 굵은 선 : 연속단 또는 고정단

가는 선 : 비틀림 저항을 무시할 수 있는 받침부 또는 단순받침부

표 8-7 계수 고정하중에 의한 정모멘트 ($w_u = 1.2D$)

$m = l_1/l_2$		Case 1	Case 2	Case 3	Case 4	Case 5	Case 6	Case 7	Case 8	Case 9
1.00	$C_{A\ DL}$	0.036	0.018	0.018	0.027	0.027	0.033	0.027	0.020	0.023
	$C_{B\ DL}$	0.036	0.018	0.027	0.027	0.018	0.027	0.033	0.023	0.020
0.95	$C_{A\ DL}$	0.040	0.020	0.021	0.030	0.028	0.036	0.031	0.022	0.024
	$C_{B\ DL}$	0.033	0.016	0.025	0.024	0.015	0.024	0.031	0.021	0.017
0.90	$C_{A\ DL}$	0.045	0.022	0.025	0.033	0.029	0.039	0.035	0.025	0.026
	$C_{B\ DL}$	0.029	0.014	0.024	0.022	0.013	0.021	0.028	0.019	0.015
0.85	$C_{A\ DL}$	0.050	0.024	0.029	0.036	0.031	0.042	0.040	0.029	0.028
	$C_{B\ DL}$	0.026	0.012	0.022	0.019	0.011	0.017	0.025	0.017	0.013
0.80	$C_{A\ DL}$	0.056	0.026	0.034	0.039	0.032	0.045	0.045	0.032	0.029
	$C_{B\ DL}$	0.023	0.011	0.020	0.016	0.009	0.015	0.022	0.015	0.010
0.75	$C_{A\ DL}$	0.061	0.028	0.040	0.043	0.033	0.048	0.051	0.036	0.031
	$C_{B\ DL}$	0.019	0.009	0.018	0.013	0.007	0.012	0.020	0.013	0.007
0.70	$C_{A\ DL}$	0.068	0.030	0.046	0.046	0.035	0.051	0.058	0.040	0.033
	$C_{B\ DL}$	0.016	0.007	0.016	0.011	0.005	0.009	0.017	0.011	0.006
0.65	$C_{A\ DL}$	0.074	0.032	0.054	0.050	0.036	0.054	0.065	0.044	0.034
	$C_{B\ DL}$	0.013	0.006	0.014	0.009	0.004	0.007	0.014	0.009	0.005
0.60	$C_{A\ DL}$	0.081	0.034	0.062	0.053	0.037	0.056	0.073	0.048	0.036
	$C_{B\ DL}$	0.010	0.004	0.011	0.007	0.003	0.006	0.012	0.007	0.004
0.55	$C_{A\ DL}$	0.088	0.035	0.071	0.056	0.038	0.058	0.081	0.052	0.037
	$C_{B\ DL}$	0.008	0.003	0.009	0.005	0.002	0.004	0.009	0.005	0.003
0.50	$C_{A\ DL}$	0.095	0.037	0.080	0.059	0.039	0.061	0.089	0.056	0.038
	$C_{B\ DL}$	0.006	0.002	0.007	0.004	0.001	0.003	0.007	0.004	0.002

* 굵은 선 : 연속단 또는 고정단
가는 선 : 비틀림 저항을 무시할 수 있는 받침부 또는 단순받침부

표 8-8 계수 활하중에 의한 정모멘트 계수($w_u = 1.6L$)

$m = l_1/l_2$		Case 1	Case 2	Case 3	Case 4	Case 5	Case 6	Case 7	Case 8	Case 9
1.00	$C_{A\ LL}$	0.036	0.027	0.027	0.032	0.032	0.035	0.032	0.028	0.030
	$C_{B\ LL}$	0.036	0.027	0.032	0.032	0.027	0.032	0.035	0.030	0.028
0.95	$C_{A\ LL}$	0.040	0.030	0.031	0.035	0.034	0.038	0.036	0.031	0.032
	$C_{B\ LL}$	0.033	0.025	0.029	0.029	0.024	0.029	0.032	0.027	0.025
0.90	$C_{A\ LL}$	0.045	0.034	0.035	0.039	0.037	0.042	0.040	0.035	0.036
	$C_{B\ LL}$	0.020	0.022	0.027	0.026	0.021	0.025	0.029	0.024	0.022
0.85	$C_{A\ LL}$	0.050	0.037	0.040	0.043	0.041	0.046	0.045	0.040	0.039
	$C_{B\ LL}$	0.026	0.019	0.024	0.023	0.019	0.022	0.026	0.022	0.020
0.80	$C_{A\ LL}$	0.056	0.041	0.045	0.048	0.044	0.051	0.051	0.044	0.042
	$C_{B\ LL}$	0.023	0.017	0.022	0.020	0.016	0.019	0.023	0.019	0.017
0.75	$C_{A\ LL}$	0.061	0.045	0.051	0.052	0.047	0.055	0.056	0.049	0.046
	$C_{B\ LL}$	0.019	0.014	0.019	0.016	0.013	0.016	0.020	0.016	0.013
0.70	$C_{A\ LL}$	0.068	0.049	0.057	0.057	0.051	0.060	0.063	0.054	0.050
	$C_{B\ LL}$	0.016	0.012	0.016	0.014	0.011	0.013	0.017	0.014	0.011
0.65	$C_{A\ LL}$	0.074	0.053	0.064	0.062	0.055	0.064	0.070	0.059	0.054
	$C_{B\ LL}$	0.013	0.010	0.014	0.011	0.009	0.010	0.014	0.011	0.009
0.60	$C_{A\ LL}$	0.081	0.058	0.071	0.067	0.059	0.068	0.077	0.065	0.059
	$C_{B\ LL}$	0.010	0.007	0.011	0.009	0.007	0.008	0.011	0.009	0.007
0.55	$C_{A\ LL}$	0.088	0.062	0.080	0.072	0.063	0.073	0.085	0.070	0.063
	$C_{B\ LL}$	0.008	0.006	0.009	0.007	0.005	0.006	0.009	0.007	0.006
0.50	$C_{A\ LL}$	0.095	0.066	0.088	0.077	0.067	0.078	0.092	0.076	0.067
	$C_{B\ LL}$	0.005	0.004	0.007	0.005	0.004	0.005	0.007	0.005	0.004

* 굵은 선 : 연속단 또는 고정단
가는 선 : 비틀림 저항을 무시할 수 있는 받침부 또는 단순받침부

표 8-9 전단력과 받침부하중을 위한 계수하중(w_u)의 장변 및 단변방향 분포비 ($w_u = 1.2D + 1.6L$)

$m = l_1/l_2$		Case 1	Case 2	Case 3	Case 4	Case 5	Case 6	Case 7	Case 8	Case 9
1.00	W_A	0.50	0.50	0.17	0.50	0.83	0.71	0.29	0.33	0.67
	W_B	0.50	0.50	0.83	0.50	0.17	0.29	0.71	0.67	0.33
0.95	W_A	0.55	0.55	0.20	0.55	0.86	0.75	0.33	0.38	0.71
	W_B	0.45	0.45	0.80	0.45	0.14	0.25	0.67	0.62	0.29
0.90	W_A	0.60	0.60	0.23	0.60	0.88	0.79	0.38	0.43	0.75
	W_B	0.40	0.40	0.77	0.40	0.12	0.21	0.62	0.57	0.25
0.85	W_A	0.66	0.66	0.28	0.66	0.90	0.83	0.43	0.49	0.79
	W_B	0.34	0.34	0.72	0.34	0.10	0.17	0.57	0.51	0.21
0.80	W_A	0.71	0.71	0.33	0.71	0.92	0.86	0.49	0.55	0.83
	W_B	0.29	0.29	0.67	0.29	0.08	0.14	0.51	0.45	0.17
0.75	W_A	0.76	0.76	0.39	0.76	0.94	0.88	0.56	0.61	0.86
	W_B	0.24	0.24	0.61	0.24	0.06	0.12	0.44	0.39	0.14
0.70	W_A	0.81	0.81	0.45	0.81	0.95	0.91	0.62	0.68	0.89
	W_B	0.19	0.19	0.55	0.19	0.05	0.09	0.38	0.32	0.11
0.65	W_A	0.85	0.85	0.53	0.85	0.96	0.93	0.69	0.74	0.92
	W_B	0.15	0.15	0.47	0.15	0.04	0.07	0.31	0.26	0.08
0.60	W_A	0.89	0.89	0.61	0.89	0.97	0.95	0.76	0.80	0.94
	W_B	0.11	0.11	0.39	0.11	0.03	0.05	0.24	0.20	0.06
0.55	W_A	0.92	0.92	0.69	0.92	0.98	0.96	0.81	0.85	0.95
	W_B	0.08	0.08	0.31	0.08	0.02	0.04	0.19	0.15	0.05
0.50	W_A	0.94	0.94	0.76	0.94	0.99	0.97	0.86	0.89	0.97
	W_B	0.06	0.06	0.24	0.06	0.01	0.03	0.14	0.11	0.03

* 굵은 선 : 연속단 또는 고정단

가는 선 : 비틀림 저항을 무시할 수 있는 받침부 또는 단순받침부

W_A : 짧은 경간 단부에서 전단력 계수, W_B : 장 경간 단부에서 전단력 계수

5 슬래브의 전단설계

보가 없는 2방향 슬래브에 작용하는 수직하중은 전단응력으로 받침기둥에 전달된다. 이때 큰하중이 슬래브에 작용하게 되면 기둥둘레의 전단응력이 슬래브의 콘크리트 전단강도를 초과할 수가 있다. 그러면 기둥주위에서부터 균열이 발생 되고 붕괴에 이를 수 있다.

이 같은 수직하중은 그림 8-16에서와 같이 기둥주변의 위험단면에 전단응력을 발생시켜 기둥둘레를 따라 원뿔모양 또는 피라미드 모양으로 슬래브의 뚫림 현상 즉 전단파괴가 일어나게 된다. 보가 없는 플랫플레이트 또는 플랫슬래브에서 전단파괴는 2방향전단(뚫림전단, Punching Shear)이 주로 지배한다. 하지만 1방향전단(flexual shear)도 검토되어야 할 것이다. 2방향전단(뚫림전단)은 기둥면에서 슬래브 유효깊의 1/2 만큼 떨어진 기둥둘레의 면에서 발생한다. 위험단면은 그림 8-17에 점선으로 나타내었다.

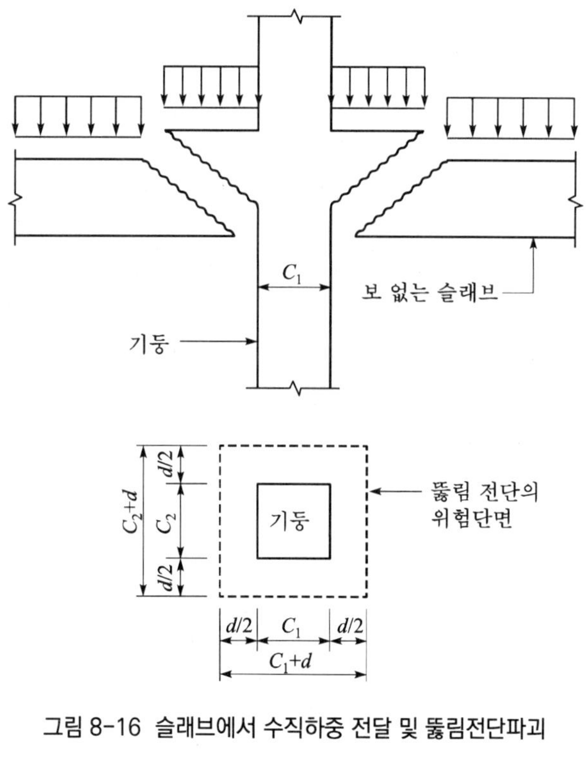

그림 8-16 슬래브에서 수직하중 전달 및 뚫림전단파괴

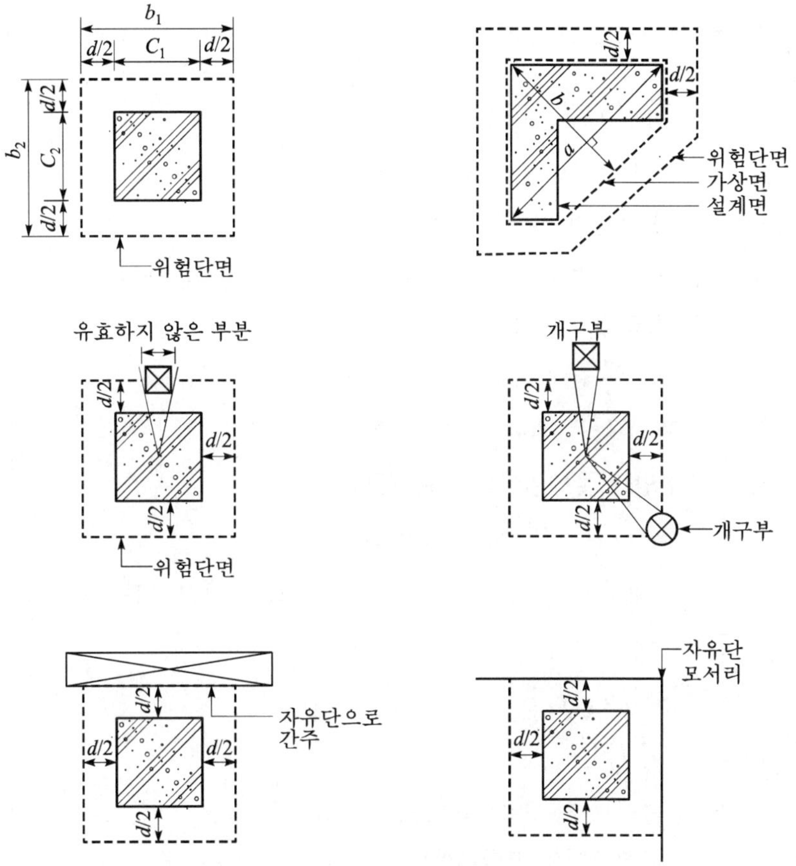

그림 8-17 뚫림전단의 위험단면 및 둘레길이

1. 슬래브의 2방향전단 (뚫림전단, Punching Shear)의 설계

콘크리트 구조설계 기준에 의하면 식(8.8)에 기초하고 있다.

$$V_u \leq \phi V_n = \phi(V_c + V_s) \quad \cdots\cdots (8.8)$$

여기서, V_u : 기둥 둘레를 따라 작용하는 계수전단력으로 기둥면에서 0.5d 내에 재하되는 하중의 영향을 무시하고 구하도록 규정하고 있다.

ϕ : 전단강도감소계수, 0.75

V_c : 콘크리트에 의한 공칭전단강도

V_s : 보강철근에 의한 공칭전단강도

식(8.8)의 콘크리트에 의한 공칭전단강도 V_c 는 식(8.9)로 구한다.

$$V_c = v_c b_o d \leq 0.58 f_{ck} b_o c_u \quad \cdots\cdots (8.9a)$$

$$v_c = \lambda k_s k_{bo} f_{te} \cot\psi (c_u / d) \quad \cdots\cdots (8.9b)$$

여기서, v_c : 콘크리트 재료의 공칭전단응력강도

b_o : 2방향전단의 위험단면 둘레길이(mm)

λ : 콘크리트 경량계수 (보통콘크리트 : 1.0, 모래경량콘크리트 : 0.85, 전경량콘크리트 :0.75)

k_s : 슬래브의 두께 계수

$0.75 \leq k_s = (300/d)^{0.25} \leq 1.1$

k_{bo} : 위험단면 둘레길이의 영향계수

$k_{bo} = 4/\sqrt{\alpha_s (b_o/d)} \leq 1.25$

α_s : 내부기둥 : 1.0, 외부기둥 : 1.33, 모서리기둥 : 2.0

f_{te} : 압축대 콘크리트의 인장강도

$f_{te} = 0.2\sqrt{f_{ck}}$

$\cot\psi = \sqrt{f_{te}(f_{te} + f_{cc})} / f_{te}$

ψ : 슬래브 휨 압축대의 균열 각도

f_{cc} : 위험단면의 압축대에 작용하는 평균압축응력

$f_{cc} = (2/3) f_{ck}$

c_u : 압축철근 영향을 무시하고 계산된 슬래브 위험단면 압축대 깊이의 평균값

$c_u = d[25\sqrt{\rho/f_{ck}} - 300(\rho/f_{ck})]$

ρ : 설계위험단면에서 양방향으로 각각 h만큼 떨어진 폭의 슬래브에 대한 평균인장철근비.

$0.005 \leq \rho \leq 0.03$, 주 인장철근은 설계위험단면에서 최소 $(h + l_d)$ 만큼 연장하여 슬래브에 정착해야 한다. l_d 는 인장이형철근의 정착길이이다.

2. 슬래브 전단보강 방법

슬래브의 전단보강 방법으로는 슬래브 두께를 증가시키던지, 지판, 주두를 두는 방법과 전단철근에 의한 보강이나 전단머리(shear head) 형식을 사용하는 방법이 있다. 슬래브 두

께를 증가시키는 방법은 층고 및 하중 증가로 인한 경제적인 문제가 있어 어쩔 수 없이 후자의 보강방법(전단보강철근, 전단머리보강)을 사용한다. 이 두가지 보강 방법 중 슬래브는 두께가 얇아 보의 스터럽과 같은 전단철근으로 보강을 하더라도 정착길이를 확보하기 힘들고 사인장균열이 짧아 스터럽 간격이 매우 촘촘하지 않으면 그 효과가 크지 않아 기준에서는 슬래브의 유효깊이가 150mm 이상이고, 스터럽 직경의 16배 이상인 슬래브에 한해 적용할 수 있도록 하고 있다. 이런 이유로 기둥 주위의 슬래브 내에 형강을 배치하는 전단머리(shear head) 보강 형식을 주로 사용하고 있다.

(1) 스터럽철근 보강방법

스터럽에 의한 공칭강도 V_s 는 식(8.10)로 구하고, 보강상세는 그림 8-18에 나타내었다.

$$V_s = \frac{0.5\,A_v f_{yt}\, d}{s} \qquad \cdots\cdots (8.10)$$

여기서, A_v : 전단위험단면에 배치된 모든 전단철근의 단면적(mm^2)

s : 스터럽 간격

f_{yt} : 전단철근의 설계기준강도, $f_{yt} \leq 400\,MPa$

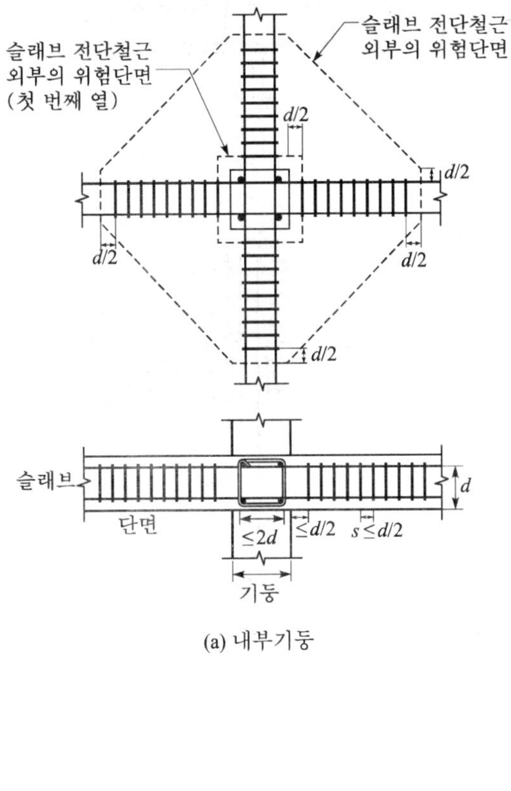

(a) 내부기둥

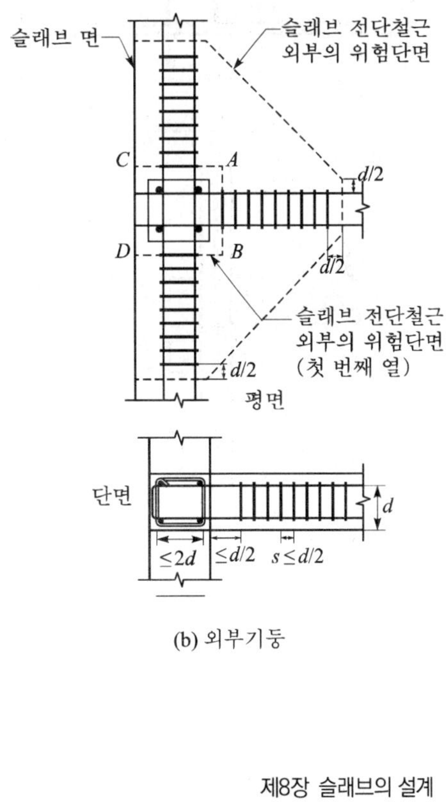

(b) 외부기둥

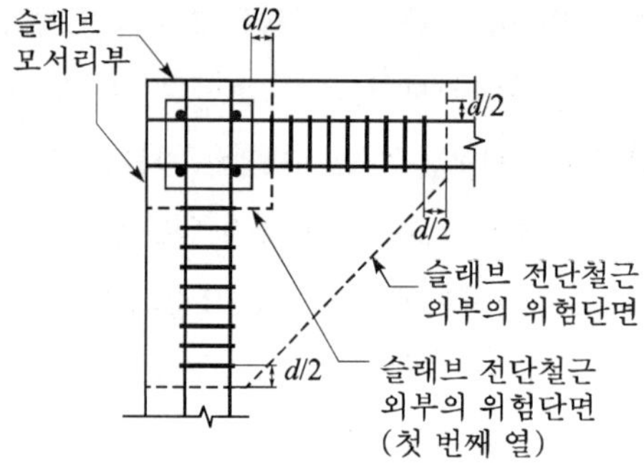

(c) 모서리기둥

그림 8-18 슬래브의 스터럽 보강철근상세 및 위험단면

(2) 전단머리 보강방법

전단머리 보강방법에는 H형강, I형강 또는 ㄷ형강등이 사용되며, 교차되는 부분은 완전 용입 용접으로 하고, 기둥단면 내에서 중단되지 않도록 하며, 전단머리 보강방법의 구조기준의 규정은 다음과 같다. ①~⑨ 전단머리 보강상세 및 위험단면은 그림 8-19에 나타내었다.

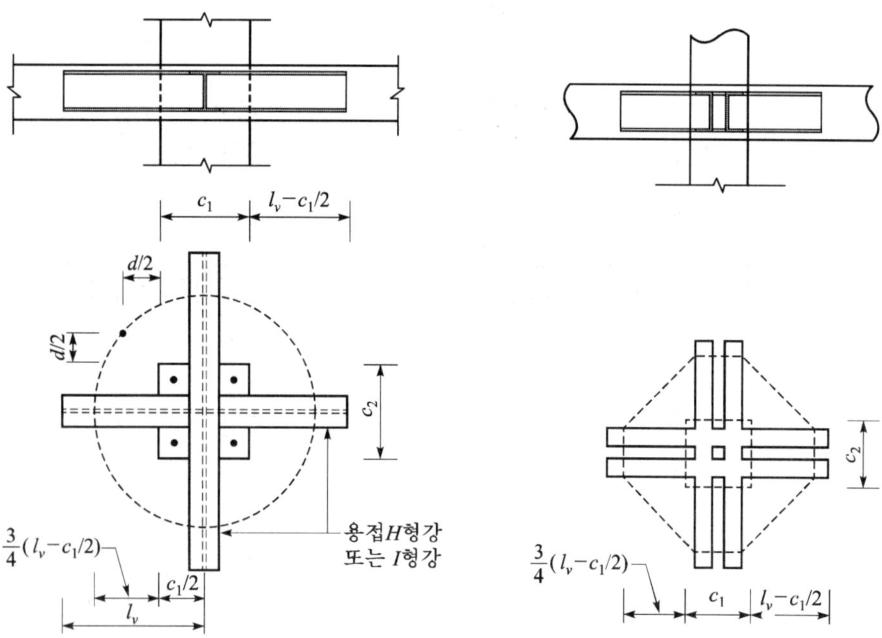

(a) 내부의 작은 전단머리

(b) 내부의 큰 전단머리

그림 8-19 슬래브의 전단머리 보강상세 및 위험단면

① 전단머리의 높이(형강 단면의 높이)는 구조형강 복부 두께의 70배 이하로 하여야 한다.

② 각 전단머리의 부재 끝은 수평과 30° 이상의 각으로 절단할 수 있으나, 이때는 가늘어진 단면에서 소성휨모멘트강도가 해당 전단머리의 부재에 할당된 전단력을 저항하는 데 충분하여야 한다.

③ 구조용 강재의 압축플랜지는 모두 슬래브 압축면의 $0.3d$ 이내에 위치시켜야 한다.

④ 각 전단머리의 부재의 강성과 그에 인접한 폭$(c_2 + d)$의 합성균열슬래브 단면에 대한 강성의 비 α_v는 0.15 이상으로 하여야 한다.

즉, $\alpha_v = \dfrac{E_s I_s}{E_c I_t} \geq 0.15$ 이다.

여기서, I_s : 전단머리 형강의 단면2차모멘트

I_t : 기둥중심으로 $(c_2 + d)$의 폭을 갖는 슬래브와 전단머리의 합성단면에 대한 콘크리트 환산 단면2차모멘트이다.

⑤ 전단머리의 각 부재에 필요한 소성휨모멘트 M_p는 식(8.9)로 계산하여야 한다.

$$M_p = \frac{V_u}{2\phi\eta}\left[h_v + \alpha_v\left(l_v - \frac{c_1}{2}\right)\right] \quad \cdots\cdots (8.9)$$

여기서, ϕ : 인장지배단면에 대한 강도감소계수 0.85 　　η : 전단 머리의 부재 수

l_v : ⑥과 ⑦의 요구조건에 따라야 하는 각 전단머리의 최소길이

h_v : 전단머리의 부재 깊이, 　　c_1 : 기둥 면의 길이

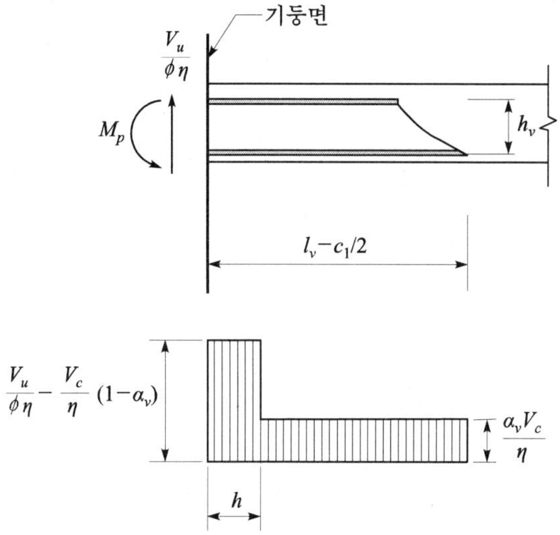

그림 8-20 전단머리에 작용하는 이상화된 전단력

⑥ 전단에 대한 슬래브의 위험단면은 슬래브의 평면에 직각이어야 하고, 기둥면에서 전단머리의 부재 끝까지의 거리 $[l_v - (c_1/2)]$ 의 3/4 위치에서 각 전단머리와 교차하여야 한다. 위험단면은 그 둘레길이 b_o 가 최소가 되도록 위치시켜야 하지만 기둥의 둘레에 $d/2$ 보다 가까이 위치시킬 필요는 없다.

⑦ 전단강도 V_n 은 ⑥에서 정의된 위험단면에서 $(\lambda\sqrt{f_{ck}}/3)b_o d$ 이하로 취하여야 한다. 전단머리보강이 사용된 경우의 V_n은 위험단면에서 $0.59\lambda\sqrt{f_{ck}}\,b_o d$ 이하이어야 한다.

⑧ 전단머리 식(8.10)으로 구하는 휨 모멘트 M_v 만큼 슬래브의 각 주열대에 기여한다고 가정할 수 있다.

$$M_v = \frac{\phi\alpha_v V_u}{2\eta}\left(l_v - \frac{c_1}{2}\right) \quad \cdots\cdots (8.10)$$

여기서, ϕ : 인장지배 단면에 대한 강도감소계수 0.85

η : 전단머리의 부재 수

l_v : 실제 사용되는 각 전단머리의 부재길이이다. 그러나 M_v 는 각 슬래브의 주열대가 지지하는 전체 계수모멘트의 30%, 전단머리 보강재의 내민길이 l_v 상에서 주열대 휨모멘트의 변화량, 식(8.9)의 M_p 값 중에서 작은 값 이하이어야 한다.

⑨ 불균형휨모멘트를 고려하는 경우 M_p 를 기둥에 전달하기 위해 전단머리를 적절하게 정착시켜야 한다.

예제 8-5

예제 8-2의 슬래브에서 빗금친 설계대의 내부기둥의 2방향 전단에 대하여 안전성을 검토하시오. 부적합 할 경우 보강설계를 하시오. 주열대 상단 철근은 D16@150으로 배근된 것으로 한다.

풀이

1. 계수하중 및 위험단면의 둘레길이 산정

① 계수하중 : $w_u = 1.2w_D + 1.6w_L$

$= 1.2 \times 4.5 + 1.6 \times 6.0$

$= 15.0\,kN/m^2$

② 둘레길이 : $b_o = 550 \times 4 = 2{,}200\,mm$

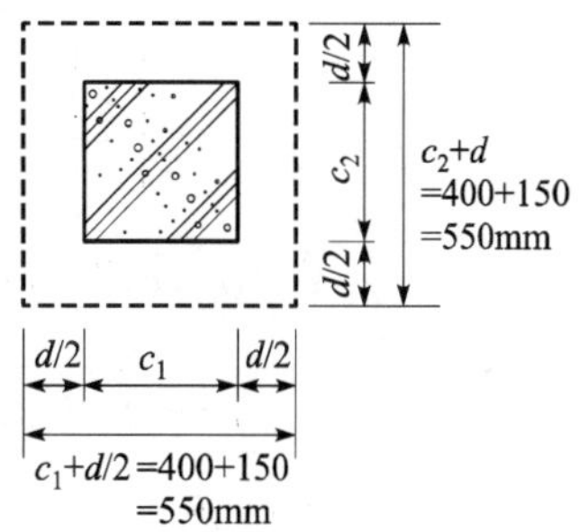

2. 전단위험단면에서의 소요전단강도 V_u 산정

$V_u = 15 \times (5.8 \times 6 - 0.55 \times 0.55) = 517.5\,kN$

3. 콘크리트의 전단강도 산정

콘크리트에 의한 전단강도 V_c 를 구하면 다음과 같다.

$V_c = v_c b_o d$

$v_c = \lambda k_s k_{bo} f_{te} \cot\psi (c_u / d)$

여기서, $\lambda = 1$

$k_s = (300 / 150)^{0.25} = 1.189 \leq 1.1$ 이어야하므로 $k_s = 1.1$로 적용

$k_{bo} = 4 / \sqrt{1.0 \times (2{,}200 / 150)} = 1.044$

$f_{te} = 0.2\sqrt{24} = 0.98$

$f_{cc} = (2/3) f_{ck} = (2/3) \times 24 = 16.0$

$\cot\psi = \sqrt{0.98 \times (0.98 + 16)} / 0.98 = 4.16$

$c_u = 150 \times [25\sqrt{0.0081/24} - 300(0.0081/24)] = 53.7$

(예제 8-2의 내부기둥 주열대 철근비 $\rho = 0.0081$)

따라서, $V_c = v_c b_o d$ 에서 $v_c = 1 \times 1.1 \times 1.044 \times 0.98 \times 4.16 \times (53.7/150) = 1.67$

$V_c = 1.67 \times 2{,}200 \times 150 = 551.1\,kN$

① 콘크리트 전단강도 적합성 검토

$\phi V_c = 0.75 \times 551.1 = 413.3\,kN \leq 0.58 f_{ck} b_o c_u = 0.58 \times 24 \times 2{,}200 \times 53.7$

$= 1{,}644.5\,kN$ ·········· 적합

② 2면전단파괴 검토

$\phi V_n = \phi V_c = 0.75 \times 551.1 = 413.3 kN \le V_u = 517.5 kN$ …………… 부적합

4. 전단보강

(1) 지판(drop pannel)을 설치할 경우

지판 두께(h_d) : $h/4 = 180/4 = 45mm$ 이상인 $90mm$ 로 한다.

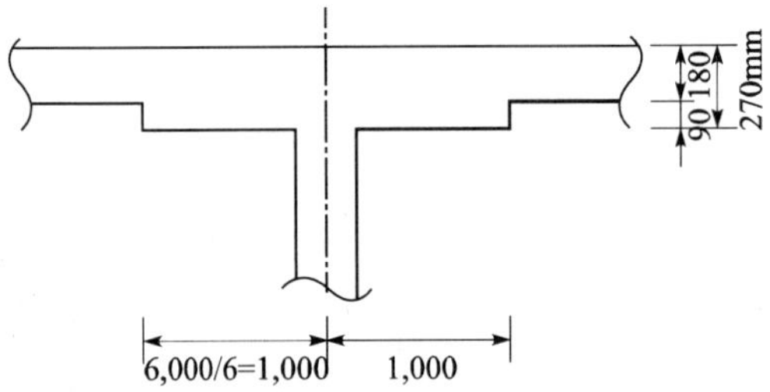

$b_o = (400 + 240) \times 4 = 2,560 mm$

$d = 270 - 30 = 240 mm$

$V_u = 15.0 \times (5.8 \times 6.0 - 0.64 \times 0.64) = 515.9 kN$

$V_c = v_c b_o d$

$= \lambda k_s k_{bo} f_{te} \cot\psi (c_u / d) b_o d$

여기서, $\lambda = 1.0$, $k_s = (300/240)^{0.25} = 1.06 \le 1.1$ ……… 1.06

$k_{bo} = 4 / \sqrt{1.0 \times (2,560/240)} = 1.225$

$f_{te} = 0.2\sqrt{24} = 0.98$, $f_{cc} = (2/3) f_{ck} = (2/3) \times 24 = 16.0$

$\cot\psi = \sqrt{0.98 \times (0.98 + 16)} / 0.98 = 4.16$

$c_u = 240 \times [25\sqrt{0.0081/24} - 300(0.0081/24)] = 85.9$

$V_c = 1.0 \times 1.06 \times 1.225 \times 0.98 \times 4.16 \times (85.9/240) \times 2,560 \times 240 = 1,164.1 kN$

$\phi V_n = \phi V_c = 0.75 \times 1,164.1 = 873.1 kN \ge V_u = 515.9 kN$ ………… 적합

(2) 전단철근을 배치할 경우

1) ϕV_s 산정

$\phi V_s = V_u - \phi V_c = 517.5 - 413.3 = 104.2 kN$

2) 스터럽 설계

D10 철근을 폐쇄형으로 4방향에 설치하면 $A_v = 4 \times 2 \times 71.0 = 570.0 mm^2$

① 스터럽의 간격 s는 식(6-19)로부터

$$s = \phi A_v f_{yt} d = \frac{0.75 \times 570 \times 400 \times 150}{104.2 \times 10^3} = 246.2 mm$$

$s < d/2 = 150/2 = 75 mm$ 이하 이어야 한다.

따라서 스터럽간격은 D10철근을 75mm 간격으로 배치한다.

② 스터럽의 보강범위는 다음과 같이 전단위험단면에서의 설계전단강도가 소요전단강보다 크도록 정한다.

즉, $\phi V_c \geq V_u$, $\phi v_c b_o d \geq V_u$ 에서 $b_o \geq \dfrac{V_u}{\phi v_c d} = \dfrac{517.5 \times 10^3}{0.75 \times 1.67 \times 150}$

$$= 2{,}754.5\,mm$$

따라서, $b_o \geq 2{,}754.5\,mm$ 가 되도록 다음 그림과 같이 스터럽을 배치한다.

3) 배근도

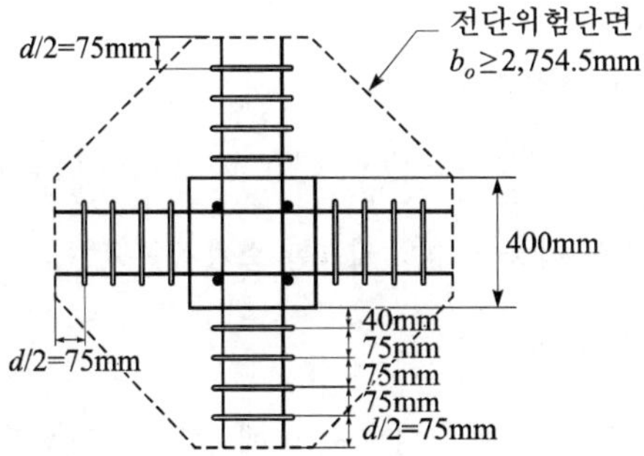

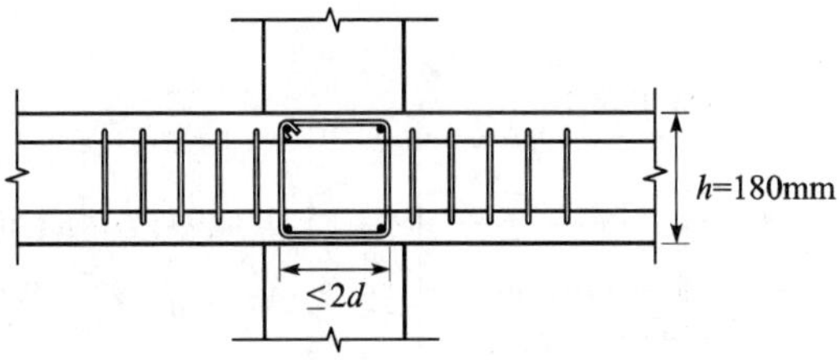

(3) 전단머리로 보강할 경우

1) 최대 전단강도 적합성 검토

$\phi V_n = \phi(0.59\lambda\sqrt{f_{ck}}\,b_o d) = 0.75 \times 0.59 \times 1.0 \times \sqrt{24} \times 2{,}200 \times 150$

$= 953.8\,kN \geq V_u = 517.5\,kN$ ······· 적합

2) 전단머리 길이 산정

전단머리로 보강할 경우 위험단면에서 $\phi V_n \leq \phi\lambda(\sqrt{f_{ck}}/3)\,b_o d$ 이므로

$\phi V_n = V_u$ 로 놓고 b_o를 구하면 $517.5 \times 10^3 = 0.75 \times 1.0 \times (\sqrt{24}/3) \times b_o \times 150$

$b_o \geq 2{,}817\,mm$

그림 8-19에서 대략 $\dfrac{c_1}{2} + \dfrac{3}{4}\left(l_v - \dfrac{c_1}{2}\right) = \dfrac{b_o}{4}\cos 45^\circ$

$\dfrac{400}{2} + \dfrac{3}{4}\left(l_v - \dfrac{400}{2}\right) = \dfrac{2{,}817}{4} \times \cos 45^\circ$

$l_v = 597\,mm$

식(8.9)로부터 $M_p = \dfrac{V_u}{2\phi\eta}\left[h_v + \alpha_v(l_v - \dfrac{c_1}{2})\right]$

여기서, ϕ : 0.85 (휨 부재 강도감소계수)

h_v: 전단머리 단면의 전체높이(mm)

h_v : 100mm로 가정한다.

α_v: 전단머리의 부재 주위의 합성균열슬래브 단면의 강성에 대한 전단머리 강성의 비 $\alpha_v = E_s I_s / E_c I_t$ 비로 0.15 이상 이어야 한다.

$\alpha_v =$ 0.15로 가정한다.

η: 전단머리의 부재의 수 (4방향에 설치한다. $\eta = 4$)

$$M_p = \frac{517.5\times 10^3}{2\times 0.85\times 4}\left[100 + 0.15(597 - \frac{400}{2})\right] = 12.15\times 10^6 N\cdot mm = 12.15\,kN\cdot m$$

$SS\,275\,(F_y = 275\,MPa)$의 H형강을 사용할 경우 필요한 소성계수 Z_p 는

$$Z_p = \frac{M_p}{f_y} = \frac{12.15\times 10^6}{275} = 44{,}181.8\,mm^3$$

H−100×100×5×7을 사용하도록 하고 아래 그림과 같이 배치한다고 가정하면 H형강의 단면성능 : $A_{s1} = 1{,}885\,mm^2, I_x = 3{,}390{,}000\,mm^4,\ Z_x = 67{,}800\,mm^3$

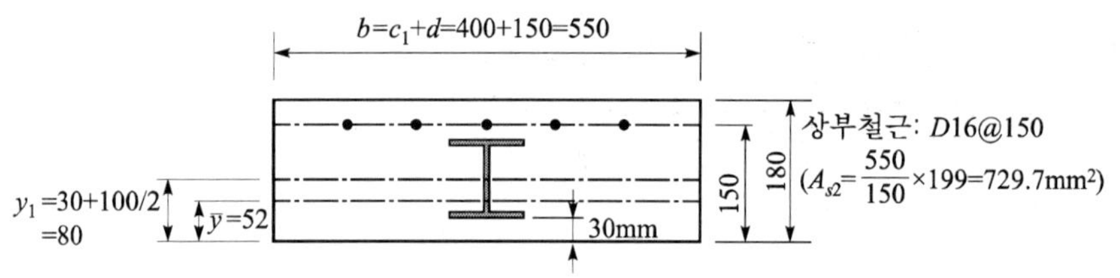

$$E_c = 8{,}500\sqrt[3]{24+4} = 25{,}811\,MPa$$

$$n = \frac{E_s}{E_c} = \frac{200{,}000}{25{,}811} = 7.75$$

$$\bar{y} = \frac{n(A_{s1}y_1 + A_{s2}d) + b\bar{y}(\bar{y}/2)}{n(A_{s1} + A_{s2}) + b\bar{y}}$$

$$= \frac{7.75\times(1{,}885\times 80 + 729.7\times 150) + 550\times\bar{y}^2/2}{7.75\times(1{,}885 + 729.7) + 550\times\bar{y}}$$

$$= \frac{2{,}016{,}976 + 275\bar{y}^2}{20{,}264 + 550\bar{y}}$$

$$\bar{y}^2 + 73.7\,\bar{y} - 7{,}334.5 = 0$$

$$\bar{y} = \frac{-73.7\pm\sqrt{73.7^2 + 4\times 7{,}334.5}}{2} = 56.4\,mm$$

합성단면의 콘크리트 환산 단면2차모메트 I_t

$$I_t = \frac{b(\overline{y})^3}{3} + n\left[I_x + A_{s1}(y_1 - \overline{y})^2 + A_{s2}(d - \overline{y})^2\right]$$

$$= \frac{550 \times 56.4^3}{3} + 7.4 \times \left[3.39 \times 10^6 + 1{,}885 \times (80 - 56.4)^2 + 729.7 \times (150 - 56.4)^2\right]$$

$$= 113.1 \times 10^6 mm^4$$

$$\alpha_v = \frac{E_s I_s}{E_c I_t} = \frac{200{,}000 \times 3.39 \times 10^6}{25{,}811 \times 113.1 \times 10^6} = 0.232 > 0.15 \quad \cdots\cdots\cdots\cdots\cdots\cdots \quad \text{적합}$$

식(8.9)로부터 $M_p = \dfrac{517.5}{2 \times 0.85 \times 4}\left[100 + 0.232 \times (598 - \dfrac{400}{2})\right] \times 10^{-3} = 14.64\,kN \cdot m$

$Z_x \cdot F_y = 67{,}800 \times 275 \times 10^{-6} = 18.6\,kN \cdot m > M_p$ ……… 적합

전단머리 보강재에 의한 저항모멘트 M_v는 식(8.10)로부터

$$M_v = \frac{\phi \alpha_v V_u}{2\eta}(l_v - \frac{c_1}{2}) = \frac{0.85 \times 0.232 \times 517.5 \times 10^3}{2 \times 4} \times (598 - \frac{400}{2}) \times 10^{-6}$$

$$= 5.08\,kN \cdot m < M_p \quad \cdots\cdots\cdots\cdots\cdots\cdots \quad \text{적합}$$

6 슬래브 - 기둥 접합부의 불균형휨모멘트 전달을 위한 편심전단설계

플랫플레이트와 플랫슬래브 구조물의 경우 연직하중, 풍하중, 지진하중 또는 기타 수평하중이 작용할 때 슬래브와 기둥면에서 그림 8-21과 같이 같은 방향의 휨모멘트가 발생하게 되어 불균형휨모멘트가 크게 발생하게 된다.

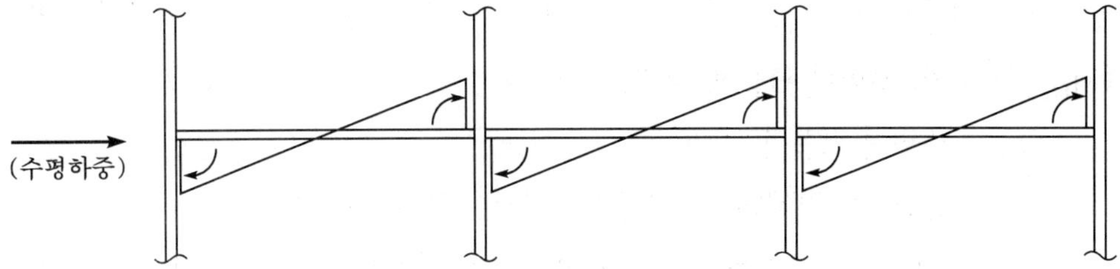

그림 8-21 수평하중 작용시 슬래브에 발생하는 휨모멘트도

이 불균형휨모멘트는 기둥주위의 슬래브부분에서 직접 휨에 의해 전달되기도 하고 일부는 주위의 슬래브에 전단응력을 유발시켜 전단에 의해 전달되기도 한다. 따라서 보에 의해 횡구속되어 있지 않은 플랫슬래브와 플랫플레이트 구조의 경우 슬래브와 기둥 접합부에서

이 불균형모멘트 M_u 가 슬래브에 의해 전달되도록 설계되어야 한다. 콘크리트 구조 기준에서는 위험단면에서 다음의 식(8.11)에 따르도록 하였다.

$$M_u \leq \phi M_n = \phi_f M_F + \phi_v M_S + \phi_v M_F \quad \cdots\cdots (8.11)$$

여기서, M_u : 불균형휨모멘트

ϕM_n : 설계불균형휨강도

M_F : 슬래브-기둥 접합부 전면과 후면 슬래브의 휨강도 합

M_S : 슬래브-기둥 접합부 전면과 후면 슬래브의 편심전단에 의한 휨강도

M_T : 슬래브-기둥 측면 슬래브의 편심전단에 의한 비틀림 휨강도

ϕ_f : 휨거동에 대한 강도감소계수, 0.85

ϕ_v : 전단과 비틀림에 대한 강도감소계수, 0.75

상기식(8.11)의 M_F는 위험단면의 전, 후면의 휨강도로서 식(8.12)와 같다.

$$M_F = M_{Ff} + M_{Fb} \quad \cdots\cdots (8.12)$$

여기서 M_{Ff}, M_{Fb}는 위험단면의 상부 주철근과 후면의 하부 주철근을 인장철근으로 하는 슬래브 휨강도로 전면과 후면의 위험단면의 폭의 슬래브에 배치하여야 하며, 이 영역에서 휨인장철근비는 0.03이하로 하여야 한다. 그리고, 위험단면에서의 전면과 후면의 편심전단강도에 의한 휨강도 M_S와 측면의 편심전단에 의한 비틀림 강도 M_T 를 구하기 위한 편심전단강도 v_n과 v_{nT}는 식(8-13a), (8-13b)과 같다.

$$v_n = v_c + v_p + v_s \leq 0.58 f_{ck} c_u / d \quad \cdots\cdots (8.13a)$$

$$v_{nT} = 0.63 \lambda \sqrt{f_{ck}} + v_p + v_s \leq 0.25 f_{ck} \quad \cdots\cdots (8.13b)$$

여기서, v_n : 전, 후면의 편심전단강도

v_{nT} : 측면의 편심전단강도

v_c : 콘크리트 재료의 공칭전단응력강도, 식(8-9b) 참조

v_p : 위험단면에 작용하는 유효 프리스트레스 힘의 수직성분에 의하여 발생하는 해당 위험단면적에 대한 평균응력

v_s : 위험단면에 배치된 전단보강재에 의한 편심전단강도로 V_s 를 $b_o d$ 로 나눈 값으로 전단보강재의 f_{yt}는 $400 MPa$ 를 초과할 수 없다.

v_g : 위험단면에 작용하는 평균직접전단응력, $v_g = V_g / b_o d$

c_u : 압축철근의 영향을 무시하고 계산된 슬래브 위험단면의 압축대 깊이의 평균값, 식(8-9b) 참조

c_1 : 휨모멘트가 결정되는 경간방향의 기둥의 치수(mm)

c_2 : 휨모멘트가 결정되는 경간의 직각방향의 기둥의 치수(mm)

편심전단강도에 의한 휨강도 M_S와 측면의 편심전단에 의한 비틀림 강도 M_T는 식(8-13a), (8-13b)에서 구한 전단응력강도에 위험단면에 작용하는 직접전단응력(연직하중에 의해 발생한 전단응력) v_g 를 감하여 내부기둥, 가장자리기둥, 모서리기둥에 대하여 다음과 같이 계산된다.

1. 내부 접합부

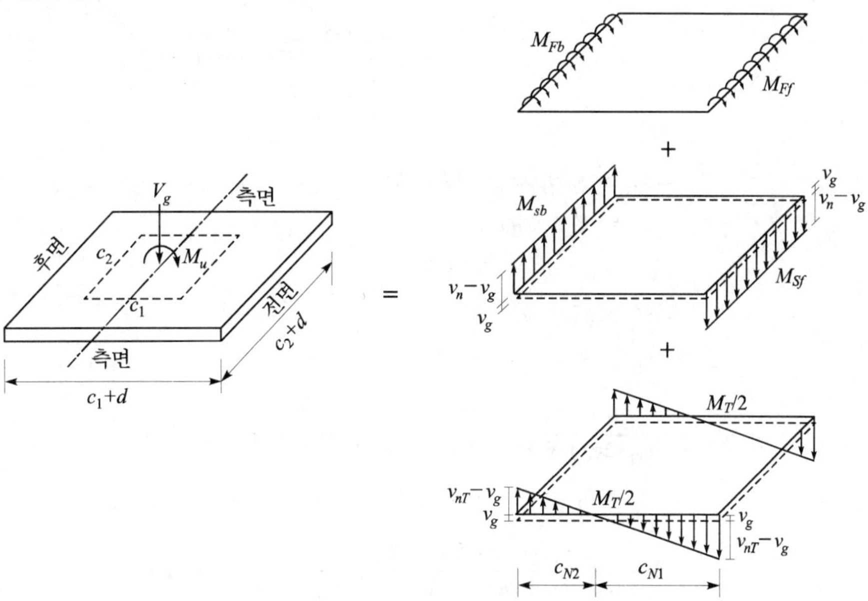

$$M_u = \phi Mn$$
$$\phi M_n = \phi_f(M_{Ff} + M_{Fb}) + \phi_v(M_{sf} + M_{Sb} + M_T)$$
$$v_g = V_g/(b_o d)$$

그림 8-22 슬래브-기둥 내부 접합부에서 편심전단응력의 중립축과 불균형휨모멘트 모델

$$M_S = [(v_n - v_g)(c_2 + d)d](c_1 + d) \geq 0 \quad \cdots\cdots (8.14a)$$

$$M_T = \frac{4}{3}(v_{nT} - v_g)\left(\frac{c_1 + d}{2}\right)^2 d \geq 0 \quad \cdots\cdots (8.14b)$$

2. 후면이 외부에 접한 경우

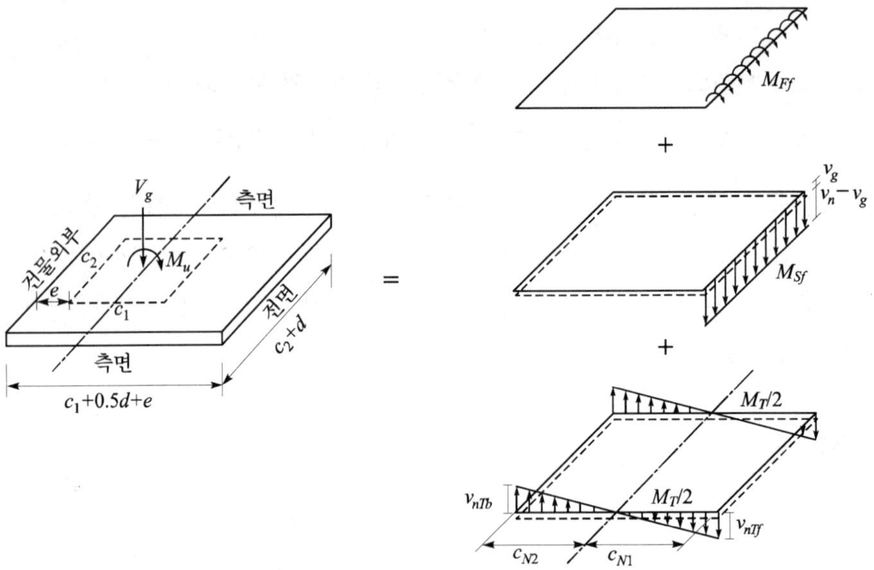

$$M_u = \phi M_n$$

$$\phi M_n = \phi_f M_{Ff} + \phi_v (M_{Sf} + M_T)$$

$$v_g = V_g / (b_o d)$$

$$c_{N1} + c_{N2} = c_1 + 0.5d + e$$

$$e \le \min(2h, 2l_d)$$

$c_{N1} > c_{N2}$ 일때 $v_{nTf} = v_{nT}$, $v_{nTb} = (c_{N2}/c_{N1}) v_{nT}$

$$c_{N1} = \frac{v_{nT}(c_1 + 0.5d + e)^2}{v_{nT}(2c_1 + d + 2e) + v_n(c_2 + d) - v_g b_o} \le c_1 + 0.5d + e$$

$c_{N1} \le c_{N2}$ 일때 $v_{nTf} = (c_{N1}/c_{N2}) v_{nT}$, $v_{nTb} = v_{nT}$

$$c_{N2} = \frac{v_{nT}(c_1 + 0.5d + e)^2}{v_{nT}(2c_1 + d + 2e) - v_n(c_2 + d) + v_g b_o} \le c_1 + 0.5d + e$$

그림 8-23 슬래브-기둥 후면이 외부에 접한 접합부에서 편심전단응력의 중심축과 불균형휨강도 모델

$$M_S = M_{Sf} = 0.5 v_n (c_2 + d) d (c_1 + d) \qquad \text{(8.15a)}$$

$$M_T = \left[c_{N2} + \frac{2}{3} c_{N1} - \frac{c_1}{2} - e \right] v_{nTf}\, d c_{N1} + \left[-\frac{1}{3} c_{N2} + \frac{c_1}{2} + e \right] v_{nTb}\, d c_{N2} \qquad \text{(8.15b)}$$

여기서 v_{nTf}, v_{nTb} = 각각 전면과 후면에 면한 측면의 양단부에서 편심전단강도이며,

c_{N1} , c_{N2} 는 각각 중립축부터 전면과 후면까지 거리로서 직접뚫림전단력에 의한 힘의 평형을 고려하여 계산된다. $e \le 2h$.

$c_{N1} > c_{N2}$ 인 경우에는 전면에 면한 측면의 단부에서 먼저 최대 전단강도에 도달하며 $v_{nTf} = v_{nT}$, $v_{nTb} = (c_{N2}/c_{N1})v_{nT}$ 이고, 반면 $c_{N1} \le c_{N2}$ 인 경우에는 외측에 면한 측면의 단부에서 먼저 최대 전단강도에 도달하며 $v_{nTf} = (c_{N1}/c_{N2})v_{nT}$, $v_{nTb} = v_{nT}$ 로 정의된다.

3. 전면이 외부에 접한 경우

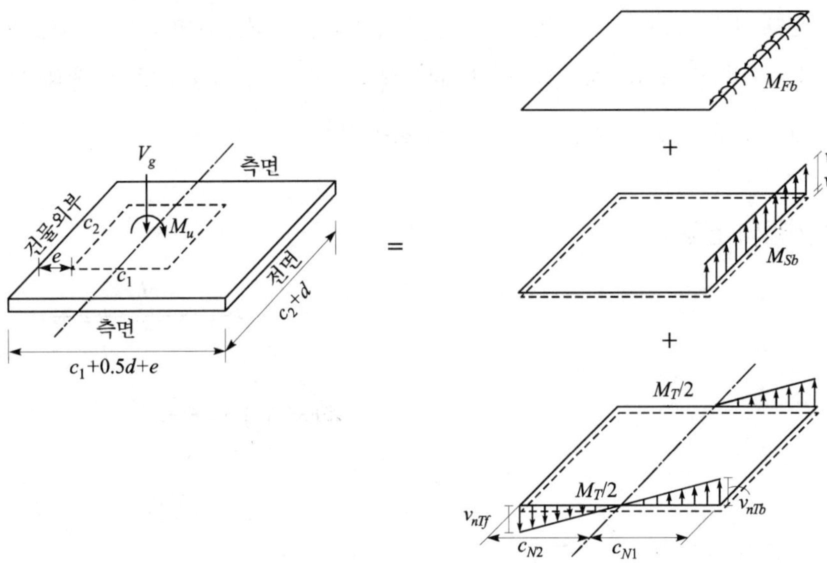

$$M_u = \phi M_n$$

$$\phi M_n = \phi_f M_{Fb} + \phi_v (M_{Sb} + M_T)$$

$$v_g = V_g/(b_o d)$$

$$c_{N1} + c_{N2} = c_1 + 0.5d + e$$

$$e \le \min(2h, 2l_d)$$

$c_{N1} > c_{N2}$ 일때 $v_{nTf} = (c_{N2}/c_{N1})v_{nT}$, $v_{nTb} = v_{nT}$

$$c_{N1} = \frac{v_{nT}(c_1 + 0.5d + e)^2}{v_{nT}(2c_1 + d + 2e) - v_n(c_2 + d) + v_g b_o} \le c_1 + 0.5d + e$$

$c_{N1} \le c_{N2}$ 일때 $v_{nTf} = v_{nT}$, $v_{nTb} = (c_{N2}/c_{N1})v_{nT}$

$$c_{N2} = \frac{v_{nT}(c_1 + 0.5d + e)^2}{v_{nT}(2c_1 + d + 2e) + v_n(c_2 + d) - v_g b_o} \le c_1 + 0.5d + e$$

그림 8-24 슬래브-기둥 전면이 외부에 접한 접합부에서 편심전단응력의 중심축과 불균형휨강도 모델

$$M_S = M_{Sb} = 0.5 v_n (c_2 + d) d (c_1 + d) \quad \cdots\cdots (8.16a)$$

여기서 $v_n =$ 후면의 편심전단강도

$$M_T = \left[c_{N2} + \frac{2}{3} c_{N1} - \frac{c_1}{2} - e \right] v_{nTb}\, d c_{N1} + \left[-\frac{1}{3} c_{N2} + \frac{c_1}{2} + e \right] v_{nTf}\, d c_{N2} \quad \cdots\cdots (8.16b)$$

여기서, $c_{N1} > c_{N2}$ 인 경우에는 후면에 면한 측면의 단부에서 먼저 최대 전단강도에 도달하며 $v_{nTb} = v_{nT}$, $v_{nTf} = (c_{N2} / c_{N1}) v_{nT}$ 이고, 반면 $c_{N1} \leq c_{N2}$ 인 경우에는 외측에 면한 측면의 단부에서 먼저 최대 전단강도에 도달하며 $v_{nTb} = (c_{N1} / c_{N2}) v_{nT}$, $v_{nTf} = v_{nT}$ 로 정의된다.

4. 모서리 기둥의 경우

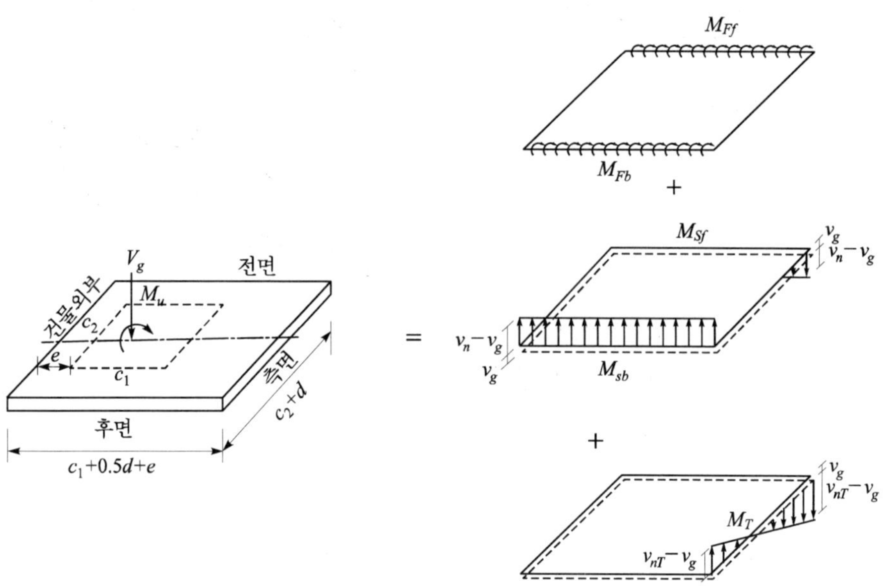

$$M_u = \phi M_n$$

$$\phi M_n = \phi_f (M_{Ff} + M_{Fb}) + \phi_v (M_{Sf} + M_{Sb} + M_T)$$

$$v_g = V_g / (b_o d)$$

그림 8-25 슬래브-기둥 측면이 외부에 접한 접합부에서 편심전단응력의 중립축과 불균형휨강도 모델

$$M_S = \left[(v_n - v_g)(c_1 + 0.5\,d + e)d\right](c_2 + d) \geq 0 \quad \cdots\cdots (8.17a)$$

여기서 $v_n =$ 전면의 편심전단강도

$$M_T = \frac{2}{3}(v_{nT} - v_g)\left(\frac{c_2 + d}{2}\right)^2 d \geq 0 \quad \cdots\cdots (8.17b)$$

5. 양방향으로 불균형휨모멘트가 작용하는 경우

각 방향의 편심전단강도는 양방향의 편심전단의 상호작용을 고려하여 식(8.18)을 만족시켜야 한다.

$$\left(\frac{M_{u1} - \phi_f M_{F1}}{\phi_v M_{v1}}\right) + \left(\frac{M_{u2} - \phi_f M_{F2}}{\phi_v M_{v2}}\right) \leq 1 \quad \cdots\cdots (8.18)$$

여기서 $M_{v1}(= M_{S1} + M_{T1}), M_{v2}(= M_{S2} + M_{T2})$ 이며, 아래첨자 1, 2는 두 개의 직교 방향을 가리킨다.

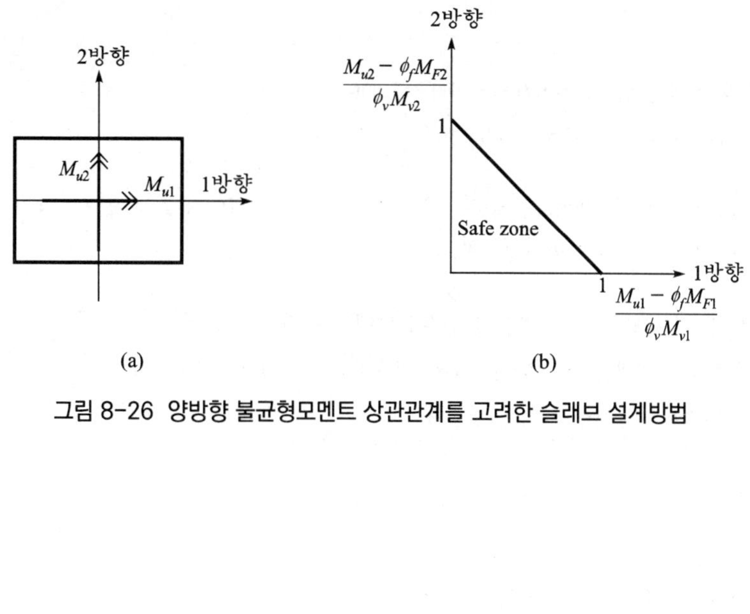

그림 8-26 양방향 불균형모멘트 상관관계를 고려한 슬래브 설계방법

예제 8-6

아래 그림과 같은 테두리보가 없는 플랫플레이트의 설계휨모멘트를 직접설계법으로 계산하고, 외부기둥과 인접한 주열대 슬래브의 휨보강철근 및 불균형모멘트에 의한 편심전단강도에 대해 검토하시오. 단, 고정하중 $w_D = 4.5\,kN/m^2$, 활하중 $w_L = 6.0\,kN/m^2$, $f_{ck} = 24\,MPa$, $f_y = 400\,MPa$, 기둥의 크기 $400\,mm \times 400\,mm$.

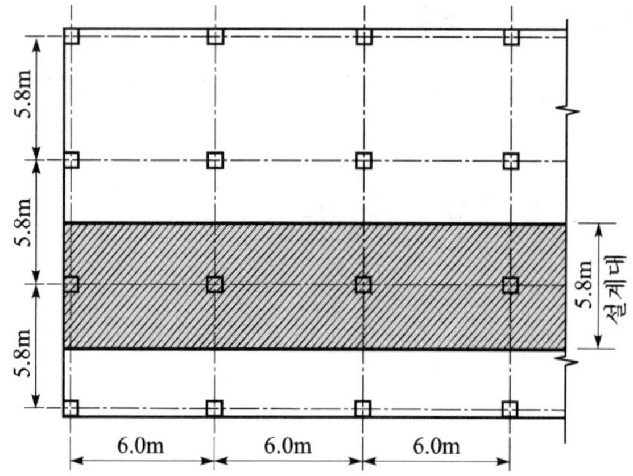

풀이

1. 슬래브의 두께 검토 : $l_n = 6{,}000 - 400 = 5{,}600\,mm$

   표 8-1로부터 $h = l_n / 30 = 5{,}600 / 30 = 186.7\,mm$

   $\rightarrow 200\,mm$ 로 한다.

   슬래브의 피복두께는 20mm, 철근 중심거리를 10mm로 하여 유효두께 $d = 200 - 20 - 10 = 170\,mm$ 로 함.

2. 전체 정적계수휨모멘트 및 경간별 계수휨모멘트 산정

   계수하중 $w_u = 1.2\,w_D + 1.6\,w_L = 1.2 \times 4.5 + 1.6 \times 6.0 = 15.0\,kN/m^2$

$$M_o = \frac{w_u l_2 {l_n}^2}{8} = \frac{15.0 \times 5.8 \times 5.6^2}{8} = 341.0\,kN \cdot m$$

   내부 경간 : 부모멘트 $M_u^- = 0.65\,M_o = 221.7\,kN \cdot m$

   정모멘트 $M_u^+ = 0.35\,M_o = 119.3\,kN \cdot m$

   단부 경간 : 표 8-4의 (3)에 해당하므로

   내단 부모멘트 $M_u^- = 0.70 M_o = 238.7\,kN \cdot m$

   중앙 정모멘트 $M_u^+ = 0.52 M_o = 177.3\,kN \cdot m$

   외단 부모멘트 $M_u^- = 0.26 M_o = 88.7\,kN \cdot m$

3. 주열대 및 중간대의 계수휨모멘트

휨모멘트 방향으로 슬래브에 대한 보의 휨강성비 $\alpha_1 = 0$ (보가 없다)

내부 경간 : 주열대 양단의 분배률 75%, 221.7×0.75=166.3

주열대 중앙부의 분배률 60%, 119.3×0.6=71.6

단부 경간 : 주열대 내단의 분배률 75%, 238.7×0.75=179.0

주열대 중앙부의 분배률 60%, 177.3×0.6=106.4

주열대 외단의 분배률 100%, 88.7×1.0=88.7

위치		계수휨모멘트 [kN·m]	주열대		중간대	
			분배률	휨모멘트	분배률	휨모멘트
내부경간	양단 부모멘트	221.7	75%	166.3	25%	55.4
	중앙부 정모멘트	119.3	60%	71.6	40%	47.7
단부경간	내단 부모멘트	238.7	75%	179.0	25%	59.7
	중앙부 정모멘트	177.3	60%	106.4	40%	70.9
	외단 부모멘트	88.7	100%	88.7	0	0

4. 슬래브의 휨철근 설계

1) 주열대 외단부 $M_u^- = 88.7kN \cdot m$에 대하여

$$\rho = \frac{\eta(0.85f_{ck})}{f_y}\left(1-\sqrt{1-\frac{2R_n}{\eta(0.85f_{ck})}}\right),\ R_n = \frac{M_u}{\phi bd^2}$$,주열대 폭 $2.9m$, $d = 170mm$

$$R_n = \frac{88.7\times 10^6}{0.85\times 2{,}900\times 170^2} = 1.245$$

$$\rho = \frac{1.0\times(0.85\times 24)}{400}\times\left(1-\sqrt{1-\frac{2\times 1.245}{1.0\times 0.85\times 24}}\right) = 0.00321$$

$$A_s = \rho bd = 0.00321\times 2{,}900\times 170 = 1{,}583.0mm^2$$

$D13@\frac{2{,}900}{1{,}583/127} = 232.7mm$ 이므로 $200mm$로 함.(철근간격)

$D13 \quad n = 1{,}583/127 = 12.5$ 개 이므로 13개로 배근한다.(철근갯수)

2) 주열대 중앙부 $M_u^+ = 106.4kN \cdot m$

$$R_n = \frac{M_u}{\phi bd^2} = \frac{106.4\times 10^6}{0.85\times 2{,}900\times 170^2} = 1.494$$

$$\rho = \frac{1.0\times(0.85\times 24)}{400}\times\left(1-\sqrt{1-\frac{2\times 1.494}{1.0\times 0.85\times 24}}\right) = 0.00388$$

$$A_s = 0.00388\times 2{,}900\times 170 = 1{,}912.8mm^2$$

$D13 \quad n = 1{,}912.8/127 = 15.06$ 개 이므로 16 개로 배근한다.(철근갯수)

$D13@\dfrac{2{,}900}{15.06} = 192.56$ ($s = 175mm$: 철근간격)

3) 주열대 내단부 $M_u^- = 166.3kN \cdot m$

$$R_n = \frac{M_u}{\phi b d^2} = \frac{166.3 \times 10^6}{0.85 \times 2{,}900 \times 170^2} = 2.334$$

$$\rho = \frac{1.0 \times (0.85 \times 24)}{400} \times \left(1 - \sqrt{1 - \frac{2 \times 2.334}{1.0 \times 0.85 \times 24}}\right) = 0.00621$$

$A_s = 0.00621 \times 2{,}900 \times 170 = 3{,}063.2mm^2$

$D13 \quad n = 3{,}063.2/127 = 24.12$ ($n = 25$개)

$D13@\dfrac{2{,}900}{24.12} = 120.2$ ($s = 120mm$: 철근간격)

5. 슬래브와 외부기둥 접합부의 뚫림전단강도 검토

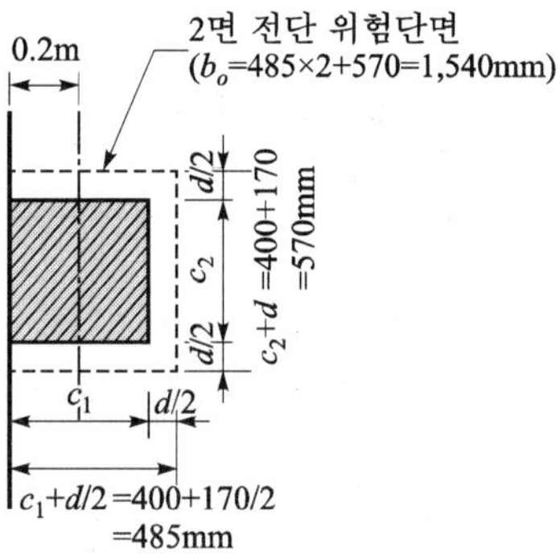

1) 2방향 전단소요강도 V_u 산정

$V_u = 15.0 \times [5.8 \times (3.0 + 0.2) - 0.57 \times 0.485]$

$= 274.3kN$

2) 콘크리트 공칭전단 강도 V_c 산정

$V_c = v_c \times b_o \times d$

$v_c = \lambda k_s k_{b_o} f_{te} \cot\psi \left(\dfrac{c_u}{d}\right)$

$b_o = 1{,}540mm$ ($570 + 485 \times 2 = 1{,}540mm$: 위험단면의 둘레길이)

$\lambda = 1.0$(일반콘크리트)

슬래브의 두께계수 $k_s = (300/d)^{0.25}$

$= (300/170)^{0.25} = 1.153 \geq 1.1$ 이므로 1.1

위험단면 둘레길이의 영향계수

$k_{b_o} = 4 / \sqrt{\alpha_s\left(\dfrac{b_o}{d}\right)} \leq 1.25$

$= 4 / \sqrt{1.33\left(\dfrac{1{,}540}{170}\right)} = 1.15 \leq 1.25$ 이므로 1.15

$\alpha_s = 1.33$ (외부기둥)

압축대 콘크리트 인장강도 $f_{te} = 0.2\sqrt{f_{ck}} = 0.2\sqrt{2}$

슬래브 휨 압축대의 균열각도 $\cot\psi = \dfrac{\sqrt{f_{te}(f_{te} + f_{cc})}}{f_{te}} = \dfrac{\sqrt{0.98 \times (0.98 + 16)}}{0.98} = 4.16$

위험단면의 압축대에 작용하는 평균압축응력 $f_{cc} = \frac{2}{3} f_{ck} = \frac{2}{3} \times 24 = 16\,MPa$

슬래브 위험단면 압축대 깊이의 평균값

$$c_u = d\left(25\sqrt{\frac{\rho}{f_{ck}}} - 300\left(\frac{\rho}{f_{ck}}\right)\right)$$

$$= 170\left(25\sqrt{\frac{0.005}{24}} - 300\left(\frac{0.005}{24}\right)\right) = 50.7\,mm$$

($\rho \le 0.005$ 인 경우 $\rho = 0.005$ 사용)

따라서 $v_c = \lambda k_s k_{b_o} f_{te} \cot\psi \left(\frac{c_u}{d}\right)$

$$= 1.0 \times 1.1 \times 1.15 \times 0.98 \times 4.16 \times \left(\frac{50.7}{170}\right) = 1.54\,MPa$$

$$V_c = v_c b_o d = 1.54 \times 1{,}540 \times 170 \times 10^{-3} = 403.2\,kN \le 0.58 f_{ck} b_o c_u$$

$$= 0.58 \times 24 \times 1{,}540 \times 50.7 \times 10^{-3}$$

$= 1{,}011.7\,kN$ ·········· 적합

따라서 $V_c = 403.2\,kN$

$\phi V_c = 0.75 \times 403.2 = 302.3\,kN > V_u = 274.3\,kN$, ··········· 적합

6. 슬래브와 외부기둥 접합부의 불균형모멘트 전달을 위한 편심전단강도 검토

기준에서 연직하중에 의한 불균형모멘트는 $0.3M_o$ 로 하도록 규정하고 있으므로

$M_u = 0.3 \times 341.0\,kN \cdot m = 102.3\,kN \cdot m$

설계 불균형휨모멘트 $\phi M_n = \phi_f M_F + \phi_v M_S + \phi_v M_T$

1) 전후면의 휨모멘트강도 $M_F = M_{Ff} + M_{Fb} = M_{Ff} + 0 = M_{Ff}$

위험단면의 폭 $b = c_2 + d = 400 + 170 = 570\,mm$

외단부 상부 휨철근 $D13@200$ 이므로 위험단면 $570\,mm$ 에는

$D13 \quad n = 570/200 + 1 = 3.85$ 개

$A_s = 3.85 \times 127 = 489.0\,mm^2$

$$a = \frac{A_s f_y}{\eta(0.85 f_{ck})\,b} = \frac{489 \times 400}{1.0 \times 0.85 \times 24 \times 570} = 16.8$$

$$M_F = A_s f_y\left(d - \frac{a}{2}\right) = 489.0 \times 400 \times \left(170 - \frac{16.8}{2}\right) = 31.6\,kN \cdot m$$

2) 전후면의 편심전단휨강도 $M_S = M_{Sf}$

$M_{Sf} = 0.5 v_n (c_2 + d)\, d\, (c_1 + d)$

$v_n = v_c + v_p + 0.4v_s = v_c + 0 + 0 = 1.54\,MPa$

$M_S = M_{Sf} = 0.5 \times 1.54 \times (400 + 170) \times 170 \times (400 + 170) = 42.5\,kN \cdot m$

3) 측면의 비틀림휨강도 M_T

$$M_T = \left[c_{N2} + \frac{2}{3}c_{N1} - \frac{c_1}{2} - e\right]v_{nTf}\,d\,c_{N1} + \left[-\frac{1}{3}c_{N2} + \frac{c_1}{2} + e\right]v_{nTb}\,d\,c_{N2}$$

여기서 $v_{nT} = 0.63\lambda\sqrt{f_{ck}} + v_p + v_s \le 0.25f_{ck}$

$= 0.63 \times 1.0 \times \sqrt{24} + 0 + 0 \le 0.25 \times 24\,MPa$

$= 3.09\,MPa \le 6.0\,MPa$ 이므로 $3.09\,MPa$

c_{N1}, c_{N2} 은 위험단면의 중심에서 위험단면의 전면과 후면까지의 거리

$c_{N1} > c_{N2}$ 일 때의 c_{N1} 과 c_{N2} 의 계산

$c_{N1} + c_{N2} = c_1 + 0.5d + e$

$$c_{N1} = \frac{v_{nT}(c_1 + 0.5d + e)^2}{v_{nT}(2c_1 + d + 2e) + v_n(c_2 + d) - v_g b_o},\ v_g = \frac{V_g}{b_o d} = \frac{274.3 \times 10^3}{1{,}540 \times 170} = 1.05$$

$$= \frac{3.09 \times (400 + 0.5 \times 170 + 0)^2}{3.09 \times (2 \times 400 + 170 + 0) + 1.54 \times (400 + 170) - 1.05 \times 1{,}540}$$

$= 321.9\,mm \le c_1 + 0.5d + e$

$c_{N2} = (c_1 + 0.5d + e) - c_{N1} = 485 - 321.9 = 163.1\,mm$

$v_{nTf} = v_{nT} = 3.09$

$v_{nTb} = (c_{N2}/c_{N1})v_{nT} = 163.1/321.9) \times 3.09 = 1.57$

$$M_T = \left(163.1 + \frac{2}{3} \times 321.9 - \frac{400}{2} - 0\right) \times 3.09 \times 170 \times 321.9$$
$$+ \left(-\frac{1}{3} \times 163.1 + \frac{400}{2} + 0\right) \times 1.57 \times 170 \times 163.1 = 36.4\,kN \cdot m$$

따라서 $\phi M_n = \phi_f M_F + \phi_v M_S + \phi_v M_T$

$= 0.85 \times 31.6 + 0.75 \times 42.5 + 0.75 \times 36.4$

$= 86.04\,kN \cdot m \le M_u = 102.3\,kN \cdot m$ ················ 부적합

위험단면 폭 570mm에서 $D13$ 철근 간격 $s = 200\,mm$ 에서 2배인 100mm로 배근해보면

$n = (570/100) + 1 = 6.7$개 ($D13$ 철근)

$A_s = 6.7 \times 127 = 850.9\,mm^2$

$$a = \frac{A_s f_y}{\eta(0.85f_{ck})b} = \frac{850.9 \times 400}{1.0 \times 0.85 \times 24 \times 570} = 29.3\,mm$$

$$M_F = A_s f_y\left(d - \frac{a}{2}\right) = 850.9 \times 400 \times \left(170 - \frac{29.3}{2}\right) = 52.9\,kN \cdot m$$

$$\phi M_n = \phi_f M_F + \phi_v M_S + \phi_v M_T$$

$$= 0.85 \times 52.9 + 0.75 \times 42.5 + 0.75 \times 36.4$$

$$= 104.14\,kN \cdot m \geq M_u = 102.3\,kN \cdot m$$ ………………………… 적합

따라서 위험단면 폭 570mm에 D13 철근 7대를 배근하도록 한다.
(간격으로 표기하면 $s = 100\,mm$)

7. 배근도

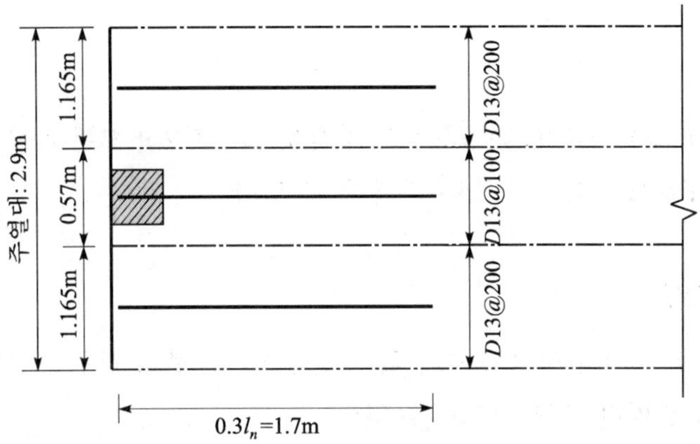

(그림 8-10 참조)

[주열대 상단철근]

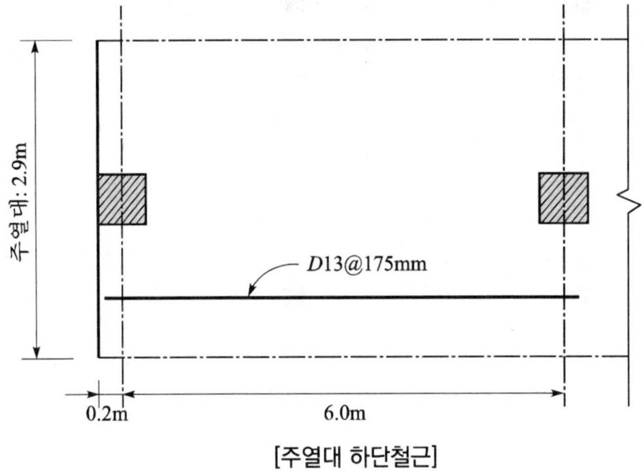

[주열대 하단철근]

7 슬래브 시스템의 개구부

보가 없는 슬래브에서 주열대는 보와 같은 중요한 구조요소이므로 양 방향의 주열대가 겹치는 기둥 주위에는 가능하면 개구부를 두지 않는 것이 좋겠다.

그러나 불가피하게 개구부가 요구되는 경우 안전성과 사용성을 모두 만족시키는 다음의 요구조건을 만족시킬 때 개구부를 둘 수 있다.

1. 구조해석을 할 경우

구조해석에 의하여 설계강도가 소요강도 이상이고, 처짐제한을 포함한 모든 사용성을 만족할 경우, 어떤 크기의 개구부도 슬래브 시스템 내에 둘 수 있다.

2. 구조해석을 하지 않을 경우

상세한 해석 및 설계과정을 거치지 않고도 보가 없는 슬래브 시스템의 경우 전단에 대한 규정을 만족시킬 때 다음 항에 따라 개구부를 둘 수 있다.

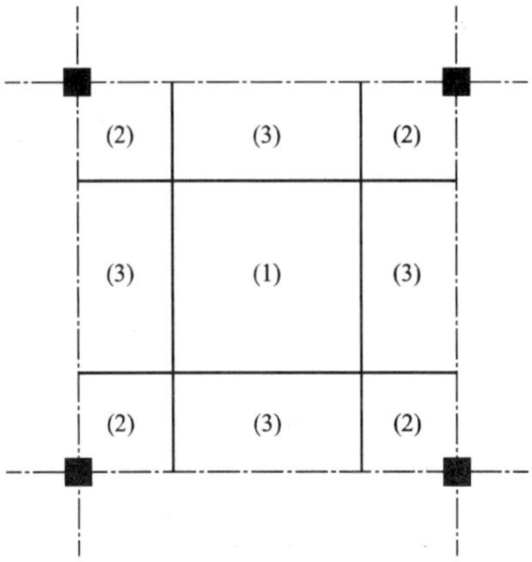

그림 8-27 슬래브 판의 구별

① 양 방향의 중간대가 겹치는 부분은 개구부가 없을 때의 소요되는 철근량을 유지한다면 어떤 크기의 개구부도 둘 수 있다. [그림 8-27 (1)구간]

② 양 방향의 주열대가 겹치는 부분은 어느 쪽의 경간에서나 주열대 폭의 1/8 이상이 개구부에 의해 차단되지 않아야 하고, 개구부에 의해 절단된 철근량은 개구부 주변에

추가 배치해야 한다. [그림 8-27 (2)구간]

③ 주열대와 중간대가 겹치는 부분은 어느 설계대에 대해서도 개구부에 의하여 절단되는 철근이 1/4 이하여야 하고, 개구부에 의해 절단된 철근량은 개구부 주변에 추가 배치해야 한다. [그림 8-27 (3)구간]

3. 개구부 크기에 따른 고려사항

슬래브 판의 개구부 크기에 따라 다음의 항이 고려되어야 한다.

① 개구부 크기가 슬래브 판 크기에 비해 상대적으로 작은 경우 개구부에 의해 절단되는 철근과 같은 단면적의 철근을 개구부 양쪽에 보강하여야 한다.

② 개구부가 슬래브 판 크기에 비해 상대적으로 큰 경우 각 모서리에서 캔틸레버 슬래브로 가정하여 설계할 수 있으며, 인접 슬래브를 설계할 때는 개구부의 영향을 고려하여야 한다.

③ 개구부가 크고 한쪽으로 치우쳐져서 위치한 경우 3변 연속이고 1변 자유인 슬래브로 취급할 수 있으며, 인접 슬래브를 설계할 때는 개구부의 영향을 고려하여야 한다.

4. 슬래브 개구부의 보강

슬래브 판의 개구부 보강은 개구부에 의하여 절단되는 철근과 같은 단면적의 철근을 그림 8-28과 같이 개구부 양쪽에 보강하여야 하며, 개구부 크기가 300mm 이하, 슬래브 두께의 2배 이하이고, 주근이 개구부에 의해 절단되지 않을 경우는 보강하지 않는다.

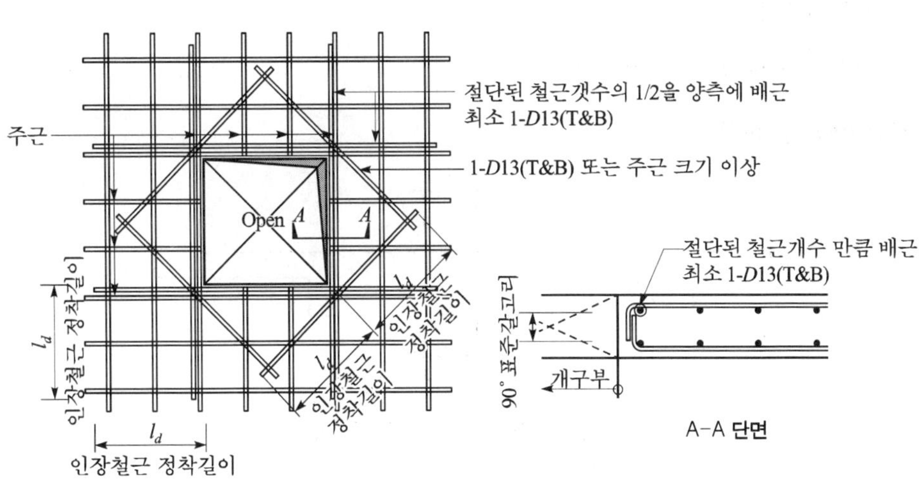

그림 8-28 일반적인 슬래브 개구부의 보강상세

8 기타 슬래브

1. 플랫 슬래브(Flat Slab)

보가 없이 두꺼운 슬래브가 기둥에 직접 긴결된 2방향 슬래브로 무량판 슬래브라 하기도 한다.

(1) 특징

1) 장점

① 보를 없애므로 구조가 간단하고, 거푸집 및 철근배치 작업의 단순화로 공사가 용이하다.

② 보가 없으므로 층고를 낮출 수 있어 실내 이용률이 높을 뿐 아니라 내,외장 공사비 절감도 따르게 된다.

③ 슬래브가 보가 없이 균일단면으로 되어 있기 때문에 설비 배관 작업이 용이하다.

2) 단점

① 골조 강성이 약하므로 고층건물에는 불합리하다.

② 슬래브 판의 두께가 두꺼우므로 고정하중이 증가되어 기둥 및 기초 부재가 증대된다.

(2) 구조제한

1) 슬래브 판의 두께

① 지판이 있는 경우 : 100mm 이상

② 지판이 없는 경우 : 120mm 이상

2) 지판(drop panel)

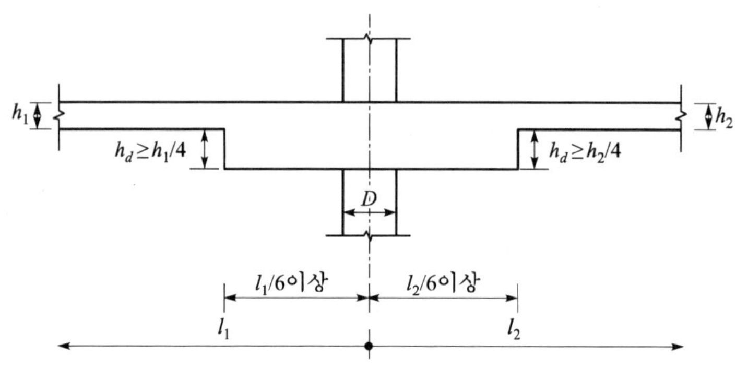

2. 장선구조(joist 또는 ribbed slab, 1방향 슬래브)

힘의 전달이 장선에 의해 한방향으로 전달되는 1방향 슬래브이다.

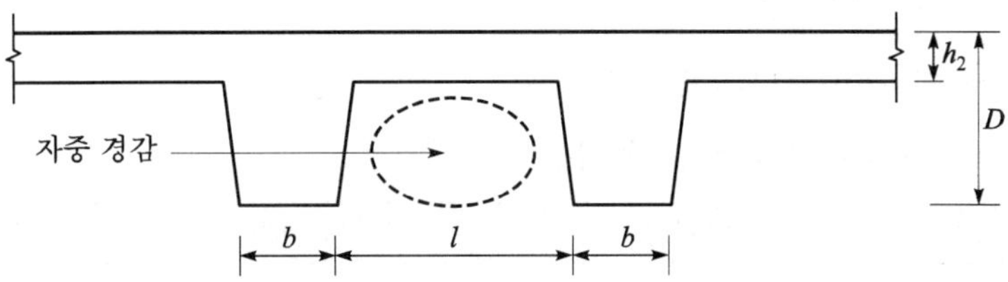

① $h \geq 50mm$, 장선 순간격 l 의 1/12 이상

② $b \geq 100mm$ 이상

③ $D \leq 3.5b$

④ $l \leq 750mm$

⑤ 콘크리트의 전단강도 V_c는 6장에 규정된 것보다 10% 더 크게 취할 수 있다.

3. 격자 슬래브 (Waffle slab, 2방향 슬래브)

① 2방향 장선 바닥구조로 기둥간 사이를 크게 할 수 있다.

② 거푸집을 주문제작 하므로 고가이다.

4. 메탈데크 슬래브 (1방향 슬래브)

① 별도의 거푸집을 사용하지 않아 공사기간을 단축할 수 있다.

② 철골 부재 위에 스터드볼트를 사용하여 합성작용을 하도록 한다.

중요사항

1. 일방향 슬래브

(1) 단위폭 1m의 휨부재로 보고 설계한다.

(2) 처짐을 계산하지 않아도 되는 최소 두께(h)

: 최소 100mm 이상이며 다음표 값 이상

단순 지지	1단 연속	양단 연속	캔틸레버
$\frac{l}{20}$	$\frac{l}{24}$	$\frac{l}{28}$	$\frac{l}{10}$

(3) 배근

1) 단변방향 주철근 : 최대 휨모멘트 발생단면 : 슬래브 두께의 2배 이하, 300mm 이하 (위험단면)

기타 : 슬래브 두께의 3배, 450mm 이하

2) 장변방향의 부철근 : 수축, 온도철근

3) 수축 및 온도철근의 최소 철근비($\rho_{\min}$)

① $f_y \leq 400MPa$: $\rho_{min} = 0.002$

② 0.0035의 항복 변형률에서 측정한 철근의 항복강도

$$f_y > 400MPa \quad : \quad \rho_{min} = 0.002 \times \frac{400}{f_y}$$

③ 그러나 어떠한 경우라도 0.0014 이상이어야 한다.

④ $A_s/m \leq 1{,}800\,mm^2/m$ 를 초과할 필요가 없다.

(이 규정은 두께가 큰 기초에 주로 적용을 받는다.)

(4) 실용 해법

1) 휨 모멘트 $M =$ 휨 모멘트 계수 $\times w_u\, l_n{}^2$

2) 전단력

최외단 경간의 연속 단부 : $\frac{1.15 w_u l_n}{2}$

그 외의 단부 : $\frac{w_u l_n}{2}$

3) 실용해법 적용 조건

① 2경간 이상인 경우

② 인접한 2개 경간 길이의 차이가 짧은 경간의 20% 이내

③ 등분포 하중이 작용하는 경우

④ 활하중이 고정하중의 3배 이내인 경우

⑤ 부재의 단면의 크기가 일정할 때

2. 2방향 슬래브

(1) 최소 두께 규정

1) 테두리 보를 제외하고 슬래브 주변에 보가 없거나, 보가 있더라도 보의 평균 강성비 $\alpha_m \leq 0.2$ 인 경우 아래의 표 값과 다음 값 이상.

① 플랫슬래브에서 지판이 있는 슬래브 : 100mm

② 플랫슬래브에서 지판이 없는 슬래브 : 120mm

설계기준 항복강도 $f_y(MPa)$	지판이 없는 경우			지판이 있는 경우		
	외부 슬래브		내부 슬래브	외부 슬래브		내부 슬래브
	테두리보가 없는 경우	테두리보가 있는경우		테두리보가 없는경우	테두리보가 있는경우	
300	$\frac{l_n}{32}$	$\frac{l_n}{35}$	$\frac{l_n}{35}$	$\frac{l_n}{35}$	$\frac{l_n}{39}$	$\frac{l_n}{39}$
350	$\frac{l_n}{31}$	$\frac{l_n}{34}$	$\frac{l_n}{34}$	$\frac{l_n}{34}$	$\frac{l_n}{37.5}$	$\frac{l_n}{37.5}$
400	$\frac{l_n}{30}$	$\frac{l_n}{33}$	$\frac{l_n}{33}$	$\frac{l_n}{33}$	$\frac{l_n}{36}$	$\frac{l_n}{36}$
500	$\frac{l_n}{28}$	$\frac{l_n}{31}$	$\frac{l_n}{31}$	$\frac{l_n}{31}$	$\frac{l_n}{33}$	$\frac{l_n}{33}$
600	$\frac{l_n}{26}$	$\frac{l_n}{29}$	$\frac{l_n}{29}$	$\frac{l_n}{29}$	$\frac{l_n}{31}$	$\frac{l_n}{31}$

2) 내부 보가 있는 슬래브의 최소 두께

① 강성비 α_m : $0.2 < \alpha_m < 2.0$ 인 경우

$$h = \frac{l_n\left(800 + \frac{f_y}{1.4}\right)}{36,000 + 5,000\beta(\alpha_m - 0.2)} \geq 120\,mm$$

② 강성비 $\alpha_m \geq 2.0$ 인 경우

$$h = \frac{l_n\left(800 + \dfrac{f_y}{1.4}\right)}{36{,}000 + 9{,}000\beta} \geq 90mm$$

l_n : 장변의 순경간, $\beta = \dfrac{\text{장변의 순경간}}{\text{단변의 순경간}}$

α_m : 슬래브 주변에 있는 모든 보의 강성비(α) 의 평균값

(2) 직접 설계법

1) 적용 조건

① 각 방향으로 3경간 이상 연속

② $\dfrac{l_1}{l_2} \leq 2$ 인 직사각형 슬래브

③ 각 방향으로 연속한 경간 길이의 차이는 긴 경간의 1/3 이내

④ 기둥중심축의 오차는 연속되는 기둥중심축에서 경간길이의 10% 이내

⑤ 모든 하중은 등분포 연직하중이며, 활하중은 고정하중의 2배 이하

⑥ 4변이 모두 보에 의해 지지될 때 직교하는 두 방향에서의 보의 상대 강성의 범위

$$0.2 \leq \frac{\alpha_1 {l_2}^2}{\alpha_2 {l_1}^2} \leq 5.0$$

l_1 : 모멘트 계산 방향 경간

l_2 : 모멘트 계산 방향의 직교방향경간

α_1, α_2 : 각각 l_1, l_2 방향으로의 α

⑦ 직접설계법으로 설계된 슬래브 시스템은 모멘트 재분배를 적용할 수 없다.

2) 전체 정적계수 모멘트

$$M_o = \frac{w_u\, l_2\, {l_n}^2}{8}$$

l_n : 모멘트 계산 방향의 순 경간으로 $0.65\, l_1$ 이상

l_2 : 슬래브의 폭, 양쪽 슬래브 폭이 다를경우는 평균값

3) 내부 경간에서의 정·부 계수 모멘트

부계수 모멘트 $M_u^{-} = 0.65M_o$

정계수 모멘트 $M_u^{+} = 0.35M_o$

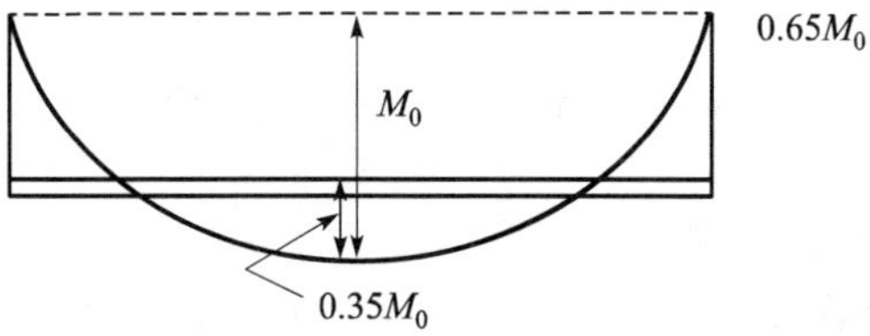

3. 슬래브의 전단 설계

(1) 1방향 전단 : 받침부에서 d 만큼 떨어진 곳

$$V_u \leq \phi V_n = \phi(V_c + V_s)$$

여기서, ϕ : 전단강도감소계수, 0.75

V_c : $\frac{1}{6}\lambda\sqrt{f_{ck}}\,b_w d$

V_s : $\frac{A_v f_{yt} d}{s}$

(2) 2방향 전단 : 받침부에서 $\frac{d}{2}$만큼 떨어진 곳

$$V_u \leq \phi V_n = \phi(V_c + V_s)$$

$$V_c = v_c b_o d \leq 0.58 f_{ck} b_o c_u$$

여기서, v_c : 콘크리트 재료의 공칭전단응력강도, 식(8-9b)참조

b_o : 2방향 전단의 위험단면 둘레길이

c_u : 압축철근 영향을 무시하고 계산된 슬래브 위험단면 압축대 깊이의 평균값 식(8-9)참조

$$V_s = \frac{0.5 A_v f_{yt} d}{s}$$

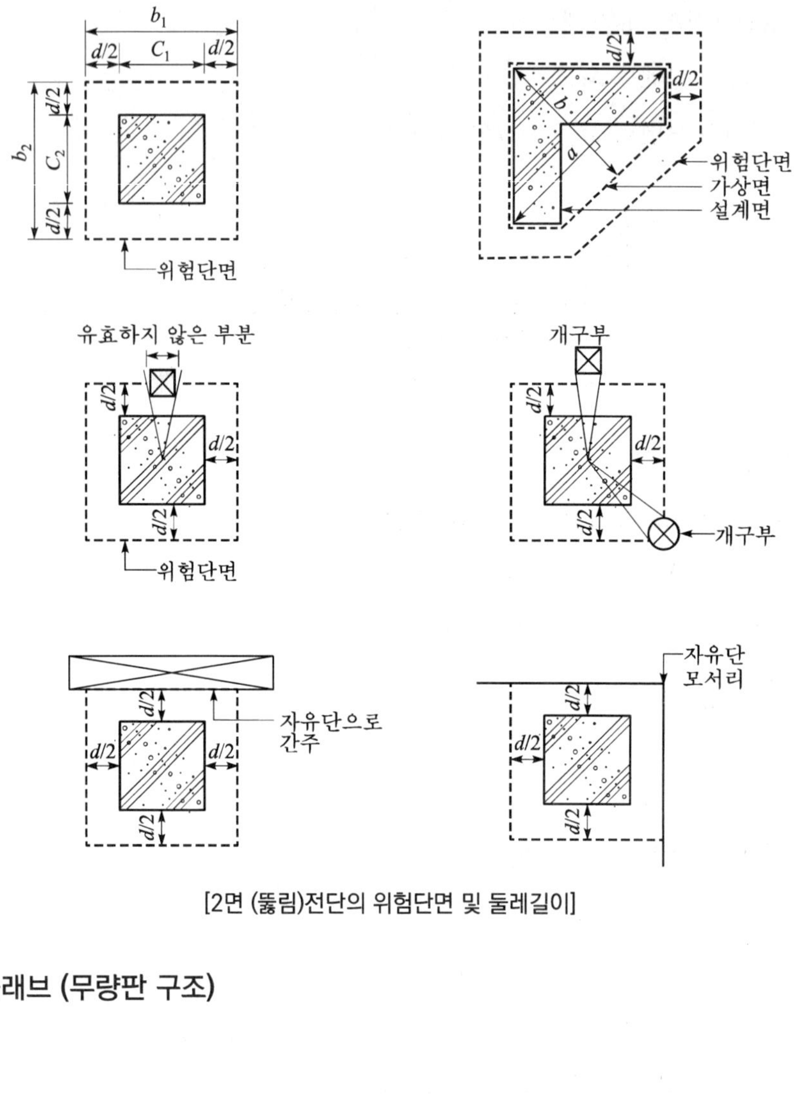

[2면 (뚫림)전단의 위험단면 및 둘레길이]

4. 플랫 슬래브 (무량판 구조)

(1) 특징

1) 장점

① 보를 없애므로 구조가 간단하고, 거푸집 및 철근배치 작업의 단순화로 공사가 용이하다.

② 보가 없으므로 층고를 낮출 수 있어 실내 이용률이 높을 뿐 아니라 내,외장 공사비 절감도 따르게 된다.

③ 슬래브가 보가 없이 균일단면으로 되어 있기 때문에 설비 배관 작업이 용이하다.

2) 단점

① 골조 강성이 약하므로 고층건물에는 불합리하다.

② 슬래브 판의 두께가 두꺼우므로 고정하중이 증가되어 기둥 및 기초 부재가 증대된다.

(2) 구조 제한

1) 슬래브 두께(h) : drop panel 이 있는 경우 : 100mm 이상

drop panel 이 없는 경우 : 120mm 이상

2) 지판(drop panel)

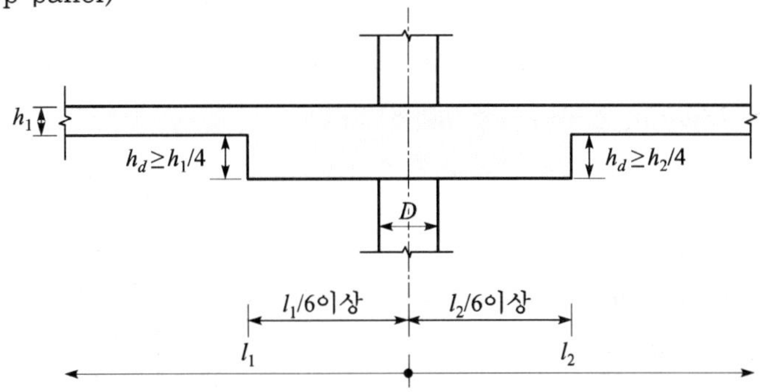

5. 장선 슬래브

힘의 전달이 장선에 의해 한 방향으로 전달되는 1방향 슬래브이다.

① $h \geq 50mm$, 장선 순간격 l 의 1/12 이상

② $b \geq 100mm$ 이상

③ $D \leq 3.5b$

④ $l \leq 750mm$

⑤ 콘크리트의 전단강도 V_c는 6장에 규정된 것보다 10% 더 크게 취할 수 있다.

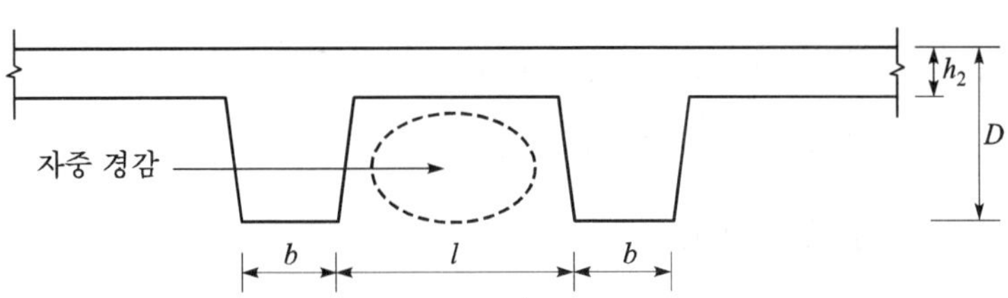

6. 격자 슬래브 (Waffle slab, 2방향 슬래브)

① 2방향 장선 바닥구조로 기둥간 사이를 크게 할 수 있다.

② 거푸집을 주문제작 하므로 고가임.

7. 메탈데크 슬래브 (1방향 슬래브)

① 별도의 거푸집 작업이 필요없어 공사기간을 단축할 수 있다.

② 철골 부재 위에 스터드볼트를 사용하여 합성작용을 하도록 한다.

연 습 문 제

1 400mm×400mm 정사각형 기둥에 지지되는 5.4m×6.0m의 내부 플랫 슬래브에 계수하중 $w_u = 12.1kN/m^2$이 작용할 때 뚫림 전단을 검토하시오. 단, $f_{ck} = 24MPa$, $f_y = 400MPa$, 슬래브 두께 $h = 180mm$, 철근비 $\rho = 0.0081$이다.

$d = 180-30 = 150\text{mm}$

$c_1 + d = 400+150 = 550\text{mm}$

$c_2 + d = 400+150 = 550\text{mm}$

$b_o = 4\times 550 = 2,200\text{mm}$

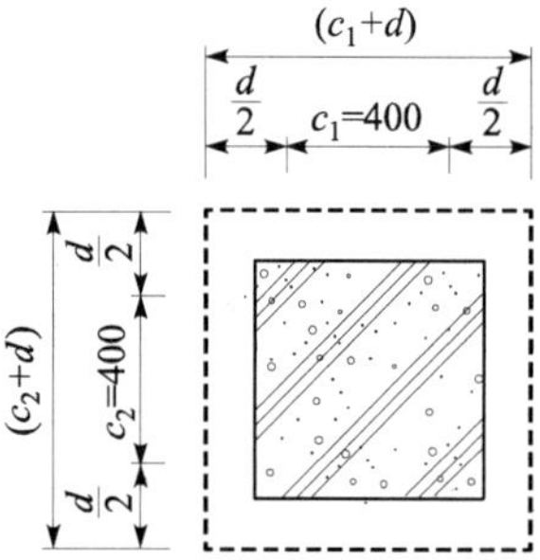

풀이

1) 소요강도 V_u 산정

$V_u = 12.1\times[(5.4\times 6.0)-(0.55\times 0.55)] = 388.4kN$

2) 콘크리트 공칭전단강도 V_c 산정

$V_c = v_c b_o d$

$v_c = \lambda k_s k_{b_o} f_{te} \cot\psi (c_u/d)$

여기서, $\lambda = 1.0$

$k_s = (300/150)^{0.25} = 1.189 \le 1.1$ 따라서 $k_s = 1.1$

$k_{b_o} = 4/\sqrt{1.0\times(2,200/150)} = 1.044$

$f_{te} = 0.21\sqrt{24} = 1.029$

$f_{cc} = (2/3)f_{ck} = (2/3)\times 24 = 16.0$

$\cot\psi = \sqrt{1.029\times(1.029+16)}/1.029 = 4.06$

$c_u = 150\times[25\sqrt{0.0081/24} - 300(0.0081/24)] = 53.7$

$v_c = 1.0\times 1.1\times 1.044\times 4.06\times(53.7/150) = 1.669$

$V_c = v_c b_o d = 1.669\times 2,200\times 150 = 550.8kN$

$\phi V_c = 0.75\times 550.8 = 413.2kN \le 0.58 f_{ck} b_o c_u = 0.58\times 24\times 2,200\times 53.7$

$= 1,644.5kN$ ·········· 적합

$V_u = 388.4kN \le \phi V_c = 413.2kN$ ·· 적합

2 그림과 같은 3변고정, 1변 단순지지인 철근콘크리트 슬래브가 등분포하중을 받을 때 A–A' 단면과 B–B' 단면에 대한 철근 배근형태는?

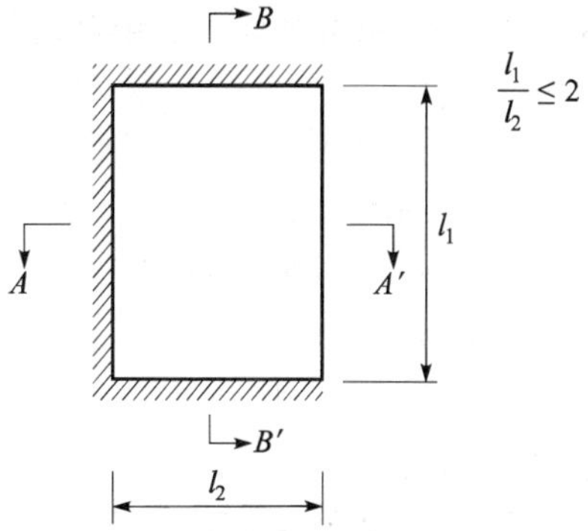

풀이

① $A-A'$ 단면의 모멘트 다이아그램 및 배근도

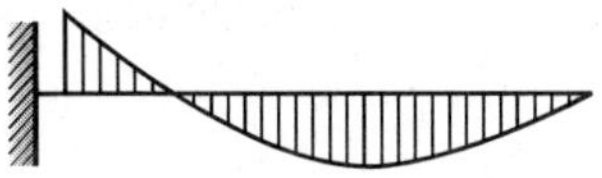

(BMD)

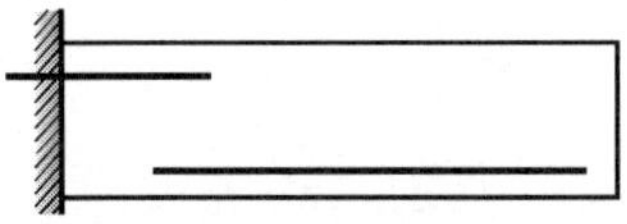

(배근도)

② $B-B'$ 단면의 모멘트 다이아그램 및 배근도

(BMD)

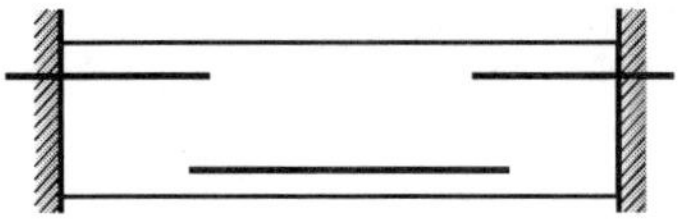

(배근도)

3 2방향 슬래브의 직접 설계법을 이용한 슬래브 설계시 전체 정적 계수휨모멘트 $M_o = 300kN \cdot m$일 때 양단 연속인 슬래브에서 단부와 중앙부의 계수 휨모멘트?

풀이

① 단부(부계수 휨모멘트) $M_u^{\ -} = 0.65M_o = 0.65 \times 300 = 195kN \cdot m$

② 중앙(정계수 휨모멘트) $M_u^{\ +} = 0.35M_o = 0.35 \times 300 = 105kN \cdot m$

4 일방향 슬래브에서 장변방향으로 철근을 배근하는 이유

풀이

① 콘크리트의 건조 수축에 의한 균열을 방지.
② 슬래브에 작용하는 응력올 고르게 분포시킨다.
③ 슬래브 주철근의 간격을 유지 시킨다.

5 강도설계법에서 처짐을 계산하지 않는 경간이 3.6m인 1단연속 일방향 슬래브의 최소두께는? (단, $f_{ck}=24MPa, f_y=400MPa$)

가. 130mm　　나. 150mm　　다. 200mm　　라. 225mm

풀이

1단 연속 일방향 슬래브의 최소두께 $h=l/24$ 이므로 $h=3{,}600/24=150mm$ 이다.

답 나

6 일방향 슬래브 근사해석의 요구조건중 부적합한것은?

가. 2경간 이상일 것
나. 서로 인접한 2경간의 차이가 짧은 경간의 15% 이하일 것
다. 등분포 하중이며, 활하중이 고정하중의 3배를 초과하지 않을 것
라. 부재의 단면 크기가 일정할 것

풀이

근사해석의 요구조건
① 2경간 이상인 경우
② 인접 2경간의 차이가 짧은 경간의 20% 이하인 경우
③ 등분포하중이 작용하는 경우
④ 활하중이 고정하중의 3배를 초과하지 않는 경우
⑤ 부재의 단면 크기가 일정한 경우

답 나

7 다음의 슬래브 형식중 2방향 슬래브가 아닌것은?

가. 플랫 플레이트　　　　나. 플랫 슬래브

다. 격자 슬래브　　　　라. 장선 슬래브

풀이

장선 슬래브는 장선(Joist)이 좁은간격(750mm 미만)으로 이루어진 일방향 슬래브이다.

답 라

8 2방향 슬래브의 해법중 직접설계법의 적용조건중 부적합한것은?

가. 각 방향으로 3경간 이상이 연속되어야 한다.

나. 각 방향으로 연속한 받침부 중심간 경간 길이의 차이는 긴경간의 1/3이하 이어야 한다.

다. 연속한 기둥중심선으로부터 기둥의 이탈은 이탈 방향 경간의 최대 20%까지 허용할 수 있다.

라. 모든 하중은 연직하중으로써 슬래브 판 전체에 등분포되어야 하며, 활하중은 고정하중의 2배 이하이어야 한다.

풀이

2방향 슬래브의 직접설계법 적용조건

① 각 방향으로 3경간 이상이 연속되어야 한다.

② 단변경간(l_2)에 대한 장변경간(l_1)의 비가 2이하인 직사각형이어야 한다.($l_1/l_2 \le 2.0$인 직사각형)

③ 각 방향으로 연속한 받침부 중심간 경간길이의 차이는 긴경간의 1/3 이하이어야한다.

④ 연속한 기둥중심선으로부터 기둥의 이탈은 이탈방향 경간의 최대10%까지 허용할 수 있다.

⑤ 모든 하중은 연직하중으로서 슬래브판 전체에 등분포되어야 하며, 활하중은 고정하중의 2배 이하이어야 한다.

⑥ 모든 변에서 받침부 사이의 보를 가지 슬래브 (4변이 모두 보로 되어있는 슬래브)인 경우 직교하는 2방향에서의 보의 상대강성의 범위는 0.2이상 5.0이하 이어야 한다.

$$0.2 \le \frac{\alpha_1 l_2^{\,2}}{\alpha_2 l_1^{\,2}} \le 5.0$$

여기서, l_1 : 휨모멘트 계산 방향의 경간길이

l_2 : 휨모멘트 계산 방향의 직교방향 경간길이

α_1, α_2 : 각각 l_1, l_2 방향으로의 α

⑦ 직접설계법으로 설계된 슬래브 시스템은 모멘트재분배를 적용할 수 없다.

답 다

9 다음의 구조 평면도에서 1방향 슬래브로서 설계되어야 할 부재로 가장 적합한 것은? 단, 기둥의 치수는 고려치 않는다.

가. S_1

나. S_2

다. S_3

라. S_4

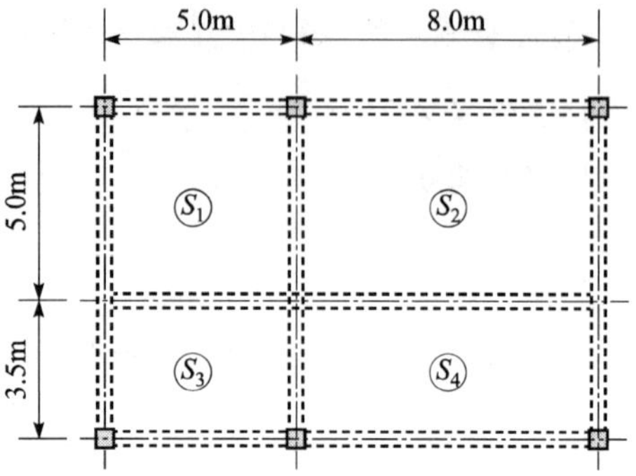

풀이

일방향 슬래브는 장변과 단변의 변장비 ($\frac{l_1}{l_2}$)가 2.0 이상이어야 한다.

$S_1 : \frac{l_1}{l_2} = \frac{5.0}{5.0} = 1.0 \leq 2.0$ $S_2 : \frac{l_1}{l_2} = \frac{8.0}{5.0} = 1.6 \leq 2.0$

$S_3 : \frac{l_1}{l_2} = \frac{5.0}{3.5} = 1.43 \leq 2.0$ $S_4 : \frac{l_1}{l_2} = \frac{8.0}{3.5} = 2.29 > 2.0$

답 라

10 철근콘크리트 주근으로 볼 수 없는 것은?

가. 1방향 슬래브에서 장변방향 철근
나. 단순보의 중앙하부철근
다. 캔틸레버 보의 단부 상부철근
라. 2방향 슬래브에서 주열대 단부상부철근

풀이

1방향 슬래브의 단변방향 철근이 주근이고, 장변방향은 건조수축 및 온도 변화에 저항하기 위하여 배치되는 철근이다.

답 가

11 보가 없는 슬래브의 2면전단(뚫림전단)의 위험단면 위치는 기둥면으로 부터 얼마인가? 단, d는 슬래브의 유효깊이이다

가. $\frac{1}{4}d$ 나. $\frac{1}{3}d$ 다. $\frac{1}{2}d$ 라. d

풀이

① 1면전단의 위험단면 : 기둥면으로부터 d

② 2면전단의 위험단면 : 기둥면으로부터 $\frac{1}{2}d$

답 다

12 강도설계법에서 직접설계법을 이용한 슬래브 설계시 전체 정적계수 휨모멘트 $M_o = 350kN \cdot m$ 일 때 내부경간의 부계수 모멘트와 정계수 모멘트는?

가. $-210\,kN \cdot m$, $+140\,kN \cdot m$

나. $-227.5\,kN \cdot m$, $+122.5kN \cdot m$

다. $-245kN \cdot m$, $+1.5.0\,kN \cdot m$

라. $-262.5kN \cdot m$, $+87.5kN \cdot m$

풀이

직접설계법에서 설계방향의 정,부계수 모멘트

부계수 모멘트 $M_u^- = 0.65M_o = 065 \times 350 = 227.5kN \cdot m$

정계수 모멘트 $M_u^+ = 0.35M_o = 0.35 \times 350 = 122.5kN \cdot m$

답 나

13 일방향슬래브의 구조제한에 대한 설명중 부적합한것은?

가. 최대 휨모멘트가 일어나는 단면의 주철근의 간격은 슬래브 두께의 2배이하, 300mm이하이다.

나. 최대 휨모멘트가 일어나는 단면외의 주철근의 간격은 슬래브 두께의 3배 이하, 450mm이하이다.

다. 장변방향의 부철근은 수축.온도철근에 의해 배근하는 $f_y \leq 400$ 인 이형철근의 최소철근비는 0.2%이다.

라. 장변방향의 부철근은 수축,온도철근에 의해 배근하는 $f_y > 400$ 인 이형철근의 최소철근비 0.25%이다.

풀이

0.0035의 항복변형률에서 측정한 철근의 항복강도 f_y가 $400MPa$를 초과하는 슬래브의 최소철근비는 $0.002 \times \dfrac{400}{f_y}$ 이다.

답 라

14 플랫슬래브의 구조에 대한 설명중 가장 부적합한것은?

가. 층고를 낮추어 실내 이용률을 높일 수 있다.

나. 슬래브가 균일단면으로 설비배관작업이 용이하다.

다. 보를 없애므로 구조가 간단하고, 거푸집 및 배근작업의 단순화로 시공이 용이하다.

라. 골조강성이 강하므로 고층건물에 적합하다.

풀이

골조강성이 약하므로 고층건물에 불합리한 구조이다.

답 라

15 다음 슬래브중 지판(drop Pannel)을 갖고 있는 슬래브?

가. 플랫 플레이트　　나. 플랫 슬래브　　다. 장선 슬래브　　라. 격자 슬래브

풀이

플랫슬래브는 플랫플레이트에 휨 철근을 감소시키고 2면 전단(뚫림 전단) 강도를 증대시키기 위하여 지판을 설계한 슬래브이다.

답 나

16 그림과 같은 4변 고정슬래브에 $10kN/m^2$ 의 하중이 작용한다면 최대 부모멘트는?

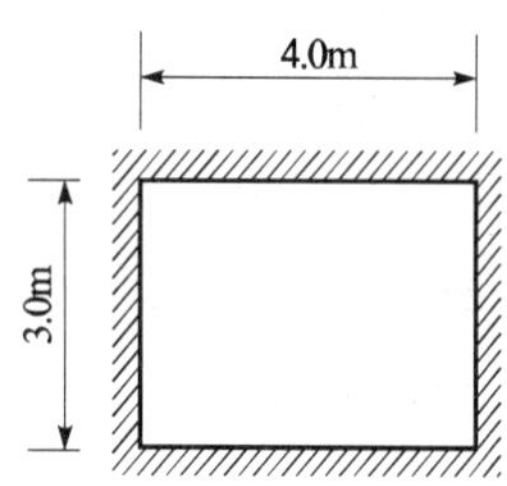

가. $-4.9kN \cdot m$

나. $-5.7kN \cdot m$

다. $-6.3kN \cdot m$

라. $-7.5kN \cdot m$

풀이

$$w_x = \frac{{l_2}^4}{{l_1}^4 + {l_2}^4} \times w = \frac{4^4}{3^4 + 4^4} \times 10 = 7.6kN/m^2$$

$$w_y = 10 - 7.6 = 2.4kN/m^2$$

$$M_u^- = -\frac{w_x {l_1}^2}{12} = -\frac{7.6 \times 3^2}{12} = -5.7kN \cdot m$$

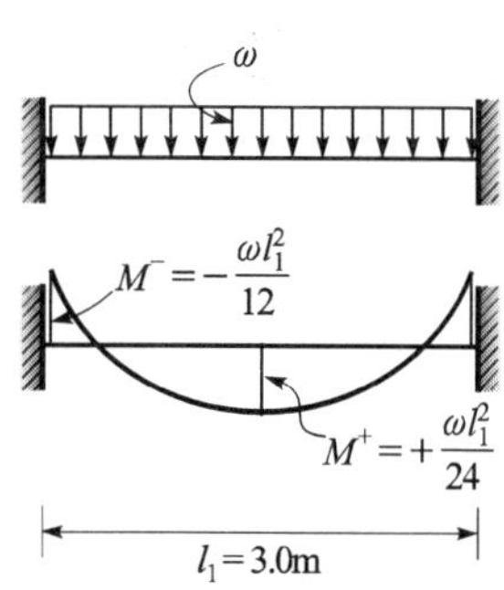

답 나

17 장변이 단변의 2배가 넘는 슬래브는 단변을 경간으로 하는 1방향 슬래브로 설계해야하는데, 그 이유는?

가. 철근이 절약되기 때문에

나. 하중의 대부분이 단변방향으로 작용하기 때문에

다. 구조계산이 편리하기 때문에

라. 휨모멘트가 작기 때문에

답 나

18 등분포하중을 받는 4변고정 2방향 슬래브에서 모멘트량이 가장 크게 나타나는 곳은?

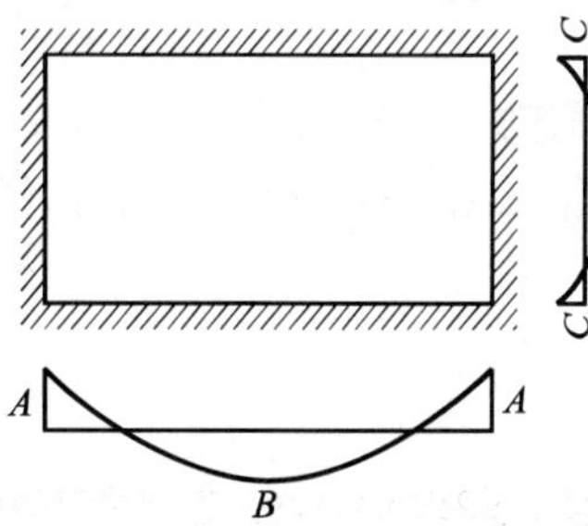

가. A

나. B

다. C

라. D

풀이

문제 16, 17 참조

예 : 문제 16번

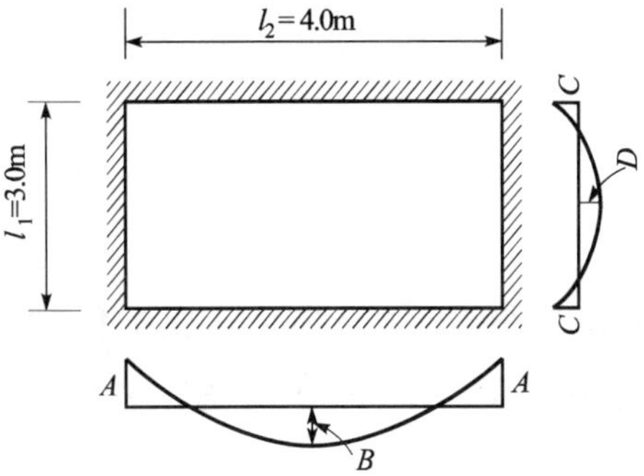

$$C = -\frac{w_x l_1^2}{12} = -\frac{7.6 \times 3^2}{12} = -5.7$$

$$D = +\frac{w_x l_1^2}{24} = +\frac{7.6 \times 3^2}{24} = +2.85$$

$$A = -\frac{w_y l_2^2}{12} = -\frac{2.4 \times 4^2}{12} = -3.2$$

$$B = +\frac{w_y l_2^2}{24} = +\frac{2.4 \times 4^2}{24} = +1.6$$

답 다

19 4변 고정인 2방향 슬래브(Two Way Slab)에서 가장 많이 하중을 받는 곳은?

가. 장변방향 단부 　　나. 장변방향 중앙부

다. 단변방향 단부 　　라. 단변방향 중앙부

답 다

20 철근콘크리트 슬래브의 내부경간에서의 정계수휨모멘트 / 전체정적계수휨모멘트(M_o)의 비율은?

가. 0.25 　　나. 0.35 　　다. 0.45 　　라. 0.65

풀이

$M^- = 0.65M_o$, $M^+ = 0.35M_o$

답 나

21 강도설계법에 의한 철근콘크리트 설계시 슬래브의 두께가 135mm일 때 1m당 수축·온도 철근량은? 단, $f_y = 400MPa$

가. $95mm^2$ 　　나. $189mm^2$ 　　다. $135mm^2$ 　　라. $270mm^2$

풀이

$\rho_{\min} = 0.2\%$

$A_{s,\min} = \rho_{\min}\, b\, h = 0.002 \times 1{,}000 \times 135 = 270mm^2$

답 라

22 강도설계법에서 1방향 슬래브 설계 시 휨철근에 직각방향으로 배근되는 D10 철근의 최대간격으로 가장 적당한 것은? 단, 슬래브 두께는 $150mm$, $f_y = 400MPa$, 철근(D10) 1개의 단면적은 $71mm^2$

가. $200mm$ 　　나. $230mm$ 　　다. $260mm$ 　　라. $300mm$

풀이

$A_{s,\min} = 0.002 \times 1{,}000 \times 150 = 300mm^2$

$$\text{철근간격 } D10@\frac{1{,}000}{300/71} = 236mm\,(D10\ A_1 = 71mm^2)$$

답 나

23 내부슬래브의 주변에 보와 지판이 없는 경우 슬래브의 최소두께 산정식 $l_n/33$ 이다. 이 식에서 l_n 으로 옳은 것은?

가. 2방향슬래브의 장변의 순경간
나. 2방향슬래브의 장변의 기둥 중심간 거리
다. 2방향슬래브의 둘레길이의 합
라. 2방향슬래브의 단변의 기둥 중심간 거리

답 가

24 그림과 같은 플랫플레이트가 450×450mm 정사각형 기둥에 의해 지지되고 있으며 테두리보는 배치되어 있지 않다. 모서리 패널의 경우 현행기준에서 요구하는 슬래브의 최소두께로 옳은 것은? 단, $f_{ck}=24MPa$, $f_y=400MPa$

가. $195mm$
나. $215mm$
다. $235mm$
라. $255mm$

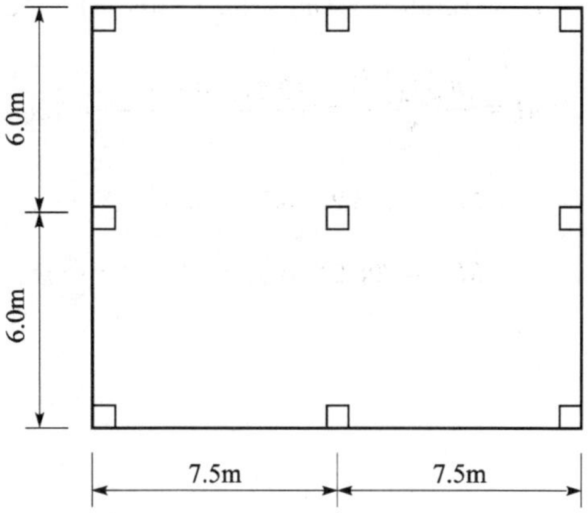

풀이

장변의 순경간 $l_n = 7{,}500 - 450 = 7{,}050mm$

$$h = \frac{l_n}{30} = \frac{7{,}050}{30} = 235mm \text{(표 8-3 참조)}$$

답 다

25 그림과 같은 슬래브에서 직접설계법에 의한 설계모멘트를 결정하고자 한다. 화살표방향 패널의 전체정적계수휨모멘트 M_o 를 구하면? 단, 등분포 고정하중 $w_D = 7.03\,kN/m^2$, 등분포활하중 $w_L = 2.5\,kN/m^2$, 기둥 단면은 $300 \times 300\,mm$ 이다.

가. $406.2\,kN \cdot m$

나. $506.2\,kN \cdot m$

다. $706.2\,kN \cdot m$

라. $806.2\,kN \cdot m$

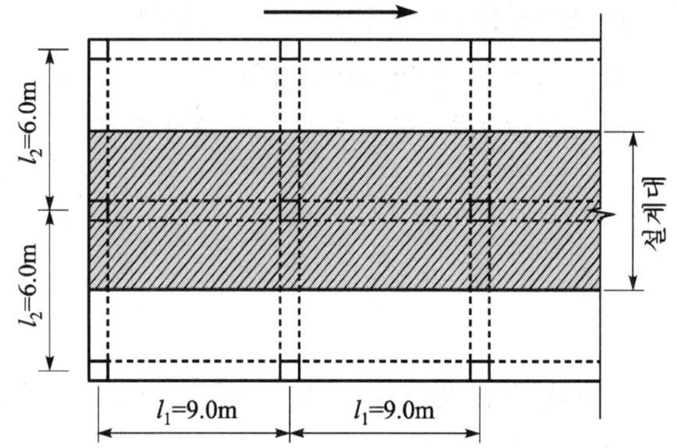

풀이

$w_u = 1.2\,w_D + 1.6\,w_L = 1.2 \times 7.03 + 1.6 \times 2.5 = 12.44\,kN/m^2$

$$M_o = \frac{w_u\, l_2\, l_n^{\,2}}{8} = \frac{12.44 \times 6 \times 8.7^2}{8} = 706.2\,kN \cdot m$$

$\therefore\ M^- = 706.2 \times 0.65 = 459.0\ kN \cdot m$

$M^+ = 706.2 \times 0.35 = 247.2\ kN \cdot m$

답 다

제 9 장
기둥의 설계

기둥의 설계

1 개요

기둥은 바닥 슬래브로부터 전달되는 축하중을 상층에서 하층으로, 최종적으로는 기초를 통하여 지반으로 전달하는 수직부재로서 축압축력 지지를 위주로 하나, 대부분의 기둥에는 우발 편심하중, 완벽한 수직 시공이 되기 어려운 시공상의 오차, 보의 단부 모멘트, 수평 하중 등에 의하여 발생되는 휨 모멘트도 받는 것이 일반적인 경우이다. 단면의 형태로는 정사각형, 직사각형, 원형등이 많이 사용된다.

철근 콘크리트 기둥은 단주(短柱)와 장주(長柱)로 구분해서 취급한다.

- 단주(短柱) : 좌굴에 의한 파괴가 아니고 축하중에 대한 응력 또는 편심 하 중에 의한 응력과 휨에 의해서 파괴되는 짧은 기둥
- 장주(長柱) : 주로 좌굴(Buckling)에 의해서 파괴되는 긴기둥을 말한다.

이 장에서는 철근콘크리트 기둥의 역학적 거동과 기준에 의한 설계방법으로 기둥의 축하중과 휨모멘트의 상관도, 단주 및 장주의 설계등을 소개하기로 한다.

2 기둥 설계상의 기본 가정

압축부재도 휨모멘트를 동시에 받는 경우가 많고 콘크리트의 압축파괴시 최대 압축변형률은 휨부재에 극한모멘트가 발생할 때의 변형률과 같이 0.0033 부근에서 측정되므로 휨부재와 같은 설계상의 가정이 동일하게 적용된다.

1. 힘의 평형 조건(equilibrium)과 변형률 적합조건(compatibility, 철근과 콘크리트의 변형률은 중립축으로부터 거리에 비례한다)을 만족시켜야 한다.
2. 콘크리트 기둥의 압축 연단에서의 극한 변형률(ε_{cu})은 0.0033이다.
3. 콘크리트의 인장 강도는 무시한다.
4. 콘크리트의 압축 응력의 분포와 콘크리트의 변형률 사이의 관계는 등가 직사각형 응력 분포, 포물선직선응력분포 등으로 나타낼 수 있다.

3 기둥 설계의 기본사항

1. 기둥의 설계단면치수

기둥 설계에서 수직 및 나선철근량에 대한 규정은 전체 기둥면적과 심부의 면적을 기준으로 하고 있으며, 기둥의 설계강도는 기둥전체 단면적을 기준으로 하고 있다. 그러나 구조적인 문제가 아닌 다른 요인으로 필요이상의 추가 단면적으로 설계될 수가 있는데 이 경우 기둥의 유효단면적은 다음의 규정을 따른다. 이때 기둥의 추가 단면적은 구조해석시 부재강성의 효과에는 포함시켜야 한다.

(1) 둘이상의 맞물린 나선철근을 가진 독립 압축부재의 유효단면의 한계는 나선철근의 최외측에서 콘크리트 최소 피복두께를 더하여 취한다.

(2) 벽체와 일체 시공된 기둥
콘크리트 벽체나 교각구조와 일체로 시공되는 나선철근 또는 띠철근으로 보강된 압축부재의 유효단면은 나선철근이나 띠철근 외측에서 40mm 보다 크지 않게 취하여야 한다.

(3) 등가원형 기둥
정사각형, 팔각형 또는 다른 형상의 단면을 가진 압축부재 설계에서 전체 단면적을 사용하는 대신에 실제 형상의 최소 치수에 해당하는 지름을 가진 원형단면을 사용할 수 있다. 이 경우 고려되는 부재의 전체 단면적, 요구되는 철근비 및 설계강도는 위의 원형단면을 기준으로 하여야한다.

(4) 단면적의 제한
하중에 요구되는 단면보다 큰 단면으로 설계된 압축부재의 경우에 일부의 단면만을 취한 감소된 유효 단면적을 사용하여 최소철근량과 설계강도를 결정 할 수 있다. 그러나 이 때 감소된 유효단면적은 전체 단면적의 1/2 이상 이어야 한다.

2. 기둥 철근

(1) 주철근

기둥의 길이 방향으로 배근되어 축압축력을 콘크리트와 분담하면서 휨에 의한 인장 응력을 지지한다.

(2) 보조철근

주철근의 위치를 고정시키면서 압축력을 받는 콘크리트 기둥의 벌어짐을 구속하는 역할을 하며, 주철근을 둘러싸고 있는 철근으로 이러한 보조철근에는 그림 9-1 (a)와 같이 주철근을 일정한 피치로 연속 감아 올라간 형태의 나선철근과 그림 9-1 (c)와 같이 주철근을 일정한 간격으로 배근한 폐쇄된 직사각형 철근의 띠철근이 있다. 띠철근은 사각형 단면에, 나선철근은 원형단면의 기둥에 주로 사용된다. 하지만 원형단면에 나선철근이 아닌 그림 9-1(d)와 같이 띠철근으로 배치되었다면 띠철근콘크리트 기둥으로, 반면에 사각형단면에 띠철근이 아닌 그림 9-1 (b)와 같이 나선철근으로 배치되었다면 나선철근 기둥으로 분류된다.

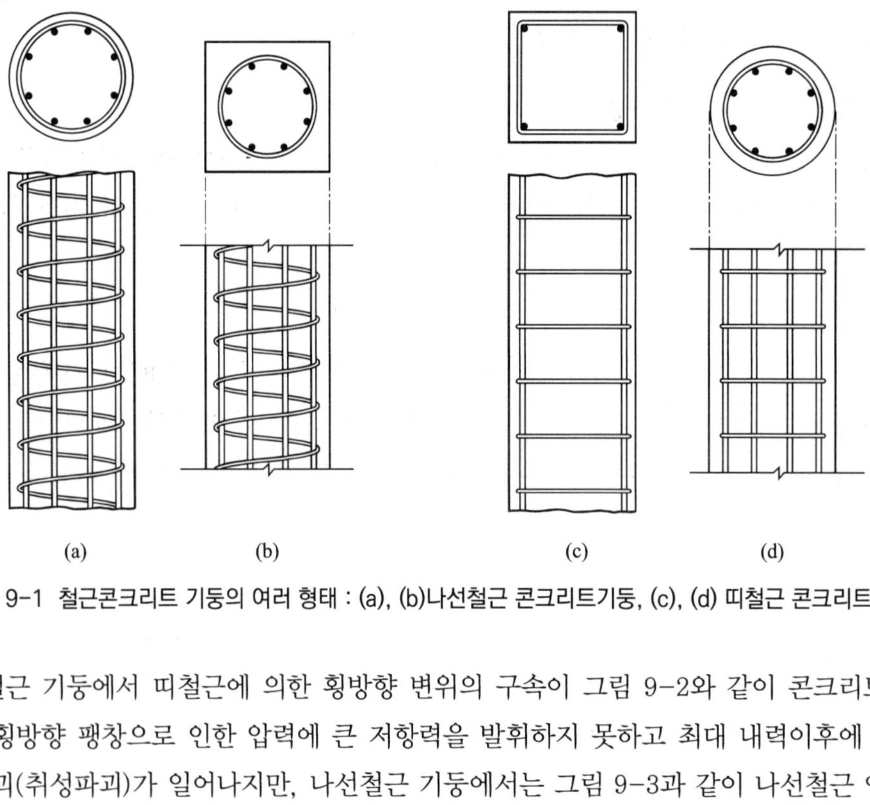

그림 9-1 철근콘크리트 기둥의 여러 형태 : (a), (b)나선철근 콘크리트기둥, (c), (d) 띠철근 콘크리트기둥

띠철근 기둥에서 띠철근에 의한 횡방향 변위의 구속이 그림 9-2와 같이 콘크리트의 압축시 횡방향 팽창으로 인한 압력에 큰 저항력을 발휘하지 못하고 최대 내력이후에 갑작스런 파괴(취성파괴)가 일어나지만, 나선철근 기둥에서는 그림 9-3과 같이 나선철근 안에 있는 콘크리트를 효율적으로 구속하여 나선철근량에 따라 그림 9-4와 같이 최대 내력 이후에도 연성기둥을 보인 후 파괴가 일어난다.

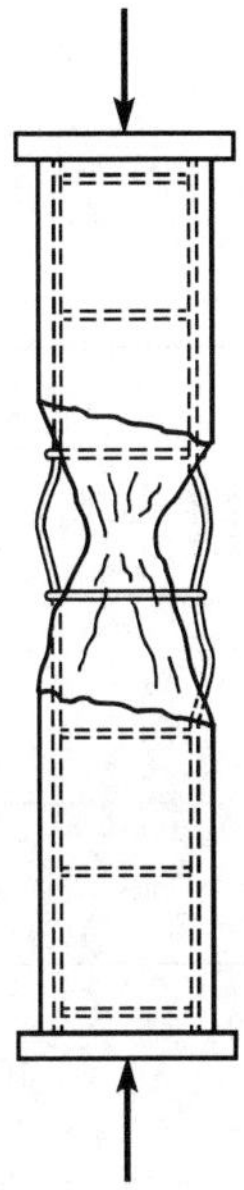

그림 9-2 띠철근의 파괴

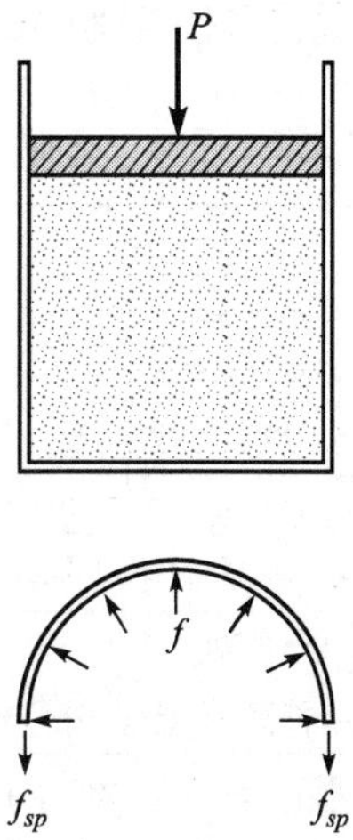

그림 9-3 나선철근의 힘의 작용

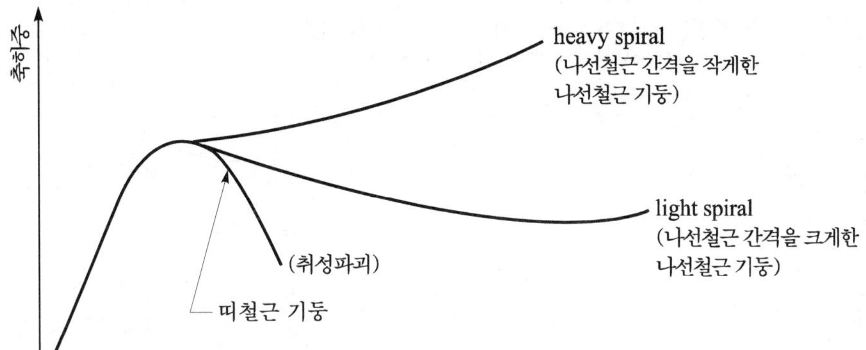

그림 9-4 띠철근 콘크리트기둥과 나선철근 콘크리트기둥의 거동

3. 압축부재의 철근량 제한

압축부재의 철근량은 다음 표 9-1의 값을 만족하여야 한다.

표 9-1 주철근 및 보조철근의 구조제한

<table>
<tr><th colspan="2"></th><th colspan="2">띠철근 기둥</th><th>나선철근 기둥</th></tr>
<tr><td rowspan="3">주철근</td><td>개수</td><td colspan="2">• 직사각형(구형) : 4개 이상
• 원형: 4개 이상
• 삼각형: 3개 이상</td><td>6개 이상</td></tr>
<tr><td>간격</td><td colspan="3">40mm이상, 주철근 직경의 1.5배 이상,
굵은 골재 최대치수의 4/3배 중 큰 값</td></tr>
<tr><td>철근비
(ρ)</td><td colspan="3">$\rho_{\min} = 1\%$, $\rho_{\max} = 8\%$
(주철근이 겹침 이음되는 경우 최대 철근비는 4% 이하)</td></tr>
<tr><td rowspan="4">띠철근 혹은 나선철근</td><td>직경</td><td colspan="2">주철근 직경 ≤ D32 : D10 이상
주철근 직경 ≥ D35 : D13 이상
또는, 다발철근</td><td>10mm 이상</td></tr>
<tr><td rowspan="2">간격</td><td>• 주철근 직경의 16배 이하
• 띠철근 직경의 48배 이하
• 기둥 단면의 최소 치수의 1/2 이하</td><td>최소값
(단,200mm보다 좁을 필요는 없다.)</td><td rowspan="2">25mm 이상, 75mm 이하</td></tr>
<tr><td>* 내진 설계시
• 주철근 직경의 8배 이하
• 띠철근 직경의 24배 이하
• 기둥 단면의 최소 치수의 1/2 이하
• 300mm 이하</td><td>최소값</td></tr>
<tr><td>철근비</td><td colspan="2">–</td><td>$\rho \geq \rho_s = 0.45\left(\frac{A_g}{A_{ch}} - 1\right)\frac{f_{ck}}{f_{yt}}$
$\rho = \frac{A_{sp}\, l_{sp}}{A_{ch}\, s}$
A_{sp} : 나선철근단면적, s : 나선철근간격
l_{sp} : 나선철근 1회전 길이 $l_{sp} = \pi d_c$
A_{ch} : 기둥심부단면적 $A_{ch} = \pi d_c^2/4$
D : 기둥전체직경
d_c : 나선철근의 바깥부분으로 측정되는 기둥심부지름($d_c = D -$ 피복두께×2)
A_g :기둥 전체단면적 $A_g = \pi D^2/4$
f_{yt} : 나선철근의 항복강도로 700MPa이하이어야 하며, 400MPa을 초과하는 경우에는 겹침이음을 할 수 없다.
ρ_s : 최소 나선철근비
ρ : 실제 필요나선철근비</td></tr>
</table>

4. 보조철근과 옵셋철근 상세

(1) 띠철근

1) 띠철근은 모든 모서리에 있는 종방향철근과 하나 건너 있는 종방향철근이 135° 이하로 구부린 띠철근의 모서리에 의해 횡지지되어야 한다.
다만, 띠철근을 따라 횡지지된 인접한 축방향철근의 순간격이 150mm 이상 떨어진 경우에 추가 띠철근을 배치하여야 한다. 또한, 축방향철근이 원형으로 배치된 경우에는 원형띠철근을 사용할 수 있다.

2) 기초판 또는 슬래브의 윗면에 배치되는 첫 번째 띠철근 간격은 다른 띠철근 간격의 1/2 이하로 하여야 하고, 슬래브나 지판에 배치된 최하단 수평철근 아래에 배치되는 첫 번째 띠철근 간격도 1/2 이하로 하여야 한다.

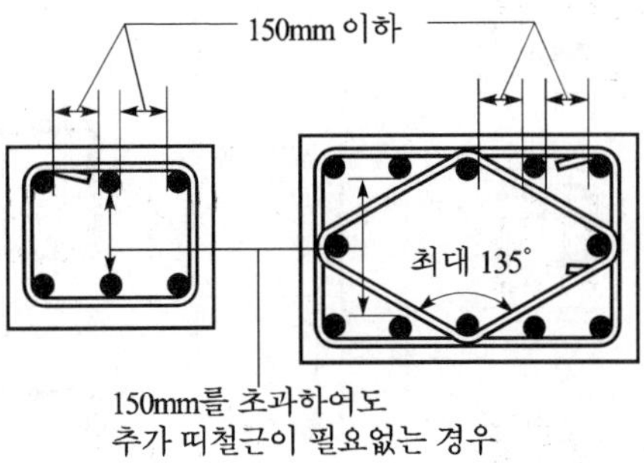

(a) 150mm를 초과하여도 추가 띠철근이 필요없는 경우

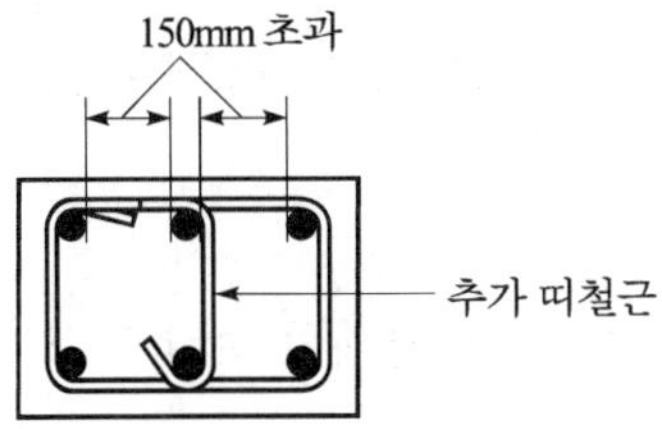

(b) 철근간격이 150mm를 초과하여 추가 띠철근이 필요한 경우

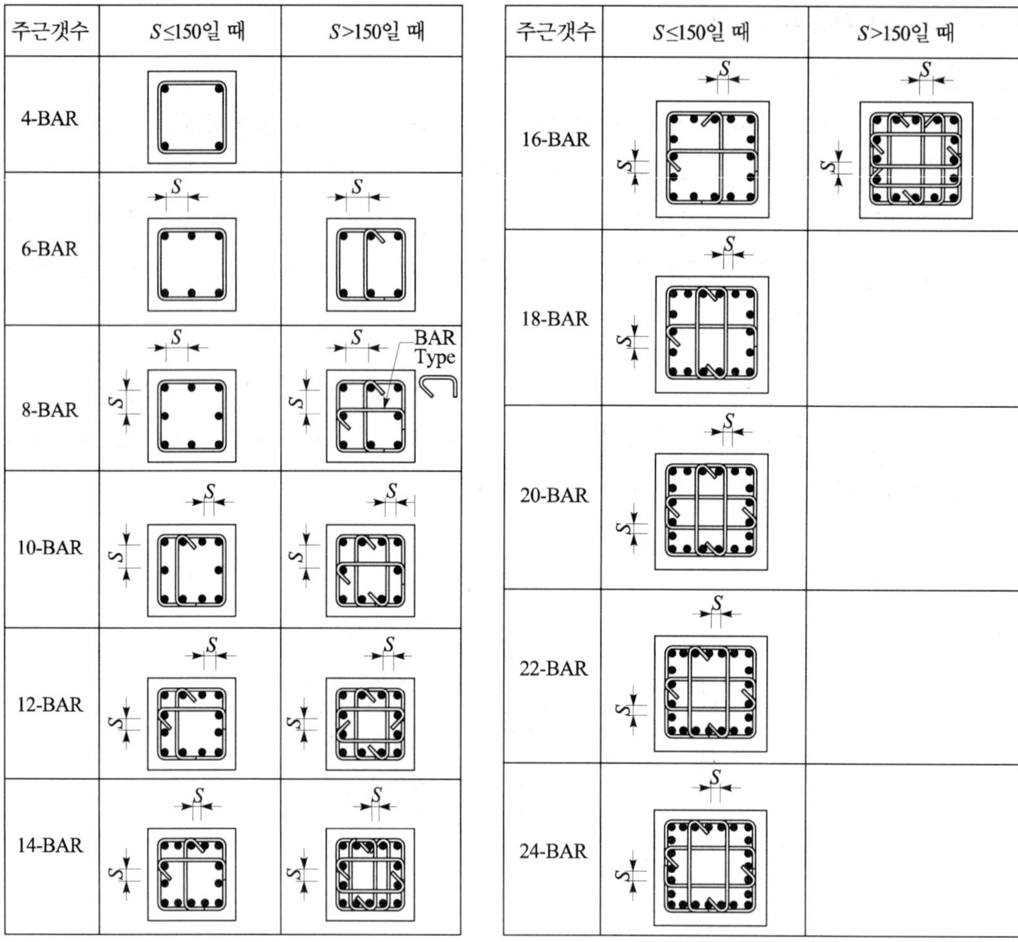

그림 9-5 띠철근 배근상세

(2) 나선철근

① 나선철근의 정착은 나선철근의 끝에서 추가로 심부주위를 1.5회전만큼 더 확보하여야 한다.

② 나선철근의 이음은 이형철근 또는 철선인 경우 지름의 48배 이상, 원형철근 또는 철선인 경우 지름의 72배 이상이고, 또 300mm 이상의 겹침이음으로 하거나, 기계적 이음 또는 용접이음으로 하여야 한다.

③ 나선철근은 확대기초판 또는 기초슬래브의 윗면에서 그 위에 지지된 부재의 최하단 수평철근까지 연장되어야 한다.

(3) 옵셋굽힘철근

상하기둥의 단면 크기가 크게 변하는 경우 상하기둥의 수직철근을 직접겹침이음을 하기 어렵다. 이러한 경우에는 옵셋철근을 상하기둥의 경계 부위에 설치하여 힘의 흐름이 원활히 일어나도록 유도한다.

1) 기둥 연결부에서 단면수치가 변하는 경우 옵셋철근을 배치하여야 한다.
2) 옵셋철근의 굽힘부에서 기울기는 1/6을 초과하지 않아야 한다.
3) 옵셋철근의 굽힘부를 벗어난 상.하부 철근은 기둥 축에 평행 하여야 한다.
4) 옵셋철근은 굽힘부에는 띠철근, 나선철근 또는 바닥구조에 의해 수평지지가 이루어져야 한다. 이 때 수평지지는 옵셋철근의 굽힘부에서 계산된 수평분력의 1.5배를 지지할 수 있도록 설계되어야 하며, 수평지지로 띠철근이나 나선철근을 사용하는 경우에는 이들 철근을 굽힘점으로 부터 150mm 이내에 배치하여야 한다.
5) 옵셋철근은 거푸집 내에 배치하기 전에 굽혀 두어야 한다.
6) 기둥 연결부에서 상. 하부의 기둥면이 75mm 이상 차이가 나는 경우는 종방향철근을 구부려서 옵셋철근으로 사용하지 않아야 한다. 이러한 경우에 별도의 연결철근을 옵셋되는 기둥의 종방향철근과 겹침이음하여 사용하며, 겹침이음의 규정을 따라야 한다.

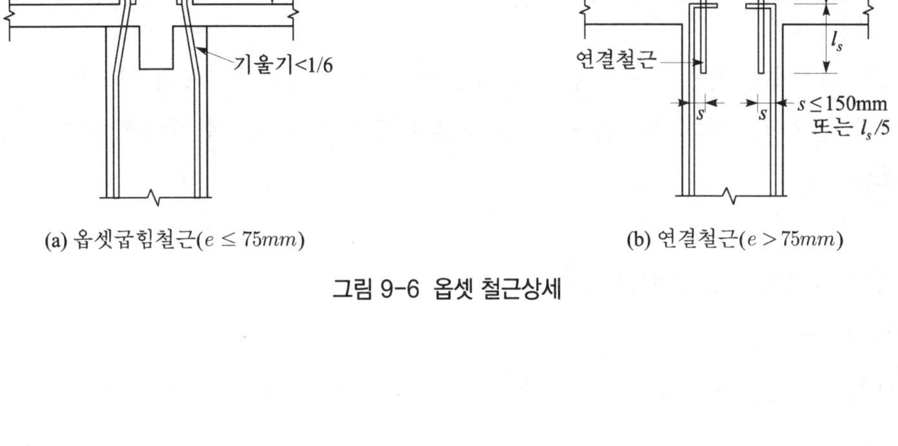

(a) 옵셋굽힘철근($e \leq 75mm$)　　(b) 연결철근($e > 75mm$)

그림 9-6 옵셋 철근상세

4 단주의 설계

강도설계법에서 안전성은 설계하중에 하중계수를 곱해주는 것과 기준강도를 정확히 갖는 재료를 써서 완벽한 시공을 하였을 때의 이론적으로 산출되는 축강도(P_0)로부터 편심을 고려한 공칭축강도(P_n)를 구하고 여기에 강도감도계수(ϕ)를 곱하는 방법으로 확보한다.

하중계수는 모든 하중에 공통적으로 쓰이는 같은 값이나 강도감소계수(ϕ)는 축력, 휨모멘트, 전단력 등 부재강도에 따라 다르게 규정되고 있다.

기둥의 축강도에 대한 ϕ의 값은

띠철근 콘크리트기둥에 대해서 $\phi = 0.65$,

나선철근 콘크리트기둥에 대해서 $\phi = 0.7$로 규정되고 있다.

ϕ가 나선철근기둥과 띠철근기둥이 다르게 규정된 것은 그림 9-4에서 보인바와 같이 나선철근기둥이 띠철근기둥에 비해 연성거동을 하기 때문이다.

이 강도감소계수(ϕ)가 휨이나 전단에 대한 강도감소계수 $\phi = 0.85$ 및 $\phi = 0.75$보다 작은 값이 된 데에는 여러 가지 이유가 있다. 그 하나는 대부분의 보가 철근의 항복에 의해서 그 내력이 정해지는데 비해 기둥은 콘크리트의 부서짐에 의해서 정해지기 때문이다.

그리고 현장에서 시공되는 콘크리트 공장제품인 철근보다 그 품질관리가 어려워서 부분적인 강도 부족의 현상이 생기기 쉽고, 특히 수직적으로 깊이 부어 콘크리트를 타설하는 기둥의 콘크리트가 수평적으로 얕게 타설하는 보의 콘크리트보다 재료의 분리, 곰보 등 시공상의 결함이 생기기 쉽다. 또 기둥의 파괴에 따르는 인명에 대한 위험도는 보의 그것보다 훨씬 더 크다.

그래서 설계에서 사용되는 공칭축강도 P_n는 $P_n = \phi P_0$로 정하는데 여기서 P_n은 주어진 단면의 편심에 대한 공칭축강도, P_0는 편심이 없는 상태에 대한 축강도이며, ϕ는 강도감소계수이다.

1. 축방향 중심축 하중을 받는 단주

(1) 최대 축하중 강도

1) 완벽한 시공을 하였을 때의 이론적으로 산출되는 무편심에 대한 축하중강도

$$P_0 = 0.85 f_{ck}(A_g - A_{st}) + f_y A_{st} \qquad (9.1)$$

A_{st} : 주철근의 전 단면적

A_g : 기둥의 전단면적

2) 시공오차, 재료의 불균질 등을 고려한 편심에 대한 공칭축하중강도

① 띠철근 기둥: $P_n = 0.8 \times P_0$

② 나선철근 기둥 : $P_n = 0.85 \times P_0$

(2) 최대 설계 축하중강도

설계기준에서 최대 설계 축하중강도는 식(9.2), (9.3)으로 제한하고 있다.

1) 띠철근 기둥 : $\phi P_n = 0.65 \times 0.8 \times [0.85 f_{ck}(A_g - A_{st}) + f_y A_{st}]$ ······················ (9.2)

여기서, $\phi = 0.65$

2) 나선철근 기둥 : $\phi P_n = 0.7 \times 0.85 \times [0.85 f_{ck}(A_g - A_{st}) + f_y A_{st}]$ ··············· (9.3)

여기서, $\phi = 0.7$

예제 9-1

다음의 축방향 중심축 하중을 받는 단주의 설계 축강도(ϕP_n)를 구하고, 설계기준에 적합한지 검토하라. 단, $f_{ck} = 24\,MPa$, $f_y = 400\,MPa$, $D25\ A_1 = 507\,mm^2$, $D10\ A_1 = 71\,mm^2$ 주근은 겹침이음하였다.

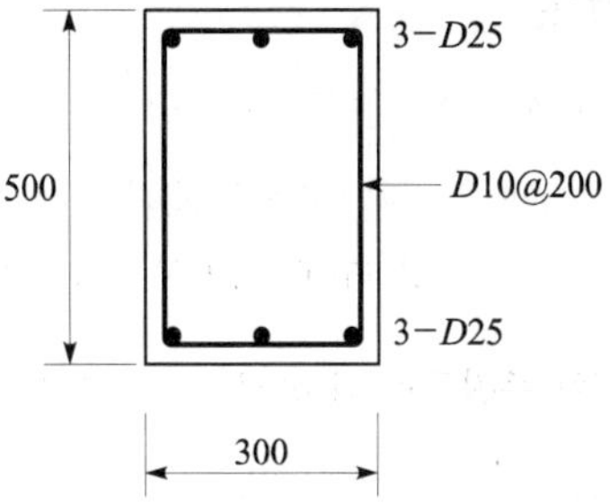

풀이

(1) $\phi P_n = 0.65 \times 0.8 \times [0.85 f_{ck}(A_g - A_{st}) + f_y A_{st}]$

$= 0.65 \times 0.8 \times [0.85 \times 24 \times (300 \times 500 - 6 \times 507) + 6 \times 507 \times 400]$

$= 2{,}191.7 \times 10^3\,N$

$= 2{,}191.7\,kN$

(2) 주 철근비 검토(겹침이음된 것으로 가정)

$$\rho = \frac{A_{st}}{A_g} = \frac{6 \times 507}{300 \times 500} = 0.0203\,(2.03\%)$$

$1\% < \rho < 4\%$ 이므로 적합하다.

(3) 띠철근 검토

- 주근 직경의 16배 : $16 \times 25 = 400\,mm$
- 띠철근 직경의 48배 : $10 \times 48 = 480\,mm$
- 기둥 단면의 최소 치수의 1/2 이하 : $300\,mm \times 1/2 = 150\,mm$

  단, $200\,mm$ 보다는 좁을 필요가 없으므로 $200\,mm$ 이하이면 적합.

  띠철근은 위의 세값 중에서 작은 $200\,mm$ 이하로 배근한 것은 적합하다.

예제 9-2

다음 그림의 축방향 중심축 하중만을 받는 나선철근으로 보강된 원형단면 단주의 최대 설계축하중강도를 구하고, 설계기준에 적합한 필요 나선철근(D13)간격 s를 구하시오. 단, $f_{ck} = 30\,MPa$, $f_y = 400\,MPa$, $D25\ A_1 = 507\,mm^2$, $D13\ A_1 = 127\,mm^2$, 주철근은 겹침이음된 것으로 한다.

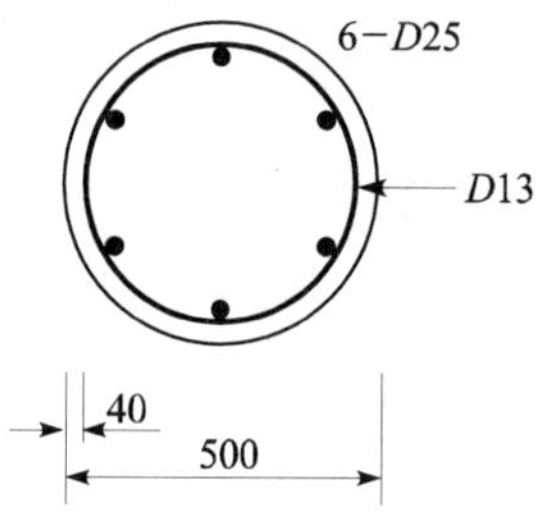

풀이

(1) $\phi P_n = 0.7 \times 0.85 \times [0.85 f_{ck}(A_g - A_{st}) + f_y A_{st}]$

$$= 0.7 \times 0.85 \times [0.85 \times 24 \times (\frac{\pi \times 500^2}{4} - 6 \times 507) + 6 \times 507 \times 400]$$

$$= 3{,}657.0 \times 10^3 N = 3{,}657.0\,kN$$

(2) 주철근비 검토(겹침이음된 것으로 가정)

$$\rho = \frac{A_{st}}{A_g} = \frac{6 \times 507}{\frac{\pi \times 500^2}{4}} = 1.55\% < 4\%$$ 이므로 적합하다.

(3) 필요 나선철근간격 검토

최소 나선철근비 $\rho_s = 0.45(\frac{A_g}{A_{ch}} - 1)\frac{f_{ck}}{f_{yt}} = 0.45 \times \left[\frac{\frac{\pi \times 500^2}{4}}{\frac{\pi \times 420^2}{4}} - 1\right] \times \frac{30}{400} = 0.0141$

실제필요 나선철근비 $\rho = \frac{A_{sp}\,l_{sp}}{A_{ch}\,s} = \frac{127 \times \pi \times 420}{\frac{\pi \times 420^2}{4} \times s} = \frac{1.21}{s}$

$$\frac{1.21}{s} = 0.0141$$ 에서 $s \le 85.78\,mm$

따라서 나선철근 최대 간격이 $75\,mm$ 이하이므로 $s = 75\,mm$ 로 한다.

2. 축하중과 휨을 받는 기둥의 설계강도

기둥 재료의 불균질, 시공오차 등의 이유로 거의 모든 기둥 부재에서는 순수축하중만 받고 휨모멘트를 받지 않는 기둥은 없다. 계산상 휨모멘트를 전혀 받지 않는 기둥도 보가 작용할 때 편심이 생기고 기둥도 완전히 수직이 될 수 없는 등의 시공상의 피치 못 할 불완전성 등으로 기대하지 않았던 휨모멘트가 따라오게 마련이다.

축하중과 휨을 받는 기둥에는 축하중에 의한 응력과 휨응력이 생기며, 이 기둥의 설계강도는 축하중과 모멘트 크기에 상관관계를 가지게 된다. 축하중에 대한 휨모멘트의 크기는 편심으로 나타낼 수 있기 때문에 편심이 주어진 상태에서 공칭축하중강도 P_n을 구하면 공칭 휨모멘트강도 M_n 은 $P_n \cdot e$ 로부터 구할 수 있다.

따라서 e의 값을 변화시키면서 P_n의 값을 구하면 기둥의 공칭강도에 대한 상관곡선(P-M 상관도) 「부록 C」의 도표를 얻을 수 있다. P-M 상관도에서 구한 P_n과 M_n에 강도감소계수 ϕ를 곱하여 기둥의 설계강도 ϕP_n 과 ϕM_n을 구한다. 이해를 돕기 위하여 등가응력 분포를 이용하여 단면 500×500, 주철근 10-D25인 띠철근 기둥의 P-M상관도를 그려보도록 하겠다.

(1) P–M 상관도

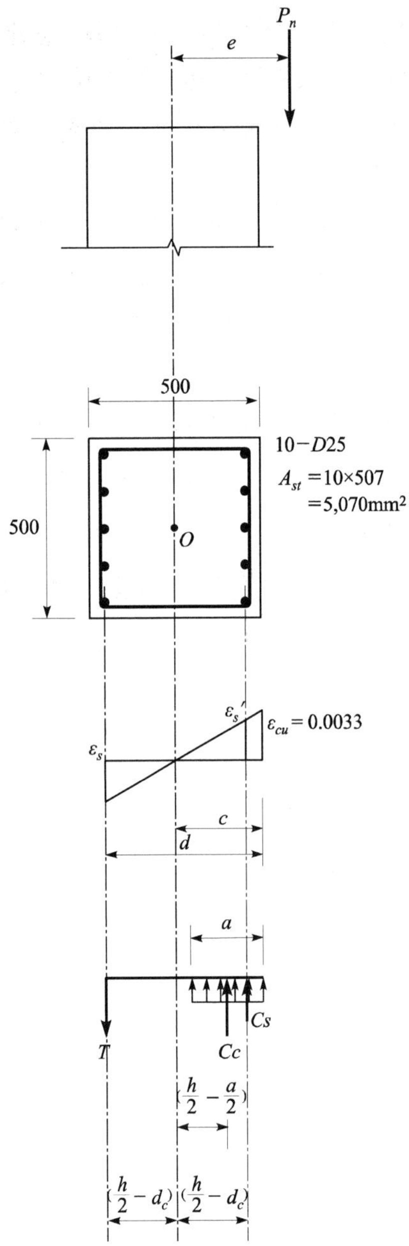

$M_n = P_n e$
$f_{ck} = 30$
$f_y = 400$
$d_c = 62.5\,mm$

기둥의 소성중심에서 힘의 평행조건으로부터

$\Sigma V = 0$　　　　$\Sigma M_{기둥중심} = 0$

$$-P_n + C_c + C_s - T = 0, \quad +M_n - C_c \times \left(\frac{h}{2} - \frac{a}{2}\right) - C_s \times \left(\frac{h}{2} - d_c\right) - T \times \left(\frac{h}{2} - d_c\right) = 0$$

$$P_n = C_c + C_s - T$$

따라서 $M_n = C_c \times \left(\frac{h}{2} - \frac{a}{2}\right) + C_s \times \left(\frac{h}{2} - d_c\right) + T \times \left(\frac{h}{2} - d_c\right)$ 가 된다.

여기서, $C_c = 0.85 f_{ck}\, ab$
$C_s = A_s{}' f_s{}'$
$T = A_s f_s$ 이다.

주) **소성중심** : 단면에 압축력이 작용하여 파괴될 때에 단면전체에 균등한 변형률이 발생하도록 하는 점으로 이점에 축하중이 작용하게 되면 휨모멘트는 발생하지 않고 순수 압축력만 발생하게 된다.

1) 무편심 e=0, (즉, $M_n = 0$ 일 때)

$$P_n = 0.8P_0 = 0.8 \times [0.85 f_{ck}(A_g - A_{st}) + f_y A_{st}]$$

$$= 0.8 \times [0.85 \times 30 \times (500 \times 500 - 10 \times 507) + 400 \times 10 \times 507] \times 10^{-3}$$

$$= 0.8 \times 8,273.7 = 6,619.0\ kN$$

2) 균형 파괴인 경우($e = e_b$)

$$\varepsilon_s = \frac{f_y}{E_s}$$

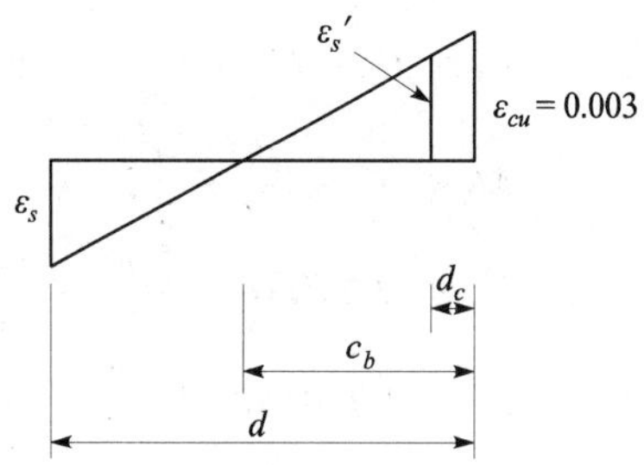

① c_b, ε_s', ε_s 산정

$c_b : 0.0033 = (d - c_b) : \varepsilon_s$ 에서

$$c_b = \frac{0.0033}{0.0033 + \varepsilon_s} d$$

균형파괴 이므로 $\varepsilon_s = f_y / E_s$ 를 대입하면($E_s = 200,000\,MPa$)

$$c_b = \frac{0.0033}{0.0033 + \frac{f_y}{E_s}} d$$

$$= \frac{660}{660 + f_y} d$$

$$= \frac{660}{660 + 400} \times 437.5 \qquad (d = 500 - 62.5 = 437.5)$$

$$= 272.4\,mm$$

$$\varepsilon_s' = (\frac{c_b - d_c}{c_b}) \times 0.0033 = (\frac{272.4 - 62.5}{272.4}) \times 0.0033 = 0.00254$$

$$\varepsilon_s = \frac{f_y}{E_s} = 0.002$$

② f_s, f_s' 산정

- $f_s' = E_s \cdot \varepsilon_s' = 200,000 \times 0.00254$

  $= 508.0\,MPa > f_y = 400\,MPa$ 이므로 철근이 항복한다.

따라서, $f_s' = 400\ MPa$

- $f_s = f_y = 400$
- $a_b = \beta_1 c_b = 0.8 \times 272.4 = 218.0\ mm$

③ C_c , C_s , T 산정

$C_c = 0.85 f_{ck}\, a_b\, b = 0.85 \times 30 \times 218 \times 500 \times 10^{-3} = 2{,}779.5\ kN$

$C_s = A_s' f_s' = 2{,}535.0 \times 400 \times 10^{-3} = 1{,}014.0\, kN$

$T = A_s f_s = 2{,}535.0 \times 400 \times 10^{-3} = 1{,}014.0\, kN$

$P_b = C_c + C_s - T = 2{,}779.6 + 1{,}014.0 - 1{,}014.0 = 2{,}779.6\ kN$

$$M_b = [C_c \times (\frac{h}{2} - \frac{a}{2}) + C_s \times (\frac{h}{2} - d_c) + T \times (\frac{h}{2} - d_c)]$$
$$= [2{,}779.6 \times (\frac{500}{2} - \frac{218}{2}) + 1{,}014.0 \times (\frac{500}{2} - 62.5)$$
$$+ 1{,}014.0 \times (\frac{500}{2} - 62.5)] \times 10^{-3}$$
$$= 772.2\, kN\cdot m$$

$$e_b = \frac{773.2}{2{,}779.2} = 0.278\, m = 278\ mm$$

3) 인장 파괴인 경우($e > e_b$　즉,　$c < c_b = 272.4\ mm$)

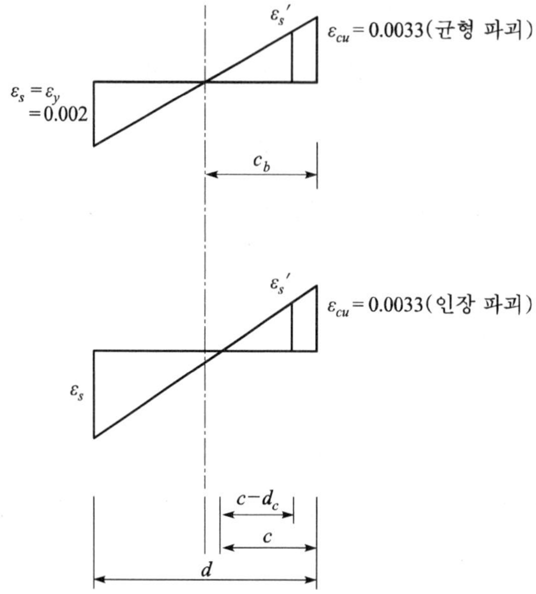

① c=150mm로 가정해 보자

$c : 0.003 = (c - d_c) : \varepsilon_s'$

$$\varepsilon_s' = (\frac{c - d_c}{c}) \times 0.0033$$

$$= (\frac{150 - 62.5}{150}) \times 0.0033 = 0.00193$$

$\varepsilon_s : 0.0033 = (d - c) : c$ 에서

$$\varepsilon_s = (\frac{d - c}{c}) \times 0.0033$$

$$= (\frac{437.5 - 150}{150}) \times 0.0033 = 0.0063$$

② f_s, f_s' 산정

- $f_s = E_s \varepsilon_s = 200{,}000 \times 0.0063$

  $= 1{,}260\,MPa > f_y = 400\,MPa$ 이므로 $f_s = 400\,MPa$ 이 된다.

- $f_s' = E_s \varepsilon_s' = 200{,}000 \times 0.00193 = 386\,MPa$

③ C_c, C_s, T 산정

$$C_c = \eta(0.85 f_{ck})\,a\,b = 1.0 \times 0.85 \times 24 \times (0.8 \times 150) \times 500 \times 10^{-3} = 1{,}530\,kN$$
$$(a = \beta_1 c = 0.8 \times 150 = 120)$$

$$C_s = A_s' f_s' = 2535.0 \times 386 \times 10^{-3} = 978.5\,kN$$

$$T = A_s f_s = 2{,}535.0 \times 400 \times 10^{-3} = 1{,}014\,kN$$

$$P_n = C_c + C_s - T = 1{,}530 + 978.2 - 1{,}014 = 1{,}494.2\,kN$$

$$M_n = C_c \times (\frac{h}{2} - \frac{a}{2}) + C_s \times (\frac{h}{2} - d_c) + T \times (\frac{h}{2} - d_c)$$

$$= [1{,}530 \times (\frac{500}{2} - \frac{120.0}{2}) + 978.2 \times (\frac{500}{2} - 62.5) + 1{,}014 \times (\frac{500}{2} - 62.5)] \times 10^{-3}$$

$$= 664.2 \times 10^{-3} = 664.2\,kN \cdot m$$

$$e = \frac{664.2}{1{,}494.2} = 0.445 > e_b = 0.278$$

4) 압축 파괴인 경우($e < e_b \quad \rightarrow \quad c > c_b = 272.4\,mm$)

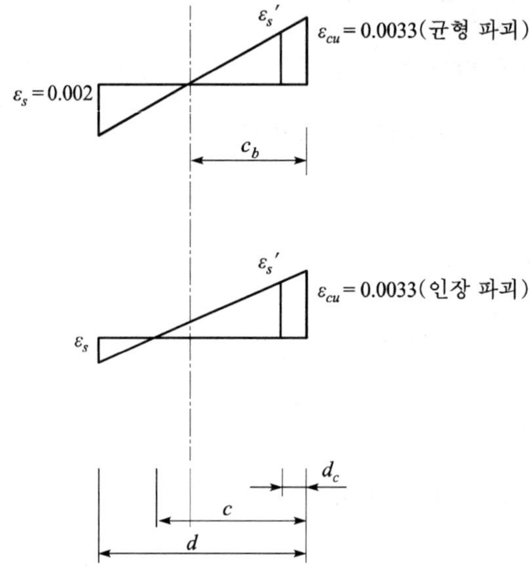

① c=350mm로 가정하면

$$\varepsilon_s{}' = (\frac{c - d_c}{c}) \times 0.0033 = (\frac{350 - 62.5}{350}) \times 0.0033 = 0.00271$$

$$\varepsilon_s = (\frac{d - c}{c}) \times 0.0033 = (\frac{437.5 - 350}{350}) \times 0.0033 = 0.000825$$

② $f_s, f_s{}'$ 산정

- $f_s = E_s \varepsilon_s = 200{,}000 \times 0.000825$

  $= 160\,MPa < f_y = 400\,MPa$

  따라서 $f_s = 160\,MPa$ 이다.

- $f_s{}' = E_s \varepsilon_s{}' = 200{,}000 \times 0.00271$

  $= 542.0\,MPa > f_y = 400\,MPa$ 이므로

  $f_s{}' = 400\,MPa$ 이 된다.

③ P_n , M_n 산정

$a = \beta_1 c = 0.8 \times 350 = 280.0$

$$C_c = \eta(0.85 f_{ck})\, a\, b = 1.0 \times 0.85 \times 24 \times 280.0 \times 500 \times 10^{-3} = 3{,}570.0\, kN$$

$$C_s = A_s' f_s' = 2{,}535.0 \times 400 \times 10^{-3} = 1{,}014\, kN$$

$$T = A_s f_s = 2{,}535.0 \times 165 \times 10^{-3} = 418.3\, kN$$

$$P_n = C_c + C_s - T = 3{,}570 + 1{,}014 - 418.3 = 4{,}165.7\, kN$$

$$M_n = C_c \times (\frac{h}{2} - \frac{a}{2}) + C_s \times (\frac{h}{2} - d_c) + T \times (\frac{h}{2} - d_c)$$

$$= [3{,}570 \times (\frac{500}{2} - \frac{280.0}{2}) + 1{,}014 \times (\frac{500}{2} - 62.5)$$
$$+ 418.3 \times (\frac{500}{2} - 62.5)] \times 10^{-3}$$

$$= 661.3\, kN \cdot m$$

$$e = \frac{661.3}{4{,}165.7} = 0.159 < e_b = 0.278$$

5) 휨 모멘트만 적용하는 경우($e = \infty$) $M_n = M_0$

- 복철근 직사각형 보의 경우와 같다.
- 계산의 편의를 위해 단근 직사각형 보로 간주하면,

$$a = \frac{A_s f_y}{\eta(0.85 f_{ck}) b} = \frac{2{,}535.0 \times 400}{1.0 \times 0.85 \times 30 \times 500} = 79.5\, mm$$

$$M_n = M_0 = \eta(0.85 f_{ck})\, ab\, (d - \frac{a}{2})$$
$$= 1.0 \times 0.85 \times 30 \times 79.5 \times 500 \times (437.5 - \frac{79.5}{2}) \times 10^{-6} = 403.3\ kN \cdot m$$

또는 $M_n = A_s f_y \times (d - \frac{a}{2})$

$$= 2{,}535 \times 400 \times (437.5 - \frac{79.5}{2}) \times 10^{-6} = 403.3\ kN \cdot m$$

위의 결과를 가지고 P-M 상관도를 그리면 그림 9-7이 된다.

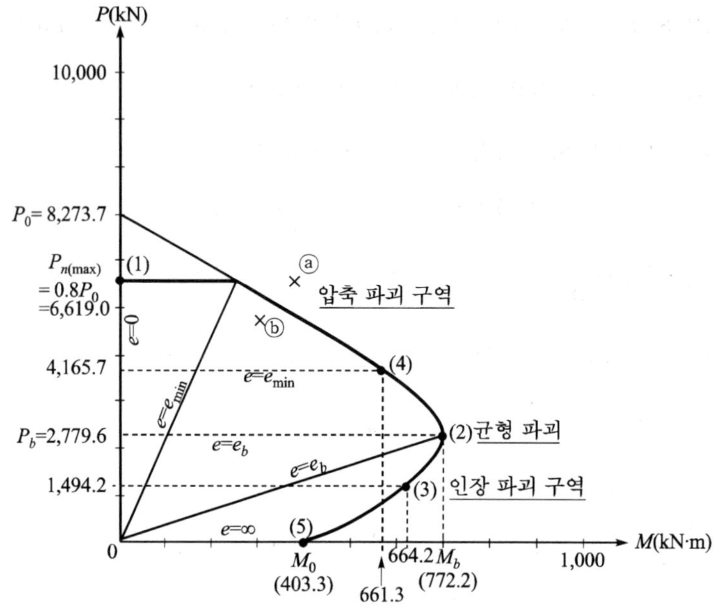

그림 9-7 휨과 축하중을 받는 기둥의 공칭강도 상관곡선

위의 그림 9-7의 P-M 상관도는 축하중과 휨모멘트를 동시에 받는 기둥의 파괴되는 경계선을 뜻하는 것으로 점“ⓑ”처럼 P-M 상관도 안쪽에 위치하면 안전하고, 점 “@”처럼 바깥쪽에 위치하면 안전하지 못함을 뜻한다.

이럴 경우에는 단면을 크게 변경하거나 또는 철근량을 증가시켜야 한다.

(2) 강도감소계수(ϕ)

축하중과 휨모멘트를 받는 부재는 P-M 상관도에 의하여 기둥공칭강도 P_n과 M_n을 구하고, 여기에 강도감소계수 ϕ를 곱하여 설계강도를 구할 수 있다.

강도감소계수 ϕ는 3장에 언급된 인장지배단면 0.85, 압축지배단면에서 나선철근 기둥 0.7, 띠철근 기둥 0.65의 값이 적용된다.

축하중과 휨모멘트를 동시에 받는 기둥에서는 축하중이 크고, 휨모멘트의 영향이 적은 경우 압축지배단면의 ϕ가 적용된다. 반대로 휨모멘트가 크고 축하중의 영향이 적은 경우는 인장지배단면의 ϕ (=0.85)가 적용된다. 그 사이의 변화구간에서는 다음과 같이 직선보간하여 구한다.

$$\text{띠철근 기둥 } \phi = 0.65 + \frac{0.85 - 0.65}{0.005 - \varepsilon_y}(\varepsilon_t - \varepsilon_y) \quad \cdots\cdots (9.4)$$

$$\text{나선철근 기둥 } \phi = 0.7 + \frac{0.85 - 0.7}{0.005 - \varepsilon_y}(\varepsilon_t - \varepsilon_y) \quad \cdots\cdots (9.5)$$

그림 9-8은 철근설계기준항복강도 $f_y = 400\,MPa$ 즉 $\varepsilon_y = 0.002$ 인 경우의 직선보간법으로 구해놓은 ϕ 의 계산식이 주어져있다.

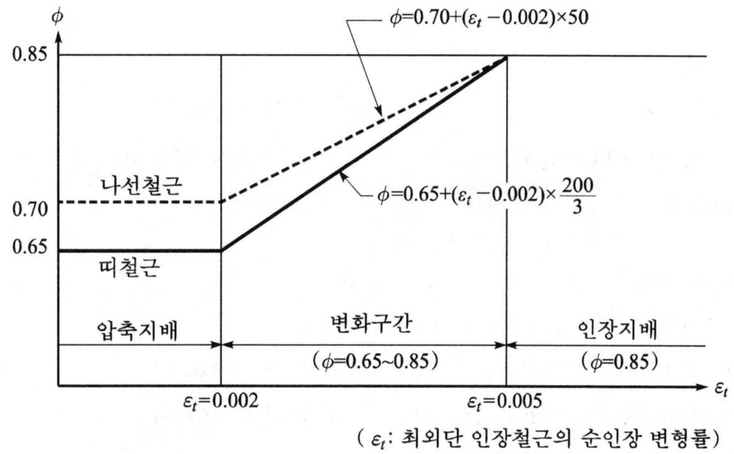

그림 9-8 변화구간의 강도감소계수($f_y = 400MPa$)

(3) P-M 상관도에 의한 기둥설계 절차

1) 소요강도 산정

$P_u = 1.2P_D + 1.6P_L$

$M_u = 1.2M_D + 1.6M_L$

2) 재료의 강도를 결정한다.

콘크리트 설계기준 강도 f_{ck}와 철근의 설계기준항복강도 f_y를 결정한다.

3) 기둥 단면의 가정

기둥 단면의 가정은 식(9.2), (9.3)으로부터 철근비 ρ 를 대략 2% 내외로 하여 단면을 가정한다.

4) P-M 상관도에 의해 철근비를 구한다.

5) 기둥의 철근 배치를 한다. (최대, 최소 철근비를 검토한다.)

6) 보조철근(띠철근, 나선철근)을 검토한다.

예제 9-3

띠철근 기둥에 고정하중 1,400kN, 활하중 1,000kN의 축하중이 작용하고, 고정하중과 활하중에 의한 모멘트가 각각 70kN·m, 105kN·m가 작용할 때 이 기둥을 설계하시오.

단, $f_{ck}=27\,MPa$, $f_y=400\,MPa$, 내진설계

풀이

1. 소요강도 산정

$$P_u = 1.2D+1.6L = 1.2\times 1{,}400+1.6\times 1{,}000 = 3280\,kN$$

$$M_u = 1.2D+1.6L = 1.2\times 70+1.6\times 105 = 252\,kN\cdot m$$

2. 기둥 단면적 가정

$\phi P_n = 0.65\times 0.8\times[0.85f_{ck}(A_g-A_{st})+f_y A_{st}]$에서

$\phi P_n = P_u$로 대치하고, 철근비 ρ를 2%로 가정하면 $A_{st}=0.02A_g$

$$3{,}280\times 10^3 = 0.65\times 0.8\times[0.85\times 27\times(A_g-0.02A_g)+f_y\times 0.02A_g]$$

$$A_g \ge \frac{3{,}280\times 10^3}{0.65\times 0.8\times[0.85\times 27\times(1-0.02)+0.02\times 400]}$$

$$= 206{,}870.6\,mm^2,\ \sqrt{A_g}=454.8\,mm$$

따라서 $500\,mm\times 500\,mm$ 단면으로 한다.

3. P-M 상관도 이용「부록 C」: 한국콘크리트학회 기준 P-M 상관도

D25 철근을 사용하면 d' = 62.5 mm

$$\gamma = \frac{h-2d'}{h} = \frac{500-2\times 62.5}{500} = 0.75 \rightarrow 0.8$$

1) 4면 배근 「부록 C」 도표7이용

$$\left.\begin{aligned}\frac{P_u}{A_g} &= \frac{3{,}280\times 10^3}{500\times 500} = 13.2\\ \frac{M_u}{A_g h} &= \frac{252\times 10^6}{500\times 500^2} = 2.02\end{aligned}\right\}$$

$$\rho = 0.018$$

$$A_{st} = 0.018\times 500\times 500 = 4{,}500\,mm^2$$

이 두축이 만나는 점의 철근비 $\rho = 0.018$

철근단면적 $A_{st} = 0.0018\times 500\times 500 = 4{,}500\,mm^2$

D25 n= 4500/507 =8.9 이므로 10-D25로 설계하기로 하면 다음과 같다.

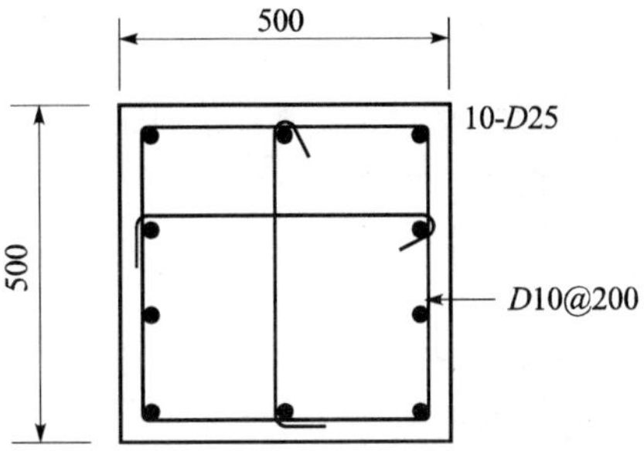

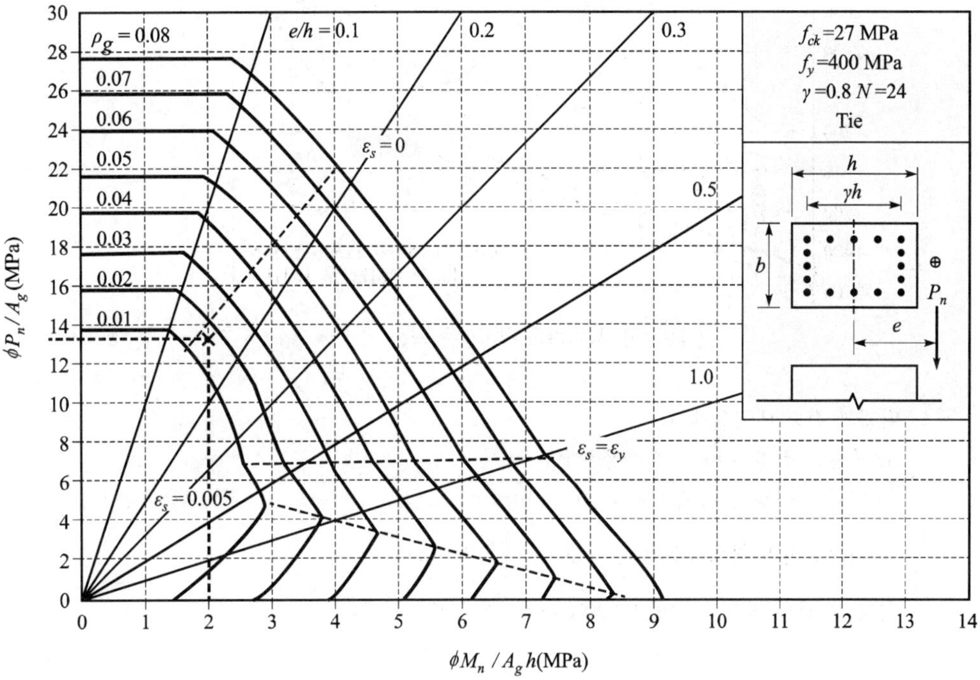

4. MIDAS Design+ 프로그램을 이용한 기둥 상관 곡선 이용

(1) 일반사항

① 재료강도

- $f_{ck} = 27\,MPa$, $f_y = 400\,MPa$
- 주철근 D25, 띠철근 D10 적용

② 단면 크기

- 그림(a)와 같은 500×500 사각기둥

③ 소요강도

- $P_u = 3{,}280\,kN$
- $M_u = 252\,kN{\cdot}m$

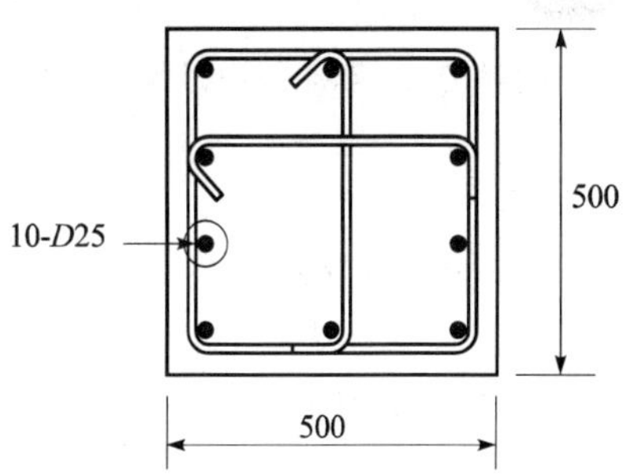

[그림 (a)]

(2) 상관곡선

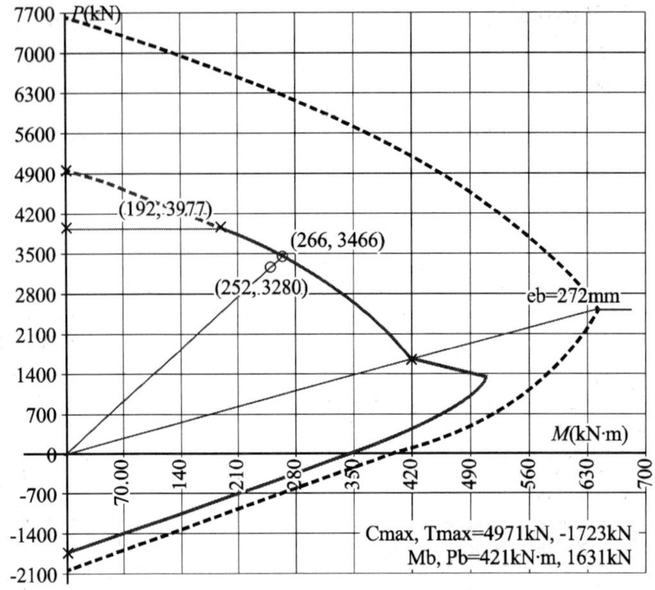

[그림 (b)] 사각기둥 PM 상관 곡선

5. 띠철근 검토(내진설계시)

① 주철근 직경의 8배 : $8 \times 25 = 200\,mm$

② 띠철근 직경의 24배 : $24 \times 10 = 240\,mm$

③ 기둥단면의 최소치수의 $\dfrac{1}{2}$: $500 \times \dfrac{1}{2} = 250\,mm$

위의 세 값중 작은 값 이하인 200mm로 배근하면 되겠다.

예제 9-4

예제 9-3 문제를 나선철근 기둥으로 설계하시오.

풀이

1. 소요강도 산정

$P_u = 3{,}280\,kN$

$M_u = 252\,kN \cdot m$

2. 기둥 단면적 가정

철근비 $\rho = 1.5\%$ 로 가정하면

$\phi P_n = 0.7 \times 0.85 \times [0.85 f_{ck}(A_g - A_{st}) + f_y A_{st}]$에서

$\phi P_n = P_u$ 로 대치하고, 철근비 ρ를 1.5%로 하면

$$3{,}280 \times 10^3 = 0.7 \times 0.85 \times [0.85 \times 27 \times (A_g - 0.015 A_g) + f_y \times 0.015 A_g]$$

$$A_g \geq \frac{3{,}280 \times 10^3}{0.7 \times 0.85 \times [0.85 \times 27 \times (1 - 0.015) + 0.015 \times 400]}$$

$$= 192{,}709.7\, mm^2$$

$$\frac{\pi h^2}{4} = 192.709.7\, mm^2$$

$h = 495.4\, mm$ 에서 기둥의 직경 $h = 550\, mm$로 가정한다.

3. 기둥설계 도표이용「부록 C」도표 11 이용 : 한국콘크리트학회 기준 P-M 상관도

D25 철근을 사용하면 d' = 62.5mm

$$\gamma = \frac{h - 2d'}{h} = \frac{550 - 2 \times 62.5}{550} = 0.77 \;\rightarrow\; 0.7$$

$$\frac{P_u}{A_g} = \frac{3{,}280 \times 10^3}{\pi \times 550^2/4} = 13.8$$

$$\frac{M_u}{A_g \cdot h} = \frac{252 \times 10^6}{(\pi \times 550^2/4) \times 550} = 1.93$$

이 두축이 만나는 점의 철근비 $\rho = 0.024$

철근 단면적 $A_{st} = 0.024 \times \pi \times 550^2/4 = 5{,}702.0\, mm^2$

D25 철근을 사용하면 $n = 5{,}702.0/507 = 11.25$, 따라서 12-D25 으로 배근하면 되겠다.

4. 나선철근 검토

D10@50으로 설계하면

$$\rho_s = 0.45 \times (\frac{A_g}{A_{ch}} - 1)\frac{f_{ck}}{f_y}$$

$$= 0.45 \times (\frac{\frac{\pi \times 550^2}{4}}{\frac{\pi \times 470^2}{4}} - 1) \times \frac{27}{400} = 0.0112 \quad \text{(최소나선철근비)}$$

$$\rho = \frac{A_{sp}\, l_{sp}}{A_{ch}\, s} = \frac{71 \times (\pi \times 470)}{\frac{\pi \times 470^2}{4} \times 50} = 0.0121 \quad \text{(실제필요나선철근비)}$$

$\rho > \rho_s$ 이므로 적합하다.

5. 설계단면 및 배근도

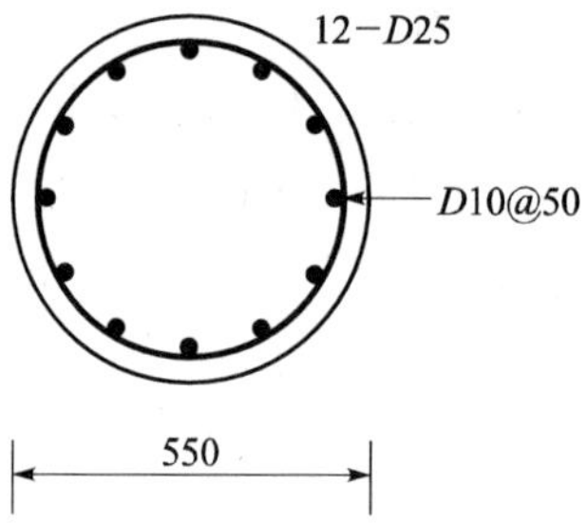

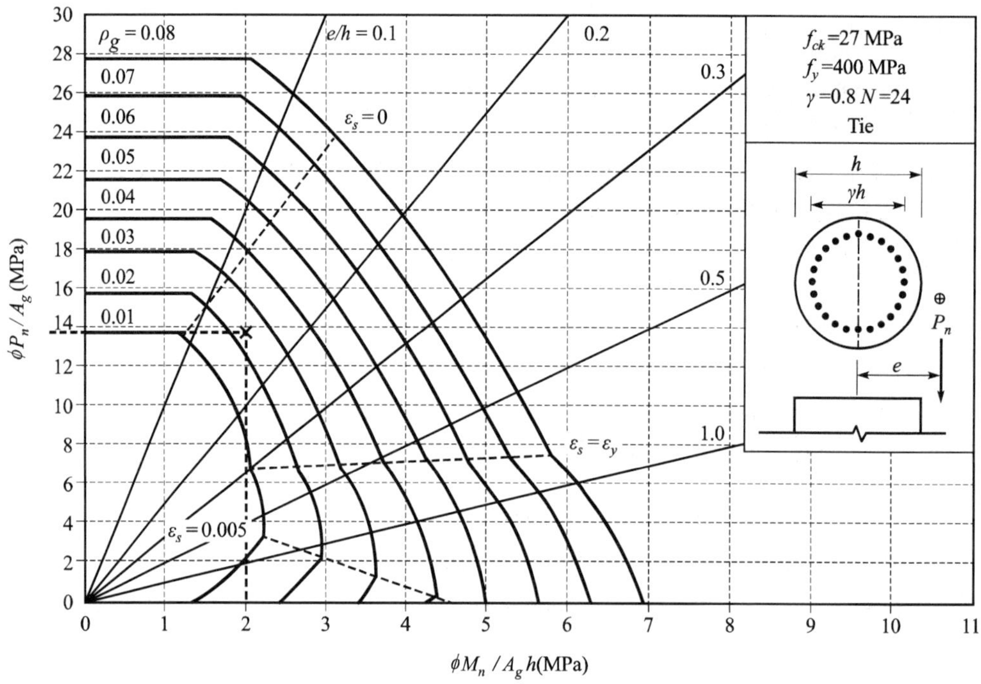

6. MIDAS Design+ 프로그램을 이용한 기둥 상관 곡선 이용

(1) 일반사항

① 재료강도

- $f_{ck} = 27\,MPa$, $f_y = 400\,MPa$

- 주철근 D25, 띠철근 D10 적용

② 단면 크기

- 그림(b)와 같은 D550 원형기둥

③ 설계하중

- $P_u = 3{,}280\,kN$

- $M_u = 252\,kN{\cdot}m$

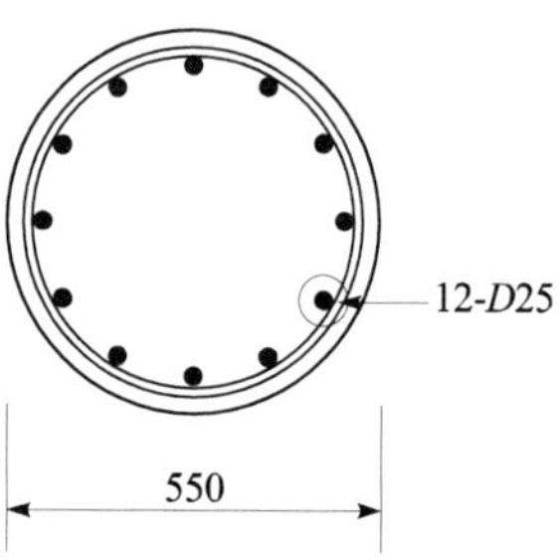

[그림 (a)]

(2) 상관곡선

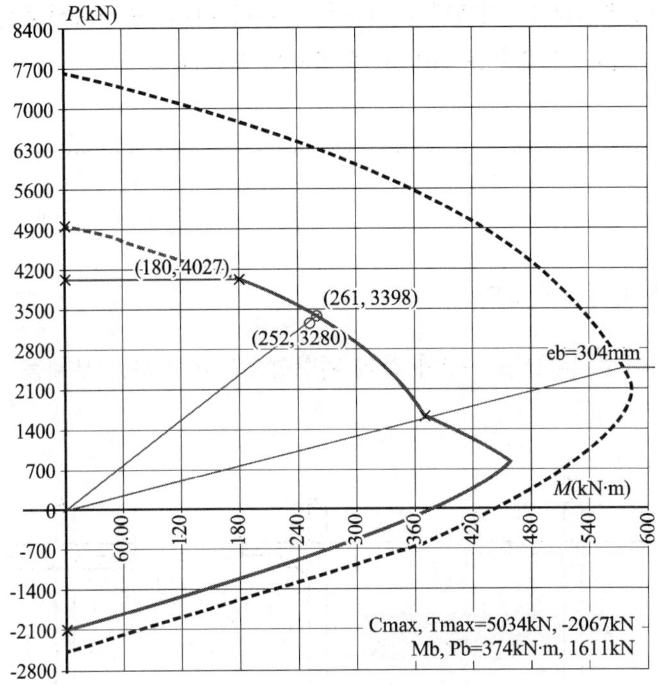

[그림 (b)] 원형기둥 PM 상관 곡선

5 장주의 설계

일반적으로 철근콘크리트 기둥은 단면이 크기 때문에 보통 단주에 속하여 탄성1계 해석에 의하여 설계를 하였다.

그러나 근래에 와서는 과거와 달리 재료의 고강도, 컴퓨터에 의한 정밀한 해석과 설계로 단면이 점점 세장하게 되어 기둥이 축하중과 휨에 대한 응력에 의한 파괴가 아닌 좌굴에 의한 파괴가 일어나게 된다. 따라서 이러한 세장효과를 고려한 장주설계가 필요하게 되었다.

이를 고려한 설계로 비선형 해석(탄성2계 해석)에 의하여 해석을 하여야 한다.

그러나 비선형해석은 복잡하고 상당한 전문성이 필요하므로 근사적으로 탄성1계 해석에 의한 휨모멘트를 확대하여 단면을 설계한다. 이러한 설계방법을 휨모멘트 확대 계수법이라 하며 본 장에서는 이에 대한 설계방법을 살펴보기로 한다.

1. 좌굴하중

기둥의 강도가 좌굴하중에 의하여 지배되는 기둥을 장주라 하며, 중심축하중을 받을 때 좌굴하중(P_c)은 오일러(Euler)가 제안한 식(9.6)에 의하여 구한다.

$$P_c = \frac{\pi^2 EI}{(\ell_u)^2} \quad \cdots\cdots (9.6)$$

여기서, EI : 휨강성

ℓ_u : 압축부재의 비지지 길이

식(9.6)에서 비지지 길이 ℓ_u 는 그림 9-9와 같이 횡방향으로 지지하는 부재들 사이의 순 길이를 취한다.

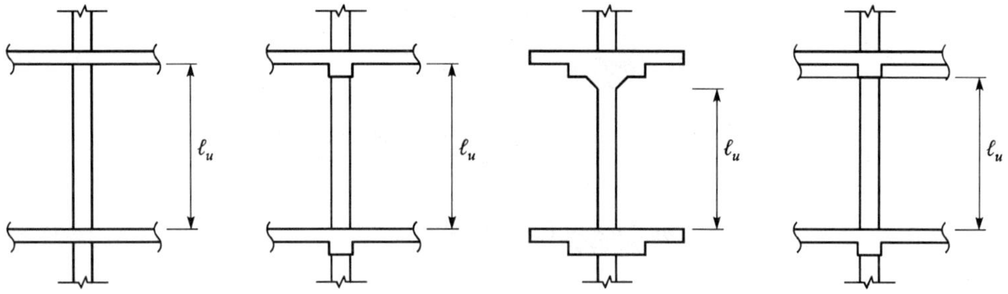

(a) 플랫플레이트 (b) 횡보가 없는 경우 (c) 플랫슬래브 (b) 횡보가 있는 경우

그림 9-9 기둥의 좌굴 길이

그런데 식(9.6)의 좌굴하중은 단부의 지지 조건과 횡구속에 따라 다르므로 임의의 조건과 횡구속에 대한 좌굴하중은 유효좌굴길이를 도입하여 식(9.7)로 일반화시킬 수 있다.

$$P_c = \frac{\pi^2 EI}{(kl_u)^2} \quad \cdots\cdots (9.7)$$

여기서, k 는 유효좌굴계수로 그림 9-10에 나타내었다.

($kl_u = l'_u$: 유효좌굴길이)

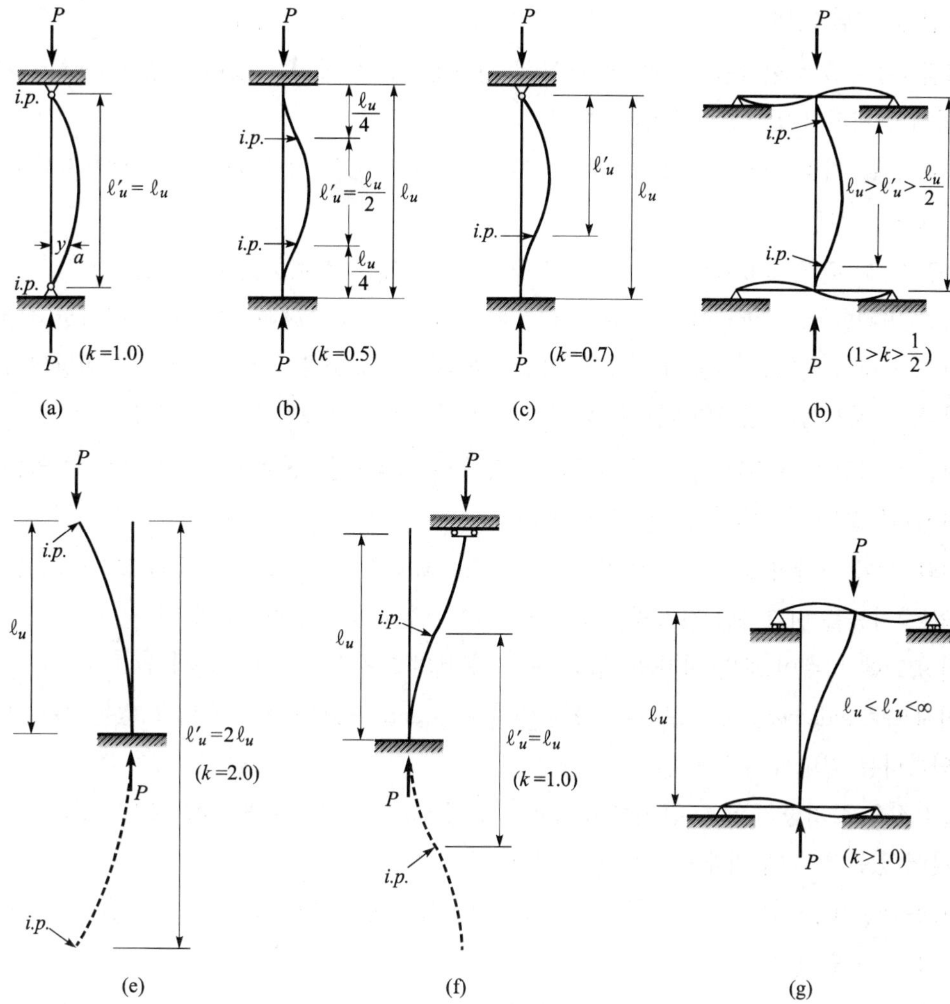

그림 9-10 축하중을 받는 기둥의 좌굴 및 유효좌굴길이(ℓ'_u)

그림 9.10 (a)의 부재의 양단이 고정되면 그림 9.10 (b)의 모양으로 좌굴할 것이다.

(b)의 변곡점(inflection point :i.p)사이의 모양은 그림 (a)의 hinge 단 사이의 모양과 꼭 같다. 그래서 고정된 기둥의 유효좌굴길이 ℓ'_u는 변곡점 사이의 거리이며 즉 $\ell'_u = 0.5\ell_u$ 이다.

식(9.7)로 양단 고정의 기둥은 양단 hinge기둥의 4배의 하중을 지지할 수 있다.

실재하는 기둥은 그 양단이 hinge도 고정도 아니고 그 중간정도의 구속을 받는 그림 (d)이다. 변곡점간의 거리인 유효길이 ℓ'_u는 ℓ_u와 $\ell_u/2$ 사이의 값이 되며 정확한 값(유효좌굴계수:k)은 양단에서 이 기둥을 구속하는 보의 강도의 합에 대한 기둥의 강도 EI/ℓ의 비에 의해서 정해진다. 식(9.10)의 도표이용법이나 식(9.11)~식(9.15)에서 그 값을 구할 수 있다.

그림 (c)처럼 1단이 hinge, 타단이 고정일 때 ℓ'_u 는 $0.7\ell_u$ 이 된다.

그림 (a)~(d)는 한쪽단이 타단에 대해서 횡방향으로 이동하는 것이 수평 bracing, 기타에 의해 방지되고 있다고 가정한 것이다.

이와 같은 기둥에서의 ℓ'_u 는 항상 ℓ_u 보다 작거나 최대의 경우라도 ℓ_u 와 같아지지 ℓ_u 이상이 되지는 못한다.

그림 (e)와 같은 cantilever 기둥은 그 상단이 횡방향으로 이동할 수 있다.

이런 변위를 sidesway라고 한다. 이 기둥은 sine곡선의 1/4과 같이 구부려져서 좌굴하는데 변곡점의 한단은 기둥의 상단에 있고, 타단은 이 sine곡선의 예상적으로 연장된 점에 생긴다. 그래서 변곡점간의 거리는 $2\ell_u$ 가 되어 유효좌굴길이 $\ell'_u = 2\ell_u$ 이다.

기둥의 양단이 회전할 수 없게 구속되고 있으나 한쪽단은 횡방향으로 이동할 수 있는 그림의 (f)와 같은 기둥에서는 $\ell'_u = \ell_u$ 이 된다.

이와 같이 양단이 고정되고 있기는 하나 sidesway를 할 수 있는 기둥과 sidesway를 할 수 없는 기둥을 비교하면 전자의 유효좌굴 길이는 후자의 그것의 2배가 된다.

식(9.7)에 비추어 보면 전자의 좌굴강도는 후자의 그것의 1/4에 불과하다.

이것으로 sidesway 형으로 좌굴하는 압축재는 sidesway가 brace 되고 있는 때보다 훨씬 약하다는 일반적 사실을 알 수 있다.

실질적으로 기둥의 끝은 완전한 hinge도, 고정도, 자유단도 아닌 것으로서 통상 기둥 끝에 붙어 있는 부재에 의해서 구속되고 있다.

sidesway가 방지되고 있지 않다면 그림의 (g)와 같은 것이 되고 유효좌굴길이 ℓ'_u 는 구속도에 따라 달라지게 된다.

횡방향보가 매우 강하면 그림의 (f)에 가까운 것이 되고 ℓ'_u 는 ℓ_u 보다 약간 커지든지 ℓ_u 와 가깝게 된다. 반면에 횡방향보가 매우 유약하면 기둥 양단에 hinge가 붙은 것 같은 조건에 가까워진다. 또한, 양단이 hinge로 되고 있으며 sidesway가 자유로운 기둥은 명백히 불안정하여 넘어지고 아무런 하중도 받을 능력이 없는 구조가 된다.

철근콘크리트구조에서 기둥 하나만이 세워지는 일은 거의 없고 여러 가지 모양의 골조가 된다. 전술한 좌굴의 현상을 그림 9-11의 골조에 대하여 설명하겠다.

여기서 기둥에 작용하는 하중은 무편심하중이다.

그림 9-11(a)와 같이 sidesway가 방지되고 있다면 좌굴은 그림과 같이 되어 그림 9.10의 (d)와 같이 되고, 다른 것은 기둥 하단이 hinge로 되고 있는 점 뿐이다. 이 경우 ℓ'_u 는 ℓ_u 보다 약간 작다. 반면에 똑같은 골조에 brace 만이 없는 그림 9-11 (b)는 그림과 같이

좌굴하며 그림 9-10(f)와 같은 종류이다.

다만 다른 것은 서로 뒤집힌 점과 상단이 고정이 아니고 보에 의해서 부분적으로 구속되고 있는 점이다. 유효좌굴길이 ℓ'_u 는 $2\ell_u$ 를 넘는데 그 정도는 구속의 정도에 의해 정해진다.

결국 그림 9-11의 양골조는 dimension는 서로 같지만 brace 되고 있지 않는 것[그림 (b)]은 brace되고 있는 것 [그림 (a)]보다 현저하게 그 내력이 떨어진다.

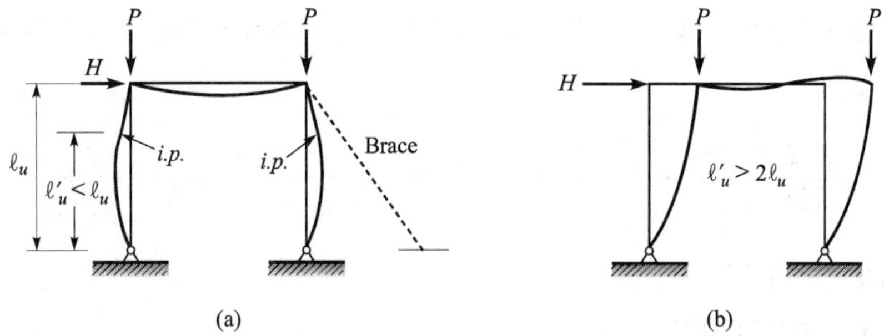

그림 9-11 골조의 좌굴: (a)횡지지가 되었을 때, (b)횡지지가 안되었을때

결론은 다음과 같다.

첫째, 무편심 하중의 강도는 세장비 ℓ'_u/r 의 증대에 따라 감소한다.

둘째, sidesway가 방지되고 있는 기둥이거나 혹은 sidesway가 방지되고 있는 골조의 일부를 이루고 있는 기둥에서는 유효좌굴길이 ℓ'_u 즉 변곡점사이의 거리는 단부 구속의 정도에 따라 $\ell_u/2$ 와 ℓ_u 사이의 길이가 된다.

셋째, sidesway가 방지되고 있지 않는 기둥 혹은 sidesway가 방지되고 있지 않는 골조의 일부에 해당되는 기둥의 유효좌굴길이(ℓ'_u)는 항상 ℓ_u 보다 크고, 단부 구속이 약할수록 ℓ'_u 는 더욱 커진다. 결국 sidesway가 방지되고 있지 않는 건물의 좌굴하중은 방지되고 있는 건물에 비하여 현저하게 감소하게 된다.

$$\text{기둥의 좌굴응력 } f_c = \frac{P_c}{A} = \frac{\pi^2 EI}{(k\ell_u)^2 A} \quad \cdots\cdots (9.8)$$

단면2차 반경 $r = \sqrt{I/A}$ 이므로 식(9.10)은 아래와 같이 나타낼 수 있다.

$$f_c = \frac{\pi^2 E}{(k\ell_u/r)^2} \quad \cdots\cdots (9.9)$$

식(9.9)에서 ℓ_u/r 은 세장비 λ 로 기둥의 강도에 크게 영향을 미친다.

2. 유효좌굴계수

기둥의 유효좌굴계수 k 를 결정하는데 2가지 방법이 있다.

(1) 도표이용방법

기둥의 유효길이는 횡방향이 구속된 압축부재 $k=1$를 기준으로 다경간 구조물에서 일정 단면을 갖는 기둥의 경우 식(9.10)과 같이 접합부에서 만나는 모든 기둥의 강성을 보의 강성으로 나눈 상대강성비 ψ 에 따라 그림 9-12의 도표를 이용하여 기둥의 유효좌굴계수 k 를 결정할 수 있다.

$$\psi = \frac{\Sigma(E_c I_c / l_c)}{\Sigma(E_b I_b / l_b)} \quad \cdots\cdots (9.10)$$

여기서, $E_b I_b$: 보의강성

$E_c I_c$: 기둥의 강성

l_b : 보의 지점간 거리

l_c : 절점중심으로 측정된 압축부재의 길이

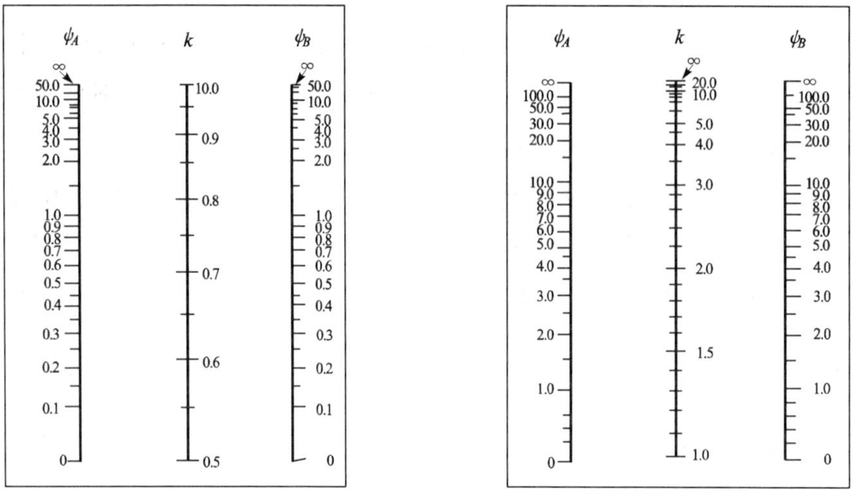

(a) 횡구속된 골조　　(b)비횡구속 골조

그림 9-12 유효좌굴길이계수

(2) 수식에 의한 방법

1) 횡구속골조 압축부재

$$k = 0.7 + 0.05(\psi_A + \psi_B) \leq 1.0 \qquad (9.11)$$

$$k = 0.85 + 0.05\,\psi_{\min} \leq 1.0 \qquad (9.12)$$

식(9.11), (9.12)중 작은값을 취한다.

여기서, ψ_A 와 ψ_B : 압축부재 양단의 ψ 값

$\psi_{\min}$: ψ_A와 ψ_B 중 작은 값

2) 비횡구속골조 압축부재

① 양단이 구속된 압축부재

$\psi_m < 2.0$

$$k = \frac{20 - \psi_m}{20}\sqrt{1 + \psi_m} \qquad (9.13)$$

$\psi_m \geq 2.0$

$$k = 0.9\sqrt{1 + \psi_m} \qquad (9.14)$$

여기서, ψ_m : ψ_A 와 ψ_B 의 평균값

② 1단 구속 및 1단 힌지인 압축부재

$$k = 2.0 + 0.3\psi \qquad (9.15)$$

여기서, ψ 는 구속단의 ψ 값이다.

예제 9-5

다음 그림과 같은 골조에서 C_1, C_2 기둥의 유효좌굴계수를 구하시오. 모든 보의 단면은 400×600, 기둥은 500×500, $E_c = 27,000\,MPa$ 이다.

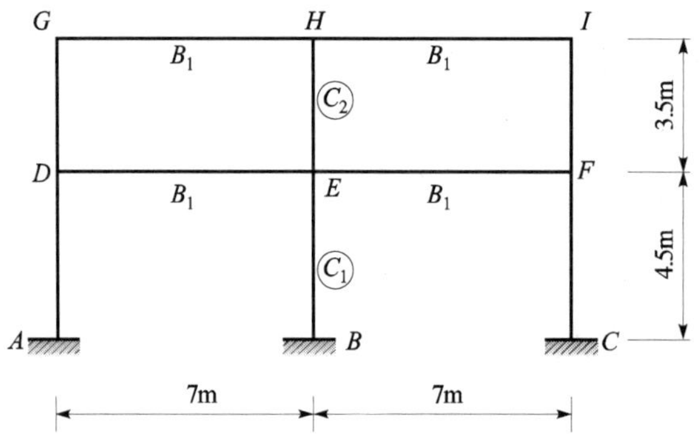

풀이

$$I_b = \frac{400\times600^3}{12} = 7.2\times10^9\,mm^4$$

$$I_c = \frac{500\times500^3}{12} = 5.2\times10^9\,mm^4$$

1. 도표이용방법
   - C_1 기둥

     $E_cI_c/l_c = 2.7\times10^4\times5.2\times10^9/4,500 = 31.2\times10^9$
   - C_2 기둥

     $E_cI_c/l_c = 2.7\times10^4\times5.2\times10^9/3,500 = 40.1\times10^9$
   - 모든보

     $E_bI_b/l_b = 2.7\times10^4\times7.2\times10^9/7,000 = 27.8\times10^9$

   (1) C_1 기둥

   $$\psi_E = \frac{(40.1+31.2)\times10^9}{(27.8+27.8)\times10^9} = 1.28$$

   $\psi_B = \dfrac{31.2}{\infty} = 0$ (고정단이므로 B지점에서 보의 강성은 ∞이다.)

   1) 횡구속인 경우

   그림 9-12(a)에서 $\psi_A = 1.28$, $\psi_B = 0$인 점을 찾아서 두 점을 직선으로 연결할 때 이 직선과 k의 수직선이 만나는 점의 수치를 읽는다.

$k=0.63$

2) 비횡구속인 경우

그림 9-12(b)의 도표를 이용한다.

$k=1.2$

(2) C_2 기둥

$$\psi_H = \frac{40.1\times10^9}{(27.8+27.8)\times10^9} = 0.72$$

$$\psi_E = \frac{(40.1+31.2)\times10^9}{(27.8+27.8)\times10^9} = 1.28$$

1) 횡구속인 경우 : 그림 9-12(a) 이용

$k=0.79$

2) 비횡구속인 경우 : 그림 9-12(b) 이용

$k=1.3$

2. 수식에 의한 방법

(1) C_1 기둥

1) 횡구속인 경우

$k= 0.7+0.05\times(1.28+0)=0.76$

$k= 0.85+0.05\times0 = 0.85$

따라서 $k=0.76$ 이다

2) 비횡구속인 경우

$$\psi_m = \frac{\psi_E+\psi_B}{2} = 0.64 < 2.0$$

$$k = \frac{20-0.64}{20}\times\sqrt{1+0.64} = 1.24$$

(2) C_2 기둥

1) 횡구속인 경우

$k= 0.7+0.05\times(0.72+1.28)=0.8$

$k= 0.85+0.05\times0.72 = 0.89$

따라서 $k = 0.8$

2) 비횡구속인 경우

$$\psi_m = \frac{\psi_H+\psi_E}{2} = \frac{0.72+1.28}{2} = 1.0$$

$$k = \frac{20-1.0}{20}\times\sqrt{1+1.0} = 1.34$$

3. 횡구속 골조와 비횡구속 골조의 정의

실제의 구조물에서 완전히 횡구속 골조나 비횡구속 골조는 드물다.

기준을 적용할 목적으로 수평이동에 대하여 횡구속 압축부재는 수평변위가 구조체에 생기는 모멘트에 현저하게 영향을 주지 않는 층에 속한 부재를 말한다.

횡구속골조와 비횡구속 골조의 구별은 다음 식(9.16)의 층안정지수 Q를 이용하여 가정할 수 있다.

$$Q = \frac{\Delta_O \Sigma P_u}{V_u l_c} \quad \cdots\cdots (9.16)$$

여기서, Q : 층안정성지수

ΣP_u : 해당층 계수축하중의 합

V_u : 해당층의 수평계수전단력

Δ_O : V_u 로 인한 한층의 상부와 하부사이에 생기는 1계 탄성골조해석에 의한 상대적인 횡변위

l_c : 골조에서 절점 중심을 기준으로 측정된 압축부재의 길이

(1) 횡구속 골조

$Q \leq 0.05$

(2) 비횡구속 골조

$Q > 0.05$

4. 단주와 장주의 판별

기둥은 세장비 $\lambda = kl/r$ 에 따라 영향을 받는다.

세장비가 작은 단주에서는 세장효과가 필요하지 않으므로 P-M 상관도를 이용하여 설계를 하면 된다. 그러나 장주일 경우는 비선형해석법이나 기둥의 좌굴 영향을 고려하여 단부의 모멘트를 확대한 확대휨모멘트을 사용하여 P-M 상관도를 이용한 설계를 하여야 한다.

이것이 $P-\Delta$ 효과를 고려한 근사해석법인 휨모멘트 확대계수법이며, 단주와 장주의 판별은 식(9.17)과 (9.18)을 만족하면 장주에 해당된다.

(1) 횡구속 골조의 장주

$$\lambda = \frac{kl_u}{r} > 34 - 12\left(\frac{M_1}{M_2}\right) \quad \cdots\cdots (9.17)$$

여기서, $34-12\left(\dfrac{M_1}{M_2}\right) \leq 40$ 이어야 한다.

(2) 비횡구속 골조의 장주

$$\lambda = \frac{kl_u}{r} > 22 \quad \cdots\cdots (9.18)$$

여기서, r 은 단면의 회전반지름(단면2차 반경) 으로 직사각형단면: 0.3h, 원형단면: 0.25D, 이 외의 단면 $\sqrt{I_g / A_g}$ 이다.

또한 $34-12\,(M_1/M_2)$ 는 40을 넘을 수 없으며, M_1 과 M_2 는 압축부재의 단부 계수휨모멘트로 M_1 은 작은쪽, M_2 는 큰쪽의 값이다. 그리고 M_1/M_2 의 부호는 단곡률일때는 양(+), 복곡률일때는 음(-)이다. 다만, 세장비 λ 가 100이 넘으면 부재의 균열, 지속 하중의 영향, 건조수축과 크리프 등을 고려한 비선형해석을 이용한 부재의 설계를 하여야 한다.

5. 횡구속골조에 대한 단면특성

계수축하중 Pu, 기둥양단의 계수휨모멘트 M_1 과 M_2, 층간기둥의 상대적인 횡변위 Δ_O 는 축하중의 영향, 부재길이에 걸쳐있는 균열 구역, 하중지속효과를 고려한 상대강성을 사용하여야 한다.

상대강성을 계산하기 위하여 기준에서는 식(9.19)의 단면특성을 사용하도록 규정하고 있다.

(1) 탄성계수

$$E_c = 8{,}500\sqrt[3]{f_{ck}+\Delta f},\quad f_{ck} \leq 40\,MPa: \Delta f = 4.0,\quad f_{ck} > 60\,MPa: \Delta f = 6.0$$

(2) 단면특성을 고려한 단면2차 모멘트

보	$0.35I_g$
기둥	$0.7I_g$
비균열벽체	$0.7I_g$ ······ (9.19)
균열벽체	$0.35I_g$
플랫플레이트 및 플랫슬래브	$0.25I_g$

(3) 단면적 $1.0A_g$

6. 횡구속 골조의 휨모멘트 확대 계수법

횡구속이 된 구조물이 연직하중 및 수평하중을 받으면 이 구조물의 압축부재 대부분에서는 압축과 휨모멘트를 동시에 받게 된다.

이때의 압축부재(기둥) 거동은 세장비의 영향에 의해 많이 달라지게 된다.

그림 9-13에서와 같이 축하중 P_u 와 휨모멘트 M_o 를 동시에 받는 압축부재의 거동은 1차 휨모멘트 M_o 에 의한 수평처짐과 축하중에 의한 좌굴로 추가 수평처짐이 생겨 임의점에서는 휨모멘트가 증가하게 되고, 이 증가된 휨모멘 트를 2차 모멘트 또는 $P\Delta$ 모멘트라 한다. 따라서 임의점에서의 총모멘트는 1차 모멘트 M_o 에 2차 모멘트 $P\Delta$ 가 추가되게 될 것이다.

만일 1차 모멘트 M_o가 양단부에서 같고 단곡률일 경우는 그림 9-13과 같이 압축부재 중앙에서 최대 모멘트가 된다.

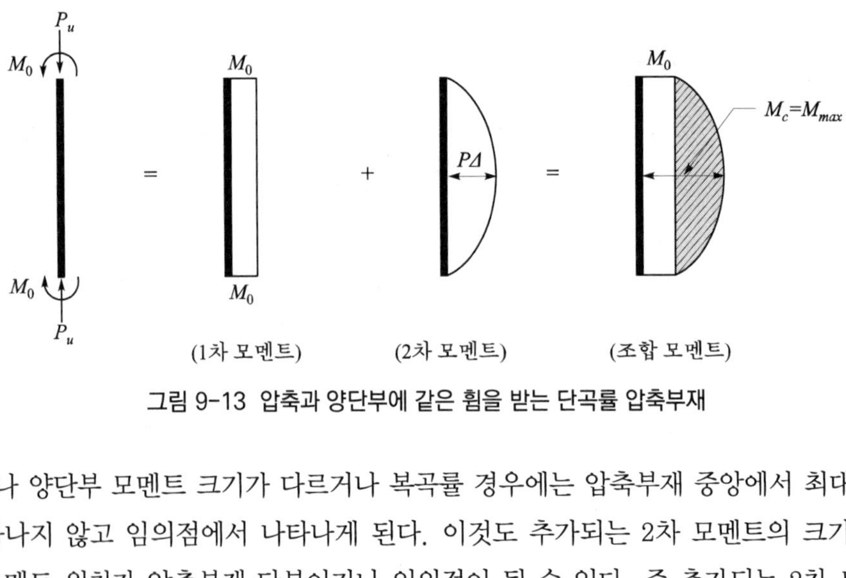

그림 9-13 압축과 양단부에 같은 휨을 받는 단곡률 압축부재

그러나 양단부 모멘트 크기가 다르거나 복곡률 경우에는 압축부재 중앙에서 최대 모멘트가 나타나지 않고 임의점에서 나타나게 된다. 이것도 추가되는 2차 모멘트의 크기에 따라 최대 모멘트 위치가 압축부재 단부이거나 임의점이 될 수 있다. 즉 추가되는 2차 모멘트가 적으면 그림 9-14 (a), (b)와 같이 압축부재 한쪽단부에서 나타나게 되고,

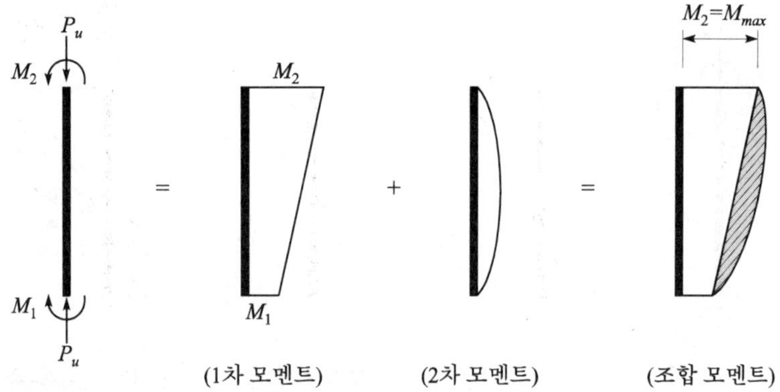

그림 9-14(a) 2차 모멘트가 작은 단곡률일 경우

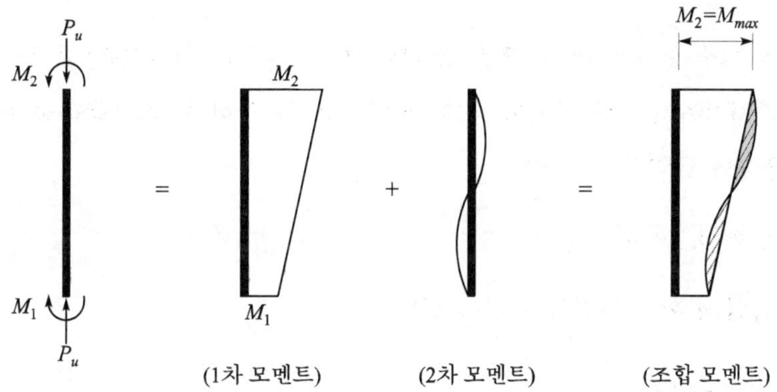

그림 9-14(b) 2차 모멘트가 작은 복곡률일 경우

만일 2차 모멘트가 크다면 최대 모멘트는 그림 9-14 (c), (d)와 같이 압축부재 단부가 아닌 임의점에서 나타나게 될 것이다.

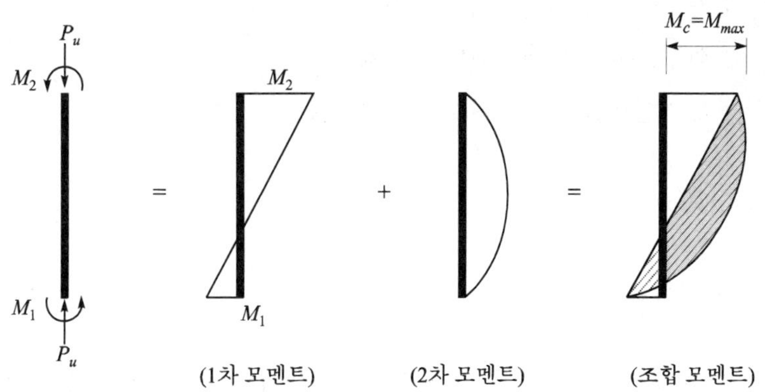

그림 9-14(c) 2차 모멘트가 큰 단곡률일 경우

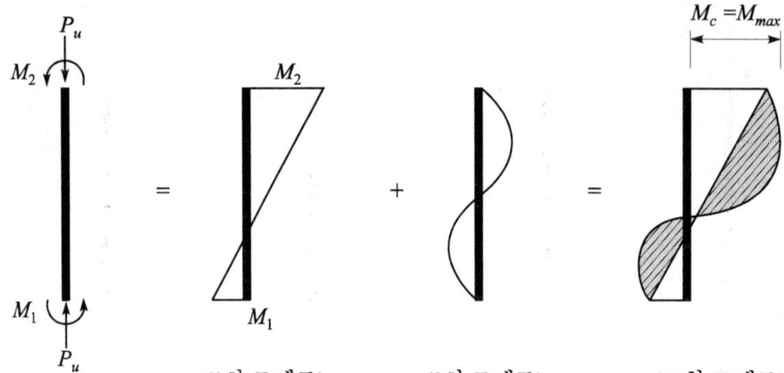

그림 9-14(d) 2차 모멘트가 큰 복곡률일 경우

이러한 경우 그림 9-14에는 양단부 모멘트 M_1 (작은쪽), M_2 (큰쪽)중 M_2 에 식(9-21)의 휨모멘트 확대계수 δ_{ns} 를 곱하여 식(9-20)의 M_c 를 구하여, 계수축하중 P_u 와 $P-M$ 상관도를 이용하여 단면설계를 한다.

$$M_c = \delta_{ns} \cdot M_2 \quad \cdots\cdots (9.20)$$

확대계수 δ_{ns}를 구하는 절차는 다음과 같다.

(1) 휨모멘트 확대 계수(δ_{ns})

$$\delta_{ns} = \frac{C_m}{1 - \dfrac{P_u}{0.75P_c}} \geq 1.0 \quad \cdots\cdots (9.21)$$

여기서, P_u : 계수하중에 의한 계수축하중

δ_{ns} : 횡구속골조의 휨모멘트 확대계수

C_m : 등가휨모멘트계수(식 9.24a, 9.24b)

(2) 오일러 좌굴하중(P_c)

$$P_c = \frac{\pi^2 EI}{(k\ell_u)^2} \quad \cdots\cdots (9.22)$$

여기서, 철근콘크리트 기둥에서는 좌굴파괴시 균열과 크리프 및 응력-변형률의 비선형으로 기둥의 휨강성(EI)은 비균열 단면의 단면2차 모멘트 보다 현저히 감소하게 될 것이

다. 기준에서는 식(9.23a), (9.23b)로 규정하고 있다.

$$EI = \frac{0.2\,E_c I_g + E_s I_{se}}{1+\beta_{dns}} \quad \cdots\cdots (9.23a)$$

또는,

$$EI = \frac{0.4\,E_c I_g}{1+\beta_{dns}} \quad \cdots\cdots (9.23b)$$

여기서, E_c : 콘크리트의 탄성계수

E_s : 철근의 탄성계수

I_g : 콘크리트 전 단면에 대한 단면 2차모멘트

I_{se} : 부재단면의 중심축에 대한 철근의 단면2차 모멘트

β_{dns} : 횡구속 골조에서 각각의 하중조합으로 계산된 축방향 계수지속하중에 대한 최대 계수축하중의 비도 1.0이하의 값을 사용해야 하며, 식을 간편화하기 위해 0.6을 사용할 수 있다.
이 값을 대입하면 식(9-23b)는 $EI = 0.2\,E_c I_g$ 가 된다.

(3) 등가휨모멘트 계수(C_m)

실제 휨모멘트를 등가균일분포 휨모멘트로 바꾸는 보정 계수

1) 기둥의 양단부 사이에 횡방향하중이 없는 경우

$$C_m = 0.6 + 0.4\frac{M_1}{M_2} \geq 0.4 \quad \cdots\cdots (9.24a)$$

2) 횡방향하중이 있는 경우

$$C_m = 1.0 \quad \cdots\cdots (9.24b)$$

여기서, M_1 : 양단부 모멘트 중 작은값

M_2 : 양단부 모멘트 중 큰 값이며 단곡률일 경우에는 양(+), 복곡률일 경우는 음(−)이다.

(4) 최소휨모멘트 ($M_{2,\min}$)

식(9.20)의 계수휨모멘트 M_2 는 식(9.25)의 최소 편심휨모멘트 이상 이어야 한다.

$$M_{2,\min} = P_u\, e_{\min} = P_u(15 + 0.03h) \quad \cdots\cdots (9.25a)$$

$$M_2 \geq M_{2,\min} \quad \cdots\cdots (9.25b)$$

여기서, M_2 가 M_2 최소값($M_{2,\min}$)보다 적으면 $C_m = 1.0$ 으로 한다.

예제 9-6

다음 그림과 같은 철근콘크리트 모멘트 골조로 된 건물에서 풍하중에 저항 하도록 2층의 내부기둥 C_{HE}를 설계하려고 한다. 이 건물의 모든 기둥은 400×500 으로 가정하고 철근콘크리트 부재의 단면 특성을 고려한 1계 탄성해석을 수행하였으며, 그 해석 결과는 다음과 같다.
(단, $f_{ck} = 27\,MPa$, $f_y = 400\,MPa$, $E_c = 27{,}000\,MPa$, 기둥휨모멘트는 단곡률로 가정한다.)

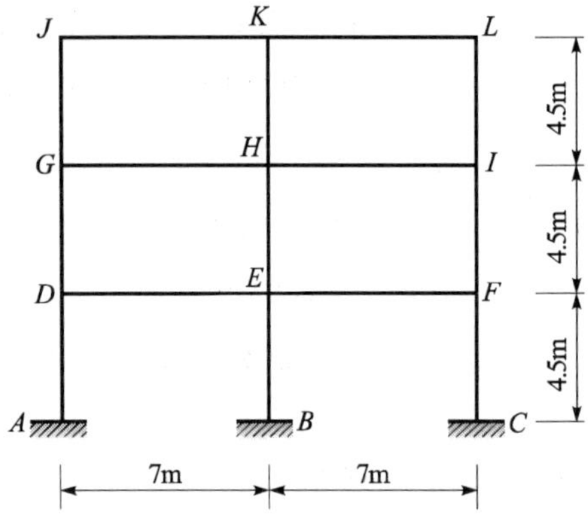

(2층에서의 해석결과)

- 풍하중에 의한 전체 층전단력 : $V = 117\,kN$
- 풍하중에 의한 전체 층간변위 : $\Delta = 5.0\,mm$
- 내부기둥 C_{HE}
  - 고정하중에 의한 축하중의합 : $P_D = 700\,kN$
  - 활하중에 의한 축하중의합 : $P_L = 600\,kN$
  - 고정하중에 의한 기둥상하단 휨모멘트 : $M_D = 80\,kN \cdot m$
  - 활하중에 의한 기둥상하단 휨모멘트 : $M_L = 70\,kN \cdot m$
- 외부기둥 C_{GD}, C_{IF}
  - 고정하중에 의한 축하중의 합 : $P_D = 400\,kN$
  - 활하중에 의한 축하중의 합 : $P_L = 350\,kN$
  - 고정하중에 의한 기둥상하단의 휨모멘트 : $M_D = 60\,kN \cdot m$
  - 활하중에 의한 기둥상하단의 휨모멘트 : $M_L = 40\,kN \cdot m$

풀이

1. 횡구속 여부 검토

(1) 계수하중 산정

$\Sigma P_u = 1.2P_D + 1.6P_L$

C_{HE} : $P_u = 1.2\times 700 + 1.6\times 600 = 1{,}800\,kN$, $M_u = 1.2\times 80 + 1.6\times 70 = 208\,kN\cdot m$

C_{GD}, C_{IF} : $P_u = 1.2\times 400 + 1.6\times 350 = 1{,}040\,kN$, $M_u = 1.2\times 60 + 1.6\times 40 = 136\,kN$

$V_u = 1.0\times V$ $(U = 1.2D + 1.0W,\ 0.9D + 1.0W)$

$= 1.0\times 117$

$= 117\,kN$

$\Sigma P_u = 1{,}800 + 1{,}040\times 2 = 3{,}880\,kN$

(2) V_u에 의한 층간 변위

$\Delta_O = 1.0\times\Delta = 1.0\times 5.0\,mm = 5.0\,mm$ (여기서 1.0은 풍하중 하중계수)

(3) 층안전지수 Q 산정

$$Q = \frac{\Sigma P_u\cdot\Delta_O}{V_u\cdot l_c} = \frac{3{,}880\times 10^3\times 6.5}{117\times 10^3\times 4{,}500} = 0.037 < 0.05$$

(4) 횡구속 여부 판별

$Q = \dfrac{\Sigma P_u\cdot\Delta_O}{V_u\cdot l_c} < 0.05$ 이므로 횡구속 골조로 설계한다.

2. 단주, 장주의 판별

보의 단면2차모멘트 $I_g = \dfrac{400\times 500^3}{12} = 4.17\times 10^9\,mm^4$

$I_b = 0.35I_g = 1.46\times 10^9$, $E_bI_b/l_b = 2.7\times 10^4\times 1.46\times 10^9/7{,}000 = 5.6\times 10^9$

기둥의 단면 2차 모멘트 $I_g = \dfrac{400\times 400^3}{12} = 2.13\times 10^9\,mm^4$

$I_c = 0.7I_g = 1.49\times 10^9$, $E_cI_c/l_c = 2.7\times 10^4\times 1.49\times 10^9/4{,}500 = 8.9\times 10^9$

$$\psi_E = \psi_H = \frac{\Sigma E_cI_c/l_c}{\Sigma E_bI_b/l_b} = \frac{8.9\times 10^9\times 2}{5.6\times 10^9\times 2} = 1.6$$

$k = 0.83$ (그림 9－12(a) 이용)

$r = 0.3h = 0.3\times 400 = 120$

$$\frac{kl_u}{r} = \frac{0.83\times(4{,}500 - 500)}{120} = 27.7$$

식(9.17)에서

$$\frac{kl_u}{r} = 27.7 > 34 - 12 \times \frac{206}{206} = 22$$ 이므로 세장효과를 고려하는 장주로설계를 하여야 한다.

3. 횡구속 골조확대계수 휨모멘트 M_c 산정

$$M_c = \delta_{ns} \cdot M_2$$

여기서, $\delta_{ns} = \dfrac{C_m}{1 - \dfrac{P_u}{0.75P_c}} \geq 1.0$

$$C_m = 0.6 + 0.4\frac{M_1}{M_2} = 0.6 + 0.4\frac{208}{208} = 1.0 \geq 0.4$$ 이므로 $C_m = 1.0$

(C_m : 실제 휨모멘트도를 등가균일분포 휨모멘트도로 치환하는데 관련된 계수)

$P_c = \dfrac{\pi^2 EI}{(kl_u)^2}$ (P_c: 좌굴하중)

여기서, $EI = \dfrac{0.4E_c I_g}{1 + \beta_{dns}}$, $E_c = 2.7 \times 10^4\ MPa$

$$I_g = \frac{400 \times 400^3}{12} = 2.13 \times 10^9\ mm^4$$

$\beta_{dns} = \dfrac{\text{기둥의 계수 지속축력}}{\text{기둥 전체 계수 축력}}$, 여기서, 계수지속축력은 고정하중이 해당된다.

$$= \frac{\Sigma 1.2P_D}{\Sigma P_u} = \frac{1.2 \times 700 + 1.2 \times 400 \times 2}{1{,}800 + 1{,}040 \times 2} = 0.464$$

(β_{dns} : 횡구속 골조에서 각각의 하중조합으로 계산된 최대계수축력에 대한 최대 계수지속축력의 비)

$$EI = \frac{0.4 \times 2.7 \times 10^4 \times 2.13 \times 10^9}{1 + 0.464} = 157.1 \times 10^{11}$$

따라서 한계축하중(좌굴하중) P_c는

$$P_c = \frac{\pi^2 EI}{(kl_u)^2} = \frac{\pi^2 \times 157.1 \times 10^{11}}{(0.83 \times 4{,}000)^2} = 14{,}066.9\ kN$$

$$\delta_{ns} = \frac{C_m}{1 - \dfrac{P_u}{0.75P_c}} = \frac{1.0}{1 - \dfrac{1{,}800}{0.75 \times 14{,}066.9}} = 1.206$$

(δ_{ns} : 압축부재 양단 사이의 부재 곡률의 영향을 반영하기 위한 계수로서 횡구속골조에 대한 휨모멘트 확대계수)

기둥 C_{HE} 설계용 모멘트 검토

$$M_{2,\min} = P_u \times (15 + 0.03h)$$
$$= 1{,}800 \times (15 + 0.03 \times 400) \times 10^3$$
$$= 48.6\ kN \cdot m\ <\ M_2 = 208$$ 이므로 적합하다.

따라서 설계용 모멘트 $M_u = \delta_{ns} \times M_2 = 1.206 \times 208 = 250.8\ kN \cdot m$ 이다.

4. 단면설계

$P_u = 1{,}800\ kN$

$M_u = 1.206 \times 208 = 250.8\ kN \cdot m$

기둥단면 400×400 「부록 C-2」 도표 7 이용

$$\frac{P_u}{A_g} = \frac{1800 \times 10^3}{400 \times 400} = 11.0$$

$$\frac{M_u}{A_g \cdot h} = \frac{250.8 \times 10^6}{(400 \times 400) \times 400} = 3.9$$

$$r = \frac{h - 2d'}{h} = \frac{400 - 2 \times 62.5}{400} = 0.7$$ 일 때

두 축이 만나는 점의 철근비 $\rho = 0.0386$

철근단면적 $A_{st} = 0.0386 \times 400 \times 400 = 6{,}176\ mm^2$

D29 철근은 사용하면 ($D29\ A_1 = 642\ mm^2$)

$n = 6{,}176 / 642 = 9.6$ 이므로 $10 - D29$ 로 배근하면 다음과 같다.

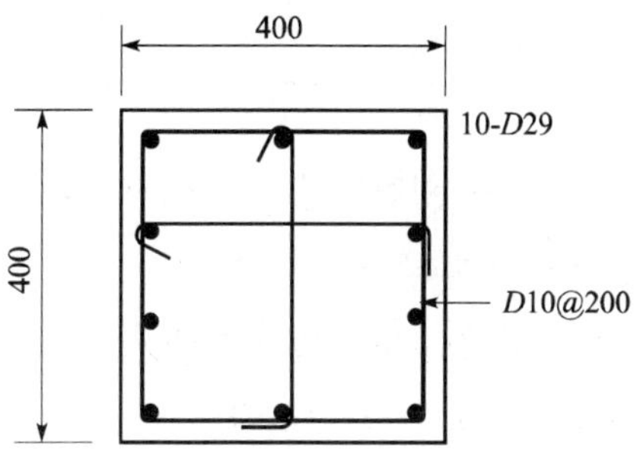

띠철근 검토

- 축방향 철근직경의 16배 : 16×29=464mm
- 띠철근 직경의 48배 : 48×10=480mm
- 기둥단면의 최소치수 : 400mm

따라서 위의 세값중 최소치수인 400mm로 한다.

7. 비횡구속 골조의 휨모멘트 확대계수법

비횡구속 골조에서 식(9.18)의 압축부재 세장비 kl_u / r 의 값이 22를 초과하면 비선형 해석법이나 휨모멘트 확대 계수법을 사용하도록 규정하고 있다.

비횡구속 골조는 그림 9-15 에서 1차 탄성해석에 의한 기둥 양단부 모멘트M_1, M_2 에 좌굴에 의한 휨모멘트 $P\Delta$ 와 횡변위에 의한 모멘트가 추가될 것 이다. 이때 최대 휨모멘트는 횡구속 골조와 달리 부재 임의점이 아닌 단부에서 발생하게 된다.

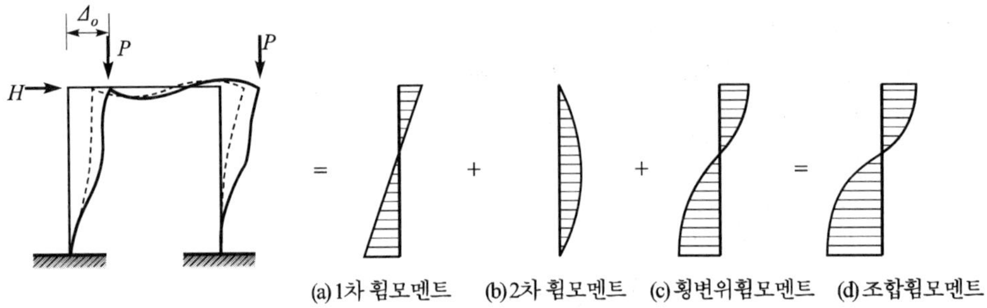

그림 9-15 비횡구속 골조의 모멘트

이 단부휨모멘트를 식 (9.26)과 같이 확대휨모멘트계수 δ_s를 이용하여 확대휨모멘트를 계산하도록 기준에서는 규정하고 있다.

$$M_1 = M_{1ns} + \delta_s M_{1s} \quad \cdots\cdots (9.26a)$$

$$M_2 = M_{2ns} + \delta_s M_{2s} \quad \cdots\cdots (9.26b)$$

여기서, M_{1ns} : M_1 이 작용하는 압축부재의 단부에서 횡변위를 일으키지 않는 하중에 대하여 1계 탄성 골조해석으로 계산된 단부 계수휨모멘트

M_{2ns} : M_2 가 작용하는 압축부재의 단부에 횡변위를 일으키지 않는 하중에 대하여 1계 탄성 골조해석으로 계산된 단부 계수휨모멘트

M_{1s} : M_1 이 작용하는 압축부재의 단부에 횡변위를 일으키는 하중에 대하여 1계 탄성 골조해석으로 계산된 압축부재의 단부 계수휨모멘트

M_{2s} : M_2 가 작용하는 압축부재의 단부에서 횡변위를 일으키는 하중에 대하여 1계 탄성 골조해석으로 계산된 압축부재의 단부 계수휨모멘트

δ_s : 비횡구속 골조에 대한 휨모멘트 확대계수

식(9.26)의 확대 모멘트 $\delta_s M_s$ 를 계산하는 방법으로 비선형 해석으로부터 구하지 않을 경우에 식(9.27)으로 구하도록 규정하고 있다.

$$\delta_s = \frac{1}{1-Q} \geq 1 \quad \cdots\cdots (9.27)$$

만일 식(9.27)에서 계산된 δ_s가 1.5를 초과한다면 탄성2차해석 또는 식(9.28)을 이용하여 확대 휨모멘트계수를 구한다.

$$\delta_s = \frac{1}{1-\dfrac{\Sigma P_u}{0.75\Sigma P_c}} \geq 1 \quad \cdots\cdots (9.28)$$

여기서, Q : 층안정지수(식9.16)

ΣP_u : 한 층에서 모든 기둥에 작용하는 계수 축하중의 합

ΣP_c : 한 층에서 모든 기둥에 작용하는 좌굴하중P_c의 합

좌굴하중 P_c는 식(9.22)에 따라 구하지만 이때 EI 계산식(9.23)에서 β_{dns} 대신 계수전단력에 의한 β_{ds} 를 사용하여야 한다. β_{ds} 는 비횡구속 골조에서 1개층 전체의 최대 계수전단력에 대한 최대 계수지속전단력의 비로 일반적으로 횡하중이 장기지속적인 하중이 아니고 단기하중이므로 보통 0이 된다. 흔하지 않지만 경사면에 세워진 건물의 한쪽에만 토압이 작용하는 경우가 지속되는 횡하중이 되겠다.

예제 9-7

예제 9-6에서 풍하중에 의한 층간변위 $\Delta = 15mm$, 층계수전단력 $V_u = 117\ kN$ 이고 2층에서의 단면력이 아래 표와 같을 때 기둥 C_{HE} 의 2층 설계용 모멘트를 구하시오.

(하중조합) 1. $U = 1.2D + 1.6L$

2. $U = 1.2D + 1.0W + 1.0L$

3. $U = 0.9D + 1.0W$

기둥	조합하중	축력			휨 모멘트 $(KN \cdot m)$					
		P_D	P_L	P_u	M_1	M_2	M_{1ns}	M_{2ns}	M_{1s}	M_{2s}
C_{HE}	1	700	600	900	10	16	10	16	–	–
	2			750	14	43	9	18	5	25
	3			600	16	41	5	16	5	25
C_{GD}, C_{IF}	1	400	350	650	5	6	5	6	–	–
	2			450	14	55	4	5	10	50
	3			300	18	41	8	1	10	40

M_{ns} : 횡구속 골조 단부계수휨모멘트,

M_s : 비횡구속 골조 단부계수휨모멘트

풀이

1. 횡구속 여부 검토

(1) V_u 에 의한 층간변위 Δ_O

$$\Delta_O = 1.0 \times 15\ mm = 15.0\ mm$$

(2) 안정계수 Q 산정

$$Q = \frac{\Sigma P_u \Delta_O}{V_u\, l_c} = \frac{2{,}200 \times 10^3 \times 15.0}{117 \times 10^3 \times 4{,}500} = 0.0625 > 0.05$$

여기서, $\Sigma P_u = C_{HE},\ C_{GD},\ C_{IF}$ 의 계수축하중의 합

$$= 900 + 650 \times 2 = 2{,}200\ kN$$

(3) 횡구속 여부 판별

$Q = 0.0625 > 0.05$ 이므로 비횡구속 골조이다.

2. 단주, 장주의 판별

$\psi_E = \psi_H = 1.6$

$k = 1.5$ (그림 9.20(b) 이용)

$r = 0.3\,h = 0.3 \times 400 = 120$

$$\frac{kl_u}{r} = \frac{1.5 \times (4{,}500 - 500)}{120} = 50 > 22$$

따라서 세장효과를 고려하는 장주로 설계 하여야 한다.

3. 확대 모멘트 M_2 산정

$M_2 = M_{2ns} + \delta_s M_{2s}$

여기서, ① $\delta_s \leq 1.5$ 일때

$$\delta_s = \frac{1}{1-Q} \geq 1$$

② $\delta_s > 1.5$ 일때

$$\delta_s = \frac{1}{1 - \dfrac{\Sigma P_u}{0.75 \Sigma P_c}} \geq 1$$

$$P_c = \frac{\pi^2 EI}{(kl_u)^2}$$

$$EI = \frac{0.4\,E_c I_g}{1+\beta_{dns}}, \quad E_c = 2.7 \times 10^4$$

$$I_g = \frac{400 \times 400^3}{12} = 2.13 \times 10^9$$

$\beta_{dns} = 0$ (풍하중에 의한 비횡지지 골조이며, 풍하중은 단기하중이지 장기지속하중은 아니다.)

$$EI = \frac{0.4 \times 2.7 \times 10^4 \times 2.13 \times 10^9}{1+0} = 230 \times 10^{11}$$

$$P_c = \frac{\pi^2 \times 230 \times 10^{11}}{(1.5 \times 4{,}000)^2} = 6{,}305.6\ kN$$

$$\delta_s = \frac{1}{1-Q} = \frac{1}{1-0.0625} = 1.07 < 1.5$$

이것도 1.5를 초과하지 않으므로 가능한 확대계수가 되겠다.

참고로 식(9.28)을 이용하여 δ_s 를 구해보면

$$\delta_s = \frac{1}{1-\dfrac{\Sigma P_u}{0.75\Sigma P_c}} = \frac{1}{1-\dfrac{2{,}200}{0.75 \times 3 \times 6{,}305.6}} = 1.184$$

δ_s 는 1.07 이나 1.184 나 모두 가능한 계수이나

식(9.28)로 구한 확대계수 $\delta_s = 1.184$ 를 사용하도록 하겠다.

(하중조합 1)

$$M_2 = M_{2ns} + \delta_s M_{2s}$$
$$= 16 + 1.184 \times 0 = 16$$

(하중조합 2)

$$M_2 = M_{2ns} + \delta_s M_{2s}$$
$$= 18 + 1.184 \times 25 = 47.6$$

(하중조합 3)

$$M_2 = M_{2ns} + \delta_s M_{2s}$$
$$= 16 + 1.184 \times 25 = 47.6$$

위의 3가지 값 중 최대값인 설계용 모멘트 $M_2 = 47.6\ kN \cdot m$ 이다.
따라서 $P_u = 2{,}200\ kN$, $M_u = 47.6\,kN \cdot m$ 을 갖고 $P-M$ 상관도록 이용해서 철근량을 산출하여 배근한다.

6 2축 휨을 받는 압축부재 설계

2축 방향의 횡하중, 인접경간의 하중불균형 등으로 인하여 압축부재에 계수축하중과 동시에 두 주축에 2축 휨모멘트가 작용하는 경우에는 2축 휨에 대한 고려를 하여야 한다.

설계방법으로는 원칙적으로 계수축하중과 2축에 대한 휨모멘트의 계수합성 휨모멘트를 구한 후 그림 9-16의 P-M상관도를 이용하여 압축부재를 설계하게 되는데 많은 시간과 노력이 소요된다. 따라서 광범위한 연구 및 실험에 의해 적용성이 입증된 근사해법으로 ① 브레슬러 등하중선법 ② PCA등하중선법 ③ 브레슬러 상반하중법등의 방법으로 설계를 할 수 있지만, 그러나 실무에서 2축 휨을 받는 압축부재의 설계는 현재 일반화된 컴퓨터설계 프로그램(마이더스 $Design^{+}$)를 사용하여 쉽게 구할 수 있다.

2축휨을 받는 압축부재의 P-M 상관도는 그림 9-16과 같다.

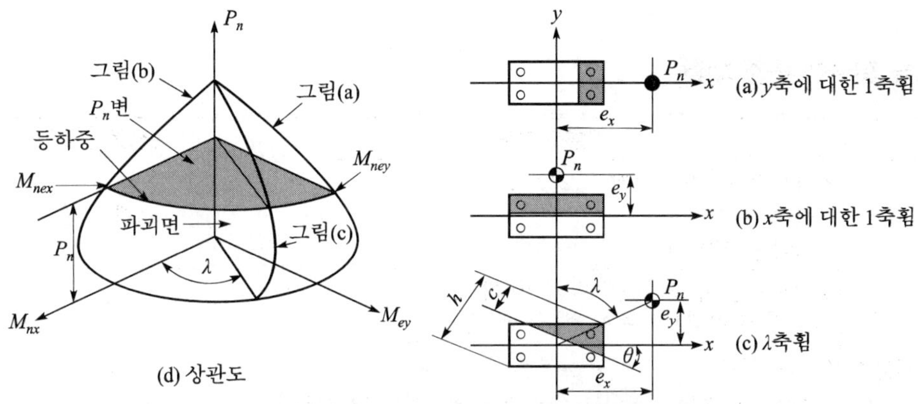

그림 9-16 축압축력과 2축휨의 상관도

(1) 그림 9-16 (c)에서 합성 편심의 방향은 식(9.31)에 의해 구한다.

$$\lambda = \arctan\frac{e_x}{e_y} = \arctan\frac{M_{ny}}{M_{nx}} \qquad (9.31)$$

(2) 그림 9-16 (d)에서 압축부재강도는 그림 9-16 (c)의 의해 정의되는데, P_n, M_{nx}, M_{ny}가 이 상관도 내에 있으면 기둥은 안전하고 벗어나면 파괴를 의미한다.

중요사항

1. 기둥 철근의 구조 제한

<table>
<tr><th colspan="2"></th><th colspan="2">띠철근 기둥</th><th>나선철근 기둥</th></tr>
<tr><td rowspan="3">주철근</td><td>개수</td><td colspan="2">• 직사각형(구형) : 4개 이상
• 원형: 4개 이상
• 삼각형: 3개 이상</td><td>6개 이상</td></tr>
<tr><td>간격</td><td colspan="3">40mm이상, 주철근 직경의 1.5배 이상,
굵은 골재 최대치수의 4/3배 중 큰 값</td></tr>
<tr><td>철근비 (ρ)</td><td colspan="3">$\rho_{\min} = 1\%$, $\rho_{\max} = 8\%$
(주철근이 겹침 이음되는 경우 최대 철근비는 4% 이하)</td></tr>
<tr><td rowspan="4">띠철근 혹은 나선철근</td><td>직경</td><td colspan="2">주철근 직경≤D32 : D10 이상
주철근 직경≥D35 : D13 이상
또는, 다발철근</td><td>10mm 이상</td></tr>
<tr><td rowspan="2">간격</td><td>• 주철근 직경의 16배 이하
• 띠철근 직경의 48배 이하
• 기둥 단면의 최소 치수의 1/2 이하</td><td>최소값
(단, 200mm보다 좁을 필요는 없다.)</td><td rowspan="2">25mm 이상, 75mm 이하</td></tr>
<tr><td>* 내진 설계시
• 주철근 직경의 8배 이하
• 띠철근 직경의 24배 이하
• 기둥 단면의 최소 치수의 1/2 이하
• 300mm 이하</td><td>최소값</td></tr>
<tr><td>철근비</td><td colspan="2">–</td><td>$\rho \geq \rho_s = 0.45\left(\frac{A_g}{A_{ch}} - 1\right)\frac{f_{ck}}{f_{yt}}$
$\rho = \frac{A_{sp}\, l_{sp}}{A_{ch}\, s}$
A_{sp} : 나선철근단면적, s : 나선철근간격
l_{sp} : 나선철근 1회전 길이 $l_{sp} = \pi d_c$
A_{ch} : 기둥심부단면적 $A_{ch} = \pi d_c^2/4$
D : 기둥전체직경
d_c : 나선철근의 바깥부분으로 측정되는 기둥심부지름($d_c = D-$피복두께×2)
A_g :기둥 전체단면적 $A_g = \pi D^2/4$
f_{yt} : 나선철근의 항복강도로 700MPa이하이어야 하며, 400MPa을 초과하는 경우에는 겹침이음을 할 수 없다.
ρ_s : 최소 나선철근비
ρ : 실제 필요나선철근비</td></tr>
</table>

2. 축방향 중심축 하중을 받는 단주

(1) 공칭 축하중 강도

① 무편심일 때(순수 축하중만 작용)

$$P_0 = 0.85 f_{ck}(A_g - A_{st}) + f_y A_{st}$$

A_{st} : 주철근의 전단면적

A_g : 기둥의 전단면적

② 편심일 때(시공 오차 등)

- 띠철근 기둥

$$P_n = 0.8 \times [0.85 f_{ck}(A_g - A_{st}) + f_y A_{st}]$$

- 나선철근 기둥

$$P_n = 0.85 \times [0.85 f_{ck}(A_g - A_{st}) + f_y A_{st}]$$

(2) 최대 설계 축하중

① 띠철근 기둥

$$\phi P_n = \phi \times 0.8 \times [0.85 f_{ck}(A_g - A_{st}) + f_y A_{st}]$$

$$\phi = 0.65 \text{ (강도 감소 계수)}$$

② 나선철근 기둥

$$\phi P_n = \phi \times 0.85 \times [0.85 f_{ck}(A_g - A_{st}) + f_y A_{st}]$$

$$\phi = 0.7 \text{ (강도 감소 계수)}$$

3. 장주의 설계

일반적으로 철근콘크리트 기둥은 단면이 크기 때문에 단주에 속한다.

그러나 근래에 와서는 과거와 달리 재료의 고강도, 컴퓨터에 의한 정밀한 해석과 설계로 단면이 점점 세장하게 되어 기둥이 축하중과 휨에 대한 응력에 의한 파괴가 아닌 좌굴에 의한 파괴가 일어나게 된다. 따라서 이러한 세장효과를 고려한 장주설계가 필요하게 된다.

장주설계법으로는 비선형 해석방법과 근사해법으로 휨모멘트 확대 계수법이 있다.

(1) 좌굴하중

기둥의 강도가 좌굴하중에 의하여 지배되는 기둥을 장주라 하며, 중심축하중을 받을 때 좌굴하중은 오일러(Euler)가 제안한 아래 식에 의하여 구한다.

$$\text{오일러의 좌굴하중 } P_c = \frac{\pi^2 EI}{(k\ell_u)^2}$$

여기서, EI : 휨강성

ℓ_u : 기둥의 비지지 길이

① 비지지 길이 ℓ_u는 그림 9-9와 같이 횡방향으로 지지하는 부재들 사이의 순 길이를 취한다.

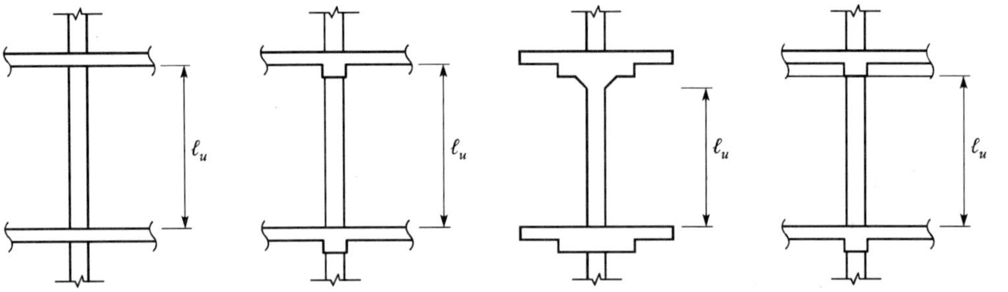

(a) 플랫플레이트 (b) 횡보가 없는 경우 (c) 플랫슬래브 (b) 횡보가 있는 경우

② 유효좌굴계수 k의 값

k	0.5	0.7	2.0	1.0	2.0	1.0
좌굴형태	(a)	(b)	(c)	(d)	(e)	(f)

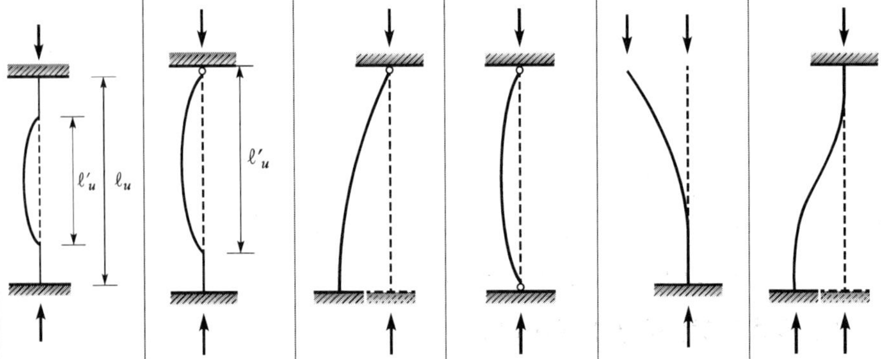

(2) 단주와 장주의 구별

① 횡구속 골조의 장주

$$\lambda = \frac{kl_u}{r} > 34 - 12\left(\frac{M_1}{M_2}\right), \quad 34 - 12\left(\frac{M_1}{M_2}\right) \le 40$$

② 비횡구속 골조의 장주

$$\lambda = \frac{kl_u}{r} > 22$$

여기서, r 는 단면의 회전반지름(단면2차 반경)으로 직사각형 단면 0.3h, 원형단면 0.25D, 이 외의 단면 $\sqrt{I_g / A_g}$ 이다.

또한 $34 - 12\,(M_1 / M_2)$ 는 40을 넘을 수 없으며, M_1 과 M_2 는 기둥단부모멘트로 M_1 은 작은쪽, M_2 는 큰 쪽의 값이다. 그리고 M_1 / M_2 의 부호는 단곡률일때는 양(+), 복곡률일 때는 음(−)이다.

다만, 세장비 λ 가 100이 넘으면 부재의 균열, 지속하중의 영향, 건조수축과 크리프 등을 고려한 비선형해석을 이용한 부재의 설계를 하여야 한다.

연습문제

1 철근 콘크리트 기둥의 띠철근의 사용 목적?

풀이

① 축방향 철근의 위치를 유지시킨다.
② 축방향 철근의 좌굴을 방지시키는데 효과가 있다.
③ 수평력(횡력)에 대한 전단 보강의 효과가 있다.

2 강도 설계법에서 다음과 같은 단주의 띠철근 기둥의 설계 축하중 강도는?
(단, $f_{ck} = 24\,MPa$, $f_y = 400$, $D22\ A_1 = 387\,mm^2$)

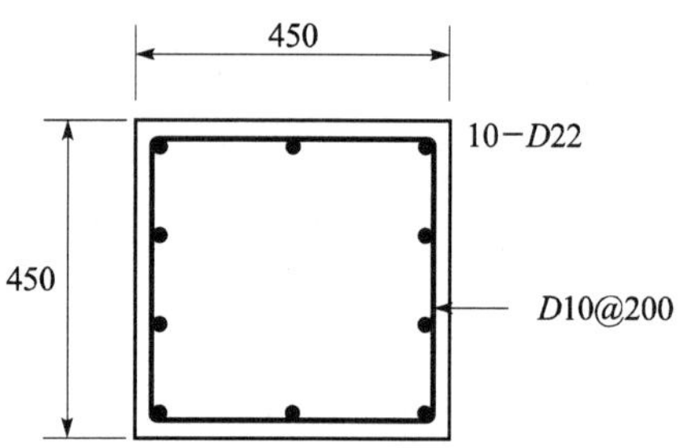

풀이

$$\phi P_n = 0.65 \times 0.8 \times [0.85 f_{ck}(A_g - A_{st}) + f_y\,A_{st}]$$
$$= 0.65 \times 0.8 \times [0.85 \times 24 \times (450 \times 450 - 10 \times 387) + 400 \times 10 \times 387]$$
$$= 2{,}912.0\,kN$$

3 강도 설계법에서 다음과 같은 단주의 나선철근 기둥의 설계 축하중 강도는?
단, $f_{ck} = 24\,MPa$, $f_y = 400$

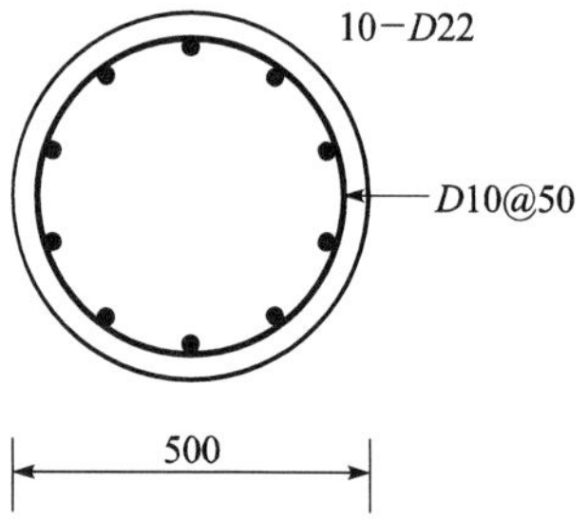

풀이

$$\phi P_n = \phi \times 0.85 \times [0.85 f_{ck}(A_g - A_{st}) + f_y\,A_{st}]$$
$$= 0.7 \times 0.85 \times [0.85 \times 24 \times (\frac{\pi \times 500^2}{4} - 10 \times 387) + 10 \times 387 \times 400] \times 10^{-3}$$
$$= 3{,}257.3\,kN$$

4 강도 설계법에서 순수 축하중을 받는 띠철근 기둥의 설계 축하중 강도 $\phi P_n = \phi \times 0.8 \times [0.85 f_{ck}(A_g - A_{st}) + f_y A_{st}]$ 로 구할 수 있다. 이 식에서 0.8을 사용한 이유를 설명하시오.

풀이

기둥에 발생하는 예측하지 못한 편심에 대비하기 위한 계수이다.

5 강도설계법에서 단면이 500mm×500mm 인 철근콘크리트 띠철근 기둥에서 기둥양단부가 힌지이며, 비횡구속 되었을 때 단주일 조건의 최대길이를 구하시오.

풀이

비횡구속 골조의 단주, 장주의 한계는 $\frac{k\, l_u}{r} \le 22$ 이다.

여기서, $k = 1.0$ (양단힌지)

$r = 0.3h = 0.3 \times 500 = 150\, mm$

따라서 $\frac{k\, l_u}{r} \le 22$ 에서

$$\frac{1.0 \times l_u}{150} = 22$$

$$l_u = 22 \times 150 = 3.3\, m$$

답 $l_u = 3.3\, m$

6 강도설계법에서 철근콘크리트 기둥설계에 관한 규정 중 가장 부적합한 것은?

가. 직사각형 기둥의 주철근 개수는 4개 이상이다.

나. 띠철근 간격은 주철근 직경의 16배 이하, 띠철근 직경의 48배 이하, 기둥단면의 최소치수 중 작은값 이하이어야 한다.

다. 나선철근 간격은 25mm 이상, 75mm 이하이다.

라. 띠철근 기둥의 주철근이 D29 일때 띠철근의 직경은 D13 이상인 철근을사용해야 한다.

풀이

① 띠철근 직경 : 주철근 직경D $\le$ 32 인 경우 : D10 이상

주철근 직경D $\ge$ 35, 또는 다발철근인 경우 : D13 이상

② 나선철근 직경 : 10mm 이상

따라서 D29 철근의 띠철근은 D10 이상이다.

답 라

7 철근콘크리트 기둥의 주철근 간격으로 부적합한 것은?

가. 40mm 이상
나. 주철근 직경의 1.5배 이상
다. 굵은 골재 최대 치수의 4/3배 이상
라. 25mm 이상

풀이

① 철근콘크리트 기둥의 주철근 간격 : 40mm이상
직경의 1.5배 이상, 굵은골재 최대치수의 4/3배 이상 중 큰값 이상
② 철근콘크리트 보의 주철근 간격 : 25mm 이상
주근직경, 굵은골재 최대치수의 4/3배 이상 중 큰값 이상

답 라

8 철근콘크리트 기둥의 띠철근 사용목적으로 적절하지 않은 것은?

가. 주근의 좌굴을 방지하는데 효과가 있다.
나. 크리프량을 줄이는데 효과가 있다.
다. 주근의 위치를 유지시켜 준다.
라. 수평력에 대한 전단보강 역할을 한다.

풀이

보의 압축측에 철근을 배근할 때 크리프량을 줄일 수 있다.

답 나

9 콘크리트 구속효과에 대한 설명 중 적절하지 않은 것은 어느 것인가?

가. 횡방향 철근에 의해서 효과가 발생한다.
나. 띠철근이 나선철근보다 효과적이다.
다. 횡방향 철근의 간격이 좁을수록 구속효과가 증가한다.
라. 구속된 콘크리트 연성능력이 증가된다.

풀이

나선철근이 띠철근 보다 콘크리트 구속효과가 훨씬 좋다.

답 나

10 강도설계법에서 나선철근의 간격으로 부적합한것은?

가. 45mm　　나. 60mm　　다. 70mm　　라. 90mm

풀이

나선철근의 간격은 25mm 이상, 75mm 이하 이어야 한다.

답 라

11 강도설계법에서 철근콘크리트 기둥의 최소 및 최대 철근비로 적합한 것은?
(단, 겹침이음은 고려하지 않는다.)

가. 1% 와 8%　　나. 1% 와 4%
다. 15 와 6%　　라. 0.5% 와 4%

풀이

철근콘크리트 기둥의 주철근 단면적은 전체단면적 A_g 의 0.01배(1%) 이상, 0.08배(8%) 이하 이어야 한다.
단, 주철근이 겹침이음이 된 경우는 0.01배(1%) 이상, 0.04배(4%) 이하로 기준에서 규정되어 있다.

답 가

12 강도설계법에서 나선철근 및 띠철근 기둥의 강도 감소계수 ϕ 로 적합한 것은?

가. 0.65 와 0.7　　나. 0.7 과 0.65
다. 0.7 과 0.75　　라. 0.75 와 0.85

풀이

띠철근 기둥의 $\phi = 0.65$,
나선철근 기둥의 $\phi = 0.7$ 이다.

답 가

13 그림과 같은 철근콘크리트 기둥에서 띠철근의 최대 간격으로 적합한 것은?

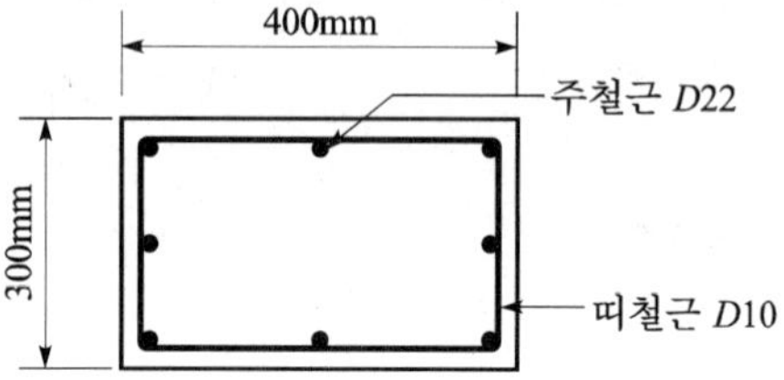

가. 352mm

나. 480mm

다. 200mm

라. 150mm

풀이

띠철근의 최대 간격은 다음의 값 중 최소값으로 하되, 200mm보다 좁을 필요는 없다.

① 주철근 지름의 16배 : 16×22 = 352mm

② 띠철근 지름의 48배 : 48×10 = 480mm

③ 기둥 단면의 최소 치수의 1/2 이하 : $300\,mm \times (1/2) = 150\,mm$

단, $200\,mm$ 보다는 좁을 필요가 없으므로 $200\,mm$ 이하이면 적합.

따라서 ① ② ③ 중 최소값 200mm이다.

답 다

14 그림과 같은 철근콘크리트 기둥에서 내진설계 시 띠철근의 최대간격으로 적합한 것은?

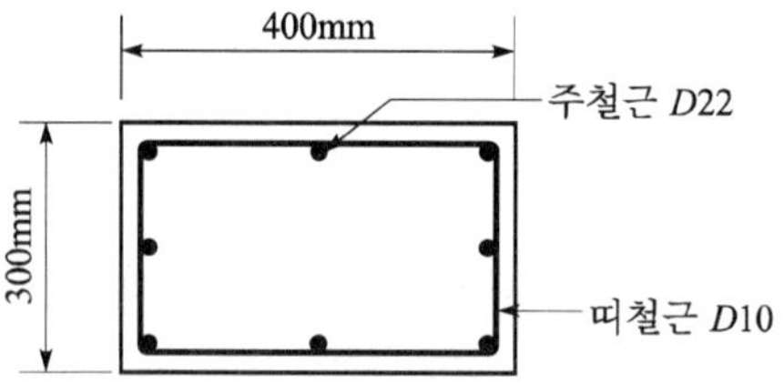

가. 176mm

나. 240mm

다. 150mm

라. 300mm

풀이

내진설계시 띠철근 최대 간격은 다음의 값중 최소값으로 한다.

① 주철근 지름의 8배 : 8×22 = 176mm

② 띠철근 지름의 24배 : 24×10 = 240mm

③ 기둥의 최소 치수의 1/2배 : 300/2 = 150mm

④ 300mm 이하

따라서 ①, ②, ③, ④ 중 최소값 150mm이다.

답 다

15 그림과 같은 철근 콘크리트 기둥에서 오일러의 좌굴하중 산정 시 사용하는 비지지길이(l_u)로 적합한 것은?

가. 그림[1] a, 그림[2] c
나. 그림[1] b, 그림[2] d
다. 그림[1] a, 그림[2] d
라. 그림[1] b, 그림[2] c

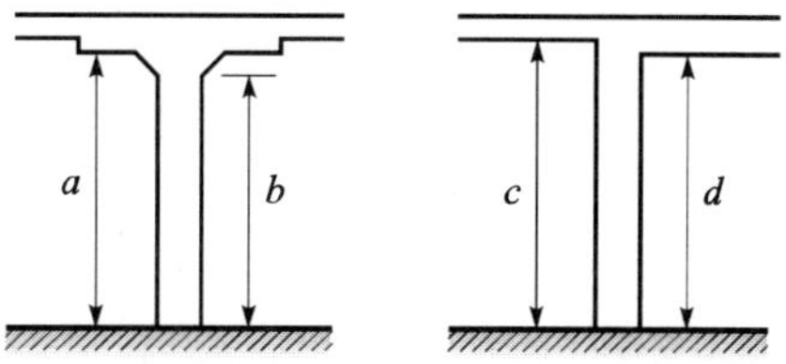

그림[1] 그림[2]

풀이

기둥의 비지지길이 l_u는 횡방향으로 지지하는 부재들 사이의 순길이를 뜻한다.
그림[1] 은 지판이 아니고 캐피탈 끝선인 b, 그림[2] 에서는 보깊이가 깊은보밑까지인 d 이다.

답 나

16 좌굴하중의 일반식 $P_c = \dfrac{\pi^2 EI}{(kl_u)^2}$ 에서 기둥의 양단부가 힌지일 경우 이론적인 유효 좌굴길이 k의 값으로 적합한 것은?

가. 0.5 나. 0.7 다. 1.0 라. 2.0

풀이

양단고정일때 k=0.5, 1단힌지 타단고정 k=0.7, 양단힌지 k=1.0, 1단고정 타단 자유 k=2.0 이다.

답 다

17 다음 중 철근콘크리트 라멘골조에서 내진 보강을 위해 스터럽 및 띠철근의간격을 촘촘히 배근해야 하는 위치는?

가. 보의 단부와 기둥의 단부
나. 보의 중앙부와 기둥의 중앙부
다. 보의 단부와 기둥의 중앙부
라. 보의 중앙부와 기둥의 단부

풀이

콘크리트 구조물에 연성을 좋게하기 위하여 보의 양단부와 기둥의 양단부에
스터럽과 보조철근(띠철근, 나선철근)의 간격을 1/2로 줄여 배근하도록 하고 있다.

답 가

제 10 장
기초의 설계

Design of Reinforced Concrete Structures

기초의 설계

1 개요

기초(footing, foundation)란 기둥이나 벽체를 통하여 전달되는 상부 구조물의 자중(고정하중), 활하중, 풍력, 지진력, 기타의 외력을 지반에 전달하고 분배하는 건물 하부의 지중 구조 부분 전체를 지칭하며, 상부 구조물의 특성과 하중의 크기 및 대지의 경계조건과 지반의 허용지내력에 따라 다양한 형태의 기초로 설계된다. 특히 다음과 같은 조건을 만족하여야 한다.

첫째, 흙의 허용 지내력을 초과하여서는 안된다.
둘째, 과도한 압밀침하, 부동침하 등이 일어나지 않아야 한다.
셋째, 전도나 미끄러짐에 대한 안정성이 확보되어야 한다.

2 기초의 종류

(1) **줄기초(연속기초)** : 내력벽 또는 조적벽을 지지하는 기초로 벽체 양 옆에 캔틸레버 작용으로 하중을 지반으로 전달시킨다. [그림 10-1 (a)]

(2) **독립기초** : 가장 많이 설계되고, 경제적인 기초로 기둥이나 벽체로부터 전달되는 하중을 독립적으로 지지하는 정사각형 또는 직사각형의 형태를 가지는 기초로, 확대기초 라고도 한다. [그림 10-1 (b)]

(3) **복합기초** : 2개 이상의 기둥을 지지하는 긴 직사각형의 기초로, 기둥들이 가까이 있거나 또는 외부기둥이 대지 경계선 가까이 있을 때 편심기초로 사용된다. [그림 10-1 (c)]

(4) **연결(스트랩)기초** : 외부기둥이 대지 경계선 가까이 있어 외부기둥의 기초가 편심기초로 될 경우 2개의 기초를 지중보로 연결하여 이것이 편심하중에 의한 휨모멘트의 영향을 전달하도록 한 기초이다. [그림 10-1 (d)]

(5) **말뚝기초** : 독립기초와 같은 형태이나 전달하여야 할 하중이 크고 굳은 지반이 깊은 곳에 있는 경우 기초판과 굳은 지반 사이를 말뚝으로 전달하는 기초로 재질에 따라 콘크리트말뚝, 강관말뚝 등으로 분류된다. [그림 10-1 (e)]

(6) **온통기초**(mat foundation) : 지반의 지내력이 약하여 독립기초나 말뚝기초로 적당하지 않을 때 지하 맨 밑층의 바닥을 온통으로 두꺼운 슬래브 구조로 한 기초를 말하며 매트기초라고도 하며, 구조물의 부동침하를 막을 수 있고, 편리한 시공성등의 부수적인 효과도 얻을 수 있다. [그림 10-1(f)]

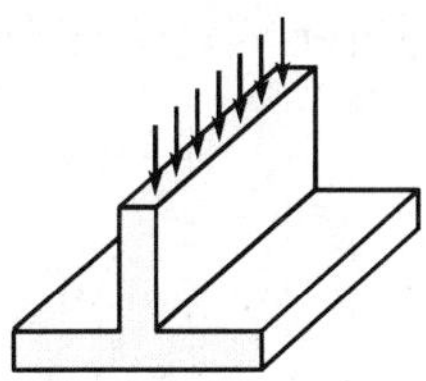

(a) 줄기초

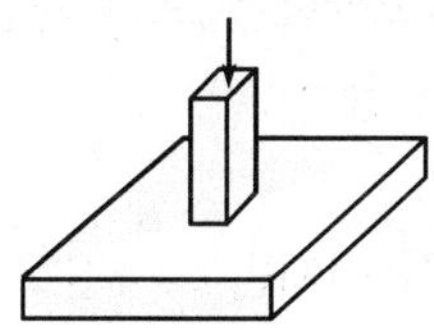

(b) 독립기초

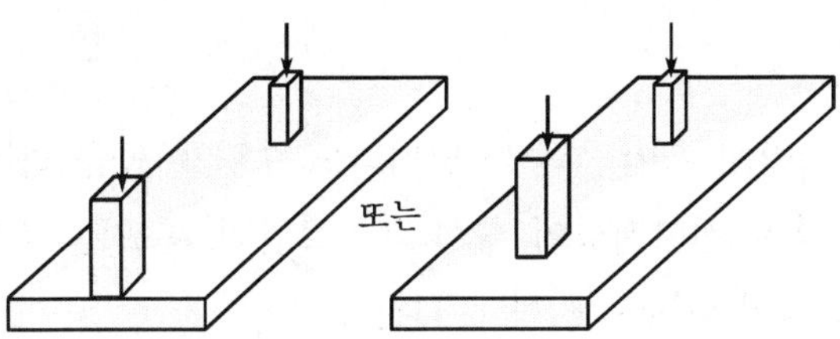

(c) 복합기초

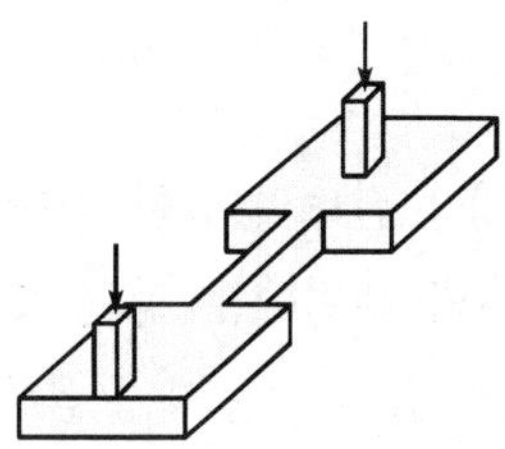

(d) 연결기초

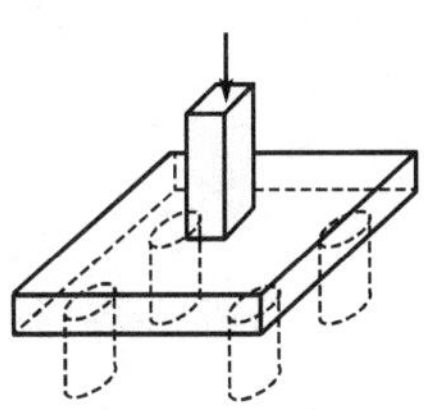

(e) 말뚝기초

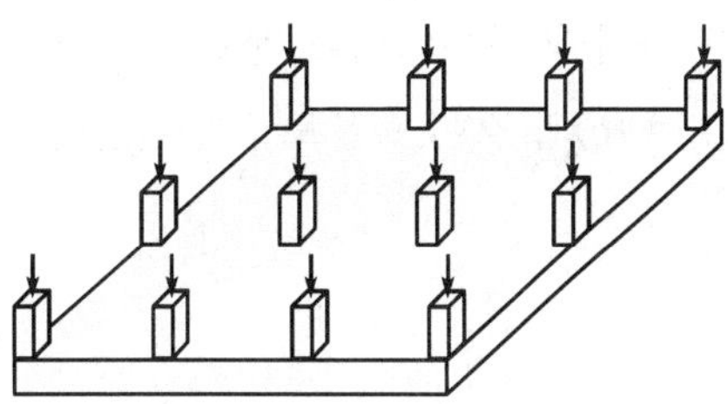

(f) 온통기초

그림 10-1 기초의 종류

3 지반 및 기초판에 작용하는 지반력의 검토

기초 설계는 철근콘크리트 구조인 기초판의 단면력 산정은 당연히 강도설계법에 따라 계수하중에 의한 지반반력이나 말뚝반력을 이용하여 설계하지만 기초판을 지지하는 지반은 철근콘크리트가 아닌 흙 또는 암반이다. 따라서 기초판의 크기, 침하, 전도, 미끄럼등의 안전성의 검토는 계수하중이 아닌 사용하중을 적용하여 허용응력에 따라 검토를 한다.

1. 지반 토질에 따른 지반력 분포

기초판의 지반반력은 보통 균등하지 않고, 기초의 휨강성이나 지반을 구성하고 있는 흙의 종류에 따라 다르다.

(1) **사질토(砂質土)지반** : 사질토 지반은 점착력이 없으므로 상부하중이 작용하면 기초 주위의 흙들이 바깥쪽으로 약간 수평 이동하기 때문에 토압은 기둥하부 기초부분에서 지반반력이 크게 생기고 멀어질수록 반력이 그림 10-2 (a)와 같이 감소하는 분포를 보인다.

(2) **점토(粘土)** : 점토의 강한 점착력으로 지반의 흙이 하중을 받더라도 수평 이동을 하지 않고 기초의 주변에는 평균 토압에 더하여 전단저항이 형성되어 토압의 분포는 그림 10-2 (b)와 같이 기둥의 중심부가 작고 멀어질수록 큰 형태가 된다.

(3) 실제 구조설계에서는 이러한 토질의 형태에 따른 불균일성은 가변적이고 불확실할 뿐만 아니라 기초의 휨모멘트나 전단력에 끼치는 영향도 작기 때문에 지반반력을 그림 10-2 (c)와 같이 등분포로 일어난다고 가정한다.

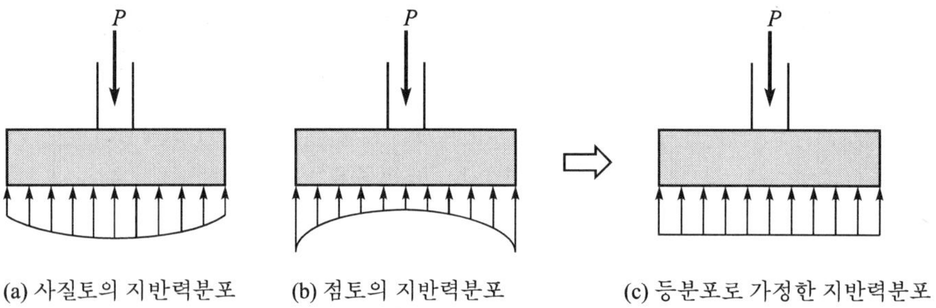

그림 10-2 기초판 하부의 지반반력의 분포

2. 허용 지내력

지반이 지지할 수 있는 힘의 크기를 극한지내력 또는 지내력이라 하고, 이 지내력을 안전율로 나눈 것을 허용지내력이라 한다.

허용지내력은 별도의 지반조사 및 재하시험에 의하여 정하는 경우 이외에는 표 10-1에 의하여 정한다.

$$\text{허용 지내력 } q_a = \frac{q_{ult}(\text{극한 지내력})}{\text{안전률}(2.5 \sim 3.0)} \quad \cdots\cdots (10.1)$$

표 10-1 각 지반의 허용지내력

지반		허용 지내력[kN/m^2]
경암반	화강암, 석록암, 편마암, 안산암 등의 화성암 및 굳은 역암 등의 암반	4,000
연암반	판암, 편암 등의 수성암의 암반	2,000
	혈암, 토단반 등의 암반	1,000
자갈		300
자갈과 모래의 혼합물		200
모래섞인 점토 또는 롬토		150
모래 또는 점토		100

3. 기초판의 크기 결정 및 설계용 지반반력

기초판의 크기는 식(10.2) 에 의하여 계산한다.

이때의 하중은 계수하중이 아닌 사용하중을 사용한다.

$$A = \frac{D + L + D_b + D_s}{q_a} = \frac{P}{q_a} \quad \cdots\cdots (10.2)$$

여기서, D : 고정 하중

L : 활하중

D_b : 기초자중 및 기초 위의 흙의 자중

D_s : 상재하중(표면재하하중)

P : $D + L + D_b + D_s$(자중을 포함한 전체 사용하중)

q_a : 허용지내력

기초판을 설계하기 위한 지반반력은 하중계수를 적용한 계수하중을 사용하며, 이때 기초의 자중 및 기초위의 흙의 자중이나 상재하중은 포함하지 않는다.

즉 기둥에 작용하는 계수하중만을 사용한다.

$$q_u = \frac{1.2D + 1.6L}{A} \quad \cdots\cdots (10.3)$$

여기서, q_u : 설계용 지반반력

A : 기초판 면적

여기서 기초판 설계용 지반반력 q_u 는 기둥이나 벽체에 의해 전달되는 계수하중에 대해서만 적용하는 것은 그림 10-3에서 보듯이 기초판과 흙의 무게로 인하여 기초판에 작용하는 영향은 0이 된다. [그림 10-3 (a) 참조] 즉 균등한 깊이의 흙과 기초판 자체 하중에 의해서는 기초판에 전단이나 휨모멘트가 생기지 않는다는 것이다.

반면에 기둥에 축하중이 작용하면 그림 10-3 (b)와 같이 그것에 의한 지반반력 q_4는 기초 판에 전단이나 휨모멘트를 유발시킨다.

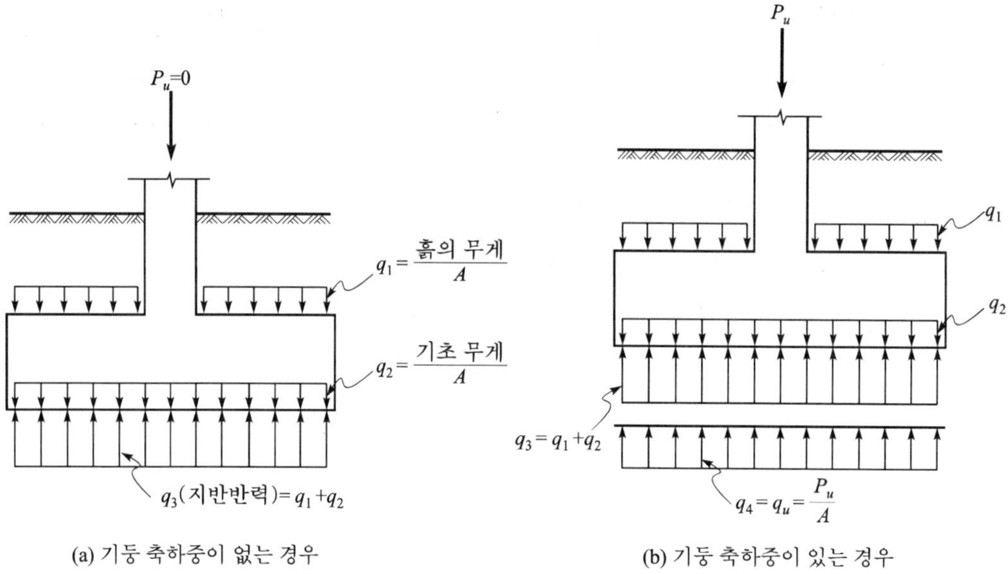

그림 10-3 기초판에 작용하는 지반력

4. 기초 설계 절차

1) 지반조사에 의한 허용지내력 및 기초종류 선정
2) 사용하중에 의한 기초판의 크기 결정
3) 계수하중에 의한 설계용 지반반력 q_u 산정
4) 기초판의 계수휨모멘트 및 계수전단력 계산
5) 1면 전단 및 2면(뚫림)전단 검토와 기초두께 결정
6) 주철근량 산정 및 배근간격 계산
7) 배근상세(철근정착 등) 검토 및 배근도 작성

예제 10-1

아래조건에 적합한 독립기초 면적 A를 구하고,
기초판 설계용 지반력 q_u를 산정하시오.

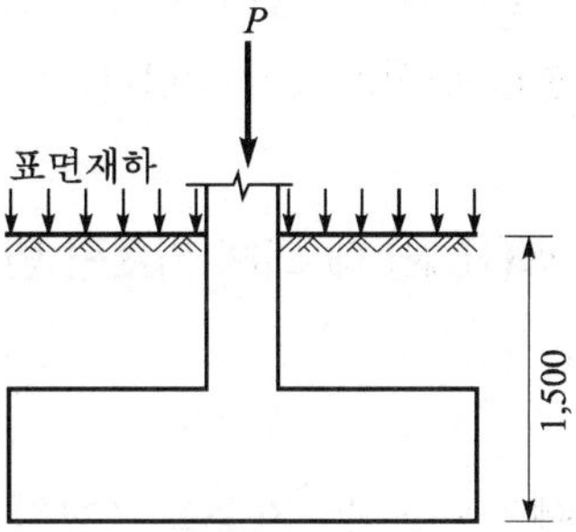

- 사용 고정하중에 의한 축하중 : $P_D = 1{,}300\,kN$
- 사용활하중에 의한 축하중 : $P_L = 1{,}200\,kN$
- 표면재하하중 : $5\ kN/m^2$
- 흙과 콘크리트의 평균 단위질량 : $21\ kN/m^3$
  (흙의 단위질량 : $18 \sim 20\,kN/m^3$, 콘크리트 단위질량 : $23\,kN/m^3$)
- 장기허용 지내력 : $q_a = 200\ kN/m^2$

풀이

1. 기초판 면적 산정

$$A = \frac{(P_D + P_L) + (\text{기초자중과 기초위의 흙무게}) + \text{표면재하하중}}{q_a}$$

$$= \frac{(1300+1200) + 21 \times 1.5 \times A + 5 \times A}{200}$$

$200A = 2500 + 36.5A$,

$163.5A = 2{,}500$

$A = \dfrac{2500}{163.5} = 15.3m^2 \quad \leq \quad 4.0m \times 4.0m\ (A = 16.0m^2)$ 로 한다.

2. 기초판 설계용 지반력 q_u 산정

$$q_u = \frac{P_u(\text{계수하중})}{A} = \frac{1.2 \times 1{,}300 + 1.6 \times 1{,}200}{4.0 \times 4.0} = 217.5\,kN/m^2$$

따라서 기초판 설계용 지반력 $q_u = 217.5\ kN/m^2$이 된다.

4 독립기초 설계

기둥을 지지하는 독립기초의 기초판은 일반적으로 정사각형이나 때로는 지지하는 기둥의 모양이 긴 직사각형이던지 공간의 제약으로 긴 직사각형의 모양으로 설계가 된다. 이때 기초판은 어느 경우든 1면전단, 2면전단(뚫림전단)과 휨모멘트 그리고 철근정착에 대하여 안전하게 설계되어야 한다.

1. 식(10.2) 에 의해 기초판 면적을 산정한다.

$$A = P/q_a$$

여기서 P 는 자중을 포함한 전체사용하중, q_a 는 허용지내력이다.

2. 설계용 지반반력 q_u 를 산정한다.

$$q_u = P_u/A \quad \cdots\cdots (10.4)$$

여기서, $P_u = 1.2D + 1.6L$ (계수 축하중)

3. 기초판의 두께를 결정한다.

(1) 기초 상단에서부터 하부 철근까지의 깊이

① 흙에 직접 놓이는 직접기초 : 150mm 이상

② 말뚝기초 : 300mm 이상

(2) 피복 두께 : 75mm 이상

(3) 다우얼의 정착을 위한 기초판의 최소 두께 및 다우얼 철근의 기둥 속 이음길이

- 정착 길이 : $l_d = l_{db} \times$ 보정 계수 $\geq 200\ mm$
- 기본 정착 길이 : $l_{db} = \dfrac{0.25 d_b f_y}{\lambda \sqrt{f_{ck}}}$ 또는 $l_{db} = 0.043\, d_b f_y$ 중 큰값.
- 기둥 속으로의 이음길이 : $l_s = \left(\dfrac{1.4 f_y}{\lambda \sqrt{f_{ck}}} - 52 \right) d_b \geq [0.072\, d_b\, f_y\, ,\ 300mm]_{\max}$

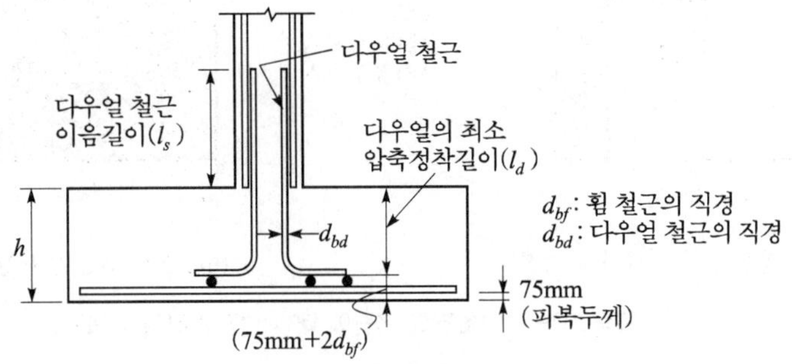

그림 10-4 기초 다우얼 철근의 정착길이

4. 전단 내력 검토

기초의 두께는 대부분 전단 내력에 의해 결정되며 전단 강도는 1방향 전단(1면 전단)과 2방향 전단(뚫림전단, 2면전단) 중 불리한 것에 의해 지배된다.

(1) 1방향 전단 설계 : 일반보에서와 같이 기둥면으로부터 d 만큼 떨어진 거리에서 검토한다.

$$V_u \leq \phi V_c$$

$V_c = \dfrac{1}{6} \lambda \sqrt{f_{ck}}\, b_w d$, b_w = 기초폭, d = 기초유효깊이, λ = 경량콘크리트계수

기초판에 대한 1방향 전단 강도의 검토식 : $V_u \leq \phi V_c = 0.75 \dfrac{1}{6} \lambda \sqrt{f_{ck}}\, b_w d$

여기서, $V_u = q_u \times$1방향 전단 상관영역 면적(빗금면적)

$= q_u \times (\dfrac{b_w - c_1}{2} - d) \times b_w$ 으로 계산된다.

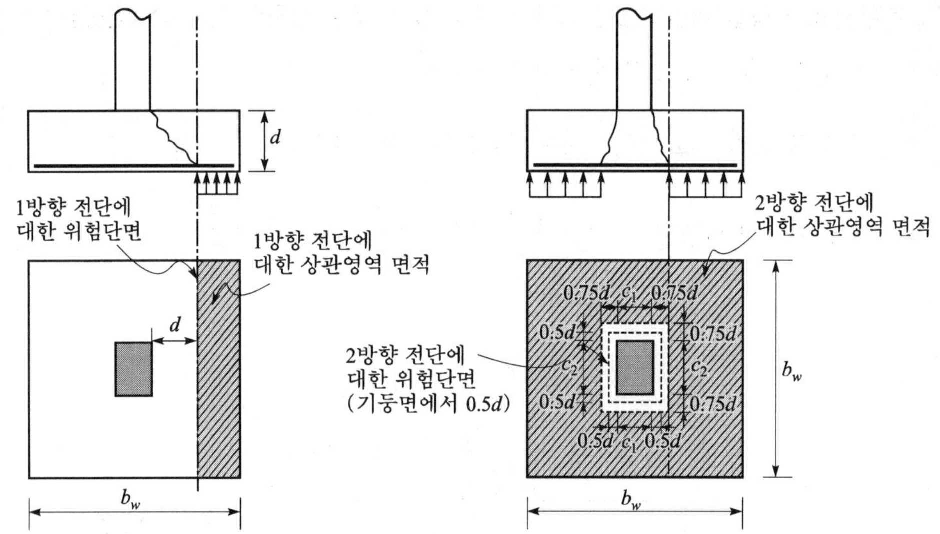

(a) 1방향 전단 상관영역 면적 (b) 2방향 전단 상관영역 면적

그림 10-5 기초판의 전단에 대한 분담면적과 위험단면

(2) 2방향 전단 설계 : 기둥 주변으로부터 $\dfrac{d}{2}$만큼 떨어진 거리에서 검토한다.

$$V_u \le \phi V_c,\quad \phi = 0.75$$

여기서, $V_u = q_u \times$ 2방향 전단 상관영역 면적(빗금면적)

$= q_u \times [b_w \times b_w - (c_1 + 1.5d)(c_2 + 1.5d)]$ 으로 계산된다.

(2방향계수전단력 V_u 는 기둥면에서 $0.75\,d$ 내에 지반반력은 무시)

기둥과 슬래브에서의 2방향계수전단력 V_u 를 계산할 때에 기둥면에서 $0.5\,d$ 내에 재하되는 등분포하중의 영향을 무시할 수 있다. 그러나 기초판-기둥접합부의 경우 기둥면에서 $0.75\,d$ 내에 재하되는 지반반력의 영향을 무시하도록 한다. 이와 같이 다른 이유는 기둥밑에 작용하는 지반반력이 등분포하중으로 가정하여 계산하지만 실지로는 기둥 바로 밑에 작용하는 지반반력이 기둥에서 떨어진 위치보다 크며, 이러한 토압은 기둥으로 직접 전달되므로 기둥면에서 $0.75\,d$ 떨어진 거리로 하여 그 값(V_u)을 줄이도록 하였다. 그러나 말뚝기초는 일정한 말뚝반력에 의한 설계이므로 $0.5\,d$ 로 하여 계산한다.

$V_u \le \phi V_c \quad , \ \phi = 0.75$

$$V_c = v_c\, b_o\, d \ \le \ 0.58\, f_{ck}\, b_o\, c_u \quad \cdots\cdots (8.9a)$$

$$v_c = \lambda\, k_s\, k_{bo}\, f_{te}\, \cot\psi\,(c_u / d) \quad \cdots\cdots (8.9b)$$

여기서, v_c : 콘크리트 재료의 공칭전단응력강도

b_o : 2방향 전단의 위험단면 둘레길이(mm)

λ : 콘크리트 경량계수(보통콘크리트 : 1.0, 모래경량콘크리트 : 0.85, 전경량콘크리트 : 0.75)

k_s : 슬래브두께계수

$0.75 \le \ k_s = (300 / d)^{0.25} \ \le 1.1$

k_{bo} : 위험단면 둘레길이의 영향계수

$k_{bo} = 4 / \sqrt{\alpha_s\,(b_o / d)} \ \le \ 1.25$

α_s : 내부기둥 : 1.0, 외부기둥 : 1.33, 모서리기둥 : 2.0

f_{te} : 압축대 콘크리트의 인장강도

$f_{te} = 0.2\,\sqrt{f_{ck}}$

$\cot\psi = \sqrt{f_{te}\,(f_{te} + f_{cc})} \ / f_{te}$

ψ : 슬래브 휨 압축대의 균열각도

f_{cc} : 위험단면 압축대에 작용하는 평균압축응력

$f_{cc} = (2/3)\, f_{ck}$

c_u : 압축철근 영향을 무시하고 계산된 슬래브 위험단면 압축대 깊이의 평균값

$c_u = d\left[25\,\sqrt{\rho / f_{ck}} - 300\,(\rho / f_{ck})\right]$

ρ : 설계위험단면에서 양방향으로 각각 h 만큼 떨어진 폭의 슬래브에 대한 평균인장철근비

$0.005 \le \rho \le 0.03$, 주인장 철근비 $\rho \le 0.005$ 인 경우 0.005를 사용할 수 있다. 설계위험단면에서 최소 $(h + l_d)$ 만큼 연장하여 슬래브에 정착해야 한다.

l_d 는 인장이형철근의 정착길이이다.

기초판에 대한 2방향 전단강도의 검토식 : $V_u \le \phi V_c$

여기서, $V_u = q_u \times$ 빗금면적

$= q_u \times [b_w \times b_w - (c_1 + 1.5d)(c_2 + 1.5d)]$ 으로 계산된다.

5. 휨모멘트 계산

(1) 기초판의 휨모멘트 계산을 할 때 위험 단면

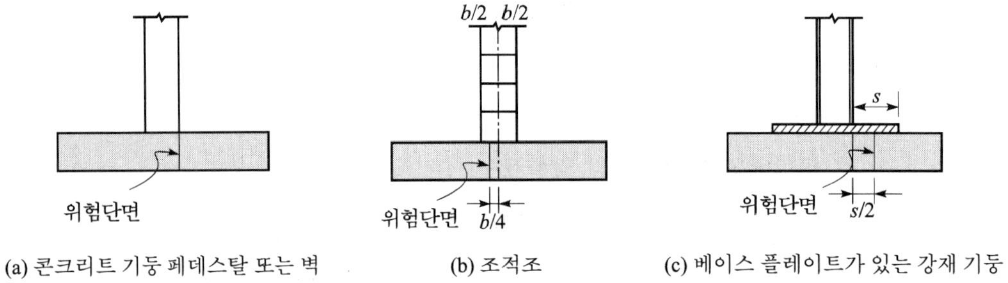

그림 10-6 휨모멘트를 계산할 때 위험단면

(2) 휨모멘트의 크기는 기초판을 자른 수직면에서 그 한쪽 전체 면적에 작용하는 힘에 대하여 계산한다.

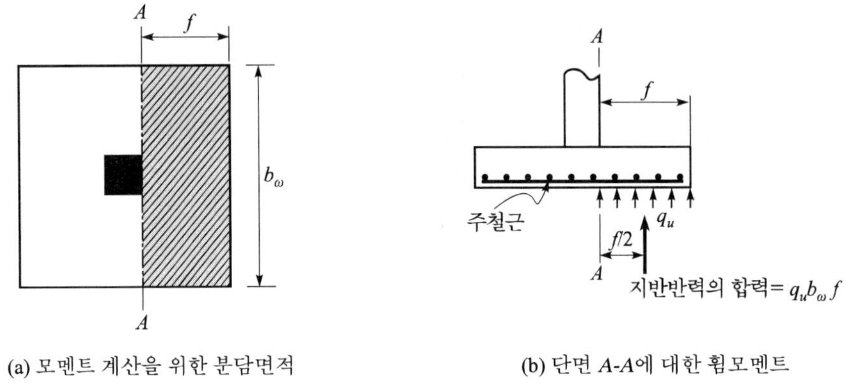

그림 10-7 기초판의 휨모멘트

$M_u = q_u b_w f \times \dfrac{f}{2} = \dfrac{q_u b_w}{2} f^2$ 으로 계산된다.

(3) 휨 모멘트에 의한 소요 철근 계산

$$R_n = \frac{M_u}{\phi b d^2}$$

$$\phi = 0.85$$

$$\rho = \frac{\eta(0.85 f_{ck})}{f_y}\left(1 - \sqrt{1 - \frac{2R_n}{0.85 f_{ck}}}\right)$$, 소요철근량 $A_s = \rho\, b\, d$ 으로 구한다.

(4) 최소 휨 철근량

두께가 균일한 구조용 슬래브와 기초판에 대하여 인장철근의 최소 단면적은 수축・온도 철근 규정에 따르도록 규정하고 있다.

$$A_{s,\min} = \begin{cases} f_y \le 400\,MPa : 0.002\,bh \\ f_y > 400\,MPa : 0.002\,bh \times \dfrac{400}{f_y} > 0.0014\,bh \end{cases}$$

그러나 $A_{s,\min} \le 1{,}800\,mm^2$를 초과할 필요가 없고, 최대간격은 기초두께의 3배 이하 $s_{\max} \le 3h$, 또는 450mm 이하로 한다.

(5) 휨철근의 배치

기초판에서 철근은 기초판 전체에 걸쳐 균등하게 배치하되, 2방향 직사각형 기초판의 각 방향 철근 배치는

① 장변방향 철근 : 기초판 폭 전체에 균등하게 배치

② 단변방향 철근 : 아래식 (10.5)으로 산출한 철근량을 유효폭(단변길이)내에 균등하게 배치하고, 나머지는 이외의 부분에 균등히 배치시킨다.(그림 10-8 참조)

$$\text{유효폭 내에 배치하는 철근량} = \text{단변방향의 전체 철근량} \times \frac{2}{\beta + 1} \quad \cdots\cdots\cdots (10.5)$$

여기서, 유효폭은 기둥이나 받침부의 중심선이 유효폭의 중심이 되도록하며, 기초판의 단변길이로 취한다.

β = (기초판의 장변길이) / (기초판의 단변길이)이다.

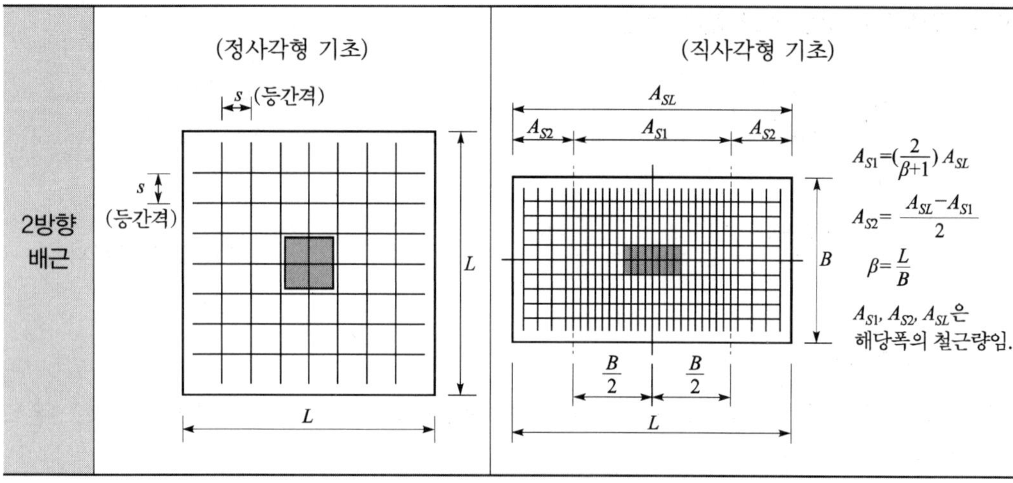

그림 10-8 휨철근의 배치

6. 인장철근의 정착

기둥면에서 기초에 묻히는 길이는 인장철근의 정착길이 l_d 이상이 되도록 한다.

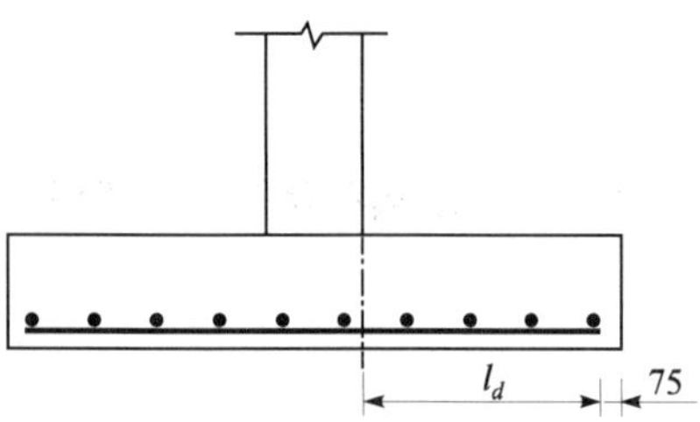

그림 10-9 인장 철근의 정착길이

- 정착길이 : $l_d = l_{db} \times$ 보정 계수 $\geq 300\ mm$
- 기본 정착길이 : $l_{db} = \dfrac{0.6 d_b f_y}{\lambda \sqrt{f_{ck}}}$

  (λ : 경량콘크리트계수)
- 보정계수 : $\alpha\beta\gamma$

  (α : 철근배근위치계수

  β : 도막계수, γ : 철근크기계수)

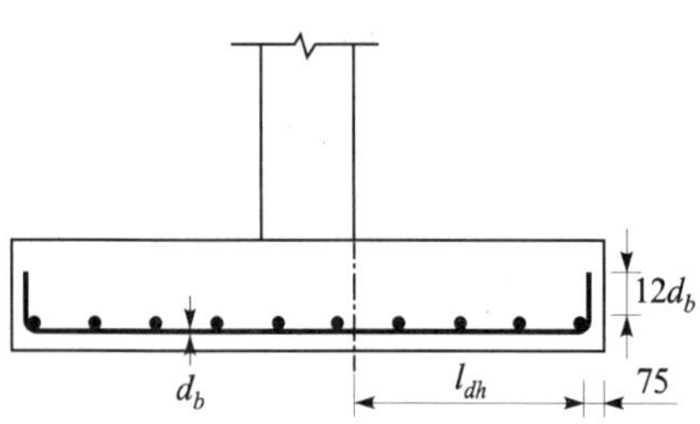

그림 10-10 표준 갈고리의 인장철근의 정착길이

- 정착길이:

  $l_{dh} = l_{hb} \times$ 보정 계수 $\geq 8d_b$ 또한 $150mm$
- 기본 정착길이 : $l_{hb} = \dfrac{0.24\beta d_b f_y}{\lambda \sqrt{f_{ck}}}$

  (d_b : 인장철근 직경)

7. 다우얼 철근의 정착

다우얼 철근은 철근고정을 위하여 기초판 하부에서 90° 갈고리 형태로 하여 기둥 속으로는 직선형태로 배근한다.

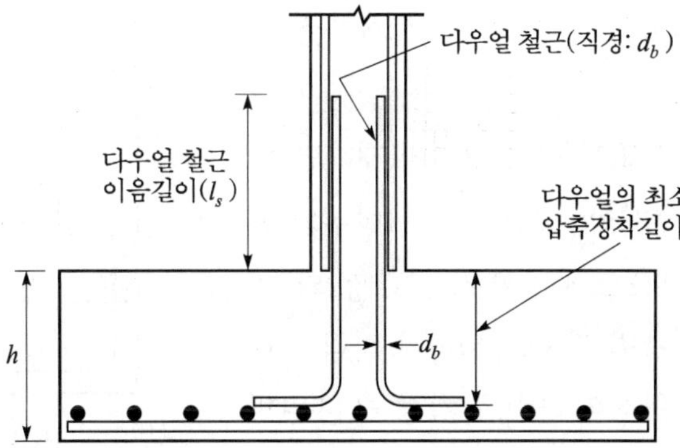

- 기초판 속으로의 정착길이 : $l_d = l_{db} \times$ 보정 계수 $\geq 300\,mm$
- 기본 정착길이 : $l_{db} = \dfrac{0.25\,d_b\,f_y}{\lambda\sqrt{f_{ck}}}$ 또는 $l_{db} = 0.043\,d_b f_y$ 중 큰 값
- 기둥 속으로의 이음길이 : $l_s = \left(\dfrac{1.4\,f_y}{\lambda\sqrt{f_{ck}}} - 52\right) d_b \leq \left[0.072\,d_b f_y,\ 300\,mm\right]_{\max}$

8. 기둥에서 기초판으로의 하중전달

기둥 또는 벽체 저면에서 힘과 휨모멘트는 콘크리트의 지압과 철근, 다우얼 철근 및 기계적 이음장치에 의해 기초판에 전달시켜야 한다.

(1) 지지부재(기둥) 콘크리트의 지압강도

$$\phi P_{nb} = \phi(0.85\,f_{ck} A_1) \quad \cdots\cdots (10.6)$$

여기서, $\phi = 0.65$

$f_{ck} =$ 지지부재 콘크리트의 설계기준 압축강도

$A_1 =$ 지지부재의 단면적 (재하면적)

(2) 받침부재(기초) 콘크리트의 지압강도

$$\phi P_{nb} = \phi(0.85 f_{ck} A_1)\sqrt{A_2/A_1} \quad \cdots\cdots (10.7)$$

여기서, ϕ = 0.65

f_{ck} = 받침부재 콘크리트의 설계기준 압축강도

A_1 = 지지부재(기둥)의 단면적(재하면적)

A_2 = 받침부재의(기초) 단면적(상부의 재하면적으로부터 수직1, 수평2의 비율로 측면 경사를 위하여 받침부 내부에 완전히 포함된 가장 큰 피라미드, 원뿔 또는 경사진 쐐기모양의 하부면적. 다만, $\sqrt{A_2/A_1} \le 2$ 이어야 한다.

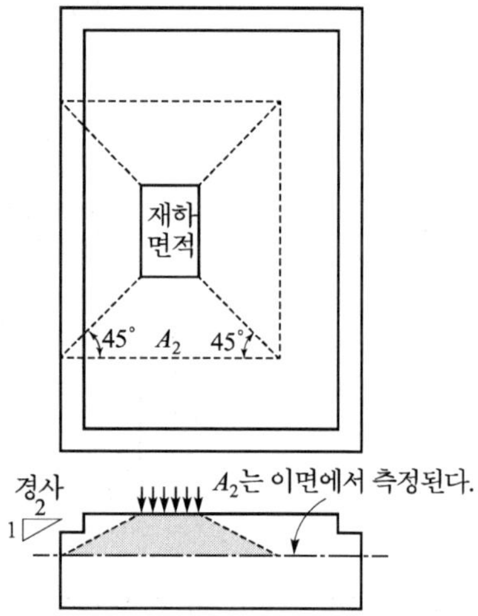

그림 10-11 기둥의 허용 지압응력에 대한 A_2 면적 계산

(3) 다우얼 철근

기둥의 지압력이 콘크리트 지압강도를 초과할 경우 종방향 주철근을 주각 또는 기초까지 연장시키거나 다우얼 철근을 사용하여 초과하중을 주각 또는 기초에 전달시킬 수 있다.

소요 다우얼 철근량은 다음 식(10.8)과 같이 산정한다.

$$A_s = \frac{(P_u - \phi P_{nb})}{\phi f_y} \quad \cdots\cdots (10.8)$$

여기서, $\phi P_{nb} = \phi(0.85 f_{ck} A_1)$, $\phi = 0.65$

다만, 지압강도를 초과하지 않는 경우라 할지라도 기둥 또는 벽체와 기초의 접촉면을 관통하여 최소 보강근으로 4본 이상 배근해야 한다. 이때 다우얼 철근이 사용된다면 그 길이는 압축정착에 준하여야 한다.

기준에서 정한 최소 보강철근의 소요량은 지지부재(기둥)의 종류에 따라 각각 다음과 같다.

현장타설 기둥 : $A_s = 0.005 A_g$

현장타설 벽체 : A_s = 기준에서 정한 벽체의 최소 수직철근량

$$\begin{pmatrix} f_y = 400MPa \text{ 이상으로서 } D16 \text{ 이하의 이형철근 : } 0.0012A_g \\ \text{기타철근 : } 0.0015A_g \end{pmatrix}$$

프리캐스트 기둥 : $A_s = 1.5 A_g / f_y$

프리캐스트 벽체 : 패널당 두 개 이상의 $A_s = 45,000 / f_y$

예제 10-2

기둥의 치수가 500mm×500mm인 기둥이 고정하중 $1,200\,kN$과 활하중 $1,500\,kN$을 받을 때 이 기둥에 대한 독립기초를 정사각형으로 설계하라.
기초 콘크리트의 압축강도는 $f_{ck} = 27\,MPa$, 철근의 항복강도는 $f_y = 400\,MPa$로 하고, 허용 지내력은 $q_a = 350\,kN/m^2$, 기초두께는 800mm로 하며, 기초의 무게와 그 위의 상재하중은 고정하중과 활하중의 10퍼센트로 한다.

풀이

1. 기초판의 크기 산정

$$A = \frac{D+L+(D_b+D_s)}{q_a} = \frac{1,200+1,500+2,700\times 0.1}{350} = 8.49\,m^2$$

따라서 기초의 크기는 3.0m × 3.0m 로 한다.

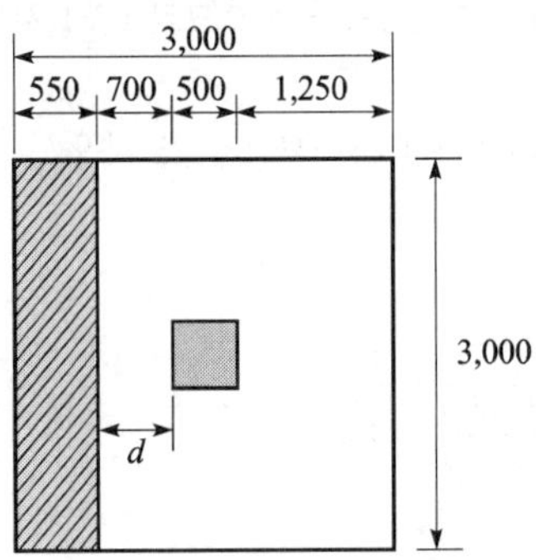

(a) 1방향 전단 상관영역면적

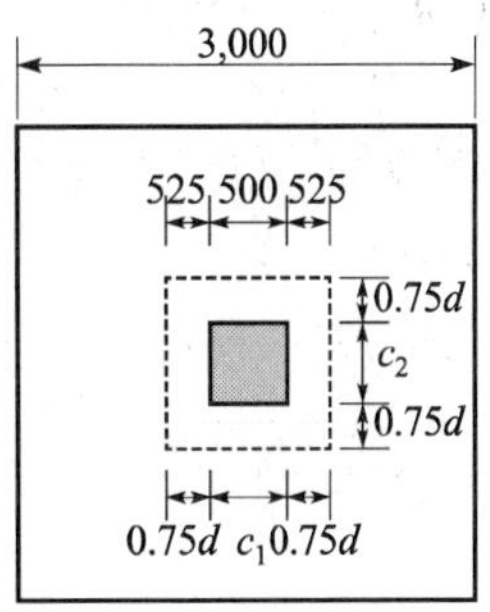

(b) 2방향 전단 상관영역면적

2. 설계용 지반반력 : $q_u = \dfrac{1.2\times 1,200 + 1.6\times 1,500}{3\times 3} = 426.7\,kN/m^2$

3. 기초판 두께가정 및 전단검토

기초의 두께는 800mm 이므로

d =800mm−75mm(피복 두께)−25mm(철근 지름) =700mm

4. 전단 검토

1) 1방향 전단검토

1방향 전단에 대하여 위험 단면은 그림(a)와 같이 기둥면에서 d 만큼 떨어진 곳에 위치하므로

$V_u = 426.7 \times [3.0 \times (1.25 - 0.7)] = 704.1\,kN$

$\phi V_c = \phi(\frac{1}{6}\lambda\sqrt{f_{ck}}b_w d)$

$= 0.75 \times \frac{1}{6} \times 1.0 \times \sqrt{27} \times 3{,}000 \times 700 \times 10^{-3}$ ($\lambda = 1.0$: 일반콘크리트)

$= 1{,}364.0\,kN \;>\; V_u$ 이므로 적합하다.

2) 2방향 전단검토

2방향 전단에 대하여 위험단면은 기둥면에서 0.5d 만큼 떨어진 곳에 위치하고, 2방향 전단 상관면적은 0.75d 만큼 떨어진 곳에 위치하므로

$V_u = 426.7 \times \left[3.0 \times 3.0 - (0.5 + 1.5 \times 0.7)^2\right] = 2{,}815.2\,kN$

$V_c = v_c \times b_o \times d$

$b_o = 4 \times (0.5 + 0.7) = 4.8\,m = 4{,}800\,mm$

(2방향 전단의 위험단면은 기둥면에서 0.5d만큼 떨어진 곳)

$v_c = \lambda\, k_s\, k_{bo}\, f_{te}\cot\psi\left(\frac{c_u}{d}\right)$

$b_o = 4 \times (0.5 + 1.0 \times 0.7) = 4.8\,m = 4{,}800\,mm$

$\lambda = 1$ (일반 콘크리트)

$k_s = \left(\frac{300}{d}\right)^{0.25} = \left(\frac{300}{700}\right)^{0.25} = 0.81$ (0.75보다 크고 1.1보다 작으므로 0.81 사용)

$k_{bo} = 4 / \sqrt{\alpha_s\left(\frac{b_o}{d}\right)} = 4 / \sqrt{1 \times \left(\frac{4{,}800}{700}\right)} = 1.53 \geq 1.25$ 이므로 1.25 사용

$\alpha_s = 1$ (내부 기둥)

$f_{te} = 0.2\sqrt{f_{ck}} = 0.2\sqrt{27} = 1.04\,MPa$

$\cot\psi = \frac{\sqrt{f_{te}\,(f_{te} + f_{cc})}}{f_{te}} = \frac{\sqrt{1.04 \times (1.04 + 18)}}{1.04} = 4.45$

$f_{cc} = \frac{2}{3}f_{ck} = \frac{2}{3} \times 27 = 18\,MPa$

$c_u = d\left[25\sqrt{\frac{\rho}{f_{ck}}} - 300\left(\frac{\rho}{f_{ck}}\right)\right]$

$= 700 \times \left[25\sqrt{\frac{0.005}{27}} - 300 \times \left(\frac{0.005}{27}\right)\right] = 199.3\,mm$

(기준에 의하면 $\rho \leq 0.005$ 인 경우 $\rho = 0.005$ 사용)

$$v_c = \lambda\, k_s\, k_{bo}\, f_{te}\cot\psi\left(\frac{c_u}{d}\right)$$

$$= 1\times 0.81\times 1.25\times 1.04\times 4.45\times\left(\frac{199.3}{700}\right) = 1.334\ MPa$$

$$V_c = v_c\times b_o\times d = 1.334\times 4{,}800\times 700\times 10^{-3} = 4{,}482.2\,kN$$

$$\phi V_c = 0.75\times 4{,}482.2\ kN$$

$= 3{,}361.7\,kN > 2{,}815.2\ kN$이므로 적합하다.

5. 휨 모멘트 및 철근량 산정

휨 모멘트에 대한 위험 단면은 기둥면이므로

$$M_u = 426.7\times 3.0\times\frac{(1.5-0.25)^2}{2} = 1{,}000.1\,kN\cdot m$$

철근량 계산

$$R_n = \frac{M_u}{\phi\, b\, d^2} = \frac{1{,}000.1\times 10^6}{0.85\times 3{,}000\times 700^2} = 0.80$$

$$\rho = \frac{\eta(0.85\ f_{ck})}{f_y}\times\left(1-\sqrt{1-\frac{2R_n}{0.85 f_{ck}}}\right)$$

$$= \frac{1.0\times 0.85\times 27}{400}\times\left(1-\sqrt{1-\frac{2\times 0.8}{0.85\times 27}}\right) = 0.00204$$

$$A_s = 0.00204\times 3{,}000\times 700 = 4{,}284.0\,mm^2$$

최소 철근비에 의한 철근량은

$$A_{s,\min} = 0.002\,bh = 0.002\times 3{,}000\times 800 = 4{,}800\ mm^2$$

$A_{s,\min}/m = 4{,}800/3.0 = 1{,}600\,mm^2 < 1{,}800\ mm^2$ 이므로 적합하다.

따라서 철근량은 $A_s = 4{,}800\,mm^2$ 로 하여 $D22$ 철근으로 배근할 때 철근갯수

$n = 4{,}800/387 = 12.4$ 이므로 $13-D22$ ($A_s = 5{,}031\,mm^2$, $D22\ A_1 = 387\,mm^2$)

철근을 양 방향으로 균등하게 배근한다.

간격으로 산정해 보면 $D22\ @\ \dfrac{3{,}000}{12.4} = 241.9$이므로 225mm 간격으로 배치한다.

6. 휨 철근의 정착길이에 의한 기초판 크기 검토

$$l_d = \frac{0.6 d_b f_y}{\sqrt{f_{ck}}} = \frac{0.6\times 22\times 400}{\sqrt{27}}$$

$$= 1{,}016 < \frac{(\text{기초폭}-\text{기둥폭})}{2} - \text{피복두께}$$

$= \dfrac{3{,}000-500}{2} - 75 = 1{,}175\ mm$ 이므로 적합하다.

7. 기둥으로부터 기초의 하중전달 검토

1) 기둥의 지압강도

$\phi P_{nb} = \phi(0.85 f_{ck} A_1)$

$= 0.65 \times (0.85) \times 27 \times 500^2$

$= 3{,}729 \times 10^3\ N = 3{,}729\, kN$

$P_u = 1.2D + 1.6L$

$= 1.2 \times 1{,}200 + 1.6 \times 1{,}500 = 3{,}840\, kN$

다우얼이 기초에 전달해야 하는 축하중 P_d 는

$P_d = P_u - \phi P_{nb}$

$= 3{,}840 - 3{,}729 = 111\ kN$

2) 기초판 윗면의 지압강도

$\phi P_{nb} = \phi(0.85 f_{ck} A_1)\ \sqrt{A_2 / A_1}$

기초판의 지압강도는 지지면이 하중의 재하면적 (A_1: 기둥면적) 보다 큰 경우 $\sqrt{A_2 / A_1} \le 2.0$ 이며, A_2는 상부의 재하면적으로 부터의 수직1, 수평 2 의 비율로 측면경사를 취하여 받침부 내부에 완전히 포함된 가장 큰 피라미드 하부의 면적이다.

수직1, 수평2 의 비율의 피라미드 밑면이 기초판을 벗어나므로 최대 기초판의 폭 3.0m 이다.

따라서 $A_2 = 3 \times 3 = 9.0\ m^2$ 이다.

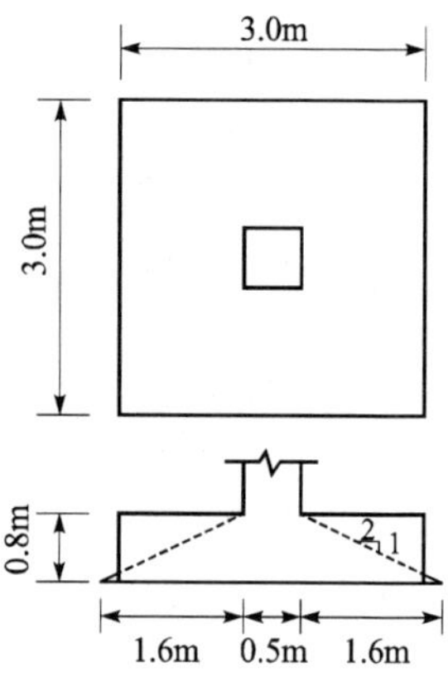

$A_1 = 0.5^2\ , A_2 = 3 \times 3$

$\sqrt{A_2 / A_1} = \sqrt{9 / 0.25} = 6.0 \le 2.0$ 이어야 하므로 $\sqrt{A_2 / A_1} = 2.0$ 을 사용

$\phi P_{nb} = \phi(0.85 f_{ck} A_1) \times 2$

$= 0.65 \times (0.85 \times 27 \times 500^2) \times 2$

$= 7{,}459\ kN\ >\ P_u = 3{,}840\ kN$

따라서 기초판 윗면의 하중전달에 문제가 없다.

3) $P_d = 111\, kN$을 전달하는데 필요한 다우얼 철근의 단면적은

$$A_s = \frac{P_d}{f_y} = \frac{111 \times 10^3}{400} = 277.5\ mm^2$$

$A_{s,\min} = 0.005 \times 500^2$ ($A_{s,\min}$ 은 기둥면적의 5%)

$= 1{,}250\ mm^2$

따라서 $A_s = 1{,}250.0\ mm^2$

다우얼 철근으로 $D19$ ($A_1 = 287\ mm^2$) 를

사용하면 $n = 1{,}250.0/287 = 4.36$ 이므로 $6-D19$ 으로 설계한다.

8. 다우얼 철근의 정착길이 및 이음길이 검토

1) 정착길이

$$l_{db} = \frac{0.25\, d_b f_y}{\lambda\sqrt{f_{ck}}} = \frac{0.25\times 19\times 400}{1.0\times\sqrt{27}} = 365.7\,mm$$

또는 $0.043\,d_b f_y = 0.043\times 19\times 400 = 326.8\,mm$

따라서 기초내 정착길이 $l_d = 366\,mm$ 이상이어야 한다.

다우얼 철근이 기초속으로 정착되기 위한 필요 기초판두께 검토

가능한 정착길이 = 800(기초깊이) − 75(피복두께) − 2 × 22(기초철근직경)

= $681\,mm > l_d = 366\,mm$ 이므로 적합하다.

2) 기초판 상부에서의 이음길이(직경이 다른 철근의 압축이음길이: 굵은 철근의 정착길이, 가는 철근의 이음길이중 큰 값이상)

기둥의 주철근의 직경을 D22라고 가정하면 기둥의 주철근의 압축 정착길이나 또는 다우얼 철근의 겹침이음 길이 중 큰 값 이상 이어야한다.

① $D22$ 기둥 주철근의 정착길이

$$l_d = \frac{0.25\, d_b f_y}{\lambda\sqrt{f_{ck}}} = \frac{0.25\times 22\times 400}{1.0\times\sqrt{27}} = 423.4\,mm$$

또는, $l_d = 0.043\,d_b f_y = 0.043\times 22\times 400 = 378.4\,mm$

따라서 $D22$ 기둥철근의 정착길이 $l_d = 423.4\,mm$

② $D19$ 다우얼 철근의 이음길이

$$l_s = \left(\frac{1.4 f_y}{\lambda\sqrt{f_{ck}}} - 52\right) d_b \le \left[0.072\,d_b f_y,\ 300\,mm\right]_{\max}$$

$$= \left(\frac{1.4\times 400}{1.0\times\sqrt{27}} - 52\right)\times 19 = 1{,}059.7\,mm$$

$$l_s = 0.072 f_y d_b$$

$$= 0.072\times 400\times 19 = 547\,mm \ \ge\ 300\,mm$$

따라서 다우얼의 기둥속으로 이음길이는 $D22$ 기둥철근의 정착길이 $l_d = 423.4\,mm$ 와 $D19$ 다우얼 철근의 이음길이 $l_s = 547\,mm$ 중 큰 값인 $547\,mm$ 이상이어야 한다.

9. 배근 단면도

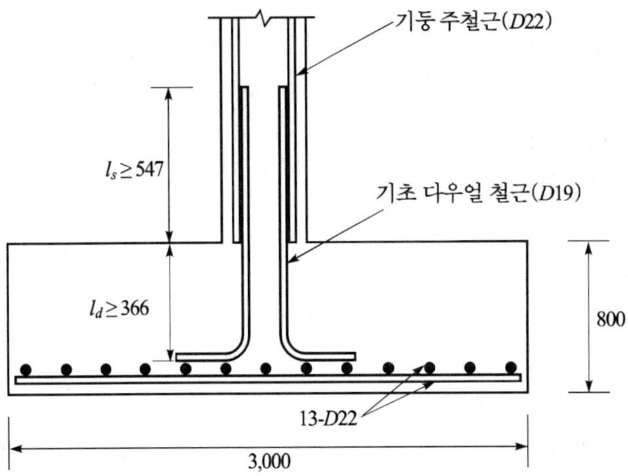

5 말뚝기초 설계

말뚝기초는 기초판의 지반이 연약하여 직접기초로 적합하지 않으나 지하의 적당한 깊이에 굳은 암반층이 있을때 말뚝을 사용하여 기둥의 하중을 이 굳은 암반층에 안전하게 전달하는 기초형식이다.

이러한 기초는 말뚝의 크기와 그것의 허용지지력을 선정하여 말뚝의 개수와 배치를 하고 기초판의 전단력과 휨모멘트등을 구하여 기초판을 설계한다.

1. 말뚝 개수(n) 산정

$$n = \frac{D + L + D_b + D_s}{R_a} \qquad \cdots\cdots (10.9)$$

여기서, D : 고정하중

L : 활하중

D_b : 기초자중 및 기초위의 흙의 무게

D_s : 표면재하 하중

R_a : 말뚝의 허용지지력

2. 설계용 말뚝 반력(or 지지력) 산정

$$R_u = \frac{1.2D + 1.6L}{n} \quad \cdots\cdots (10.10)$$

3. 말뚝기초의 전단내력 검토와 휨 모멘트 계산

(1) 전단내력 검토 : 독립기초에서와 같이 한다.

① 1방향 전단 : 기둥면에서 d 만큼 떨어진 위험 단면

② 2방향 전단 : 기둥면에서 $\frac{d}{2}$만틈 떨어진 위험 단면

(2) 휨 모멘트 계산 : 기둥면에 대하여 주변 말뚝의 설계용 반력 R_u에 의한 값으로 계산하여 독립기초에서와 같이 한다.

4. 말뚝의 간격

일반적으로 말뚝과의 간섭을 피하기 위하여 말뚝직경의 2.5배, 750mm 이상 띄어 배치하는 것이 바람직하다.

5. 휨철근의 정착 및 기둥에서 기초판으로 하중전달에 대한 검토는 독립기초에서와 같이 한다.

예제 10-3

기둥의 치수가 $700mm \times 700mm$, $P_D = 3{,}200kN$, $P_L = 2{,}300\,kN$을 지지할 때 이 기둥의 기초를 말뚝기초로 설계하라. 단, $f_{ck} = 27\,MPa$, $f_y = 400\,MPa$, PHC 말뚝 $\phi - 400$, 말뚝의 허용 지지력 $R_a = 700\,kN/$본, 기초의 무게와 그 위의 상재하중은 고정하중과 활하중의 10%로 한다.

풀이

1. 말뚝 개수 산정 및 배치

$n = (3{,}200 + 2{,}300) \times 1.1/700 = 8.64$ 이므로 9개로 배치한다.

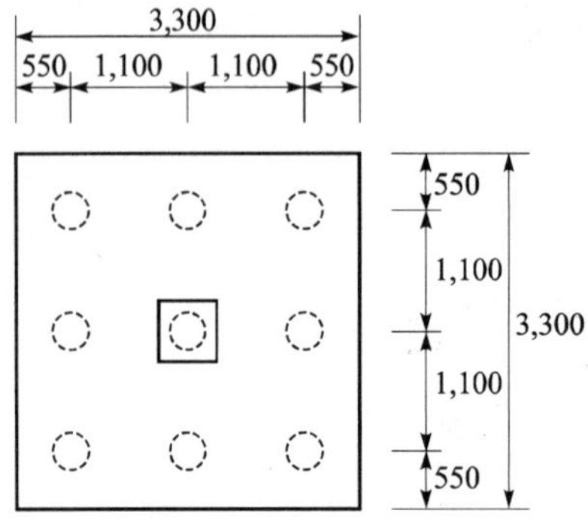

(a) 평면

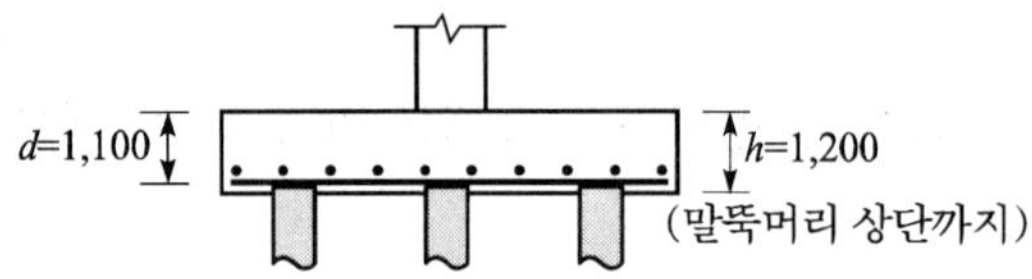

(b) 단면

2. 말뚝의 설계용 반력

$$R_u = \frac{1.2 \times 3{,}200 + 1.6 \times 2{,}300}{9} = 835.6\ kN/\text{본}$$

3. 기초두께 $h = 1{,}200\,mm$ 가정하고, 전단에 대해 검토하면

$d = 1{,}200 - 75 - 25 = 1{,}100\ mm$

1) 2방향 전단 (뚫림전단) 검토

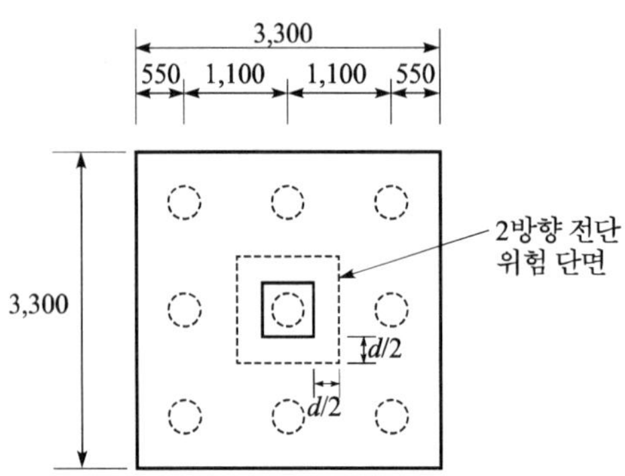

2방향 전단 위험단면은 기둥면에서 $d\,/2$ 만큼 떨어진 위치에 있으므로

$b_o = 4 \times (700 + 1{,}100) = 7{,}200\ mm$

전단력은 8개의 말뚝으로부터

$V_u = 835.6 \times 8 = 6{,}684.8\,kN$

$V_c = v_c b_0 d$

$v_c = \lambda\, k_s\, k_{bo}\, f_{te} \cot\psi \left(\dfrac{c_u}{d}\right)$

$\lambda = 1$ (일반 콘크리트)

$k_s = \left(\dfrac{300}{d}\right)^{0.25} = \left(\dfrac{300}{1{,}100}\right)^{0.25} = 0.72$ (0.75보다 작으므로 0.75 사용)

$k_{bo} = \dfrac{4}{\sqrt{\alpha_s\left(\dfrac{b_o}{d}\right)}} = \dfrac{4}{\sqrt{1\times\left(\dfrac{6{,}800}{1{,}100}\right)}} = 1.61 \geq 1.25$ 이므로 1.25 사용

$\alpha_s = 1$ (내부 기둥)

$f_{te} = 0.2\sqrt{f_{ck}} = 0.2\sqrt{27} = 1.04\,MPa$

$\cot\psi = \dfrac{\sqrt{f_{te}\,(f_{te}+f_{cc})}}{f_{te}} = \dfrac{\sqrt{1.04\times(1.04+18)}}{1.04} = 4.28$

$f_{cc} = \dfrac{2}{3} f_{ck} = \dfrac{2}{3}\times 27 = 18\,MPa$

$c_u = d\left[25\sqrt{\dfrac{\rho}{f_{ck}}} - 300\left(\dfrac{\rho}{f_{ck}}\right)\right] = 1{,}100\times\left[25\sqrt{\dfrac{0.005}{27}} - 300\left(\dfrac{0.005}{27}\right)\right] = 313.2\,mm$

(기준에 의하면 $\rho \leq 0.005$ 인 경우 $\rho = 0.005$ 사용한다.)

$v_c = \lambda\, k_s\, k_{bo}\, f_{te} \cot\psi \left(\dfrac{c_u}{d}\right) = 1\times 0.75\times 1.25\times 1.04\times 4.28\times\left(\dfrac{313.2}{1{,}100}\right) = 1.19\,MPa$

$V_c = v_c \times b_o \times d = 1.19\times 7{,}200\times 1{,}100 = 9{,}424.8\,kN$

$\phi V_c = 0.75\times 9{,}424.8\,kN$

$= 7{,}068.6\,kN > 6{,}684.8\,kN$ 이므로 적합하다.

2) 바깥쪽 말뚝에 대한 '펀칭' 전단강도의 확인, 말뚝 중심간 거리가 1.1m 이므로 위험면은 서로 겹치지 않는다.

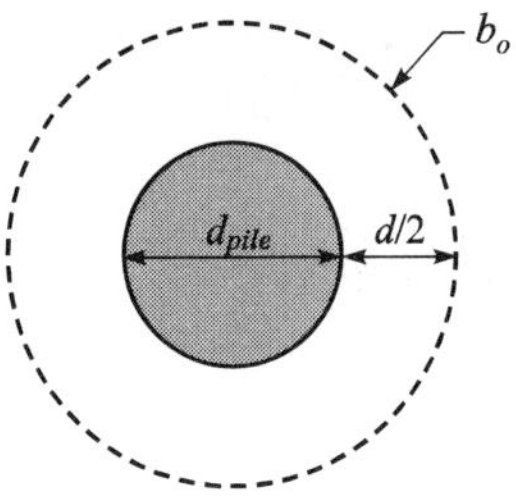

[바깥쪽 말뚝에 대한 펀칭전단에 대한 위험단면]

$V_u = 835.6\,kN$(각 말뚝당)

$b_o = \pi(0.4 + 1.1) \times 10^3 = 4{,}712.4\,mm$

$\lambda = 1$(일반 콘크리트)

$k_s = \left(\dfrac{300}{d}\right)^{0.25} = \left(\dfrac{300}{1{,}100}\right)^{0.25} = 0.723$ (0.75보다 작으므로 0.75 사용)

$k_{bo} = \dfrac{4}{\sqrt{\alpha_s\left(\dfrac{b_o}{d}\right)}} = \dfrac{4}{\sqrt{1.33 \times \left(\dfrac{4{,}712.4}{1{,}100}\right)}} = 1.68 \geq 1.25$ 이므로 1.25 사용

$\alpha_s = 1.33$(외부 기둥)

$f_{te} = 0.2\sqrt{f_{ck}} = 0.2\sqrt{27} = 1.04\,MPa$

$\cot\psi = \dfrac{\sqrt{f_{te}(f_{te} + f_{cc})}}{f_{te}} = \dfrac{\sqrt{1.04 \times (1.04 + 18)}}{1.04} = 4.28$

$f_{cc} = \dfrac{2}{3} f_{ck} = \dfrac{2}{3} \times 27 = 18\,MPa$

$c_u = d\left[25\sqrt{\dfrac{\rho}{f_{ck}}} - 300\left(\dfrac{\rho}{f_{ck}}\right)\right] = 1{,}100 \times \left[25\sqrt{\dfrac{0.005}{27}} - 300\left(\dfrac{0.005}{27}\right)\right] = 313.2\,mm$

(기준에 의하면 $\rho \leq 0.005$ 인 경우 $\rho = 0.005$ 사용한다.)

$v_c = \lambda\, k_s\, k_{bo}\, f_{te} \cot\psi \left(\dfrac{c_u}{d}\right) = 1 \times 0.75 \times 1.25 \times 1.04 \times 4.28 \times \left(\dfrac{313.2}{1{,}100}\right) = 1.19\,MPa$

$V_c = v_c \times b_o \times d = 1.19 \times 4{,}712.4 \times 1{,}100 \times 10^{-3} = 6{,}168.5\,kN$

$\phi V_c = 0.75 \times 6{,}168.5\,kN$

$= 4{,}626.4\,kN > 835.6\,kN$ 이므로 적합하다.

3) 1방향 전단 검토

말뚝이 모두 $d = 1{,}100\,mm$ 안쪽에서 작용하므로 1방향 전단은 검토할 필요가 없다. 따라서 1방향 전단에 대하여 적합하다.

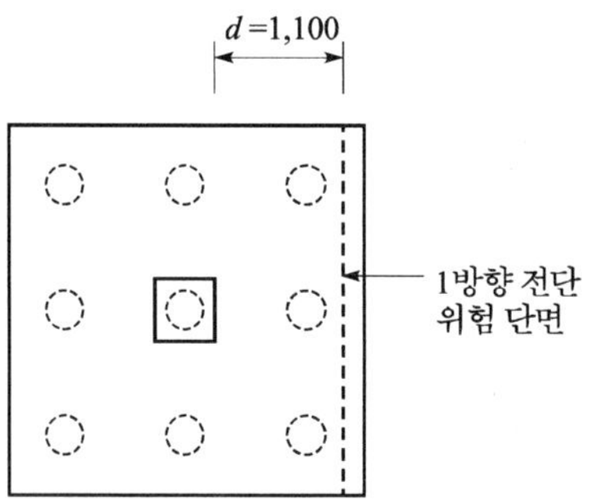

4. 휨 모멘트 및 배근량 산정

휨모멘트 산정을 위한 모멘트 팔의 길이는 기둥면에서 말뚝 중심까지의 거리이므로 0.75m이다.

$M_u = 835.6 \times 3 \times 0.75\,m = 1{,}880.1\,kN \cdot m$

$$R_n = \frac{M_u}{\phi b d^2} = \frac{1{,}880.1 \times 10^6}{0.85 \times 3{,}300 \times 1{,}100^2} = 0.554$$

$$\rho = \frac{\eta(0.85 \times f_{ck})}{f_y} \times \left(1 - \sqrt{1 - \frac{2R_n}{0.85 f_{ck}}}\right)$$

$$= \frac{0.85 \times 27}{400} \times \left(1 - \sqrt{1 - \frac{2 \times 0.554}{0.85 \times 27}}\right)$$

$$= 0.0014$$

$A_s = 0.0014 \times 3{,}300 \times 1{,}100 = 5{,}082.0\,mm^2$

$A_{s,\min} = 0.002 \times 3{,}300 \times 1{,}200 = 7{,}920\,mm^2$

$A_{s,\min}/m = 7{,}920/3.3 = 2{,}400\,mm^2 > 1{,}800\,mm^2$

따라서 $A_s = 1{,}800\,mm^2 \times 3.3 = 5{,}940\,mm^2$으로 배근한다.

($A_s = 5{,}082.0\,mm^2$ 보다 큰값 $5{,}940\,mm^2$ 으로 지배된다.)

$D22$ $n = 5{,}940 / 387 = 15.4$이므로 16개의 $D22$ 철근을 폭 $3.3m$ 내에 고르게 배치한다.

(간격으로 산정해 보면 $D22\,@\,\dfrac{3{,}300}{15.4} = 214.3$, 따라서 철근을 간격 200mm 로 배치한다.)

5. 휨 철근의 정착길이 검토

$$l_d = \frac{0.6\,d_b\,f_y}{\lambda\sqrt{f_{ck}}} = \frac{0.6 \times 22 \times 400}{1.0 \times \sqrt{27}} = 1{,}016.1\,mm$$

$1{,}016.1 < \left(\dfrac{3{,}300 - 700}{2}\right) - 75 = 1{,}225\,mm$ 이므로 적합하다.

6. 배근 단면도

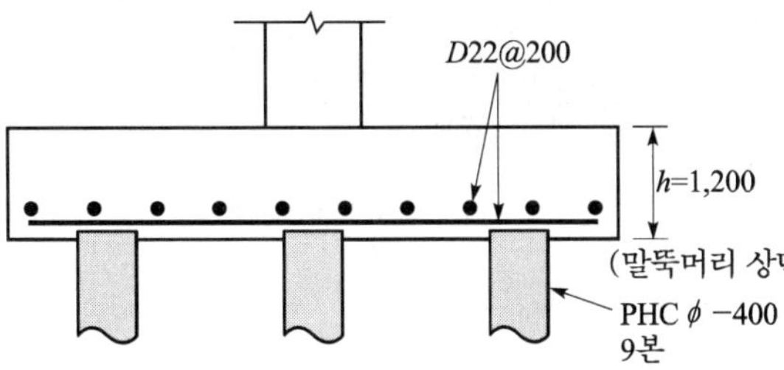

6 복합기초 설계

복합기초는 기둥들이 가까이 있거나 외부기둥이 대지 경계선등의 제약으로 2개의 기초를 연결하여 기초판을 긴 띠모양으로 설계를 하는 기초를 말한다.

이 기초는 기초판이 기울어지는 것을 예방하기 위하여 기초판의 도심과 2개 기둥 하중의 합력점이 일치하도록 설계한다.

예제 10-4

아래조건에 적합한 복합기초를 설계하시오

① 외부기둥크기 : $500\,mm \times 500\,mm$,

$P_D = 750\,kN$,

$P_L = 650\,kN$

② 내부기둥크기 : $600\,mm \times 600\,mm$,

$P_D = 1{,}100\,kN$,

$P_L = 1{,}000\,kN$

단, $f_{ck} = 27MPa$, $f_y = 400\,MPa$, 허용지내력 $q_a = 250\,kN/m^2$으로 하며, 기초의 무게와 그 위의 상재하중은 고정하중과 활하중의 10%로 한다.

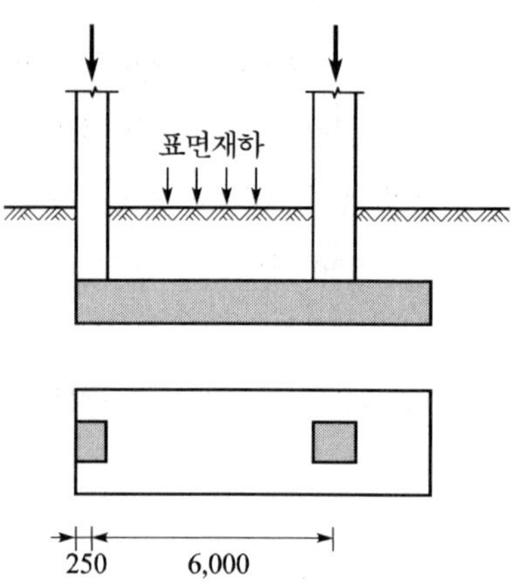

풀이

1. 기초판의 크기 산정

$$A = \frac{(\text{외부기둥 축하중} + \text{내부기둥축하중}) \times 1.1}{q_a}$$

$$= \frac{((750+650)+(1{,}100+1{,}000)) \times 1.1}{250} = \frac{(1{,}400+2{,}100) \times 1.1}{250}$$

$$= 15.4\,m^2$$

기둥 하중의 중심은 기초의 좌측끝단으로부터 계산하면

$$(750 + 650 = 1{,}400) \times 0.25 + (1{,}100 + 1{,}000 = 2{,}100) \times (6.0 + 0.25) = 3{,}500 \times x$$

$$x = 3.85\,m$$

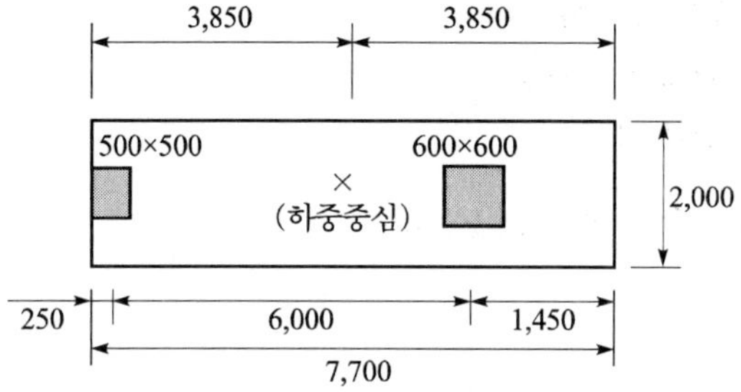

$L = 3.85 \times 2 = 7.7\,m$ (3.85m 의 2배를 잡을때)

$B = 15.4 / 7.7 = 2.0\,m$

따라서 기초판은 2,000×7,700 로 한다.

2. 설계용 토압 q_u 산정

   1) 외부기둥 $P_u = 1.2 \times 750 + 1.6 \times 650 \;= 1{,}940\,kN$

   2) 내부기둥 $P_u = 1.2 \times 1{,}100 + 1.6 \times 1{,}000 \;= 2{,}920\,kN$

$$q_u = \frac{1{,}940 + 2{,}920}{2 \times 7.7} = 315.6\,kN/m^2$$

3. 기초판 두께 가정 및 응력 산정

   • 기초판 두께 $h = 1{,}100$ 으로 가정한다.

   • 단위 길이당 지반 반력 $w_u = 315.6\,kN/m^2 \times 2\,m = 631.2\,kN/m$

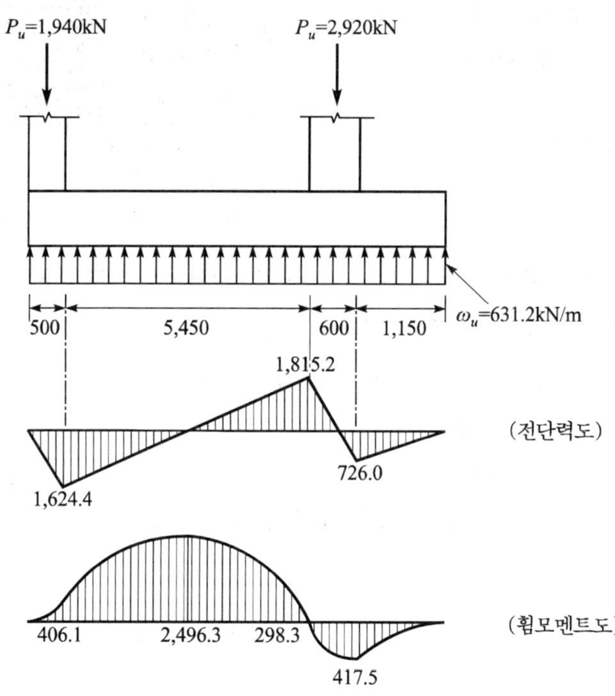

전단력이 “0”인 위치 : 외측단으로부터 “x”m 라 하면

$631.2x - 1{,}940 = 0$ 에서 $x = 1{,}940 / 631.2 = 3.07\,m$

최대부모멘트 ($V_u = 0$ 인 점이 최대모멘트이므로)

$$M_u = 1{,}940 \times (3.07 - 0.25) - 631.2 \times \frac{3.07^2}{2} = 2{,}496.3\,kN \cdot m$$

최대정모멘트 (내부기둥의 우측단)

$M_u = 631.2 \times 1.15^2 / 2 = 417.4\,kN \cdot m$

4. 전단검토

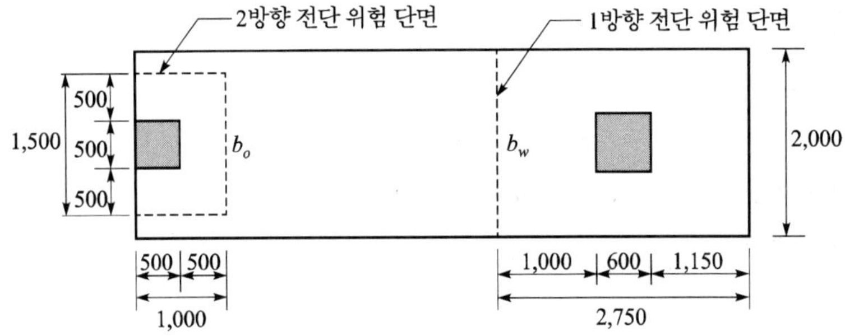

(1) 2방향 전단검토

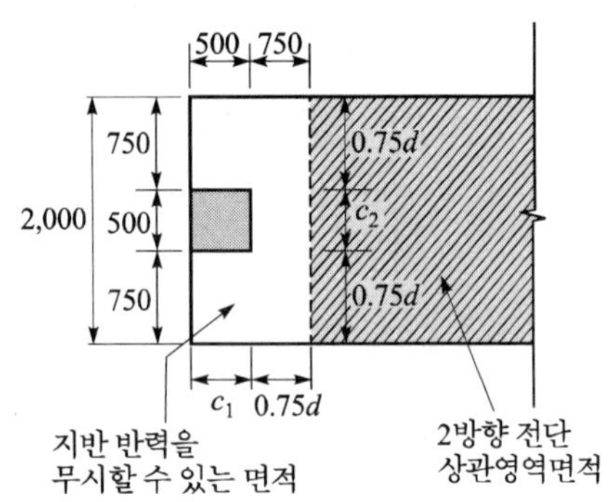

위험단면은 외측기둥의 주변이다.

$V_u = 1{,}940 - 315.6 \times 1.25 \times 2.0 = 1{,}151.0\,kN$

$b_o = 1{,}000 \times 2 + 1{,}500 = 3{,}500\,mm$

$d = 1{,}000\,mm$

$V_c = v_c \times b_o \times d \le 0.58 f_{ck} b_o d$

$v_c = \lambda k_s k_{bo} f_{te} \cot\psi (c_u / d)$

$\lambda = 1$(보통 콘크리트)

$k_s = (300/d)^{0.25} = (300/1{,}000)^{0.25} = 0.74$ (0.75보다 작으므로 $k_s = 0.75$ 사용)

$k_{bo} = 4 / \sqrt{\alpha_s (b_o/d)} = 4 / \sqrt{1.33 \times (3{,}500/1{,}000)}$

$= 1.854 \le 1.25$ 이어야 하므로 $k_{bo} = 1.25$ 적용

$f_{te} = 0.2\sqrt{f_{ck}} = 0.2\sqrt{27} = 1.04\,MPa$

$f_{cc} = (2/3) f_{ck} = (2/3) \times 27 = 18\,MPa$

$\cot\psi = \sqrt{f_{te}(f_{te} + f_{cc})} / f_{te} = \sqrt{1.04 \times (1.04 + 18)} / 1.04 = 4.279$

$c_u = d\left[25\sqrt{\rho / f_{ck}} - 300(\rho / f_{ck})\right]$ ($\rho = 0.005$ 가정)

$= 1{,}000 \times \left[25 \times \sqrt{0.005/27} - 300 \times (0.005/27)\right] = 284.65\,mm$

$v_c = \lambda\, k_s\, k_{bo}\, f_{te}\, \cot\psi\, (c_u / d)$

$= 1.0 \times 0.75 \times 1.25 \times 1.04 \times 4.279 \times (284.65 / 1{,}000) = 1.19\, MPa$

$V_c = v_c \times b_o \times d = 1.19 \times 3{,}500 \times 1{,}000 \times 10^{-3} = 4{,}165.0\, kN$

$\leq 0.58 \times f_{ck} \times b_o \times c_u = 0.58 \times 27 \times 3{,}500 \times 284.65 \times 10^{-3} = 15{,}601.7\, kN$

$\phi V_c = 0.75 \times 4{,}165.0\, kN = 3{,}123.8\, kN \geq 1{,}151.0\, kN$이므로 적합하다.

(2) 1방향 전단검토

위험단면은 내측기둥의 좌측면에서 d 만큼 떨어진 위치이다.

$V_u = 2{,}920 - 631.2 \times 2.750 = 1{,}184.5\, kN$

$$\phi V_c = \phi \frac{1}{6} \lambda \sqrt{f_{ck}}\, b_w\, d$$

$$= 0.75 \times \frac{1}{6} \times 1.0 \times \sqrt{27} \times 2{,}000 \times 1{,}000$$

$= 1{,}299.0\, kN > V_u$ 이므로 적합

5. 휨철근의 산정

(1) 길이방향 상단철근

$M_u = 2{,}496.3\, kN.m$

$$R_n = \frac{M_u}{\phi b d^2} = \frac{2{,}496.3 \times 10^6}{0.85 \times 2{,}000 \times 1{,}000^2} = 1.47\, MPa$$

$$\rho = \frac{\eta(0.85 f_{ck})}{f_y}\left[1 - \sqrt{1 - \frac{2R_n}{0.85 f_{ck}}}\right]$$

$$= \frac{1.0 \times 0.85 \times 27}{400}\left[1 - \sqrt{1 - \frac{2 \times 1.47}{0.85 \times 27}}\right] = 0.0038$$

$A_s = 0.0038 \times 2{,}000 \times 1{,}000 = 7{,}600.0\, mm^2$

$A_{s,\min} = 0.002 \times 2{,}000 \times 1{,}000 = 4{,}000\, mm^2$

따라서 $D32 \quad n = 7{,}600 / 794 = 9.6$

$10 - D32\ (A_s = 7{,}940\, mm^2)$ 로 설계한다.

(2) 길이방향 하단철근

$M_u = 417.5\, kN.m$

$$\rho = \frac{\eta(0.85 f_{ck})}{f_y}\left[1 - \sqrt{1 - \frac{2 R_n}{0.85 f_{ck}}}\right],\ R_n = \frac{M_u}{\phi b d^2}$$

$$R_n = \frac{417.5 \times 10^6}{0.85 \times 2{,}000 \times 1{,}000^2} = 0.246\, MPa$$

$$\rho = \frac{1.0 \times 0.85 \times 27}{400}\left[1 - \sqrt{1 - \frac{2 \times 0.246}{0.85 \times 27}}\right] = 0.000618$$

$A_s = 0.000618 \times 2{,}000 \times 1{,}000 = 1{,}236\,mm^2$

$A_{s,\min} = 0.002 \times 2{,}000 \times 1{,}100 = 4{,}400\,mm^2$

$A_{s,\min}/m = 4{,}400/2 = 2{,}200\,mm^2 > 1{,}800\,mm^2$ 이므로

$A_{s,\min} = 1{,}800\,mm^2/m$으로 지배된다.

따라서 $A_s = 1{,}800\,mm^2 \times 2 = 3{,}600\,mm^2$

$D25 \quad n = 3{,}600/507 = 7.1$

$10 - D25\,(A_s = 5{,}070\,mm^2)$로 설계한다.

(3) 단변방향 하단철근

단변방향 철근보강을 위한 유효폭을 기준에서는 규정하지 않았지만 플랫플레이트에서 기둥에 전달되는 휨모멘트에 저항하는 철근들을 기둥의 양쪽으로 슬래브 유효두께의 0.5배내에 배치하여야 한다는 규정에 따라 유효폭 $[c_1 + 0.5d \times 2 = 600 + 0.5 \times 1{,}000 \times 2 = 1{,}600\,mm]$을 삼도록하여 설계하면 적합하겠다.

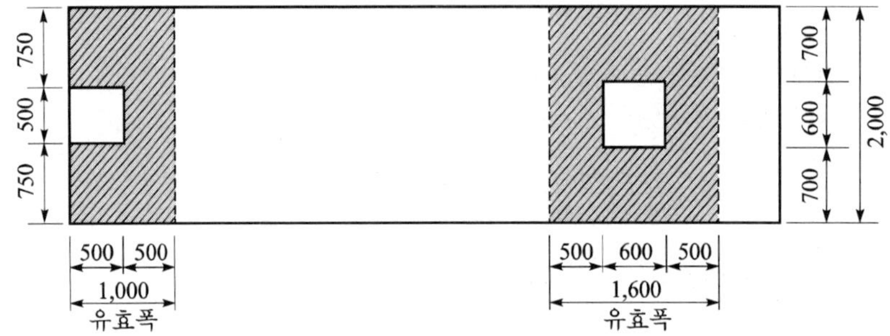

1) 내측기둥 하부

$$w_u = \frac{P_u}{B} = \frac{2{,}920}{2} = 1{,}460\,kN/m$$

$$M_u = \frac{1}{2} \times 1{,}460 \times 0.7^2 = 357.7\,kN \cdot m$$

$$R_n = \frac{357.7 \times 10^6}{0.85 \times 1{,}600 \times 1{,}000^2} = 0.263\,MPa$$

$$\rho = \frac{1.0 \times 0.85 \times 27}{400}\left[1 - \sqrt{1 - \frac{2 \times 0.263}{0.85 \times 27}}\right] = 0.000662$$

$A_s = 0.000662 \times 1{,}600 \times 1{,}000 = 1{,}059\,mm^2$

$A_{s,\min}/m = 3{,}520/1.6 = 2{,}200\,mm^2 > 1{,}800\,mm^2$ 이므로

$A_{s,\min} = 1{,}800\,mm^2/m$ 으로 지배된다.

따라서 $A_{s,\min} = 1{,}800 \times 1.6 = 2{,}880\,mm^2$

$D22 \quad n = 2{,}880/387 = 7.45$

$10 - D22 \ (A_s = 3{,}870mm^2)$ 로 설계한다.

2) 외측기둥 하부

$$w_u = \frac{P_u}{B} = \frac{1{,}940}{2.0} = 970\,kN/m$$

$$M_u = \frac{1}{2} \times 970 \times 0.75^2 = 272.8\,kN \cdot m$$

$$\text{유효폭} = c_1 + 0.5d = 0.5 + 0.5 = 1.0m$$

$$R_n = \frac{272.8 \times 10^6}{0.85 \times 1{,}000 \times 1{,}000^2} = 0.321\,MPa$$

$$\rho = \frac{1.0 \times 0.85 \times 27}{400} \times \left[1 - \sqrt{1 - \frac{2 \times 0.321}{0.85 \times 27}}\right] = 0.00081$$

$$A_s = 0.00081 \times 1{,}000 \times 1{,}000 = 810\,mm^2 \le A_{s,\min} = 1{,}800\,mm^2$$

$$A_{s,\min} = 0.002bh = 0.002 \times 1{,}000 \times 1{,}100$$

$= 2{,}200\,mm^2 > 1{,}800\,mm^2$ 이므로

$(A_{s,\min} = 0.002bh \le 1{,}800\,mm^2/m)$

$A_{s,\min} = 1{,}800$ 으로 지배된다.

따라서 $D22 \quad n = 1{,}800/387 = 4.7$

내측기둥 하부에는 6–D22 철근을 유효폭 1,000mm 내에 배근한다.

6. 배근 단면도

기초폭 = 2,000

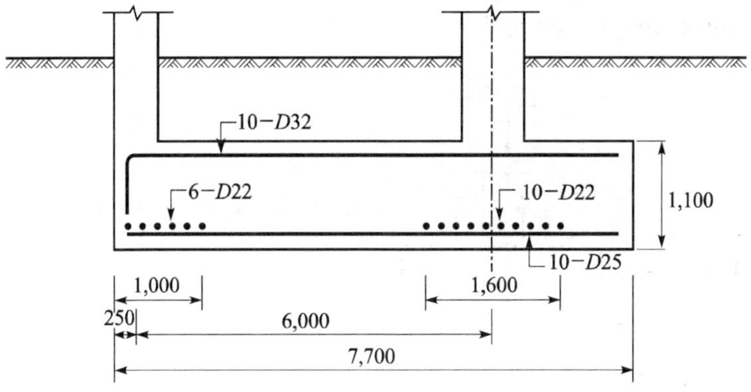

7 연결기초(스트랩 기초 : strap footing) 설계

연결기초는 대지경계선 등의 제약으로 인해 편심하중을 받는 외부기초에 대하여 내부기초와 지중보(strap)로 연결하여 회전을 막기 위한 복합기초의 일종이다.

예제 10-5

예제 10-4와 같은 설계조건에 대해 다음 그림과 같은 연결기초(strap footing)로 설계하라.

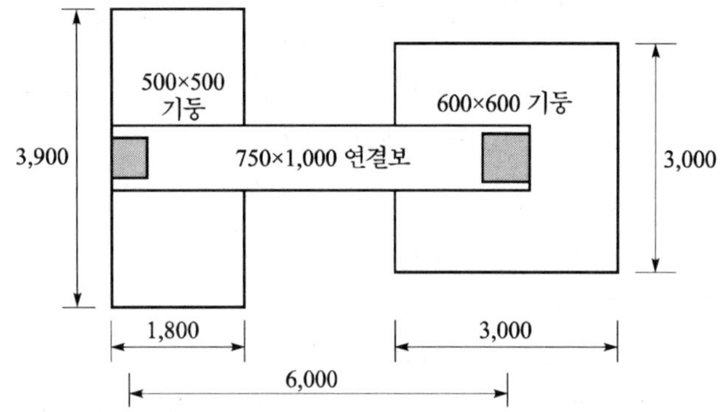

풀이

1. 기초판의 크기 산정

외부기둥 $P_1 = 750 + 650 = 1,400\,kN$

내부기둥 $P_2 = 1,100 + 1,000 = 2,100\,kN$

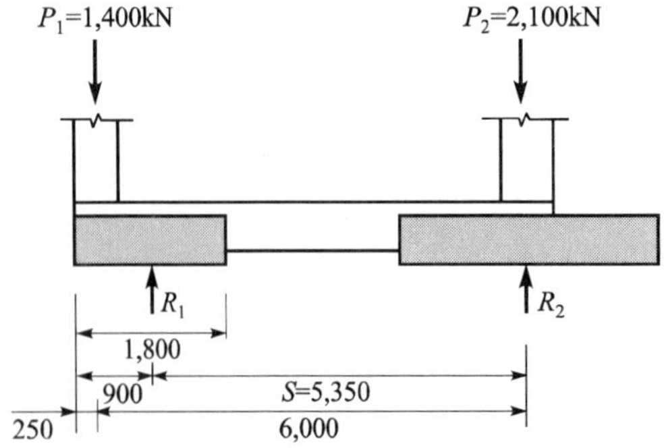

외부기초의 폭을 1.8m로 가정하면

$S = 6.0 + 0.25 - 0.9 = 5.35\,m$

각각의 기초의 반력을 산정해보면 $\Sigma M_{(\text{내부기둥 중심})} = 0$ 에서

$R_1 \times 5.35 - 1{,}400 \times 6.0 = 0$

$R_1 = 1{,}400 \times 6.0 / 5.35 = 1{,}570\,kN$

$R_2 = 1{,}400 + 2{,}100 - 1{,}570 = 1{,}930\,kN$

외부기초의 소요 저면적 = $1{,}570 \times 1.1 / 250 = 6.91\,m^2$

내부기초의 소요 저면적 = $1{,}930 \times 1.1 / 250 = 8.49\,m^2$

따라서 외부기초는 $1.8\,m \times 3.9\,m$ $(A = 7.02\,m^2)$ 의 직사각형 기초로,

내부기초는 $3.0\,m \times 3.0\,m$ $(A = 9.0\,m^2)$ 의 정가각형 기초로 한다.

2. 설계용 하중과 길이방향 부재력 산정

(1) 설계용 하중과 지반반력

기초의 전단검토와 휨철근을 산정할 때에는 계수하중을 사용한다.

외부기둥 $P_1 = 1.2 \times 750 + 1.6 \times 650 = 1{,}940\,kN$

내부기둥 $P_2 = 1.2 \times 1{,}100 + 1.6 \times 1{,}000 = 2{,}920\,kN$

외부기초 $R_1 = 1{,}940 \times 6.0 / 5.35 = 2{,}175\,kN$

내부기초 $R_2 = 1{,}940 + 2{,}920 - 2{,}175 = 2{,}685\,kN$

외부기초 $q_{u1} = 2{,}175 / (1.8 \times 3.9) = 310.0\,kN/m^2$

내부기초 $q_{u2} = 2{,}685 / (3.0 \times 3.0) = 298.3\,kN/m^2$

(2) 길이방향 부재력 산정

연결보설계를 위한 모멘트도와 전단력도는 다음과 같다.

전단력이 0인 점 $1{,}208.33x - 1{,}940 = 0$ 에서

$x = 1{,}940 / 1{,}208.33 = 1.606\,m$

최대 부모멘트(전단력이 0인 위치)

$M_u = 1{,}940 \times (1.606 - 0.25) - 1/2 \times 1{,}208.33 \times 1.606^2 = 1{,}072.4\,kN \cdot m$

최대 정모멘트(내부 기둥 외측)

$M_u = 1/2 \times 895 \times 1.2^2 = 644.4\,kN \cdot m$

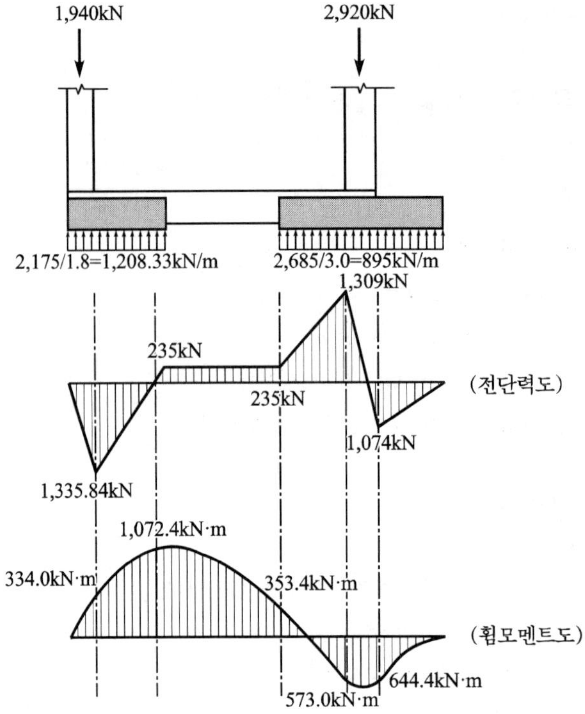

3. 외부기초판에 대한 전단검토

전단강도에 대한 검토식은 $V_u \leq \phi V_c$ 이며, 여기서 $\phi = 0.75$ 이다.

기초의 깊이를 700mm, 유효깊이를 600mm로 가정하고, 연결보는 750×1,000으로 가정한다.

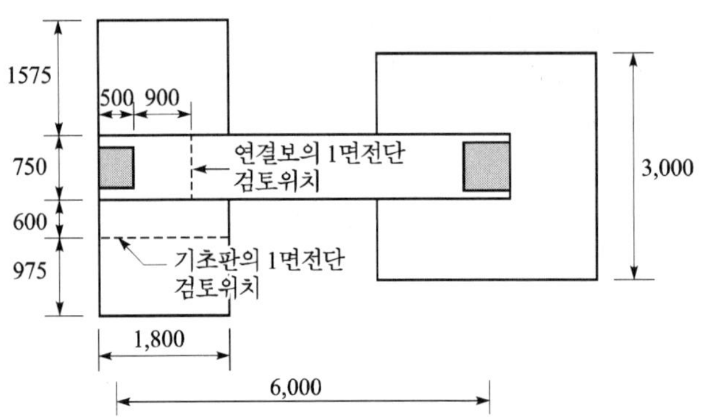

기초판의 전단강도는 1방향 전단에 대해서만 검토하며 연결보가 설치되어 있으므로 2방향 전단은 작용하는 곳이 없다.

$V_u = 310.0 \times 0.975 \times 1.8 = 544.1\,kN$

$\phi V_c = \phi \frac{1}{6} \lambda \sqrt{f_{ck}}\, b_w d = 0.75 \times \frac{1}{6} \times 1.0 \times \sqrt{27} \times 1{,}800 \times 600 \times 10^{-3} = 701.5\,kN$

$V_u \ < \ \phi V_c$ 이므로 적합하다.

4. 외부 기초판의 휨철근 산정

(1) 연결보와 직각방향

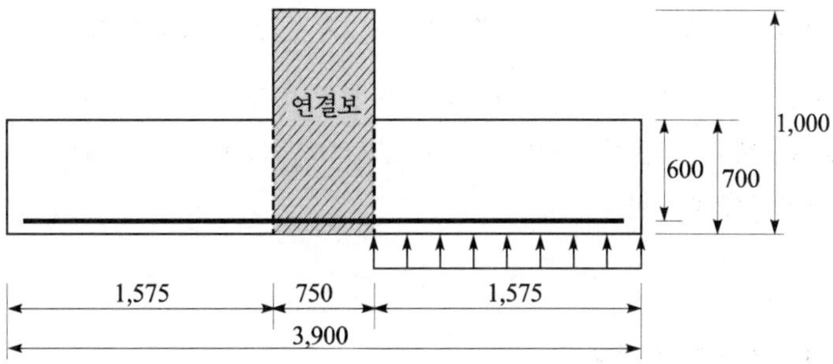

연결보를 지지부재로 하여 줄기초와 같이 설계한다.

$M_u = \frac{1}{2} \times 310 \times 1.8 \times 1.575^2 = 692.1\,kN \cdot m$

$R_n = \dfrac{692.1 \times 10^6}{0.85 \times 1{,}800 \times 600^2} = 1.26\,MPa$

$\rho = \dfrac{1.0 \times (0.85 \times 27)}{400}\left[1 - \sqrt{1 - \dfrac{2 \times 1.26}{0.85 \times 27}}\ \right] = 0.00324$

$A_s = 0.00324 \times 1{,}800 \times 600 = 3{,}499.2\,mm^2$

$A_{s,\min} = 0.002 \times 1{,}800 \times 700 = 2{,}520\,mm^2$

따라서 $A_s = 3{,}510\,mm^2$, $D22 \quad n = 3{,}510/387 = 9.1$

10−D22 철근 ($A_s = 3{,}870\ mm^2$)을 배근한다.

(2) 연결보와 나란한 방향은 최소 철근만을 배근한다.

$A_s = 0.002 \times 1{,}000 \times 700 = 1{,}400\,mm^2$

따라서 $D19@200\,mm$ ($A_s = 1{,}435\,mm^2/m$) 의 배근을 한다.

5. 연결보의 설계

$M_u = 1{,}072.4\,kN \cdot m$

$R_n = \dfrac{1{,}072.4 \times 10^6}{0.85 \times 750 \times 900^2} = 2.08\,MPa \quad \left(R_n = \dfrac{M_u}{\phi b d_2}\right)$

$$\rho = \frac{1.0 \times 0.85 \times 27}{400} \times \left[1 - \sqrt{1 - \frac{2 \times 2.08}{0.85 \times 27}}\right] = 0.00546$$

$A_s = 0.00546 \times 750 \times 900 = 3{,}685.50\,mm^2$

$D25 \quad n = 3{,}685.5/507 = 7.3$ 이므로 $8 - D25$ 로 배근한다.

$V_u = 1{,}940 - 1{,}208.33 \times (0.5 + 0.9) = 248.4\,kN$

(위험단면의 전단력은 기둥면에서 지중보 유효깊이 d 만큼 떨어진 곳)

$$\phi V_c = \phi \frac{1}{6} \lambda \sqrt{f_{ck}}\, b_w d = 0.75 \times \frac{1}{6} \times 1.0 \times \sqrt{27} \times 750 \times 900 \times 10^{-3} = 438.4\,kN$$

지중보 $b_w = 750\,mm$, $D = 1{,}000\,mm$, $d = 900\,mm$ 에 대하여 휨철근은 연결보 상단에 8-D25 철근을 배근하고, 전단강도 검토결과 $\phi V_c/2 < V_u < \phi V_c = 438.4\,kN$ 이므로 최소 전단보강근을 배근한다.

6. 내측 기초판

일반 독립기초와 같이 설계하면 된다.

$M_u = 644.4\,kN \cdot m$

$V_u = 859 \times (1.2 - 0.9) = 257.7\,kN$

1) 1면전단 검토

$$\phi V_c = \phi \frac{1}{6} \lambda \sqrt{f_{ck}}\, b_w d = 0.75 \times \frac{1}{6} \times 1.0 \times \sqrt{27} \times 3{,}000 \times 900 \times 10^{-3}$$

$= 1{,}753.7\,kN > V_u$ 이므로 적합하다.

2) 휨모멘트 및 철근량 산정

$$R_n = \frac{M_u}{\phi b d^2} = \frac{644.4 \times 10^6}{0.85 \times 3{,}000 \times 900^2} = 0.312\,MPa$$

$$\rho = \frac{\eta(0.85 f_{ck})}{f_y} \times \left[1 - \sqrt{1 - \frac{2R_n}{0.85 f_{ck}}}\right]$$

$$= \frac{1.0 \times 0.85 \times 27}{400} \times \left[1 - \sqrt{1 - \frac{2 \times 0.312}{0.85 \times 27}}\right] = 0.000785$$

$A_s = 0.000785 \times 3{,}000 \times 900 = 2{,}119.5\,mm^2$

$A_{s,\min} = 0.002 \times 3{,}000 \times 1{,}000 = 6{,}000\,mm^2$

$A_{s,\min}/m = 6{,}000/3.0 = 2{,}000\,mm^2 > 1{,}800\,mm^2$ 이므로

$A_s = 1{,}800 \times 3.0 = 5{,}400\,mm^2$ 으로 하여 $D22$ 철근으로 배근할 때 철근 개수

$n = 5{,}400/387 = 13.95$ 따라서 $14 - D22$ 철근을 $3.0\,m$ 폭에 균등하게 배치한다.

간격으로 산정해 보면 $D22@\frac{3{,}000}{13.95} = 215.1\,mm$ 이므로 $D22$ 철근을 $200\,mm$ 간격으로 배치한다.

7. 배근도

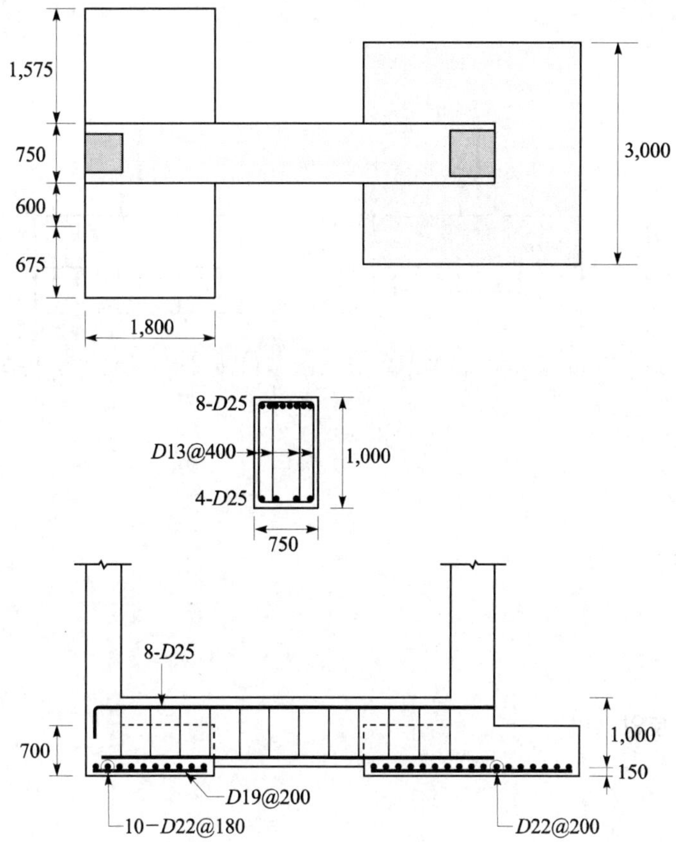
1,575
750
600
675
1,800
3,000
8-D25
D13@400
4-D25
1,000
750
8-D25
700
1,000
150
D19@200
10−D22@180
D22@200

중 요 사 항

1. 기초 판 하부의 접지압 분포

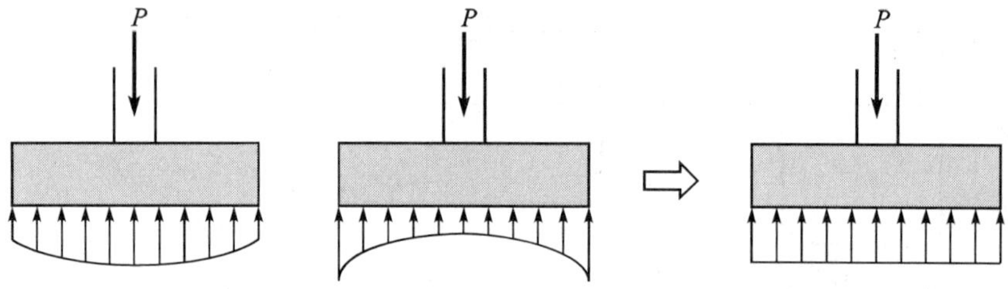

(a) 사질토의 지반력분포 (b) 점토의 지반력분포 (c) 등분포로 가정한 지반력분포

2. 허용 지내력 (q_a)

$$q_a = \frac{q_{ult}(\text{극한지내력})}{\text{안전률}(2.5 \sim 3.0)}$$

3. 독립기초 설계

(1) 기초판 크기와 설계용 토압

$$A = \frac{P}{q_a}$$

P : 자중을 포함한 전체 사용하중, q_a : 허용 지내력

$$q_u = \frac{P_u}{A}$$

P_u: 계수 축하중($P_u = 1.2D + 1.6L$), A : 기초판 면적, q_u : 설계용 지반반력

(2) 기초판의 두께 결정시 고려사항

1) 기초 상단에서 하부 철근까지의 깊이

- 독립기초 : 150mm이상
- 말뚝기초 : 300mm이상

2) 피복 두께 : 75mm이상

(3) 기초판의 전단 내력 검토

1) 1방향 전단 설계 : 일반보에서와 같이 기둥면으로부터 d 만큼 떨어진 거리에서 검토

$$V_u \le \phi V_c,\ \phi = 0.75$$

$$V_c = \frac{1}{6}\lambda \sqrt{f_{ck}}\, b_w d,\ b_w = \text{기초폭},\ d = \text{기초유효깊이},\ \lambda = \text{경량콘크리트계수}$$

2) 2방향 전단 설계 : 기둥 주변으로부터 $\frac{d}{2}$ 만큼 떨어진 거리, 지반반력의 영향을 무시할 수 있는 상관영역면적은 기둥면에서 $0.75d$ 내에 재하되는 지반반력

$$V_u \le \phi V_c \quad ,\ \phi = 0.75$$

$$V_c = v_c\, b_o\, d \le 0.58\, f_{ck}\, b_o\, c_u$$

$$v_c = \lambda\, k_s\, k_{bo}\, f_{te}\, \cot\psi\, (c_u / d)$$

여기서, v_c : 콘크리트 재료의 공칭전단응력강도

b_o : 2방향 전단의 위험단면 둘레길이(mm)

λ : 콘크리트 경량계수(보통콘크리트 : 1.0, 모래경량콘크리트 : 0.85, 전경량콘크리트 : 0.75)

k_s : 슬래브두께계수

$$0.75 \le k_s = (300/d)^{0.25} \le 1.1$$

k_{bo} : 위험단면 둘레길이의 영향계수

$$k_{bo} = 4/\sqrt{\alpha_s (b_o/d)} \le 1.25$$

α_s : 내부기둥 : 1.0, 외부기둥 : 1.33, 모서리기둥 : 2.0

f_{te} : 압축대 콘크리트의 인장강도

$$f_{te} = 0.2\sqrt{f_{ck}}$$

$$\cot\psi = \sqrt{f_{te}(f_{te} + f_{cc})}\ / f_{te}$$

ψ : 슬래브 휨 압축대의 균열각도

f_{cc} : 위험단면 압축대에 작용하는 평균압축응력

$$f_{cc} = (2/3) f_{ck}$$

c_u : 압축철근 영향을 무시하고 계산된 슬래브 위험단면 압축대 깊이의 평균값

$c_u = d\left[25\sqrt{\rho / f_{ck}} - 300(\rho / f_{ck})\right]$

ρ : 설계위험단면에서 양방향으로 각각 h 만큼 떨어진 폭의 슬래브에 대한 평균일장철근비

$0.005 \le \rho \le 0.03$, 주인장 철근비 $\rho \le 0.005$ 인 경우 0.005를 사용할 수 있다. 설계위험단면에서 $(h + l_d)$ 만큼 연장하여 슬래브에 정착해야 한다.

l_d 는 인장이형철근의 정착길이이다.

기초판에 대한 2방향 전단강도의 검토식 : $V_u \le \phi V_c$

여기서, 여기서, $V_u = q_u \times$ 빗금면적

$= q_u \times \left[b_w \times b_w - (c_1 + 1.5d)(c_2 + 1.5d)\right]$ 으로 계산된다.

(4) 휨 모멘트 계산

1) 기초판의 휨 모멘트 계산을 위한 위험 단면

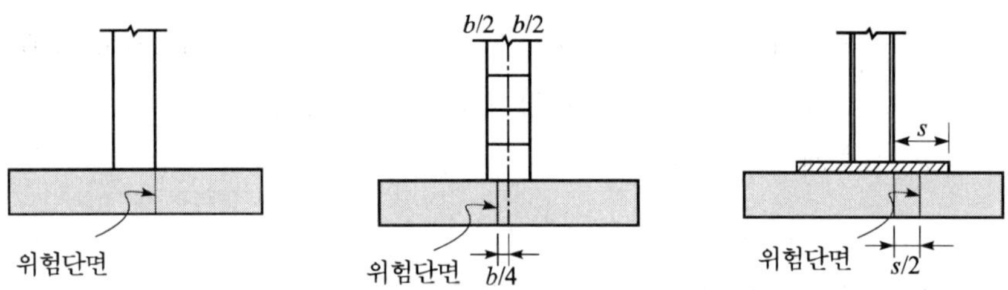

(a) 콘크리트 기둥 페데스탈 또는 벽 (b) 조적조 (c) 베이스플레이트가 있는 강재 기둥

2) 휨 모멘트의 크기는 기초판을 자른 수직면에서 그 한쪽 전체 면적에 작용하는 힘에 대해 계산하여야 한다.

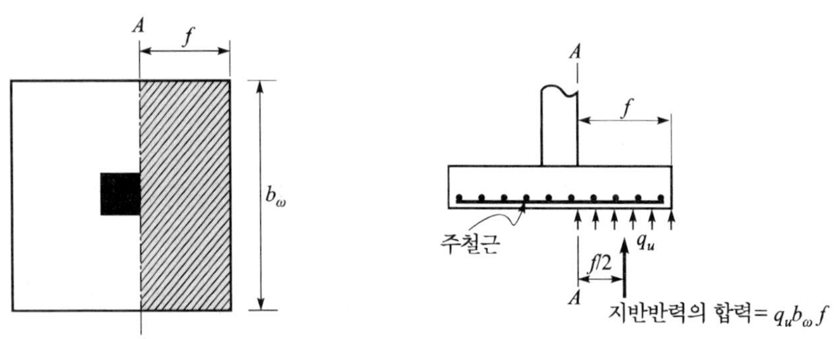

(a) 모멘트 계산을 위한 분담면적 (b) 단면 A-A에 대한 휨모멘트

$$M_u = q_u bf \times \frac{f}{2} = \frac{q_u b}{2} f^2$$

3) 휨 모멘트에 의한 소요 철근 계산

$$R_n = \frac{M_u}{\phi b d^2}$$

$$\phi = 0.85$$

$$\rho = \frac{\eta(0.85 f_{ck})}{f_y}\left[1 - \sqrt{1 - \frac{2R_n}{0.85 f_{ck}}}\right]$$

4) 최소 휨 철근량

$$A_{s,\min} = \begin{cases} f_y \leq 400\,MPa : 0.002bh\ (0.2\,\%) \\ f_y > 400\,MPa : 0.002bh \times \dfrac{400}{fy} > 0.0014\,bh \end{cases}$$

또한, $A_{s,\min} = 1{,}800\,mm^2/m$ 이상일 필요는 없다.

5) 휨 철근의 분배

2방향 배근

(정사각형 기초)

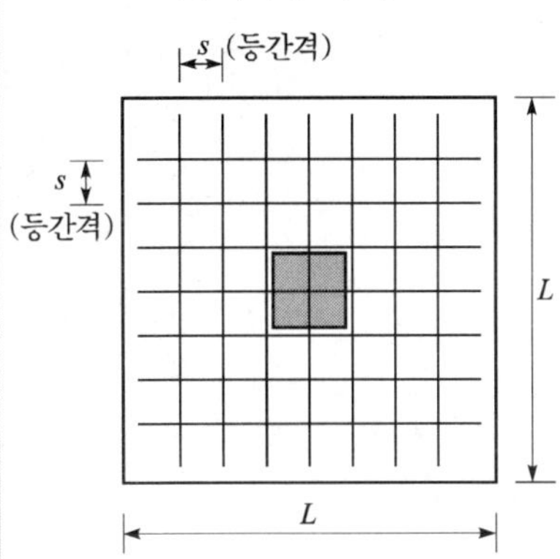

(직사각형 기초)

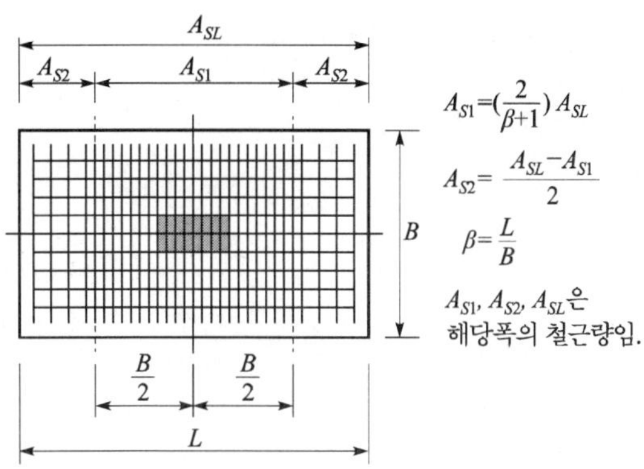

6) 휨철근의 정착

$$l_d = l_{db} \times \text{보정 계수} \geq 300\,mm$$

$$l_{db} = \frac{0.6 d_b f_y}{\lambda \sqrt{f_{ck}}}$$

보정계수: $\alpha\beta\gamma$ (α: 철근배근 위치 계수, β: 도막계수, γ: 철근크기 계수)

4. 말뚝 기초 설계

(1) 말뚝 개수(n) 산정

$$n = \frac{P}{R_a}$$

P : 자중을 포함한 전체사용하중, R_a : 말뚝의 허용지지력

(2) 설계용 말뚝 지지력

$$R_u = \frac{P_u}{n}$$

P_u : 계수축하중, P_u: $1.2D + 1.6L$, R_u : 말뚝의 설계용반력

(3) 전단내력 검토, 휨모멘트 계산 및 휨철근 정착은 독립기초에서와 같이 한다.

연 습 문 제

1 그림과 같은 정사각형 독립 기초 밑면에 설계용토압 $q_u = 200\,kN/m^2$일 때 전단 검토 및 휨 모멘트와 배근량을 구하시오. 단, $f_{ck} = 27MPa$, $f_y = 400MPa$, $v_c = 1.334\,MPa$(콘크리트 재료의 공칭전단 응력도)

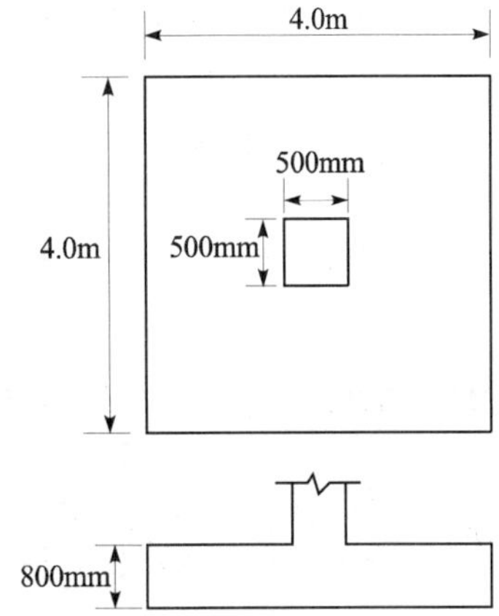

풀이

(1) 전단 검토

1) 1방향 전단

기초깊이 $h = 800\,mm$

기초유효깊이 $d = 800 - 100 = 700\,mm$

이다.

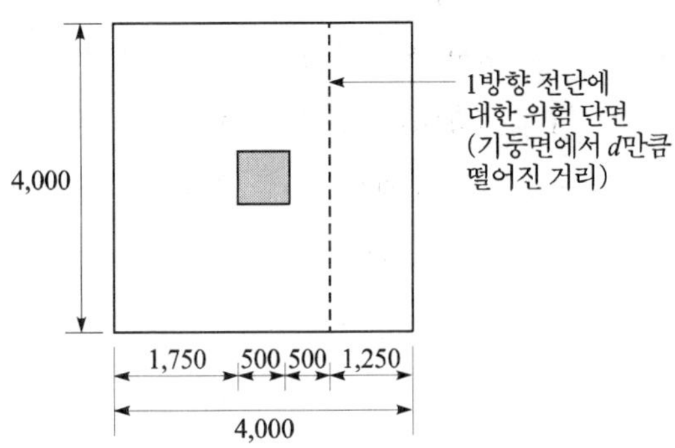

$$V_u = 200 \times 4 \times (\frac{4.0}{2} - 0.25 - 0.7)$$

$$V_u = 200 \times 4 \times 1.05 = 840\,kN$$

$$\phi V_c = \phi \frac{1}{6} \lambda \sqrt{f_{ck}}\, b_w d$$

$$\phi V_c = 0.75 \times \frac{1}{6} \times \lambda \times \sqrt{f_{ck}}\, b_w d$$

$$= 0.75 \times \frac{1}{6} \times 1.0 \times \sqrt{27} \times 4{,}000 \times 700 \times 10^{-3}$$

$= 1{,}818.7\,kN \; > \; V_u = 840\,kN$ 이므로 적합

2) 2방향 전단

$$V_u = q_u \times \left[A - (0.75\,d + c_1 + 0.75\,d)^2\right] = 200 \times \left[4 \times 4 - (1.55 \times 1.55)\right]$$

$$= 2{,}719.5\,kN$$

ϕV_c산정

$$b_o = (350 + 500 + 350) \times 4 = 4{,}800\,mm$$

$d = 700\,mm$

$V_c = v_c b_o d = 1.334 \times 4{,}800 \times 700 \times 10^{-3}$

$= 4{,}482.3\,kN$

$\phi V_c = 0.75 \times 4{,}482.3 = 3{,}361.7\,kN$

$\phi V_c = 3{,}361.7\,kN > V_u = 2{,}719.5\,kN$

이므로 적합하다.

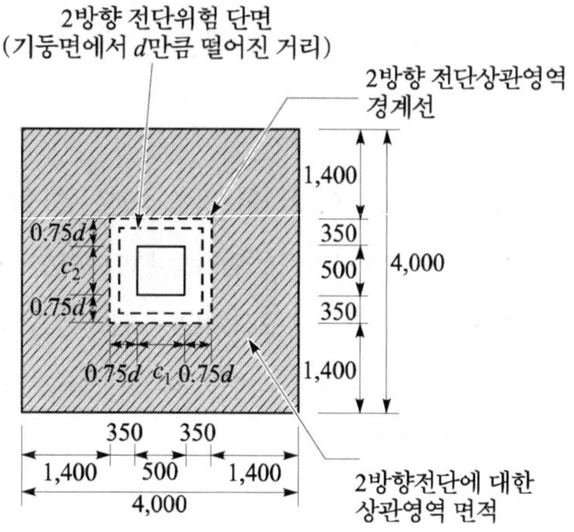

(2) 휨 모멘트(M_u)와 배근량(A_s) 산정

$$M_u = 200 \times 4 \times 1.75 \times \frac{1.75}{2} = 1{,}225.0\,kN \cdot m$$

$$R_n = \frac{M_u}{\phi b d^2} = \frac{1{,}225.0 \times 10^6}{0.85 \times 4{,}000 \times 700^2} = 0.74\,MPa$$

$$\rho = \frac{\eta(0.85 f_{ck})}{f_y}\left[1 - \sqrt{1 - \frac{2R_n}{0.85 f_{ck}}}\right]$$

$$= \frac{1.0 \times 0.85 \times 27}{400} \times \left[1 - \sqrt{1 - \frac{2 \times 0.74}{0.85 \times 27}}\right]$$

$$= 0.00188$$

$A_s = 0.00188 \times 4{,}000 \times 700 = 5{,}264.0\,mm^2$

$A_{s\min} = 0.002 \times 4{,}000 \times 800 = 6{,}400\,mm^2$

$A_{s\min}/m = 6{,}400 / 4.0 = 1{,}600\,mm^2 < 1{,}800\,mm^2$ 이므로 적합

따라서 $A_s = 6{,}400\,mm^2$ 이다.

답 전단(1, 2방향) 적합, $M_u = 1{,}225.0\,kN \cdot m$, $A_s = 6{,}400\,mm^2$

2 강도 설계법에서 기초판의 크기가 2m×3m일 때 단변 방향으로의 소요전체 철근량이 $3,000\,mm^2$일 때, 유효 폭 내에 배근하여야 할 철근량은? (단, 전체 철근량 $A_s = 3,000mm^2$)

풀이

유효 폭 내에 배근되는 철근량 $A_s{}' = A_s \times \frac{2}{1+\beta}$

$$= 3,000 \times \frac{2}{2.5}$$

$$= 2,400\,mm^2$$

여기서, β = 기초장변길이 / 기초단변길이 = 3/2 = 1.5

3 정사각형 독립 기초의 2방향 전단에 대한 위험단면은?
(단, d 는 기초의 유효깊이이다.)

가. 기둥면에서 $0.75d$ 만큼 떨어진 면
나. 기둥면에서 $d/4$ 만큼 떨어진 면
다. 기둥면에서 $d/2$ 만큼 떨어진 면
라. 기둥면에서 d 만큼 떨어진 면

풀이

2방향 전단에 대한 위험단면은 기둥면에서 $d/2$ 만큼 떨어진 위치가 되고,
1방향 전단에 대한 위험단면은 기둥면에서 d 만큼 떨어진 위치이다.

답 다

4 뚫림전단을 검토하지 않아도 되는 부분은?

가. 기초의 기둥주위
나. 플랫 슬래브의 지판주위
다. 보의 단부
라. 플랫 슬래브의 기둥주위

풀이

보는 일방향 부재이므로 보의 단부에서 1방향 전단만을 검토하면 되고,
뚫림전단(2방향 전단)은 검토하지 않아도 된다.

답 다

5 강도설계법 구조기준에 직접기초와 말뚝기초의 기초판 상단에서부터 철근까지의 최소깊이는 각각 얼마인가?

가. 150, 300mm　　　　나. 200, 300mm

다. 250, 350mm　　　　라. 200, 300mm

풀이

① 흙에 놓이는 직접 기초 : 150mm 이상

② 말뚝 기초 : 300mm 이상

답 가

6 그림과 같은 두께 b 인 조적조 벽체를 지지하는 기초판에서 휨모멘트를 산정하기 위한 위험단면은 벽중심으로 부터 얼마의 거리(x)에 있는가?

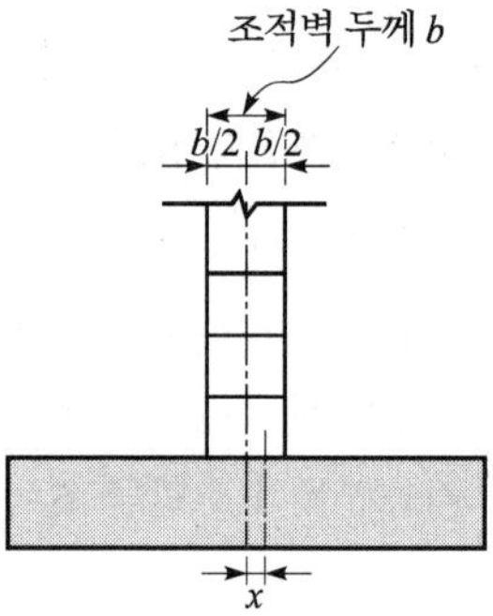

가. $0.0b$

나. $0.1b$

다. $0.2b$

라. $0.25b$

풀이

조적벽의 기초판에서 휨모멘트를 산정하기 위한 위험단면은 조적벽 중심에서 $b/4$ 떨어진 거리이다.

답 라

7 강도설계법에 의한 철근콘크리트 기초설계에 관한 설명으로 가장 부적합한 것은?

가. 휨, 전단, 철근의 정착 및 기둥과 닿는 면에서의 지압 등이 검토 되어야한다.

나. 기초판의 크기를 결정할 때는 계수하중을 사용한다.

다. 말뚝기초의 경우 기초판 상단에서부터 하부철근까지의 깊이는 300mm 이상 이어야 한다.

라. 독립기초판의 휨모멘트 계산을 위한 위험단면은 콘크리트 기둥면이다.

풀이

기초판의 크기를 결정하기 위해서는 계수하중이 아닌 사용하중을 허용지내력으로 나누어 산정한다.

답 나

8 연직하중만 받는 철근콘크리트 기초판의 설계용 지반반력 q_u를 산정하는 식으로 가장 적당한 것은? (단, A : 기초판 면적, D : 고정하중, L : 활하중)

가. $\dfrac{1.2D+1.6L}{A}$　　나. $\dfrac{1.4D+1.7L}{A}$

다. $\dfrac{1.2D+1.3L}{A}$　　라. $\dfrac{D+L}{A}$

풀이

기초판 설계용 지반반력 q_u는 계수하중 $1.2D+1.6L$ 을 사용한다.

답 가

9 기둥들이 가까이 있거나 대지경계선등의 제약이 있을 때 가장 적합한 기초형태는?

가. 독립기초　　나. 말뚝기초　　다. 복합기초　　라. 줄 기초

풀이

복합기초나 연결기초가 적합한 기초이고, 줄기초는 내력벽 또는 조적벽을 지지하는 기초에 사용된다. 그리고 말뚝기초는 지반이 연약하고 굳은 암반층이 적당한 깊이에 있을 때 적합하다.

답 다

10 그림과 같은 정사각형 독립기초에 2방향전단 검토를 위한 저항면적과 2방향전단 상관영역 면적으로 적당한 것은?

가. $2{,}640{,}000\,mm^2$, $7{,}790{,}000\,mm^2$

나. $2{,}640{,}000\,mm^2$, $7{,}040{,}000\,mm^2$

다. $3{,}360{,}000\,mm^2$, $7{,}790{,}000\,mm^2$

라. $3{,}360{,}000\,mm^2$, $7{,}040{,}000\,mm^2$

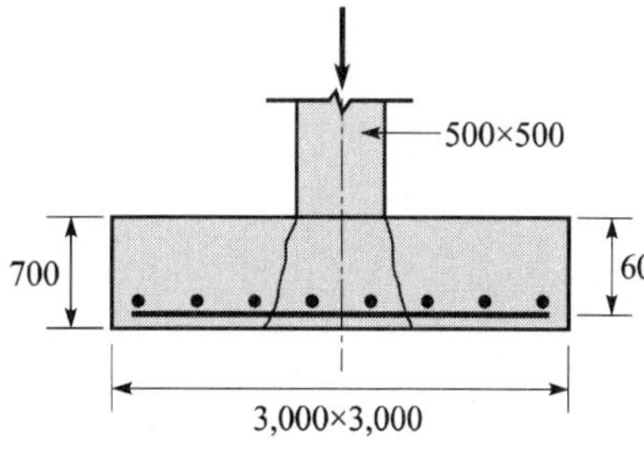

풀이

(1) 2방향전단 저항면적 = 위험단면 둘레길이 (b_o) × 유효깊이 (d)

(2방향전단 위험단면은 기둥면에서 $\dfrac{d}{2}$ 만큼 떨어진 곳)

① 위험단면 둘레길이 (b_o)

$$b_o = \left[\left(\frac{d}{2}+c_1+\frac{d}{2}\right)\times 2\right]+\left[\left(\frac{d}{2}+c_2+\frac{d}{2}\right)\times 2\right]$$

$$= [(300+500+300)\times 2]\times 2 = 4{,}400\,mm$$

② 저항면적

$A = b_o \cdot d = (4,400)(600) = 2,640,000 mm^2$

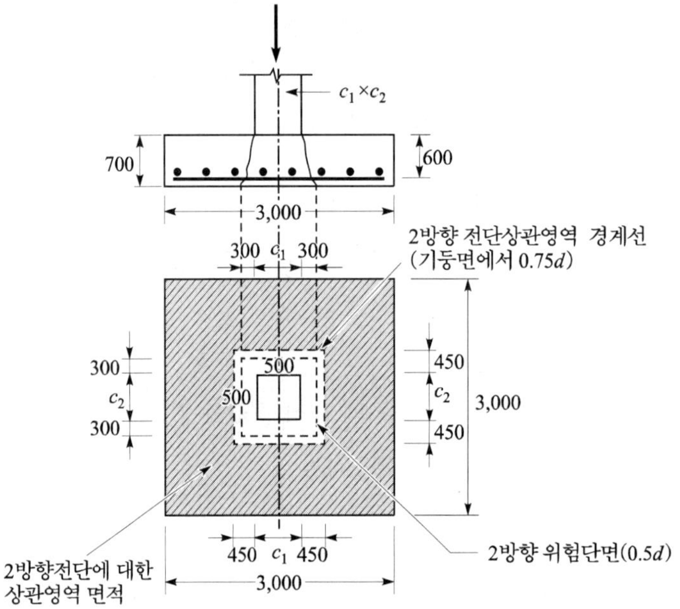

(2) 2방향전단 상관영역 면적 A

$A = (\text{기초판 면적}) - (0.75d + c_1 + 0.75d) \times (0.75d + c_2 + 0.75d)$

$= (3,000 \times 3,000) - (0.75 \times 600 + 500 + 0.75 \times 600)^2$

$= 7,040,000 mm^2$

답 나

제 11 장
벽체 설계

벽체 설계

1 개요

철근콘크리트 건물의 벽체는 공간을 수직으로 구획하는 구조체로서 자중외에 다른 외부 하중을 지지하는 내력벽과 자중만을 부담하고 단지 공간을 구획하는 기능적 역할 만을 하는 비내력벽으로 나뉜다. 내력벽에는 자중과 함께 수직방향으로 전달되는 축하중과 면외휨모멘트를 받는 벽체, 축하중과 풍하중, 지진하중 등 수평하중에 대하여 면내 방향의 전단력과 휨모멘트에 저항하는 전단벽체, 건물 지하층의 최외측에 수압이나 토압등에 저항하는 지하외벽과 그리고 경사진 절토면에 설치하여 독립적으로 토압을 지탱하는 옹벽 등이 있다.

일반적으로 축하중과 면외휨모멘트를 받는 벽체 설계방법으로는 조건에 따라 경험식에 의한 간단한 실용설계법과 압축부재(기둥) 설계법에 따르고, 반면, 고층건물에 주로 적용하여 풍하중과 지진하중등과 같은 수평하중에 저항하는 전단벽체에는 면내방향 전단력뿐만 아니라 축하중과 면내휨모멘트도 작용하므로 이를 모두 고려하여 전단벽체 설계법에 따라 설계하여야 한다.

또한 비내력벽체는 자중만을 부담하는 비구조적인 벽체로서 주로 칸막이 벽이나 외부마감 벽체로서 주로 사용되고 있으며, 비내력벽의 두께는 100mm 이상 이어야 하고, 또한 이를 횡방향으로 지지하고 있는 부재간 최소거리의 1/30 이상이 되어야 한다.

본 장에서는 축하중과 면외휨모멘트에 저항하는 벽체와 수평하중에 의한 면내휨모멘트와 전단력이 주 대상이 되는 전단 벽체에 대하여 기술하고 지하외벽과 옹벽은 12장에서 다루도록 하겠다.

2 벽체설계의 일반사항

1. 최소철근비와 제한규정

모든 벽체는 건조수축과 온도변화에 안전할 수 있도록 다음 표 11-1의 값 이상으로 하여야 한다. 다만, 벽체설계의 최소 전단보강철근의 소요량이 더 큰 경우에는 그 소요량을 적용하여야 한다.

표 11-1 벽체의 최소 철근비와 설계 제한규정

	$f_y \geq 400MPa$ 인 D16 이하 이형철근	직경 16mm 이하의 용접철망	기타 이형철근
최소 수직철근비	0.0012	0.0012	0.0015
최소 수평철근비	$0.0020 \times 400 / f_y$ (단, $f_y \leq 500\,MPa$)	0.0020	0.0025
수직 및 수평 철근의 간격 제한	벽체 두께의 3배 이하, 또는 450mm 이하		
기타 제한규정	• 지하실 외벽을 제외한 두께 250mm 이상의 벽체에 대해서는 철근의 배근을 각 방향으로 벽면에 평행하게 양면배근하여야 한다. 이때 벽체의 외측면 철근은 각 방향에 대하여 전체 소요철근량의 1/2 이상, 2/3 이하로 하며 외측면으로부터 50mm이상, 벽두께의 1/3 이내에 배근하여야 한다. 내측면 철근은 각 방향에 대한 전체 소요철근량의 잔여분을 내측면으로부터 20mm이상, 벽두께의 1/3 이내에 배근하여야 한다. • 수직철근이 집중배치된 벽체 부분의 수직철근비가 0.01배 이상인 경우 압축부재(기둥) 횡철근의 규정에 따른 횡방향 띠철근을 설치하여야 하며, 이외의 경우에는 횡방향 띠철근을 설치하지 않을 수 있다. 이때 띠철근의 수직간격은 벽체 두께 이하로 하여야 하며, 수직철근이 압축력을 받는 철근이 아닌 경우에는 횡방향 띠철근을 설치 할 필요가 없다. • 모든 창이나 출입구 등의 개구부 주위에는 상기의 최소철근량 외에도 D16 이상의 철근을 2개이상 배치하여야 하며, 이때 이러한 철근은 개구부 모서리에서 설계기준 항복강도를 발휘할 수 있도록 적어도 600mm 이상 연장하여 정착시켜야 한다. (그림 11-1)		

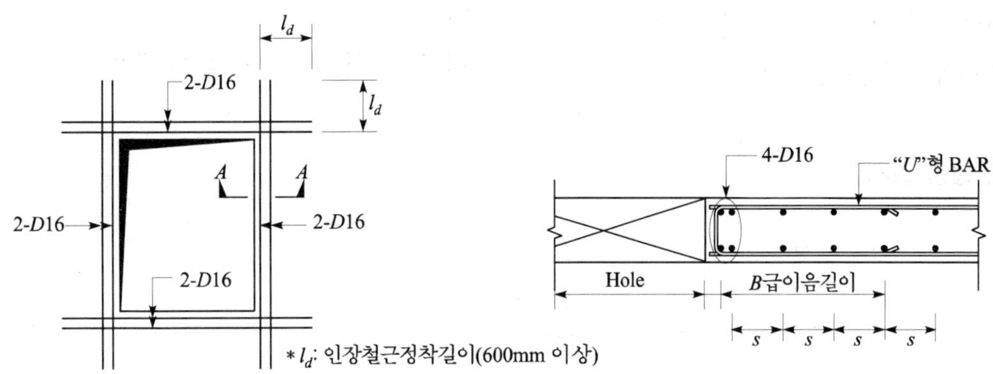

* Note : 철근의 직경은 책임구조기술자가 판단한다.

단면도 A-A

그림 11-1 벽체개구부의 보강

주 1) 개구부의 크기가 300mm 이하이고, 주근이 개구부에 의해 끊어지지 않을 경우에는 철근을 보강하지 않아도 된다.

2) 보강근은 양방향 모두 보강할 것.
3) 개구부에 의해 절단되는 철근의 1/2씩을 개구부 양측에 배근하며, 철근 단면적은 책임구조기술자가 판단한다.
4) 개구부의 크기가 300mm 초과하는 경우에는 책임구조기술자의 확인 후 시공하여야 한다.

2. 집중하중에 대한 벽체의 유효수평길이 (유효폭)

정밀한 구조해석에 의하지 않는 한, 각 집중하중에 대한 벽체의 유효수평 길이는 하중 사이의 중심거리, 그리고 하중 지지폭에 벽체 두께의 4배를 더한 길이 중 작은 값을 초과하지 않도록 하여야 한다.

3 축하중과 면외 휨모멘트를 받는 벽체의 설계

계수축력이 $0.4\,A_g\,f_{ck}$ 이하이고, 총 수직철근량이 벽체 단면적의 0.01배 이하 부재로 그림 11-2와 같은 편심이 벽체 두께의 1/6 이내인 (벽체두께의 중앙 1/3 이내) 직사각형 단면의 벽체는 실용설계법인 식(11-1)에 의하여 설계할 수 있다. 이외의 부재는 압축부재인 기둥의 설계법을 따라야 한다.

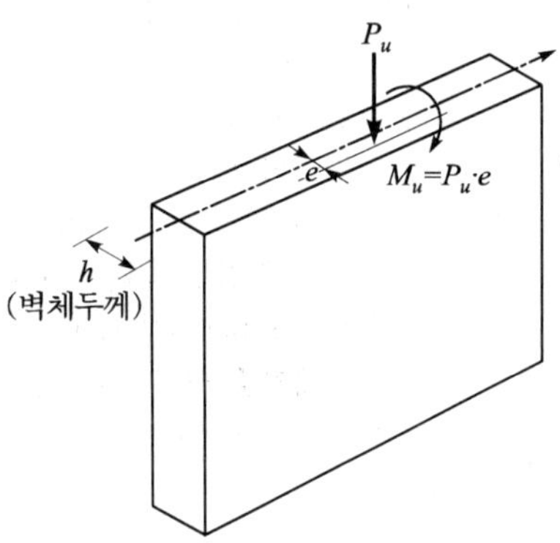

그림 11-2 실용설계법이 적용되는 벽체

1. 실용 설계법

$$P_u \le \phi P_{nw}$$

$$\phi P_{nw} = 0.55\phi f_{ck}\,A_g\left[1-\left(\frac{kl_c}{32h}\right)^2\right] \quad \cdots\cdots (11.1)$$

여기서, P_u : 계수축하중

ϕ : 강도감소계수 ($\phi = 0.65$)

h : 벽체두께 (mm)

l_c : 받침부 사이의 수직거리 (mm)

A_g : 벽체단면적 (mm^2)

f_{ck} : 콘크리트 설계기준압축강도 (MPa)

k : 압축부재의 유효길이(유효좌굴길이)계수로 표 11-2와 같다.

표 11-2 압축부재의 유효길이(유효좌굴길이)계수 (k)

벽체 양단의 구속조건	유효길이 계수
벽체의 상하단에서 수평이동이 구속되어 있을 때	
① 상하 양단 중 한쪽 또는 양쪽의 회전이 구속 된 경우	0.8
② 상하 양단 모두 회전이 구속되지 않은 경우	1.0
벽체의 수평이동이 구속되어 있지 않은 경우(비횡구속 벽체)	2.0

실용설계법으로 설계할 경우 다음의 조건도 만족하여야 한다.

① 벽체의 두께는 수직 또는 수평 받침점간 거리 중에서 작은 값의 1/25 이상이어야 하고, 또한 100mm 이상 이어야 한다.

② 지하실 외벽 및 기초 벽체의 두께는 200mm 이상으로 하여야 한다.

예제 11-1

2.5m 간격으로 배치된 T형보 바닥구조를 지지하고 있는 콘크리트 내력벽을 설계하시오 (단, 벽체의 자중은 무시한다) 각 T형보의 단면폭은 200mm이며, 벽체로서의 지압판은 전 단면에 대하여 유효하다. 높이4.0m인 벽체는 상단에서 횡이동에 대하여 구속 되어있다. 이때 고정하중에 의한 바닥 보의 반력은 140KN이고, 활하중은 70KN이다. 단, $f_{ck} = 24MPa$, $f_y = 400MPa$일 때 실용설계법에 의하여 내력벽을 설계하시오.

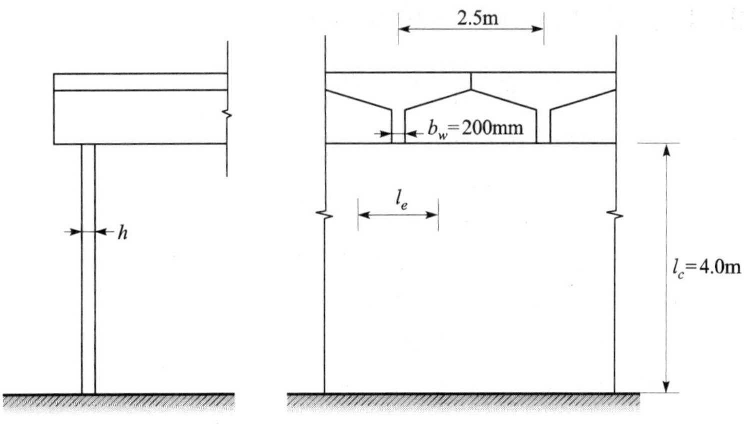

풀이

1. 벽체의 두께 h 를 산정

$h > l_c/25$ 이고, $100mm$ 이상이어야 하므로 $h = 4{,}000/25 = 160mm > 100mm$

따라서 $h = 200mm$ 로 한다.

2. 계수하중 산정

$P_u = 1.2D + 1.6L = 1.2 \times 140 + 1.6 \times 70 = 280kN$

3. T형보 복부 받침부에서 지압에 대한 안정성 검토

$\phi P_{nb} = \phi(0.85 f_{ck} A_1)$

$= 0.65 \times 0.85 \times 24 \times 200 \times 200 \times 10^{-3} = 530.4 > 280kN$ ··············· 적합

4. 벽체의 축하중강도 검토

T형보 받침부에서 유효 벽체길이 l_e 는 지압력이 작용하는 부분과 벽체두께의 4배를 더한 길이로 받침부 중심간거리 2.5m를 초과하지 않아야 한다.

$l_e = b_w + 4h = 200 + 4 \times 200 = 1{,}000 < 2{,}500mm$

유효수평 거리 $l_e = 1{,}000mm$

구속조건에 따라 $k = 0.8$

$$\phi P_{nw} = 0.55 \phi f_{ck} A_g \left[1 - \left(\frac{k l_c}{32h}\right)^2\right]$$

$$= 0.55 \times 0.65 \times 24 \times 1{,}000 \times 200 \times \left[1 - \left(\frac{0.8 \times 4{,}000}{32 \times 200}\right)^2\right]$$

$= 1{,}287 \times 10^3 = 1{,}287kN > P_u = 280kN$ ··························· 적합

5. 철근량 산정 및 배치

벽체 200mm 이므로 벽면에 평행하게 2단으로 양면배근(복배근) 한다.

벽체 단위길이에 대한 대한 철근량은

수직 철근량 $A_v = 0.0012 \times 1{,}000 \times 200 = 240mm^2$

$$D10 @ \frac{1{,}000}{240/(71 \times 2)} = 591.6mm$$

수평 철근량 $A_h = 0.002 \times 1{,}000 \times 200 = 400mm^2$

$$D10 @ \frac{1{,}000}{400/(71 \times 2)} = 355mm$$

철근간격은 벽체두께의 3배 이하 및 450mm 중 작은 값 이하 이어야 한다.

$s \le 3h = 3 \times 200 = 600mm$ 또는 $450mm$

따라서 수직철근은 $D10 @ 450mm$ 양면으로

수평철근은 $D10 @ 350mm$ 양면으로 배근한다.

6. 배근단면도

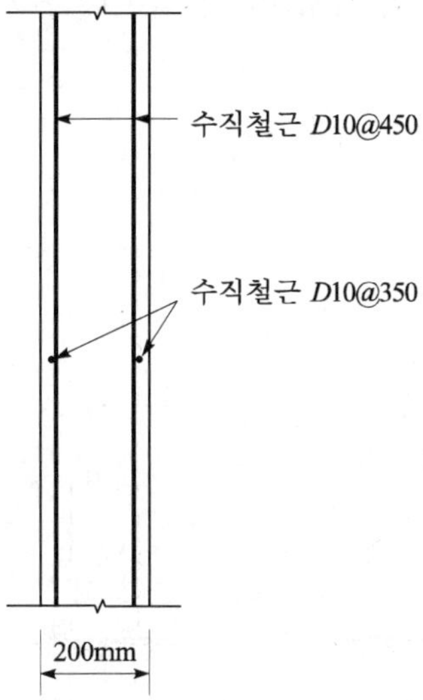

2. 압축재 설계법

실용설계법 적용조건을 만족 시키지 못할 경우 즉 벽체의 계수축하중의 편심이 h/6 를 초과할 때 9장에서 설명한 세장효과를 포함한 모든 압축부재 내용을 따라야 한다. 다만, 최소철근비는 벽체의 규정이 적용된다.

4 전단벽의 설계

철근콘크리트 건물에 작용하는 지진하중이나 풍하중 등의 수평하중을 저항하기 위해서 여러 가지 구조시스템을 채용하고 있다.

저층건물에서는 흔히 보-기둥구조로 구성된 골조 시스템이 채용되고 있으나 건물이 고층화되어 가면서 매우 큰 수평력이 작용하게 되어 이때는 골조와 벽체를 함께 사용하는 구조시스템을 채용하게 된다.

이때 벽체는 수평력에 저항할 뿐만 아니라 골조의 가새역할을 하게 되어 건물의 수평변위가 구속되어 해석과 설계에 있어서 매우 유용하고 경제적인 설계가 된다.

건물에서 이러한 역할은 기둥사이의 벽체나 코어 벽체가 담당하게 되고, 이 벽체를 전단벽이라 한다. 즉 전단벽이란 벽면에 평행하게 작용하는 수평력에 저항하도록 설계된 벽체로서 이 수평력에 의한 면내휨과 전단력이 주대상이 되며, 세장비의 영향이나 면외강도에 대한 고려는 제외될 수도 있다.

그 응력은 그림 11-3와 같이 아래층으로 내려갈수록 증가하게 된다.

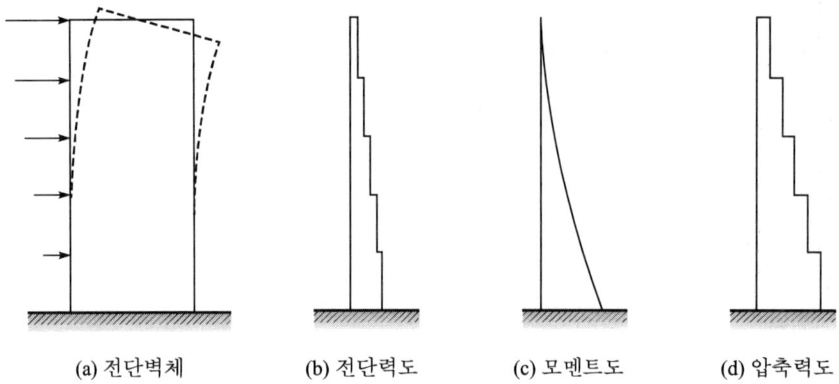

그림 11-3 전단벽체에 작용하는 힘과 응력

전단벽의 전단력에 대한 설계와 압축력과 면내 휨모멘트에 대한 설계는 다음과 같다.

1. 벽체의 전단력에 대한 설계

(1) 일반사항

벽체면과 나란한 수평전단력에 대한 설계는 벽체에 대한 전단설계에 따라 설계한다.

벽체면에서 전단력에 대한 수평단면의 설계는

$$V_u \le \phi V_n \quad \cdots\cdots (11.2)$$

$$V_n = V_c + V_s \quad \cdots\cdots (11.3)$$

에 기초하여야 한다.

벽체 평면중 수평전단력에 대한 설계에서 d (유효깊이)는 $0.8 l_w$ 로 취할 수 있으나, 적합조건에 의해 해석할 경우에는 압축연단에서 인장철근 힘의 중심까지의 거리인 d 를 사용할 수 있다.

다만, 전단력에 대한 벽체의 위험단면 위치는 벽 밑면으로부터 벽체의 수평길이 l_w 의 1/2 또는 벽체높이 h_w 의 1/2 중 작은 값으로 한다.

어떠한 경우라도 수평전단력에 대한 벽체 단면의 공칭전단간도 V_n은 다음 값 이하이어야 한다.

$$V_n \le \frac{5}{6}\lambda\sqrt{f_{ck}}\ h\ d \cdots\cdots (11.4)$$

여기서, h : 전단벽체의 두께

d : 전단벽 유효깊이

(2) 벽체의 전단강도

① 벽체에 압축력이 작용할때의 콘크리트 전단강도는 식(11.5) 이하로 취하여야 한다.

$$V_c \le \frac{1}{6}\lambda\sqrt{f_{ck}}\ h\ d \cdots\cdots (11.5)$$

② 벽체에 인장력이 작용할 때는 식(11.6) 이하로 취하여야 한다.

$$V_c \le \frac{1}{6}\left(1+\frac{N_u}{3.5A_g}\right)\lambda\sqrt{f_{ck}}\ h\ d \cdots\cdots (11.6)$$

여기서, N_u의 단위는 MPa이고, 인장력일 때는 음(−)을 취한다.

다만, 상기의 식(11.5), (11.6) 대신 보다 엄밀하게 구하고자 할 때는 다음의 두 식 (11.7), (11.8)에 의한 값 중 작은 값을 V_c로 취할 수 있다.

$$V_c = 0.28\lambda\sqrt{f_{ck}}\ hd + \frac{N_u d}{4l_w} \cdots\cdots (11.7)$$

또는

$$V_c = \left[0.05\lambda\sqrt{f_{ck}} + \frac{l_w\left(0.10\lambda\sqrt{f_{ck}} + 0.2\frac{N_u}{l_w h}\right)}{\frac{M_u}{V_u} - \frac{l_w}{2}}\right] hd \cdots\cdots (11.8)$$

여기서, N_u는 인장력이면 부(−), $\left(\frac{M_u}{V_u} - \frac{l_w}{2}\right)$의 값이 음(−)일 때 식 (11.8)을 적용할 수 없다.

(3) 전단보강 철근

계수전단력 V_u 가 콘크리트 전단강도 ϕV_c 를 초과할 때 수평전단 보강근이 배치되어야 한다.

수평전단 보강근이 부담하는 공칭전단강도 V_s 는 보의 경우와 같이 다음 식으로 계산된다.

$$V_s = \frac{A_{vh} f_y d}{s_h} \quad \cdots\cdots (11.9)$$

여기서, d : $0.8 l_w$ (적합조건에 의해 해석할 경우에는 압축연단에서 인장철근의 힘의 중심까지 거리를 사용할 수 있다.)

s_h : 벽체의 수평 철근 간격

A_{vh} : 간격 s_h 내의 수평전단보강 철근 단면적

(4) 최소 철근량 및 배근간격

1) $\phi V_c / 2 < V_u \le \phi V_c$ 일 경우

① 수평전단철근

- 콘크리트의 전체 수직단면적에 대한 수평전단 철근 단면적의 최소 철근비 ρ_h 는

$$\rho_h \ge 0.0025 \quad \cdots\cdots (11.10a)$$

- 최대 수평전단철근의 간격 s_h

$$\left[s_h \le l_w / 5 \, , \, 3h \, , \, 450\,mm \right]_{,\min} \quad \cdots\cdots (11.10b)$$

여기서, l_w : 벽체의 수평길이(mm), h : 벽체의 두께

② 수직전단철근

- 콘크리트의 전체 수평단면적에 대한 수직전단철근 단면적의 비 ρ_l 은

$$\rho_l \ge \rho_{h,\min} + 0.5 \left(2.5 - \frac{h_w}{l_w} \right) (\rho_h - \rho_{h,\min}) \quad \cdots\cdots (11.11a)$$

식(11.11a)에서 $f_y \le 400\,MPa$ 인 경우 $\rho_{h,\min} = 0.0025$ 로 식(11.11b)가 되며, $f_y > 400\,MPa$ 인 경우 $\rho_{h,\min} = 0.0025 \times 400 / f_y$ 으로 한다.

다만, 이 철근비의 계산에서 f_y 는 $500\,MPa$ 를 초과할 수 없다.

$$\rho_l \ge 0.0025 + 0.5 \left(2.5 - \frac{h_w}{l_w} \right) (\rho_h - 0.0025) \quad \cdots\cdots (11.11b)$$

또한

$$\rho_l \geq 0.0025 \quad \cdots\cdots (11.11c)$$

여기서, h_w : 벽체하단에서 상단까지의 전체높이

l_w : 벽체의 수평길이(mm)

다만, ρ_l 은 ρ_h 보다 크게 취할 필요는 없다.

- 수직전단철근의 간격 s_v

$$[s_v \leq l_w/3\ ,\ 3h\ ,\ 450mm]_{,\min} \quad \cdots\cdots (11.12)$$

2) $V_u \leq \phi V_c/2$일 경우

표 11-1의 규정을 따른다.

2. 축력 또는 축력과 휨모멘트에 대한 설계

축력과 면내휨모멘트를 동시에 받는 전단벽체 설계의 경우 일반적으로 축력보다는 대부분의 경우 수평력에 의한 전단력과 면내휨모멘트에 저항하는 부재로 이러한 벽체 설계에 대하여 다루도록 하겠다. 먼저 전단벽체의 면내전단에 대하여 식(11.2)에서 식(11.12)에 따라 설계를 한다. 그리고 축력과 면내휨모멘트에 대한 설계는 휨 및 압축재의 설계에 적용되는 설계일반규정(설계가정 및 일반원칙)과 축력과 휨모멘트의 평형조건과 적합조건을 적용하고 압축재 및 보의 해석에서와 같이 등가직사각형응력분포로 중립축 거리 c 를 구하고 이것에 의해 압축력과 휨모멘트 강도를 구한다. 대부분의 전단벽체는 수평 및 수직철근을 일정한 간격(등간격)으로 배치하고 있으므로, 그림 11-4와 같이 수평전단철근에 따라 수직철근을 일정한 간격으로 양면 배근(복배근)한 벽체에 대해 검토해 보기로 한다.

인장측 변형율이 철근의 변형률 ε_y 보다 클 때 (대부분의 벽체가 이경우에 해당되므로 이것에 대해서만 검토하도록 한다.)는 철근이 항복하므로 응력은 그림 11-4 (d)와 같이 표시된다. 이때 단면의 내력은 각각

$$C_c = \eta(0.85 f_{ck})\beta_1 c h \quad \cdots\cdots (11.13)$$

$$C_s = (c - y/2)\, a_s f_y \quad \cdots\cdots (11.14)$$

$$T_s = (l_w - c - y/2)\, a_s f_y \quad \cdots\cdots (11.15)$$

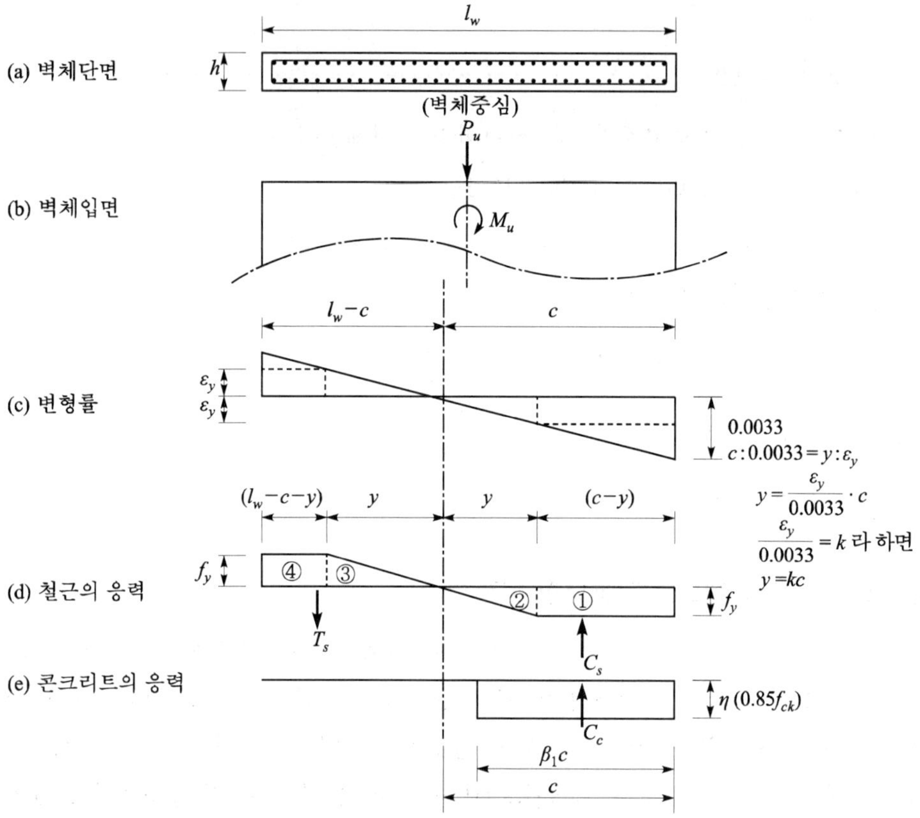

그림 11-4 전단벽체의 변형률과 응력

단면의 내력과 외력의 평형식은

$$C_c + C_s - T_s - P_u = 0 \quad \text{(11.16a)}$$

$$P_u = \eta(0.85 f_{ck})\beta_1 c h + (c - y/2) a_s f_y - (l_w - c - y/2) a_s f_y \quad \text{(11.16b)}$$

$$P_u - \eta(0.85 f_{ck})\beta_1 c h - a_s f_y c + a_s f_y (y/2) + a_s f_y l_w - a_s f_y c - a_s f_y (y/2) = 0 \quad \text{(11.16c)}$$

$$P_u - [\eta(0.85 f_{ck})\beta_1 h + 2 a_s f_y]\cdot c + a_s f_y l_w = 0 \quad \text{(11.16d)}$$

여기서, a_s : 벽체의 단위길이에 대한 철근 단면적으로 벽체의 전체 철근 단면적 A_s 를 벽체의 길이 l_w 로 나눈 값,

$a_s = A_s / l_w \, (mm^2/m)$ 이다.

$$\left[\eta(0.85 f_{ck})\beta_1 h + 2a_s f_y\right] c = a_s f_y l_w + P_u \quad \cdots\cdots (11.16e)$$

$$c = \frac{a_s f_y l_w + P_u}{\eta(0.85 f_{ck})\beta_1 h + 2 a_s f_y} \quad \cdots\cdots (11.17a)$$

식(11.17a) 양변을 l_w 로 나누면

$$\frac{c}{l_w} = \left[\frac{a_s f_y l_w + P_u}{\eta(0.85 f_{ck})\beta_1 h + 2 a_s f_y}\right]\frac{1}{l_w} \quad \cdots\cdots (11.17b)$$

식(11.17b)에 $a_s = A_s / l_w$ 를 대입하면

$$\frac{c}{l_w} = \left[\frac{\dfrac{A_s}{l_w} f_y l_w + P_u}{\eta(0.85 f_{ck})\beta_1 h + 2\dfrac{A_s}{l_w} f_y}\right]\frac{1}{l_w}$$

$$= \left[\frac{A_s f_y + P_u}{\dfrac{\eta(0.85 f_{ck})\beta_1 h l_w + 2 A_s f_y}{l_w}}\right]\frac{1}{l_w}$$

$$= \frac{A_s f_y + P_u}{\eta(0.85 f_{ck})\beta_1 h l_w + 2 A_s f_y} \quad \cdots\cdots (11.17c)$$

식(11.17c) 에서

$$c = \left[\frac{A_s f_y + P_u}{\eta(0.85 f_{ck})\beta_1 h l_w + 2 A_s f_y}\right] l_w \quad \cdots\cdots (11.18)$$

이다.

소성중심에 대한 단면내력의 휨모멘트를 구해보면 소성중심 거리 $x = l_w / 2$ (전단면에 등간격으로 철근배근된 대칭단면이므로)

콘크리트의 압축력 C_c 의 휨모멘트 :

$$C_c\left(\frac{l_w}{2} - \frac{\beta_1 c}{2}\right) = \eta(0.85 f_{ck}) h \beta_1 c\left(\frac{l_w}{2} - \frac{\beta_1 c}{2}\right) \quad \cdots\cdots (11.19)$$

그림 11.14 (d)의 압축철근 ① 및 ② 의 휨모멘트 :

$$M_{①} = (c - y) a_s f_y\left[\frac{l_w}{2} - \frac{c-y}{2}\right] \quad \cdots\cdots (11.20a)$$

또는, 그림 11-4 (c)에서 $\varepsilon_y / \varepsilon_{cu} = k$ 라 하면, $y = kc$ 이다.
따라서 식 (11.20a)는 다음과 나타낼 수 있다.

$$= (c - kc)\,a_s f_y \left[\frac{l_w}{2} - \frac{c - kc}{2} \right]$$

$$M_{②} = \left(\frac{y}{2} \right) a_s f_y \left[\frac{l_w}{2} - (c - y) - \frac{y}{3} \right] \quad \cdots\cdots (11.20b)$$

또는,

$$= \left(\frac{kc}{2} \right) a_s f_y \left[\frac{l_w}{2} - c - \frac{2}{3} kc \right]$$

그림 11.14 (d)의 인장철근 ③ 및 ④ 의 휨모멘트 :

$$M_{③} = \left(\frac{y}{2} \right) a_s f_y \left[\frac{l_w}{2} - (l_w - c - y) - \frac{y}{3} \right] \quad \cdots\cdots (11.20c)$$

또는,

$$= \left(\frac{y}{2} \right) a_s f_y \left[- \frac{l_w}{2} + c + \frac{2kc}{3} \right]$$

$$M_{④} = (l_w - c - y)\,a_s f_y \left[\frac{l_w}{2} - \frac{l_w - c - y}{2} \right] \quad \cdots\cdots (11.20d)$$

또는,

$$= (l_w - c - kc)\,a_s f_y \left[\frac{c + kc}{2} \right]$$

따라서 소성중심에 대한 내력과 외력의 휨모멘트 평형식은

$$M_n = C_c \left(\frac{l_w}{2} - \frac{\beta_1 c}{2} \right) + M_{①} + M_{②} + M_{③} + M_{④} \quad \cdots\cdots (11.21)$$

식(11.21)에 식(11.18)의 c 값을, $a_s = A_s / l_w$ 을 대입하고 정리하면,

$$M_n = A_s f_y l_w [(1 + P_u / A_s f_y)(0.5 - 0.5 \beta_1 c / l_w) - (c / l_w)^2 (1 + k^2/3 - \beta_1)] \quad \cdots\cdots (11.22)$$

위의 식(11.22)에서 편심이 클 경우 중립축의 길이 c 가 짧아지므로 $(c/l_w)^2$ 은 영에 가깝게 되므로 무시하고 β_1 을 1로 하여 식(11.23)과 같이 근사식으로 하여도 큰 차이가 없다.

$$\phi M_n = \phi 0.5 A_s f_y l_w \left(1 + \frac{P_u}{A_s f_y}\right) \times \left(1 - \frac{c}{l_w}\right)$$
$$= \phi 0.5 (A_s f_y + P_u)(l_w - c) \quad \cdots\cdots (11.23)$$

여기서, l_w : 전단벽체의 수평길이$[mm]$

c : 압축연단으로부터 중립축까지의 거리$[mm]$

h : 전단벽체의 두께$[mm]$

β_1 : 등가응력블럭 거리비

f_{ck} : 콘크리트의 설계기준강도$[MPa]$

f_y : 철근의 설계기준 항복강도$[MPa]$

P_u : 단면에서의 설계 압축력$[N]$

수직철근을 벽체 양단부에 집중시키는 배근방법을 채용하는 경우에는 식(11.23)을 사용할 수 없기 때문에 벽체 수직철근의 간격 및 크기를 가정하여 배치하고 $P-M$ 상관도를 구축하여 최적의 철근량을 산정하기 위한 반복과정을 수행한다. 이 경우 컴퓨터를 이용하지 않고서는 매우 번거롭다. 이때에 복배근된 캔틸레버와 유사한 거동을 하는 것으로 가정하고 설계하여도 큰 차이가 없다.

3. 설계절차

(1) 구조해석(벽체두께 가정)에 의한 소요강도 산정

V_u(수평전단), M_u(휨모멘트), N_u(축력)

(2) 단면의 최대 전단강도 검토

$$V_n \leq \frac{5}{6}\lambda\sqrt{f_{ck}}\,hd$$

(3) 위험단면에서 단면의 적합성 검토

$$V_u \leq \phi V_n$$

(4) 수평 및 수직철근량 산정

(5) 수직전단철근에 의한 벽체의 휨모멘트강도 검토

예제 11-2

다음 조건을 가진 직사각형 단면의 벽체를 설계하시오.

$f_{ck} = 24\,MPa$, $f_y = 400\,MPa$

벽체두께 : $h = 200\,mm$

$V_u = 722\,kN$

$P_u = 866\,kN$

h : [경우1] $h = 3.3m$ 일 경우

[경우2] $h = 3.8m$ 일 경우

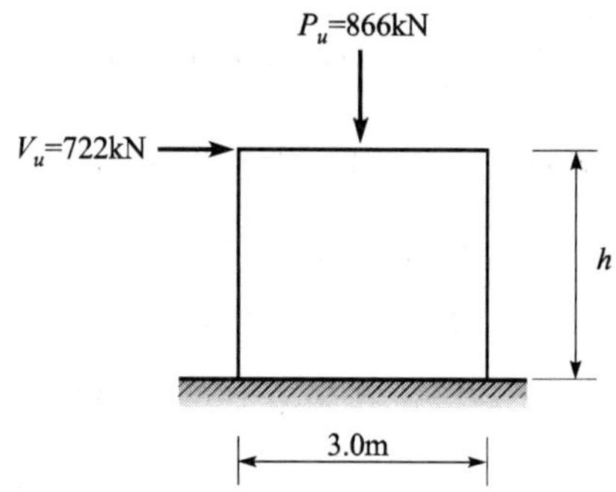

풀이

1. 단면의 최대 전단강도 검토

$$\phi V_n = \phi \frac{5}{6} \lambda \sqrt{f_{ck}}\, h\, d$$
$$= 0.75 \times \frac{5}{6} \times 1.0 \times \sqrt{24} \times 200 \times (0.8 \times 3{,}000) \times 10^{-3}$$
$$= 1{,}469.6kN \;>\; V_u$$ ·· 적합

2. 전단설계

(1) 수평철근

$$\phi V_c = \phi \frac{1}{6} \lambda \sqrt{f_{ck}}\, h\, d$$
$$= 0.75 \times \frac{1}{6} \times 1.0 \times \sqrt{24} \times 200 \times (0.8 \times 3{,}000) \times 10^{-3}$$
$$= 293.9kN \;<\; V_u$$

따라서 전단보강이 필요

수평전단 보강근 산정

$$\frac{A_v}{s_h} = \frac{(V_u - \phi V_c)}{\phi f_y d} = \frac{(722 - 293.9) \times 10^3}{0.75 \times 400 \times (0.8 \times 3{,}000)} = 0.595$$

$D13$ 철근을 양면으로 배치하면

$s_h = \frac{A_v}{0.595} = \frac{2 \times 127}{0.595} = 427\,mm$, 따라서 $400mm$로 배근한다.

철근비(단위폭당) 검토

$\rho_h = \frac{2 \times 127 \times 1{,}000/400}{1{,}000 \times 200} = 0.0031 > \rho_{h,\min} = 0.0025$ ······················ 적합

(2) 수직철근

1) 최소 철근량 검토

$$\rho_l \geq \rho_{h,\min} + 0.5\left(2.5 - \frac{h_w}{l_w}\right)(\rho_h - \rho_{h,\min}) \text{ 에서}$$

$$\rho_l \geq 0.0025 + 0.5(2.5 - \frac{3{,}600}{3{,}000})(0.0031 - 0.0025)$$

$$= 0.00289 > 0.0025$$

$$A_{sv} = 0.00289 \times 3{,}000 \times 200 = 1{,}734 mm^2$$

$$D13@\frac{3{,}000}{1{,}734/127 \times 2} = 439.4 mm\,(D13\text{ 양면 배근})$$

2) 수직 철근량 가정

최소 수직철근량이 $D13@439.4\,mm$ 복배근이지만 $D13$ 철근 복배근으로 200mm 간격으로 가정한다. (기술자의 경험이 중요하다)

(여러번의 철근량 가정을 해야 최적의 철근량을 찾아낸다.)

전체 수직 철근량 $A_s = \frac{l_w}{s_v} \times (2 \times 127) = \frac{3{,}000}{200} \times (2 \times 127) = 3{,}810 mm^2$

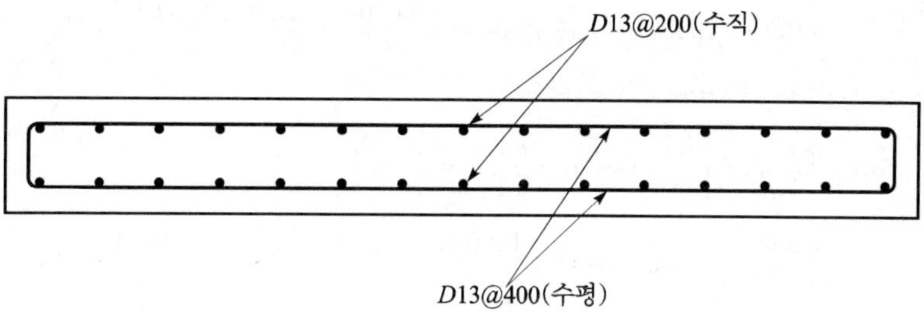

3. 축력과 휨모멘트의 단면내력검토

[경우 1] $h = 3.3m$ 일 경우

$P_u = 866 kN,\ M_u = 722 \times 3.3 = 2{,}382.6 kN \cdot m$

식(11.18)로 부터

$$c = \left[\frac{A_s f_y + P_u}{\eta(0.85 f_{ck})\beta_1 h l_w + 2 A_s f_y}\right] l_w$$

$$= \left[\frac{3{,}810 \times 400 + 866 \times 10^3}{1.0 \times (0.85 \times 24) \times 0.8 \times 200 \times 3{,}000 + 2 \times 3{,}810 \times 400}\right] \times 3{,}000$$

$$= 558.4 mm$$

(1) 근사식 (11.23)으로 검토할 때

$$\phi M_n = \phi 0.5 (A_s f_y + P_u)(l_w - c)$$

$$= 0.85 \times 0.5 \times (3{,}810 \times 400 + 866 \times 10^3)(3{,}000 - 558.4) \times 10^{-6}$$

$$= 2{,}480.0\,kN \cdot m \;>\; M_u = 2{,}382.6\,kN \cdot m$$ …………………… 적합

(2) 정산식 (11.21)으로 검토할 때

$$M_n = C_c\left(\frac{l_w}{2} - \frac{\beta_1 c}{2}\right) + M_{①} + M_{②} + M_{③} + M_{④}$$

1) 콘크리트의 압축력의 휨모멘트

$$C_c\left(\frac{l_w}{2} - \frac{\beta_1 c}{2}\right) = \eta(0.85 f_{ck})\, h\, \beta_1 c\left(\frac{l_w}{2} - \frac{\beta_1 c}{2}\right)$$

$$= 1.0 \times 0.85 \times 24 \times 200 \times 0.8 \times 558.4 \times \left[\frac{3{,}000}{2} - \frac{0.8 \times 558.4}{2}\right] \times 10^{-6}$$

$$= 2{,}326.8\,kN \cdot m$$

2) 압축철근 ① 및 ② 의 휨모멘트

$$a_s = A_s / l_w = 3{,}810 / 3{,}000 = 1.27$$

$$y = (\varepsilon_y / \varepsilon_{cu})\, c = (0.002 / 0.0033) \times 558.4 = 338.4$$

$$M_{①} = (c - y)\, a_s f_y \left[\frac{l_w}{2} - \frac{c - y}{2}\right]$$

$$= (558.4 - 338.4) \times 1.27 \times 400 \times \left[\frac{3{,}000}{2} - \frac{558.4 - 338.4}{2}\right] \times 10^{-6}$$

$$= 155.3\,kN{\cdot}m$$

$$M_{②} = \left(\frac{y}{2}\right) a_s f_y \left[\frac{l_w}{2} - (c - y) - \frac{y}{3}\right]$$

$$= \left(\frac{338.4}{2}\right) \times 1.27 \times 400 \times \left[\frac{3{,}000}{2} - (558.4 - 338.4) - \frac{338.4}{3}\right] \times 10^{-6}$$

$$= 100.3\,kN \cdot m$$

3) 인장철근 ③ 및 ④ 의 휨모멘트

$$M_{③} = \left(\frac{y}{2}\right) a_s f_y \left[\frac{l_w}{2} - (l_w - c - y) - \frac{y}{3}\right]$$

$$= \left(\frac{y}{2}\right) a_s f_y \left[-\frac{l_w}{2} + c + \frac{2y}{3}\right]$$

$$= \left(\frac{338.4}{2}\right) \times 1.27 \times 400 \times \left[-\frac{3{,}000}{2} + 558.4 + \frac{2 \times 338.4}{3}\right] \times 10^{-6}$$

$$= -61.5\,kN \cdot m$$

$$M_{④} = (l_w - c - y)\, a_s f_y \left[\frac{l_w}{2} - \frac{l_w - c - y}{2}\right]$$

$$= (l_w - c - y)\, a_s f_y \left[\frac{c}{2} + \frac{y}{2}\right]$$

$$= (3{,}000 - 558.4 - 338.4) \times 1.27 \times 400 \times \left[\frac{558.4}{2} + \frac{338.4}{2}\right] \times 10^{-6}$$

$= 479.0\,kN \cdot m$

따라서 $M_n = 2{,}326.8 + 155.3 + 100.3 - 61.5 + 479.0 = 2{,}999.9\,kN \cdot m$

$\phi M_n = 0.85 \times 2{,}999.9 = 2{,}549.9\,kN \cdot m \ > M_u = 2{,}382.6\,kN \cdot m$

.... 적합

따라서 근사식(11.23)에 의한 값 $\phi M_n = 2{,}480.0\,kN \cdot m$ 와 식(11.21)에 의한 값 $\phi M_n = 2{,}549.9\,kN \cdot m$ 의 차이가 거의 없음을 알 수 있다.

[경우 2] $h = 3.8\,m$ 일 경우

$M_u = 722 \times 3.8 = 2{,}743.6\,kN \cdot m$,

$\phi M_n = 2{,}480.0\,kN \cdot m < M_u = 2{,}743.6\,kN \cdot m$

이므로 추가로 보강철근을 배치하여야 한다. 캔틸레버로 보고 추가 보강 철근량을 산정하도록 한다.

$M_u = 2{,}743.6 - 2{,}480 = 263.6\ kN \cdot m$

$$\rho = \frac{\eta(0.85 f_{ck})}{f_y} \times \left[1 - \sqrt{1 - \frac{2R_n}{0.85 f_{ck}}}\right], \quad R_n = \frac{M_u}{\phi b d^2}$$

여기서, $d = 0.8\,l_w = 0.8 \times 3{,}000 = 2{,}400\,mm$, $b = 200\,mm$

$$R_n = \frac{263.6 \times 10^6}{0.85 \times 200 \times 2{,}400^2} = 0.27$$

$$\rho = \frac{1.0 \times 0.85 \times 24}{400} \times \left[1 - \sqrt{1 - \frac{2 \times 0.27}{0.85 \times 24}}\right] = 0.00068$$

$A_s = 0.00068 \times 200 \times 2{,}400 = 326.4\,mm^2$

$D16$ 철근으로 배치하면 $n = 326.4/199 = 1.64$

따라서 벽체 양단부에 여유있게 $4-D16$ 철근을 추가로 배치하도록 한다.

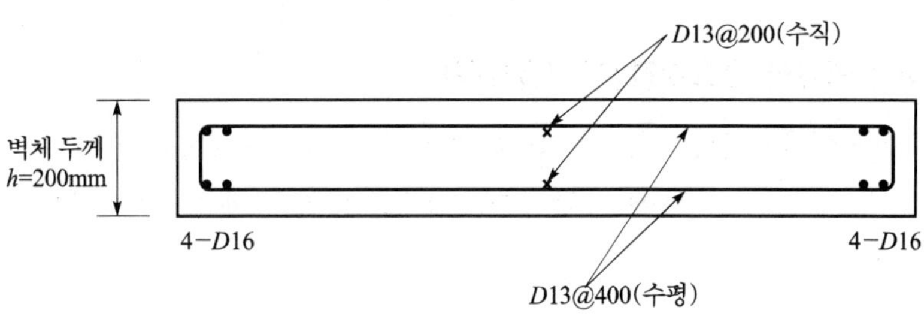

중요사항

1. 벽체의 최소 철근비와 제한 규정

표 11-1 벽체의 최소 철근비와 설계 제한규정

	$f_y \geq 400MPa$ 인 D16 이하 이형철근	직경 16mm 이하의 용접철망	기타 이형철근
최소 수직철근비	0.0012	0.0012	0.0015
최소 수평철근비	$0.0020 \times 400 / f_y$ (단, $f_y \leq 500MPa$)	0.0020	0.0025
수직 및 수평 철근의 간격 제한	벽체 두께의 3배 이하, 또는 450mm 이하		
기타 제한규정	• 지하실 외벽을 제외한 두께 250mm 이상의 벽체에 대해서는 철근의 배근을 각 방향으로 벽면에 평행하게 양면배근하여야 한다. 이때 벽체의 외측면 철근은 각 방향에 대하여 전체 소요철근량의 1/2 이상, 2/3 이하로 하며 외측면으로부터 50mm이상, 벽두께의 1/3 이내에 배근하여야 한다. 내측면 철근은 각 방향에 대한 전체 소요철근량의 잔여분을 내측면으로부터 20mm이상, 벽두께의 1/3 이내에 배근하여야 한다. • 수직철근이 집중배치된 벽체 부분의 수직철근비가 0.01배 이상인 경우 압축부재(기둥) 횡철근의 규정에 따른 횡방향 띠철근을 설치하여야 하며, 이외의 경우에는 횡방향 띠철근을 설치하지 않을 수 있다. 이때 띠철근의 수직간격은 벽체 두께 이하로 하여야 하며, 수직철근이 압축력을 받는 철근이 아닌 경우에는 횡방향 띠철근을 설치 할 필요가 없다. • 모든 창이나 출입구 등의 개구부 주위에는 상기의 최소철근량 외에도 D16 이상의 철근을 2개이상 배치하여야 하며, 이때 이러한 철근은 개구부 모서리에서 설계기준 항복강도를 발휘할 수 있도록 적어도 600mm 이상 연장하여 정착시켜야 한다. (그림 11-1)		

2. 집중하중에 대한 벽체의 유효수평길이 (유효폭)

정밀한 구조해석에 의하지 않는 한, 각 집중하중에 대한 벽체의 유효수평길이는 하중 사이의 중심거리, 그리고 하중 지지폭에 벽체 두께의 4배를 더한 길이 중 작은 값을 초과하지 않도록 하여야 한다.

3. 실용 설계법에 의한 벽체 설계

$$P_u \le \phi P_{nw}$$

$$\phi P_{nw} = 0.55\phi f_{ck} A_g \left[1 - (\frac{kl_c}{32h})^2\right]$$

여기서, (1) ϕ : 0.65(기둥), A_g : 벽체 단면적, l_c : 벽체높이, h : 벽체두께

(2) 유효좌굴길이 계수 (k)

① 횡구속된 벽체에서 상하 양단부 중 한쪽이나 양쪽의 회전이 구속되어 있을 때 $k = 0.8$

② 횡구속된 벽체의 상하 양단부의 회전이 구속되어 있지 않을 때 $k = 1.0$

③ 횡구속되지 않은 벽체 $k = 2.0$

(3) 편심이 벽 중심에서 $\frac{h}{6}$ 이내, $P_u \le 0.4 A_g f_{ck}$, $A_{st} \le 0.01 A_g$ 이어야 한다.

(4) 수직 또는 수평 지점간의 거리 중 작은 값의 $\frac{1}{25}$ 이상 또는 100mm 이상으로 하며 지하실 외벽이나 기초 벽체두께는 200mm 이상으로 하여야 한다.

4. 비내력벽

100mm 이상 또는 이를 수평으로 지지하고 있는 부재 최소거리의 $\frac{1}{30}$ 이상으로 한다.

5. 전단벽

벽면에 평행하게 작용하는 수평력에 저항하도록 설계된 벽체로서 이 수평력에 의한 면내 휨과 전단력이 주 고려대상이 된다.

연습문제

1 철근콘크리트 벽체에 대한 설명중 가장 부적당한 것은?

가. 실용설계법으로 설계할 경우 벽체의 두께는 수직 또는 수평 받침부 거리 중 작은 값의 1/25 이상 또한 100mm 이상으로 한다. 단, 지하실 외벽 및 기초 벽체두께는 200mm 이상으로 한다.

나. 비내력벽의 두께는 100mm 이상 또한 이를 수평으로 지지하는 부재 최소거리의 1/30 이상으로 한다.

다. 개구부에 2-D16 이상의 철근으로 보강하여야 하며 보강철근의 정착길이는 개구부 모서리에서 500mm 이상 연장 정착한다.

라. 수직 및 수평철근의 배근간격은 벽체두께의 3배 이하, 450mm 이하로 한다.

풀이

개구부 보강 철근은 2-D16 이상의 철근으로 개구부의 모서리에서 600mm 이상 연장하여 정착시켜야 한다.

답 다

2 철근콘크리트 벽체에 대한 설명중 가장 부적당한 것은?

가. 내력벽의 최소 수직철근비는 $f_y \geq 400$ 인 D16 이하의 이형철근인 경우 0.12% 이다.

나. 내력벽의 최소 수평철근비는 $f_y \geq 400$ 인 D19 이상의 이형철근인 경우 0.25% 이다.

다. 내력벽의 수직, 수평 철근의 배근간격은 벽체두께의 3배 이하, 400mm 이하로 한다.

라. 내력벽 설계시 계수하중의 합력이 벽체두께의 중앙 1/3 이내에 작용하는 경우 실용설계법이 가능하다.

풀이

수직, 수평철근의 배근간격은 벽체두께의 3배이하, 또는 450mm 이하로 한다.

답 다

3 실용설계법으로 설계할 경우의 조건중 가장 부적당한 것은?

가. 직사각형의 단면을 가져야 한다.

나. 편심이 벽중앙에서 h/6 이내 이어야 한다.

다. 벽체의 두께는 수직 또는 수평받침점간 거리중에서 작은값 1/25 이상, 또한 100mm 이상 이어야 한다.

라. 면내휨이 작용할 때 실용설계법으로 벽체의 안전성을 검토한다.

풀이

면내휨이 작용할 때는 실용설계법 적용이 불가하고, 휨압축재 설계법에 따라야 한다.

답 라

4 철근콘크리트 벽체에 대한 설명으로 가장 부적합한 것은?

가. 벽체는 압축재로서 설계하거나 적용조건을 만족하는 경우 실용설계법에 따라 설계할 수 있다.

나. 전단벽이란 전단력만 부담하는 구조벽체로서 면내 휨에 대한 지지는 고려되지 않는다.

다. 내력벽은 수직하중과 면외 휨모멘트에 대한 지지기능을 우선으로 하지만 면내 수평력에 대해서도 전단벽으로서의 기능을 동시에 갖게 한다.

라. 벽체의 철근은 이와 교차하는 구조부재인 바닥, 지붕, 기둥 및 기초 등에 충분히 정착되도록 해야 한다.

풀이

전단벽이란 벽면에 평행하게 작용하는 수평력에 저항하도록 설계된 벽체로서 이 수평력에 의한 면내휨과 전단력이 주 대상이 된다.

답 나

제 12 장
옹벽 설계

옹벽 설계

1 개요

옹벽(retaining wall)은 굴토, 절토 또는 흙의 채움 등을 한 경사면이 흙의 압력(토압)으로 붕괴되는 것을 막고 안정성을 유지 할 목적으로 설치되는 벽체이다.

그림 12-1의 옹벽 형태와 같이 별개의 구조체로 설치되는 경우가 많으나, 건물의 지하 벽체도 토압에 저항하는 구조물로서 옹벽에 속한다.

2 옹벽의 종류

옹벽의 종류에는 중력식 옹벽, 캔틸레버식 옹벽, 부벽식 옹벽 등이 있다.

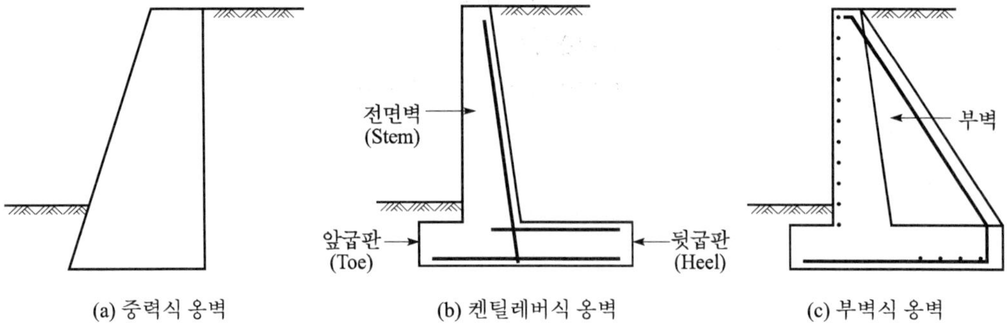

그림 12-1 옹벽의 종류

(1) **중력식 옹벽** : 주로 무근 콘크리트로 만들어지며, 옹벽 자중에 의해서 필요한 안정을 유지한다. 높이는 3m 이하가 일반적이다.

(2) **캔틸레버식 옹벽** : 경제성, 시공의 간편성 때문에 가장 일반적인 옹벽의 형태로 높이 3.0m~8.0m 정도에 가장 많이 쓰이며, 앞굽판(toe), 뒷굽판(heel), 전면벽(stem)의 3부분이 구조적으로 거동한다.

(3) **부벽식 옹벽** : 옹벽의 높이가 8.0m를 초과되면 캔틸레버형 옹벽으로 할 경우 벽체 하단의 두께가 너무 커지고, 앞굽판, 뒷굽판이 너무 길게 뻗어나가게 되므로 비경제적이고 시공성이 떨어진다. 이런 경우에 캔틸레버형 옹벽의 길이 방향으로 일정한 간격으로 부축벽을 추가하는 형태의 옹벽으로 8.0m 이상의 높이에 경제적이다.

3 옹벽에 작용하는 토압

1. 옹벽에 작용하는 토압

그림 12-2 에는 두 가지 형의 콘크리트 옹벽이 있다. 이와 같은 옹벽은 각각 그 우측에 있는 흙이 좌측으로 붕괴하는 것을 막는 역할을 한다.

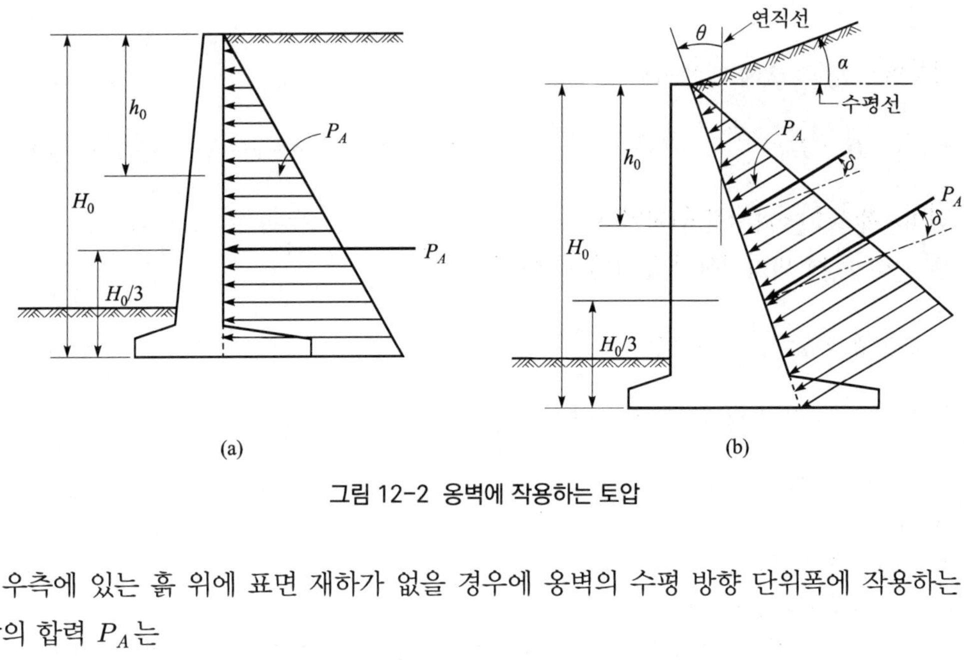

그림 12-2 옹벽에 작용하는 토압

우측에 있는 흙 위에 표면 재하가 없을 경우에 옹벽의 수평 방향 단위폭에 작용하는 토압의 합력 P_A는

$$P_A = \frac{1}{2} K_A \gamma H^2 \, kN/m \quad \cdots\cdots (12.1)$$

이며, 그 작용점은 기초 저면에서 $H/3$의 위치이다. 합력이 아니라 단위면적에 작용하는 토압 $p_A = K_A \gamma h$ 이다. 여기서 K_A 는 주동 토압계수라고 불리는 것으로서

(1) 지표면은 수평, 벽 배면은 연직이고 또 벽면과 흙 사이의 마찰이 무시될 수 있는 경우에는 (그림 12-2 (a))

$$K_A = \tan^2(45° - \frac{\phi}{2}) \quad \cdots\cdots (12.2)$$

(2) 일반의 경우 (그림 11-2 (b))에서는

$$K_A = \frac{\cos^2(\phi - \theta)}{\cos^2\theta \cos(\theta+\delta)\left[1 + \sqrt{\frac{\sin(\phi+\delta)\sin(\phi-\alpha)}{\cos(\theta+\delta)\cos(\theta-\alpha)}}\right]^2} \quad \cdots\cdots (12.3)$$

여기서 $\phi < \alpha$ 일 때는 $\sin(\phi - \alpha) = 0$ 으로 한다.

(3) 점착력이 무시될 수 있는 흙에 대해서는

$$H = H_0 \ (m) \quad \cdots\cdots (12.4)$$

$$h = h_0 \ (m)$$

(4) 점착력이 있는 흙에 대해서는

$$H = H_0 - \frac{2c}{\gamma}\tan(45° + \frac{\phi}{2}) \quad \cdots\cdots (12.5)$$

이며, 작용점은 H/3의 위치이다.

또 깊이 h_0의 위치에서의 토압에 대해서는

$$h = h_0 - \frac{2c}{\gamma}\tan(45° + \frac{\phi}{2}) \quad \cdots\cdots (12.6)$$

다만, $h \le 0$ 의 범위에서는 $h = 0$ 으로 잡는다.

(기호)

H : 옹벽의 유효 깊이

h : 지면으로 부터의 유효 깊이

K_A : 주동 토압 계수 (γh는 깊이 h의 점에서의 수직 압축력이 수직 압축력의 몇%가 수평 압축력 p_A가 되느냐 하는 계수, 물이나 완전한 액체 경우는 $K_A = 1$ 이 되지만 흙과 같이 그 구성 입자 사이에 서로 엉키는 힘이 있는 물질에서는 1보다 작은 것이 보통이다.)

c : 흙의 점착력

γ : 흙의 비중

H_0 : 옹벽의 수직 높이

h_0 : 옹벽 상단에서부터 토압을 구하려는 자리까지의 수직 깊이

ϕ : 배면 흙의 내부 마찰각

δ : 벽 배면과 연직면이 이루는 각이며, 벽 배면이 연직면에 대해서 메운 흙의 외측으로 경사질 때는 (+), 내측으로 경사 질 때를 (-)로 잡는다. 건축기초구조 설계기준에 따르면 배면흙의 내부마찰각 ϕ의 2/3 즉 $\delta=(2/3)\phi$로 취하는 것이 일반적이다. 그러나 ϕ가 10° 이하일 경우 $\delta=0°$, 30° 이상일 경우$\delta=20°$로 하도록 하고 있다.

표 12-1과 표 12-2는 기준에서 정한 사용하기 편리한 설계 자료이다.

표 12-1 벽 배면토(뒷채움 흙)의 설계 정수

벽 배면토의 종류	내부 마찰각 $\phi°$	점착력 $c\ [kN/m^2]$	단위 체적 중량 $\gamma\ [kN/m^3]$
깨끗한 모래 및 자갈	35	-	18.0
실트 또는 점토를 포함하는 투수성이 낮은 사질토	30	-	18.0
점토를 다량으로 포함하고 있는 사질토	24	-	17.5
연질의 유기질 실트 또는 실트질 점토	0	-	16.0
경질 점토	0	12.0	17.0

표 12-2 기초판 저면과 지지 지반 사이의 마찰계수

토질의 종류	마찰계수(μ)
실트 또는 점토를 포함하지 않은 조립토	0.55($\phi \fallingdotseq 29°$)
실트를 포함한 조립토	0.45($\phi \fallingdotseq 24°$)
실트 또는 점토 (기초판 밑에 두께 10cm의 흙을 굴은 모래 또는 자갈층으로 바꾼 것)	0.35($\phi \fallingdotseq 19°$)

2. 주동 및 수동 토압 계수

그림 12-3과 같이 흙 ABC가 m-n 방향으로 따라 미끄러져 左下部(좌하부)로 내려올 때 AB면에 작용하는 힘에 대한 토압계수가 주동 계수(K_A)이며, 흙이 미끄러지기 어려우면 즉 흙의 내부 마찰각 (ϕ)이 크면 토압이 적을 것이다. 이것이 K_A가 ϕ의 함수로 되고 있는 이유이다. 그러나 흙 BDE가 흙 ABC의 左(좌)방향 압력으로 즉 op방향으로 밀려 나가게 될

때에 흙 BDE가 벽 BD에 右(우)방향으로 작용해 주는 토압을 수동토압이라고 하며 그 계수 K_p(수동 토압 계수)는

$$K_p = \tan^2(45^\circ + \frac{\phi}{2}) \quad \cdots\cdots (12.7)$$

일반식은

$$K_p = \frac{\cos^2(\phi+\theta)}{\cos^2\theta\cos(\theta+\delta)\left[1-\sqrt{\frac{\sin(\phi-\delta)\sin(\phi+\alpha)}{\cos(\theta+\delta)\cos(\theta-\alpha)}}\right]^2} \quad \cdots\cdots (12.8)$$

여기서, α는 지표와 수평면 사이의 각도

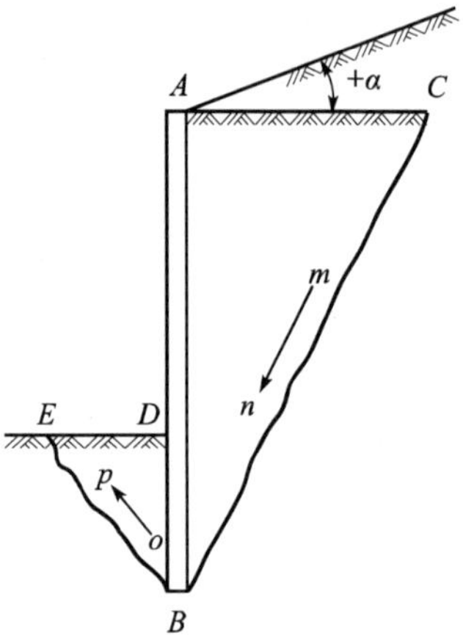

그림 12-3 주동 토압 및 수동 토압

이 된다.

이것으로 봐서 주동토압 계수는 항상 1보다 작고, 수동토압계수는 항상 1보다 큰 것을 알 수 있다.

3. 중립 토압(정지 토압)계수

건물 지하벽에 작용하는 토압으로, 건물 지하벽은 매우 높은 강성을 가지고 있을 뿐 아니라, 토압에 의해서 이동하지 않는다. 이때의 토압계수를 정지토압계수라 하며, 정지토압계수

$$K_o = 1 - \sin\phi \quad \cdots\cdots (12.9)$$

로 구한다.

그림 12-4에서 표면재하 없는 경우의 토압과 수압은

(1) 지하수면 위 부분의 단위면적에 작용하는 토압은

$$P_N = 0.5\,\gamma\, h_o \quad \cdots\cdots (12.10)$$

(2) 지하수면보다 아래의 부분의 단위면적당의 수압 및 토압은

$$P_N = 0.5\left[\gamma H_1 + \gamma'(h_o - H_1)\right] + \gamma_w(h_o - H_1) \quad \cdots\cdots (12.11)$$

여기서, H_1 : 지표면에서 지하수위면까지의 깊이

h_0 : 지표면에서 수압을 구할려고 하는 거리까지의 깊이

γ' : 흙의 수중단위체적 중량 (kN/m^3)

γ_w : 지하수의 단위체적 중량 (kN/m^3)

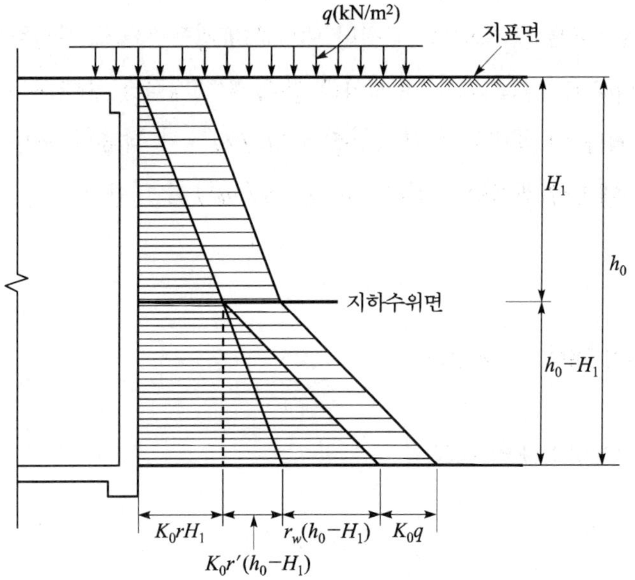

그림 12-4 지하벽에 작용하는 토압

여기서 지하수의 단위체적중량은 $10\,kN/m^3$ 로 잡으면 되지만 흙의 수중단위체적중량 γ' 는 얼마나 되겠나? 이것은 아르키메데스의 원리에 의하여 흙이 수중에서 배제하는 물의 무게 만한 부력을 받는다. 그런데 수중이 아닌 공기중에서의 흙 $1\,m^3$ 에는 공극으로 되

고 있는 체적 V_v , 흙의 입자로 되고 있는 체적 V_s 로 분류해 보면 $V_v + V_s = 1m^3$ 가 된다. 이런 공기중의 흙 $1m^3$ 가 물속에 담기면 이것이 배제하는 물의 체적은 V_s 이지 $1m^3$ 는 아니다. 그리고 공극이 없는 흙의 무게는 대략 $26 \sim 28\,kN/m^3$ 정도이다. 그런데 우리가 토압계산시 공기중의 흙의 무게를 $18\,kN/m^3$ 로 잡는 것은 흙 속에 공극이 대략 35%이고 흙의 구성물질은 65%밖에 안된다고 보고 있기 때문이다. 즉, $28 \times 0.65 \simeq 18.0\,kN/m^3$ 이다. 공극이 없을 때의 흙의 $1m^3$ 당 무게를 G (대략 $28\,kN/m^3$) 라고 하고 $1m^3$ 내에 공극과 흙의 체적을 각각 V_v , V_s 라고 보면 흙의 공기중의 무게는 GV_s 이다. 이것이 수중에 들어가면 배제하는 물의 체적이 V_s 가 되며 이 배제된 물의 무게는 $10\,V_s(kN)$ 가 된다. 아르키메데스의 원리에 의해서 수중에서의 흙의 단위체적의 무게는

$$G\,V_s - 10\,V_s = (G - 10)\,V_s \quad \cdots\cdots (12.12)$$

이 된다. 식 (12.12)에서 G 는 $26 \sim 28\,kN/m^3$ 로 대체로 일정한 값을 갖고 있으나 V_s 는 흙의 종류에 따라 매우 변동이 심하다. 예컨대 모래는 30~50%의 공극율을 가지고 어떤 점토는 이 보다 훨씬 큰 공극율을 갖고 있다. 그러나 대부분의 경우 35%로 가정해도 좋을 것이다. 그러면 $G = 28\,kN/m^3$ 로 잡을 때 수중에서의 흙의 단위체적당 중량 $\gamma' = (28 - 10) \times 0.65 \simeq 12\,kN/m^3$ 가 된다. 지표면에 등분포하중 $q(kN/m^2)$ 가 작용할 때는 지표면 재하가 없을 때의 토압 P_N 에 단위체적당 $\Delta P_N = K_o\,q(kN/m^2)$ 를 더한다.

4 옹벽 설계에 대한 안정 조건

1. 전도(overturning)에 대한 검토

$$F_s = \frac{\text{저항모멘트}}{\text{전도모멘트}} = \frac{M_r}{M_o} \geq 2.0\,(\text{안전율}) \quad \cdots\cdots (12.13)$$

$M_r = V \cdot x$ (ⓐ점에서의 저항모멘트)

$M_o = H \cdot y$ (ⓐ점에서의 전도모멘트)

2. 활동(sliding)에 대한 검토

옹벽 저판과 지반 사이에 활동 방지벽(shear key)을 설치함으로써 활동에 대한 저항성을 크게 할 수 있다.

$$F_s = \frac{\text{수평저항력}}{\text{수평력}} = \frac{\mu W}{H} \geq 1.5\,(\text{안전율}) \quad \cdots\cdots (12.14)$$

μ : 콘크리트 저판과 지반과의 마찰 계수 (표 12-2)

W : 옹벽의 자중과 기초판 상부 흙의 무게를 포함하는 연직 하중

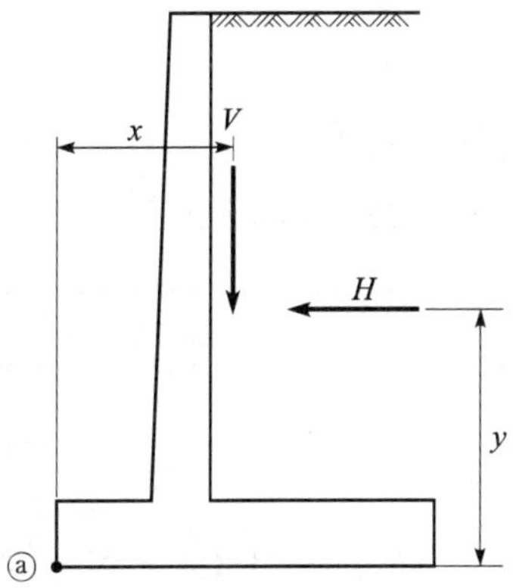

그림 12-5 전도에 대한 안정

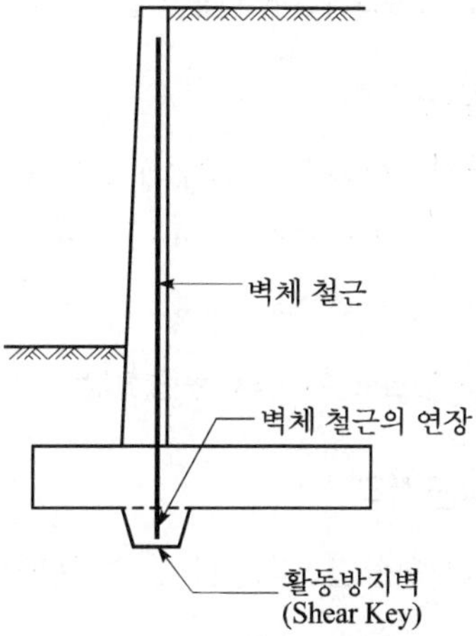

그림 12-6 활동 방지벽의 설치

3. 지반 지지력에 대한 검토

지반에 작용하는 최대 지반력 q_{max}가 지반의 허용 지지력 q_a 이하가 되면 안전하다.

$$q_{max} = \frac{P}{A} \pm \frac{M}{Z} \leq q_a \quad \cdots\cdots (12.15)$$

여기서, P : 옹벽에 작용하는 연직하중

A : 기초단면적

M : 벽체에 작용하는 휨모멘트

Z : 기초단면계수

5 옹벽의 구조상세

1. 전면벽의 최소두께는 200mm 이상 이어야 한다.

2. 수직 · 수평 최소철근비는 다음과 같다.

(1) 수직철근비

1) 설계기준항복강도 400MPa 이상으로서 $D16$ 이하의 이형철근 ······················ 0.0012

2) 기타 이형철근 ·· 0.0015

3) 지름 16mm 이하의 용접철망 ·· 0.0012

(2) 수평철근비

1) 설계기준항복강도 400MPa 이상으로서 $D16$ 이하의 이형철근

·· $0.0020 \times 400/f_y$(단, $f_y \leq 500MPa$)

2) 기타 이형철근 ·· 0.0025

3) 지름 16mm 이하의 용접철망 ·· 0.0020

3. 최소철근간격

수직 및 수평철근의 간격은 벽두께의 3배 이하, 또는 450mm 이하로 하여야 한다.

4. 옹벽 배면의 뒤채움은 특별히 양질이고 충분히 다져지는 재료를 사용해서 시공하여야 한다.

5. 옹벽배면 뒤채움 흙에 침입된 물은 실질적인 방법에 의하여 신속히 배수되도록 다음과 같이 시공하여야 한다. (그림 12-6 참조)

옹벽에 작용하는 토압은 흙의 단위체적중량에 비례하는 것인데 옹벽뒷면에 물이 차 있으면 흙의 단위체적중량은 별도의 수압이 작용하므로 옹벽에 작용하는 힘은 증가하게 된다. 이것은 옹벽의 전도에 크게 영향을 미치게 될 뿐만아니라 흙의 침수상태가 되면 내부 마찰각이 감소하게 되어 주동토압계수를 증대시키며 또한 점착력이 감소하여 옹벽이 유효높이 h 를 증대시키는 작용을 한다. 어떤 종류의 점토는 물을 먹으면 자기의 체적까지도 증대시킨다. 이와 같은 여러 요인으로 해서 토압을 현저하게 상승시킨다. 지하벽의 경우와는 달리 일반적으로 옹벽에서는 배면토의 배수가 가능하기 때문에 충분히 배수처리를 해서 수압이 작용하지 않도록 하는 것이 현명한 설계이다. 배수의 방법으로는

① 표면 배수 : 표면에 내리는 우수나 기타 배수가 옹벽 배면의 흙속으로 스며들지 못하게 흙 표면을 불투수성 물질로 포장하는 것.

② 배면의 흙이 배수성이 양호한 사질토인 경우는 그림 12-7 (a)와 같이 수평, 수직으로 $2 \sim 4m^2$ (간격 : 수직, 수평으로 $1.5m \sim 2.0m$)으로 배수 구멍을 만들 것. 이 구멍의 직경은 100mm 정도의 큰 것을 사용하는 것이 좋다. 옹벽 배면의 배수 구멍 자리에는 $400mm \times 400mm$ 정도 크기의 자갈 혹은 잡석을 채워서 filter로 삼아야 한다. 부벽식 옹벽일 경우 부벽내에 적어도 1개 이상 설치하도록 한다.

③ 배면의 흙이 세립토 (점토질일 경우는 그림 12-7 (b), (c)와 같은 조치를 옹벽 뒤의 전체 면을 따라 수직 혹은 경사지게 설치한다.

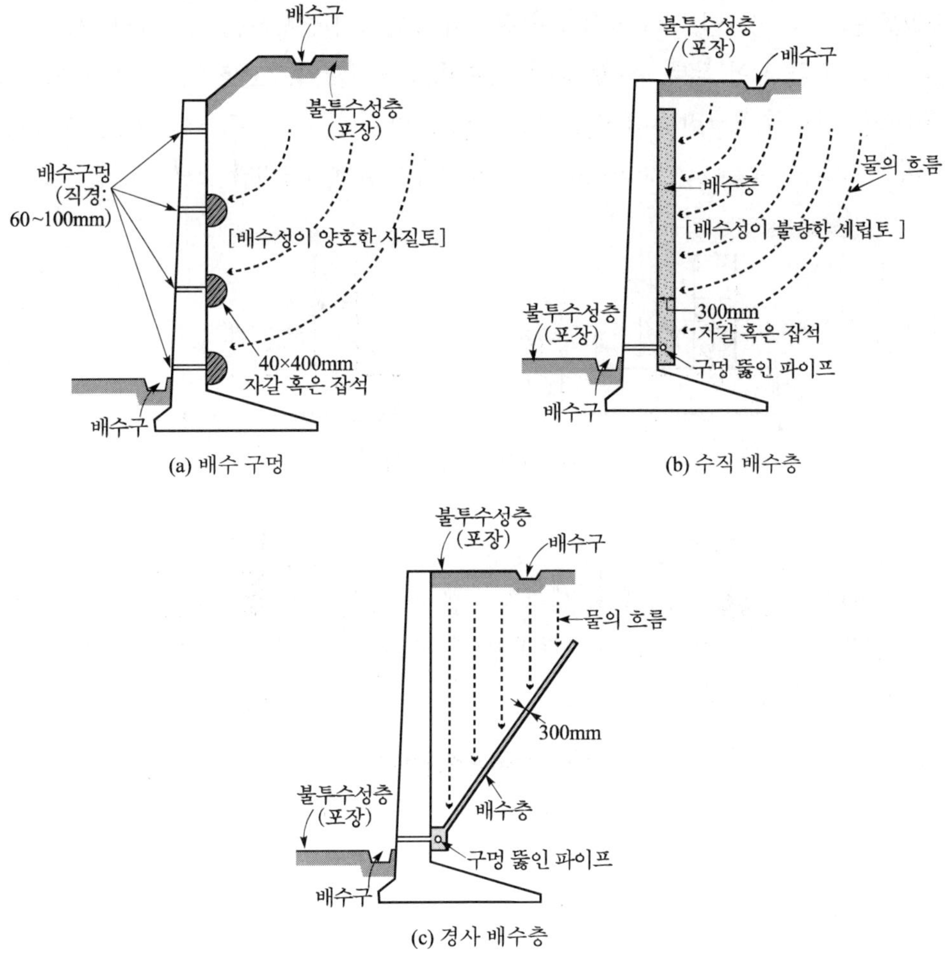

그림 12-7 옹벽 배면의 배수처리 대책

6. 옹벽의 연결부

콘크리트 옹벽은 온도 및 습도의 변화와 건조수축 등의 영향으로 균열의 발생 우려가 있으므로 이에 대한 대책으로 이음이 필요하며, 이에 대한 역할, 간격, 위치 등을 설계에 반영해야 한다.

(1) **신축이음** : 그림 12-8 (c)와 같이 온도 및 습도의 변화에 따른 이음으로 벽체 길이 20m 간격으로 설치하며, 신축이음 옹벽위의 난간에도 신축이음을 두어야 한다.

(2) **수축이음** : 콘크리트의 건조수축, 크리프 변형에 따른 이음으로 옹벽 전면에 그림 12-8 (b)와 같이 V형 홈 (폭 6~8mm, 깊이 12~16mm)으로 5m 간격 이하로 설치한다.

(3) **시공이음** : 1차 콘크리트 타설 후 2차 콘크리트 타설이 발생하는 시공상의 이음으로 그림 12-8 (a)와 같이 장부, 홈 등 전단키(쐐기)로 보강한다. 만약 쐐기를 사용하지 않을 경우에는 한쪽의 콘크리트 표면을 거칠게 한 다음 다른쪽 콘크리트를 타설한다. 2차 콘크리트 타설 전 Air jet, Water jet 등으로 이물질을 제거하여야 한다.

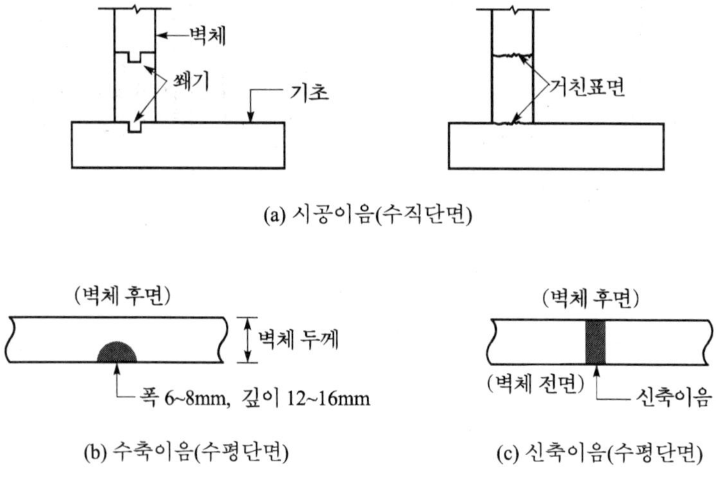

그림 12-8 옹벽의 연결부

6 구조해석

1. 저판

(1) 뒷굽판

저판의 뒷굽판은 정확한 방법이 사용되지 않는 한, 뒷굽판 상부에 재하되는 모든 하중을 지지하도록 설계해야 한다.

(2) 캔틸레버식 옹벽

캔틸레버식 옹벽의 저판은 전면벽과의 접합부를 고정단으로 간주한 캔틸레버로 가정하여 단면을 설계할 수 있다.

(3) 부벽식 옹벽

부벽식 옹벽의 저판은 정밀한 해석이 사용되지 않는 한, 부벽 간의 거리를 경간으로 가정한 고정보 또는 연속보로 설계할 수 있다.

2. 전면벽

(1) 캔틸레버식 옹벽

캔틸레버식 옹벽의 전면벽은 저판에 지지된 캔틸레버로 설계할 수 있다.

(2) 부벽식 옹벽

부벽식 옹벽의 전면벽은 3변 지지된 2방향 슬래브로 설계할 수 있다.

7 단면의 형상과 치수가정

일반적으로 많이 사용되는 캔틸레버식 옹벽에 대해서 단면의 형상과 치수 가정을 보면 대략 다음과 같은 범위이며 이것을 설계에 응용하면 좋은 참고가 된다.

① 기초저판의 폭 : 옹벽높이의 40~70%
② 기초저판의 두께 : 옹벽 높이의 1/12~1/10
③ 앞굽판의 폭 : 저판폭의 1/3~1/4

④ 벽체하부 두께 : 옹벽 높이의 10~12% 또는 저판폭의 12~16%

⑤ 벽체상부 두께 : 250~300mm 이상

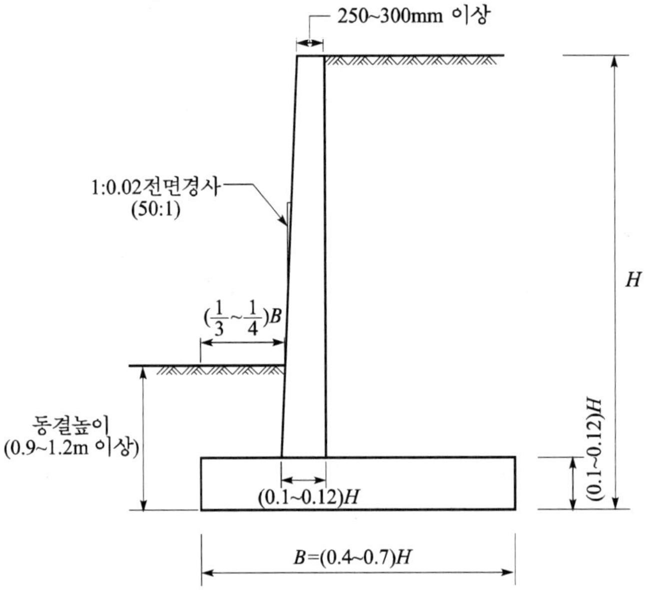

그림 12-9 캔틸레버식 옹벽의 설계 단면 가정

중 요 사 항

1. 옹벽의 종류

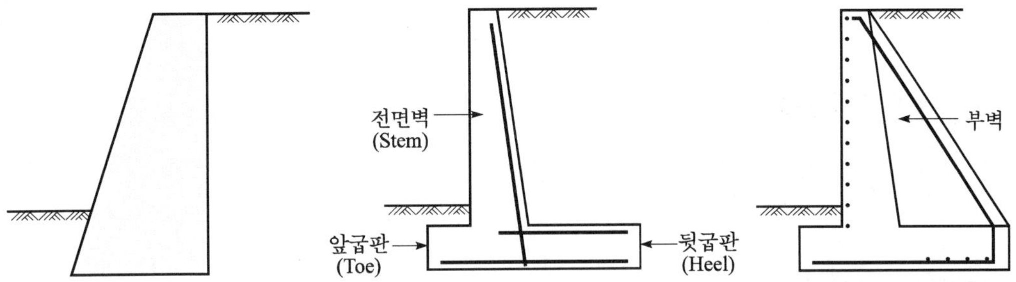

(a) 중력식 옹벽 (b) 켄틸레버식 옹벽 (c) 부벽식 옹벽

(1) **중력식 옹벽** : 주로 무근 콘크리트로 만들어지며, 옹벽 자중에 의해서 필요한 안정을 유지한다. 높이는 3m 이하가 일반적이다.

(2) **캔틸레버식 옹벽** : 경제성, 시공의 간편성 때문에 가장 일반적인 옹벽의 형태로 높이 3.0m~8.0m 정도에 가장 많이 쓰이며, 앞판 (toe), 뒷판 (heel), 벽체 (stem)의 3부분이 구조적으로 거동한다.

(3) **부벽식 옹벽** : 옹벽의 높이가 8.0m를 초과되면 캔틸레버형 옹벽은 벽체 하단의 두께가 커지고, 앞판, 뒷판이 너무 길게 커지므로 비경제적이고 시공성이 떨어진다. 이런 경우에 캔틸레버형 옹벽의 길이 방향으로 일정한 간격으로 부축벽이 추가된 옹벽으로 8.0m 이상의 높이에 경제적이다.

2. 토압 계수

(1) 주동 토압 계수

$$K_A = \tan^2(45° - \frac{\phi}{2}) \quad \phi: \text{흙의 내부 마찰각}$$

(2) 수동 토압 계수

$$K_p = \tan^2(45° + \frac{\phi}{2})$$

(3) 정지 중립 토압 계수

$$K_o = 1 - \sin\phi$$

3. 전도에 대한 안전률

$$F_s = \frac{\text{저항 모멘트}}{\text{전도 모멘트}} = \frac{M_r}{M_0} \geq 2.0$$

4. 활동에 대한 안전률

$$F_s = \frac{\text{수평 저항력}}{\text{수평력}} = \frac{\mu W}{H} \geq 1.5$$

5. 옹벽의 구조상세

(1) 전면벽의 최소두께는 200mm 이상 이어야 한다.

(2) 수직 · 수평 최소철근비는 다음과 같다.

1) 수직철근비

① 설계기준항복강도 400MPa 이상으로서 $D16$ 이하의 이형철근 ……………… 0.0012

② 기타 이형철근 ……………………………………………………………… 0.0015

③ 지름 16mm 이하의 용접철망 ……………………………………………… 0.0012

2) 수평철근비

① 설계기준항복강도 400MPa 이상으로서 $D16$ 이하의 이형철근

…………………………… $0.0020 \times 400/f_y$(단, $f_y \leq 500MPa$)

② 기타 이형철근 ……………………………………………………………… 0.0025

③ 지름 16mm 이하의 용접철망 ……………………………………………… 0.0020

(3) 최소철근간격

수직 및 수평철근의 간격은 벽두께의 3배 이하, 또는 450mm 이하로 하여야 한다.

(4) 옹벽 배면의 뒤채움은 특별히 양질이고 충분히 다져지는 재료를 사용해서 시공하여야 한다.

(5) 옹벽배면 뒤채움 흙에 침입된 물은 실질적인 방법에 의하여 신속히 배수되도록 시공하여야 한다. (그림 12-7 참조)

1) 옹벽의 전면벽에는 지름 100mm 이상의 배수구멍을 수평, 수직 각각 1.5m 정도의 간격으로 두도록 하며, 뒷부벽의 경우에는 각 부벽 사이에 한 개 이상의 배수구멍을 만들어야 한다.

2) 옹벽의 뒤채움 배수구멍으로 물이 잘 모이도록 두께 300mm 이상의 배수층을 만들도록 한다.

(6) 옹벽은 온도 및 습도의 변화와 건조수축 등의 영향으로 균열이 발생할 수 있으므로 그림 12-8과 같은 신축이음, 수축이음, 시공이음 등의 연결부 처리가 필요하다.

예제 12-1

다음 조건의 캔틸레버 옹벽을 설계하시오.

다만, 적절한 배수시설을 설치하여 옹벽 배면에 수압은 작용하지 않는 것으로 가정한다.

- 옹벽의 수직 높이 $H_o = 5{,}000mm$
- 지표와 수평면 사이의 각 $\alpha = 0$
- 벽 배면과 수직면 사이의 각 $\theta = 0$
- 상재하중 $q = 10kN/m^2$
- 흙의 단위 체적 중량 $\gamma = 18kN/m^3$
- 흙의 내부마찰각 $\phi = 30^\circ$
- 흙의 점착력 $c = 0$
- 흙과 콘크리트의 마찰계수 $\mu = 0.5$
- 흙의 허용지내력 $q_a = 150kN/m^2$
- $f_{ck} = 27MPa$, $f_y = 400MPa$

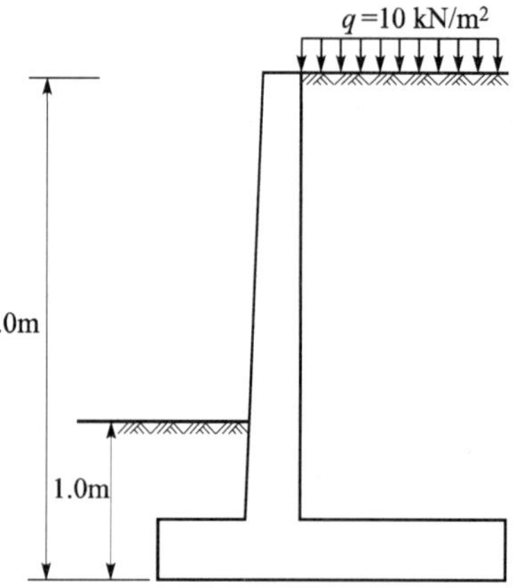

풀이

1. 단면가정
   - 기초 저판의 폭 B는 옹벽높이(H_o)의 70%인 3,500mm
   - 기초 저판의 두께 D는 옹벽높이의 10%인 500mm에 피복두께 등을 더해 600mm
   - 벽체 상부 두께는 300mm
   - 벽체 하부 두께는 옹벽높이의 10%인 500mm
   - 압굽판의 폭 b는 기초저판의 1/3~1/4인 900mm로 가정한다.

2. 토압산정

주동토압 계수 : $K_A = \tan^2(45 - \frac{\phi}{2}) = 0.33$

수동토압 계수 : $K_P = \tan^2(45 + \frac{\phi}{2}) = 3.0$

주동토압 $P_{A1} = \frac{1}{2}K_A\gamma H^2 = \frac{1}{2} \times 0.33 \times 18 \times 5^2 \ = \ 74.25kN$

상재하중에 의한 횡 압력 $P_{A2} = K_A qH = 0.33 \times 10 \times 5 = 16.5kN$

수동토압 : 묻힘깊이 1.0m중 표피층 0.3m는 저항능력이 없는 것으로 보면

$P_P = \frac{1}{2} \times 3 \times 18 \times 0.7^2 = 13.23kN$

3. 안정검토

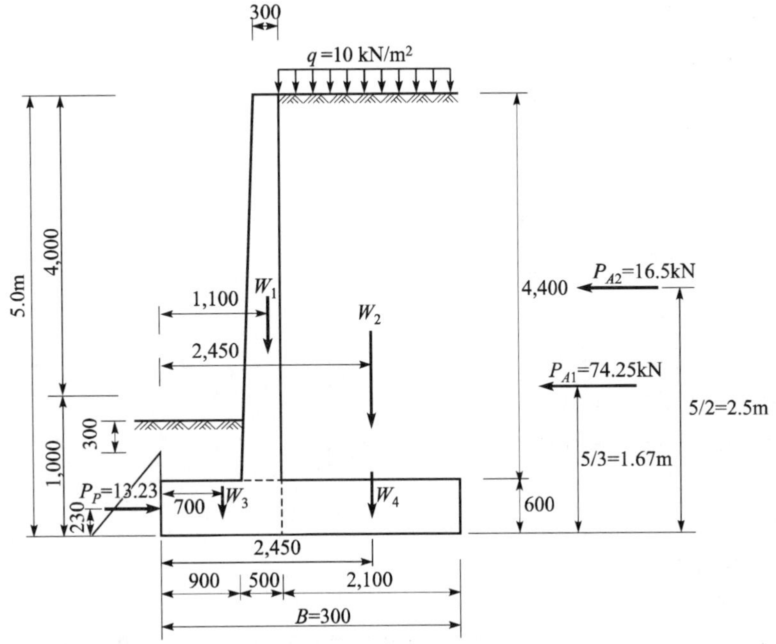

(1) 전도에 대한 검토

W_1: $4.4 \times (0.3+0.5) \times \frac{1}{2} \times 24 = 42.2kN$

W_2: $4.4 \times 2.1 \times 18 = 166.3kN$

W_3: $0.6 \times 1.4 \times 24 = 20.2kN$

W_4: $0.6 \times 2.1 \times 24 = 30.2kN$

ⓐ 점에 대한 저항모멘트 M_r 와 전도 모멘트 M_o

$M_r = 42.2 \times 1.1 + 166.3 \times 2.45 + 20.2 \times 0.7 + 30.2 \times 2.45 = 542.0kN \cdot m$

$M_o = 16.5 \times 2.5 + 74.25 \times 1.67 = 165.3kN \cdot m$

SF(안전율) $= 542.0/165.3 = 3.28 \quad > \quad 2.0$ 이므로 적합 하다.

(2) 활동 (sliding)에 대한 검토

$H_s = (W_1 + W_2 + W_3 + W_4) \times \mu + P_P$

$= (42.2 + 166.3 + 20.2 + 30.2) \times 0.5 + 13.23$

$= 258.9 \times 0.5 + 13.23$

$= 142.7$

SF(안전율) $= \dfrac{142.7}{(16.5 + 74.25)} = 1.57 \quad > \quad 1.5$ 이므로 적합 하다.

(3) 접지압 검토 (단위폭 1m)

옹벽 중심부에 대한 모멘트를 M 이라 하면

$$M = M_o - M_r + \Sigma W \times \frac{B}{2}$$

$$= 165.3 - 542.0 + 258.9 \times \frac{3.5}{2}$$

$$= 76.4\ kN \cdot m$$

$$q_u = \frac{P}{A} \pm \frac{M}{Z} = \frac{258.9}{3.5 \times 1} \pm \frac{76.4}{\frac{1 \times 3.5^2}{6}}$$

$$= 74.0 \pm 37.4$$

$$= 111.4\ ,\ \ 36.6 kN/m^2$$

기초판에 인장은 생기지 않는다.

$q_u = 111.4 kN/m^2 < q_a = 150 kN/m^2$ 이므로 적합하다.

4. 기초판 설계

(1) 뒷굽판(Heel)설계

1) 계수하중 산정

토압과 상부의 상재하중의 하중계수는 1.6으로 설계용 계수하중은 다음과 같다. 또한 기초판의 유효깊이 $d = 500 mm$로 한다.

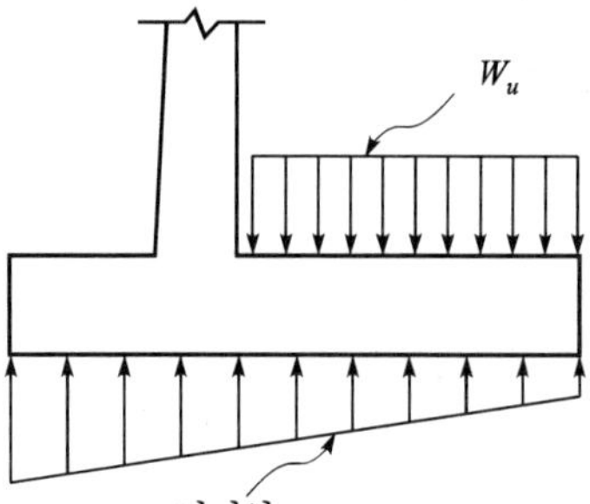

(설계용 수직하중)

• 상재하중:	$1.6L = 1.6 \times 10 = 16.0\,kN/m^2$
• 흙:	$1.6H = 1.6 \times (18 \times 4.4) = 126.7\,kN \cdot m^2$
• 기초판자중:	$1.2D = 1.2 \times 24 \times 0.6 = 17.3 kN/m^2$
계수하중	$w_u = 160\,kN/m^2$

2) 전단검토 (단위폭 1m)

전단위험단면은 옹벽면에서 d 만큼 떨어진 곳

$V_u = 160 \times (2.1 - 0.5) = 256\,kN$

$\phi V_c = 0.75 \times \frac{1}{6} \times 1.0 \times \sqrt{27} \times 500 = 324.75\,kN > V_u$ 이므로 적합하다.

3) 휨모멘트 및 철근량 산정

$M_u = 160 \times 2.1^2/2 = 352.8\,kN \cdot m$

$$R_n = \frac{M_u}{\phi b d^2} = \frac{352.8 \times 10^6}{0.85 \times 1{,}000 \times 500^2} = 1.66$$

$$\rho = \frac{\eta(0.85 f_{ck})}{f_y} \times \left[1 - \sqrt{1 - \frac{2R_n}{0.85 f_{ck}}}\right]$$

$$= \frac{1.0 \times 0.85 \times 27}{400} \times \left[1 - \sqrt{1 - \frac{2 \times 1.66}{0.85 \times 27}}\right]$$

$$= 0.00431$$

$A_s = 0.00431 \times 1{,}000 \times 500 = 2{,}155\,mm^2$

$A_{s,\min} = 0.002 \times 1{,}000 \times 600 = 1{,}200\,mm^2$

따라서 $A_s = 2{,}155\,mm^2$

$D22$ 철근을 사용하면 ($A_1 = 387 mm^2$)

$D22 @ \frac{1{,}000}{2{,}155/387} = 179.5\,mm$, 따라서 $D22$ 철근을 간격 $150\,mm$ 로 배치한다.

횡방향 철근 수축·온도 철근량 $\rho_{\min} = 0.002$ 를 배치한다.

$A_{s,\min} = 0.002 \times 1{,}000 \times 600 = 1{,}200\,mm^2$

$D16$ 철근을 사용하면 ($A_1 = 199\,mm^2$)

$D16 @ \frac{1{,}000}{1{,}200/199} = 165.8\,mm$, 따라서 $D16$ 철근을 간격 $150\,mm$ 간격으로 배치한다.

(2) 압굽판(Toe) 설계

1) 계수하중 산정

압굽판 설계에서는 접지압에 의한 전단력과 휨모멘트를 기초자중과 앞굽판에 상재된 흙이 하중효과를 상쇄시키므로 하중계수는 0.9를 적용한 하중조합 $0.9D + 0.9H$ 와 $1.2D + 1.6H$ 에 대하여 검토한다. 접지압은 하중계수 1.6을 적용한다. 최대접지압 $111.4 kN/m^2$, 최소접지압 $36.6 kN/m^2$로 경사 등변분포하중 이지만 최대접지압 $111.4 kN/m^2$로 설계하면 안전측 오차 설계가 된다.

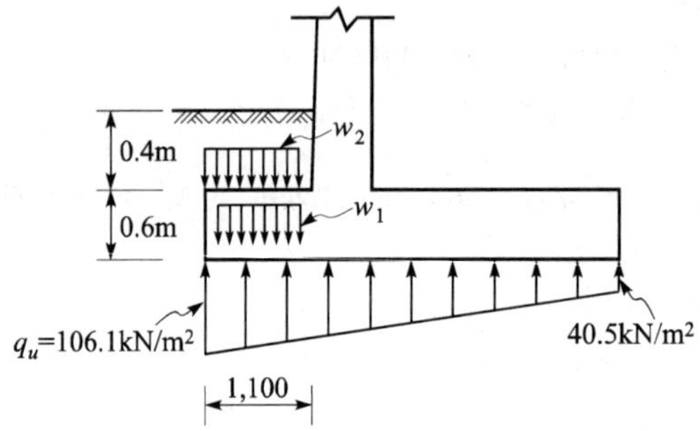

① 하중조합 $0.9D+0.9H$

- 기초판 자중(w_1): $0.9D=0.9\times24\times0.6=13.0\,kN/m^2$
- 흙(w_2): $0.9\times(18\times0.4)=6.48\,kN/m^2$
- 접지압(q_u): $1.6\times111.4=178.2\,kN/m^2$

$w_u=178.2-13.0-6.48=158.7\,kN/m^2$

② 하중조합 $1.2D+1.6H$

- 기초판 자중(w_1): $1.2D=1.2\times24\times0.6=17.3\,kN/m^2$
- 흙(w_2): $1.6H=1.6\times(18\times0.4)=11.52\,kN/m^2$
- 접지압(q_u): $1.6\times111.4=178.2\,kN/m^2$

$w_u=178.2-17.3-11.52=149.4\,kN/m^2$

2) 전단검토 (위험단면 : 벽면에 d 만큼 떨어진 거리)

$V_u=158.7\times(0.9-0.5)$

$=63.5\,kN\ <\ \phi V_c=324.75\,kN$이므로 적합하다.

3) 휨모멘트 및 철근량 산정 (단위폭당 휨모멘트)

$M=158.7\times0.9^2/2=64.3\,kN\cdot m/m$

$$R_n=\frac{M_u}{\phi bd^2}=\frac{64.3\times10^6}{0.85\times1{,}000\times500^2}=0.302$$

$$\rho=\frac{\eta(0.85f_{ck})}{f_y}\times\left[1-\sqrt{1-\frac{2R_n}{0.85f_{ck}}}\right]=0.00076$$

$A_s=0.00076\times1{,}000\times500=380\,mm^2$

$A_{s,\min}=0.002\times1{,}000\times600=1{,}200\,mm^2$

$A_s=1{,}200\,mm^2$ 으로 지배된다.

$D16$ 철근으로 배치하면 $D16@\dfrac{1{,}000}{1{,}200/199}=165.8$, 따라서 $D16$ 철근을 150mm 간격으로 배치한다.

5. 전면벽(stem) 설계(단위독 1m) 지표면에서부터 h 깊이인 점의 휨모멘트

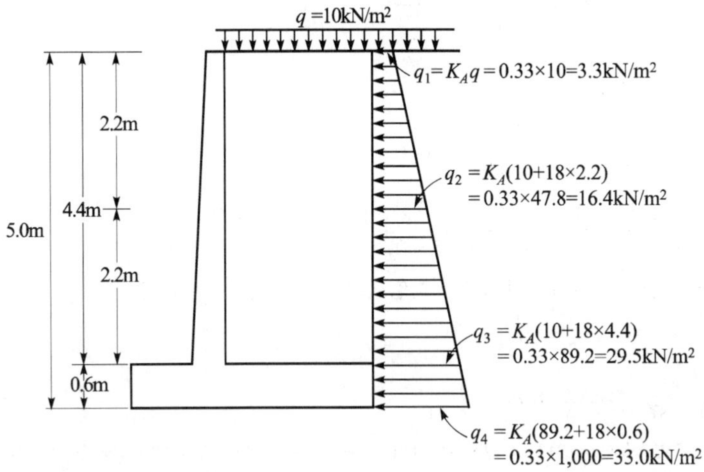

(1) 계수하중 산정

상재하중, 토압의 하중계수는 1.6

(2) 단위폭 1m에 대한 전단 및 휨모멘트 산정

1) 벽체 하단 ($h=4.4m$): $d=440mm$

$$V_u = 1.6\times(3.3\times4.4)+1.6\times\left[\frac{(29.5-3.3)\times4.4}{2}\right] = 115.5\,kN/m$$

$$\phi V_c = \phi\frac{1}{6}\lambda\sqrt{f_{ck}}\,bd = 0.75\times\frac{1}{6}\times1.0\times\sqrt{27}\times1{,}000\times440 = 285.8\,kN/m$$

$V_u \le \phi V_c$이므로 전단보강은 필요없다.

$$M_u = 1.6\times3.3\times4.4^2/2+1.6\times\left[\frac{(29.5-3.3)\times4.4}{2}\right]\times\frac{4.4}{3}$$

$$= 51.1 + 135.3$$

$$= 186.4\,kN\cdot m/m$$

$$R_n = \frac{M_u}{\phi bd^2} = \frac{186.4\times10^6}{0.85\times1{,}000\times440^2} = 1.133$$

$$\rho = \frac{\eta(0.85f_{ck})}{f_y}\times\left[1-\sqrt{1-\frac{2R_n}{0.85f_{ck}}}\right]$$

$$= \frac{1.0\times0.85\times27}{400}\times\left[1-\sqrt{1-\frac{2\times1.133}{0.85\times27}}\right]$$

$$= 0.00291$$

$$A_s = 0.00291\times1{,}000\times440 = 1{,}280.4\,mm^2$$

$$D19@\frac{1{,}000}{1{,}280.4/287} = 224.1$$

2) 벽체 중간 ($h=2.1m$): 벽체두께 $400mm$ ($d=340mm$)

$$M_u = 1.6 \times 3.3 \times 2.2^2/2 + 1.6 \times \left[\frac{(16.4-3.3)\times 2.2}{2}\right] \times \frac{2.2}{3}$$

$$= 12.8 + 16.9$$

$$= 29.7 kN \cdot m/m$$

$$R_n = \frac{M_u}{\phi b d^2} = \frac{29.7 \times 10^6}{0.85 \times 1{,}000 \times 340^2} = 0.31$$

$$\rho = \frac{1.0 \times 0.85 \times 27}{400} \times \left[1 - \sqrt{1 - \frac{2 \times 0.31}{0.85 \times 27}}\right]$$

$= 0.00078 < \rho_{\min} = 0.002$ 이므로 최소철근으로 지배된다. 따라서

$$A_s = 0.002 \times 1{,}000 \times 400 = 800 mm^2$$

$$D19@\frac{1{,}000}{800/287} = 358.75 mm$$

따라서 벽체 하단에서 중간까지 $D19@150$, 벽체 중간에서 상단까지는 $D19@300$ 으로 여유있게 배치하도록 한다.

6. 옹벽 배근도

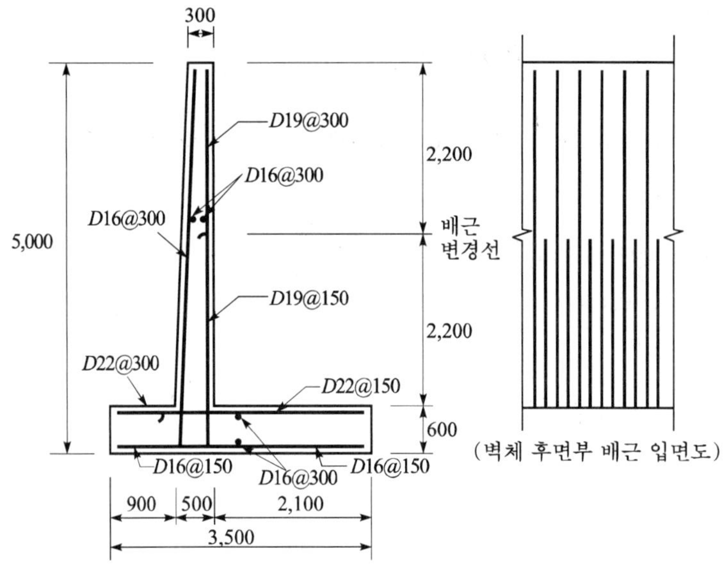

예제 12-2

다음 그림에 표시된 지하실 외벽을 설계하라.

다만, 지하수위는 $G.L.-1.5m$에 위치하고 상재하중은 $10\,kN/m^2$을 고려한다.

콘크리트의 기준 압축강도, $f_{ck}=27MPa$

철근의 기준 항복강도, $f_y=400MPa$

흙의 내부마찰각, $\phi=30°$

흙의 단위체적중량

지하수위 상부 $\gamma=18kN/m^3$, 공극률이 35%이고 공극이 없을 때 흙의 중량

$m_s=28kN/m^3$, 물의 단위체적중량 $\gamma_w=10kN/m^3$

지하수위, $G.L.-1.5m$ 이다.

풀이

수중의 흙의 중량 $\gamma'=(28-10)\times 65\% \simeq 12.0\,kN/m^3$

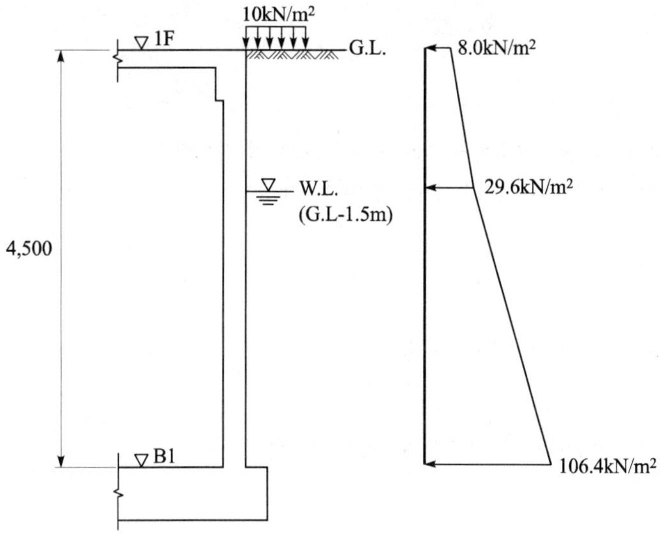

건물의 외벽은 횡방향 이동이 구속되므로 정지토압계수를 적용한다.

정지토압계수 $K_0=1-\sin\phi=1-\sin 30°=0.5$

벽면의 깊이에 따른 횡압

하중조합 $U=1.6L+1.6H$

지면 $P=1.6\times(0.5\times 10)=8.0\,kN/m^2$

지하수위면 $P = 8.0 + 1.6 \times (0.5 \times 18 \times 1.5) = 29.6\,kN/m^2$

지하 1층바닥 $P = 29.6 + 1.6 \times (0.5 \times 12 \times 3) + 1.6 \times (1 \times 10 \times 3) = 106.4 kN/m^2$

2. 구조 해석(1m 단위폭 기준)

1층의 바닥에 대해서는 회전단(힌지점)으로, 기초바닥에 대해서는 고정단으로 가정하여 구조해석을 수행하면 아래의 부재력을 얻는다.

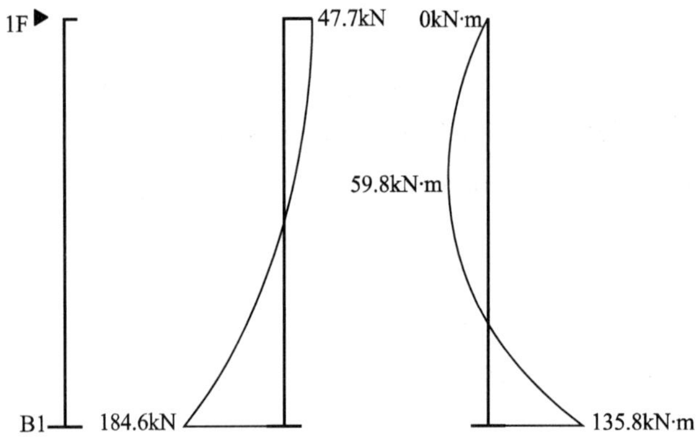

전단력도 V_u 휨모멘트 M_u

3. 전단검토

피복두께는 흙에 접하므로 50mm로, 벽두께는 350mm로 가정하여 검토한다.

유효춤 $d = 350 - 50 - 19/2 = 290.5mm$ (사용철근: $D19$ 로 가정)

$\phi = 0.75$,

$$\phi V_c = \phi\left(\frac{1}{6}\lambda\sqrt{f_{ck}}\right)b_w d$$

$$= 0.75 \times \left(\frac{1}{6} \times 1.0 \times \sqrt{27}\right) \times 1{,}000 \times 290.5 \times 10^{-3}$$

$$= 188.7\,kN$$

따라서, $\phi V_c = 188.7\,kN > V_u = 184.6\,kN$ 이므로 전단보강은 필요없다.

4. 휨철근량 산정

(1) B1F 하부 수직철근

$$R_n = \frac{M_u}{\phi b d^2} = \frac{135.8 \times 10^6}{0.85 \times 1{,}000 \times 290.5^2} = 1.89$$

$$\rho = \frac{\eta(0.85 \times f_{ck})}{f_y} \times \left[1 - \sqrt{1 - \frac{2 \times R_n}{0.85 \times f_{ck}}}\right]$$

$$= \frac{1.0\times0.85\times27}{400}\times\left[1-\sqrt{1-\frac{2\times1.87}{0.85\times27}}\right]$$

$$= 0.00488$$

$A_s = \rho bd = 0.00488 \times 1{,}000 \times 290.5 = 1{,}417.64\,mm^2/m > A_{s,\min} = 525\,mm^2$

따라서 $A_s = 1{,}417.64\,mm^2$ 으로 지배된다.

철근은 $D16$ 과 $D19$ 를 혼용하여 배근한다.

$D16+19$ 의 $A_s = \frac{199+287}{2} = 243mm^2$

배근간격 $@ = \frac{1{,}000}{1{,}417.64/243} = 171.4mm$ 이므로 $D16+19@150$ 으로 배근한다.

(2) B1F 중앙부 수직철근(지하실 외벽 내측: 피복두께를 40mm로 한다.)

$$R_n = \frac{M_u}{\phi bd^2} = \frac{59.8\times10^6}{0.85\times1000\times300.5^2} = 0.78$$

$$\rho = \frac{\eta(0.85\times f_{ck})}{f_y}\times\left[1-\sqrt{1-\frac{2\times R_n}{0.85\times f_{ck}}}\right]$$

$$= \frac{1.0\times0.85\times27}{400}\times\left[1-\sqrt{1-\frac{2\times0.78}{0.85\times27}}\right]$$

$$= 0.00199$$

$A_s = \rho bd = 0.00199 \times 1{,}000 \times 300.5 = 578\,mm^2/m > A_{s,\min} = 420\,mm^2$

따라서 $A_s = 578\,mm^2$ 으로 지배된다.

철근은 $D16$ 로 배근한다.

$D16$ 의 $A_1 = 199\,mm^2$

배근간격 $@ = \frac{1{,}000}{578/199} = 344.2\,mm$ 이므로 $D16@300$ 으로 배근한다.

(3) 수평철근

벽체가 일방향으로 설계되었으므로 수평철근은 최소철근으로 배근한다.

$A_{s,\min} = \rho bh = 0.002\times1{,}000\times350 = 700\,mm^2/m$

철근은 $D13$ 으로 배근한다.

$D13$ 의 $A_s = 127mm^2$

배근간격 $@ = \frac{1{,}000}{700/(127\times2)} = 363\,mm$, 따라서 $D13@300$ 을 벽체 양측에 배근한다.

벽체의 최소철근비

최소 수직철근비

① $f_y \geq 400\,MPa$ 이상으로서 $D16$ 이하의 철근 : 0.0012

② 기타 이형철근 : 0.0015

· 사용 철근이 $D19$ 일 경우

$A_{s,\min} = \rho bh = 0.0015 \times 1{,}000 \times 350 = 525\,mm^2$

· 사용 철근이 $D16$ 일 경우

$A_{s,\min} = \rho bh = 0.0012 \times 1{,}000 \times 350 = 420\,mm^2$

최소 수평철근비

① $f_y \geq 400\,MPa$ 이상으로서 $D16$ 이하의 철근 : $0.002 \times 400 / f_y$

· 사용 철근이 $D16$ 일 경우

$A_{s,\min} = \rho bh = 0.002 \times 1{,}000 \times 350 = 700\,mm^2$

② 기타 이형철근 : 0.0025

5. 벽체 배근도

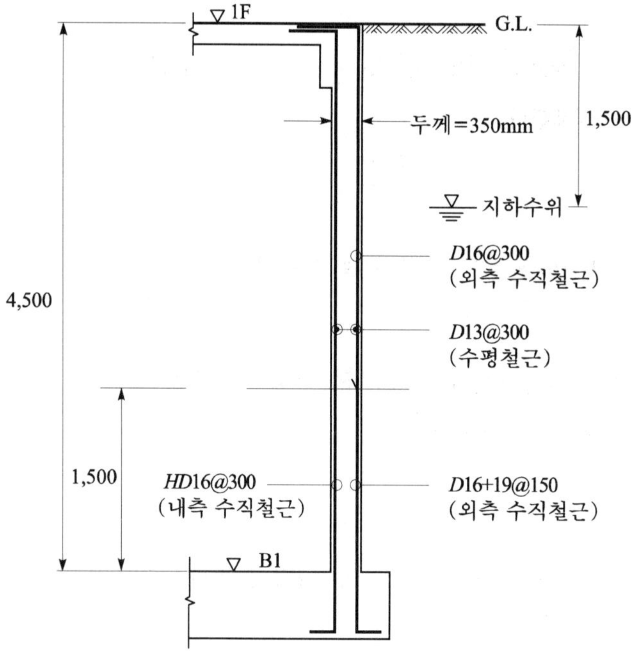

연습문제

1 빗금친 부분의 작용력에 해당되는 것은?

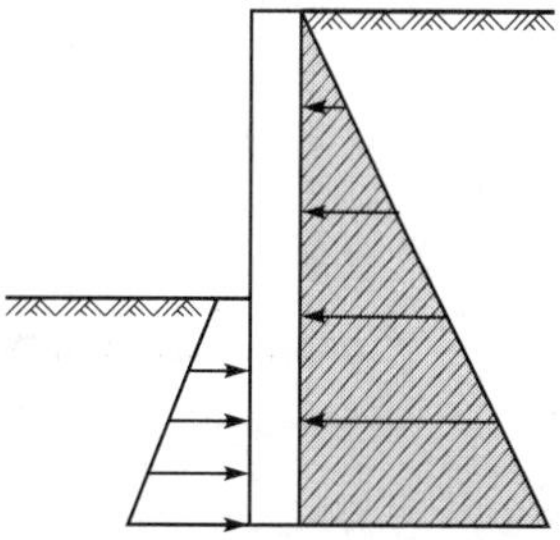

가. 수동 토압

나. 주동 토압

다. 정지 토압

라. 지하 수압

풀이

옹벽 우편(빗금부분)은 주동토압, 좌측은 수동토압이다. 정지토압은 옹벽에 작용하는 토압이 아니고 건물지하외벽처럼 강성이 매우 높은 옹벽에 작용하는 토압을 말한다.

답 나

2 옹벽 설계에서 안정검토 고려사항으로 가장 부적당한 것은?

가. 전도	나. 지반지지력
다. 활동	라. 좌굴

풀이

- 옹벽 설계의 안정조건은
  - ① 전도 : 안전율 2.0
  - ② 활동 : 안전율 1.5
  - ③ 최대 지반지지력($q_{\max}$) : $q_{\max} = \dfrac{P}{A} \pm \dfrac{M}{Z} \le q_a$ (허용지지력)
- 좌굴 : 장주에서의 검토사항이다.

답 라

3 그림과 같은 T형 옹벽의 배근도 중 가장 옳은 것은?

가.

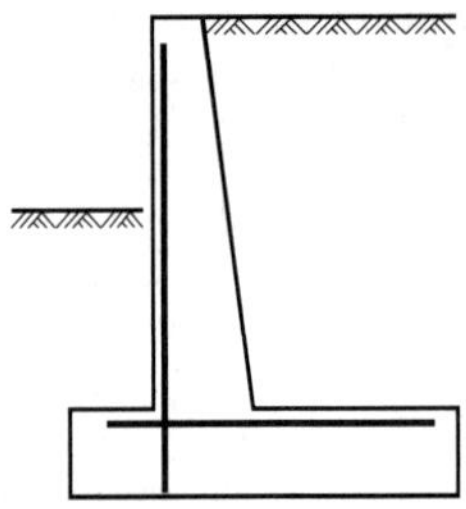

나.

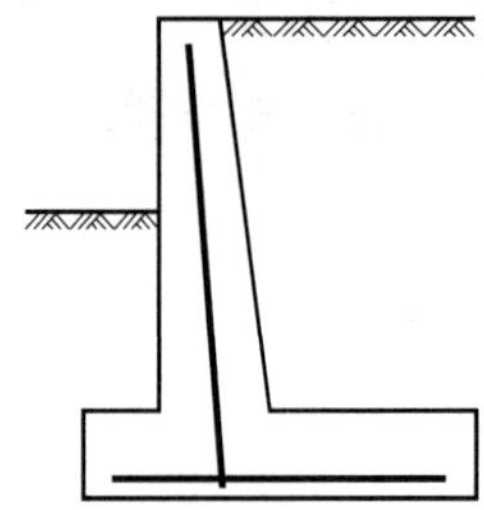

다.

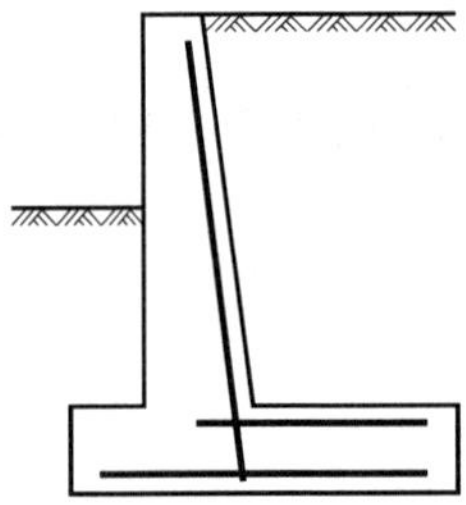

라.

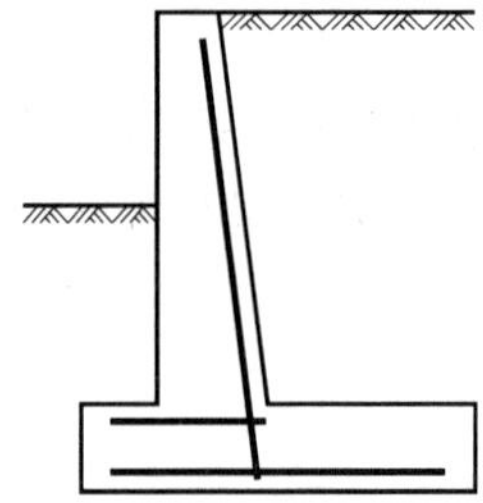

풀이

토압에 의한 옹벽의 휨모멘트는 벽체면에서는 배면이 되겠고 뒷굽판은 기초판 상단, 앞굽판은 기초판 하단이 된다.

답 다

참 고 문 헌

1. 콘크리트구조 설계기준해설, 한국콘크리트학회 2021
2. 건축물 콘크리트구조 설계기준, 대한건축학회,2022
3. 「철근콘크리트 설계」, 신종순, 1982
4. 「철근콘크리트 구조」, 이리형, 2006
5. 「철근콘크리트 설계」, 김진근 2017
6. 「건축구조 기준 및 해설」, 대한건축학회, 2009
7. 「콘크리트 구조설계 기준 및 건축구조물 설계예제집」, 대한건축학회, 2008
8. 「 건축구조 설계기준」, 대한건축학회, 2005
9. 「건축물 하중 기준 및 해설」, 대한건축학회, 2000
10. ACI Committee 318, 「Building Code Requirements for structural Concrete」, 2015
11. 「Design of Concrete Structures」, Arthur H. Nilson
12. 「Reinforced Concrete Design」」 Chukia Wang, 5th Edition
13. 「철근콘크리트 구조설계」, 김상식, 2023
14. 「철근콘크리트 공학」, 민창식, 2010
15. 「콘크리트 구조설계 기준 및 해설」, 한국콘크리트학회, 2004
16. 「Reinforced Concrete Mechanics and Design, James G, MacGregor, 1997
17. ACI Committee 318, 「 Building Code and Commentary」, 2005
18. 「철근콘크리트 구조설계」, 심종성, 2000
19. 「건축구조」, 안광호, 2011
20. 「철근콘크리트 구조설계」, 이차돈, 2010
21. 「건축철근콘크리트 해설」, 장동찬, 2009
22. 「Principles of Foundation Engineering」BRAJA M. DAS, 1986
23. 「건축기초구조설계기준」, 대한건축학회, 2005
24. 「철근콘크리트 배근상세」, 한국건축구조기술사회, 2020

appendix

부록

부록 A. 일반사항

부록 B. 설계용 하중

부록 C. 설계도표

Design of Reinforced Concrete Structures

부록 A. 일반사항

A-1 그리스 문자

대문자	소문자	명칭	
A	α	alpha	알파
B	β	beta	베타
Γ	γ	gamma	감마
Δ	δ	delta	델타
E	ϵ	epsilon	엡시론
Z	ζ	zeta	제타
H	η	eta	에타
Θ	θ	theta	쎄타
I	ι	iota	이오타
K	κ	kappa	카파
Λ	λ	lambda	람다
M	μ	mu	뮤우
N	ν	nu	뉴우
Ξ	ξ	xi	크사이
O	o	omicron	오미크론
Π	π	pi	파이
P	ρ	rho	로오
Σ	σ	sigma	시그마
T	τ	tau	타우
Y	υ	upailon	윱실론
Φ	ϕ	phi	파이
X	χ	chi	카이
Ψ	ψ	psi	프사이
Ω	ω	omega	오메가

A-2 단위 환산표

1. 길이

m	in	ft	yd	치	척	간
1.0	39.3701	3.2804	1.09361	33.0	3.3	0.55
0.2540	1.0	0.08333	0.02778	0.8382	0.08382	0.01397
0.3480	12.0	1.0	0.3333	10.0584	1.00584	0.167664
0.91440	36.0	3.0	1.0	30.1752	3.01752	0.50292
0.03030	1.19303	0.09942	0.03314	1.0	0.1	0.01667
0.30303	11.9303	0.99419	0.33140	10.0	1.0	0.1667
1.81818	71.5820	5.96516	1.98839	60.0	6.0	1.0

2. 면적

m^2	in^2	ft^2	yd^2	평방치	평방척	평
1.0	1550.0	10.7639	1.19599	1098.0	10.98	0.3025
0.000645	1.0	0.00694	0.000772	0.70258	0.00703	0.000195
0.09290	144.0	1.0	0.11111	101.171	1.01171	0.02810
0.83613	1296.0	9.0	1.0	910.543	9.10543	0.25293
0.000918	1.42333	0.00988	0.00110	1.0	0.01	0.000278
0.09183	142.333	0.98842	0.10983	100.0	1.0	0.02778
3.30579	5123.98	35.5832	3.95369	3600.0	36.0	1.0

3. 체적

m^3	in^3	ft^3	yd^3	갈론	입방척	되
1.0	1000.0	35.3147	1.30795	219.98	35.937	554.35
0.001	1.0	0.035315	0.001308	0.21998	0.03594	0.55435
0.02832	28.3168	1.0	0.03704	6.22902	1.01762	15.6957
0.76455	764.55	27.0	1.0	168.183	27.4758	423.833
0.004546	4.54596	0.16054	0.005946	1.0	0.16337	2.52006
0.02783	27.8265	0.98268	0.03640	6.12114	1.0	15.4257
0.001804	1.80391	0.06370	0.002359	0.396814	0.06482	1.0

4. 힘

N	gf	kgf	ton	ounce	lb
1.0	101.97	0.10197	0.000102	3.596886	0.22481
0.009807	1.0	0.001	0.0000001	0.03527	0.00220
9.80665	103	1.0	0.001	35.2734	2.20459
9806.65	106	103	1.0	35273.4	2204.59
0.278018	28.43592	0.02835	0.000028	1.0	0.0625
4.44822	453.59	0.45360	0.00045	16.0	1.0

5. 모멘트

N·m	kgf·cm	kgf·m	tf·m	lb·in	lb·ft
1.0	10.1972	0.10197	0.0001020	8.850627	0.737552
0.098067	1.0	0.01	0.00001	0.86795	0.072329
9.80665	100.0	1.0	0.001	86.795	7.2329
9806.65	105	103	1.0	86795	7232.9
0.112987	1.15214	0.011521	0.0000115	1.0	0.08333
1.35584	13.8257	0.13826	0.00138	12.0	1.0

6. 단위 면적 당 힘 (응력)

kPa	$MPa(N/mm^2)$	kgf/mm^2	Kgf/cm^2	$\psi(lb/in^2)$
1	1×10^{-3}	1.01972×10^{-4}	1.01972×10^{-2}	1.4504×10^{-1}
1×10^{3}	1	1.01972×10^{-1}	1.01972×10	1.4504×10^{2}
9.80665×10^{3}	9.80665	1	1×10^{-2}	1.4504×10^{3}
9.80665×10	9.80665×10^{-2}	1×10^{-2}	1	1.4504×10
6.89476	9.80665×10^{-3}	7.031×10^{-2}	7.031×10^{-2}	1

* $kPa = 10^3\,Pa$, $MPa = 10^6\,Pa$

A-3 이형철근의 단면적 및 둘레길이

철근	이형철근의 갯수									
크기	1	2	3	4	5	6	7	8	9	10
D10	71	142	213	284	355	426	497	568	639	710
	30	60	90	120	150	180	210	240	270	300
D13	127	254	381	508	635	762	889	1016	1143	1270
	40	80	120	160	200	240	280	320	360	400
D16	199	398	597	796	995	1194	1393	1592	1791	1990
	50	100	150	200	250	300	350	400	450	500
D19	287	574	861	1148	1435	1722	2009	2296	2583	2870
	60	120	180	240	300	360	420	480	540	600
D22	387	774	1161	1548	1935	2322	2709	3096	3483	3870
	70	140	210	280	350	420	490	560	630	700
D25	507	1014	1521	2028	2535	3042	3549	4056	4563	5070
	80	160	240	320	400	480	560	640	720	800
D29	642	1284	1926	2568	3210	3852	4494	5136	5778	6420
	90	180	270	360	450	540	630	720	810	900
D32	794	1588	2832	3176	3970	4764	5558	6352	7146	7940
	100	200	300	400	500	600	700	800	900	100
D35	957	1914	2871	3828	4785	5742	6699	7656	8613	9570
	110	220	330	440	550	660	770	880	990	1100
D38	1140	2280	3420	4560	5700	6840	7980	9120	10260	11400
	120	240	360	480	600	720	840	960	1080	1200
D41	1340	2680	4020	5360	6700	8040	9380	10720	12060	13400
	130	260	390	520	650	780	910	1040	1170	1300
D51	2027	4054	6081	8108	10135	12162	14189	16216	18243	20270
	160	320	480	640	800	960	1120	1280	1440	1600

* 상단은 단면적 (mm^2), 하단은 둘레길이(mm)를 나타냄

부록 B. 설계용 하중

B-1 고정하중(건축용 재료의 밀도)

재료명		밀도 [kN/m³]	비고
시멘트	보통 포틀랜트 시멘트	32.0	
골재	모래(건조) 모래(포수)	17.0 20.0	
	자갈(건조) 자갈(포수)	17.0 21.0	
	모래혼합자갈(건조) 모래혼합자갈(포수)	20.0 23.0	
	잡석(건조) 잡석(포수)	15.0 19.0	
콘크리트	경량콘크리트 1종	18.5~19.0	
	경량콘크리트 2종	15.5~16.0	
	무근콘크리트	23.0	
	철근콘크리트	24.0	
	보통모르타르	20.0	
	경량기포콘크리트	5.0~6.0	
목재	소나무, 낙엽송	4.0~5.0	기건상태
	단풍나무, 티크	7.0	
	흑단, 자단	10.0~11.0	
	집성재	5.0	
금속	알루미늄	27.0	
	아연	71.0	
	주철, 주석	73.0	
	철	79.0	
유리	보통유리	25.0	
	중공, 유리블록	8.0	블록치수에 따라 7.0~9.0
흙	흙(건조)	13.0	
	흙(보통상태)	16.0	
	흙(포수)	18.0	
벽돌타입	경량벽돌	11.0	
	보통벽돌	19.0	
	내화벽돌	20.0	
	타일	22.0~24.0	

B-2 기본 등분포 활하중

(단위: kN/m²)

용도		건축물의 부분	활하중
1	주택	주거용 건축물의 거실	2.0
		공동주택의 공용실	5.0
2	병원	병실	2.0
		수술실, 공용실, 실험실	3.0
		1층 외의 모든 층 복도	4.0
3	숙박 시설	객실	2.0
		공용실	5.0
4	사무실	일반사무실	2.5
		특수용도 사무실	5.0
		문서보관실	5.0
		1층 외의 모든 층 복도	4.0
5	학교	교실	3.0
		일반실험실	3.0
		중량물 실험실	5.0
		1층 외 모든층 복도	4.0
6	판매장	상점, 백화점(1층)	5.0
		상점, 백화점(2층 이상)	4.0
		창고형 매장	6.0
7	집회 및 유흥장	모든 층 복도	5.0
		무대	7.0
		식당	5.0
		주방	7.0
		극장 및 집회장(고정좌석)	4.0
		집회장(이동 좌석)	5.0
		연회장, 무도장	5.0

용도		건축물의 부분	활하중
8	체육 시설	체육관 바닥, 옥외경기장	5.0
		스탠드(고정 좌석)	4.0
		스탠드(이동 좌석)	5.0
9	도서관	열람실	3.0
		서고	7.5
		1층 외의 모든 층 복도	4.0
10	주차장 및 옥외 차도	총중량 30kN이하의 차량(옥내)	3.0
		총중량 30kN이하의 차량(옥외)	5.0
		총중량 30kN 초과 90kN이하의 차량	6.0
		총중량 90kN 초과 180kN이하의 차량	12.0
		옥외 차도와 차도 양측의 보도	12.0
11	창고	경량품 저장창고	6.0
		중량품 저장창고	12.0
12	공장	경공업 공장	6.0
		중공업 공장	12.0
13	지붕	점유사용하지 않는 지붕 (지붕활하중)	1.0
		산책로 용도	3.0
		정원 또는 집회 용도	5.0
		출입이 제한된 조경 구역	1.0
		헬리콥터 이착륙장	5.0
14	기계실	공조실, 전기실, 기계실 등	5.0
15	광장	옥외광장	12.0
16	발코니	출입 바닥 활하중의 1.5배 (최대 5.0kN/m²)	
17	로비 및 복도	로비, 1층복도	5.0
		1층 외의 모든 층 복도 (병원, 사무실, 학교, 집회 및 유흥장, 도서관은 별도규정)	출입 바닥 활하중
18	계단	단독주택 또는 2세대 거주주택	2.0
		기타의 계단	5.0

1) 18톤 이상 차량의 설계하중은 실제 차량중량을 고려하여 하중 크기를 정해야 한다.

B-3 기본 집중 활하중

용도		건축물의 부분		집중하중 (kN)	하중접촉면 (m×m)
1	병원	병실, 수술실, 공용실, 실험실 로비와 모든 복도		10.0	0.75×0.75
2	사무실	일반 사무실, 특수용도 사무실, 문서보관실 로비와 모든 복도		10.0	0.75×0.75
3	학교	교실, 일반 실험실, 중량물 실험실, 로비와 모든 복도		5.0	0.75×0.75
4	판매장	상점, 백화점(1층) 상점, 백화점(2층 이상) 창고형 매장		5.0	0.75×0.75
5	도서관	열람실, 서고 로비와 모든복도		5.0	0.75×0.75
6	주차장 및 옥외 차도	총중량 30kN 이하의 차량		15.0	0.12×0.12
		총중량 30kN 초과 90kN 이하의 차량		36.0	0.12×0.12
		총중량 90kN 초과 180kN 이하의 차량		54.0	0.25×0.60
		옥외 차도와 차도 양측의 보도		54.0	0.25×0.60
7	공장	경공업 공장		10.0	0.75×0.75
		중공업 공장		15.0	0.75×0.75
8	지붕	유지·보수 작업자의 하중을 받는 모든 지붕		1.5	0.75×0.75
		헬리콥터의 이착륙장	최대허용 이륙하중 20kN 이하	28.0	0.20×0.20
			최대허용 이륙하중 60kN 이하	84.0	0.30×0.30
		작업장 상부에 노출된 지붕의 주요 구조재 및 트러스 하현재 절점	공장, 창고 및 자동차 정비소 등의 용도의 상부 지붕	10.0	–
			기타 용도의 상부 지붕	1.5	–
9	계단	계단디딤판		1.5	0.05×0.05

부록 C. 설계도표

C-1 기둥설계도표 : 한국콘크리트학회 기준 P-M 상관도

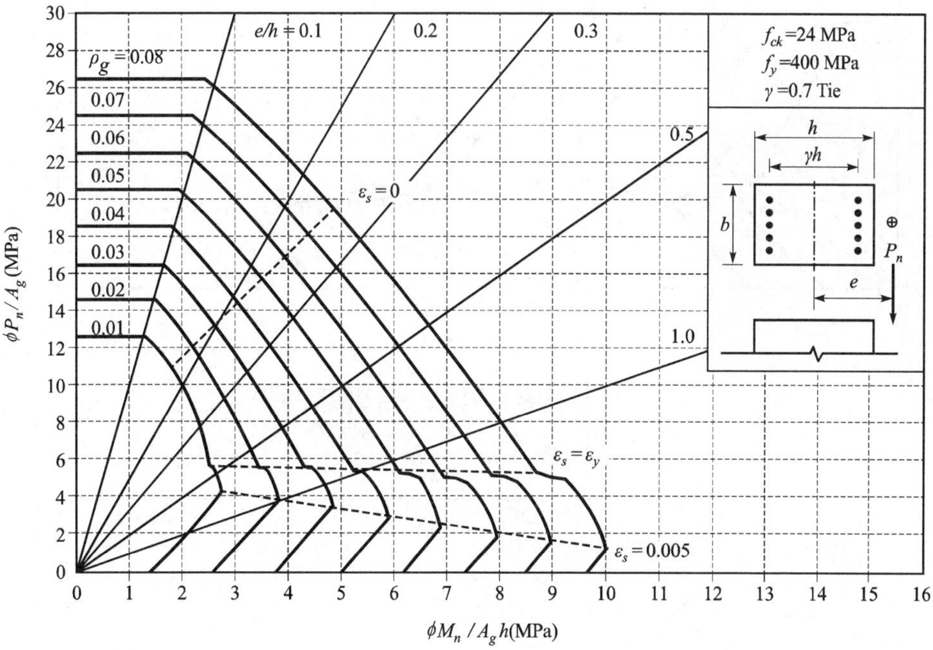

도표 1. 직사각형 기둥의 강도 상관 곡선(양면 배근)
$f_{ck} = 24MPa,\ f_y = 400MPa,\ \gamma = 0.7$

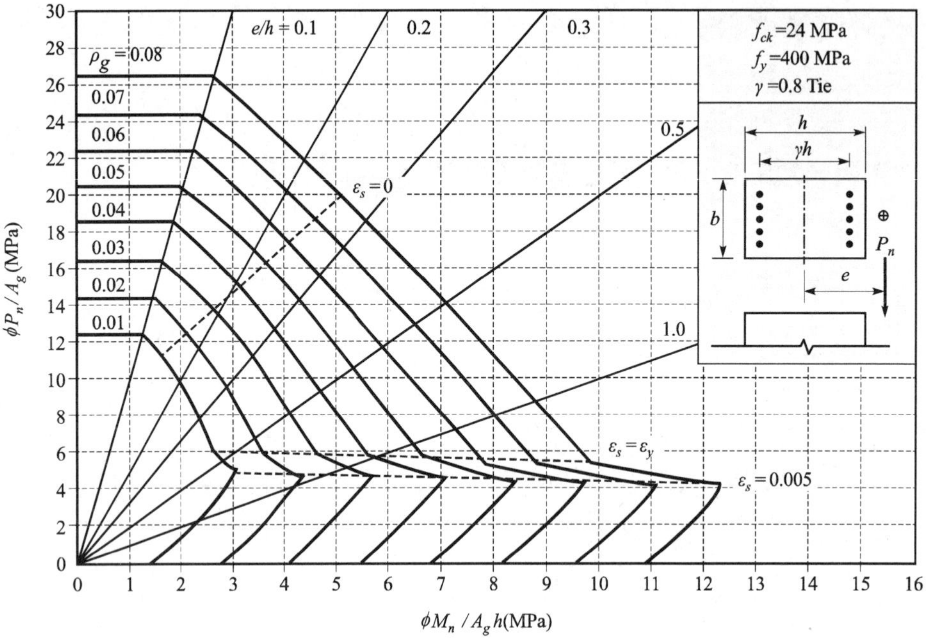

도표 2. 직사각형 기둥의 강도 상관 곡선(양면 배근)

$f_{ck} = 24MPa,\ f_y = 400MPa,\ \gamma = 0.8$

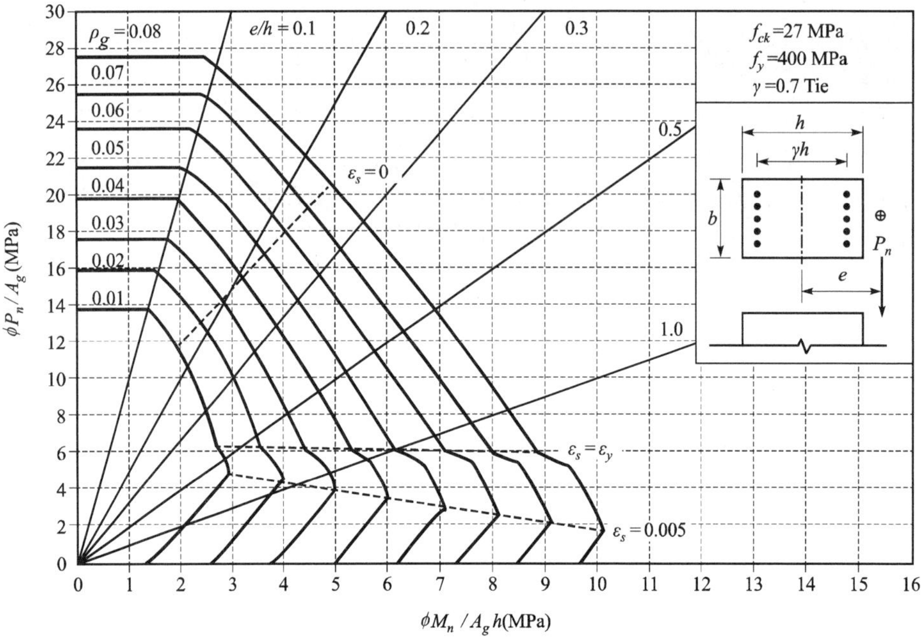

도표 3. 직사각형 기둥의 강도 상관 곡선(양면 배근)

$f_{ck} = 27MPa,\ f_y = 400MPa,\ \gamma = 0.7$

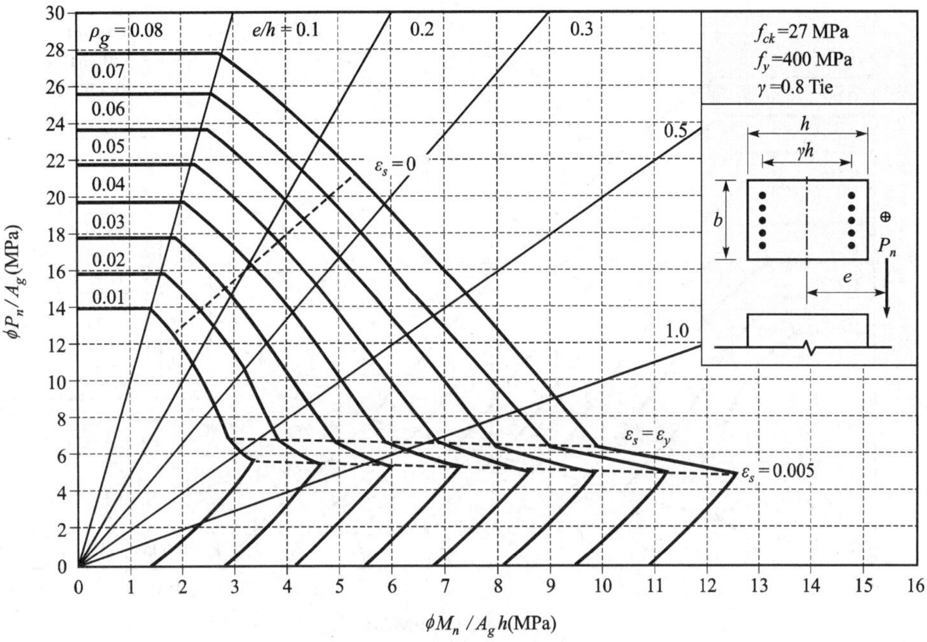

도표 4. 직사각형 기둥의 강도 상관 곡선(양면 배근)

$f_{ck} = 27MPa,\ f_y = 400MPa,\ \gamma = 0.8$

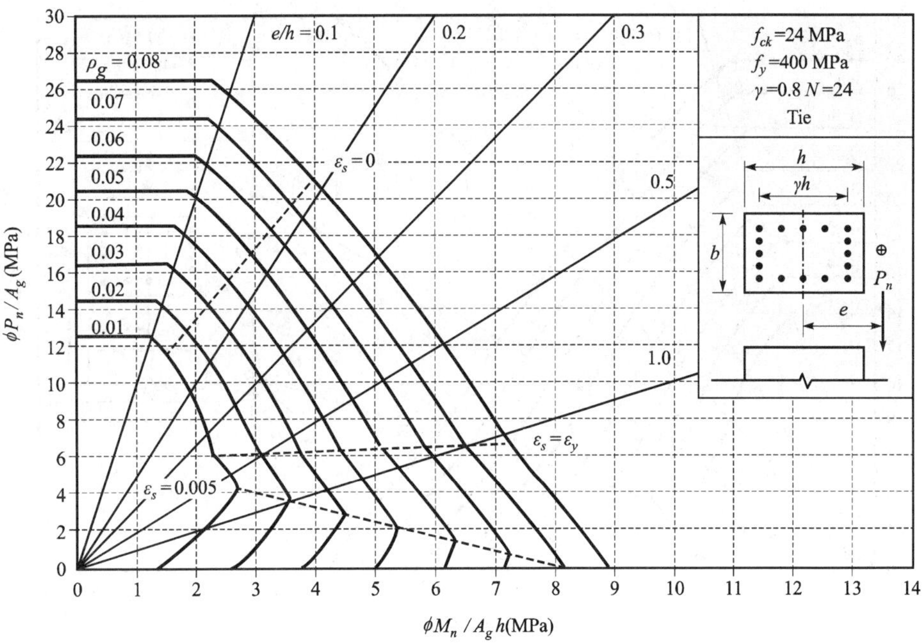

도표 5. 직사각형 기둥의 강도 상관 곡선(4면 배근)

$f_{ck} = 24MPa,\ f_y = 400MPa,\ \gamma = 0.8$

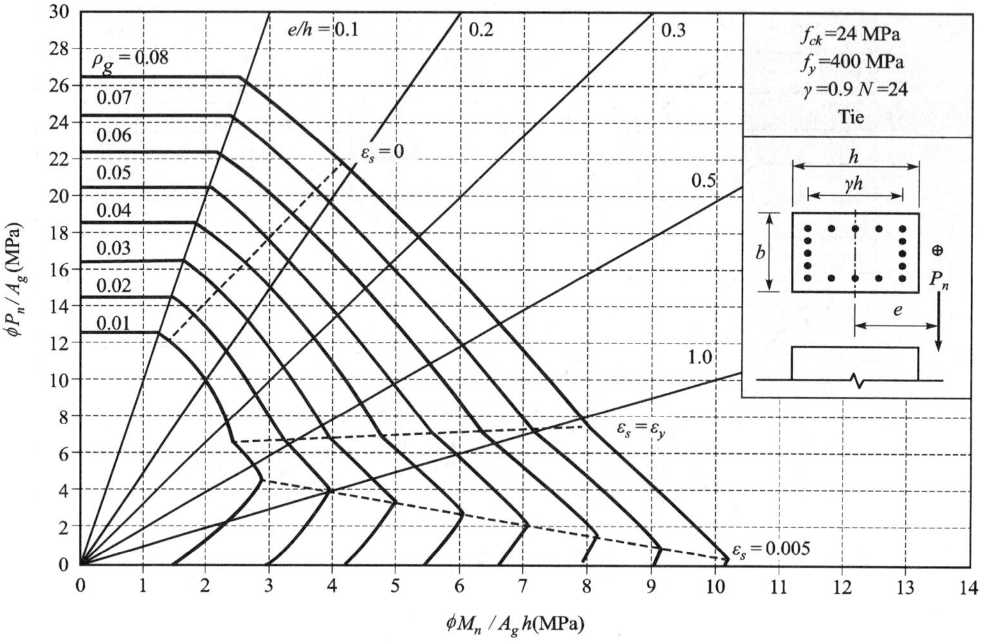

도표 6. 직사각형 기둥의 강도 상관 곡선(4면 배근)

$f_{ck} = 24MPa,\ f_y = 400MPa,\ \gamma = 0.9$

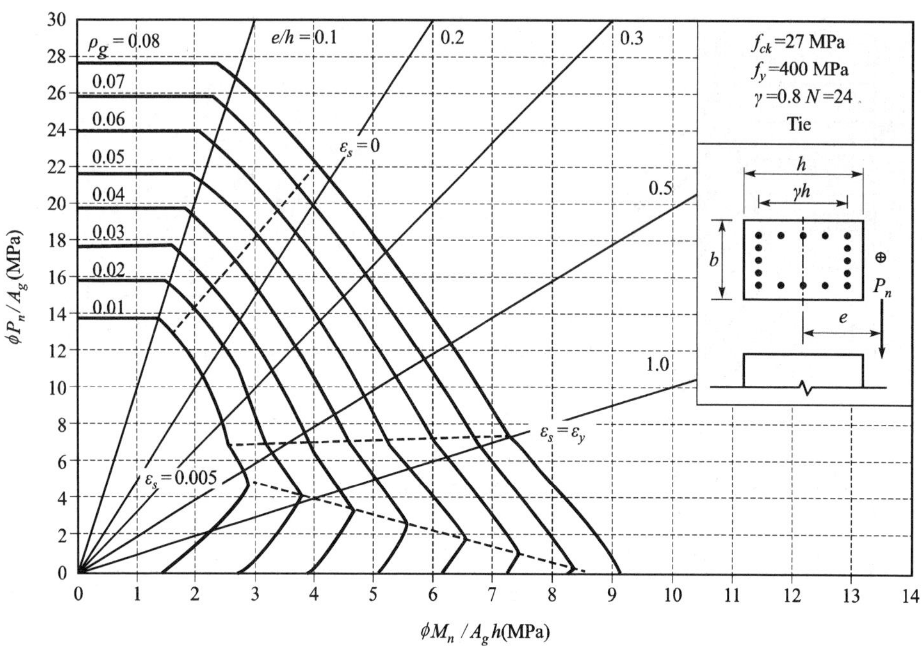

도표 7. 직사각형 기둥의 강도 상관 곡선(4면 배근)

$f_{ck} = 27MPa,\ f_y = 400MPa,\ \gamma = 0.8$

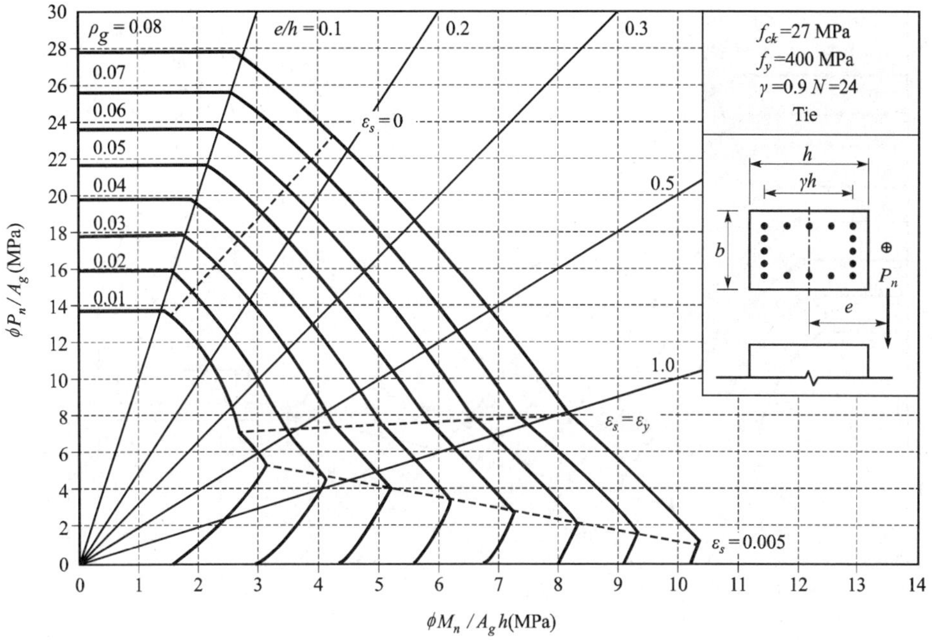

도표 8. 직사각형 기둥의 강도 상관 곡선(4면 배근)

$f_{ck} = 27MPa,\ f_y = 400MPa,\ \gamma = 0.9$

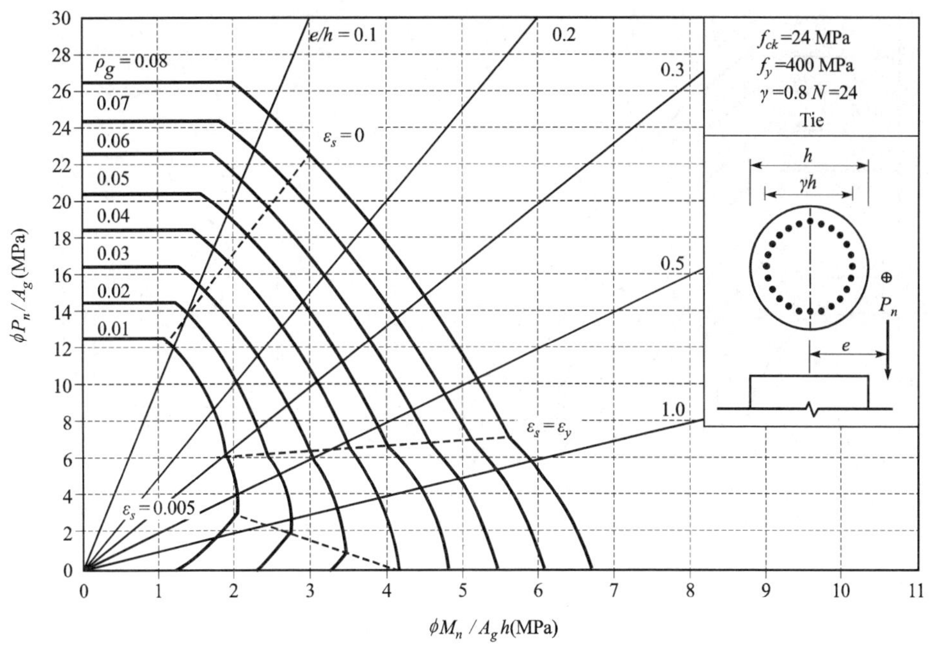

도표 9. 원형 기둥의 강도 상관 곡선

$f_{ck} = 24MPa,\ f_y = 400MPa,\ \gamma = 0.8$

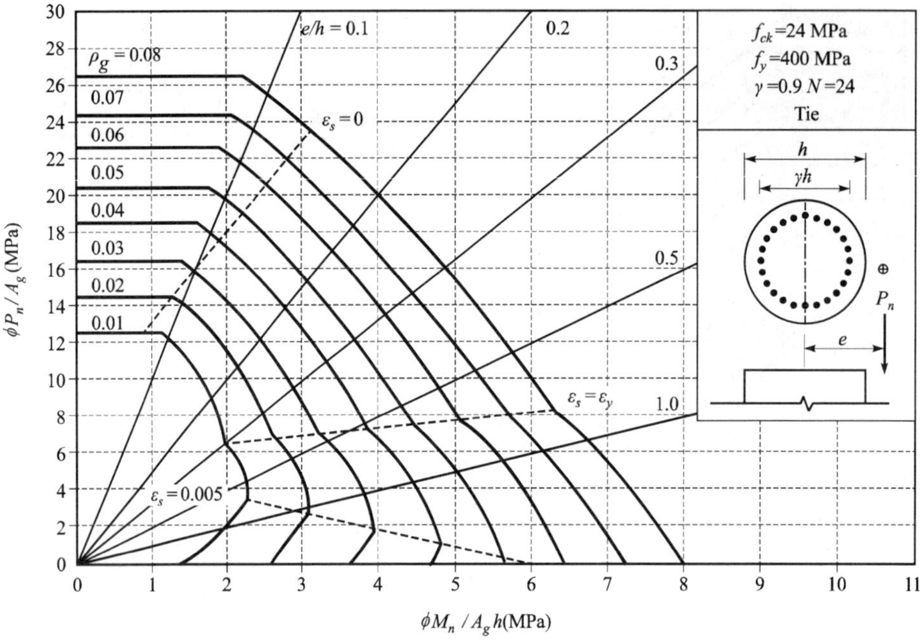

도표 10. 원형 기둥의 강도 상관 곡선

$f_{ck} = 24MPa,\ f_y = 400MPa,\ \gamma = 0.9$

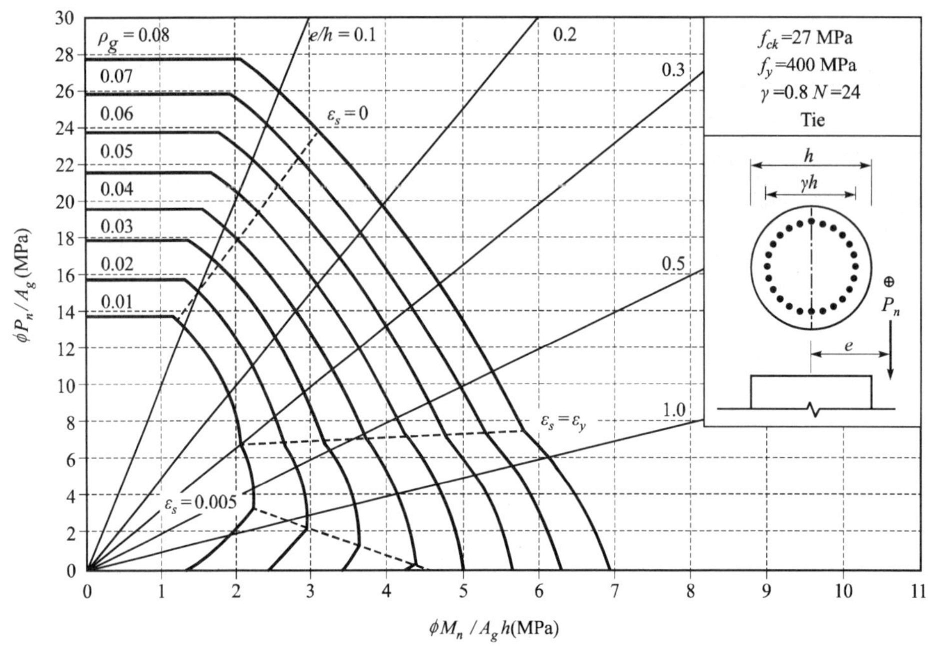

도표 11. 원형 기둥의 강도 상관 곡선

$f_{ck} = 27MPa,\ f_y = 400MPa,\ \gamma = 0.8$

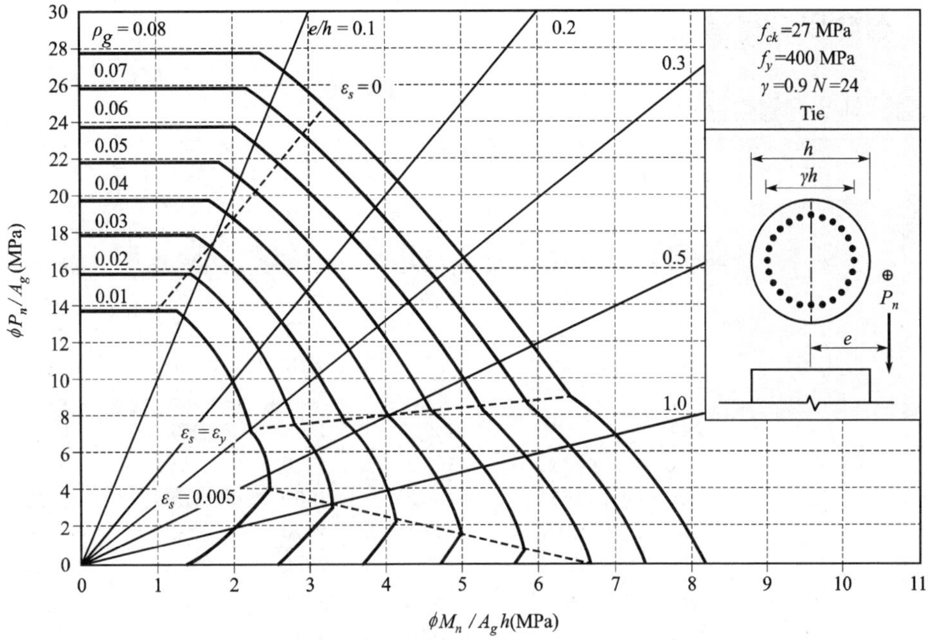

도표 12. 원형 기둥의 강도 상관 곡선
$f_{ck} = 27MPa,\ f_y = 400MPa,\ \gamma = 0.9$

C-2 정착 및 이음길이

1. 이형철근의 인장정착길이

콘크리트 강도(MPa)	철근직경	인장정착길이(f_y =400MPa인 경우)					
		기초		보, 기둥 기타부재		슬래브, 벽체 피복 20mm	
		일반철근	상부철근	일반철근	상부철근	일반철근	상부철근
	D10	300	320	400	520	300	320
	D13	320	420	540	700	390	510
	D16	400	520	670	870	570	740
	D19	490	630	810	1050	780	1010
21	D22	780	1010	1170	1520	1250	1620
	D25	1020	1320	1340	1730	1550	2020
	D29	1290	1680	1500	1950	1880	2440
	D32	1590	2070	1670	2170	2220	2880
	D35	1920	2490	1830	2380	2560	3330
	D10	300	300	380	490	300	300
	D13	300	390	500	650	360	470
	D16	380	490	630	820	540	700
	D19	450	590	750	980	730	950
24	D22	730	950	1090	1420	1170	1520
	D25	950	1240	1250	1620	1450	1890
	D29	1210	1570	1410	1830	1760	2280
	D32	1490	1940	1560	2030	2070	2700
	D35	1800	2330	1710	2230	2390	3110
	D10	300	300	360	460	300	300
	D13	300	370	470	620	340	450
	D16	360	460	590	770	510	660
	D19	430	560	710	920	690	890
27	D22	690	590	1030	1340	1100	1430
	D25	900	1170	1180	1530	1370	1780
	D29	1140	1480	1330	1720	1660	2150
	D32	1410	1830	1470	1910	1960	2540
	D35	1690	2200	1620	2100	2260	2930
	D10	300	300	340	440	300	300
	D13	300	350	450	580	330	420
	D16	340	440	560	730	480	620
	D19	410	530	670	880	650	850
30	D22	650	850	980	1270	1050	1360
	D25	850	1110	1120	1450	1300	1690
	D29	1080	1400	1260	1630	1570	2040
	D32	1330	1730	1400	1820	1860	2410
	D35	1610	2090	1530	1990	2140	2780

콘크리트 강도(MPa)	철근직경	인장정착길이(f_y =400MPa인 경우)					
		기초		보, 기둥 기타부재		슬래브, 벽체 피복 20mm	
		일반철근	상부철근	일반철근	상부철근	일반철근	상부철근
35	D10	300	300	310	410	300	300
	D13	300	330	420	540	300	390
	D16	310	410	520	680	450	580
	D19	380	490	620	810	610	790
	D22	600	780	910	1180	970	1260
	D25	790	1030	1040	1340	1210	1570
	D29	1000	1300	1170	1510	1460	1890
	D32	1240	1600	1300	1680	1720	2230
	D35	1490	1930	1420	1850	1980	2580
40	D10	300	300	300	380	300	300
	D13	300	310	390	510	300	370
	D16	300	380	490	630	420	540
	D19	350	460	580	760	570	740
	D22	570	730	850	1100	910	1180
	D25	740	960	970	1260	1130	1460
	D29	940	1220	1090	1420	1360	1770
	D32	1160	1500	1210	1570	1610	2090
	D35	1390	1810	1330	1730	1860	2410
45	D10	300	300	300	360	300	300
	D13	300	300	370	480	300	350
	D16	300	360	460	600	390	510
	D19	330	430	550	720	540	690
	D22	530	690	800	1040	860	1110
	D25	700	910	910	1190	1060	1380
	D29	880	1150	1030	1340	1280	1670
	D32	1090	1420	1140	1480	1520	1970
	D35	1310	1700	1250	1630	1750	2270
49	D10	300	300	300	340	300	300
	D13	300	300	350	460	300	330
	D16	300	350	440	570	380	490
	D19	320	410	530	690	510	470
	D22	510	660	770	990	820	1060
	D25	670	870	880	1140	1020	1320
	D29	850	1100	990	1280	1230	1600
	D32	1050	1360	1100	1420	1450	1890
	D35	1260	1630	1200	1560	1680	2180

2. 이형철근의 B급 인장이음길이

콘크리트 강도(MPa)	철근직경	B급 인장이음길이(f_y =400MPa인 경우)					
		기초		보, 기둥 기타부재		슬래브, 벽체 피복 20mm	
		일반철근	상부철근	일반철근	상부철근	일반철근	상부철근
21	D10	320	410	520	680	320	410
	D13	420	540	700	900	510	660
	D16	520	680	870	1130	740	970
	D19	630	820	1050	1360	1010	1320
	D22	1010	1310	1520	1970	1620	2110
	D25	1320	1720	1730	2250	2020	2620
	D29	1680	2180	1950	2540	2440	3170
	D32	2070	2690	2170	2820	2880	3740
	D35	2490	3240	2380	3090	3330	4320
24	D10	300	380	490	640	300	380
	D13	390	510	650	850	470	610
	D16	490	640	820	1060	700	900
	D19	590	760	980	1270	950	1230
	D22	950	1230	1420	1840	120	1970
	D25	1240	1610	1620	2110	1890	2460
	D29	1570	2040	1830	2370	2280	2970
	D32	1940	2520	2030	2640	2700	3500
	D35	2330	3030	2230	2890	3110	4040
27	D10	300	360	460	600	300	360
	D13	370	480	620	800	450	580
	D16	460	600	770	1000	660	850
	D19	560	720	920	1200	890	1160
	D22	890	1160	1340	1740	1430	1860
	D25	1170	1520	1530	1990	1780	2320
	D29	1480	1920	1720	2240	2150	2800
	D32	1830	2370	1910	2490	2540	3300
	D35	2200	2860	2100	2730	2930	3810
30	D10	300	340	440	570	300	340
	D13	350	460	580	760	420	550
	D16	440	570	730	950	620	810
	D19	530	680	880	1140	850	1100
	D22	850	1100	1270	1650	1360	1770
	D25	1110	1440	1450	1890	1690	2200
	D29	1400	1820	1630	2120	2040	2650
	D32	1730	2250	1820	2360	2410	3130
	D35	2090	2710	1990	2590	2780	3620

콘크리트 강도(MPa)	철근직경	B급 인장이음길이(f_y =400MPa인 경우)					
		기초		보, 기둥 기타부재		슬래브, 벽체 피복 20mm	
		일반철근	상부철근	일반철근	상부철근	일반철근	상부철근
35	D10	300	320	410	530	300	320
	D13	330	420	540	700	390	510
	D16	410	530	680	880	580	750
	D19	490	630	810	1050	790	1020
	D22	780	1020	1180	1530	1260	1630
	D25	1030	1330	1340	1750	1570	2030
	D29	1300	1690	1510	1970	1890	2460
	D32	1600	2080	1680	2190	2230	2900
	D35	1930	2510	1850	2400	2580	3350
40	D10	300	300	380	490	300	300
	D13	310	400	510	660	370	480
	D16	380	490	630	820	540	700
	D19	460	590	760	980	740	960
	D22	730	950	1100	1430	1180	1530
	D25	960	1250	1260	1630	1460	1900
	D29	1220	1580	1420	1840	1770	2300
	D32	1500	1950	1570	2040	2090	2710
	D35	1810	2350	1730	2240	2410	3130
45	D10	300	300	360	470	300	300
	D13	300	370	480	620	350	450
	D16	360	470	600	770	510	660
	D19	430	560	720	930	690	900
	D22	690	900	1040	1350	1110	1440
	D25	910	1180	1190	1540	1380	1790
	D29	1150	1490	1340	1730	1670	2170
	D32	1420	1840	1480	1930	1970	2560
	D35	1700	2210	1630	2120	2270	2950
49	D10	300	300	340	450	300	300
	D13	300	360	460	590	330	430
	D16	350	450	570	740	490	630
	D19	410	540	690	890	670	860
	D22	660	860	990	1290	1060	1380
	D25	870	1130	1140	1480	1320	1720
	D29	1100	1430	1280	1440	1600	2080
	D32	1360	1760	1420	1850	1890	2450
	D35	1630	2120	1560	2030	2180	2830

3. 이형철근의 압축정착길이 및 압축이음길이

콘크리트 강도(MPa)	철근직경	압축정착 압축이음	
		압축 정착길이	압축 이음길이
21	D10	210	300
	D13	280	370
	D16	350	460
	D19	420	560
	D22	490	640
	D25	560	740
	D29	630	830
	D32	700	920
	D35	770	1010
24	D10	200	300
	D13	260	370
	D16	330	460
	D19	390	560
	D22	460	640
	D25	520	740
	D29	590	830
	D32	650	920
	D35	720	1010
27	D10	200	300
	D13	250	370
	D16	310	460
	D19	370	560
	D22	430	640
	D25	490	740
	D29	560	830
	D32	620	920
	D35	680	1010
30	D10	200	300
	D13	240	370
	D16	300	460
	D19	350	560
	D22	410	640
	D25	470	740
	D29	530	830
	D32	590	920
	D35	640	1010

콘크리트 강도(MPa)	철근직경	압축정착 압축이음	
		압축 정착길이	압축 이음길이
35	D10	200	300
	D13	220	370
	D16	280	460
	D19	330	560
	D22	390	640
	D25	440	740
	D29	500	830
	D32	550	920
	D35	610	1010
40	D10	200	300
	D13	220	370
	D16	280	460
	D19	330	560
	D22	390	640
	D25	440	740
	D29	500	830
	D32	550	920
	D35	610	1010
45	D10	200	300
	D13	220	370
	D16	280	460
	D19	330	560
	D22	390	640
	D25	440	740
	D29	500	830
	D32	550	920
	D35	610	1010
49	D10	200	300
	D13	220	360
	D16	280	450
	D19	330	540
	D22	390	630
	D25	440	720
	D29	500	810
	D32	550	900
	D35	610	980

4. 이형철근의 표준갈고리를 갖는 인장정착길이

콘크리트 강도(MPa)	철근직경	압축정착 압축이음	
		압축 정착길이	압축 이음길이
	D10	200	150
	D13	270	190
	D16	340	240
	D19	410	290
21	D22	470	330
	D25	540	380
	D29	600	420
	D32	670	470
	D35	740	520
	D10	190	150
	D13	250	180
	D16	320	220
	D19	380	270
24	D22	440	310
	D25	500	350
	D29	570	400
	D32	630	440
	D35	690	480
	D10	180	150
	D13	240	170
	D16	300	210
	D19	360	250
27	D22	420	290
	D25	470	330
	D29	530	370
	D32	590	420
	D35	650	460
	D10	170	150
	D13	230	160
	D16	280	200
	D19	340	240
30	D22	390	280
	D25	450	320
	D29	510	360
	D32	560	400
	D35	620	430

콘크리트 강도(MPa)	철근직경	압축정착 압축이음	
		압축 정착길이	압축 이음길이
	D10	160	150
	D13	210	150
	D16	260	190
	D19	310	220
35	D22	370	160
	D25	420	290
	D29	470	330
	D32	520	370
	D35	570	400
	D10	150	150
	D13	200	150
	D16	250	170
	D19	290	210
40	D22	340	240
	D25	390	270
	D29	440	310
	D32	490	340
	D35	530	380
	D10	150	150
	D13	190	150
	D16	230	160
	D19	280	200
45	D22	320	230
	D25	370	260
	D29	410	290
	D32	460	320
	D35	500	350
	D10	150	150
	D13	180	150
	D16	220	160
	D19	270	190
49	D22	310	220
	D25	350	250
	D29	400	280
	D32	440	310
	D35	480	340

* 보정계수

갈고리에 수직인 방향의 피복두께 ≧ 70mm 이고, 갈고리를 넘어선 부분의 피복두께 ≧ 50mm(90° 표준갈고리)	0.7
$3d_b$ 이하 간격으로 띠철근 또는 스터럽이 둘러싼 경우	0.8

찾아보기

저자 소개

김효진 한양대학교 건축공학과 공학사
한양대학교 건축공학과 공학석사
가천대학교 건축과 공학박사
건축구조기술사
가천대학교 건축공학과 겸임교수
한양대학교 (서울) 건축공학부 겸임교수
(주)동양구조 대표이사

최원창 경희대학교 화학과 이학사
홍익대학교 토목공학과 공학사
홍익대학교 토목공학과 공학석사
(미)North Carolina State Univ. Civil Eng. 공학박사
(미)Professional Engineer (미국 기술사)
가천대학교 건축학부 정교수

최기봉 한양대학교 건축공학과 공학사
(미)Michigan State Univ. 구조공학 공학석사
(미)Michigan State Univ. 구조공학 공학박사
가천대학교 건축학부 명예교수

「KDS 14 20 00 : 2021, 22」에 따른
철근콘크리트 구조설계 **정가 29,000원**

저　자 : 김효진 · 최원창 · 최기봉

발행인 : 임정대
발행처 : 도서출판 구미서관

발행 : 2025년 1월 23일 초판 1쇄
　　　2026년 1월 11일 초판 2쇄

등록 : 1979년 6월 29일 No.9-6호
주소 : 서울시 마포구 신촌로 2길 5-15 구미빌딩
전화 : 02-333-1101
팩스 : 02-335-2201
http://www.goomibook.com

ISBN 979-11-6257-304-4 (93540)
